Neuroanatomia Funcional
4ª edição

Neuroanatomia Funcional

4ª edição

ANGELO B. M. MACHADO

Ex-Professor de Neuroanatomia do Departamento de Morfologia do Instituto de Ciências Biológicas da Universidade Federal de Minas Gerais (UFMG).

Revisão e Atualização

LÚCIA MACHADO HAERTEL

Neurologista Infantil pelo Hospital das Clínicas da Faculdade de Medicina da Universidade de São Paulo. Neurofisiologista Clínica pelo Hospital São Lucas da Pontifícia Universidade Católica de Porto Alegre. Ex-Monitora de Neuroanatomia da Universidade Federal de Minas Gerais. Ex-Professora do Curso de Medicina da Faculdade Regional de Blumenau.

Rio de Janeiro • São Paulo

2022

EDITORA ATHENEU

São Paulo — Rua Maria Paula, 123 – 18º andar
Tel.: (11) 2858-8750
E-mail: atheneu@atheneu.com.br

Rio de Janeiro — Rua Bambina, 74
Tel.: (21) 3094-1295
E-mail: atheneu@atheneu.com.br

PRODUÇÃO EDITORIAL: Equipe Atheneu
CAPA: Editora Atheneu
DIAGRAMAÇÃO: Know-How Editorial

CIP-Brasil. Catalogação na Publicação
Sindicato Nacional dos Editores de Livros, RJ

M129n
4. ed.

Machado, Angelo, 1934-2020
 Neuroanatomia funcional / Angelo Machado, Lúcia Machado Haertel. - 4. ed. - Rio de Janeiro : Atheneu, 2022.
 352p. : il. ; 28 cm.

 Inclui bibliografia e índice
 ISBN 978-65-5586-361-1

 1. Neuroanatomia. I. Haertel, Lúcia Machado. II. Título.

21-74723
CDD: 611.8
CDU: 611.8

Meri Gleice Rodrigues de Souza - Bibliotecária - CRB-7/6439
29/11/2021   30/11/2021

MACHADO, A.B.M.; HAERTEL, L.M.
Neuroanatomia Funcional – 4ª Edição

© *Direitos reservados à EDITORA ATHENEU – Rio de Janeiro, São Paulo, 2022.*

Biografia de Angelo Machado (1934-2020)

Angelo Barbosa Monteiro Machado formou-se em Medicina em 1958. Tornou-se conhecido nacionalmente ao publicar o livro *Neuroanatomia Funcional*, em 1974, que se tornou o mais conhecido da área no Brasil. No entanto, o neurocientista e professor de Neuroanatomia da Faculdade de Medicina da Universidade Federal de Minas Gerais (UFMG) atuou em diversas outras áreas. Sua genialidade, sua mente brilhante e polivalente deixaram a sua marca de excelência também na Zoologia, defesa do meio ambiente e da biodiversidade, divulgação da ciência, principalmente para crianças, literatura, dramaturgia e humor.

Nascido em Belo Horizonte, em 1934, membro de uma tradicional família mineira, mostrou desde criança todas as características de um cientista nato. Sua curiosidade e voracidade pelo conhecimento chamaram a atenção de sua família, que montou para ele, no quintal de casa, um laboratório equipado com microscópio, aquário, material para dissecção e todos os livros que quisesse comprar. Ali, começou a sua famosa coleção de insetos. Nascia o menino cientista Angelo Machado. Como adolescente, foi estagiário da Fundação Osvaldo Cruz, sob a orientação do famoso patologista Lobato Paraense, entre 1951 e 1956. Essa parceria foi decisiva para a sua iniciação científica e, ainda no colégio, já dominava as técnicas histológicas e de microscopia conhecidas na época. Nas férias, estagiava com o entomologista Newton Santos, do Museu Nacional do Rio de Janeiro, e, assim, iniciou-se sua paixão pela Entomologia e, principalmente, pelas libélulas. Realizou a sua primeira expedição científica na Amazônia, em 1951, como estagiário do padre e renomado zoólogo Francisco Silvério Pereira. Participou de 12 expedições a locais remotos da Amazônia entre 1951 e 1982. Viveu alguns meses junto à tribo Tirió, no extremo norte da Amazônia, onde aprendeu o respectivo idioma e escreveu diversos artigos em Zoologia, Antropologia e Anatomia Comparada.

Assim, Angelo já havia adquirido formação científica e publicado alguns trabalhos científicos até 1953, quando ingressou no curso de Medicina da UFMG. Lá, foi monitor das disciplinas de Histologia e Anatomia. Ao se formar médico, em 1958, decidiu que não queria exercer a medicina assistencial, e sim atuar como professor e cientista. Foi admitido em 1959 como professor na disciplina de Anatomia Humana do curso de Medicina da UFMG. O seu pensamento se voltou para a área de Neurociência pela constatação de que era a única parte do corpo humano relativamente desconhecida e, portanto, um promissor campo de pesquisa.

O ensino da Neuroanatomia, à época, era precário. Era um capítulo negligenciado dentro da disciplina de Anatomia Humana Geral, pois ninguém queria ensiná-la e poucos queriam aprendê-la. Angelo Machado foi o criador da Neuroanatomia como disciplina separada e independente da Anatomia Geral, na UFMG. A matéria nova enfrentava, contudo, um obstáculo: não havia, então, literatura especializada em língua portuguesa. Fluente em inglês e francês e com conhecimento técnico em alemão, teve de traduzir e simplificar o material existente e preparar suas próprias aulas, incluindo aulas práticas. Despretensiosamente, escreveu apostilas para auxiliar os alunos com uma didática própria, reformulando o ensino teórico e prático da Neuroanatomia no Brasil. Assim, a matéria mais temida da época passou a ser acessível e muito apreciada pelos alunos de Medicina. Suas apostilas ficaram tão famosas e foram tão amplamente distribuídas entre discentes e docentes, que Angelo foi enfaticamente incentivado a publicar um livro com o seu material. Após ser convidado pelo Diretor-Médico da Editora Atheneu, Dr. Paulo Rzezinsk, publicou a primeira edição do livro em 1974. A amizade e a parceria entre ambos permaneceram fortes pelo resto de sua vida.

Angelo fundou um pequeno laboratório de Neurociências na UFMG e a sua primeira estagiária foi Conceição Ribeiro da Silva Machado, sua aluna no curso de Medicina. Essa parceria rendeu diversas publicações em revistas internacionais, com destaque para a sua pesquisa pioneira sobre a glândula pineal e o órgão subcomissural. A união entre os pesquisadores tornou-se eterna em 1964, quando se casaram. O casal Angelo e Conceição Machado fez junto o pós-doutorado na *Northwestern University* em Chicago, onde aprenderam as técnicas histológicas, histoquímicas e de microscopia eletrônica para o estudo do sistema nervoso. Quando os dois retornaram ao Brasil, consolidaram o laboratório de Neurociências da UFMG e contribuíram para criar o seu laboratório de microscopia eletrônica. À época, a Neurociência mundial estava empenhada no mapeamento químico do sistema nervoso e esta foi a principal linha de pesquisa do renomado casal de neurocientistas. Foram inúmeros seus trabalhos com mapeamento histoquímico, estudos de vias e neurotransmissores, com ênfase nas vias catecolaminérgicas. Foram pioneiros na diferenciação histoquímica entre neurônios serotoninérgicos e noradrenérgicos. Publicaram trabalhos sobre o ritmo circadiano de serotonina e histamina na pineal, inervação de glândulas salivares, lacrimal e tireoide. Outra contribuição inédita foram a identificação do conteúdo das vesículas sinápticas granulares e a descrição do seu modo de formação pelo retículo endoplasmático liso. Contribuíram também para a identificação do envolvimento do sistema nervoso autônomo na doença de Chagas, evidenciando o comprometimento da inervação simpática pela doença – e não só da parassimpática, como se acreditava até então. Ambos alcançaram o mais alto nível de pesquisador do CNPQ (1A) e tornaram-se membros da Academia Brasileira de Ciências, uma distinção reservada a intelectuais que prestaram significativa contribuição para o conhecimento científico.

Publicaram em torno de 140 trabalhos inéditos na área de Neurociência em revistas internacionais, além orientarem várias dissertações de mestrado e teses de doutorado, formando, assim, vários seguidores.

O professor Angelo era imensamente querido pelos alunos de Medicina, conseguindo transmitir o complexo conhecimento da Neuroanatomia de forma didática e com incrível e constante senso de humor. Assim, foi, diversas vezes, paraninfo ou patrono de turmas de formandos de Medicina. Em 1986, Angelo tomou a inusitada decisão de se aposentar da Neurociência e dedicar-se à sua eterna paixão pela Zoologia e pelo meio ambiente, áreas em que sempre atuou em paralelo à sua atuação na Neurociência. A quantidade e a qualidade dos trabalhos publicados na área garantiram a sua aprovação em concurso público para o cargo de Professor Adjunto do Departamento de Zoologia da UFMG, em 1987. A Zoologia seguiu como a sua principal atividade até mesmo depois de 2004, ano de sua aposentadoria compulsória aos 70 anos. Angelo permaneceu como professor voluntário e emérito da Zoologia e mantinha uma sala no Instituto de Ciências Biológicas da UFMG, onde orientou a sua última aluna de pós-graduação, o que resultou em seu último trabalho, publicado em 2019. Descobriu 11 gêneros e 97 espécies de libélulas. Teve o seu nome dado a outras 55 espécies, desde insetos a primatas, em sua homenagem.

Seu espírito visionário o transformou num dos pioneiros na defesa do meio ambiente em uma época em que este não era um assunto considerado relevante. Foi um dos criadores do Centro para a Conservação da Natureza em Minas Gerais, em 1973; presidente da *Conservation International* (CI), no Brasil; e um dos criadores da Fundação Biodiversitas. Angelo também atuou ativamente na divulgação da ciência, sendo um dos fundadores da revista *Ciência Hoje*, da Sociedade Brasileira para o Progresso da Ciência (SBPC). Nesse sentido, defendeu intensamente a necessidade da introdução de crianças e jovens à ciência, tendo sido o idealizador da revista *Ciência Hoje das Crianças*. Esse ideal o motivou a se aventurar na literatura infantil, publicando o seu primeiro livro para crianças, *O Menino e o Rio*, em 1989. Com estilo único e inovador ao misturar literatura com ciência e ecologia de forma sutil – afinal, de acordo com ele, "criança não lê coisa chata" –, publicou 45 livros que revolucionaram a literatura infantil. Para Angelo, "as crianças devem aprender ciência sem perceber que estão aprendendo, envolvidas sempre numa trama de aventura e diversão. Assim, criaremos nossos futuros amantes e defensores da natureza". Seu livro *O velho da montanha:* uma aventura amazônica recebeu o prêmio Jabuti, o mais importante da literatura brasileira. Pela sua obra, recebeu também o prêmio José Reis de Literatura e o reconhecimento do CNPQ como divulgador de ciências para crianças. Ao todo, em sua carreira nas diversas áreas, recebeu 56 prêmios e homenagens. Muitos de seus livros foram adaptados por ele mesmo para o teatro e, com essa contribuição, tornou-se também um dos maiores dramaturgos da história de Minas Gerais. O senso de humor é outra marca registrada de Angelo Machado, a pessoa mais engraçada que conheci na vida. Publicou artigos de humor em alguns veículos da imprensa nacional e chamou a atenção do humorista Jô Soares, em cujo programa esteve sete vezes, garantido boas risadas ao público como poucos convidados conseguiram.

Angelo continuou trabalhando até o fim da vida. Suas últimas obras foram o *Dicionário da Língua Tirió*, que aprendeu durante as suas expedições na Amazônia, e o livro *O Tratado de Guerra*, uma comédia para adultos. Deixou inacabado um livro de suas memórias de viagens a diversos lugares do mundo como colecionador e pesquisador de libélulas. A coleção iniciada em sua infância – hoje com 40 mil exemplares de libélulas do mundo inteiro – foi doada à UFMG.

É impossível resumir a vida de Angelo Machado. Este texto dá apenas uma ideia de seu imenso legado e de sua incansável dedicação à ciência e à vida acadêmica. Mesmo após a sua morte, em 2020, Angelo continua sendo uma fonte de inspiração aos que trabalham pela melhoria da sociedade e do mundo para as futuras gerações.

Lúcia Ribeiro Machado Haertel
Flávia Ribeiro Machado
Paulo Augusto Ribeiro Machado
Eduardo Ribeiro Machado

[Angelo Machado - Vida e Obra]

Dedicatória

Para Conceição,

esposa e mãe.

Angelo Machado

À memória de

Angelo e Conceição,

meus pais.

Lúcia Machado Haertel

Prefácio à Quarta Edição

Fui uma criança privilegiada por nascer no início da incrível carreira do casal de neurocientistas, Angelo e Conceição Machado. Em 1965, quando meus pais foram fazer o pós-doutorado na Northwestern University em Chicago, eu tinha apenas três meses de vida. Uma das minhas tias foi conosco para ajudar a cuidar da bebê Lúcia. Cresci escutando a todo momento termos incomuns da Neurociência, uma vez que a empolgação com novas descobertas e linhas de pesquisa sempre continuava em casa. Nos fins de semana, a atenção era total a mim e meus irmãos, mas, mesmo assim, a ciência estava sempre presente. Frequentemente participávamos de acampamentos e excursões de zoologia nos arredores de Belo Horizonte com meu pai. Assim, adquiri um amplo conhecimento sobre fauna, flora e ecologia, do qual muito me orgulho e pude transmitir aos meus filhos.

Quando decidi fazer Medicina, inscrevi-me num único vestibular, o da Universidade Federal de Minas Gerais, por não admitir a hipótese de não ser aluna dos meus pais. Só quem foi aluno de Angelo Machado compreende a fundo o porquê de suas aulas e de seu livro terem sido revolucionários. A didática e o humor faziam lotar o auditório nas suas aulas teóricas. Absolutamente ninguém faltava. Os *slides*, único recurso didático da época, eram raramente utilizados, pois a luz apagada gerava um ambiente monótono. Meu pai encomendava pranchas com enormes desenhos coloridos, os quais usava como apoio. O mais marcante, porém, eram os seus desenhos no quadro negro. Ambidestro, pegava um giz em cada mão e fazia desenhos simétricos, do lado direito e esquerdo do encéfalo, rápida e simultaneamente, em qualquer corte, com todas as vias e núcleos precisamente posicionados. Juntando isso tudo a ainda um toque de humor, não havia como não prestar atenção. A aula era um verdadeiro espetáculo.

Logo após ter cursado neuroanatomia, decidi ser monitora da disciplina de meu pai e, para fazer jus ao cargo, decorei este livro inteiro. Como monitora, eu participava das aulas práticas e da dissecção das peças anatômicas. Além de monitora, eu era bolsista de iniciação científica, desta vez orientada pela minha mãe, Conceição Machado. Quando eu não estava na monitoria, ficava no laboratório de Neurociências, onde aprendi a preparar material para microscopia óptica, bem como técnicas histoquímicas e de microscopia eletrônica.

Assim, passei todo o curso de Medicina em contato com a Neurociência. A decisão de me especializar em neurologia era natural, e optei pela residência em neurologia infantil do Hospital das Clínicas da Faculdade de Medicina da Universidade de São Paulo. Mesmo atuando na área clínica, nunca me distanciei da Neurociência, tendo, por isso, aceitado o desafio de auxiliar o meu pai na revisão da edição anterior deste livro. Tínhamos frequentes conversas sobre o que manter, modificar ou acrescentar em seu conteúdo. Por exemplo, introduzi as correlações anatomoclínicas em todos os capítulos, enriquecendo o conteúdo didático do livro já na edição anterior.

Meu pai sempre expressou grande preocupação em não transformar o livro num tratado de Neurociências ou de Neurologia. Sempre ressaltou que, sendo um livro para a graduação, normalmente utilizado no primeiro ou no segundo ano do curso de Medicina, não deveria ser demasiado longo ou excessivamente complexo, pois poderia desmotivar os alunos. Assim, aplicava, na prática, os princípios da Neurociência para a aprendizagem, segundo os quais a memorização se faz por etapas. Os primeiros capítulos abordam o conhecimento mais básico da anatomia externa, com apoio das aulas práticas, das peças anatômicas e do atlas de secções do encéfalo, seguidos pela anatomia interna, parte funcional e correlações anatomoclínicas.

Cabe a mim, assim, manter o livro atualizado, sem permitir que ele perca a essência que o levou a ser o mais conhecido em sua área no Brasil: a didática e a leitura agradável, numa matéria antes considerada árida e muito difícil. As ilustrações, feitas à mão pelo saudoso desenhista Fernando Val Moro, revolucionárias à época do lançamento da primeira edição, continuam atuais e seguem facilitando a compreensão e a memorização dos alunos. Ainda, foram acrescentadas figuras, tabelas e imagens para os casos clínicos.

As novas descobertas da Neurociência e vários exemplos didáticos de correlações anatomoclínicas foram incluídos nesta nova edição, a qual mantém os mesmos 32 capítulos. Cabe destacar também a adoção definitiva da terminologia anatômica oficial da Academia Brasileira de Anatomia, de forma que alguns termos latinos passaram a ser apresentados em português.

O capítulo de Neuroimagem foi atualizado mediante colaboração do neurorradiologista Dr. Marco Antônio Rodacki, com ênfase na ressonância magnética e nas suas variações, que vem revolucionando o estudo do sistema nervoso normal e patológico há algumas décadas. A ele, reservo um sincero agradecimento.

Agradeço também ao Dr. Raphael Vicente Alves, neurocirurgião e grande admirador do meu pai, pelas críticas e sugestões feitas às edições anterior e atual.

Ainda, agradeço especialmente ao meu filho, Leonardo Machado Haertel, estudante de Medicina e monitor de Neuroanatomia, por, além de apresentar sugestões sob a ótica do estudante, o público-alvo desta obra, contribuir para a elaboração de novas figuras, a pesquisa bibliográfica e a revisão final.

É uma enorme honra e responsabilidade manter atualizada esta pioneira obra que, com certeza, influenciou a formação de milhares de médicos ao longo de décadas e ainda continuará despertando o interesse das futuras gerações pelo estudo da Neuroanatomia, Neurociência, Neurologia e Neurocirurgia, mantendo acesa a chama de uma das pessoas mais incríveis que já conheci.

Lúcia Machado Haertel
machado.neuroanatomia@gmail.com

Sumário

1. Alguns Aspectos da Filogênese do Sistema Nervoso, *1*
2. Embriologia, Divisões e Organização Geral do Sistema Nervoso, *5*
3. Tecido Nervoso, *17*
4. Anatomia Macroscópica da Medula Espinal e os seus Envoltórios, *35*
5. Anatomia Macroscópica do Tronco Encefálico e do Cerebelo, *43*
6. Anatomia Macroscópica do Diencéfalo, *51*
7. Anatomia Macroscópica do Telencéfalo, *55*
8. Meninges – Liquor, *69*
9. Nervos em Geral – Terminações Nervosas – Nervos Espinais, *79*
10. Nervos Cranianos, *95*
11. Sistema Nervoso Autônomo – Aspectos Gerais, *103*
12. Sistema Nervoso Autônomo: Anatomia do Simpático, do Parassimpático e dos Plexos Viscerais, *111*
13. Estrutura da Medula Espinal, *123*
14. Estrutura do Bulbo, *133*
15. Estrutura da Ponte, *141*
16. Estrutura do Mesencéfalo, *147*
17. Núcleos dos Nervos Cranianos – Alguns Reflexos Integrados no Tronco Encefálico, *151*
18. Vascularização do Sistema Nervoso Central e Barreiras Encefálicas, *159*
19. Considerações Anatomoclínicas sobre a Medula e o Tronco Encefálico, *173*
20. Formação Reticular – Sistemas Modulatórios de Projeção Difusa, *183*
21. Estrutura e Funções do Hipotálamo, *197*
22. Estrutura e Funções do Cerebelo, *205*
23. Estrutura e Funções do Tálamo, Subtálamo e Epitálamo, *215*
24. Estrutura e Funções dos Núcleos da Base, *223*
25. Estrutura da Substância Branca e do Córtex Cerebral, *229*
26. Anatomia Funcional do Córtex Cerebral, *235*
27. Áreas Encefálicas Relacionadas com as Emoções – Sistema Límbico, *249*
28. Áreas Encefálicas Relacionadas com a Memória, *257*
29. Grandes Vias Aferentes, *265*
30. Grandes Vias Eferentes, *285*
31. Neuroimagem, *293*
32. Atlas de Secções de Cérebro, *309*

Referências Bibliográficas, *321*
Índice Remissivo, *323*

capítulo 1

Alguns Aspectos da Filogênese do Sistema Nervoso

1. Filogênese do sistema nervoso – origem de alguns reflexos

Os seres vivos, mesmo os mais primitivos, devem continuamente se ajustar ao meio ambiente para sobreviver. Para isso, três propriedades do protoplasma são especialmente importantes: *irritabilidade, condutibilidade* e *contratilidade*. A irritabilidade, ou propriedade de ser sensível a um estímulo, permite a uma célula detectar as modificações do meio ambiente. Sabemos que uma célula é sensível a um estímulo quando ela reage a ele, por exemplo, dando origem a um impulso que é conduzido através do protoplasma (condutibilidade), determinando uma resposta em outra parte da célula. Essa resposta pode se manifestar por um encurtamento da célula (contratilidade), visando fugir de um estímulo nocivo. Um organismo unicelular, como a ameba, apresenta todas as propriedades do protoplasma, inclusive as três propriedades já mencionadas. Assim, quando tocamos uma ameba com a agulha de um micromanipulador, vemos que lentamente ela se afasta do ponto onde foi tocada. Ela é sensível e conduz informações sobre o estímulo a outras partes da célula, determinando retração de um lado e emissão de pseudópodes do outro. Tendo todas as propriedades do protoplasma, uma célula como a ameba não se especializou em nenhuma delas e suas reações são muito rudimentares. Em seres um pouco mais complexos como as esponjas (filo *Porifera*), vamos encontrar células em que uma parte do citoplasma se especializou para a contração e outra, situada na superfície, desenvolveu as propriedades da irritabilidade e da condutibilidade (**Figura 1.1**). Essas células musculares primitivas estão presentes no epitélio que reveste os orifícios, os quais permitem a penetração da água no interior das esponjas. Substâncias irritantes colocadas na água são detectadas por essas células, que se contraem, fechando os orifícios.

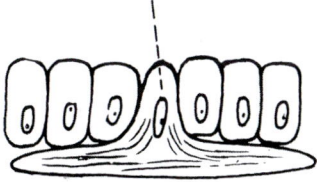

Figura 1.1 Célula muscular primitiva de uma esponja.

Com o surgimento de metazoários, as células musculares passaram a ocupar uma posição mais interna, perdendo o contato direto com o meio externo. Surgiram, então, na superfície, células que se diferenciam para receber os estímulos do meio ambiente, transmitindo-os às células musculares subjacentes. Essas células especializadas em irritabilidade (ou excitabilidade) e condutibilidade foram os primeiros *neurônios,* que provavelmente surgiram nos celenterados. Assim, no tentáculo de uma anêmona do mar (**Figura 1.2**), existem células nervosas unipolares, ou seja, com um só prolongamento denominado *axônio,* que faz contato com células musculares situadas mais internamente. Na extremidade dessas células nervosas localizadas na superfície, desenvolveu-se uma formação especial denominada *receptor*. O receptor transforma vários tipos de estímulos físicos ou químicos em impulsos nervosos, que podem, então, ser transmitidos ao *efetuador,* músculo ou glândula.

No decorrer da evolução, apareceram receptores muito complexos para os estímulos mais variados. Esse tipo de sistema nervoso difuso foi substituído nos platelmintos e anelídeos por um sistema nervoso mais avançado, no qual os elementos nervosos tendem a se agrupar em um *sistema nervoso central* (centralização do sistema nervoso).

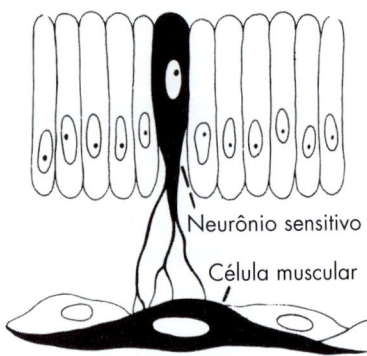

Figura 1.2 Esquema de um dispositivo neuromuscular no tentáculo de um celenterado.

Nos anelídeos, como a minhoca, o sistema nervoso é segmentado, sendo formado por um par de gânglios cerebroides e uma série de gânglios unidos por uma corda ventral, correspondendo aos segmentos do animal. O estudo do arranjo dos neurônios em um desses segmentos mostra dispositivos nervosos bem mais complexos do que os já estudados nos celenterados. No epitélio da superfície do animal, há neurônios que, por meio de seu axônio, estão ligados a outros neurônios, cujos corpos encontram-se em um gânglio do sistema nervoso central. Estes, por sua vez, têm um axônio que faz conexão com os músculos (**Figura 1.3**). Os neurônios situados na superfície são especializados em receber os estímulos e conduzir os impulsos ao sistema nervoso central. Por isso, são denominados *neurônios sensitivos* ou *neurônios aferentes*. Os neurônios situados no gânglio e especializados na condução do impulso do sistema nervoso central até o efetuador, no caso, o músculo, são denominados *neurônios motores* ou *eferentes*.

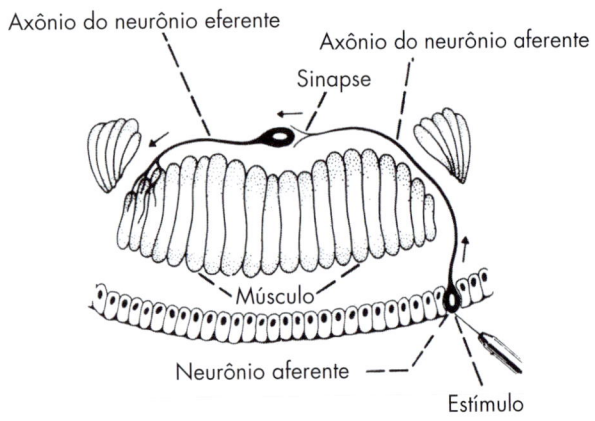

Figura 1.3 Esquema de um arco reflexo simples em um segmento de anelídeo.

Os termos *aferente* e *eferente*, que aparecem pela primeira vez, serão muito utilizados e devem, pois, ser conceituados. São aferentes os neurônios, fibras ou feixes de fibras que trazem impulsos a uma determinada área do sistema nervoso, e eferentes, os que levam impulsos dessa área. Portanto, aferente se refere ao que entra, e eferente, ao que sai de uma determinada área do sistema nervoso.

A conexão do neurônio sensitivo com o neurônio motor, no exemplo citado, se faz por meio de uma *sinapse* localizada no gânglio. Temos, assim, em um segmento de minhoca, os elementos básicos de um *arco reflexo simples*, ou seja, um neurônio aferente com o seu receptor, um centro, no caso o gânglio, onde ocorre a sinapse, e um neurônio eferente que se liga ao efetuador, no caso os músculos. Esse dispositivo permite à minhoca contrair a musculatura do segmento por estímulo no próprio segmento, o que pode ser útil para evitar determinados estímulos nocivos. Esse *arco reflexo* é *intrassegmentar*, visto que a conexão entre o neurônio aferente e o eferente envolve apenas um segmento. Devemos considerar, entretanto, que a minhoca é um animal segmentado e que, às vezes, para que ela possa evitar um estímulo nocivo aplicado em um segmento, pode ser necessário que a resposta ocorra em outros segmentos. Existe, pois, no sistema nervoso desse animal, um terceiro tipo de neurônio, denominado neurônio *de associação* (ou *internuncial*), que faz a associação de um segmento com outro, conforme indicado na **Figura 1.4**. Assim, o estímulo aplicado em um segmento dá origem a um impulso, que é conduzido pelo neurônio sensitivo ao centro (gânglio). O axônio desse neurônio faz sinapse com o neurônio de associação, também localizado no gânglio, cujo axônio, passando pela corda ventral do animal, estabelece sinapse com o neurônio motor do segmento vizinho. Desse modo, o estímulo se inicia em um segmento e a resposta se faz em outro. Temos um *arco reflexo intersegmentar*, pois envolve mais de um segmento e é um pouco mais complexo que o anterior, uma vez que envolve duas sinapses e três neurônios, sensitivo, motor e de associação. A corda ventral de um anelídeo é percorrida por grande número de axônios de neurônios de associação que ligam segmentos do animal, por vezes distantes.

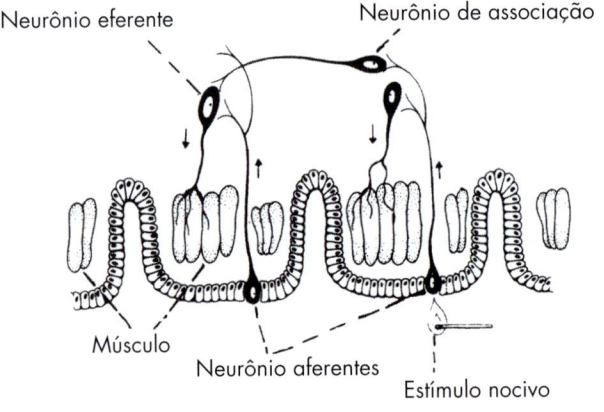

Figura 1.4 Esquema de parte de um animal segmentado, mostrando um arco reflexo intersegmentar.

2. Alguns reflexos da medula espinal dos vertebrados

O conhecimento das conexões dos neurônios no sistema nervoso da minhoca nos permite entender algumas das conexões da medula espinal dos vertebrados, inclusive do homem. Temos um exemplo no reflexo patelar (**Figura 9.3**), testado com frequência pelos neurologistas. Quando o neurologista bate com o seu martelo no joelho de um paciente, a perna se projeta para frente. O martelo produz estiramento do tendão, que acaba por estimular receptores no músculo quadríceps, dando origem a impulsos nervosos que seguem pelo neurônio sensitivo. O prolongamento central desses neurônios penetra na medula e termina fazendo sinapse com neurônios motores aí situados. O impulso sai pelo axônio do neurônio motor e volta ao membro inferior, onde estimula as fibras do músculo quadríceps, fazendo com que a perna se projete para frente. Na medula espinal dos vertebrados, há uma segmentação, evidenciada pela conexão dos vários pares de nervos espinais. Existem reflexos na medula dos vertebrados, nos quais a parte aferente do arco reflexo se liga à parte eferente no mesmo segmento ou em segmentos adjacentes.[1] Esses reflexos são considerados intrassegmentares, sendo um exemplo o reflexo patelar. Entretanto, um grande número de reflexos medulares é intersegmentar, ou seja, o impulso aferente chega à medula em um segmento e a resposta eferente se origina em segmentos às vezes muito distantes, localizados acima ou abaixo. Na composição desses arcos reflexos há neurônios de associação que, na minhoca, associam níveis diferentes no interior do sistema nervoso. Um exemplo clássico de reflexo intersegmentar é o chamado "reflexo de coçar" do cão. Em um cão previamente submetido a uma secção da medula cervical para se eliminar a interferência do encéfalo, estimula-se a pele da parte dorsal do tórax. Observa-se que a pata posterior do mesmo lado inicia uma série de movimentos rítmicos semelhantes aos que o animal executa quando coça. Sabe-se que esse arco reflexo envolve os seguintes elementos: a) neurônios sensitivos ligando a pele ao segmento correspondente da parte torácica da medula espinal; b) neurônios de associação com um longo axônio descendente ligando essa parte da medula espinal aos segmentos que dão origem aos nervos para a pata posterior; c) neurônios motores para os músculos da pata posterior.

3. Evolução dos três neurônios fundamentais do sistema nervoso

Vimos como apareceram durante a filogênese os três neurônios fundamentais já presentes nos anelídeos, ou seja, o neurônio aferente (ou sensitivo), o neurônio eferente (ou motor) e o neurônio de associação. Todos os neurônios existentes no sistema nervoso do homem, embora recebendo nomes diferentes e variados em diferentes setores do sistema nervoso central, podem, em última análise, ser classificados em um desses três tipos fundamentais. Vejamos algumas modificações sofridas por esses três neurônios durante a evolução.

3.1 Neurônio aferente (ou sensitivo)

Surgiu na filogênese com a função de levar ao sistema nervoso central informações sobre as modificações ocorridas no meio externo, estando inicialmente em relação com a superfície do animal. O aparecimento de metazoários mais complexos, com várias camadas celulares, trouxe como consequência a formação de um *meio interno*. Em virtude disso, alguns neurônios aferentes passaram a levar ao sistema nervoso informações sobre as modificações desse meio interno.

Muito interessantes foram as mudanças na posição do corpo do neurônio sensitivo ocorridas durante a evolução (**Figura 1.5**). Em alguns anelídeos, esse corpo está localizado no epitélio de revestimento, portanto, em contato com o meio externo, e o neurônio sensitivo é unipolar. Nos moluscos, existem neurônios sensitivos cujos corpos estão situados no interior do animal, mantendo um prolongamento na superfície. O neurônio sensitivo é bipolar. Já nos vertebrados, a quase totalidade dos neurônios aferentes tem seus corpos em gânglios sensitivos situados junto ao sistema nervoso central, sem, entretanto, penetrar nele. Tivemos, assim, durante a filogênese, uma tendência de centralização do corpo do neurônio sensitivo vantajosa sob o aspecto evolutivo para proteger o corpo do neurônio que, ao contrário do axônio, não se regenera. Com relação à extremidade periférica dos neurônios sensitivos, surgiram estruturas mais elaboradas, os receptores, capazes de transformar os vários tipos de estímulos físicos ou químicos em impulsos nervosos, os quais são conduzidos ao sistema nervoso central pelo neurônio sensitivo.

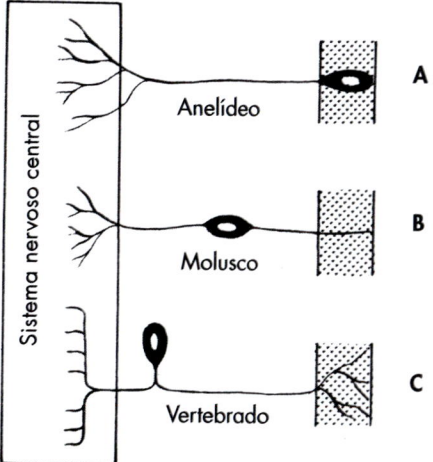

Figura 1.5 Esquema mostrando as modificações na posição do corpo do neurônio sensitivo durante a evolução: **(A)** corpo na superfície; **(B)** corpo entre a superfície e o sistema nervoso central; **(C)** corpo próximo ao sistema nervoso central.

---

1 Na realidade, é possível que arcos reflexos rigorosamente intrassegmentares não existam nos mamíferos. Assim, verificou-se no gato que a menor porção de medula espinal que se pode isolar, mantendo-se sua atividade reflexa, contém dois ou três segmentos.

3.2 Neurônio eferente (ou motor)

A função do neurônio eferente ou motor é conduzir o impulso nervoso ao órgão efetuador que, nos mamíferos, é um músculo ou uma glândula. O impulso eferente determina, assim, uma contração ou uma secreção. O corpo do neurônio eferente surgiu no interior do sistema nervoso central e a maioria deles permaneceu nessa posição durante toda a evolução. Contudo, os neurônios eferentes que inervam os músculos lisos, músculos cardíacos ou glândulas têm os seus corpos fora do sistema nervoso central, em estruturas que são os gânglios viscerais. Esses neurônios pertencem ao sistema nervoso autônomo e serão estudados com o nome de neurônios pós-ganglionares. Já os neurônios eferentes, que inervam os músculos estriados esqueléticos, têm o seu corpo sempre no interior do sistema nervoso central e são, por exemplo, os neurônios motores situados na parte anterior da medula espinal.

3.3 Neurônio de associação

O aparecimento dos neurônios de associação trouxe considerável elevação do número de sinapses, aumentando a complexidade do sistema nervoso, o que permitiu a realização de padrões de comportamento cada vez mais elaborados. O corpo do neurônio de associação permaneceu sempre no interior do sistema nervoso central e o seu número aumentou muito durante a evolução. Esse aumento foi maior na extremidade anterior dos animais. A extremidade anterior de uma minhoca, ou mesmo de animais mais evoluídos, é aquela que primeiro entra em contato com as mudanças do ambiente, quando o animal se desloca.[2] Essa extremidade se especializou para exploração do ambiente e alimentação, desenvolvendo um aparelho bucal e órgãos de sentido mais complexos, como olhos, ouvidos, antenas etc. Paralelamente, houve, nessa extremidade, uma concentração de neurônios de associação, dando origem aos inúmeros tipos de gânglios cerebroides dos invertebrados ou ao encéfalo dos vertebrados. O encéfalo aumentou de modo considerável durante a filogênese dos vertebrados (*encefalização*), alcançando o máximo de desenvolvimento no encéfalo humano. Os neurônios de associação constituem a grande maioria dos neurônios existentes no sistema nervoso central dos vertebrados, e recebem vários nomes. Alguns têm axônios longos e fazem conexões com neurônios situados em áreas distantes. Outros possuem axônios curtos e ligam-se apenas com neurônios vizinhos. Estes são chamados neurônios *internunciais* ou *interneurônios*. Com relação aos neurônios de associação localizados no encéfalo, surgiram as funções psíquicas superiores. Chegamos, assim, ao ápice da evolução do sistema nervoso, que é o cérebro do homem, com cerca de 86 bilhões de neurônios,[3] e a estrutura mais complexa do universo biológico conhecido. Entre o sistema nervoso da esponja e o do homem decorreram 600 milhões de anos.

---

2 A única exceção é o homem, que é rigorosamente bípede e tem o corpo em posição vertical.
3 Baseado em Herculano-Houzel S. The human brain in numbers: a linearly scaled-up primate brain. Human Neuroscience 2009;3(31):1-11.

capítulo 2

Embriologia, Divisões e Organização Geral do Sistema Nervoso

A – Embriologia

1. Introdução

O estudo do desenvolvimento embrionário (organogênese) do sistema nervoso é importante, uma vez que permite entender muitos aspectos de sua anatomia. Diversos termos muito utilizados para denominar partes do encéfalo do adulto baseiam-se na embriologia. No estudo da embriologia do sistema nervoso, trataremos sobretudo daqueles aspectos que interessam à compreensão da disposição anatômica do sistema nervoso do adulto e das malformações que podem ocorrer em recém-nascidos.

2. Desenvolvimento do sistema nervoso

Vimos que, durante a evolução, os primeiros neurônios surgiram na superfície externa dos organismos, fato este significativo tendo em vista a função primordial do sistema nervoso de relacionar o animal com o ambiente. Dos três folhetos embrionários, é o ectoderma aquele que está em contato com o meio externo e é desse folheto que se origina o sistema nervoso. O primeiro indício de formação do sistema nervoso consiste em um espessamento do ectoderma, situado acima da notocorda, formando a chamada *placa neural* por volta do 20º dia de gestação (**Figura 2.1A**). Sabe-se que, para a formação dessa placa e a subsequente formação e desenvolvimento do tubo neural, tem importante papel a ação indutora da notocorda. Notocordas implantadas na parede abdominal de embriões de anfíbios induzem a formação de tubo neural. A notocorda se degenera quase por completo, persistindo uma pequena parte que forma o núcleo pulposo das vértebras.

A placa neural cresce progressivamente, torna-se mais espessa e adquire um sulco longitudinal, denominado *sulco neural* (**Figura 2.1B**), que se aprofunda para formar a *goteira neural* (**Figura 2.1C**). Os lábios da goteira neural se fundem para formar o tubo neural (**Figura 2.1D**). O ectoderma, não diferenciado, então se fecha sobre o *tubo neural*, isolando-o, assim, do meio externo. No ponto em que esse ectoderma encontra os lábios da goteira neural, desenvolvem-se células que formam de cada lado uma lâmina longitudinal, denominada *crista neural*, situada dorsolateralmente ao tubo neural (**Figura 2.1C**). O tubo neural dá origem a elementos do sistema nervoso central (SNC), ao passo que a crista dá origem a elementos do sistema nervoso periférico, além de elementos não pertencentes ao sistema nervoso. A seguir, estudaremos as modificações que essas duas formações sofrem durante o desenvolvimento.

2.1 Crista neural

Logo após a sua formação, as cristas neurais são contínuas no sentido craniocaudal (**Figura 2.1C**). Rapidamente, entretanto, elas se dividem, dando origem a diversos fragmentos que formarão os gânglios espinais, situados na raiz dorsal dos nervos espinais (**Figura 2.1D**). Neles, diferenciam-se os neurônios sensitivos, pseudounipolares, cujos prolongamentos centrais se ligam ao tubo neural, enquanto os prolongamentos periféricos se ligam aos dermátomos dos somitos. Várias células da crista neural migram e darão origem a células em tecidos situados longe do SNC. Os elementos derivados da crista neural são os seguintes: gânglios sensitivos; gânglios do sistema nervoso autônomo (viscerais); medula da glândula suprarrenal; melanócitos; células

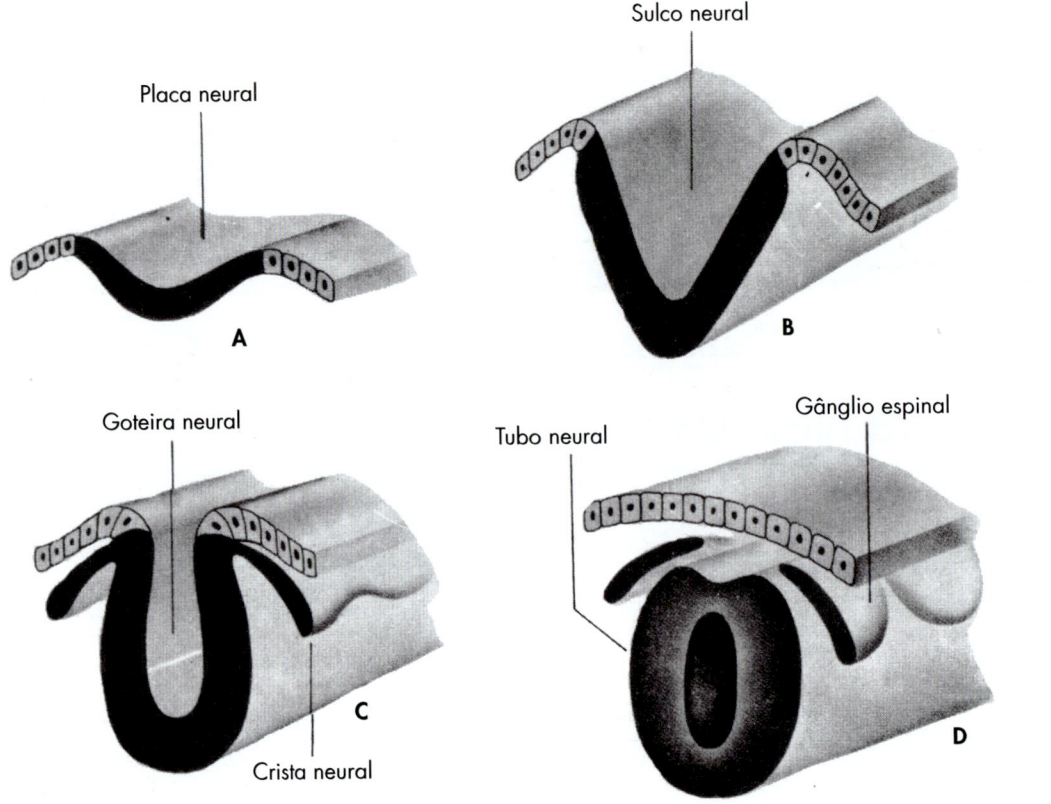

Figura 2.1 Formação do tubo neural e da crista neural.

de Schwann; anficitos; odontoblastos. As meninges, a dura-máter e a aracnoide também são derivados da crista neural.

2.2 Tubo neural

O fechamento da goteira neural e, concomitantemente, a fusão do ectoderma não diferenciado é um processo que tem início no meio da goteira neural e é mais lento em suas extremidades. Assim, em uma determinada idade, temos tubo neural no meio do embrião e goteira nas extremidades (**Figura 2.2**). Mesmo em fases mais adiantadas, permanecem nas extremidades cranial e caudal do embrião dois pequenos orifícios, denominados, respectivamente, *neuróporo rostral* e *neuróporo caudal*. Essas são as últimas partes do sistema nervoso a se fechar.

2.2.1 Paredes do tubo neural

O crescimento das paredes do tubo neural e a diferenciação de células nessa parede não são uniformes, dando origem às seguintes formações (**Figura 2.3**):
   a)   duas lâminas alares;
   b)   duas lâminas basais;
   c)   uma lâmina do assoalho;
   d)   uma lâmina do teto.

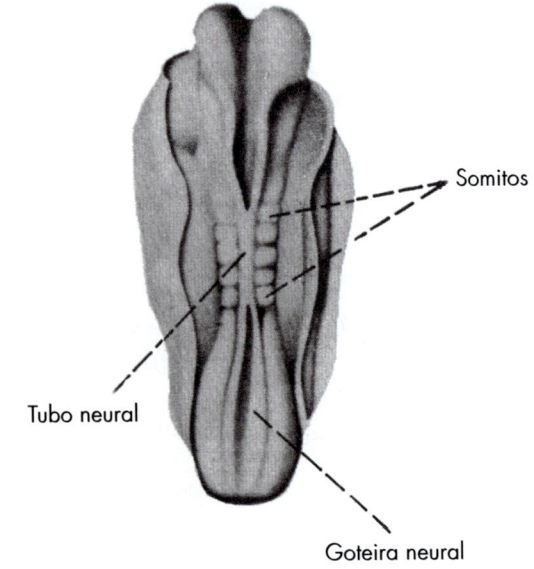

Figura 2.2 Vista dorsal de um embrião humano de 22 mm, mostrando o fechamento do tubo neural.

Separando, de cada lado, as lâminas alares das lâminas basais, há o chamado *sulco limitante*. Das lâminas alares e basais, derivam neurônios e grupos de neurônios (núcleos)

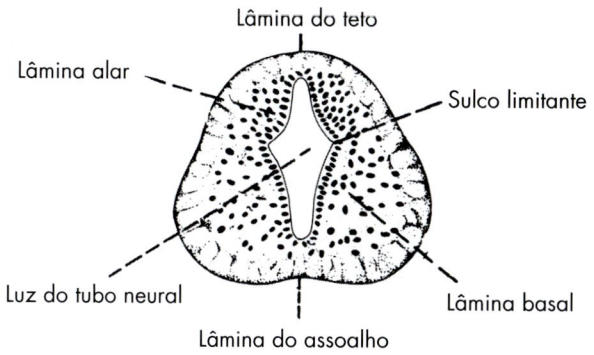

Figura 2.3 Secção transversal de tubo neural.

ligados, respectivamente, à sensibilidade e à motricidade, situados na medula e no tronco encefálico.

A lâmina do teto, em algumas áreas do sistema nervoso, permanece muito fina e dá origem ao epêndima da *tela corioide* e dos *plexos corioides*, que serão estudados a propósito dos ventrículos encefálicos. A lâmina do assoalho, em algumas áreas, permanece no adulto, formando um sulco, como o sulco mediano do assoalho do IV ventrículo (**Figura 5.2**).

2.2.2 Dilatações do tubo neural

Desde o início de sua formação, o calibre do tubo neural não é uniforme. A parte cranial, que dá origem ao encéfalo do adulto, torna-se dilatada e constitui o *encéfalo primitivo*, ou *arquencéfalo*; a parte caudal, que dá origem à medula do adulto, permanece com calibre uniforme e constitui a *medula primitiva* do embrião.

No arquencéfalo, distinguem-se inicialmente três dilatações, que são as *vesículas encefálicas primitivas*, denominadas *prosencéfalo*, *mesencéfalo* e *rombencéfalo*. Com o subsequente desenvolvimento do embrião, o prosencéfalo dá origem a duas vesículas, *telencéfalo* e *diencéfalo*. O mesencéfalo não se modifica, e o rombencéfalo origina o *metencéfalo* e o *mielencéfalo*. Essas modificações são mostradas nas **Figuras 2.4** e **2.5** e estão esquematizadas na chave que se segue:

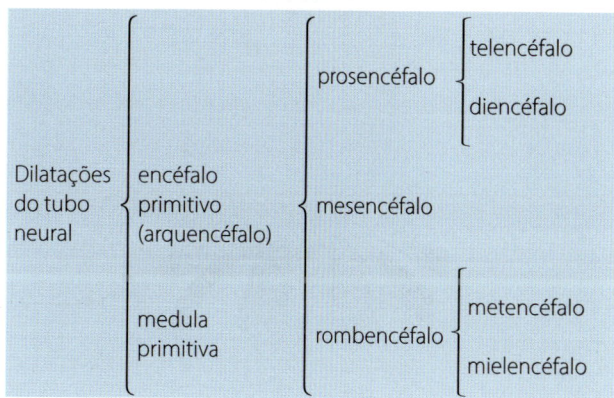

O telencéfalo compreende uma parte mediana, na qual se evaginam duas porções laterais, as *vesículas telencefálicas laterais* (**Figura 2.4**). A parte mediana é fechada no sentido anterior por uma lâmina, que constitui a porção mais cranial do sistema nervoso e denomina-se *lâmina terminal*. As vesículas telencefálicas laterais crescem muito para formar os hemisférios cerebrais e escondem quase por completo a parte mediana e o diencéfalo (**Figura 2.5**). O estudo dos derivados das vesículas primordiais será feito mais adiante.

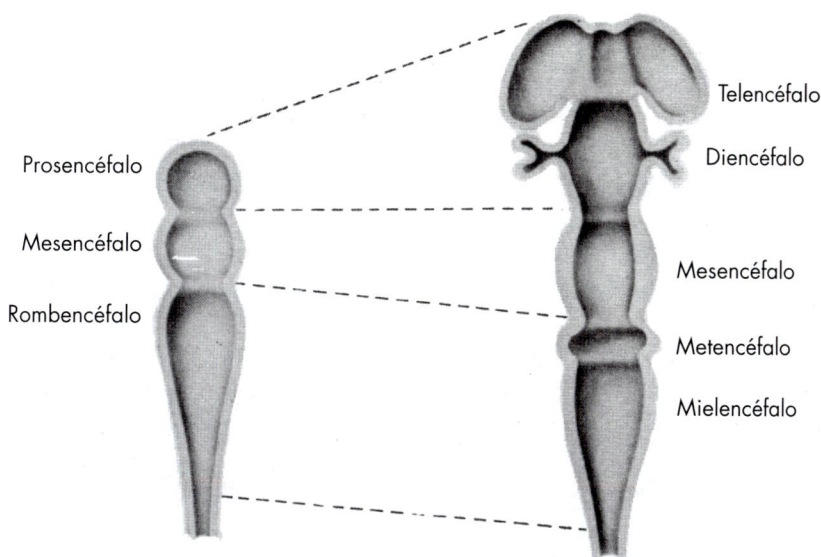

Figura 2.4 Subdivisões do encéfalo primitivo: passagem da fase de três vesículas para a de cinco vesículas.

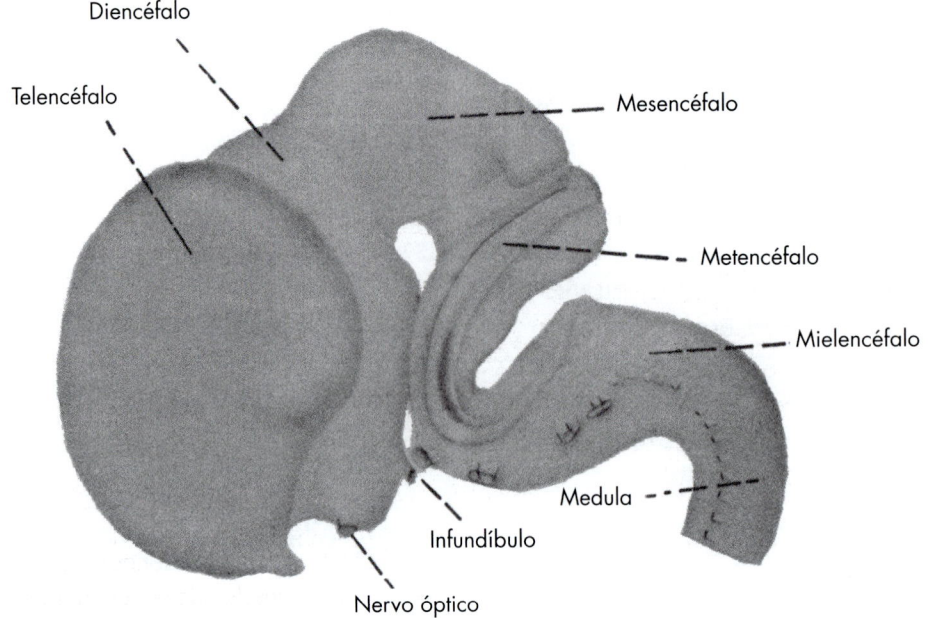

Figura 2.5 Vista lateral do encéfalo de embrião humano de 50 mm.

2.2.3 Cavidades do tubo neural

A luz do tubo neural permanece no sistema nervoso do adulto, sofrendo, em algumas partes, várias modificações. A luz da medula primitiva forma, no adulto, o *canal central da medula*, ou *canal do epêndima*, que no homem é muito estreito e parcialmente obliterado. A cavidade dilatada do rombencéfalo forma o *IV ventrículo*. As cavidades do diencéfalo e da parte mediana do telencéfalo formam o *III ventrículo*. A luz do mesencéfalo permanece estreita e constitui o *aqueduto cerebral*, que une o III ao IV ventrículo. A luz das vesículas telencefálicas laterais forma, de cada lado, os *ventrículos laterais*, unidos ao III ventrículo pelos dois *forames interventriculares*. Todas essas cavidades são revestidas por um epitélio cuboidal, denominado *epêndima* e, com exceção do canal central da medula, contêm o denominado *líquido cerebrospinal*, ou *liquor*.

3. Diferenciação e organização neuronal

No embrião de 4 meses, as principais estruturas anatômicas já estão formadas. Entretanto, o córtex cerebral e cerebelar é liso. Os giros e sulcos são formados em razão da alta taxa de expansão da superfície cortical após as etapas de proliferação e migração neuronal descritas a seguir. O córtex cerebral humano mede cerca de 1.100 cm^2 e deve dobrar-se para caber na cavidade craniana.

Após o conhecimento das principais transformações morfológicas do SNC durante o desenvolvimento, vamos estudar as etapas do seu processo de diferenciação e organização. São elas:

- proliferação neuronal;
- migração neuronal;
- diferenciação neuronal;
- sinaptogênese e formação de circuitos;
- eliminação programada de neurônios e sinapses;
- mielinização.

3.1 Proliferação e migração neuronal

A proliferação neuronal se intensifica após a formação do tubo neural e ocorre em paralelo às transformações anatômicas. Os neurônios são produzidos na matriz germinativa, localizada nas regiões subependimárias periventriculares. A partir de certo momento, as células precursoras do neurônio passam a se dividir de forma assimétrica, formando outra célula precursora e um neurônio jovem. Inicia-se, então, o processo de migração da região proliferativa periventricular para a região mais externa, para formar o córtex cerebral e as suas camadas (**Figura 2.6**).

A migração neuronal é um processo complexo. Precocemente, na superfície ventricular da parede do tubo neural existe uma fileira de células justapostas da glia, cujos prolongamentos estendem-se da superfície ventricular até a superfície cortical externa. Essas células são denominadas *glia radial*, precursoras dos astrócitos. Os neurônios migram aderidos a prolongamentos da glia radial, como se estes fossem trilhos ao longo dos quais deslizam os neurônios migrantes. Os neurônios migrantes de cada camada param após ultrapassar a camada antecedente. Sinais moleculares secretados pelos neurônios já migrados determinam o momento de parada. O processo de migração ocorre principalmente entre a 7ª e a 28ª semanas. A matriz germinativa desaparece até em torno da 32ª semana. É um

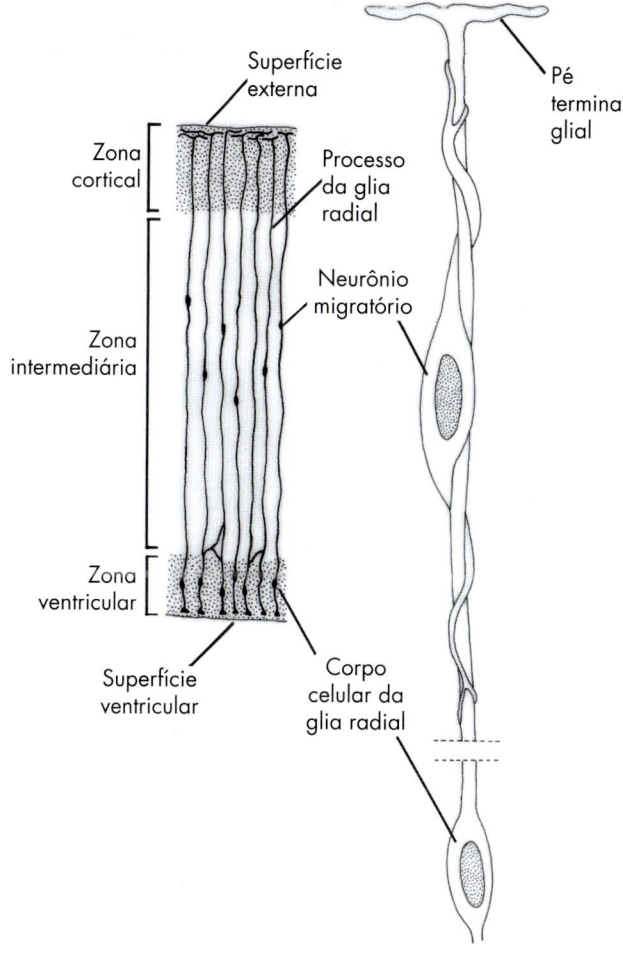

Figura 2.6 Desenho esquemático mostrando a migração de neurônios jovens através da glia radial da zona germinativa ventricular para a zona cortical.

local intensamente vascularizado e propenso a hemorragias (item 4.3, **Figura 2.10**).

3.2 Diferenciação neuronal e sinaptogênese

Após a migração, os neurônios jovens adquirirão as características morfológicas e bioquímicas próprias da função que exercerão. Começam a emitir o seu axônio, que tem de alcançar o seu alvo, situado às vezes em locais distantes e, então, estabelecer sinapses. A diferenciação em um ou outro tipo de neurônio depende da secreção de fatores por determinados grupos de neurônios que influenciarão outros grupos a expressar determinados genes e desligar outros. Fatores indutores, ativando genes diferentes em diversos níveis, aos poucos tornarão diferentes as células que inicialmente eram iguais.

Os axônios têm de encontrar o seu alvo correto para poder exercer a sua função. Por exemplo: os neurônios motores situados na área motora do córtex cerebral referente à flexão do hálux têm de descer por toda a medula e fazer sinapse com o motoneurônio específico, que inerva o músculo responsável por essa função. E assim ocorre com todas as funções cerebrais e os trilhões de contatos sinápticos existentes que têm de encontrar o alvo correto. A extremidade do axônio, denominada *cone de crescimento*, é especializada em "tatear o ambiente" e conduzir o axônio até o alvo correto, por meio do reconhecimento de pistas químicas presentes no microambiente neural e que o atrairão ou o repelirão. Ao chegar próximo à região-alvo, a extremidade do axônio ramifica-se e começa a sinaptogênese. Assim, axônios de bilhões de neurônios devem encontrar seu alvo correto, o que resultará nos trilhões de contatos sinápticos envolvidos nas mais diversas funções cerebrais.

3.3 Morte neuronal programada e eliminação de sinapses

Todas as etapas da embriogênese descritas até o momento acabam resultando em um número maior de neurônios e sinapses do que aquele que caracteriza o ser humano após o nascimento. Ocorre, então, uma morte neuronal programada, regulada pela quantidade de tecido-alvo presente. O tecido-alvo e os aferentes produzem uma série de fatores neurotróficos, que são captados pelos neurônios.[1] Atuando sobre o DNA neuronal, os fatores neurotrópicos bloqueiam um processo ativo de morte celular por apoptose (o próprio neurônio secreta substâncias cuja função é matá-lo). Diversos neurônios podem se projetar para o mesmo tecido-alvo. Ocorre uma competição entre eles e aqueles que conseguem estabilizar suas sinapses e assegurar quantidade suficiente de fatores tróficos sobrevivem, enquanto os demais entram em apoptose e morrem. Ocorre também a eliminação de sinapses não utilizadas ou produzidas em excesso. Em caso de lesões, neurônios que normalmente morreriam podem ser utilizados para repará-las. Portanto, essa reserva neuronal e de sinapses determina o que é conhecido como *plasticidade neuronal*, existente em crianças, e que diminui com a idade, tendo em vista que cada função cerebral tem o seu período crítico. É em razão da plasticidade que, quanto mais nova a criança, melhor o prognóstico em termos de recuperação de lesões. É também por isso que crianças têm maior facilidade de aprendizado.

O cérebro está em constante transformação, novas sinapses estão continuamente sendo formadas. O cérebro continua crescendo até o início da puberdade. Esse crescimento não decorre do aumento do número de neurônios, e sim do número de sinapses. A partir daí, começa um processo de eliminação de sinapses desnecessárias e não

---

1 O primeiro fator neurotrófico isolado foi o NGF (*nerve growth factor*), pela neurocientista italiana Rita Levi-Montalcini, a partir de tumores e de veneno de cobra, em 1956. A cientista recebeu o prêmio Nobel em 1986 pela descoberta. A partir daí, várias outras neurotrofinas foram descobertas.

utilizadas, preservando-se as mais eficientes. É um processo de refinamento funcional, considerando-se que cada região tem um período de máximo crescimento e posterior eliminação de sinapses para ajustes funcionais. A maturidade de determinada função é estabelecida quando menos sinapses são necessárias para executá-la de forma eficiente. Existem dois períodos em que essa poda sináptica (*synaptic pruning*) é mais intensa: entre o 2º e o 3º anos de vida e na adolescência. Anormalidades na poda neural da infância, no caso, a insuficiência dela, parece estar relacionada à fisiopatologia do Transtorno do Espectro Autista (TEA); enquanto a poda excessiva na adolescência parece estar envolvida na fisiopatologia da Esquizofrenia.

3.4 Mielinização

O processo de mielinização é considerado o final da maturação ontogenética do sistema nervoso e será descrito no próximo capítulo. Inicia-se no segundo trimestre de gestação e completa-se em épocas distintas nas diferentes áreas do SNC. A última região a concluir esse processo é o córtex da região anterior do lobo frontal do cérebro (área pré-frontal), responsável pelas funções psíquicas superiores. Ela cresce até o período entre 16 e 17 anos, quando tem início o processo de eliminação de sinapses. O processo de mielinização no lobo frontal só está concluído próximo aos 30 anos, ou seja, a maioridade do cérebro ocorre bem mais tarde do que a maioridade legal!

4. Correlações anatomoclínicas

O período fetal é importantíssimo para a formação e o desenvolvimento do SNC. Fatores externos, como substâncias teratogênicas, irradiação, alguns medicamentos, álcool, drogas e infecções congênitas, podem afetar diretamente as diversas etapas desse desenvolvimento. Quando presentes no 1º trimestre de gestação, podem afetar a proliferação neuronal, resultando na redução do número de neurônios e em microcefalia. No 2º ou 3º trimestres, podem interferir na fase de organização neuronal, causar a redução do número de sinapses e ocasionar quadros de atraso no desenvolvimento neuropsicomotor e deficiência intelectual.

A desnutrição materna ou nos primeiros anos de vida da criança, agravada pela falta de estímulos do ambiente, pode interferir de maneira direta no processo de mielinização. Essa etapa está diretamente relacionada à aquisição de habilidades e ao desenvolvimento neuropsicomotor normal da criança, a qual poderá sofrer atrasos, muitas vezes irreversíveis.

4.1 Defeitos de fechamento do tubo neural

O fechamento da goteira neural para formar o tubo neural é uma etapa importante para o desenvolvimento do sistema nervoso e ocorre muito precocemente na gestação (25 a 30 dias). Os defeitos do fechamento do tubo neural são relativamente comuns (1 em cada 1.000 nascimentos), ocasionando grave comprometimento funcional. Falhas no fechamento da porção posterior ocasionam malformações, como as espinhas bífidas e as mielomeningoceles. Na espinha bífida, a meninge dura-máter e a medula são normais. A porção dorsal da vértebra, no entanto, não está fechada. Com frequência, esse quadro é assintomático. Nas meningoceles, ocorre um déficit ósseo maior. A dura-máter sobressai como um balão e necessita de correção cirúrgica. Na mielomeningocele, além da dura-máter, parte da medula e das raízes nervosas é envolvida (**Figura 2.7**). Mesmo após a correção cirúrgica, permanecerão déficits neurológicos variáveis, de acordo com o nível e a extensão da lesão. Podem ocorrer desde distúrbios no controle vesical até a paraplegia. Em muitos casos, está relacionada com hidrocefalia e malformação de Chiari, em que há uma herniação do cerebelo em direção ao canal vertebral, podendo ou não causar sintomas.

O fechamento da porção anterior do tubo neural é bastante sensível a teratógenos ambientais, cuja ação pode dar origem a defeitos de fechamento muito graves, como a anencefalia, caracterizada pela ausência do prosencéfalo e do crânio, e é sempre fatal. Em casos mais leves, podem surgir as chamadas *encefaloceles*, em que ocorre a herniação de partes do encéfalo (**Figura 2.8**).

O uso de ácido fólico de rotina nas mulheres com intenção de engravidar vem reduzindo a incidência dos distúrbios de fechamento do tubo neural.

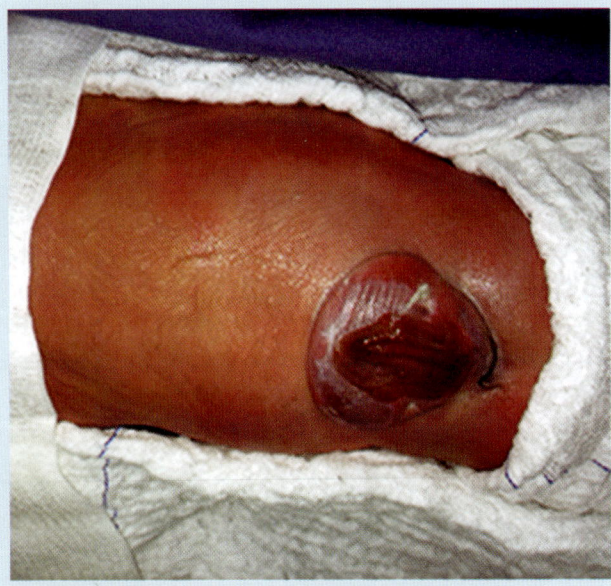

Figura 2.7 Criança com mielomeningocele toracolombar e paraplegia flácida mesmo após a correção cirúrgica.
Fonte: Cortesia do Dr. Humberto Schroeder.

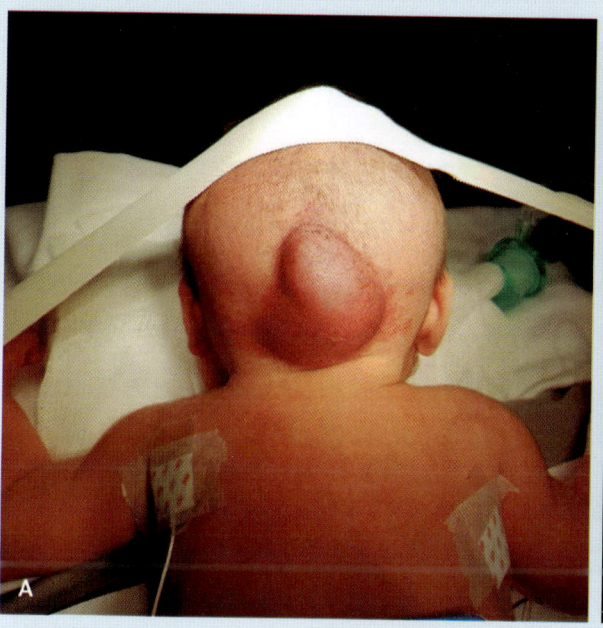
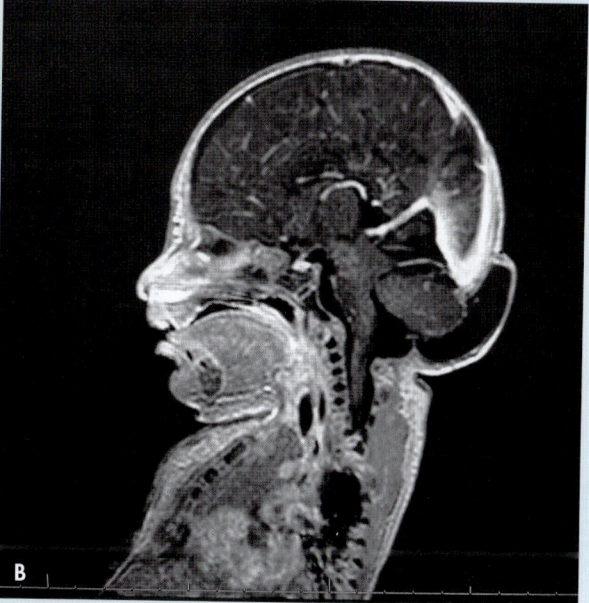

Figura 2.8 **(A)** Criança com encefalocele occipital. **(B)** Ressonância magnética mostrando a falha óssea na região posterior do crânio e herniação do cerebelo.
Fonte: Cortesia do Dr. Charles Kondageski.

4.2 Distúrbios de migração neuronal

Em certas situações, alguns neurônios não terminam a sua migração ou o fazem de forma anômala. Isso gera grupos de neurônios ectópicos (**Figura 2.9**), que têm a propensão de apresentar alta excitabilidade e potencial epileptogênico. As epilepsias decorrentes de distúrbios de migração tendem a ser de difícil controle, muitas vezes intratáveis com medicamentos. Podem ter como último recurso terapêutico a intervenção cirúrgica (ver também Capítulo 3, item 5.4).

Em alguns casos, graves distúrbios de migração envolvendo grandes áreas cerebrais podem ocasionar quadros de deficiência intelectual ou paralisia cerebral.

4.3 Hemorragia da matriz germinativa

Conforme visto no item 3.1, a proliferação neuronal ocorre na matriz germinativa, localizada nas regiões subependimárias periventriculares. Essa região é ricamente vascularizada e sujeita a hemorragias principalmente nos recém-nascidos prematuros submetidos à ventilação mecânica. Em decorrência da proximidade com a cápsula interna, as hemorragias da matriz germinativa podem ocasionar paralisia cerebral. Nesse quadro, a criança desenvolverá uma síndrome do neurônio motor superior em grau variado com hemiparesia, hipertonia e hiper-reflexia (**Figura 2.10**). Nos casos bilaterais, haverá tetraparesia. As fibras mais mediais da cápsula interna correspondem às fibras provenientes da área motora dos membros inferiores. Portanto, o acometimento poderá ocorrer apenas nesses membros, resultando no quadro conhecido como *diparesia espástica*.

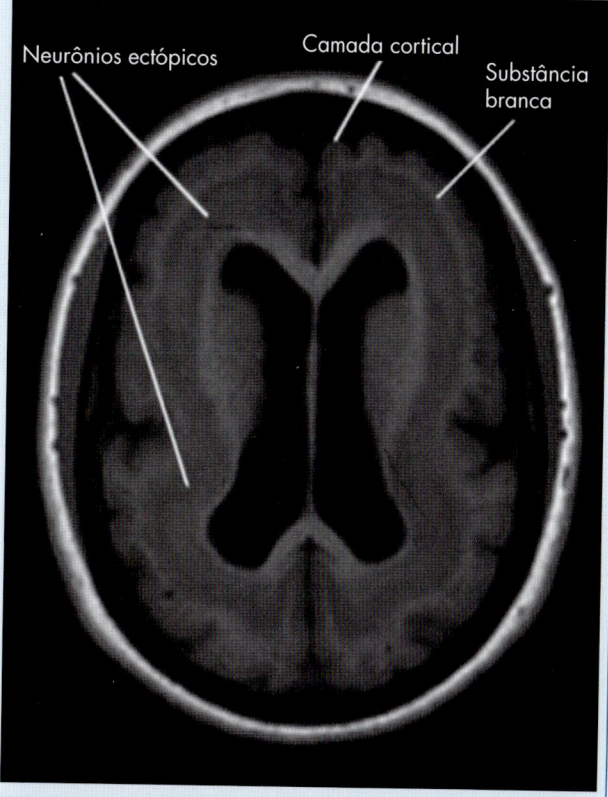

Figura 2.9 Ressonância magnética mostrando um distúrbio de migração neuronal, heterotopia em banda. Vê-se uma fina camada cortical formando poucos sulcos e giros e, após pequena faixa de substância branca, uma grossa camada de neurônios ectópicos que não terminaram o seu processo de migração.
Fonte: Cortesia do Dr. Marco Antônio Rodacki.

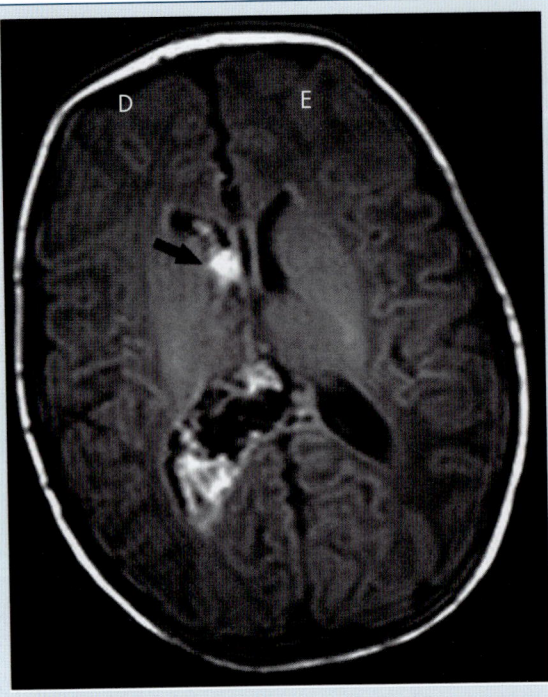

Figura 2.10 Hemorragia da matriz germinativa à direita (seta). Observa-se também hemorragia intraventricular.
Fonte: Cortesia do Dr. Marco Antônio Rodacki.

B – Divisões do sistema nervoso

A seguir, será feito um estudo das divisões do sistema nervoso de acordo com critérios anatômicos, embriológicos e funcionais, bem como segundo a segmentação ou metameria. O conhecimento preciso de cada termo e dos critérios utilizados para a sua caracterização é básico para a compreensão dos demais capítulos deste livro.

1. Divisão do sistema nervoso com base em critérios anatômicos

Esta divisão é a mais conhecida e encontra-se esquematizada na chave a seguir e na **Figura 2.11**:

$$\text{Sistema Nervoso Central} \begin{cases} \text{encéfalo} \begin{cases} \text{cérebro} \\ \text{cerebelo} \\ \text{tronco encefálico} \begin{cases} \text{mesencéfalo} \\ \text{ponte} \\ \text{bulbo} \end{cases} \end{cases} \\ \text{medula espinal} \end{cases}$$

$$\text{Sistema Nervoso Periférico} \begin{cases} \text{nervos} \begin{cases} \text{espinais} \\ \text{cranianos} \end{cases} \\ \text{gânglios} \\ \text{terminações nervosas} \end{cases}$$

▸ *Sistema nervoso central* é aquele que se localiza no interior do esqueleto axial (cavidade craniana e canal vertebral); *sistema nervoso periférico* é aquele que se encontra fora desse esqueleto. Embora quase sempre utilizada, essa distinção não é exata, pois, como é óbvio, os nervos e as raízes nervosas, para fazer conexão com o SNC, penetram no crânio e no canal vertebral. Além disso, alguns gânglios localizam-se no interior do esqueleto axial.

▸ *Encéfalo* é a parte do SNC situada dentro do crânio; a *medula* se localiza dentro do canal vertebral. Encéfalo e medula constituem o *sistema nervoso central*. No encéfalo, temos *cérebro, cerebelo* e *tronco encefálico* (**Figura 2.11**). A *ponte* separa o *bulbo*, situado caudalmente, do *mesencéfalo*, situado cranialmente. Dorsalmente à ponte e ao bulbo, localiza-se o cerebelo (**Figura 2.11**).

▸ *Nervos* são cordões esbranquiçados que unem o SNC aos órgãos periféricos. Se a união se faz com o encéfalo, os nervos são *cranianos;* se com a medula, *espinais*. Com relação a alguns nervos e raízes nervosas, existem dilatações constituídas sobretudo de corpos de neurônios, que são os *gânglios*. Do ponto de vista funcional, existem *gânglios sensitivos* e *gânglios motores viscerais* (do sistema nervoso autônomo). Na extremidade das fibras que constituem os nervos, situam-se as *terminações nervosas* que, do ponto de vista funcional, são de dois tipos: *sensitivas* (ou aferentes) e *motoras* (ou eferentes).

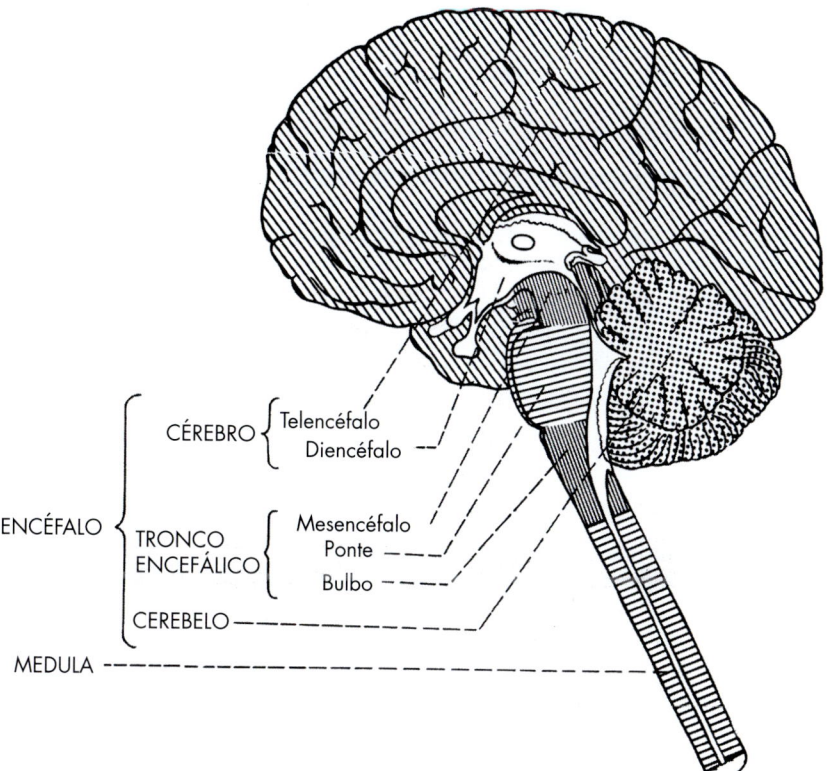

Figura 2.11 Partes componentes do sistema nervoso central.

2. Divisão do sistema nervoso com base em critérios embriológicos

Nesta divisão, as partes do SNC do adulto recebem o nome da vesícula encefálica primordial que lhes deu origem, conforme pode ser visto no esquema a seguir.

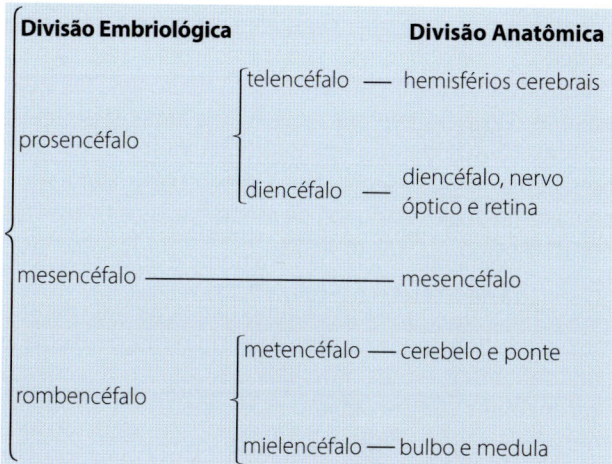

3. Divisão do sistema nervoso com base em critérios funcionais

Pode-se dividir o sistema nervoso em *sistema nervoso da vida de relação*, ou *somático*, e *sistema nervoso da vida vegetativa*, ou *visceral*. O *sistema nervoso da vida de relação* é aquele que relaciona o organismo com o meio ambiente. Apresenta um componente aferente e outro eferente. O componente aferente conduz aos centros nervosos impulsos originados em receptores periféricos, informando-os sobre o que se passa no meio ambiente. O componente eferente leva aos músculos estriados esqueléticos o comando dos centros nervosos, resultando, pois, em movimentos voluntários. *Sistema nervoso visceral* é aquele que se relaciona com a inervação e o controle das estruturas viscerais. É muito importante para a integração das diversas vísceras no sentido da manutenção da constância do meio interno. Assim como no sistema nervoso da vida de relação, distinguimos no sistema nervoso visceral uma parte aferente e outra eferente. O componente aferente conduz os impulsos nervosos originados em receptores das vísceras (*visceroceptores*) a áreas específicas do SNC. O componente eferente leva os impulsos originados em certos centros nervosos até as vísceras, terminando em glândulas, músculos lisos ou músculo cardíaco. O componente eferente do sistema nervoso visceral é denominado *sistema nervoso autônomo* e pode ser subdividido em *simpático* e *parassimpático*, de acordo com diversos critérios que serão estudados no Capítulo 12. O esquema a seguir resume o que foi exposto sobre a divisão funcional do sistema nervoso (SN). Essa divisão funcional do SN tem valor didático, mas não se aplica às áreas de associação terciárias do córtex cerebral, relacionadas às funções cognitivas, como linguagem e pensamentos abstratos.

Divisão funcional do sistema nervoso	sistema nervoso somático	aferente	
		eferente	
	sistema nervoso visceral	aferente	
		eferente = SN autônomo	parassimpático / simpático

4. Divisão do sistema nervoso com base na segmentação ou metameria

Pode-se dividir o sistema nervoso em *sistema nervoso segmentar* e *sistema nervoso suprassegmentar*. A segmentação no sistema nervoso é evidenciada pela conexão com os nervos. Pertencem, pois, ao sistema nervoso segmentar todo o sistema nervoso periférico mais aquelas partes do sistema nervoso central que estão em relação direta com os nervos típicos, ou seja, a medula espinal e o tronco encefálico. O cérebro e o cerebelo pertencem ao sistema nervoso suprassegmentar. Os nervos olfatório e óptico se ligam diretamente ao cérebro, mas veremos que não são nervos típicos. Essa divisão põe em evidência as semelhanças estruturais e funcionais existentes entre a medula e o tronco encefálico, órgãos do sistema nervoso segmentar, em oposição ao cérebro e ao cerebelo, órgãos do sistema nervoso suprassegmentar. Assim, nos órgãos do sistema nervoso suprassegmentar existe córtex, ou seja, uma camada fina de substância cinzenta, situada fora da substância branca. Já nos órgãos do sistema nervoso segmentar não há córtex, e a substância cinzenta pode localizar-se dentro da branca, como ocorre na medula. O sistema nervoso segmentar surgiu, na evolução, antes do suprassegmentar e, do ponto de vista funcional, pode-se dizer que lhe é subordinado. Assim, de modo geral, as comunicações entre o sistema nervoso suprassegmentar e os órgãos periféricos, receptores e efetuadores se efetuam através do sistema nervoso segmentar. Com base nessa divisão, pode-se classificar os arcos reflexos em *suprassegmentares*, quando o componente aferente se liga ao eferente no sistema nervoso suprassegmentar, e *segmentares*, quando isso acontece no sistema nervoso segmentar.

C – Organização geral do sistema nervoso

Com base nos conceitos já expostos, podemos ter uma ideia geral da organização geral do sistema nervoso (**Figura 2.12**). Os neurônios sensitivos, cujos corpos estão nos gânglios sensitivos, conduzem à medula ou ao tronco encefálico impulsos nervosos originados em receptores situados na superfície (p. ex., na pele) ou no interior (vísceras, músculos e tendões) do animal. Os prolongamentos centrais desses neurônios ligam-se diretamente (reflexo simples), ou por meio de neurônios de associação, aos neurônios motores (somáticos ou viscerais), os quais levam o impulso a músculos ou a glândulas, formando-se, assim, arcos reflexos mono- ou polissinápticos. Por esse mecanismo, podemos rápida e involuntariamente retirar a mão quando tocamos em uma chapa quente. Nesse caso, entretanto, é conveniente que o cérebro seja "informado" do ocorrido. Para isso, os neurônios sensitivos ligam-se a neurônios de associação situados na medula. Estes levam o impulso ao cérebro, onde o é interpretado, tornando-se consciente e manifestando-se como dor. Convém lembrar que, no exemplo dado, a retirada reflexa da mão é automática e independe da sensação de dor. Na realidade, o movimento reflexo é feito mesmo quando a medula está seccionada, o que obviamente impede qualquer sensação abaixo do nível da lesão. As fibras que levam ao sistema nervoso suprassegmentar as informações recebidas no sistema nervoso segmentar constituem as grandes vias ascendentes do sistema nervoso. No exemplo anterior, tornando-se consciente do que ocorreu, o indivíduo, por meio de áreas de seu córtex cerebral, decidirá se deve tomar algumas providências, como cuidar de sua mão queimada ou desligar a chapa quente. Qualquer dessas ações envolverá a execução de um ato motor voluntário. Para isso, os neurônios das áreas motoras do córtex cerebral enviam uma "ordem", por meio de fibras descendentes, aos neurônios motores situados no sistema nervoso segmentar. Estes "retransmitem" a ordem aos músculos estriados, de modo que os movimentos necessários ao ato sejam realizados. A coordenação desses movimentos é realizada por várias áreas do SNC, sendo o cerebelo uma das mais importantes. Ele recebe, por meio do sistema nervoso segmentar, informações sobre o grau de contração dos músculos e envia, através de vias descendentes complexas, impulsos capazes de coordenar a resposta motora (**Figura 2.12**), que é também coordenada por algumas partes do cérebro. Por ser relevante, a situação que produziu a queimadura será armazenada em algumas regiões do cérebro relacionadas com a memória, resultando em um aprendizado que ajudará a evitar novos acidentes.

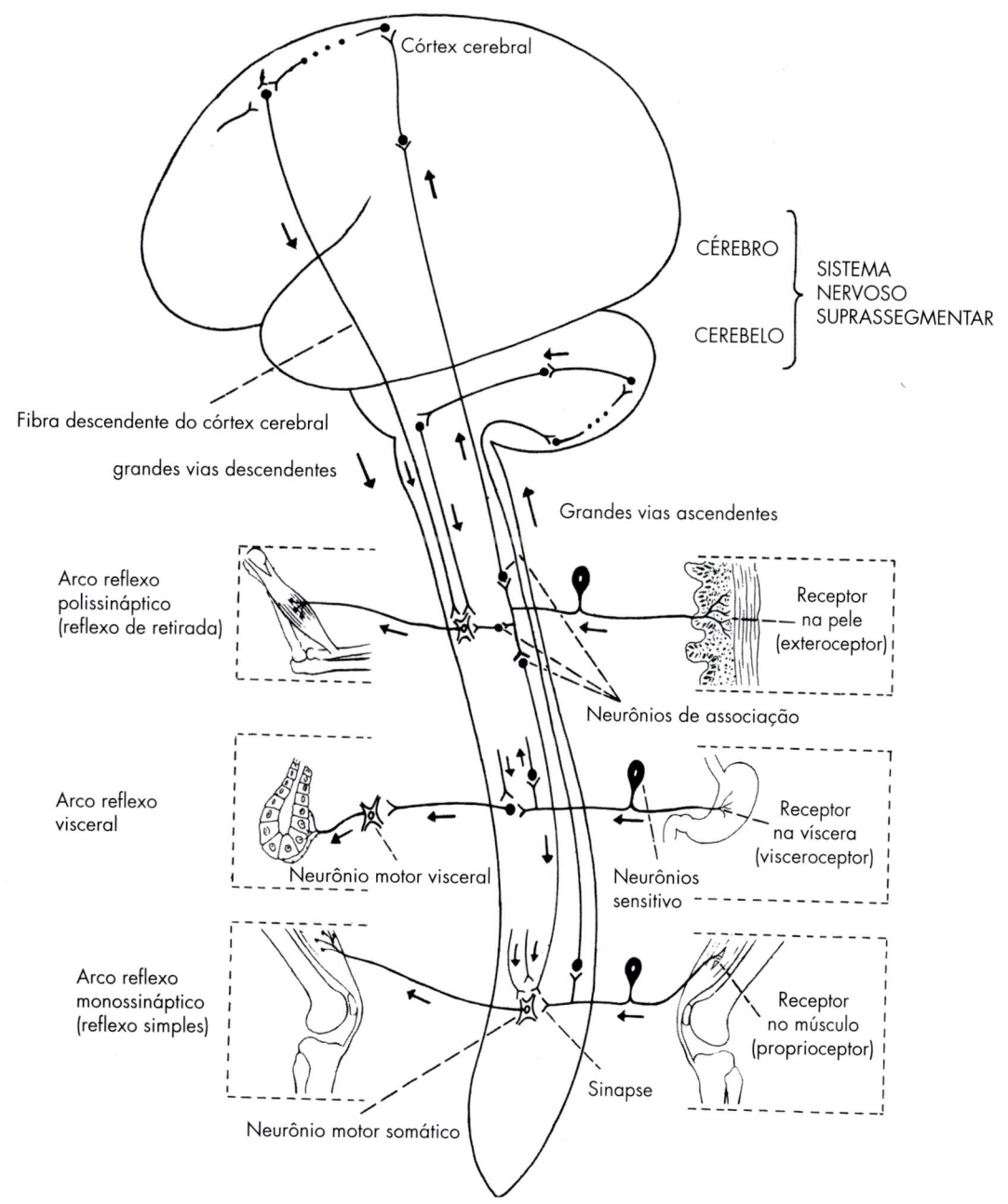

Figura 2.12 Esquema simplificado da organização geral do sistema nervoso de um mamífero.

Leitura sugerida

FEINBERG, I. Schizophrenia: caused by a fault in programmed synaptic elimination during adolescence? J Psychiatr Res 17:319-324, 1983.

STEPHAN, A.H.; BARRES, B.A; STEVENS B. The complement systems: an unexpected role in synaptic pruning during development and disease. Annu Ver Neurosci 35:369-389, 2012.

capítulo 3

Tecido Nervoso

■ Conceição R. S. Machado

O tecido nervoso compreende basicamente dois tipos celulares: os neurônios e as células gliais ou neuróglia. O neurônio é a sua unidade fundamental, com a função básica de receber, processar e enviar informações. A neuróglia compreende células que ocupam os espaços entre os neurônios, com funções de sustentação, revestimento ou isolamento, modulação da atividade neuronal e de defesa. Após a diferenciação, os neurônios dos vertebrados não se dividem. Aqueles que morrem como resultado de programação natural ou por efeito de toxinas, doenças ou traumatismos jamais serão substituídos. Isso é válido para a grande maioria dos neurônios do sistema nervoso central (SNC). Entretanto, em duas partes do cérebro, o bulbo olfatório e o hipocampo, neurônios novos são formados em grande número diariamente, mesmo em adultos. No hipocampo, esses neurônios morrem em poucas semanas. Há evidência de que esses neurônios transitórios estão relacionados com a capacidade do hipocampo de formar novas memórias (Capítulo 28).

1. Neurônios

São células altamente excitáveis, que se comunicam entre si ou com células efetuadoras (células musculares e secretoras), utilizando basicamente uma linguagem elétrica, qual seja, modificações do potencial de membrana. Estima-se que o encéfalo humano tenha em torno de 86 bilhões de neurônios, dos quais 80% encontram-se no cerebelo. Como será visto nos itens 1.1 a 1.3, a maior parte dos neurônios apresenta três regiões responsáveis por funções especializadas: *corpo celular*; *dendritos* (do grego *déndron* = árvore); e *axônio* (do grego *áxon* = eixo), conforme esquematizado na **Figura 3.1**.

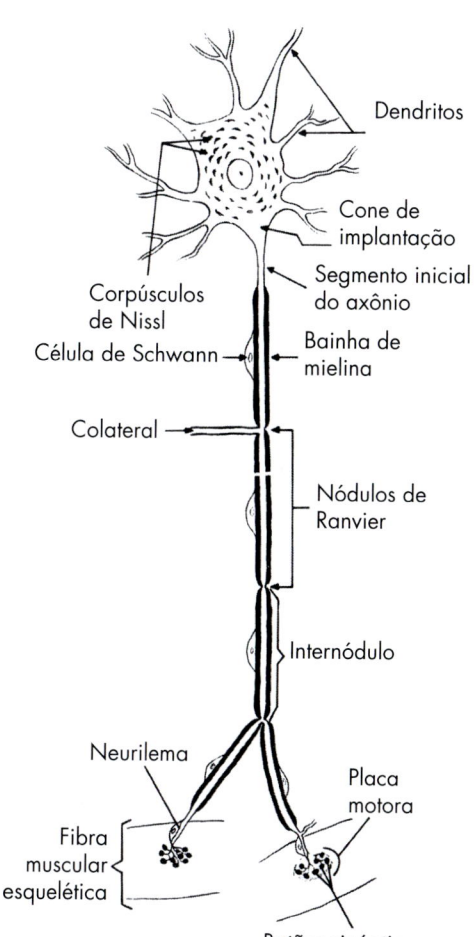

Figura 3.1 Desenho esquemático de um neurônio motor, mostrando o corpo celular, os dendritos e o axônio que, após o segmento inicial, apresenta bainha de mielina, formada por célula de Schwann. O axônio, após ramificações, termina em placas motoras nas fibras musculares esqueléticas; em cada placa motora, observam-se vários botões sinápticos.

1.1 Corpo celular

Contém núcleo e citoplasma, com as organelas citoplasmáticas normalmente encontradas em outras células (**Figura 3.2**). O núcleo é, em geral, vesiculoso, com um ou mais nucléolos evidentes (**Figura 3.3**). Mas encontram-se também neurônios com núcleos densos, como é o caso dos núcleos dos grânulos do córtex cerebelar. O citoplasma do corpo celular recebe o nome de *pericário*. No pericário, salienta-se a riqueza em ribossomas, retículo endoplasmático granular e agranular e aparelho de Golgi, ou seja, as organelas envolvidas em síntese de proteínas (**Figura 3.2**). Os ribossomas podem concentrar-se em pequenas áreas citoplasmáticas, onde ocorrem livres ou aderidos a cisternas do retículo endoplasmático. Em consequência, à microscopia óptica são vistos grumos basófilos, conhecidos como *corpúsculos de Nissl* ou *substância cromidial* (**Figura 3.3**). Mitocôndrias, abundantes e geralmente pequenas, estão distribuídas por todo o pericário, sobretudo ao redor dos corpúsculos de Nissl (**Figura 3.2**). Microtúbulos e microfilamentos de actina são idênticos aos de células não neuronais, mas os filamentos intermediários (de 8 μm a 11 μm de diâmetro) diferem, por sua constituição bioquímica, dos das demais células; são específicos dos neurônios, razão pela qual são denominados *neurofilamentos*.

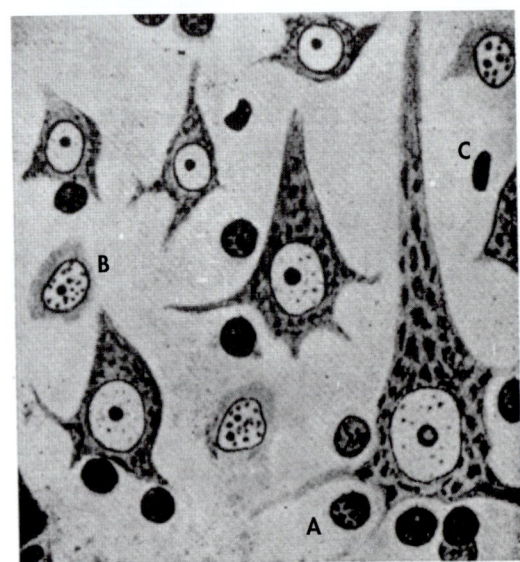

Figura 3.3 Neurônios piramidais pequenos, médios e grandes do córtex cerebral, à microscopia óptica. Em cada neurônio, observem-se o núcleo claro com nucléolo evidente e o citoplasma repleto de corpúsculos de Nissl. Entre os neurônios, aparecem **(A)** núcleos de oligodendrócitos, **(B)** astrócitos protoplasmáticos e **(C)** de microgliócitos (segundo del Río Hortega).

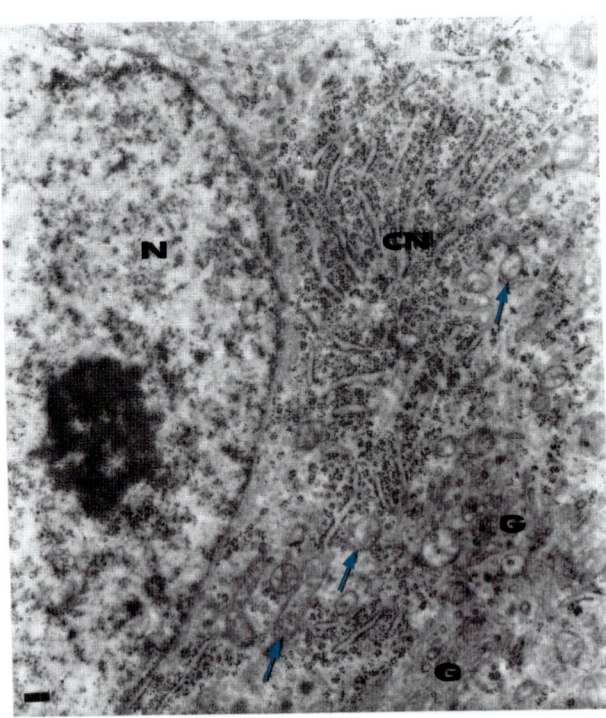

Figura 3.2 Eletromicrografia de parte do corpo celular de um neurônio do sistema nervoso autônomo, mostrando porção do núcleo (**N**) com um nucléolo e citoplasma, onde se destacam um corpúsculo de Nissl (**CN** = concentração de retículo endoplasmático granular e ribossomos), mitocôndrias (setas) e aparelho de Golgi (**G**). Barra = 0,2 μm.
Fonte: Cortesia da Profª. Elizabeth R. S. Camargos.

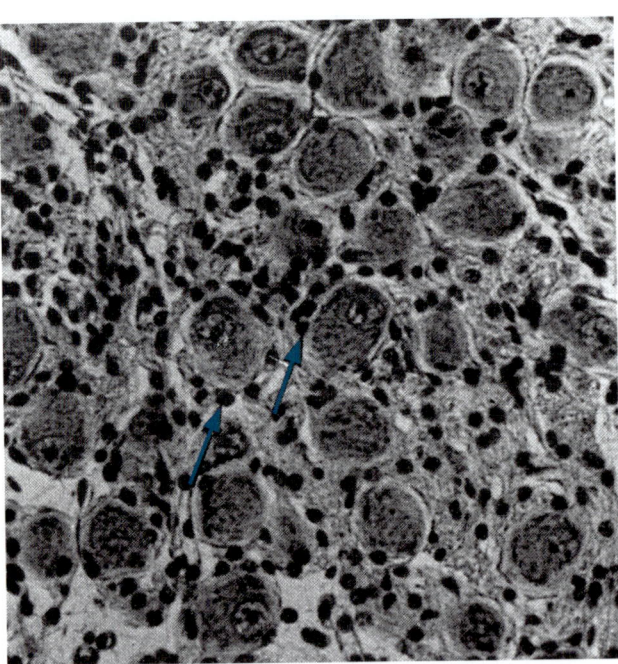

Figura 3.4 Fotomicrografia mostrando os corpos celulares esferoidais de neurônios de um gânglio sensitivo e núcleos de células-satélites (setas).

O corpo celular é o centro metabólico do neurônio, responsável pela síntese de todas as proteínas neuronais, bem como pela maioria dos processos de degradação e de renovação de constituintes celulares, inclusive de membranas. As funções de degradação justificam a riqueza em lisossomas, entre os quais os chamados *grânulos de lipofuscina*. Estes são corpos lisossômicos residuais que aumentam em número com a idade.

A forma e o tamanho do corpo celular são extremamente variáveis, conforme o tipo de neurônio. Por exemplo, nas células de Purkinje do córtex cerebelar (**Figura 22.2**), os corpos celulares são piriformes e grandes, com diâmetro médio de 50 a 80 µm; nesse mesmo córtex, nos grânulos do cerebelo, são esferoidais, com diâmetro de 4 a 5 µm; nos neurônios sensitivos dos gânglios espinais, são também esferoidais, mas com 60 a 120 µm de diâmetro (**Figura 3.4**). Corpos celulares estrelados e piramidais (**Figura 3.3**) são também comuns, ocorrendo, por exemplo, no córtex cerebral (**Figura 25.3**). Do corpo celular partem os prolongamentos (dendritos e axônio), porém as técnicas histológicas de rotina (**Figura 3.3**) mostram apenas o corpo neuronal e, nos maiores, as porções iniciais de seus prolongamentos. A visualização destes últimos exige técnicas especiais de coloração.

O corpo celular é, como os dendritos, local de recepção de estímulos, por intermédio de contatos sinápticos, conforme será discutido no item 1.7. Nas áreas da membrana plasmática do corpo neuronal, que não recebem contatos sinápticos, apoiam-se elementos gliais.

1.2 Dendritos

Geralmente são curtos (de alguns micrômetros a alguns milímetros de comprimento), ramificam-se em profusão, à maneira de galhos de uma árvore, originando dendritos de menor diâmetro, e apresentam as mesmas organelas do pericário. No entanto, o aparelho de Golgi limita-se às porções mais calibrosas, próximas ao pericário. Já a substância de Nissl penetra nos ramos mais afastados, diminuindo gradativamente até ser excluída das menores divisões. Caracteristicamente, os microtúbulos são elementos predominantes nas porções iniciais e ramificações mais espessas.

Os dendritos são especializados em receber estímulos, traduzindo-os em alterações do potencial de repouso da membrana que se propagam em direção ao corpo do neurônio e, deste, em direção ao cone de implantação do axônio, processo que será visto no item 1.4. Na estrutura dos dendritos, merecem destaque as espinhas dendríticas que existem em grande número em muitos neurônios. Elas constituem expansões da membrana plasmática do neurônio com características específicas. Cada espinha é constituída por um componente distal globoso, ligado à superfície do dendrito por uma haste. A parte globosa está conectada a um ou dois terminais axônicos, formando com eles sinapses axodendríticas, que serão estudadas mais adiante. Verificou-se que o número de espinhas dendríticas, em algumas áreas do cérebro, aumenta quando ratos são colocados em gaiolas enriquecidas com objetos de cores e formas diferentes e elementos móveis que ativam a sensibilidade. Estudos de neurônios in vitro mostraram o aparecimento ou desaparecimento de espinhas dendríticas e, consequentemente, das sinapses aí existentes. Esses resultados comprovam que o ambiente pode modificar sinapses no sistema nervoso central, demonstrando sua plasticidade, que pode estar relacionada à memória e à aprendizagem, como será visto no Capítulo 28. Sabe-se também que as espinhas dendríticas estão diminuídas em crianças com deficiência intelectual, como na síndrome de Down.

1.3 Axônio

A grande maioria dos neurônios tem um axônio, prolongamento longo e fino, que se origina do corpo ou de um dendrito principal, em uma região denominada *cone de implantação*, praticamente desprovida de substância cromidial (**Figura 3.1**). O axônio apresenta comprimento muito variável, dependendo do tipo de neurônio, podendo ter, na espécie humana, de alguns milímetros a mais de 1 metro, como os axônios que, da medula, inervam um músculo no pé. O citoplasma dos axônios contém microtúbulos, neurofilamentos, microfilamentos, retículo endoplasmático agranular, mitocôndrias e vesículas. Os axônios, após emitir um número variável de colaterais, geralmente sofrem arborização terminal. Por intermédio dessa porção terminal, estabelecem conexões com outros neurônios ou com células efetuadoras (**Figura 3.1**), músculos e glândulas. Alguns neurônios, entretanto, especializam-se em secreção. Seus axônios terminam próximos a capilares sanguíneos, que captam o produto de secreção liberado, em geral um polipeptídio. Neurônios desse tipo são denominados *neurossecretores* (**Figuras 21.3** e **21.4**) e estão presentes na região do cérebro denominada hipotálamo (Capítulo 21, item 2.4).

1.4 Atividade elétrica dos neurônios

A membrana celular separa dois ambientes que apresentam composições iônicas próprias: o meio intracelular (citoplasma), onde predominam íons orgânicos com cargas negativas e potássio (K^+); e o meio extracelular, em que predominam sódio (Na^+) e cloro (Cl^-). As cargas elétricas dentro e fora da célula são responsáveis pelo estabelecimento de um potencial elétrico de membrana. Na maioria dos neurônios, o potencial de membrana em repouso está em torno de –60 mV a –70 mV, com excesso de cargas negativas no interior da célula. Movimentos de íons através da membrana permitem alterações desse potencial. Íons só atravessam a membrana por canais iônicos, obedecendo aos gradientes de concentração e elétricos. Os canais iônicos são formados por proteína e caracterizam-se pela seletividade e, alguns deles, pela capacidade de fechar-se e abrir-se. Estes últimos podem ser controlados por diferentes mecanismos. Assim, temos canais iônicos sensíveis a: voltagem, neurotransmissores, fosforilação de sua porção citoplasmática ou a estímulos mecânicos, como distensão e pressão.

Os dendritos são especializados em receber estímulos, traduzindo-os em alterações do potencial de repouso da membrana. Essas alterações envolvem entrada ou saída de determinados íons e podem expressar-se por pequena despolarização ou hiperpolarização. A despolarização é excitatória e significa redução da carga negativa do lado citoplasmático da membrana. A hiperpolarização é inibitória e significa aumento da carga negativa do lado de dentro da célula ou, então, aumento da positiva do lado de fora. Exemplificando, canais de Cl⁻, sensíveis a um dado neurotransmissor, abrem-se quando há ligação com esse neurotransmissor, permitindo a entrada de íons cloro para o citoplasma. Em consequência, o potencial de membrana pode, por exemplo, passar de –60 mV para –90 mV, ou seja, há hiperpolarização da membrana. Já canais de Na⁺, fechados em situação de repouso da membrana, ao se abrirem, causam entrada de íons Na⁺ para o interior da célula, diminuindo o potencial de membrana, que pode passar, por exemplo, para –45 mV. Nesse caso, há despolarização da membrana. Os distúrbios elétricos que ocorrem ao nível dos dendritos e do corpo celular constituem potenciais graduáveis (podem somar-se), também chamados *eletrotônicos*, de pequena amplitude (100 µV; –10 mV), e que percorrem pequenas distâncias (1 mm a 2 mm no máximo) até que se extingam. Esses potenciais propagam-se em direção ao corpo e, neste, em direção ao cone de implantação do axônio até a chamada *zona de disparo* (ou de gatilho), onde existem canais de Na⁺ e de K⁺ sensíveis à voltagem. A abertura dos canais de Na⁺ sensíveis à voltagem no segmento inicial do axônio (zona de disparo) gera alteração do potencial de membrana denominado potencial de ação ou impulso nervoso, ou seja, despolarização da membrana de grande amplitude (70 mV a 110 mV), do tipo "tudo ou nada", capaz de repetir-se ao longo do axônio, conservando sua amplitude até atingir a terminação axônica. Portanto, o axônio é especializado em gerar e conduzir o potencial de ação. Constitui o local onde o primeiro potencial de ação é gerado e a zona de disparo na qual concentram-se canais de sódio e potássio sensíveis à voltagem (**Figura 3.5**), isto é, canais iônicos que ficam fechados no potencial de repouso da membrana e abrem-se quando despolarizações de pequena amplitude (os potenciais graduáveis referidos antes) os atingem. O potencial de ação originado na zona de disparo repete-se ao longo do axônio, uma vez que ele próprio origina distúrbio local eletrotônico, que se propaga até novos locais ricos em canais de sódio e potássio sensíveis à voltagem, dispostos ao longo do axônio (**Figura 3.6**).

A despolarização de 70 mV a 110 mV resulta da grande entrada de Na⁺; segue-se a repolarização por saída de potássio, através dos canais de K⁺ sensíveis à voltagem, que se abrem com mais lentidão. A volta às condições de repouso, no que diz respeito às concentrações iônicas dentro e fora do neurônio, efetua-se por ação da chamada *bomba de sódio e potássio*. A bomba de sódio e potássio é uma proteína grande que atravessa a membrana plasmática do axônio e bombeia o Na⁺ para fora e o K⁺ para dentro do axônio, utilizando a energia fornecida pela hidrólise de ATP.

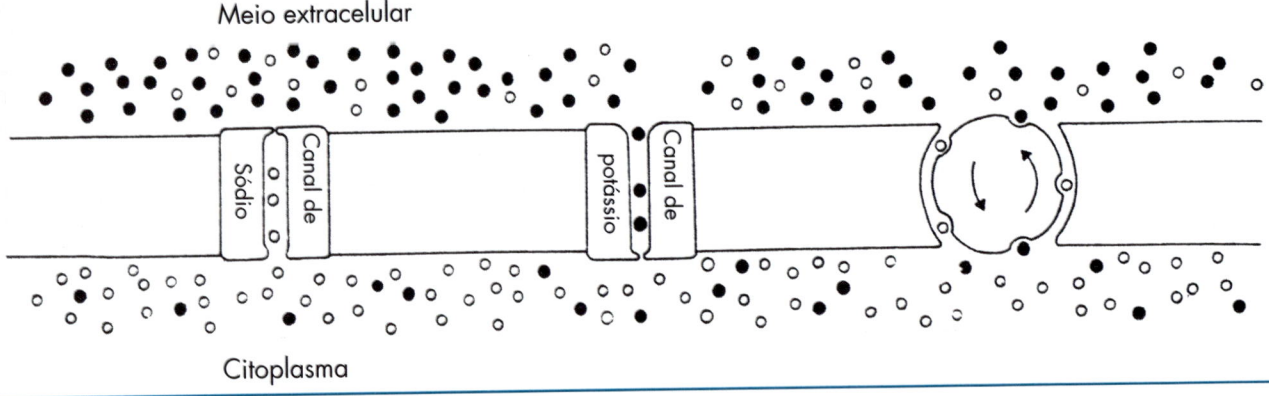

Figura 3.5 Desenho esquemático de membrana axônica, mostrando canal de sódio e canal de potássio sensíveis à voltagem e à bomba de sódio e potássio (com setas), responsável pela reconstituição das concentrações corretas desses íons dentro e fora da célula, após a deflagração do potencial de ação. Os círculos vazios representam íons de sódio e os cheios, íons de potássio.

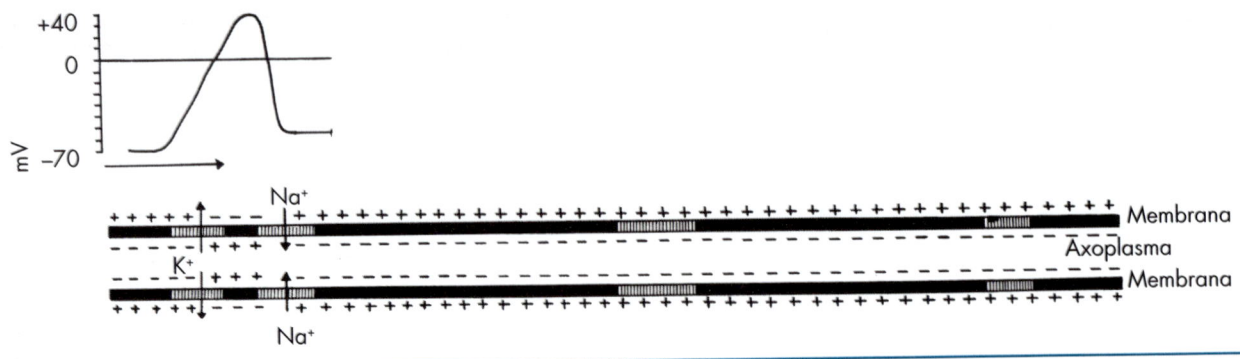

Figura 3.6 Desenho esquemático de um segmento axônico, mostrando locais (linhas paralelas) ricos em canais de sódio e potássio sensíveis à voltagem, na membrana plasmática. Nos locais assinalados pelas setas, está ocorrendo despolarização maior que 100 mV, seguida de repolarização, ou seja, um potencial de ação representado no canto superior esquerdo.

1.5 Classificação dos neurônios quanto aos seus prolongamentos

A maioria dos neurônios tem vários dendritos e um axônio, por isso são chamados *multipolares* (**Figura 3.1**). Mas há, também, *neurônios bipolares* e *pseudounipolares*. Nos neurônios bipolares (**Figura 1.5B**), dois prolongamentos deixam o corpo celular, um dendrito e um axônio. Entre eles, estão os neurônios bipolares da retina e do gânglio espiral do ouvido interno. Nos neurônios pseudounipolares (**Figura 1.5C**), cujos corpos celulares se localizam nos gânglios sensitivos, apenas um prolongamento deixa o corpo celular, logo dividindo-se, à maneira de um T, em dois ramos, um periférico e outro central. O primeiro dirige-se à periferia, onde forma *terminação nervosa sensitiva*; o segundo dirige-se ao SNC, onde estabelece contatos com outros neurônios. Na neurogênese, os neurônios pseudounipolares apresentam, de início, dois prolongamentos, havendo fusão posterior de suas porções iniciais. Ambos os prolongamentos têm estrutura de axônio, embora o ramo periférico conduza o impulso nervoso em direção ao pericário, à maneira de um dendrito. Como um axônio, esse ramo é capaz de gerar potencial de ação. Nesse caso, entretanto, a zona de gatilho situa-se perto da terminação nervosa sensitiva. Essa terminação recebe estímulos, originando potenciais graduáveis que, ao alcançar a zona de gatilho, provocam o surgimento de potencial de ação. Este é conduzido no sentido centrípeto, passando diretamente do prolongamento periférico ao prolongamento central.

1.6 Fluxo axoplasmático

Por não conter ribossomos, os axônios são incapazes de sintetizar proteínas. Portanto, toda proteína necessária à manutenção da integridade axônica, bem como às funções das terminações axônicas, deriva do pericário. Contudo, as terminações axônicas necessitam também de organelas, como mitocôndrias e retículo endoplasmático agranular. Assim, é necessário um fluxo contínuo de substâncias solúveis e de organelas, do pericário à terminação axônica. Para a renovação dos componentes das terminações, é imprescindível o fluxo de substâncias e organelas em sentido oposto, ou seja, em direção ao pericário. Esse movimento de organelas e substâncias solúveis através do axoplasma é denominado *fluxo axoplasmático*. Há dois tipos de fluxo, que atuam em paralelo: *fluxo axoplasmático anterógrado*,[1] em direção à terminação axônica, e *fluxo axoplasmático retrógrado*, em direção ao pericário.

As terminações axônicas têm capacidade endocítica. Essa propriedade permite a captação de substâncias tróficas, como os fatores de crescimento de neurônios, que são carreadas até o corpo celular pelo fluxo axoplasmático retrógrado. A endocitose e o transporte retrógrado explicam também por que certos agentes patogênicos, como o vírus da raiva e toxinas, podem atingir o SNC, após captação pelas terminações axônicas periféricas (item 5.3).

O fluxo axoplasmático permitiu a realização de várias técnicas *neuroanatômicas* embasadas em captação e transporte de substâncias que, posteriormente, possam ser detectadas. Assim, por exemplo, um aminoácido radioativo introduzido em determinado ponto da área motora do córtex cerebral é captado por pericários corticais e, pelo fluxo axoplasmático anterógrado, alcança a medula, onde pode ser detectado por radioautografia. Pode-se, então, concluir que existe uma via corticospinal, ou seja, uma via formada por neurônios cujos pericários estão no córtex e os axônios terminam na medula. Outro modo de se estudar esse tipo de problema consiste no uso de macromoléculas que, após captação pelas terminações nervosas, são transportadas até o pericário graças ao fluxo axoplasmático retrógrado. Assim, introduzindo-se a enzima peroxidase em determinadas áreas da medula, posteriormente ela poderá ser localizada, com técnica histoquímica, nos pericários dos neurônios corticais que formam a via corticospinal referida. O método de marcação retrógrada com peroxidase causou enorme avanço da Neuroanatomia nas últimas décadas do século passado.

1.7 Sinapses

Os neurônios, sobretudo através de suas terminações axônicas, entram em contato com outros neurônios, passando-lhes informações. Os locais desses contatos são denominados *sinapses* ou, mais precisamente, *sinapses interneuronais*. No sistema nervoso periférico, terminações axônicas podem relacionar-se também com células não neuronais ou efetuadoras, como células musculares (esqueléticas, cardíacas ou lisas) e células secretoras (p. ex., em glândulas salivares), controlando as suas funções. Os termos *sinapses* e *junções neuroefetuadoras* são utilizados para denominar esses contatos.

Quanto à morfologia e ao modo de funcionamento, reconhecem-se dois tipos de sinapses: *sinapses elétricas*; e *sinapses químicas*.

1.7.1 Sinapses elétricas

São raras em vertebrados e exclusivamente interneuronais. Nessas sinapses, as membranas plasmáticas dos neurônios envolvidos entram em contato em uma pequena região onde o espaço entre elas é de apenas 2 a 3 μm. No entanto, há acoplamento iônico, isto é, ocorre comunicação entre os dois neurônios através de canais iônicos concentrados em cada uma das membranas em contato. Esses canais projetam-se no espaço intercelular, justapondo-se de modo a estabelecer comunicações intercelulares que permitem a passagem direta de pequenas moléculas, como íons, do citoplasma de uma das células para o da outra (**Figura 3.7**). Essas junções servem para sincronizar a atividade de grupos de neurônios. Elas existem, por exemplo, no centro respiratório situado no bulbo e permitem o disparo sincronizado dos neurônios aí localizados, responsáveis pelo ritmo respiratório. Ao contrário das sinapses químicas, as sinapses elétricas não são polarizadas, ou seja, a comunicação entre os neurônios envolvidos é feita nos dois sentidos.

---

[1] O fluxo axoplasmático anterógrado compreende duas fases: uma fase rápida, envolvendo transporte de organelas delimitadas por membrana (mitocôndrias, vesículas e elementos do retículo endoplasmático agranular), com velocidade de 200 mm a 400 mm por dia; e outra lenta, com velocidade de 1 mm a 4 mm por dia, transportando proteínas do citoesqueleto e proteínas solúveis no citosol.

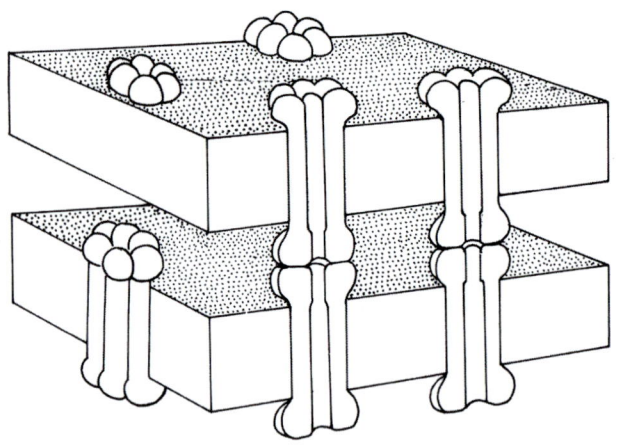

Figura 3.7 Desenho esquemático de uma sinapse elétrica. Partes das membranas plasmáticas de dois neurônios estão representadas por retângulos. Em cada uma, canais iônicos se justapõem, estabelecendo o acoplamento elétrico das duas células.

1.7.2 Sinapses químicas

Nos vertebrados, a grande maioria das sinapses interneuronais e todas as sinapses neuroefetuadoras são *sinapses químicas*, ou seja, a comunicação entre os elementos em contato depende da liberação de substâncias químicas, denominadas *neurotransmissores*.

1.7.2.1 Neurotransmissores e vesículas sinápticas

Entre os neurotransmissores conhecidos estão a *acetilcolina*, certos aminoácidos como a *glicina* e o *glutamato*, o *ácido gama-amino-butírico* (*GABA*) e as monoaminas: *dopamina, noradrenalina, adrenalina, serotonina* e *histamina*. O glutamato é o principal neurotransmissor excitatório do encéfalo e o GABA, o principal neurotransmissor inibitório. Muitos peptídeos também podem funcionar como neurotransmissores, a exemplo da *substância P*, em neurônios sensitivos, e os opioides. Estes últimos pertencem ao mesmo grupo químico da morfina e, entre eles, estão as *endorfinas* e as *encefalinas*.

Acreditava-se que cada neurônio sintetizasse apenas um neurotransmissor. Hoje, sabe-se que pode haver coexistência de neurotransmissores clássicos (acetilcolina, monoaminas e aminoácidos) com peptídeos.[2]

As sinapses químicas caracterizam-se por serem polarizadas, ou seja, apenas um dos dois elementos em contato, o chamado *elemento pré-sináptico,* tem o neurotransmissor. Este é armazenado em vesículas especiais, denominadas *vesículas sinápticas,* identificáveis apenas à microscopia eletrônica, em que apresentam morfologia variada. Os seguintes tipos de vesículas são mais comuns: *vesículas agranulares* (**Figura 3.9**), com 30 μm a 60 μm de diâmetro e com conteúdo elétron-lúcido (aparecem como se estivessem vazias); *vesículas granulares pequenas* (**Figuras 3.8** e **11.3**), de 40 μm a 70 μm de diâmetro, que apresentam conteúdo elétron-denso; *vesículas granulares grandes* (**Figuras 3.8** e **9.6**), com 70 μm a 150 μm de diâmetro, também com conteúdo elétron-denso delimitado por halo elétron-lúcido; *vesículas opacas grandes,* com 80 μm a 180 μm de diâmetro e conteúdo elétron-denso homogêneo, preenchendo toda a vesícula.

O tipo de vesícula sináptica predominante no elemento pré-sináptico depende do neurotransmissor que o caracteriza. Quando o elemento pré-sináptico libera, como neurotransmissor principal, a acetilcolina ou um aminoácido, ele apresenta, predominantemente, vesículas agranulares. As vesículas granulares pequenas contêm monoaminas; já as granulares grandes contêm monoaminas e/ou peptídeos e as opacas grandes, peptídeos. Durante muito tempo, acreditou-se que as vesículas sinápticas eram produzidas apenas no pericário, sendo levadas até as terminações axônicas através do fluxo axoplasmático. Hoje, sabe-se que, em certas situações, elas podem também ser produzidas na própria terminação axônica a partir do retículo endoplasmático liso.[3]

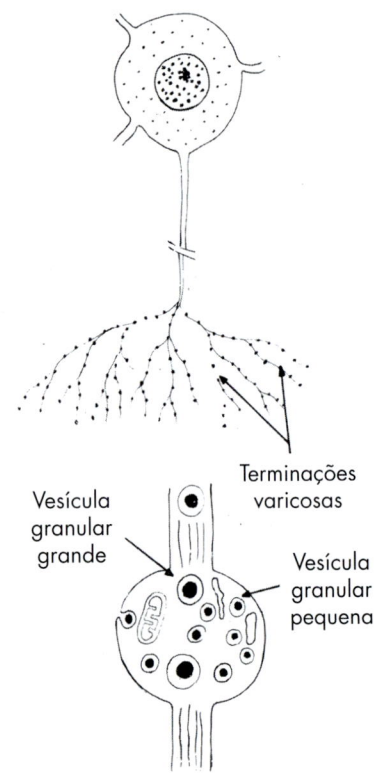

Figura 3.8 Desenho esquemático de um neurônio noradrenérgico periférico, mostrando profusa ramificação do axônio para formar terminações longas e varicosas. Abaixo, uma varicosidade ampliada mostra esquematicamente o seu conteúdo à microscopia eletrônica.

---

[2] Por exemplo, nas glândulas salivares, as fibras parassimpáticas liberam acetilcolina e, numa segunda fase, *peptídeo intestinal vasoativo* (*VIP*). No SNC, fibras dopaminérgicas podem conter *neurotensina* ou *colecistoquinina;* fibras serotoninérgicas, *substância P* ou *encefalina;* fibras GABA-érgicas, *somatostatina*.

[3] A descoberta desse fato foi feita por A.B.M. Machado, em vesículas sinápticas granulares de fibras simpáticas da glândula pineal em desenvolvimento (Machado, ABM. Electron microscopy of developing fibers in the rat pineal gland. The formation of granular vesicles. Progress in Brain Research 1971;34:171-185).

1.7.2.2 Sinapses químicas interneuronais

Na grande maioria dessas sinapses, uma terminação axônica entra em contato com qualquer parte de outro neurônio, formando-se, assim, *sinapses axodendríticas, axossomáticas* (com o pericário) ou *axoaxônicas*.

Nas sinapses em que o axônio é o elemento pré-sináptico, os contatos se fazem não só por meio de sua ponta dilatada, denominada *botão terminal*, mas também em dilatações, que podem ocorrer ao longo de toda a sua arborização terminal, os *botões sinápticos de passagem* (**Figura 21.4**). No caso de sinapses axodendríticas, o botão sináptico pode entrar em contato com uma espinha dendrítica.

As terminações axônicas de alguns neurônios, como os que usam monoamina como neurotransmissor (neurônios monoaminérgicos), são varicosas, isto é, apresentam dilatações simétricas e regulares, conhecidas como *varicosidades*, que têm o mesmo significado dos botões, ou seja, são locais pré-sinápticos onde se acumulam vesículas sinápticas (**Figura 3.8**).

Uma sinapse química compreende o *elemento pré-sináptico*, que armazena e libera o neurotransmissor, o *elemento pós-sináptico*, que contém receptores para o neurotransmissor, e uma *fenda sináptica*, que separa as duas membranas sinápticas. Para descrição, tomemos uma sinapse axodendrítica, como pode ser visualizado em microscópio eletrônico (**Figura 3.9A**). O elemento pré-sináptico é, no caso, um botão terminal que contém, no seu citoplasma, uma quantidade apreciável de vesículas sinápticas agranulares. Além disso, encontram-se algumas mitocôndrias, túbulos de retículo endoplasmático agranular, neurofilamentos e microfilamentos de actina. A membrana do botão, na face em aposição à membrana do dendrito, chama-se *membrana pré-sináptica*. Sobre ela, arrumam-se, em intervalos regulares, estruturas proteicas na forma de projeções densas que, em conjunto, formam a *densidade pré-sináptica*. As projeções densas têm disposição triangular e unem-se por delicados filamentos, de modo que a densidade pré-sináptica é, na verdade, uma grade em cujas malhas as vesículas sinápticas se encaixam (**Figura 3.9B**). Desse modo, essas vesículas se aproximam adequadamente da membrana pré-sináptica para se fundir rapidamente com ela, liberando o neurotransmissor por um processo de exocitose. A densidade pré-sináptica corresponde à *zona ativa* da sinapse, isto é, local no qual ocorre, de maneira eficiente, a liberação do neurotransmissor clássico na fenda sináptica. Sinapses com zona ativa são, portanto, *direcionadas*.

A *fenda sináptica* compreende o espaço de 20 μm a 30 μm que separa as duas membranas em aposição. Na verdade, esse espaço é atravessado por moléculas que mantêm firmemente unidas as duas membranas sinápticas.

O elemento pós-sináptico é formado pela *membrana pós-sináptica* e a *densidade pós-sináptica* (**Figura 3.9A**). Nessa membrana, inserem-se os receptores específicos para cada neurotransmissor. Esses receptores são formados por proteínas integrais que ocupam toda a espessura da membrana e projetam-se tanto do lado externo como do lado citoplasmático da membrana. No citoplasma, junto à membrana, concentram-se moléculas relacionadas com a função sináptica. Essas moléculas, juntamente com os receptores, provavelmente formam a densidade pós-sináptica. A *transmissão sináptica*, que pode ser excitatória ou inibitória, decorre da união do neurotransmissor com o seu receptor na membrana pós-sináptica. Veja a correlação anatomoclínica, item 5.4.

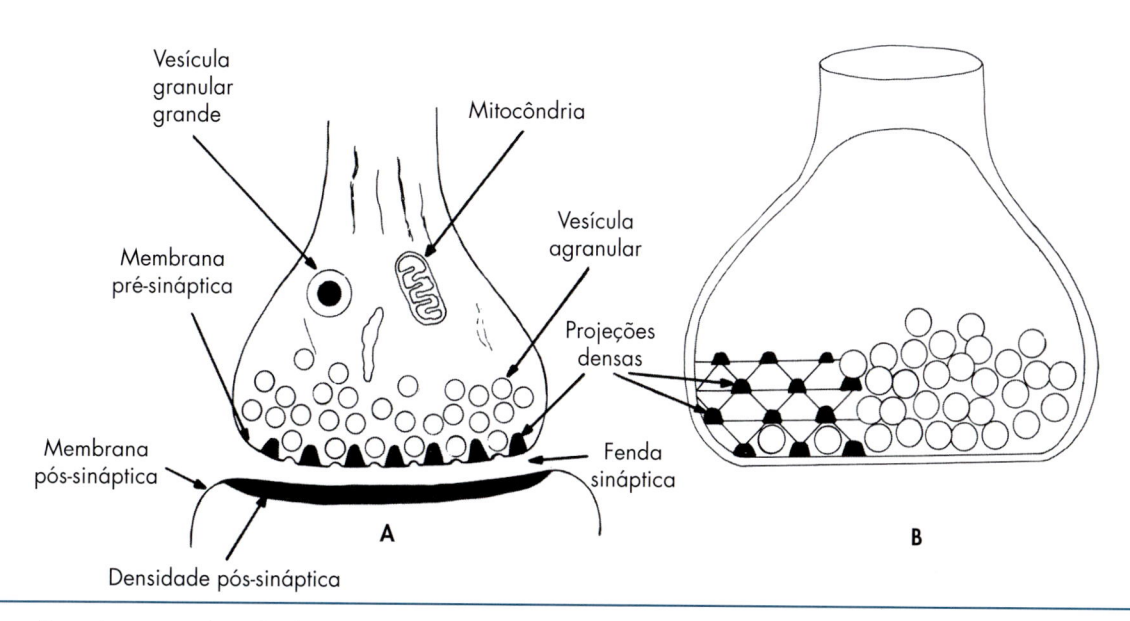

Figura 3.9 Desenho esquemático da ultraestrutura de uma sinapse química interneuronal axodendrítica. **(A)** Secção longitudinal, mostrando os componentes pré- e pós-sinápticos; **(B)** visão tridimensional do elemento pré-sináptico para visualização da grade pré-sináptica, que permite exocitose rápida das vesículas agranulares.

1.7.2.3 Sinapses químicas neuroefetuadoras

Essas sinapses, também chamadas *junções neuroefetuadoras*, envolvem os axônios dos nervos periféricos e uma célula efetuadora não neuronal. Se a conexão é feita com células musculares estriadas esqueléticas, tem-se uma *junção neuroefetuadora somática*; se com células musculares lisas ou cardíacas ou com células glandulares, tem-se uma *junção neuroefetuadora visceral*. A primeira compreende as *placas motoras* e em cada uma, o elemento pré-sináptico é a terminação axônica de neurônio motor somático, cujo corpo se localiza na coluna anterior da medula espinal ou no tronco encefálico. As junções neuroefetuadoras viscerais são os contatos das terminações nervosas dos neurônios do sistema nervoso autônomo, cujos corpos celulares se localizam nos gânglios autonômicos. As placas motoras são sinapses direcionadas, ou seja, em cada botão sináptico de cada placa há zonas ativas representadas, nesse caso, por acúmulos de vesículas sinápticas junto a barras densas, que se posicionam em intervalos sobre a membrana pré-sináptica; densidades pós-sinápticas com disposição característica também ocorrem (**Figura 9.4**). As junções neuroefetuadoras viscerais, por sua vez, não são direcionadas, ou seja, não apresentam zonas ativas e densidades pós-sinápticas. As junções neuroefetuadoras serão estudadas, com mais detalhes, no Capítulo 9.

1.7.2.4 Mecanismo da transmissão sináptica

Quando o impulso nervoso atinge a membrana pré-sináptica, origina pequena alteração do potencial de membrana capaz de abrir canais de cálcio sensíveis à voltagem, o que determina a entrada desse íon. O aumento de íons cálcio na membrana pré-sináptica provoca uma série de fenômenos. Alguns deles culminam com a fusão de vesículas sinápticas com a membrana pré-sináptica, e o subsequente processo denominado *exocitose*. Para evitar o aumento da quantidade de membrana pré-sináptica pela exocitose, dá-se o fenômeno oposto, a endocitose, que internaliza a membrana sob a forma de vesículas, as quais podem ser reutilizadas. Por meio da exocitose, ocorrem a liberação de neurotransmissor na fenda sináptica e sua difusão, até atingir os seus receptores na membrana pós-sináptica. Um receptor sináptico pode ser, ele próprio, um canal iônico, que se abre quando o neurotransmissor se liga a ele (canal sensível a neurotransmissor). Um canal iônico deixa passar de forma predominante, ou exclusiva, um dado íon. Se esse íon normalmente ocorrer em maior concentração fora do neurônio, como o Na^+ e o Cl^-, há entrada. Se sua concentração for maior dentro do neurônio, como no caso do K^+, há saída. Esses movimentos iônicos modificam o potencial de membrana, causando uma pequena despolarização, no caso de entrada de Na^+, ou uma hiperpolarização, no caso de entrada de Cl^- (aumento das cargas negativas do lado de dentro) ou de saída de K^+ (aumento das cargas positivas do lado de fora). Exemplificando, o receptor A do neurotransmissor GABA é ou está acoplado a um canal de cloro. Quando ativado pela ligação com GABA, há passagem de Cl^- para dentro da célula, com hiperpolarização (inibição). Já um dos receptores da acetilcolina, o chamado *receptor nicotínico*, é um canal de sódio. Quando ativado, há entrada de Na^+ com despolarização (excitação). Esses receptores, que se abrem para passagem de íons quando um neurotransmissor se liga a eles, são chamados *ionotrópicos*.

Existem também os receptores metabotrópicos. Estes se combinam com o neurotransmissor, dando origem a uma série de reações químicas que resultam na formação, no citoplasma do neurônio pós-sináptico, de uma nova molécula, chamada *segundo mensageiro*,[4] que provocará modificações na célula pós-sináptica, resultando, por exemplo, na abertura ou no fechamento de canais iônicos. Cada neurônio pode receber de 1 mil a 10 mil contatos sinápticos em seu corpo e dendritos. Os potenciais graduáveis pós-sinápticos excitatórios e inibitórios devem ser somados ou integrados. A região integradora desses potenciais é o cone de implantação do axônio ou está próxima dele. Se na zona de gatilho chegar uma voltagem no limiar de excitabilidade do neurônio, como uma despolarização de 15 mV, gera-se um potencial de ação que segue pelos axônios (**Figura 3.10**).

1.7.2.5 Inativação do neurotransmissor

A perfeita função das sinapses exige que o neurotransmissor seja rapidamente removido da fenda sináptica. Do contrário, ocorreria excitação ou inibição da membrana pós-sináptica por tempo prolongado. A remoção do neurotransmissor pode ser feita por ação enzimática. É o caso da acetilcolina, que é hidrolisada pela enzima acetilcolinesterase em acetato e colina. A colina é imediatamente captada pela terminação nervosa colinérgica, servindo como substrato para a síntese de nova acetilcolina pela própria terminação. É provável que proteases sejam responsáveis pela remoção dos peptídeos que funcionam como neurotransmissores ou neuromoduladores. Já no caso das monoaminas e dos aminoácidos, o principal mecanismo de inativação é a captação do neurotransmissor pela membrana pré-sináptica, por meio de mecanismo ativo e eficiente (bomba de captação). Essa captação pode ser bloqueada por drogas. Assim, a captação de monoaminas é facilmente bloqueada por cocaína, causando distúrbios psíquicos, porque a monoamina permanecerá acessível aos receptores de maneira continuada. Uma vez dentro do citoplasma do neurônio pré-sináptico, o neurotransmissor pode ser reutilizado ou inativado. Exemplificando, quando uma monoamina é captada, parte é bombeada para dentro de vesículas recicladas e parte é metabolizada pela enzima monoamina-oxidase (MAO). No SNC, processos astrocitários que envolvem as sinapses têm participação ativa na captação de neurotransmissores.

---

4 O segundo mensageiro mais conhecido é o AMP-cíclico. Nas sinapses em que o neurônio pré-ganglionar é noradrenérgico, ele se liga ao receptor α2 e resulta em uma pequena despolarização da membrana, o que aumenta um pouco a excitabilidade da sinapse. Diz-se, então, que o neurônio noradrenérgico exerce ação moduladora sobre o pós-sináptico, ou seja, modifica a sua excitabilidade.

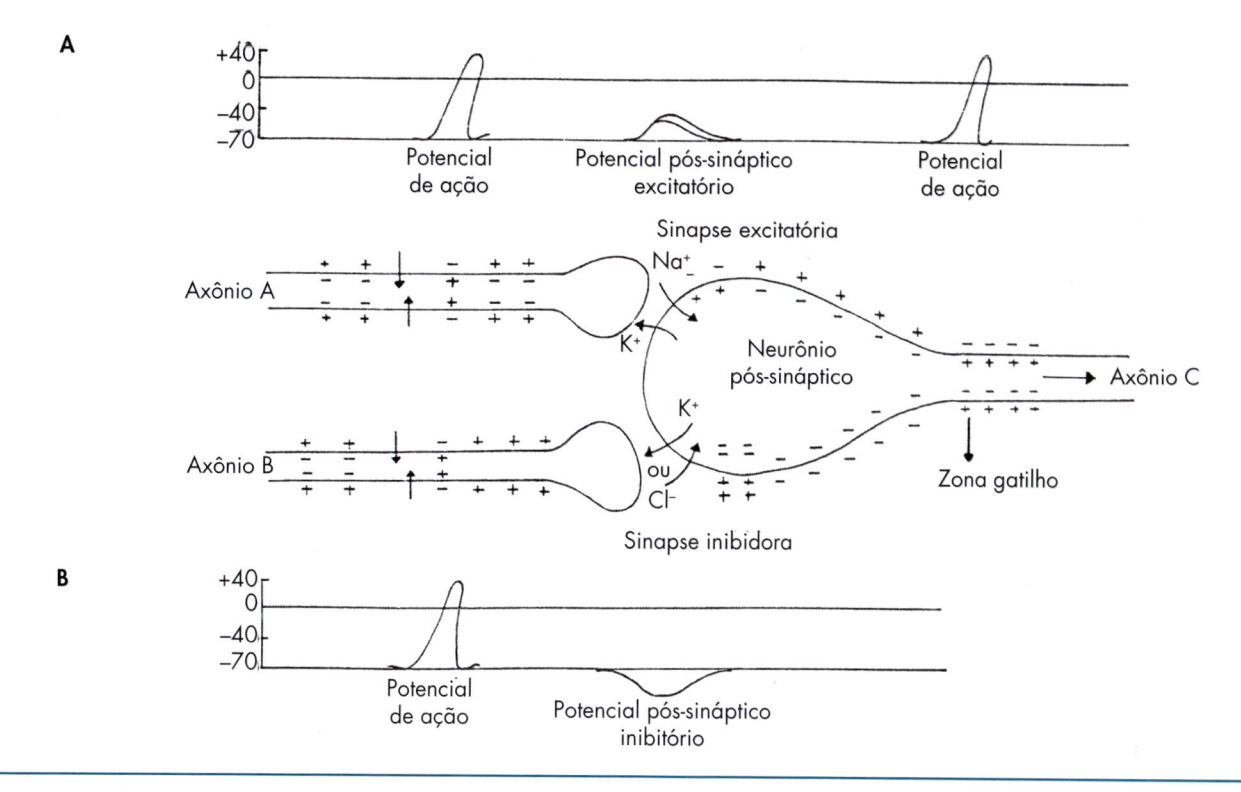

Figura 3.10 Desenho esquemático, mostrando a sequência de fenômenos desencadeados por potenciais de ação que atingem as terminações dos axônios **A** e **B**, envolvidos, respectivamente, em sinapses excitatória e inibitória. Os potenciais pós-sinápticos são sempre do tipo graduável.

2. Neuróglia

Tanto no SNC como no periférico, os neurônios relacionam-se com células coletivamente denominadas *neuróglia* ou *glia*. No encéfalo do homem, existem em torno de 86 bilhões de neurônios e 85 bilhões de células gliais. Ao contrário dos neurônios, as células da neuróglia são capazes de se multiplicar por mitose. Além de promoverem a sustentação e nutrição do neurônio, elas exercem funções complexas no desenvolvimento do encéfalo, modulam a função neuronal e estão relacionadas à gênese de algumas patologias.

2.1 Neuróglia do sistema nervoso central

No SNC, a neuróglia compreende *astrócitos, oligodendrócitos, microgliócitos* e um tipo de glia com disposição epitelial, as *células ependimárias*. Os astrócitos e os oligodendrócitos são coletivamente denominados *macróglia*, e os microgliócitos, *micróglia*. Os oligodendrócitos e os astrócitos correspondem à maioria das células da glia. A micróglia corresponde a menos de 10% das células gliais. As *células da macróglia* derivam do neuroectoderma. As células da micróglia são de origem mesodérmica. A macróglia e a micróglia colocam-se entre os neurônios e apresentam massa citoplasmática distribuída sobretudo em prolongamentos que, à microscopia óptica, são visualizados apenas com técnicas especiais, envolvendo, por exemplo, impregnação pela prata (**Figura 3.11**).

2.1.1 Astrócitos

Seu nome vem da forma semelhante a uma estrela. Porém, nem todos os astrócitos apresentam essa forma. São as mais importantes células da glia, caracterizados por inúmeros prolongamentos, restando pequena massa citoplasmática ao redor do núcleo (**Figura 3.3**). Reconhecem-se dois tipos: *astrócitos protoplasmáticos,* localizados na substância cinzenta; e *astrócitos fibrosos*, encontrados na substância branca. Os primeiros distinguem-se por apresentar prolongamentos mais espessos e curtos, que se ramificam em profusão (**Figura 3.11A**); já os prolongamentos dos astrócitos fibrosos são finos e longos e ramificam-se relativamente pouco (**Figura 3.11B**). Ao microscópio eletrônico, os astrócitos apresentam as organelas usuais, mas se caracterizam pela riqueza em filamentos intermediários que, embora semelhantes sob o aspecto morfológico aos observados em outras células, são constituídos por polipeptídeo específico da glia. Nos astrócitos fibrosos, esses filamentos são mais abundantes.

Ambos os tipos de astrócitos, por meio de expansões conhecidas como *pés vasculares*, apoiam-se em capilares sanguíneos (**Figura 3.11B**). Seus processos contatam também os corpos neuronais e dendritos em locais desprovidos de sinapses, bem como axônios e, de maneira especial, envolvem as sinapses, isolando-as. Têm, portanto, funções de sustentação e isolamento de neurônios e sinapses.

Os astrócitos exibem canais iônicos ativados por voltagem e receptores para neurotransmissores. São, portanto, células excitáveis, capazes de transmitir informações que modulam a excitabilidade e função neuronal. Participam do controle dos níveis de potássio extraneuronal, captando esse íon e, assim, ajudando na manutenção de sua baixa concentração extracelular. Também contribuem para a

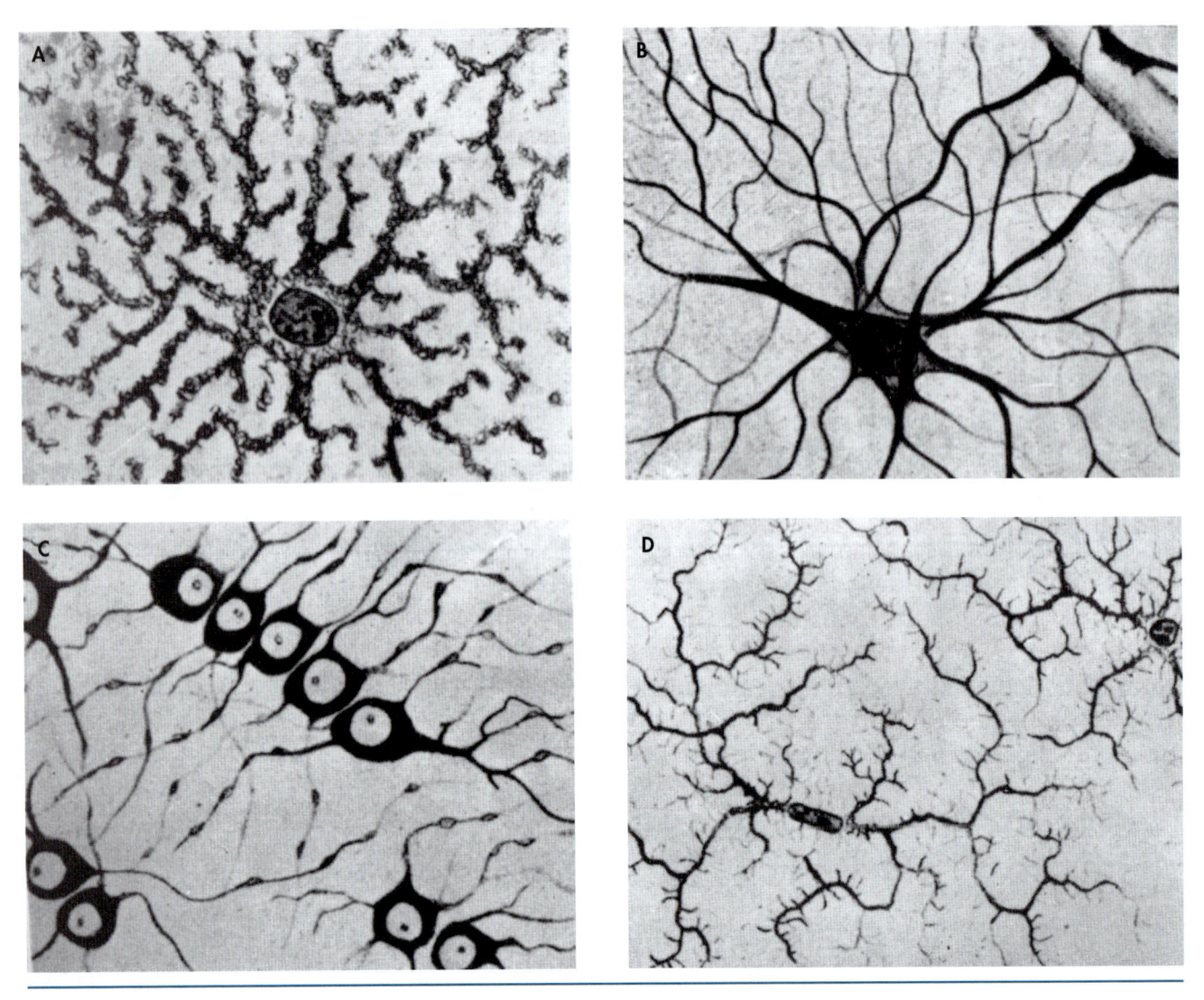

Figura 3.11 Aspecto ao microscópio óptico da neuróglia do sistema nervoso central após impregnação metálica: **(A)** astrócito protoplasmático; **(B)** astrócito fibroso; **(C)** oligodendrócitos; **(D)** microgliócitos (segundo del Rio Hortega).

recaptação de neurotransmissores, em especial o glutamato, cujo excesso, causado por disparos axonais repetitivos, é tóxico para os neurônios. A dopamina, a serotonina e a noradrenalina são degradadas pelos astrócitos. Eles também protegem os neurônios do estresse oxidativo. Constituem também o principal sítio de armazenagem de glicogênio no SNC, havendo evidências de que podem liberar glicose para os neurônios. Participam ativamente da barreira hematoencefálica, que impede que substâncias e patógenos atinjam o encéfalo.

Os astrócitos são importantes para a formação de novos contatos sinápticos e, portanto, fundamentais para o neurodesenvolvimento. As ativações neuronais levam ao afastamento de processos astrócitários, desnudando a superfície neuronal para novos contatos sinápticos. O processo de eliminação de sinapses ao longo da vida é também dependente dos astrócitos. A eliminação de sinapses por fagocitose faz parte do desenvolvimento normal e está relacionada ao amadurecimento funcional, à aprendizagem e à memória.

Nos casos de lesão do tecido, os astrócitos aumentam localmente e transformam-se em astrócitos reacionais, ocupando as áreas lesadas, contribuindo para sua cicatrização (gliose). Adquirem função fagocítica nas sinapses, ou seja, qualquer botão sináptico em degeneração é fagocitado por astrócitos. Os astrócitos também secretam fatores neurotróficos essenciais para a sobrevivência e manutenção de neurônios. Existem pelo menos dois tipos de astrócitos reacionais. Um deles auxilia na recuperação e reparos e o outro efetivamente promove a morte neuronal após um dano encefálico agudo. Esses astrócitos neurotóxicos são abundantes em pacientes com doenças degenerativas, como a doença de Alzheimer (Capítulo 28, item 5.2). A descoberta da participação dos astrócitos na fisiopatologia de doenças vem sendo um promissor campo de pesquisa para o desenvolvimento de novas drogas para tratamentos dessas doenças.

2.1.2 Glia radial

Esta célula foi estudada no Capítulo 2 (**Figura 2.6**). Encontrada apenas no período embrionário, participa ativamente da neurogênese, migração neuronal e sinaptogênese.

2.1.3 Oligodendrócitos

São menores que os astrócitos e têm poucos prolongamentos (**Figura 3.11C**), que também podem formar pés vasculares. Conforme sua localização, distinguem-se dois tipos: *oligodendrócito-satélite* ou perineuronal, situado junto ao pericário e dendritos; e *oligodendrócito fascicular*, encontrado junto às fibras nervosas. Os oligodendrócitos fasciculares são responsáveis pela formação da bainha de mielina em axônios do SNC, como será discutido no item 3.1.

2.1.4 Micróglia

São células pequenas e alongadas, com núcleo denso também alongado, e de contorno irregular (**Figura 3.3**); têm poucos prolongamentos, que partem das suas extremidades (**Figura 3.11D**). Representam 10% das células gliais do SNC e são encontrados tanto na substância branca como na cinzenta. Há evidências de que, em condições saudáveis, atuam no desenvolvimento de circuitos e na homeostase. De origem mesodérmica ou, mais precisamente, de monócitos, equivalem, no SNC, a um tipo de macrófago com funções de remoção, por fagocitose, de células mortas, detritos e microrganismos invasores. Aumentam em caso de injúria e inflamação, sobretudo por novo aporte de monócitos, vindos pela corrente sanguínea. A micróglia apresenta várias das características de monócitos e macrófagos. Reagem a mudanças em seu microambiente, adquirindo forma ameboide e passando para o estado ativado. A micróglia ativada pode migrar para locais de lesão, proliferar e liberar uma variedade de fatores, como óxido nítrico, citocinas, neurotrofinas e fator de necrose tumoral.

Desempenham um papel fundamental na resposta imune no SNC. Interagem com leucócitos que, em condições de quebra da barreira hematoencefálica, invadem o tecido nervoso. Embora fundamentais para esta resposta imune em resposta a infecções ou trauma, a micróglia pode contribuir para também para a neuroinflamação patológica, liberando citocinas, proteínas neurotóxicas e induzindo os astrócitos reacionais neurotóxicos. Podem também contribuir para a fisiopatologia de doenças degenerativas do sistema nervoso, como na síndrome de Alzheimer (Capítulo 28, item 5.2).

2.1.5 Células ependimárias

São um tipo de células da glia remanescentes do neuroepitélio embrionário, sendo coletivamente designadas *epêndima* ou *epitélio ependimário*. Constituem células cuboidais ou prismáticas que forram, como epitélio de revestimento simples, as paredes dos ventrículos cerebrais, do aqueduto cerebral e do canal central da medula espinal. Em alguns pontos dos ventrículos laterais e do quarto ventrículo, células ependimárias modificadas e especializadas recobrem tufos de tecido conjuntivo, rico em capilares sanguíneos, que se projetam da pia-máter, constituindo os *plexos corióideos*, responsáveis pela formação do líquido cerebrospinal, como será visto no Capítulo 8.

2.2 Neuróglia do sistema nervoso periférico

A neuróglia periférica compreende as *células-satélites* (*glia-satélite* ou *anfícitos*) e as *células de Schwann*, derivadas da crista neural. A glia-satélite envolve pericários dos neurônios, dos gânglios sensitivos e do sistema nervoso autônomo; as células de Schwann circundam os axônios, formando os seus envoltórios, quais sejam, a bainha de mielina e o neurilema (**Figura 3.1**). Ao contrário dos gliócitos do SNC, apresentam-se circundadas por membrana basal.

As células-satélites geralmente são lamelares ou achatadas, dispostas de encontro aos neurônios. Um neurônio é circundado por um grande número de células-satélites, formando com ele uma unidade funcional. São dotados de receptores para neurotransmissores e participam do controle de seus níveis extracelulares. Em caso de injúria, participam da atividade fagocitária e liberam fatores tróficos para a sobrevivência neuronal. Na porção entérica do sistema nervoso autônomo, a glia-satélite forma um sincício mediante junções *gap*, que isola por completo os neurônios dos gânglios do meio extraganglionar, comunicando-se também com vasos sanguíneos.

As células de Schwann têm núcleos ovoides ou alongados, com nucléolos evidentes. Em caso de injúria de nervos, as células de Schwann desempenham um importante papel na regeneração das fibras nervosas, fornecendo substrato que permite o apoio e o crescimento dos axônios em regeneração. Além do mais, nessas condições apresentam capacidade fagocítica e podem secretar fatores tróficos que, captados pelo axônio e transportados ao corpo celular, desencadearão ou incrementarão o processo de regeneração axônica. Para mais informações sobre o papel das células de Schwann na regeneração de fibras nervosas periféricas, veja Capítulo 9, parte A, item 3.

2.3 Correlações anatomoclínicas

2.3.1 Gliomas

As células da glia podem apresentar divisões descontroladas e mutações, causando neoplasias conhecidas como *gliomas*, que recebem a denominação de acordo com a célula de origem: astrocitomas; oligodendrogliomas etc. Representam 80% dos tumores malignos primários do sistema nervoso. São muito heterogêneos em relação à malignidade e representam um enorme desafio terapêutico. Costumam ser infiltrativos e difusos, invadindo áreas nobres do encéfalo, o que dificulta as cirurgias para sua remoção. Os astrocitomas são divididos em graus I a IV. O grau IV, ou glioblastoma multiforme, é o mais comum e mais agressivo dos tumores encefálicos. O tratamento é cirúrgico quando possível para reduzir os sintomas provocados pelo efeito de massa. A análise histopatológica determinará o tratamento posterior com radioterapia e quimioterapias específicas.

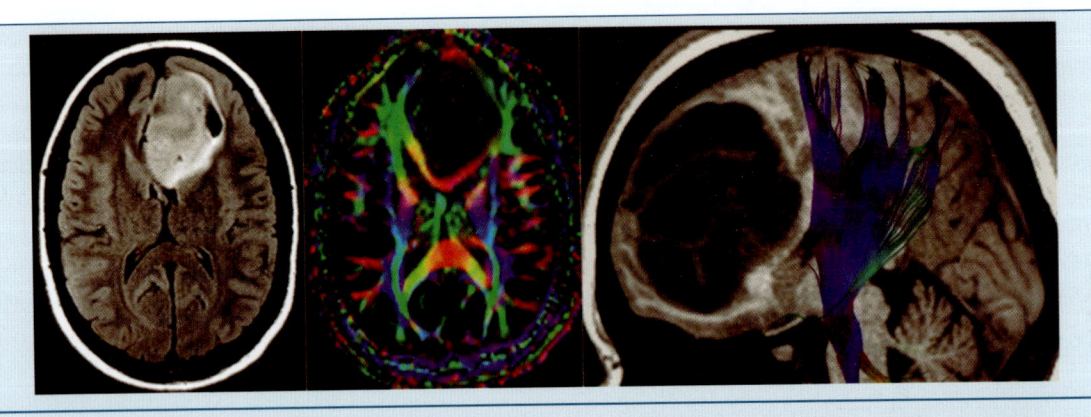

Figura 3.12 Astrocitoma de baixo grau. Percebe-se maior homogeneidade. Pelo grande volume e efeito de massa, foi realizada a imagem de tractografia por ressonância magnética que evidencia os feixes de fibras em cores usados como auxiliares para a remoção cirúrgica, evitando comprometimento de vias importantes (para conhecimento dos métodos de neuroimagem consulte o Capitulo 31).
Fonte: Cortesia do Dr. Marco Antônio Rodacki.

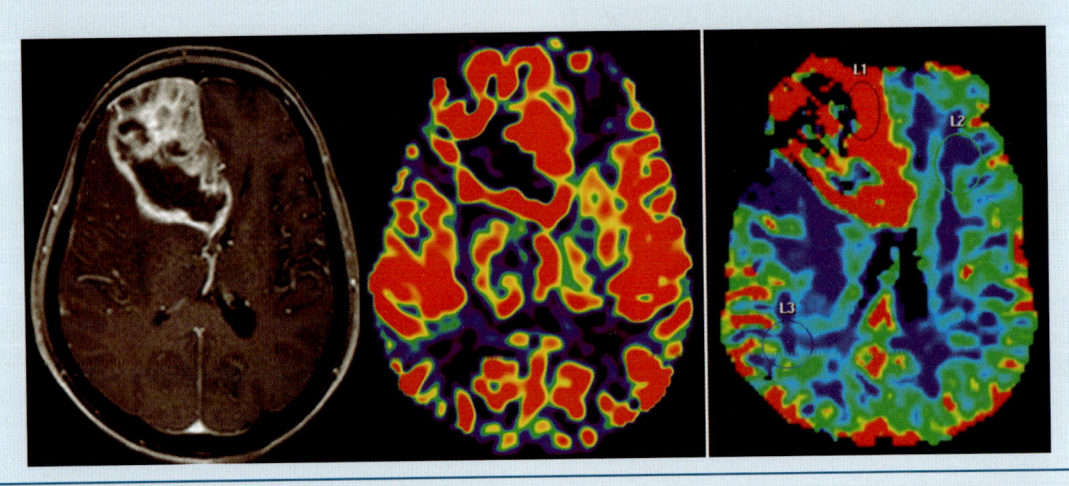

Figura 3.13 Ressonância magnética e mapas de fluxo sanguíneo cerebral de um glioblastoma. Observa-se o caráter heterogêneo e infiltrativo determinando maior malignidade e dificultando a remoção cirúrgica.
Fonte: Cortesia do Dr. Marco Antônio Rodacki.

3. Fibras nervosas

Uma fibra nervosa compreende um axônio e, quando presentes, os seus envoltórios de origem glial. O principal envoltório das fibras nervosas é a bainha de mielina, que funciona como isolante elétrico. Quando envolvidos por bainha de mielina, os axônios são denominados *fibras nervosas mielínicas*. Na ausência de mielina, denominam-se *fibras nervosas amielínicas*. Ambos os tipos ocorrem tanto no sistema nervoso periférico como no central, sendo a bainha de mielina formada por células de Schwann, no periférico, e por oligodendrócitos, no central.

No SNC, distinguem-se, macroscopicamente, as áreas contendo basicamente fibras nervosas mielínicas e neuróglia, daquelas em que se concentram os corpos dos neurônios, fibras amielínicas, além da neuróglia. Essas áreas são denominadas, respectivamente, *substância branca* e *substância cinzenta*, com base em sua cor *in vivo*. No SNC, as fibras nervosas reúnem-se em feixes denominados *tratos* ou *fascículos*. No sistema nervoso periférico, também agrupam-se em feixes, formando os nervos (**Figura 3.14**).

3.1 Fibras nervosas mielínicas

No sistema nervoso periférico, logo após os seus segmentos iniciais, cada axônio é circundado por células de Schwann, que se colocam em intervalos ao longo de seu comprimento. Nos axônios motores e na maioria dos sensitivos, essas células formam duas bainhas, a de mielina e de neurilema. Para isso, cada célula de Schwann forma um curto cilindro de mielina, dentro do qual localiza-se o axônio; o restante da célula fica completamente achatado sobre a mielina, formando a segunda bainha, o neurilema. Essas bainhas interrompem-se em intervalos mais ou menos regulares para cada tipo de fibra. As interrupções são chamadas de *nódulos de Ranvier* (**Figuras 3.1** e **3.14C**) e cada segmento de fibra situado entre eles é denominado *internódulo* (**Figura 3.1**). Cada internódulo compreende a região ocupada por uma célula de Schwann e tem cerca de 1 μm a 1,5 μm de comprimento. Assim, uma fibra mielínica de um nervo longo, como o isquiático, que tem de 1 m a 1,5 m de comprimento, apresenta cerca de mil e proteínas, salientando-se a riqueza em fosfolípides. Ao longo dos axônios mielínicos, os canais de sódio e potássio sensíveis à voltagem encontram-se apenas nos nódulos de Ranvier. A condução do impulso nervoso é, portanto, saltatória, ou seja, potenciais de ação só ocorrem nos nódulos de Ranvier e saltam em direção ao nódulo mais distal, o que confere maior velocidade ao impulso nervoso. Isso é possível em razão do caráter isolante da bainha de mielina, que permite à corrente eletrotônica, provocada por cada potencial de ação, percorrer todo o internódulo sem extinguir-se.

O processo de formação da bainha de mielina, ou mielinização, nas diversas áreas encefálicas, está diretamente relacionado à maturidade da função de cada uma delas. Nas áreas sensitivas, inicia-se durante a última parte do desenvolvimento fetal e continua durante o primeiro ano pós-natal. No córtex pré-frontal, só estará concluída na terceira década de vida. A compreensão do processo ajuda a entender a estrutura dessa bainha.

As diversas etapas da mielinização no sistema nervoso periférico podem ser seguidas na **Figura 3.15**, onde está representada uma das várias células de Schwann que se colocam ao longo dos axônios. Em cada célula de Schwann forma-se um sulco ou goteira que contém o axônio (**Figura 3.15A**). Segue-se o fechamento dessa goteira, com formação de uma estrutura com dupla membrana, chamada *mesaxônio* (**Figura 3.15B**). Esse mesaxônio alonga-se e enrola-se ao redor do axônio diversas vezes (**Figura 3.15C**). O restante da célula de Schwann (citoplasma e núcleo) forma o neurilema (**Figura 3.15D**). Terminado o processo ao longo de toda a fibra, reconhecem-se os nódulos de Ranvier e os internódulos.

No SNC, o processo de mielinização é essencialmente similar ao que ocorre na fibra nervosa periférica, com a diferença de que são os processos dos oligodendrócitos os responsáveis pela formação de mielina. A **Figura 3.16** mostra a relação de um oligodendrócito com os vários axônios que ele mieliniza. Ao contrário do que ocorre com a célula de Schwann, um mesmo oligodendrócito pode prover internódulos para 20 a 30 axônios.

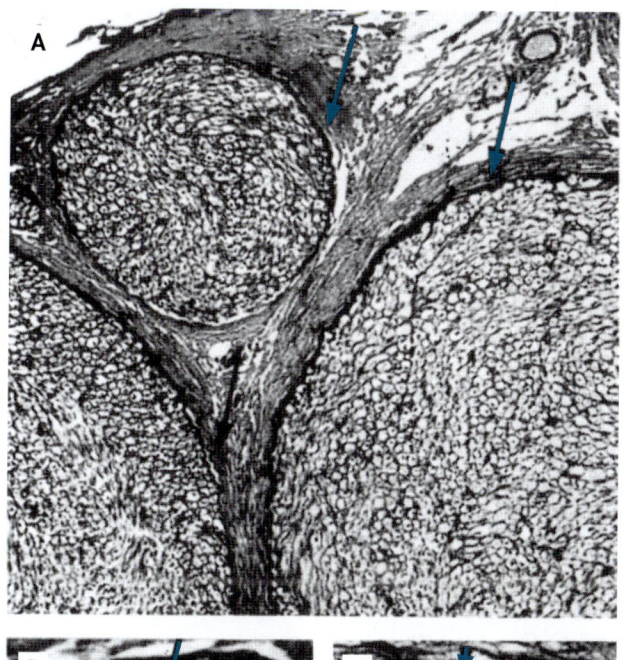

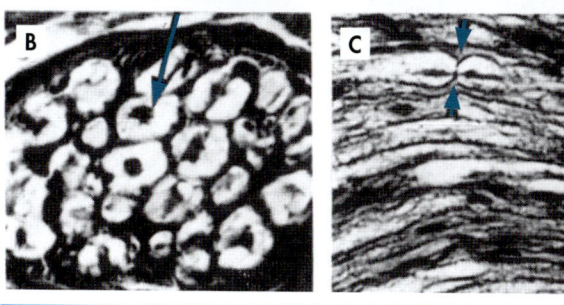

Figura 3.14 Aspectos histológicos do nervo isquiático do cão. **(A)** Um pequeno fascículo e parte de dois outros envolvidos por perineuro (setas) contêm fibras nervosas mielínicas. Os fascículos são mantidos juntos pelo epineuro. **(B)** Detalhe de um fascículo, mostrando fibras nervosas mielínicas cortadas transversalmente; observe o axônio (seta) e a imagem negativa da mielina dissolvida durante a preparação. **(C)** Fibras nervosas mielínicas cortadas no sentido longitudinal para mostrar nódulos de Ranvier (cabeças de seta).

nódulos de Ranvier. Portanto, cerca de mil células de Schwann podem participar da mielinização de um único axônio. No nível da arborização terminal do axônio, a bainha de mielina desaparece, mas o neurilema continua até as proximidades das terminações nervosas motoras ou sensitivas (**Figura 3.1**).

No SNC, prolongamentos de oligodendrócitos proveem a bainha de mielina. No entanto, os corpos dessas células ficam a certa distância do axônio, de modo que não há formação de qualquer estrutura semelhante ao neurilema.

Ao microscópio eletrônico, a bainha de mielina é formada por uma série de lamelas concêntricas, originadas de voltas de membrana da célula glial ao redor do axônio, como será detalhado no próximo item.

A bainha de mielina, como a própria membrana plasmática que a origina, é composta basicamente de lipídeos

3.2 Fibras nervosas amielínicas

No sistema nervoso periférico, há fibras nervosas do sistema nervoso autônomo (as fibras pós-ganglionares) e algumas fibras sensitivas muito finas, que se envolvem por células de Schwann sem que haja formação de mielina. Cada célula de Schwann, nessas fibras, pode envolver, em invaginações de sua membrana, até 15 axônios. No SNC, as fibras amielínicas não apresentam envoltórios. Apenas os prolongamentos de astrócitos tocam os axônios amielínicos.

As fibras amielínicas conduzem o impulso nervoso mais lentamente, já que os conjuntos de canais de sódio e potássio sensíveis à voltagem não têm como se distanciar, ou seja, a ausência de mielina impede a condução saltatória.

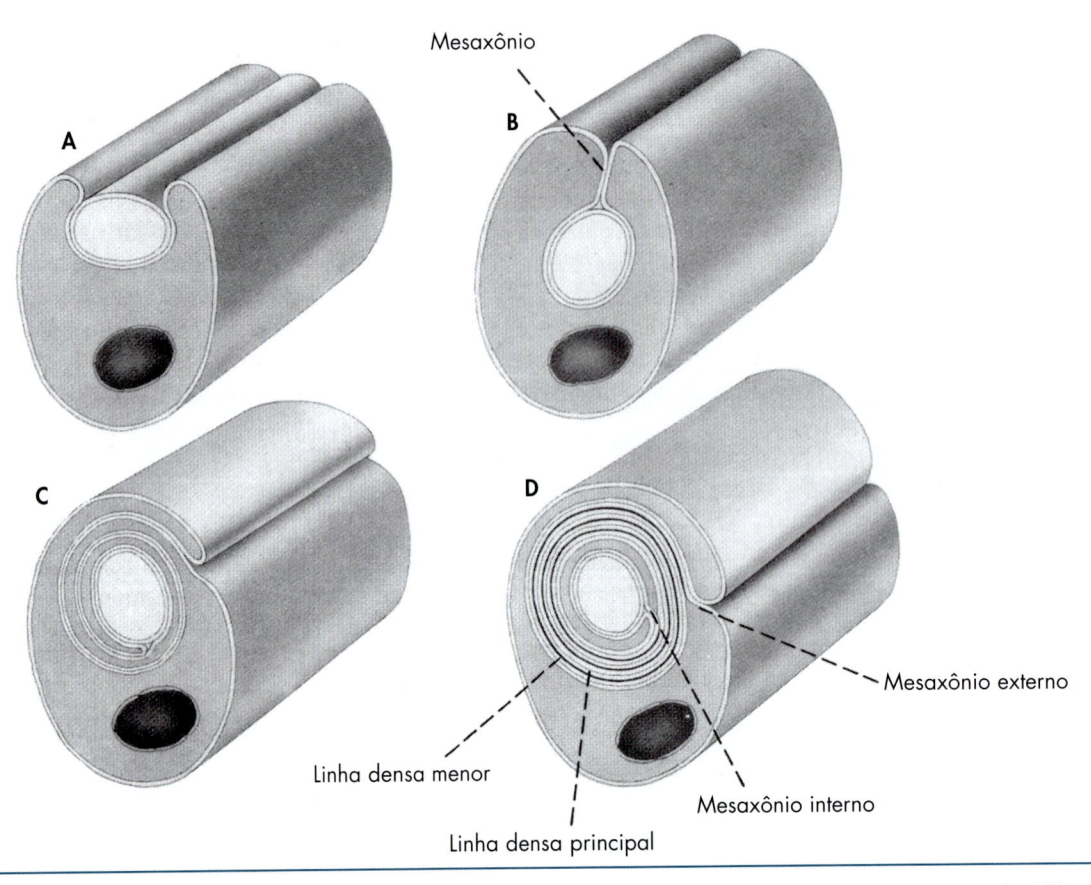

Figura 3.15 Esquema mostrando as quatro etapas sucessivas da formação da bainha de mielina pela célula de Schwann: **(A)** relação inicial entre o axônio e a célula de Schwann; **(B)** formação do mesaxônio; **(C)** alongamento do mesaxônio; **(D)** mielina formada.

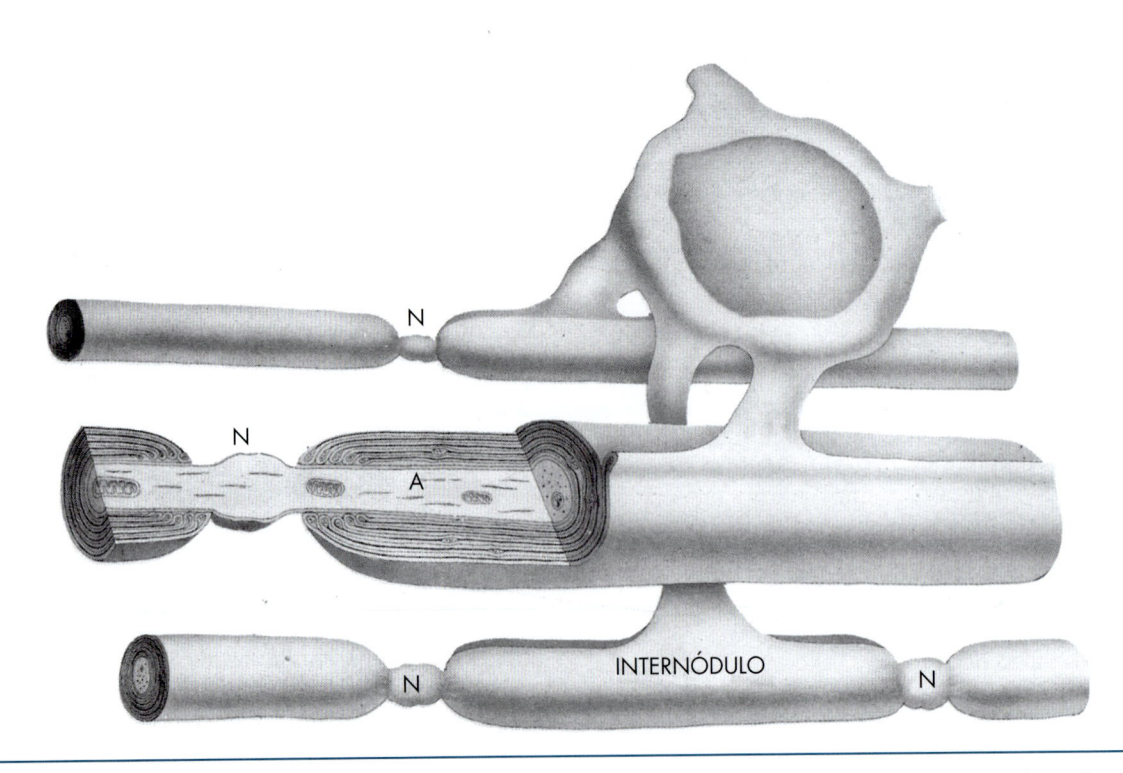

Figura 3.16 Desenho esquemático mostrando como prolongamentos de um oligodendrócito formam as bainhas de mielina (internódulos) de várias fibras nervosas, no SNC. No canto superior direito, vê-se a superfície externa do oligodendrócito (**N** = nódulo de Ranvier; **A** = axônio).

4. Nervos

Logo após sair do tronco encefálico, da medula espinal ou de gânglios sensitivos, as fibras nervosas motoras e sensitivas reúnem-se em feixes que se associam a estruturas conjuntivas, constituindo nervos espinais e cranianos que serão estudados com mais detalhes nos Capítulos 9 e 10. Aqui, cabe o estudo de sua estrutura (**Figura 3.14**).

Os grandes nervos, como o radial, o mediano e outros, são mielínicos, isto é, a maior parte de suas fibras é mielínica. Esses nervos apresentam um envoltório de tecido conjuntivo rico em vasos, denominado *epineuro*. Em seu interior, colocam-se as fibras nervosas organizadas em fascículos. O epineuro, com os seus vasos, penetra entre os fascículos. No entanto, cada fascículo é delimitado pelo *perineuro*, o qual compreende tecido conjuntivo denso ordenado e células epiteliais lamelares ou achatadas, que formam inúmeras camadas entre esse tecido conjuntivo e as fibras nervosas. Entre as camadas de células epiteliais perineurais, há também fibras colágenas. Geralmente, à microscopia óptica, identifica-se apenas o componente conjuntivo do perineuro (**Figura 3.14**), dado o grau de achatamento das células epiteliais e em razão da presença de fibras colágenas entre elas. As células epiteliais perineurais são, contudo, facilmente identificadas à microscopia eletrônica. Unem-se umas às outras por junções íntimas ou de oclusão e, assim, isolam as fibras nervosas do contato com o líquido intersticial do epineuro e adjacências. Dentro de cada fascículo, delicadas fibrilas colágenas formam o *endoneuro*, que envolve cada fibra nervosa. O endoneuro limita-se internamente pela membrana basal da célula de Schwann, visualizada apenas à microscopia eletrônica.

À medida que o nervo se distancia de sua origem, os fascículos, com a sua integridade preservada, o abandonam para entrarem nos órgãos a serem inervados. Assim, encontram-se nervos mais finos, formados por apenas um fascículo e o seu envoltório perineural.

Os capilares sanguíneos encontrados no endoneuro são semelhantes aos do SNC e, portanto, capazes de selecionar as moléculas que entram em contato com as fibras nervosas, impedindo a entrada de algumas e permitindo a de outras. Assim, no interior dos fascículos, tem-se uma barreira hematoneural semelhante à barreira hematoencefálica, a ser estudada no Capítulo 18. Essa barreira só é efetiva graças ao perineuro epitelial, que isola o interior do fascículo.

5. Correlações anatomoclínicas

Os neurônios e as fibras nervosas podem estar envolvidos em doenças e procedimentos médicos. Alguns deles serão apresentados a seguir.

5.1 Anestesias locais

Os anestésicos locais, como a lidocaína, bloqueiam a geração de potenciais de ação dos axônios por se ligarem aos canais de sódio dependentes de voltagem.

5.2 Doenças desmielinizantes

São duas as patologias mais frequentes decorrentes da desmielinização de fibras nervosas: a esclerose múltipla e a síndrome de Guillain-Barré.

5.2.1 Esclerose múltipla

É a principal doença inflamatória desmielinizante crônica do SNC. A Multiple Sclerosis International Federation estima que em torno de 2,3 milhões de pessoas sejam portadoras da doença em todo o mundo. Nessa doença, de origem autoimune, observa-se progressiva destruição das bainhas de mielina de feixes de fibras nervosas do encéfalo, da medula e do nervo ótico. Com isso, cessa a condução saltatória nos axônios, resultando na diminuição da velocidade dos impulsos nervosos até a sua extinção completa. A denominação *múltipla* deve-se ao fato de que são acometidas diversas áreas do SNC em forma de surtos. A sintomatologia depende das áreas acometidas, sendo mais comuns a incoordenação motora, fraqueza e dificuldades na visão. A fisiopatologia da doença inclui predisposição genética associada a fatores ambientais, gerando a reação autoimune. É progressiva, com surtos sintomáticos e períodos de remissão que evoluem ao longo de vários anos. Não existe cura. O tratamento na fase aguda inclui pulso de corticosteroides e, no caso da contraindicação destes, o uso de imunoglobulina. Para reduzir o processo desmielinizante e prevenir novos surtos, utilizam-se medicamentos, como anticorpos monoclonais, imunossupressores e outras medicações específicas (**Figura 3.17**).

5.2.2 Síndrome de Guillain-Barré (polirradiculoneuropatia inflamatória aguda)

Nesta síndrome, a desmielinização, também de origem autoimune, acomete raízes ou nervos periféricos sensitivos motores ou autonômicos. A sintomatologia decorre diretamente da redução ou ausência de condução do impulso nervoso que causa fraqueza muscular progressiva seguida de paralisia flácida e redução ou ausência de reflexos tendíneos. Podem ocorrer déficits sensitivos e disautonomia. No quadro típico, a paralisia evolui de forma ascendente, iniciando-se em membros inferiores e podendo ocasionar perda da marcha. Em casos mais graves, atinge a musculatura respiratória, com necessidade de ventilação mecânica. O diagnóstico é feito pela eletroneuromiografia, que identifica o bloqueio ou a redução da velocidade de condução nervosa. O exame do líquor identifica aumento de proteínas sem aumento de celularidade, dissociação proteinocitológica. O tratamento inclui, além da monitorização e do suporte ventilatório, a utilização de

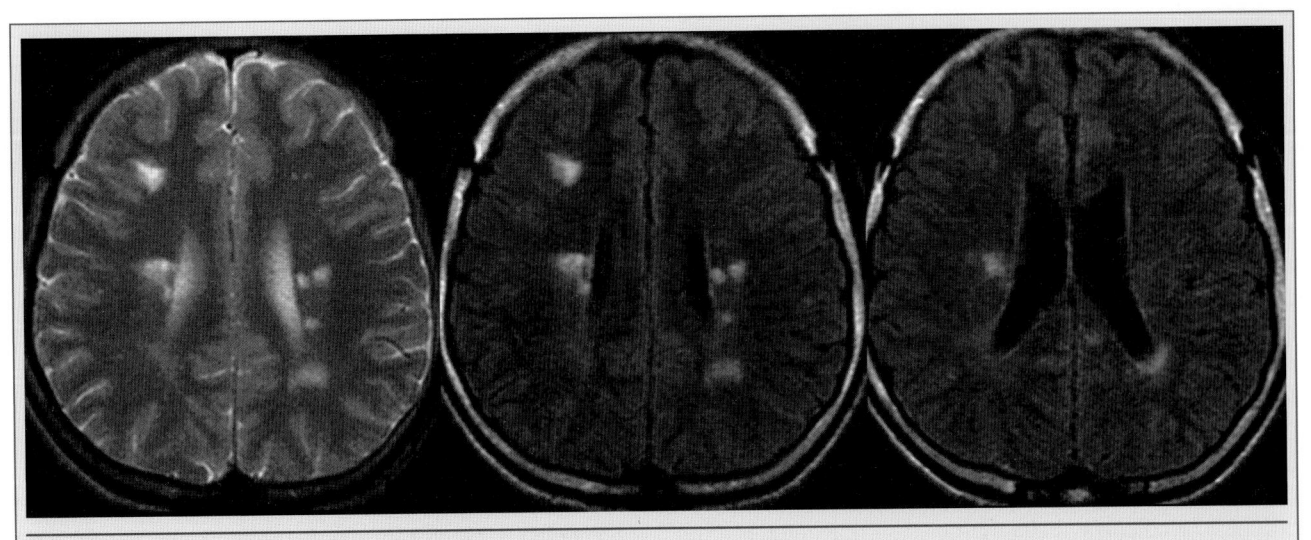

Figura 3.17 Ressonância magnética em paciente portador de esclerose múltipla mostrando vários focos de desmielinização (imagens com hipersinal na substância branca do cérebro).
Fonte: Cortesia do Dr. Marco Antônio Rodacki.

imunoglobulinas ou plasmaférese, visando reduzir o tempo de evolução da doença.

Embora a patologia de base das duas doenças, esclerose múltipla e síndrome de Guillain-Barré, seja a mesma – desmielinização –, uma acomete o SNC, e a outra, o periférico. O curso clínico das duas é também bastante diferente. Ao contrário da esclerose múltipla, a síndrome de Guillain-Barré é aguda na maior parte das vezes, e ocorre em surto único de evolução rápida, período de estabilização e tendência à melhora completa. Existem, contudo, casos que evoluem para a forma crônica.

5.3 Infecções

5.3.1 Raiva, hanseníase e herpes-zóster

Sabe-se há séculos que, algum tempo após ser mordida por um cão contaminado pelo vírus da raiva, a vítima pode adquirir a doença, caracterizada por graves distúrbios neurológicos e psiquiátricos decorrentes do comprometimento do encéfalo. Esse fato levanta o problema de como o vírus da raiva chega ao SNC. Para isso, é bom lembrar que, no nível das terminações nervosas sensoriais livres, das placas motoras e das terminações autonômicas, as fibras nervosas perdem os seus envoltórios e não são protegidas por barreiras, como ocorre ao longo dos nervos. Tem-se, assim, aberto o caminho pelo qual o vírus da raiva – e outros vírus – penetra nessas terminações, chega ao pericário dos neurônios da medula pelo fluxo axoplasmático retrógrado e, enfim, atinge os axônios que se comunicam com áreas cerebrais. O vírus causa, então, uma encefalite aguda. Todos os mamíferos podem ser portadores da doença e transmiti-la ao homem através da saliva em casos de mordidas. Os morcegos são a principal fonte silvestre da doença. Os sintomas típicos são febre, delírio, espasmos musculares, inclusive de músculos faríngeos e laríngeos, sialorreia, disfagia, incapacidade de ingerir líquidos (hidrofobia), convulsões, culminando no óbito em alguns dias.

Existe a forma paralítica da doença pelo acometimento dos nervos periféricos. A prevenção é a principal forma de controle da doença pela vacinação anual dos animais domésticos, limpeza das feridas logo após lesão e observação do animal que a provocou durante 10 dias. Deve-se procurar atendimento médico e seguir os protocolos de prevenção pós-exposição do Ministério da Saúde.

Também o bacilo da hanseníase penetra por esse caminho, embora limitando-se aos nervos periféricos. É uma das causas mais comuns de neuropatias não traumáticas. O vírus só se multiplica em áreas com temperaturas mais frias do corpo, por isso a predileção por áreas superficiais, como pele e nervos. Afeta nervos sensitivos motores e autonômicos. Os sintomas incluem dor, parestesias, hipoestesias, paresias, atrofias, anidrose e espessamento dos nervos acometidos. O tratamento medicamentoso é estabelecido por protocolos do Ministério da Saúde.

Outro exemplo é o vírus da varicela-zóster. Após um quadro de varicela, o vírus permanece alojado no gânglio sensitivo da raiz dorsal, podendo permanecer inativo por muitos anos. Em algum momento pode se reativar, causando o quadro de herpes-zóster, caracterizado pelo aparecimento de erupções no território sensitivo daquele gânglio, causando dor intensa no dermátomo correspondente.

5.3.2 Tétano

O tétano é uma doença infecciosa, não contagiosa, causada pelo bacilo *Clostridium tetani*, que produz uma exotoxina denominada *tetanopasmina*, capaz de atingir o SNC. O bacilo gram-positivo e anaeróbico é encontrado na natureza sob a forma de esporo na pele e fezes de diversos animais, na terra, águas poluídas e instrumentos enferrujados. O bacilo penetra na pele através de ferimentos e a infecção fica localizada estritamente na área de tecido necrótico, onde encontra um ambiente anaeróbico propício para a germinação do esporo. A toxina é liberada e liga-se às terminações dos nervos motores periféricos e, de forma retrógrada, é transportada ao SNC, chegando ao corno anterior da medula espinhal. Atua sobre os interneurônios inibitórios espinhais causando hipertonia muscular. O masseter costuma ser o primeiro músculo acometido, causando o trismo e a consequente dificuldade na abertura de boca. Em seguida, podem surgir disfagia, hipertonia da musculatura facial e cervical. A rigidez torna-se generalizada, dificultando a marcha e atingindo a musculatura toracoabdominal, causando dificuldade respiratória e opistótono. A mortalidade é alta. É necessária a internação em unidade de terapia intensiva, com sedação intensa, bloqueio muscular e assistência ventilatória por semanas. A vacina é a única forma de prevenção da doença.

5.4 Epilepsias

Conforme previamente exposto neste capítulo, item 1.7, a comunicação entre neurônios é feita por meio de impulsos elétricos e liberação de neurotransmissores. As sinapses podem ser excitatórias ou inibitórias. Nas epilepsias, ocorre uma alteração na excitabilidade de um grupo de neurônios, em geral envolvendo os canais iônicos de sódio e cálcio. Esse aumento da excitabilidade pode ser visto no eletroencefalograma (Figura 3.18B). Podem também ocorrer alterações nos mecanismos inibitórios. Essas alterações podem ser resultantes de fatores genéticos ou desconhecidos, no caso das epilepsias de origem genética, bem como decorrer de uma lesão cerebral prévia nas epilepsias chamadas sintomáticas. As crises epilépticas decorrentes desses fatores podem ser de vários tipos, dependendo da área cerebral que gera a atividade elétrica anormal. Podem ser focais ou generalizadas. A mais conhecida é a crise tonicoclônica bilateral. A atividade elétrica anormal pode ter início focal, mas atinge os dois hemisférios cerebrais, provocando perda de consciência e contração tônica de toda a musculatura, seguida de abalos clônicos rítmicos. Após cessarem as contrações musculares, segue-se o período pós-ictal, em que o paciente permanece inconsciente por mais alguns minutos e recupera-se progressivamente. O tratamento é feito com medicamentos antiepilépticos, que atuam estabilizando a atividade nos canais iônicos, sobretudo de sódio ou aumentando a atividade gabaérgica inibitória.

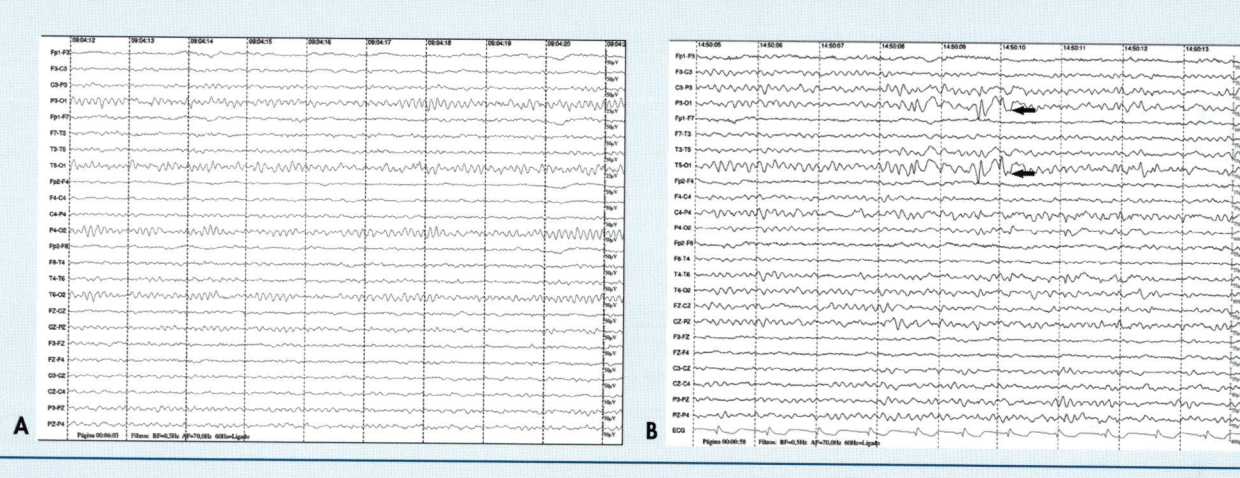

Figura 3.18 Eletrencefalograma: **(A)** o padrão normal de vigília; **(B)** as setas indicam a alteração súbita da atividade elétrica cerebral, foco epiléptico.

Leitura sugerida

AMARAL, D. G.; SCHUMANN, C. M.; NORDAHL, C.W. Neuroanatomy of autism. *Trends in Neurosciences*, v. 31, n. 3, p. 137-145, 2008.

AZEVEDO, F. A. C.; et al. Equal numbers of neuronal and nonneuronal cells make the human brain an isometrically scaled-up primate brain. *The Journal of Comparative Neurology*, v. 513, n. 5, p. 532-541, 2009.

CHUNG, W. S.; ALLEN N. J.; EROGLU, C. Astrocytes control synapse formation, function, and elimination. *Cold Spring Harbor Perspectives in Biology*, v. 7, n. 9, p. 1-18, 2015.

DEVINSKY, O. et al. Glia and epilepsy: excitability and inflammation. *Trends in Neurosciences*, v. 36, n. 3, p. 174-184, 2013.

ELSAYED, M.; MAGISTRETTI, P. J. A new outlook on mental illnesses: glial involvement beyond the glue. *Frontiers in Cellular Neuroscience*, v. 9, p. 1-20, 2015.

GAGLIARDI, R. J.; TAKAYANAGUI, O. M. *Tratado de Neurologia da Academia Brasileira de Neurologia*. 2. ed. Rio de Janeiro: Elsevier, 2019.

HONG, S.; STEVENS, B. Microglia: phagocytosing to clear, sculpt and eliminate. *Developmental Cell*, v. 38, n. 2, p. 126-128, 2016.

KANDEL, E. R.; et al. *Principles of neural science*. 6. ed. Nova York: Mc Graw Hill, 2021.

LIDDELOW, S. A. et al. Neurotoxic reactive astrocytes are induced by activated microglia. *Nature*, v. 541, p. 481-487, 2016.

LUN, M. P.; MONUKI, E. S.; LEHTINEN M. K. Development and functions of the choroid plexus-cerebral fluid system. *Nature Reviews Neuroscience*, v. 16, p. 445-457, 2015.

SCHAFER, D. P.; STEVENS, B. Microglia function in central nervous system development and plasticity. *Cold Spring Harbor Perspectives in Biology*, v. 7, n. 10, p. 1-18, 2015.

VON BARTHELD, C. S.; BAHNEY, J.; HERCULANO-HOUZEL, S. The Search for true numbers of neurons and glial cells in the human brain. A review of 150 years of counting. *The Journal of Comparative Neurology*, v. 524, n. 18, p. 3865-3895, 2016.

capítulo 4

Anatomia Macroscópica da Medula Espinal e os seus Envoltórios

1. Generalidades

Medula significa *miolo* e indica o que está dentro. Assim, temos medula óssea dentro dos ossos; medula suprarrenal dentro da glândula do mesmo nome; e medula espinal dentro do canal vertebral. Em geral, inicia-se o estudo do sistema nervoso central (SNC) pela medula, por ser o órgão mais simples desse sistema e onde o tubo neural foi menos modificado durante o desenvolvimento. No homem adulto, mede cerca de 45 cm, sendo um pouco menor na mulher. Cranialmente, a medula limita-se com o bulbo, próxima à altura do forame magno do osso occipital. O limite caudal da medula tem importância clínica e, no adulto, em geral situa-se na 2ª vértebra lombar (L2). A medula termina afilando-se para formar um cone, o *cone medular*, que continua com um delgado filamento meníngeo, o *filamento terminal* (**Figura 4.1**). O conhecimento da anatomia macroscópica da medula é de grande importância médica, além de pré-requisito para o estudo de sua estrutura e função, o que será feito no Capítulo 13.

2. Forma e estrutura geral da medula

A medula apresenta forma que lembra um cilindro, sendo ligeiramente achatada no sentido anteroposterior. Seu calibre não é uniforme, pois apresenta duas dilatações, denominadas *intumescência cervical* e *lombossacral*, situadas nos níveis cervical e lombar, respectivamente (**Figura 4.1**). Essas intumescências correspondem às áreas em que fazem conexão com a medula as grossas raízes nervosas que formam os plexos braquial e lombossacral, destinados à inervação dos membros superiores e inferiores, respectivamente. A formação dessas intumescências resulta da maior quantidade de neurônios e, portanto, de fibras nervosas que entram ou saem dessas áreas e que são necessárias para a inervação dos membros. A superfície da medula apresenta os seguintes sulcos longitudinais, que a percorrem em toda a extensão (**Figura 4.1**): *sulco mediano posterior; fissura mediana anterior; sulco lateral anterior* e *sulco lateral posterior*. Na medula cervical, existe, ainda, o *sulco intermédio posterior*, situado entre o mediano posterior e o lateral posterior, e que continua em um *septo intermédio posterior* no interior do funículo posterior. Nos sulcos lateral anterior e lateral posterior, fazem conexão, respectivamente, as raízes ventrais e dorsais dos nervos espinais, que serão estudados mais adiante.

Na medula, a substância cinzenta localiza-se por dentro da branca e apresenta a forma de uma borboleta[1] ou de um H (**Figura 4.2**). Nela, distinguimos, de cada lado, três colunas que aparecem nos cortes como cornos e que são as colunas *anterior, posterior* e *lateral* (**Figura 4.2**). A coluna lateral, entretanto, só aparece na medula torácica e parte da medula lombar. No centro da substância cinzenta, localiza-se o *canal central da medula* (ou canal do epêndima), resquício da luz do tubo neural do embrião.

A substância branca é formada por fibras, a maior parte delas mielínicas, que sobem e descem na medula e podem ser agrupadas de cada lado em três funículos ou cordões (**Figuras 4.1** e **4.2**), a saber:

a) *Funículo anterior* – situado entre a fissura mediana anterior e o sulco lateral anterior.
b) *Funículo lateral* – situado entre os sulcos lateral anterior e lateral posterior.
c) *Funículo posterior* – situado entre o sulco lateral posterior e o sulco mediano posterior, este último ligado à substância cinzenta pelo *septo mediano posterior*. Na parte cervical da medula, o funículo posterior é dividido pelo sulco intermédio posterior em *fascículo grácil* e *fascículo cuneiforme*.

---

1 Não são todas as borboletas que se assemelham à substância cinzenta da medula, mas somente as da família Papilionidae.

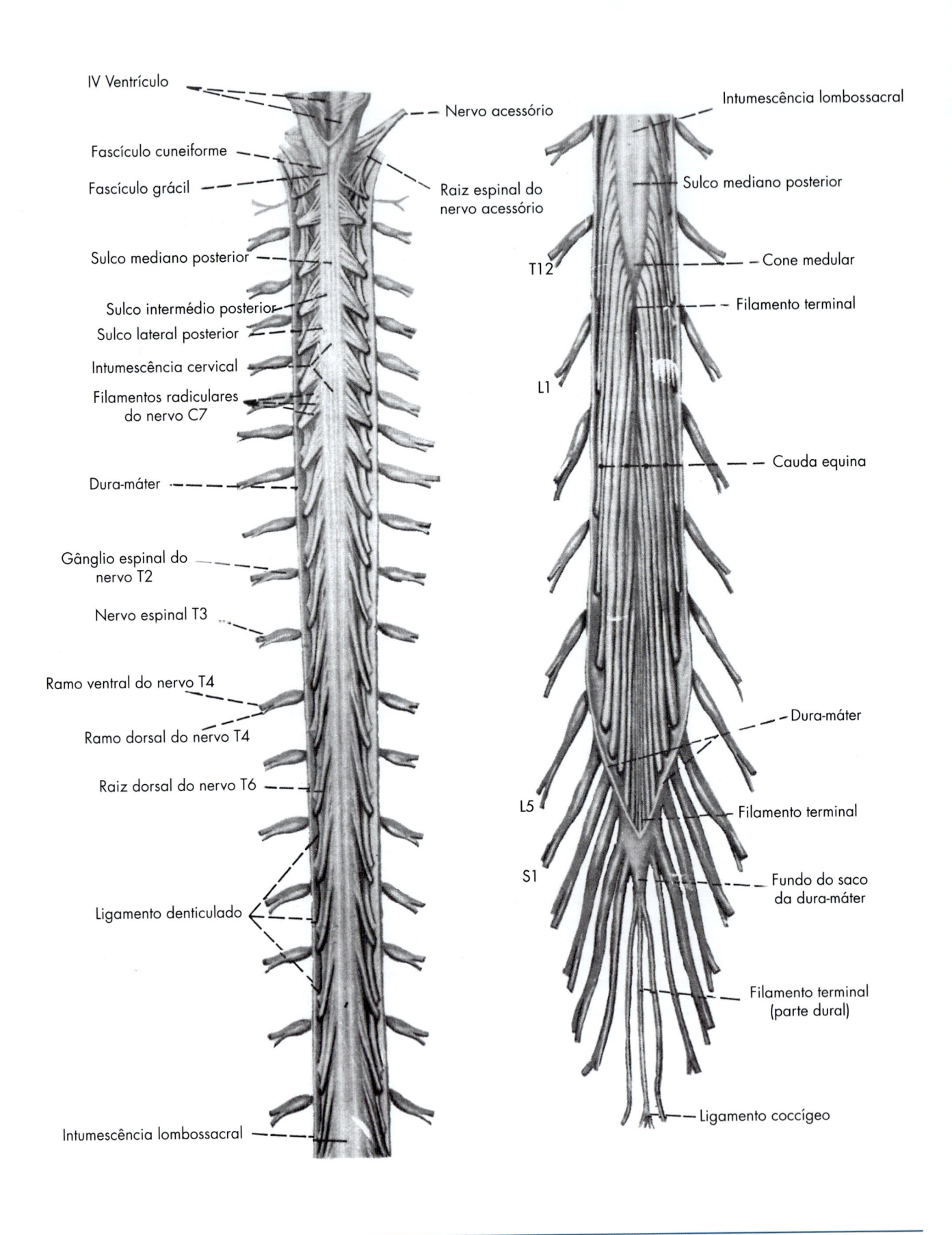

Figura 4.1 Medula espinal em vista dorsal após abertura da dura-máter.

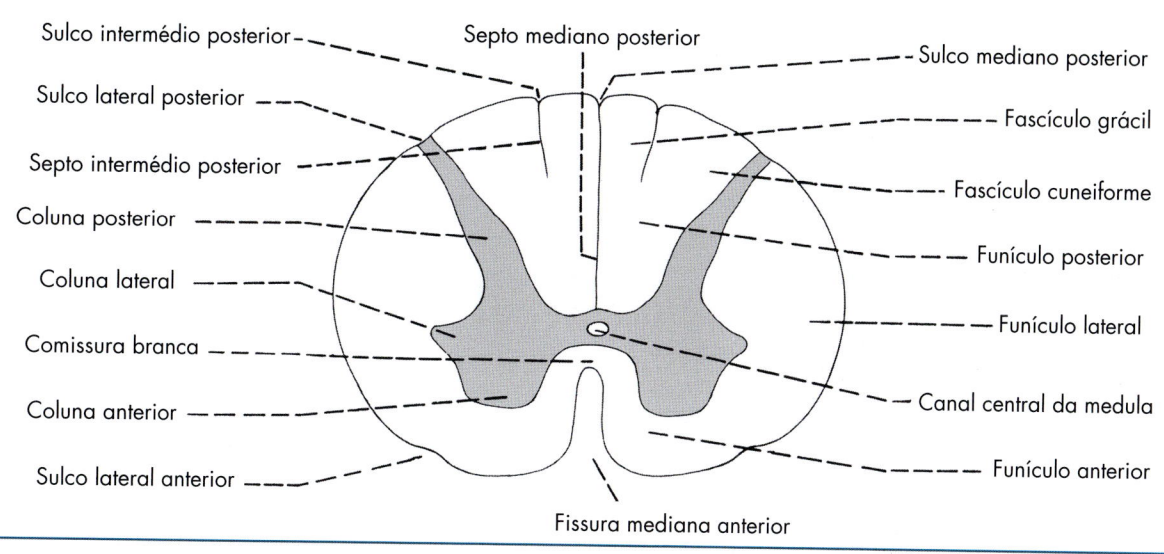

Figura 4.2 Secção transversal esquemática da medula espinal.

3. Conexões com os nervos espinais – segmentos medulares

A medula é o maior condutor de informações que sai e entra no encéfalo através dos nervos espinais. Nos sulcos lateral anterior e lateral posterior, fazem conexão pequenos filamentos nervosos, denominados *filamentos radiculares*, que se unem para formar, respectivamente, as *raízes ventral* e *dorsal dos nervos espinais*. As duas raízes, por sua vez, se unem para formar os *nervos espinais*, ocorrendo essa união em um ponto situado no sentido distal ao gânglio espinal que existe na raiz dorsal (**Figuras 4.3** e **9.8**). A conexão com os nervos espinais marca a segmentação da medula que, entretanto, não é completa, uma vez que não existem septos ou sulcos transversais separando um segmento do outro. Considera-se segmento medular de um determinado nervo a parte da medula onde fazem conexão os filamentos radiculares que entram na composição desse nervo. Existem 31 pares de nervos espinais, aos quais correspondem 31 segmentos medulares assim distribuídos: oito cervicais; 12 torácicos; cinco lombares; cinco sacrais; e, geralmente, um coccígeo. Existem oito pares de nervos cervicais, mas somente sete vértebras. O primeiro par cervical (C1) emerge acima da 1ª vértebra cervical, portanto entre ela e o osso occipital. Já o 8º par (C8) emerge abaixo da 7ª vértebra, o mesmo acontecendo com os nervos espinais abaixo de C8, que emergem, de cada lado, sempre abaixo da vértebra correspondente (**Figura 4.4**).

4. Topografia vertebromedular

No adulto, a medula não ocupa todo o canal vertebral, uma vez que termina no nível da 2ª vértebra lombar. Abaixo desse nível, o canal vertebral contém apenas as meninges e as raízes nervosas dos últimos nervos espinais que, dispostas em torno do cone medular e do filamento terminal, constituem, em conjunto, a chamada *cauda equina* (**Figura 4.1**). A diferença de tamanho entre a medula e o canal vertebral, bem como a disposição das raízes dos nervos espinais mais caudais, formando a cauda equina, resulta de ritmos de crescimento diferentes, em sentido longitudinal, entre medula e coluna vertebral. Até o 4º mês de vida intrauterina, medula e coluna crescem no mesmo ritmo. Por isso, a medula ocupa todo o comprimento do canal vertebral, e os nervos, passando pelos respectivos forames intervertebrais, dispõem-se no sentido horizontal, formando com a medula um ângulo aproximadamente reto (**Figura 4.5**). Entretanto, a partir do 4º mês, a coluna começa a crescer mais do que a medula, sobretudo em sua porção caudal. Como as raízes nervosas mantêm suas relações com os respectivos forames intervertebrais, há o alongamento das raízes e a diminuição do ângulo que elas fazem com a medula. Esses fenômenos são mais pronunciados na parte caudal da medula, culminando na formação da cauda equina. O modelo esquemático da **Figura 4.5** mostra como o fenômeno ocorre.

Ainda como consequência da diferença de ritmos de crescimento entre coluna e medula, há um afastamento dos segmentos medulares das vértebras correspondentes (**Figura 4.4**). Assim, no adulto, as vértebras T11 e T12 não estão relacionadas com os segmentos medulares de mesmo nome, mas sim com segmentos lombares. O fato é de grande importância clínica para diagnóstico, prognóstico e tratamento das lesões vertebromedulares. Assim, uma lesão da vértebra T12 pode afetar a medula lombar. Já uma lesão da vértebra L3 afetará apenas as raízes da cauda equina, sendo o prognóstico completamente diferente nos dois casos. É, pois, muito importante para o médico conhecer a correspondência entre vértebra e medula. Para isso, existe a seguinte regra prática (**Figura 4.4**): entre os níveis das vértebras C2 e T10, adiciona-se 2 ao número do processo espinhoso da vértebra e tem-se o número do segmento medular subjacente. Assim, o processo espinhoso da vértebra C6 está sobre o segmento medular C8 e o da vértebra T10, sobre o segmento T12. Aos processos espinhosos das vértebras T11 e T12, correspondem os cinco segmentos lombares, enquanto ao processo espinhoso de L1 correspondem os cinco segmentos sacrais. Essa regra não é muito exata, sobretudo nas vértebras logo abaixo de C2, mas na prática ela funciona bastante bem.

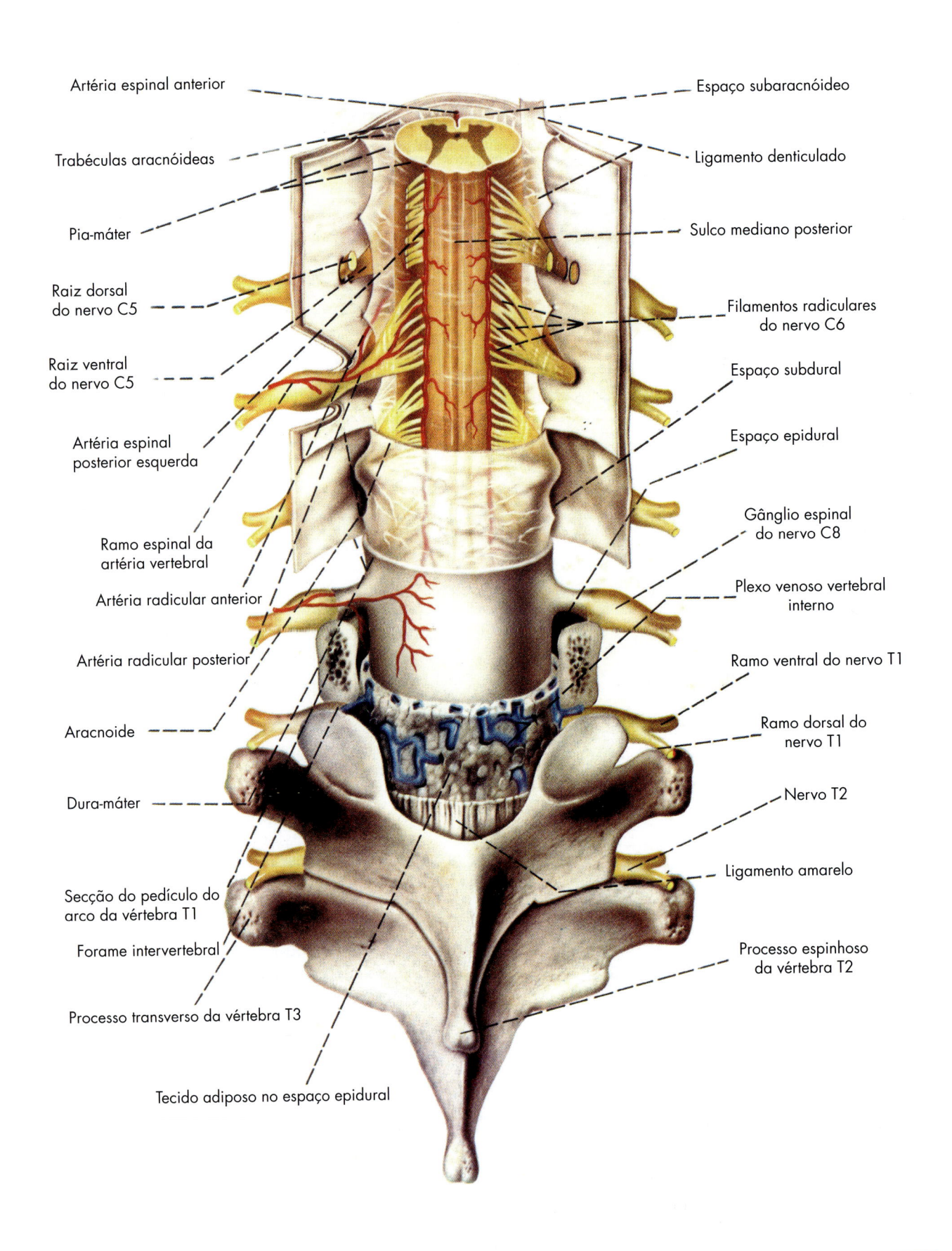

Figura 4.3 Medula e envoltórios em vista dorsal.

5. Envoltórios da medula

Como todo o SNC, a medula é envolvida por membranas fibrosas, denominadas *meninges*, que são: *dura-máter*; *pia-máter*; e *aracnoide*. A dura-máter é a mais espessa, razão pela qual é também chamada *paquimeninge*. As outras duas constituem a *leptomeninge*. Elas serão estudadas com mais detalhes no Capítulo 8. Limitar-nos-emos, aqui, a algumas considerações sobre a sua disposição na medula.

5.1 Dura-máter

A meninge mais externa é a dura-máter, formada por abundantes fibras colágenas, que a tornam espessa e resistente. A dura-máter espinal envolve toda a medula, como se fosse um dedo de luva, o *saco dural*. Cranialmente, a dura-máter espinal continua com a dura-máter craniana; na porção caudal, termina em um fundo de saco no nível da vértebra S2. Prolongamentos laterais da dura-máter embainham as raízes dos nervos espinais, continuando com o tecido conjuntivo (epineuro) que envolve esses nervos (**Figura 4.3**). Os orifícios necessários à passagem de raízes ficam, então, obliterados, não permitindo a saída de liquor.

5.2 Aracnoide

A aracnoide espinal se dispõe entre a dura-máter e a pia-máter (**Figura 4.3**). Compreende um folheto justaposto à dura-máter e um emaranhado de trabéculas, as trabéculas aracnóideas, que unem esse folheto à pia-máter.

5.3 Pia-máter

A pia-máter é a meninge mais delicada e mais interna. Ela adere intimamente ao tecido nervoso da superfície da medula e penetra na fissura mediana anterior. Quando a medula termina no cone medular, a pia-máter continua caudalmente, formando um filamento esbranquiçado, denominado *filamento terminal*. Esse filamento perfura o fundo do saco dural e continua, na porção caudal, até o hiato sacral. Ao atravessar o saco dural, o filamento terminal recebe vários prolongamentos da dura-máter e o conjunto passa a ser denominado *filamento terminal* (*parte dural*) (**Figura 4.1**). Este, ao inserir-se no periósteo da superfície dorsal do cóccix, constitui o *ligamento coccígeo*.

A pia-máter forma, de cada lado da medula, uma prega longitudinal, denominada *ligamento denticulado*, que se dispõe em um plano frontal ao longo de toda a extensão da medula (**Figuras 4.1** e **4.3**). A margem medial de cada ligamento continua com a pia-máter da face lateral da medula ao longo de uma linha contínua que se dispõe entre as raízes dorsais e ventrais. A margem lateral apresenta cerca de 21 processos triangulares, que se inserem firmemente na aracnoide e na dura-máter em pontos que se alternam com a emergência dos nervos espinais (**Figura 4.3**). Os ligamentos denticulados são elementos de fixação da medula e importantes pontos de referência em certas cirurgias desse órgão.

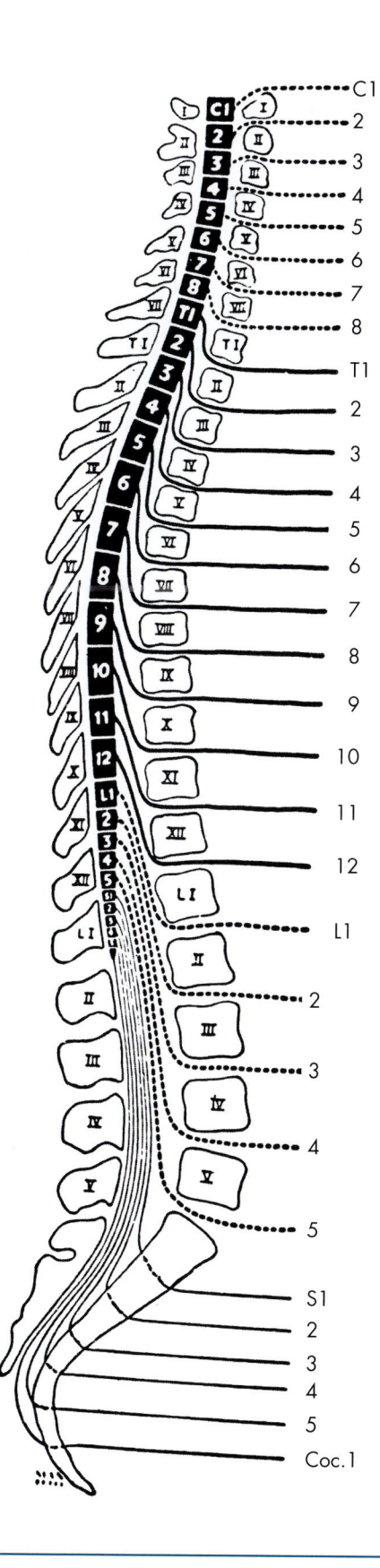

Figura 4.4 Diagrama mostrando a relação dos segmentos medulares e dos nervos espinais com o corpo e os processos espinhosos das vértebras.

Fonte: Reproduzida de Haymaker and Woodhall, 1945. Peripheral Neerve Injures, W.B. Saunders and Co.

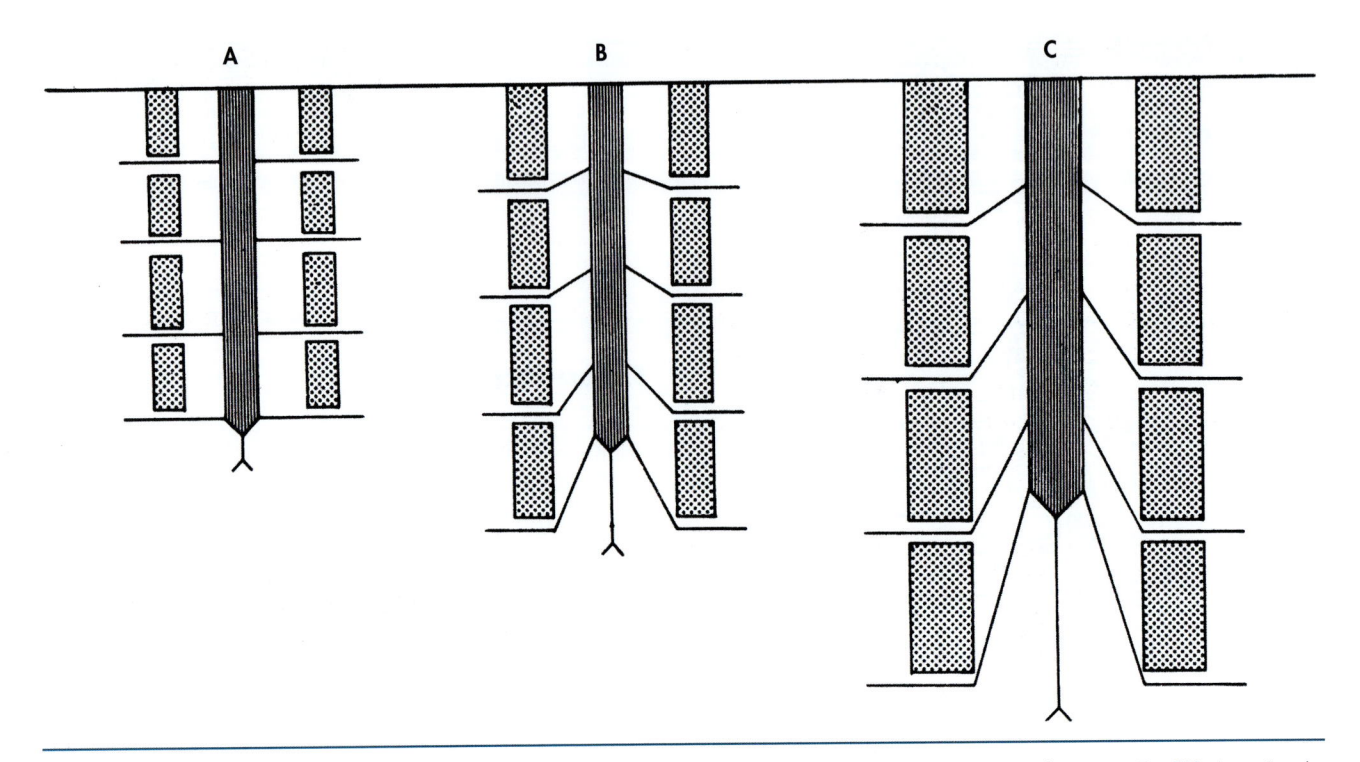

Figura 4.5 Modelo teórico para explicar as modificações da topografia vertebromedular durante o desenvolvimento. Em **(A)**, situação observada aos quatro meses de vida intrauterina; em **(C)**, situação observada ao nascimento; em **(B)** situação intermediária.

6. Espaços entre as meninges

Com relação às meninges que envolvem a medula, existem três cavidades ou espaços: *epidural; subdural;* e *subaracnóideo* (**Figura 4.3**). O *espaço epidural*, ou *extradural*, situa-se entre a dura-máter e o periósteo do canal vertebral. Contém tecido adiposo e um grande número de veias, que constituem o *plexo venoso vertebral interno*[2] (**Figura 4.3**). O *espaço subdural*, situado entre a dura-máter e a aracnoide, é uma fenda estreita contendo pequena quantidade de líquido, suficiente apenas para evitar a aderência das paredes. *O espaço subaracnóideo* é o mais importante e contém uma quantidade razoavelmente grande de *líquido cerebrospinal* ou *liquor*. As características desses três espaços são sintetizadas na **Tabela 4.1**.

Tabela 4.1 Características dos espaços meníngeos da medula.

Espaço	Localização	Conteúdo
Epidural (extradural)	Entre a dura-máter e o periósteo do canal vertebral	Tecido adiposo e plexo venoso vertebral interno
Subdural	Espaço virtual entre a dura-máter e a aracnoide	Pequena quantidade de líquido
Subaracnóideo	Entre a aracnoide e a pia-máter	Líquido cerebrospinal (ou liquor)

---

2 As veias desse plexo são desprovidas de válvulas e têm comunicações com as veias das cavidades torácica, abdominal e pélvica. Aumentos de pressão nessas cavidades, provocados, por exemplo, pela tosse, impelem o sangue no sentido do plexo vertebral. Essa inversão do fluxo venoso explica a disseminação, para a coluna vertebral ou para a medula, de infecções e metástases cancerosas a partir de processos localizados primitivamente nas cavidades torácica, abdominal e pélvica. Esse mecanismo é responsável pela ocorrência de lesões neurológicas causadas pela disseminação de ovos de *Schistossoma mansoni*, principalmente na medula espinal, mas também em outras áreas do SNC. Lesões mais graves ocorrem quando o próprio verme migra para o SNC e põe um grande número de ovos em um só lugar (*revisão em* Pitella JEH. Neuroschistosomiasis. *Brain Pathology*, 1997;7: 649-662).

7. Correlações anatomoclínicas

7.1 A exploração clínica do espaço subaracnóideo

O saco dural e a aracnoide que o acompanha terminam em S2, ao passo que a medula termina mais acima, em L2. Entre esses dois níveis, o espaço subaracnóideo é maior, contém maior quantidade de liquor e nele se encontram apenas o filamento terminal e as raízes que formam a cauda equina (**Figura 4.1**). Não havendo perigo de lesão da medula, essa área é ideal para a introdução de uma agulha no espaço subaracnóideo (**Figura 4.6**), o que é feito com as seguintes finalidades:

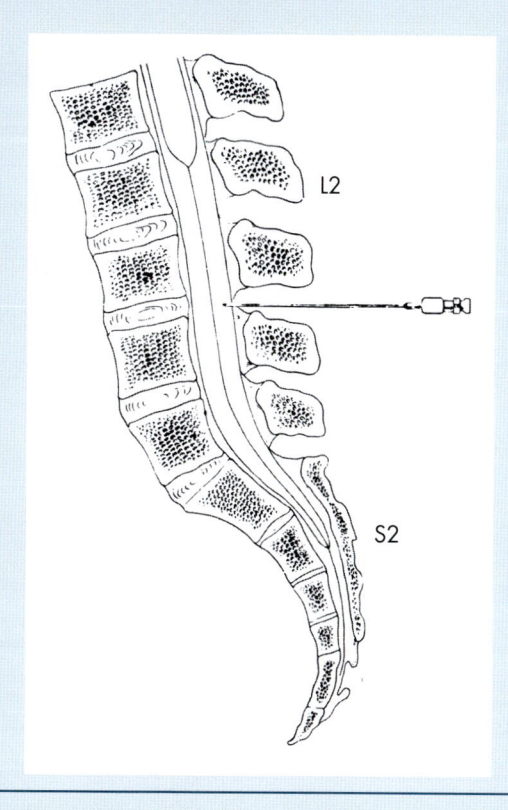

Figura 4.6 Punção lombar no espaço subaracnóideo entre L3 e L4.

a) Retirada de liquor para fins terapêuticos ou de diagnóstico nas punções lombares (ou raquidianas).
b) Medida da pressão do liquor.
c) Introdução de substâncias que aumentam o contraste em exames de imagem, visando ao diagnóstico de processos patológicos da medula na técnica denominada *mielografia*.
d) Introdução de anestésicos nas chamadas anestesias raquidianas, como será visto no próximo item.
e) Administração de medicamentos.

7.2 Anestesias nos espaços meníngeos

A introdução de anestésicos nos espaços meníngeos da medula, de modo a bloquear as raízes nervosas que os atravessam, constitui procedimento de rotina na prática médica, sobretudo em cirurgias das extremidades inferiores, do períneo, da cavidade pélvica e em algumas cirurgias abdominais. Em geral, são feitas anestesias raquidianas e anestesias epidurais ou peridurais.

7.2.1 Anestesias raquidianas

Nesse tipo de anestesia, o anestésico é introduzido no espaço subaracnóideo por meio de uma agulha que penetra no espaço entre as vértebras L2-L3, L3-L4 (**Figura 4.6**) ou L4-L5. Em seu trajeto, a agulha perfura sucessivamente a pele e a tela subcutânea, o ligamento interespinhoso, o ligamento amarelo, a dura-máter e a aracnoide (**Figura 4.3**). Certifica-se que a agulha atingiu o espaço subaracnóideo pela presença do liquor que goteja de sua extremidade.

7.2.2 Anestesias epidurais (ou peridurais)

Em geral, são feitas na região lombar, introduzindo-se o anestésico no espaço epidural, onde ele se difunde e atinge os forames intervertebrais, pelos quais passam as raízes dos nervos espinais. Confirma-se que a ponta da agulha atingiu o espaço epidural quando se observa súbita baixa de resistência, indicando que ela acabou de perfurar o ligamento amarelo. Essas anestesias não apresentam alguns dos inconvenientes das anestesias raquidianas, como o aparecimento frequente de dores de cabeça, que resultam da perfuração da dura-máter e de vazamento de liquor. Entretanto, elas exigem habilidade técnica muito maior e hoje são usadas quase somente em partos.

capítulo 5

Anatomia Macroscópica do Tronco Encefálico e do Cerebelo

A – Tronco encefálico

1. Generalidades

O tronco encefálico interpõe-se entre a medula e o diencéfalo, situando-se ventralmente ao cerebelo. Na sua constituição, entram corpos de neurônios, que se agrupam em *núcleos* e fibras nervosas, que, por sua vez, se agrupam em feixes denominados *tratos, fascículos* ou *lemniscos*. Esses elementos da estrutura interna do tronco encefálico podem estar relacionados com relevos ou depressões de sua superfície, os quais devem ser identificados pelo aluno nas peças anatômicas com o auxílio das figuras e das descrições apresentadas neste capítulo. O conhecimento dos principais acidentes da superfície do tronco encefálico, como aliás de todo o sistema nervoso central (SNC), é muito importante para o estudo de sua estrutura e função. Muitos dos núcleos do tronco encefálico recebem ou emitem fibras nervosas que entram na constituição dos *nervos cranianos*. Dos 12 pares de nervos cranianos, dez fazem conexão no tronco encefálico. A identificação desses nervos e de sua emergência do tronco encefálico é um aspecto importante do estudo desse segmento do SNC. Convém lembrar, entretanto, que nem sempre é possível observar todos os nervos cranianos nas peças anatômicas rotineiras, pois frequentemente alguns são arrancados durante a retirada dos encéfalos.

O tronco encefálico se divide em: bulbo, situado na porção caudal; mesencéfalo, situado cranialmente; e ponte, situada entre ambos. A seguir, será feito o estudo da morfologia externa de cada uma dessas partes.

2. Bulbo

O bulbo, ou medula oblonga, tem a forma de um tronco de cone, cuja extremidade menor continua caudalmente com a medula espinal (**Figura 4.1**). Não existe uma linha de demarcação nítida entre medula e bulbo. Considera-se que o limite entre eles está em um plano horizontal que passa logo acima do filamento radicular mais cranial do 1º nervo cervical, o que corresponde ao nível do forame magno do osso occipital. O limite superior do bulbo se faz em um sulco horizontal visível no contorno ventral do órgão, o *sulco bulbopontino*, que corresponde à margem inferior da ponte (**Figura 5.1**). A superfície do bulbo é percorrida longitudinalmente por sulcos que continuam com os sulcos da medula. Esses sulcos delimitam as áreas anterior (ventral), lateral e posterior (dorsal) do bulbo que, vistas pela superfície, aparecem como uma continuação direta dos funículos da medula. Na área ventral do bulbo, observa-se a *fissura mediana anterior*, e de cada lado dela existe uma eminência alongada, a *pirâmide*, formada por um feixe compacto de fibras nervosas descendentes que ligam as áreas motoras do cérebro aos neurônios motores da medula, o que será estudado com o nome de trato corticospinal. Na parte caudal do bulbo, fibras desse trato cruzam obliquamente o plano mediano em feixes interdigitados, que obliteram a fissura mediana anterior e constituem a *decussação das pirâmides*. Entre os sulcos lateral anterior e lateral posterior, temos a *área lateral do bulbo*, onde se observa uma eminência oval, a *oliva*, formada por uma grande massa de substância cinzenta, o núcleo olivar inferior, situado logo abaixo da superfície. Ventralmente à oliva emergem, do sulco lateral anterior, os filamentos radiculares do *nervo hipoglosso*, XII par craniano. Do sulco lateral posterior, emergem os filamentos radiculares, que se unem para formar os nervos *glossofaríngeo* (IX par) e *vago* (X par), além dos filamentos que constituem a *raiz craniana* ou *bulbar do nervo acessório* (XI par), a qual se une com a *raiz espinal*, proveniente da medula (**Figura 5.1**).

A metade caudal do bulbo, ou *porção fechada do bulbo*, é percorrida por um estreito canal, continuação direta do canal central da medula. Esse canal se abre para formar o *IV ventrículo*, cujo assoalho é, em parte, constituído pela metade rostral, ou *porção aberta do bulbo* (**Figura 5.2**). O *sulco mediano posterior* termina a meia altura do bulbo, em virtude do afastamento de seus lábios, que contribuem para a formação dos limites laterais do IV ventrículo. Entre esse sulco e o sulco lateral posterior está situada a *área posterior do bulbo,* continuação do funículo posterior da medula e, como este, dividida em *fascículo grácil* e *fascículo cuneiforme* pelo *sulco intermédio posterior*. Esses fascículos são constituídos por fibras nervosas ascendentes, provenientes da medula, que terminam em duas massas de substância cinzenta, os núcleos grácil e cuneiforme, situados na parte mais cranial dos respectivos fascículos, onde determinam o aparecimento de duas eminências, o *tubérculo do núcleo grácil,* medialmente, e o *tubérculo do núcleo cuneiforme,* lateralmente. Em virtude do aparecimento do IV ventrículo, os tubérculos do núcleo grácil e do núcleo cuneiforme se afastam lateralmente como os dois ramos de um V e, de forma gradual, continuam para cima com *o pedúnculo cerebelar inferior,* formado por um grosso feixe de fibras, que se fletem dorsalmente para penetrar no cerebelo. O pedúnculo cerebelar inferior é dividido em duas partes. A lateral, ou corpo restiforme, conduz fibras aferentes proprioceptivas e a medial, ou corpo justarrestiforme, carrega fibras aferentes e eferentes vestibulares. Na **Figura 5.2**, o pedúnculo cerebelar inferior aparece seccionado transversalmente ao lado do pedúnculo cerebelar médio, que é parte da ponte.

3. Ponte

Ponte é a parte do tronco encefálico interposta entre o bulbo e o mesencéfalo. Está situada ventralmente ao cerebelo e repousa sobre a parte basilar do osso occipital e o dorso da sela turca do esfenoide. Sua base, situada ventralmente, apresenta estriação transversal em virtude da presença de numerosos feixes de fibras transversais que a percorrem. Essas fibras convergem de cada lado para formar um volumoso feixe, o *pedúnculo cerebelar médio,* que penetra no hemisfério cerebelar correspondente. No limite entre a ponte e o pedúnculo cerebelar médio, emerge o *nervo trigêmeo,* V par craniano (**Figura 5.1**). Essa emergência é feita por duas raízes, uma maior, ou *raiz sensitiva do nervo trigêmeo,* e outra menor, ou *raiz motora do nervo trigêmeo*.

Percorrendo longitudinalmente a superfície ventral da ponte, existe um sulco, o *sulco basilar* (**Figura 5.1**), que aloja a *artéria basilar* (**Figura 18.2**).

A parte ventral da ponte é separada do bulbo pelo sulco bulbopontino, de onde emergem de cada lado, a partir da linha mediana, o VI, o VII e o VIII pares cranianos (**Figura 5.1**). O VI par, *nervo abducente,* emerge entre a ponte e a pirâmide do bulbo. O VIII par, *nervo vestibulococlear,* emerge lateralmente, próximo a um pequeno lóbulo do cerebelo, denominado *flóculo*. O VII par, *nervo facial,* emerge medialmente ao VIII par, com o qual mantém relações muito íntimas. Entre os dois, emerge o *nervo intermédio,* que é a raiz sensitiva do VII par, de identificação às vezes difícil nas peças de rotina. A presença de tantas raízes de nervos cranianos em uma área relativamente pequena explica a riqueza de

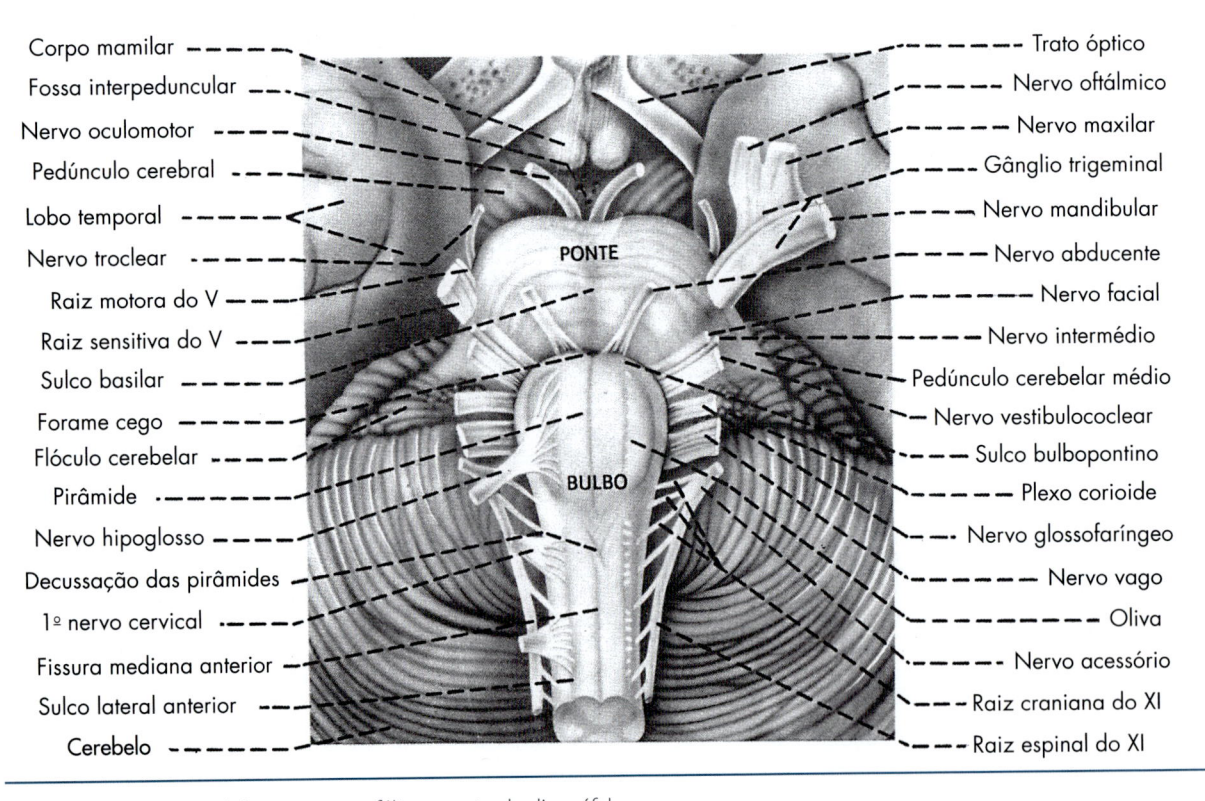

Figura 5.1 Vista ventral do tronco encefálico e parte do diencéfalo.

sintomas observados nos casos de tumores que acometem essa área, resultando na compressão dessas raízes e causando a chamada *síndrome do ângulo ponto-cerebelar*.

A parte dorsal da ponte não apresenta linha de demarcação com a parte dorsal da porção aberta do bulbo, constituindo, ambas, o assoalho do IV ventrículo.

4. Quarto ventrículo

4.1 Situação e comunicações

A cavidade do rombencéfalo tem forma losângica e é denominada *quarto ventrículo*, situada entre o bulbo e a ponte, na porção ventral, e o cerebelo, dorsalmente

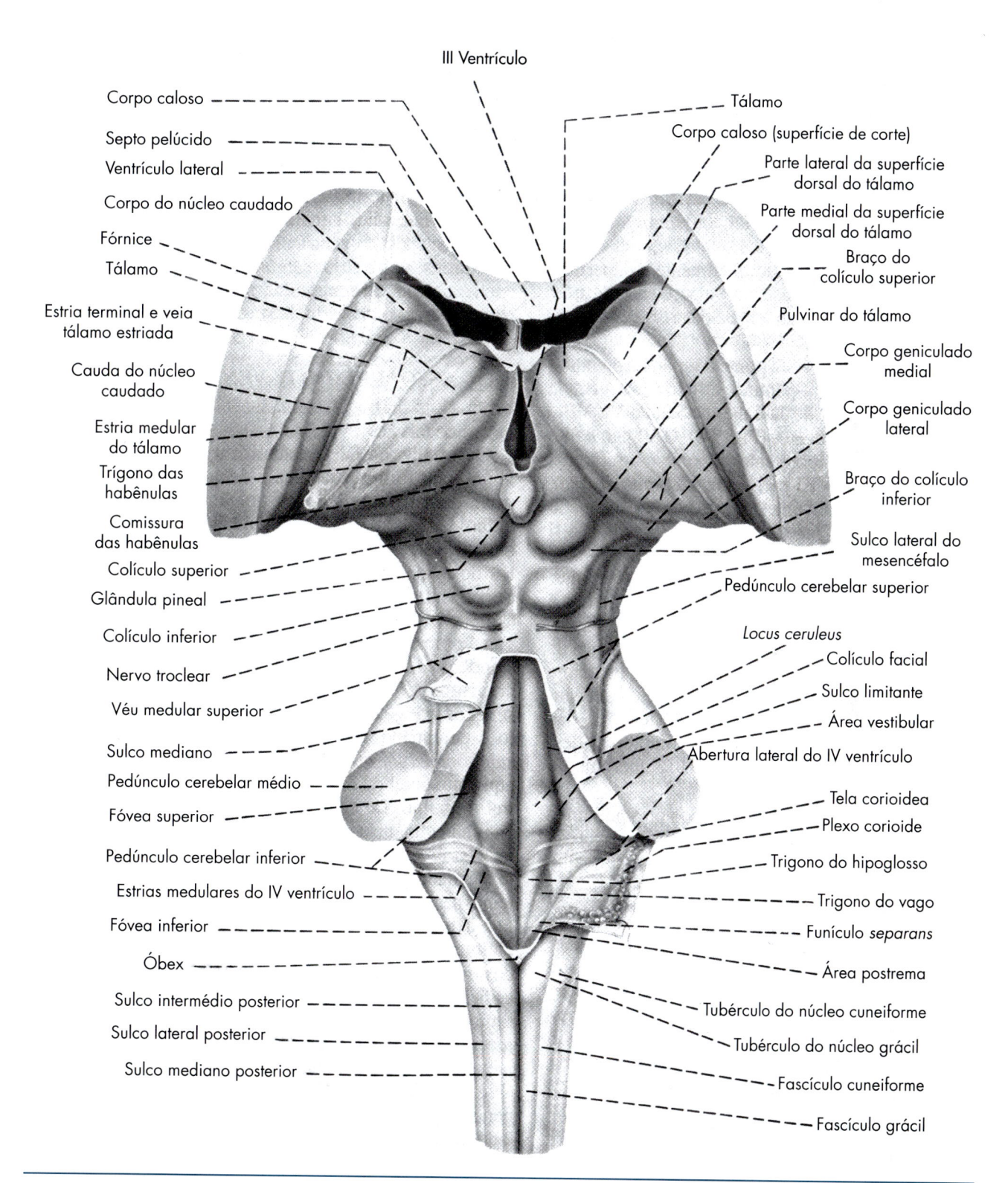

Figura 5.2 Vista dorsal do tronco encefálico e parte do diencéfalo.

(**Figura 7.1**). Continua, na porção caudal, com o canal central do bulbo e cranialmente com o *aqueduto cerebral*, cavidade do mesencéfalo pela qual o IV ventrículo se comunica com o III ventrículo (**Figura 8.5**). A cavidade do IV ventrículo se prolonga de cada lado para formar os *recessos laterais*. Esses recessos se comunicam de cada lado com o espaço subaracnóideo por meio *das aberturas laterais do IV ventrículo* (**Figura 8.1**), também denominadas *forames de Luschka*. Há também uma *abertura mediana do IV ventrículo* (forame de Magendie), situada no meio da metade caudal do teto do ventrículo e de visualização difícil nas peças anatômicas usuais. Por meio dessas aberturas, o líquido *cerebrospinal*, que enche a cavidade ventricular, passa para o espaço subaracnóideo (**Figura 8.1**).

4.2 Assoalho do IV ventrículo

O assoalho do IV ventrículo (**Figura 5.2**) tem forma losângica e é formado pela parte dorsal da ponte e da porção aberta do bulbo. Limita-se inferolateralmente pelos pedúnculos cerebelares inferiores e pelos tubérculos do núcleo grácil e do núcleo cuneiforme. Na porção superolateral, limita-se pelos *pedúnculos cerebelares superiores*, compactos feixes de fibras nervosas que, saindo de cada hemisfério cerebelar, fletem-se cranialmente e convergem para penetrar no mesencéfalo (**Figura 5.2**). O assoalho do IV ventrículo é percorrido em toda a sua extensão pelo *sulco mediano*. De cada lado desse sulco mediano, há uma eminência, a *eminência medial*, limitada lateralmente pelo *sulco limitante*. Esse sulco, já estudado a propósito da embriologia do SNC, separa os núcleos motores, derivados da lâmina basal e situados medialmente dos núcleos sensitivos derivados da lâmina alar e localizados na porção lateral. Esse sulco se alarga para constituir duas depressões, as fóveas superior e inferior, situadas, respectivamente, nas metades cranial e caudal do IV ventrículo. Bem no meio do assoalho do IV ventrículo, a eminência medial dilata-se para constituir, de cada lado, uma elevação arredondada, o *colículo facial*, formado por fibras do nervo facial que, nesse nível, contornam o núcleo do nervo abducente. Na parte caudal da eminência medial, observa-se, de cada lado, uma pequena área triangular de vértice inferior, o *trígono do nervo hipoglosso*, correspondente ao núcleo do nervo hipoglosso. Lateralmente ao trígono do nervo hipoglosso e na porção caudal quanto à fóvea inferior, existe outra área triangular, de coloração ligeiramente acinzentada, o *trígono do nervo vago*, que corresponde ao *núcleo dorsal do vago*. Na porção lateral ao trígono do vago, há uma estreita crista oblíqua, o *funiculus separans*, que separa esse trígono da área postrema (**Figura 5.2**), região relacionada com o mecanismo do vômito desencadeado por estímulos químicos.

Lateralmente ao sulco limitante e estendendo-se de cada lado em direção aos recessos laterais, há uma grande área triangular, *a área vestibular*, correspondendo aos núcleos vestibulares do nervo vestibulococlear. Cruzando transversalmente a área vestibular para se perderem no sulco mediano, frequentemente existem finas cordas de fibras nervosas que constituem as *estrias medulares do IV ventrículo*. Estendendo-se da fóvea superior em direção ao aqueduto cerebral, lateralmente à eminência medial, encontra-se o *locus ceruleus*, área de coloração um pouco escura, onde estão os neurônios mais ricos em noradrenalina do encéfalo.

4.3 Teto do IV ventrículo

A metade cranial do teto do IV ventrículo é constituída por fina lâmina de substância branca, o véu medular superior, que se estende entre os dois pedúnculos cerebelares superiores (**Figura 5.2**). Em sua metade caudal, o teto do IV ventrículo é constituído pela tela corioide, estrutura formada pela união do *epitélio ependimário*, que reveste internamente o ventrículo, com a *pia-máter*, que reforça externamente esse epitélio. A tela corioide emite projeções irregulares, e muito vascularizadas, que se invaginam na cavidade ventricular para formar o *plexo corioide do IV ventrículo* (**Figura 5.2**).

Esses plexos produzem o *líquido cerebrospinal*, que se acumula na cavidade ventricular, passando ao espaço subaracnóideo através das *aberturas laterais* e da *abertura mediana do IV ventrículo*. Através das aberturas laterais próximas do flóculo do cerebelo, exterioriza-se uma pequena porção do plexo corioide do IV ventrículo.

5. Mesencéfalo

O mesencéfalo localiza-se entre a ponte e o diencéfalo (**Figura 2.11**). É atravessado por um estreito canal, o *aqueduto cerebral* (**Figuras 5.3** e **8.5**), que une o III ao IV ventrículo. A parte do mesencéfalo situada na porção dorsal ao aqueduto é o *teto do mesencéfalo* (**Figura 5.3**); ventralmente ao teto, estão os dois *pedúnculos cerebrais* que, por sua vez, se dividem em uma parte dorsal, de predominância celular, o *tegmento*, e outra ventral, formada de fibras longitudinais, a *base do pedúnculo* (**Figura 5.3**). Em uma secção transversal do mesencéfalo, vê-se que o tegmento é separado da base por uma área escura, a *substância negra*, formada por neurônios que contêm melanina. Correspondendo à substância negra na superfície do mesencéfalo, existem dois sulcos longitudinais: um lateral, *sulco lateral do mesencéfalo;* e outro medial, *sulco medial do pedúnculo cerebral*. Esses sulcos marcam, na superfície, o limite entre a base e o tegmento do pedúnculo cerebral (**Figura 5.3**). Do sulco medial, emerge o *nervo oculomotor*, III par craniano (**Figura 5.1**).

5.1 Teto do mesencéfalo

Em vista dorsal, o teto do mesencéfalo apresenta quatro eminências arredondadas, os *colículos superiores* e *inferiores* (**Figura 5.2**). Caudalmente a cada colículo inferior, emerge o IV par craniano, *nervo troclear*, muito delgado e por isso mesmo arrancado sem dificuldades com o manuseio das peças. O nervo troclear, único dos pares cranianos que

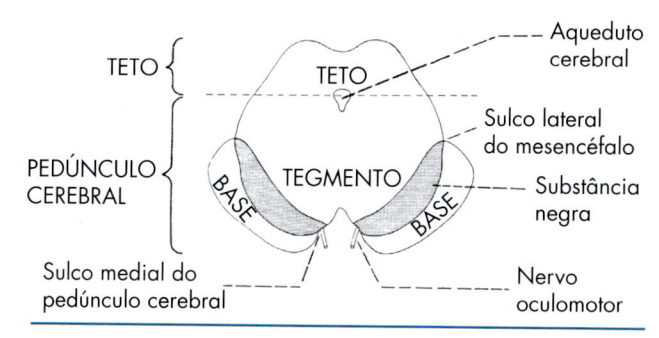

Figura 5.3 Secção transversal do mesencéfalo.

emerge dorsalmente, contorna o mesencéfalo para surgir na porção ventral entre a ponte e o mesencéfalo (**Figura 5.2**). Os colículos se ligam a pequenas eminências ovais do diencéfalo, os corpos geniculados, por meio de estruturas alongadas que são feixes de fibras nervosas, denominados *braços dos colículos*. O colículo inferior se liga ao *corpo geniculado medial* pelo *braço do colículo inferior* e faz parte da via auditiva (**Figura 5.2**). O colículo superior se liga ao *corpo geniculado lateral* pelo *braço do colículo superior* e faz parte da via óptica. Ele tem parte do seu trajeto escondida entre o *pulvinar do tálamo* e o corpo geniculado medial. O corpo geniculado lateral nem sempre é fácil de ser identificado nas peças; um bom método para encontrá-lo consiste em procurá-lo na extremidade do *trato óptico*.

5.2 Pedúnculos cerebrais

Vistos da perspectiva ventral, os pedúnculos cerebrais aparecem como dois grandes feixes de fibras que surgem na borda superior da ponte e divergem cranialmente para penetrar fundo no cérebro (**Figura 5.1**). Delimitam, assim, uma profunda depressão triangular, a *fossa interpeduncular*, limitada anteriormente por duas eminências pertencentes ao diencéfalo, os *corpos mamilares*. O fundo da fossa interpeduncular apresenta pequenos orifícios para a passagem de vasos e denomina-se *substância perfurada posterior*. Como já foi exposto, do sulco longitudinal situado na face medial do pedúnculo, *sulco medial do pedúnculo*, emerge de cada lado o *nervo oculomotor* (**Figura 5.1**).

B – Anatomia macroscópica do cerebelo

1. Generalidades

O cerebelo (do latim, pequeno cérebro) fica situado dorsalmente ao bulbo e à ponte, contribuindo para a formação do teto do IV ventrículo. Repousa sobre a fossa cerebelar do osso occipital e está separado do lobo occipital do cérebro por uma prega da dura-máter, denominada *tentório do cerebelo*. Liga-se à medula e ao bulbo pelo *pedúnculo cerebelar inferior* e à ponte e ao mesencéfalo pelos *pedúnculos cerebelares médio* e *superior*, respectivamente (**Figuras 5.2** e **5.4**). O cerebelo é importante para a manutenção da postura, equilíbrio, coordenação dos movimentos e aprendizagem de habilidades motoras. Embora tenha essencialmente função motora, estudos recentes demonstraram que está também envolvido em algumas funções cognitivas. As funções e conexões do cerebelo serão estudadas no Capítulo 22.

2. Alguns aspectos anatômicos

Anatomicamente, distingue-se no cerebelo uma porção ímpar e mediana, o *verme*, ligado a duas grandes massas laterais, os *hemisférios cerebelares* (**Figura 5.6**). O verme é pouco separado dos hemisférios na face dorsal do cerebelo, o que não ocorre na face ventral, onde dois sulcos bem evidentes o separam das partes laterais (**Figura 5.4**).

A superfície do cerebelo apresenta sulcos de direção predominantemente transversal, que delimitam lâminas finas, denominadas *folhas do cerebelo*. Existem também sulcos mais pronunciados, as *fissuras do cerebelo*, que delimitam lóbulos, cada um deles podendo conter várias folhas. Os sulcos, as fissuras e os lóbulos do cerebelo, do mesmo modo como ocorre nos sulcos e giros do cérebro, aumentam consideravelmente a superfície do cerebelo, sem grande aumento do volume. Uma secção horizontal do cerebelo (**Figura 22.5**) dá uma ideia de sua organização interna. Vê-se que ele é constituído por um centro de substância branca, o *corpo medular do cerebelo*, de onde irradiam as *lâminas brancas do cerebelo*, revestidas externamente por uma fina camada de substância cinzenta, o *córtex cerebelar*. Os antigos anatomistas denominaram "árvore da vida" a imagem do corpo medular do cerebelo, com as lâminas brancas que dele irradiam (**Figura 5.5**), uma vez que lesões traumáticas dessa região, por exemplo, nos campos de batalha, culminavam sempre na morte. Na realidade, a morte nesses casos resulta da lesão do assoalho do 4º ventrículo, situado logo abaixo, e onde estão os centros respiratório e vasomotor, e não da lesão do cerebelo que, aliás, pode ser totalmente destruído sem causar morte. No interior do corpo medular, existem quatro pares de núcleos de substância cinzenta (**Figura 22.5**), que são os *núcleos centrais do cerebelo*: denteado; interpósito, subdividido em emboliforme e globoso; e o fastigial. Os núcleos centrais do cerebelo têm grande importância funcional e clínica. Deles, saem todas as fibras nervosas eferentes do cerebelo. Eles serão estudados no Capítulo 22.

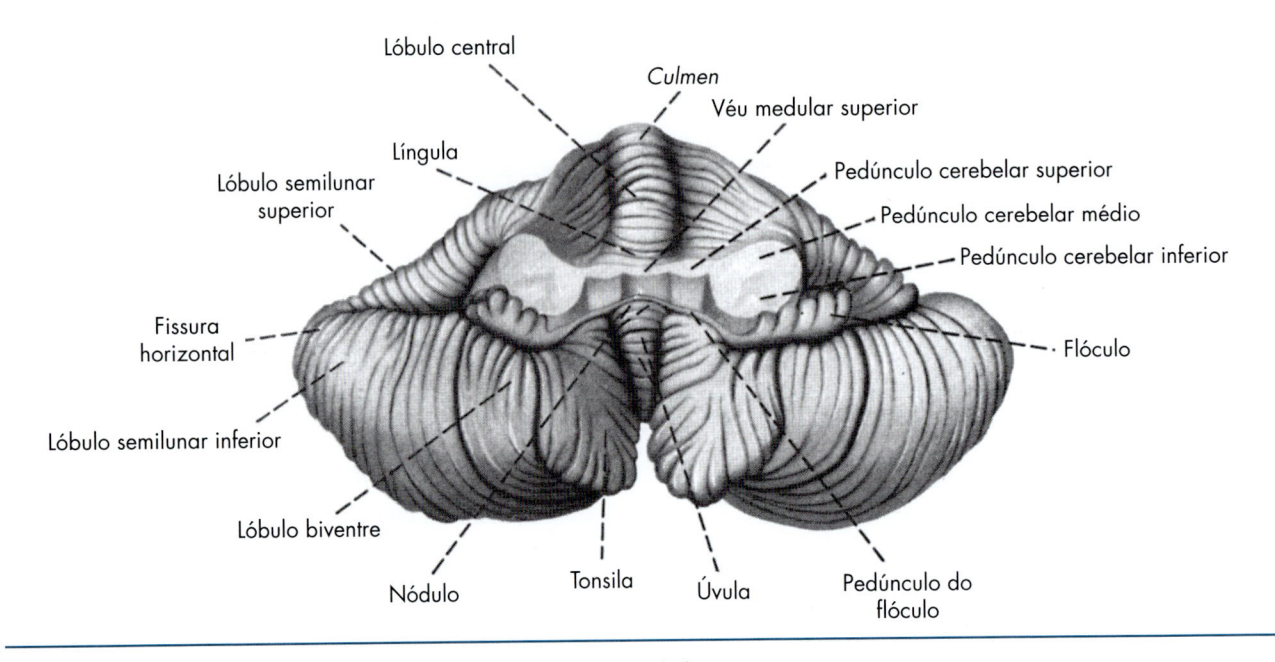

Figura 5.4 Vista ventral do cerebelo após secção dos pedúnculos cerebelares.

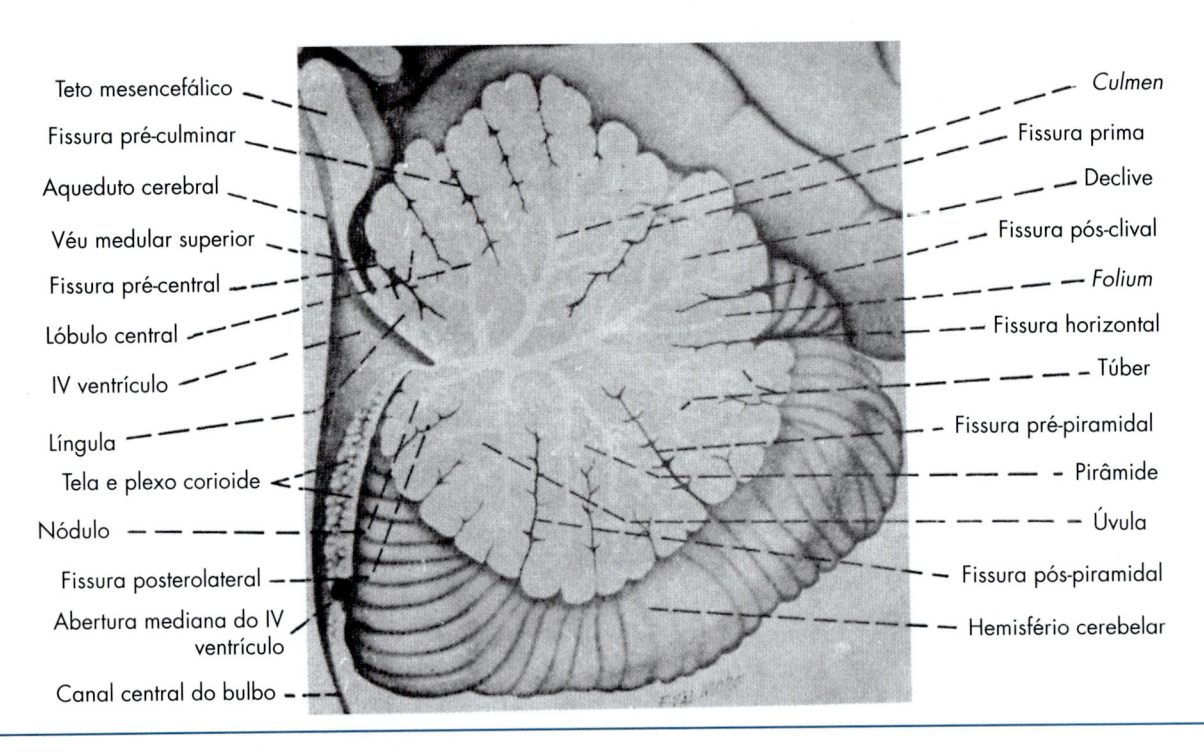

Figura 5.5 Secção sagital mediana do cerebelo.

3. Lóbulos e fissuras

Os lóbulos do cerebelo recebem denominações diferentes no verme e nos hemisférios. A cada lóbulo do verme, correspondem dois nos hemisférios (**Figura 5.6**). São ao todo 17 lóbulos e oito fissuras, com denominações próprias (**Figura 5.1**). Entretanto, a maioria dessas estruturas não tem isoladamente importância funcional ou clínica e não precisa ser memorizada, embora conste nas figuras. São importantes e devem ser identificadas nas peças apenas os lóbulos: nódulo, flóculo e tonsila; e as fissuras posterolaterais e prima. O nódulo é o último lóbulo do verme e fica situado logo abaixo do teto do IV ventrículo (**Figura 5.5**). O flóculo é um lóbulo do hemisfério, alongado transversalmente e com folhas pequenas situadas logo atrás do pedúnculo cerebelar inferior (**Figura 5.5**). Liga-se ao nódulo pelo pedúnculo do flóculo, constituindo o lobo floculonodular, separado do corpo do cerebelo pela fissura posterolateral (**Figura 5.5**). O lobo floculonodular é importante por ser a parte do cerebelo responsável pela manutenção do equilíbrio.

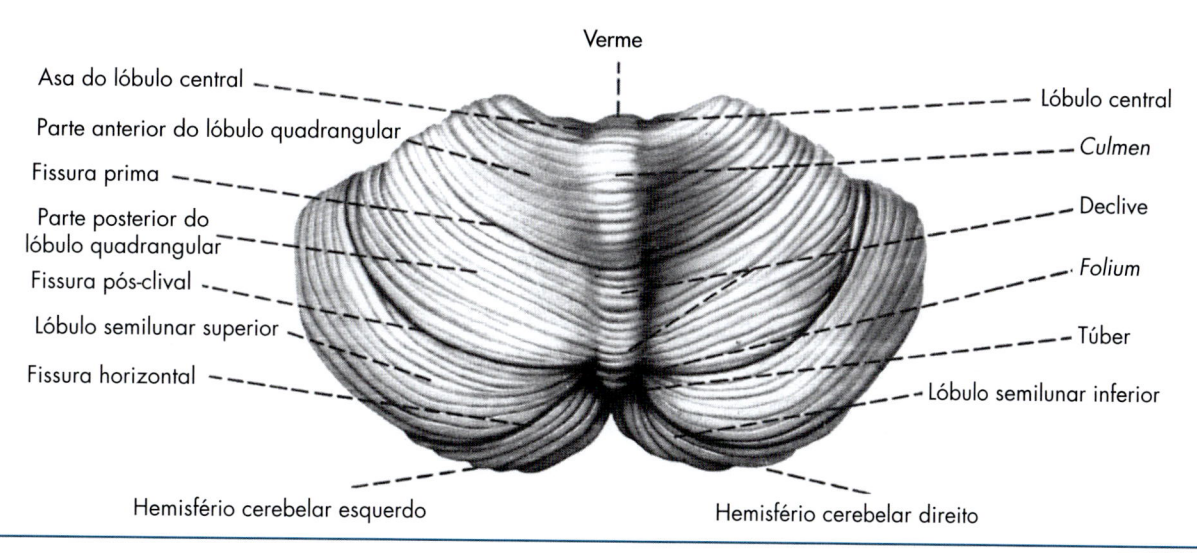

Figura 5.6 Vista dorsal do cerebelo.

As tonsilas são bem evidentes na face ventral do cerebelo, projetando-se medialmente sobre a face dorsal do bulbo (**Figura 5.4**). Essa relação é importante, pois, em certas situações, elas podem ser deslocadas caudalmente, formando uma hérnia de tonsila (**Figura 8.7**) que penetra no forame magno, comprimindo o bulbo, o que pode ser fatal. Esse tema será tratado com mais detalhes no Capítulo 8, item 3.3.2.

4. Divisão anatômica

Os lóbulos do cerebelo podem ser agrupados em estruturas maiores, os lobos separados pelas fissuras posterolateral e prima. Chega-se, assim, a uma divisão transversal em que a fissura posterolateral divide o cerebelo em um *lobo floculonodular* e o *corpo do cerebelo*. Este, por sua vez, é dividido em lobo anterior e lobo posterior pela fissura prima (**Figura 5.7**). Temos, assim, a seguinte divisão:

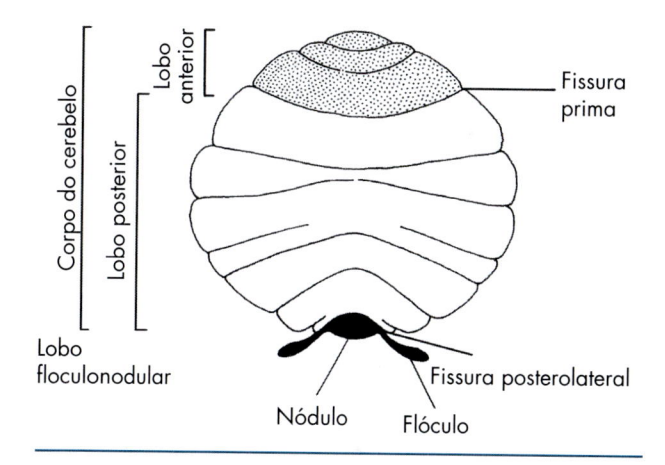

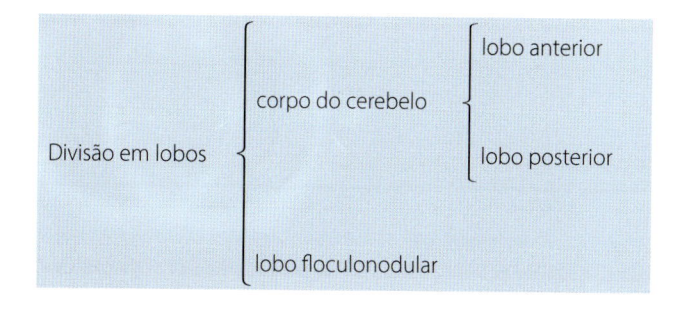

Figura 5.7 Esquema da divisão anatômica do cerebelo.

Divisão em lobos
- corpo do cerebelo
  - lobo anterior
  - lobo posterior
- lobo floculonodular

Existe também uma divisão longitudinal em que as partes se dispõem longitudinalmente e que será descrita no Capítulo 22.

5. Pedúnculos cerebelares

São três os pedúnculos cerebelares – superior, médio e inferior –, que aparecem seccionados nas **Figuras 5.2** e **5.4**. O pedúnculo cerebelar superior liga o cerebelo ao mesencéfalo. O pedúnculo cerebelar médio é um enorme feixe de fibras que liga o cerebelo à ponte e constitui a parede dorsolateral da metade cranial do IV ventrículo (**Figura 5.2**). Considera-se como limite entre a ponte e o pedúnculo cerebelar médio o ponto de emergência do nervo trigêmeo (**Figura 5.1**). O pedúnculo cerebelar inferior liga o cerebelo à medula.

capítulo 6

Anatomia Macroscópica do Diencéfalo

1. Generalidades

O diencéfalo e o telencéfalo formam o cérebro, que corresponde ao prosencéfalo. O cérebro é a porção mais desenvolvida e mais importante do encéfalo, ocupando cerca de 80% da cavidade craniana. Os dois componentes que o formam, diencéfalo e telencéfalo, embora intimamente unidos, apresentam características próprias e, em geral, são estudados em separado. O telencéfalo se desenvolve enormemente em sentido lateral e posterior para constituir os hemisférios cerebrais (**Figura 2.5**). Desse modo, encobre quase completamente o diencéfalo, que permanece em situação ímpar e mediana, podendo ser visto apenas na face inferior do cérebro. O diencéfalo compreende as seguintes partes: *tálamo*; *hipotálamo*; *epitálamo*; e *subtálamo*, todas em relação com o III ventrículo. É, pois, conveniente que o estudo de cada uma dessas partes seja precedido de uma descrição do III ventrículo.

2. III Ventrículo

A cavidade do diencéfalo é uma estreita fenda ímpar e mediana, denominada *III ventrículo*, que se comunica com o IV ventrículo pelo aqueduto cerebral, e com os ventrículos laterais pelos respectivos *forames interventriculares* (ou de Monro).

As **Figuras 5.2** e **7.2** dão uma ideia da situação e da forma desse ventrículo. Quando o cérebro é seccionado no plano sagital mediano, as paredes laterais do III ventrículo são expostas amplamente (**Figura 7.1**). Verifica-se, então, a existência de uma depressão, o *sulco hipotalâmico*, que se estende do aqueduto cerebral até o forame interventricular. As porções da parede situadas acima desse sulco pertencem ao tálamo, e as situadas abaixo, ao hipotálamo. Unindo os dois tálamos e, por conseguinte, atravessando em ponte a cavidade ventricular, observa-se frequentemente uma trave de substância cinzenta, a *aderência intertalâmica*, que aparece seccionada na **Figura 7.1**, e pode estar ausente em 30% dos indivíduos.

No assoalho do III ventrículo, dispõem-se, de diante para trás, as seguintes formações (**Figura 23.1**): *quiasma óptico; infundíbulo; túber cinéreo;* e *corpos mamilares*, pertencentes ao hipotálamo.

A parede posterior do ventrículo, muito pequena, é formada pelo epitálamo, que se localiza acima do sulco hipotalâmico. Saindo de cada lado do epitálamo e percorrendo a parte mais alta das paredes laterais do ventrículo, há um feixe de fibras nervosas, as *estrias medulares do tálamo*, onde se insere a *tela corioide*, que forma o teto do III ventrículo (**Figura 5.2**). A partir da tela corioide, invaginam-se na luz ventricular os *plexos corioides* do *III ventrículo* (**Figura 7.1**), que se dispõem em duas linhas paralelas e são contínuos, através dos respectivos forames interventriculares, com os plexos corioides dos ventrículos laterais.

A parede anterior do III ventrículo é formada pela lâmina terminal, fina lâmina de tecido nervoso, que une os dois hemisférios e dispõe-se entre o quiasma óptico e a comissura anterior (**Figura 7.1**). A comissura anterior, a lâmina terminal e as partes adjacentes das paredes laterais do III ventrículo pertencem ao telencéfalo, pois derivam da parte central não invaginada da vesícula telencefálica do embrião.

3. Tálamo

Os tálamos são duas massas volumosas de substância cinzenta, de forma ovoide, dispostas uma de cada lado na porção laterodorsal do diencéfalo. A extremidade anterior de cada tálamo apresenta uma eminência, o *tubérculo anterior do tálamo* (**Figura 5.2**), que participa na delimitação do forame interventricular. A extremidade posterior, consideravelmente maior que a anterior, apresenta uma grande eminência, o *pulvinar*, que se projeta sobre os corpos geniculados lateral e medial (**Figura 5.2**). O corpo geniculado medial faz parte da via auditiva; o lateral, da via óptica, e ambos são considerados por alguns autores uma divisão do diencéfalo denominada *metatálamo*. A porção lateral da *face superior do tálamo* (**Figura 5.2**) faz parte do assoalho do ventrículo lateral, sendo, por conseguinte, revestido de epitélio ependimário; a *face medial do tálamo* forma a maior parte das paredes laterais do III ventrículo (**Figura 5.7**).

A *face lateral do tálamo* é separada do telencéfalo pela *cápsula interna*, compacto feixe de fibras que liga o córtex cerebral a centros nervosos subcorticais e só pode ser vista em secções (**Figura 32.5**) ou dissecações (**Figura 30.1**) do cérebro. A *face inferior do tálamo* continua com o hipotálamo e o subtálamo. O tálamo é uma área muito importante do cérebro, relacionada sobretudo com a sensibilidade, mas tem também outras funções, que serão estudadas no Capítulo 23.

4. Hipotálamo

O hipotálamo é uma área relativamente pequena do diencéfalo, situada abaixo do tálamo, com importantes funções, relacionadas, sobretudo, com o controle da atividade visceral. A análise funcional do hipotálamo será feita no Capítulo 21, juntamente com o estudo de sua estrutura e conexões.

O hipotálamo compreende estruturas situadas nas paredes laterais do III ventrículo, abaixo do sulco hipotalâmico, além das seguintes formações do assoalho do III ventrículo, visíveis na base do cérebro (**Figura 7.8**):

a) *Corpos mamilares* (**Figura 7.8**) – são duas eminências arredondadas, de substância cinzenta, evidentes na parte anterior da fossa interpeduncular.
b) *Quiasma óptico* (**Figuras 7.8** e **23.1**) – localiza-se na parte anterior do assoalho do III ventrículo. Recebe as fibras dos *nervos ópticos*, que aí cruzam em parte e continuam nos tratos ópticos que se dirigem aos corpos geniculados laterais.
c) *Túber cinéreo* (**Figura 7.8**) – é uma área ligeiramente cinzenta, mediana, situada atrás do quiasma e dos tratos ópticos, entre estes e os corpos mamilares. No túber cinéreo, prende-se a hipófise, por meio do infundíbulo.
d) *Infundíbulo* (**Figura 23.1**) – é uma formação nervosa em forma de funil, que se prende ao túber cinéreo. A extremidade superior do infundíbulo dilata-se para constituir a *eminência mediana do túber cinéreo*, enquanto a sua extremidade inferior continua com o processo infundibular, ou lobo nervoso da neuro-hipófise. Em geral, quando os encéfalos são retirados do crânio, o infundíbulo se rompe, permanecendo com a hipófise na cela turca da base do crânio.

O hipotálamo é uma das áreas mais importantes do cérebro, regula o sistema nervoso autônomo e as glândulas endócrinas e é o principal responsável pela constância do meio interno (homeostase).

5. Epitálamo

O epitálamo limita posteriormente o III ventrículo, acima do sulco hipotalâmico, já na transição com o mesencéfalo. Seu elemento mais evidente é a *glândula pineal*, ou *epífise*, glândula endócrina ímpar e mediana de forma piriforme, que repousa sobre o teto mesencefálico (**Figura 5.2**). A base do corpo pineal prende-se anteriormente a dois feixes transversais de fibras que cruzam o plano mediano, a *comissura posterior* e a *comissura das habênulas* (**Figura 7.1**). A comissura posterior situa-se no ponto em que o aqueduto cerebral se liga ao III ventrículo e é considerada o limite entre o mesencéfalo e o diencéfalo. A comissura das habênulas situa-se entre duas pequenas eminências triangulares, os *trígonos da habênula* (**Figura 5.2**), situados entre a glândula pineal e o tálamo; continua anteriormente, de cada lado, com as *estrias medulares do tálamo*. A tela corioide do III ventrículo insere-se lateralmente nas estrias medulares do tálamo e, na porção posterior, na comissura das habênulas (**Figura 7.1**), fechando, assim, o teto do III ventrículo. As funções da glândula pineal e de seu hormônio, a melatonina, serão estudadas no Capítulo 23.

6. Subtálamo

O *subtálamo* compreende a zona de transição entre o diencéfalo e o tegmento do mesencéfalo. É de difícil visualização nas peças de rotina, pois não se relaciona com as paredes do III ventrículo, podendo ser observado com mais facilidade em cortes frontais do cérebro (**Figura 6.1**). Verifica-se, então, que ele se localiza abaixo do tálamo, sendo limitado lateralmente pela cápsula interna e medialmente pelo hipotálamo. O subtálamo tem função motora.

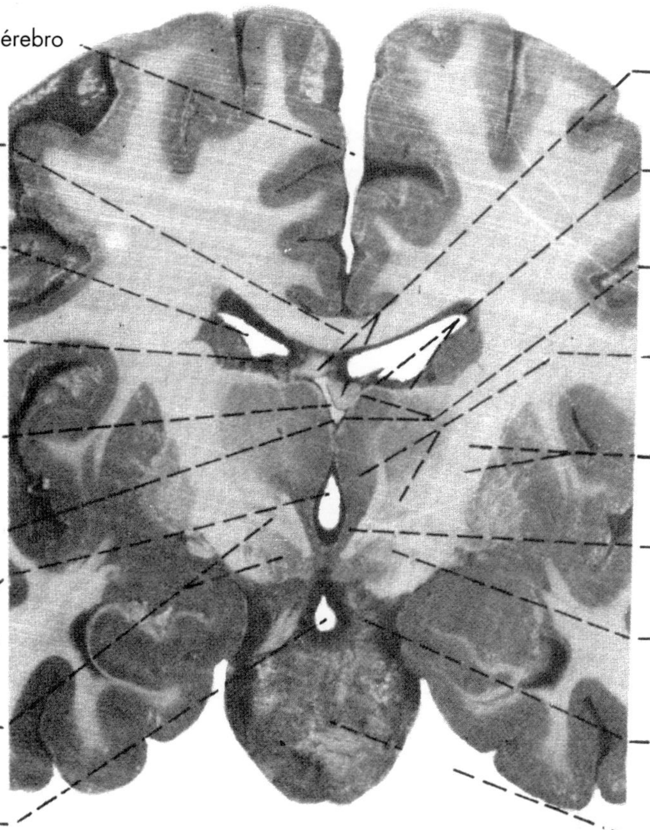
Fissura longitudinal do cérebro
Corpo caloso
Parte central do ventrículo lateral
Plexo corioide do ventrículo lateral
Fissura transversa do cérebro
Estria medular do tálamo
Terceiro ventrículo
Subtálamo
Fossa interpeduncular
Fórnice
Parte lateral da face superior do tálamo
Parte medial da face superior do tálamo
Tálamo
Cápsula interna
Hipotálamo
Núcleo subtalâmico
Base do pedúnculo cerebral
Base da ponte

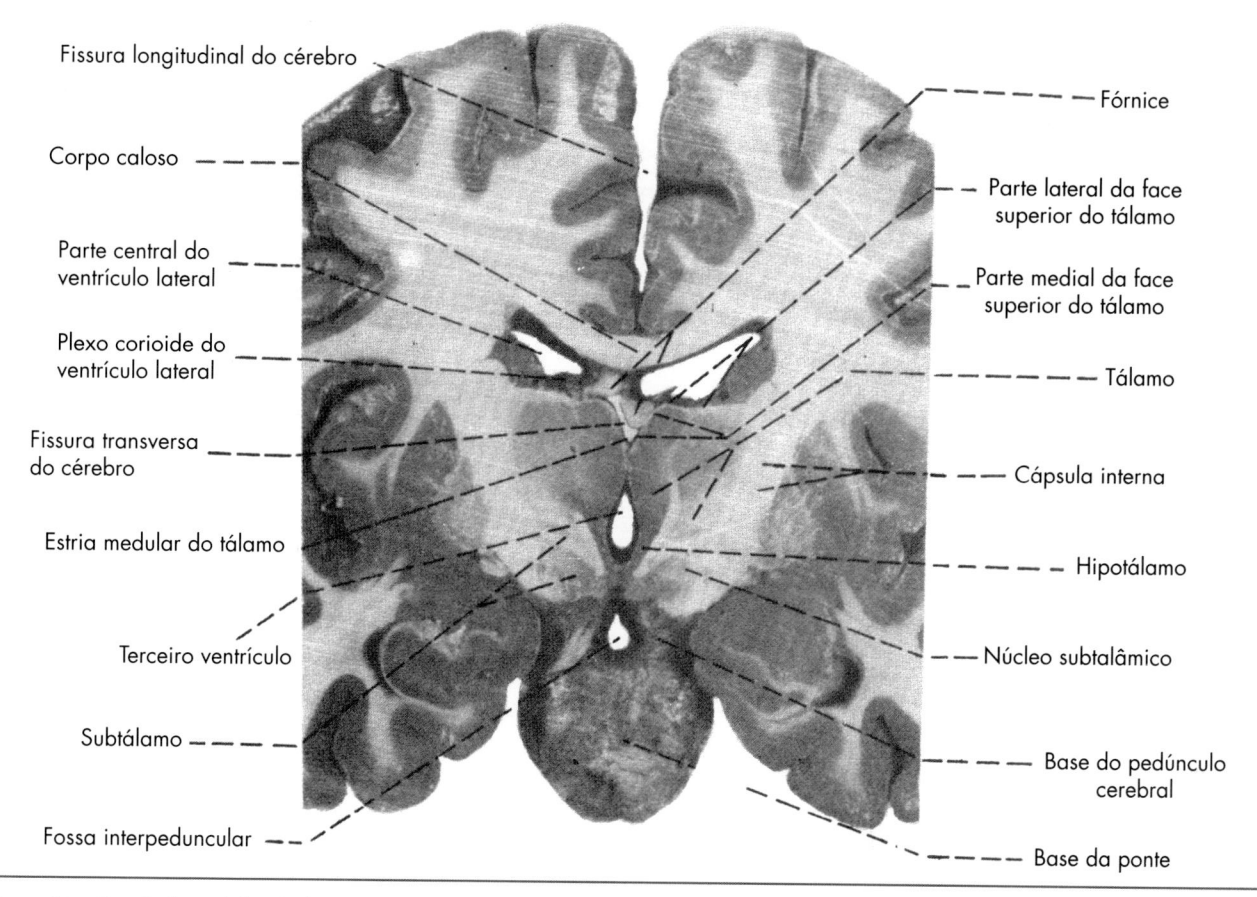

Figura 6.1 Secção frontal do cérebro passando pelo III ventrículo.

capítulo 7

Anatomia Macroscópica do Telencéfalo

1. Generalidades

O telencéfalo compreende os dois hemisférios cerebrais e a lâmina terminal, situada na porção anterior do III ventrículo (**Figura 23.1**).

Os dois hemisférios cerebrais são unidos por uma larga faixa de fibras comissurais, o *corpo caloso* (**Figura 7.1**). Os hemisférios cerebrais têm cavidades, os *ventrículos laterais direito* e *esquerdo*, que se comunicam com o III ventrículo pelos *forames interventriculares* (**Figuras 7.2** e **7.3**).

Cada hemisfério apresenta três polos: *frontal, occipital* e *temporal;* e três faces: *face superolateral*, convexa; *face medial*, plana; e *face inferior* ou *base do cérebro*, muito irregular, repousando anteriormente nos andares anterior e médio da base do crânio, e, na porção posterior, no tentório do cerebelo.

2. Sulcos e giros. Divisão em lobos

A superfície do cérebro do homem e de vários animais apresenta depressões, denominadas *sulcos*, que delimitam os *giros cerebrais*. A existência dos sulcos permite considerável aumento de superfície sem grande aumento do volume cerebral e sabe-se que cerca de dois terços da área ocupada pelo córtex cerebral estão "escondidos" nos sulcos.

Muitos sulcos são inconstantes e não recebem nenhuma denominação; outros, mais constantes, recebem denominações especiais e ajudam a delimitar os lobos e as áreas cerebrais. Em cada hemisfério cerebral, os dois sulcos mais importantes são o *sulco lateral* (de Sylvius) e o *sulco central* (de Rolando), também chamados de *fissuras* e que serão descritos a seguir:

a) *Sulco lateral* (**Figuras 7.4** e **7.5**) – inicia-se na base do cérebro, como uma fenda profunda que, separando o lobo frontal do lobo temporal, dirige-se para a face lateral do cérebro, onde termina dividindo-se em três ramos: *ascendente; anterior;* e *posterior* (**Figura 7.5**). Os ramos ascendente e anterior são curtos e penetram no lobo frontal; o ramo posterior é muito mais longo, dirige-se para trás e para cima, terminando no lobo parietal. Separa o *lobo temporal*, situado abaixo, dos *lobos frontal* e *parietal*, situados acima (**Figura 7.4**).

b) *Sulco central* (**Figuras 7.4** e **7.5**) – profundo e geralmente contínuo, que percorre obliquamente a face superolateral do hemisfério, separando os lobos frontal e parietal. Inicia-se na face medial do hemisfério, aproximadamente no meio de sua borda dorsal e, a partir desse ponto, dirige-se para diante e para baixo, em direção ao ramo posterior do sulco lateral, do qual é separado por uma pequena prega cortical. É ladeado por dois giros paralelos, um anterior, *giro pré-central*, e outro posterior, *giro pós-central*. O giro pré-central relaciona-se com motricidade, e o pós-central, com sensibilidade.

Os sulcos ajudam a delimitar os *lobos cerebrais*, que recebem sua denominação de acordo com os ossos do crânio com os quais se relacionam. Assim, temos os lobos *frontal, temporal, parietal* e *occipital*. Além desses, existe a *ínsula*, situada profundamente no sulco lateral e que não tem, por conseguinte, relação imediata com os ossos do crânio (**Figura 7.6**). A divisão em lobos, embora de grande importância clínica, não corresponde a uma divisão funcional, exceto pelo lobo occipital, que está todo, direta ou indiretamente, relacionado com a visão.

O lobo frontal localiza-se acima do sulco lateral e adiante do sulco central (**Figura 7.4A**). Na face medial do cérebro, o limite anterior do lobo occipital é o *sulco parietoccipital* (**Figura 7.4B**). Em sua face superolateral, esse limite é situado, de modo arbitrário, em uma linha imaginária, que une a terminação do

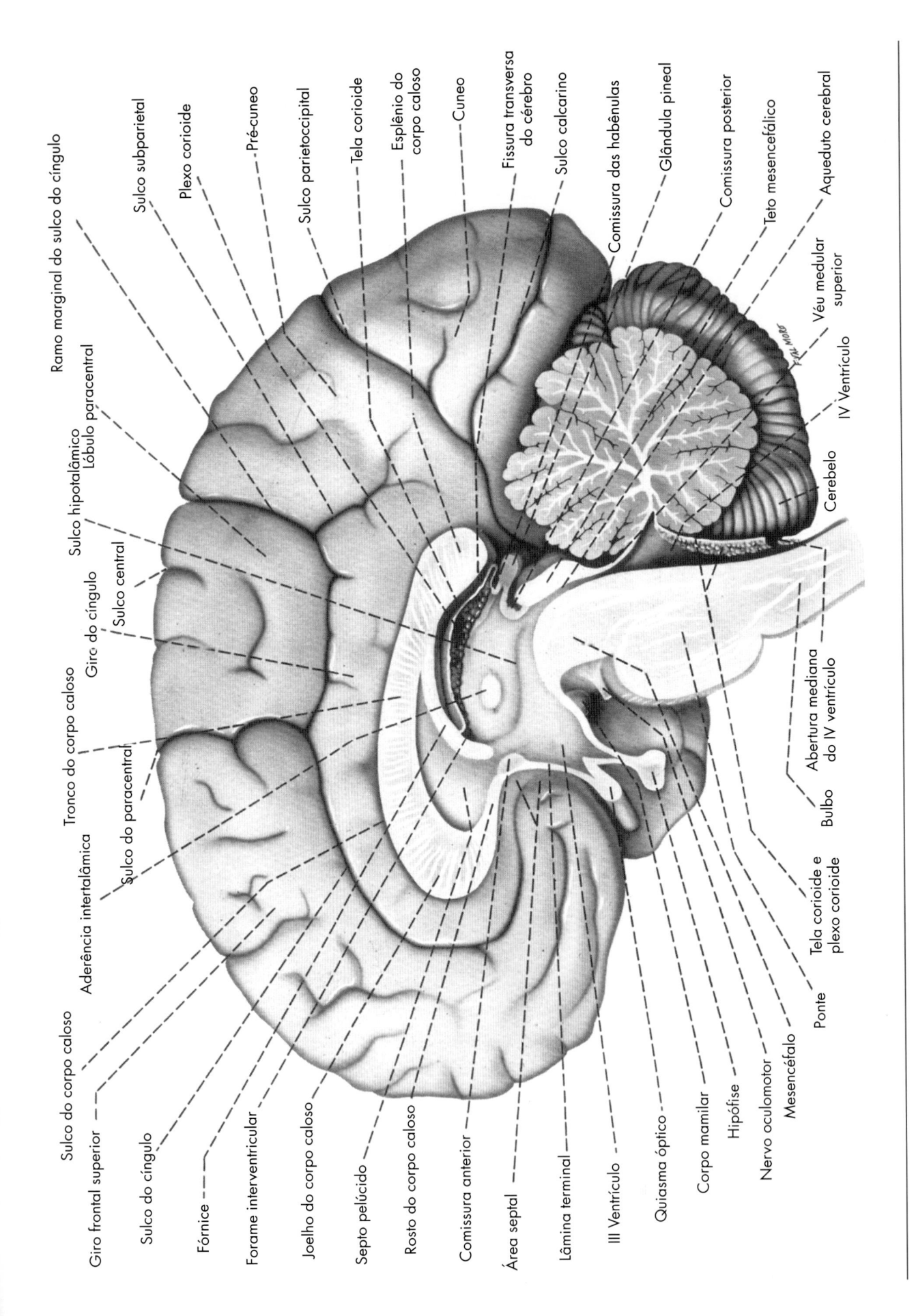

Figura 7.1 Face medial de um hemisfério cerebral.

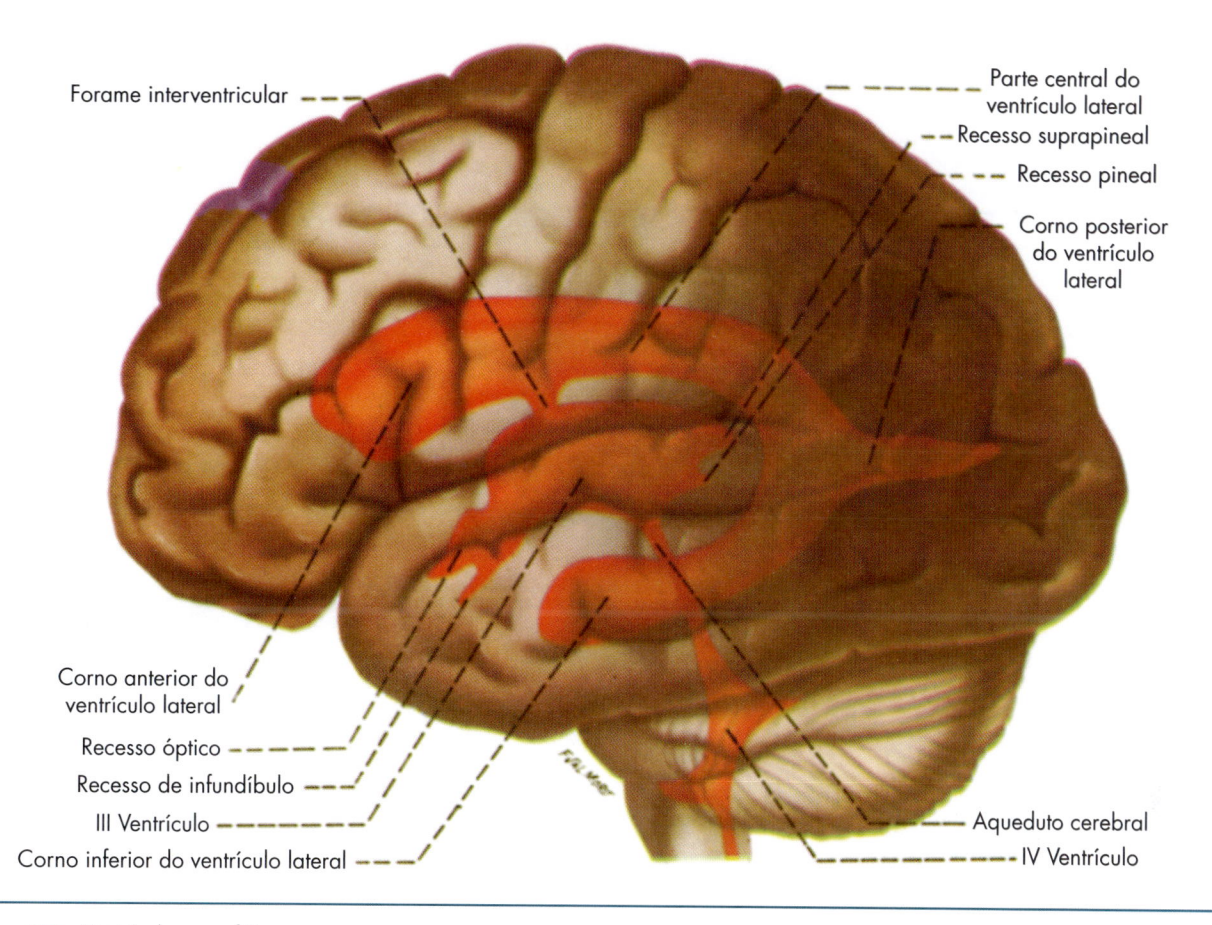

Figura 7.2 Ventrículos encefálicos.

sulco *parietoccipital*, na borda superior do hemisfério, à *incisura pré-occipital*, localizada na borda inferolateral, a cerca de 4 cm do polo occipital (**Figura 7.4A**). Do meio dessa linha, parte uma segunda linha imaginária em direção ao ramo posterior do sulco lateral e que, juntamente com esse ramo, limita o lobo temporal do lobo parietal (**Figura 7.4A**).

Passaremos, a seguir, a descrever os sulcos e giros mais importantes de cada lobo, estudando sucessivamente as três faces de cada hemisfério. A descrição deve ser acompanhada, nas peças anatômicas, com o auxílio das figuras, levando-se em conta que elas representam o padrão mais frequente, o qual, em virtude do grande número de variações, nem sempre corresponde à peça anatômica de que se dispõe. Assim, os sulcos são, por vezes, muito sinuosos e podem ser interrompidos por pregas anastomóticas, que unem giros vizinhos, dificultando a sua identificação. Para facilitar o estudo, é aconselhável que se observe mais de um hemisfério cerebral.

3. Morfologia das faces dos hemisférios cerebrais

3.1 Face superolateral

Também denominada *face convexa*, é a maior das faces cerebrais, relacionando-se com todos os ossos que formam a abóbada craniana. Nela, estão representados os cinco lobos cerebrais, que serão estudados a seguir.

3.1.1 Lobo frontal

Identificam-se, em sua superfície, três sulcos principais (**Figura 7.5**):

a) *Sulco pré-central* – mais ou menos paralelo ao sulco central e muitas vezes dividido em dois segmentos.
b) *Sulco frontal superior* – inicia-se geralmente na porção superior do sulco pré-central e tem direção aproximadamente perpendicular a ele.
c) *Sulco frontal inferior* – partindo da porção inferior do sulco pré-central, dirige-se para frente e para baixo.

Entre o sulco central, já descrito no item 2 b, e o sulco pré-central, está o *giro pré-central*, onde se localiza a principal área motora do cérebro. Acima do sulco frontal superior, continuando, pois, na face medial do cérebro, localiza-se o *giro frontal superior*. Entre os sulcos frontais superior e inferior, está o *giro frontal médio*; abaixo do sulco frontal inferior, o *giro frontal inferior*. Este último é subdividido, pelos ramos anterior e ascendente do sulco lateral, em três partes: *orbital*; *triangular*; e *opercular*. A primeira situa-se abaixo do ramo anterior, a segunda entre este ramo e o ramo ascendente, e a última entre o ramo ascendente e o sulco pré-central (**Figuras 7.4** e **7.5**). O giro frontal inferior do hemisfério cerebral esquerdo é denominado *giro de Broca*, e aí se localiza, na maioria dos indivíduos, uma das áreas de linguagem do cérebro.

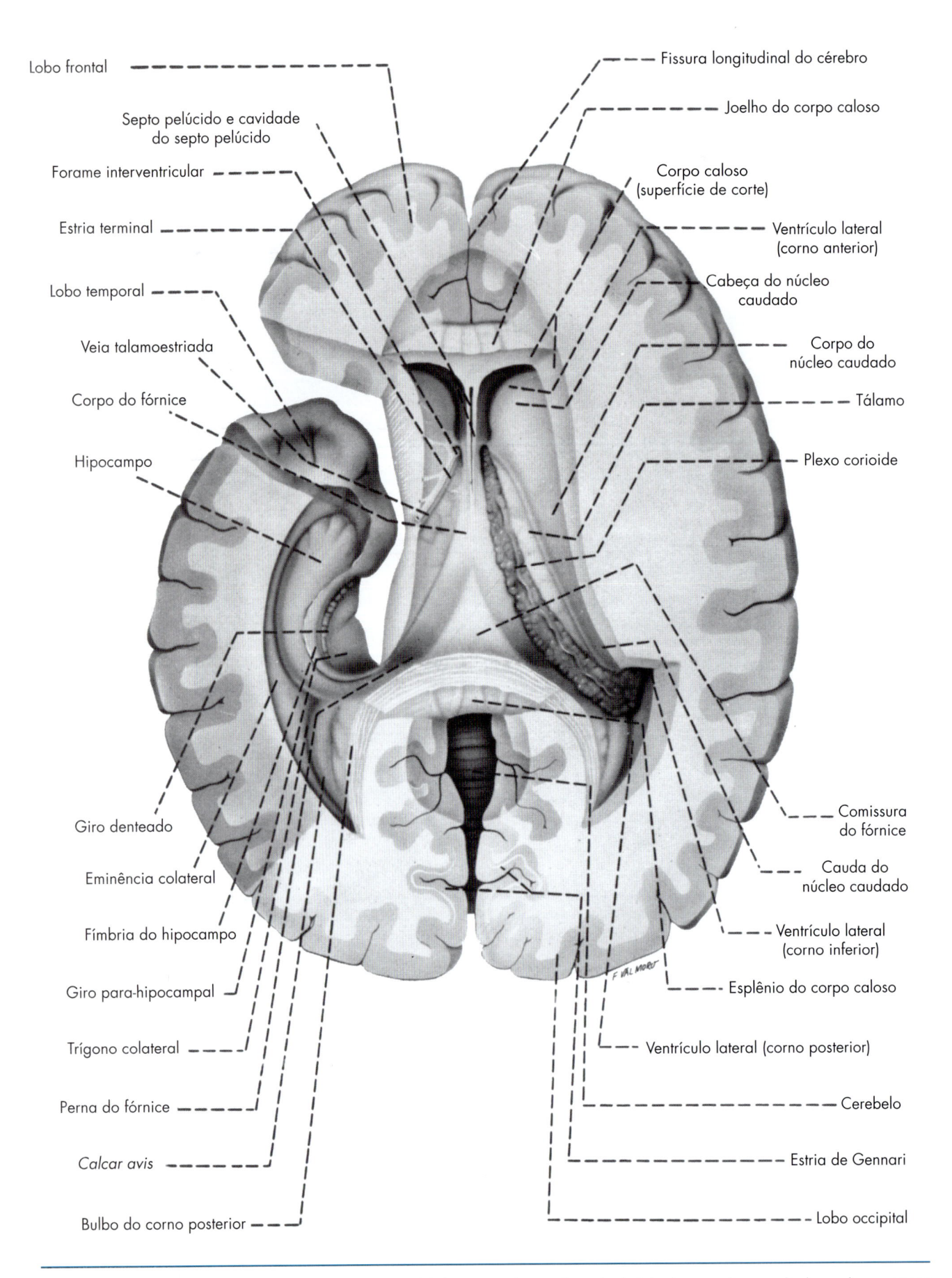

Figura 7.3 Vista superior do cérebro após a remoção parcial do corpo caloso e de parte do lobo temporal esquerdo de modo a expor os ventrículos laterais.

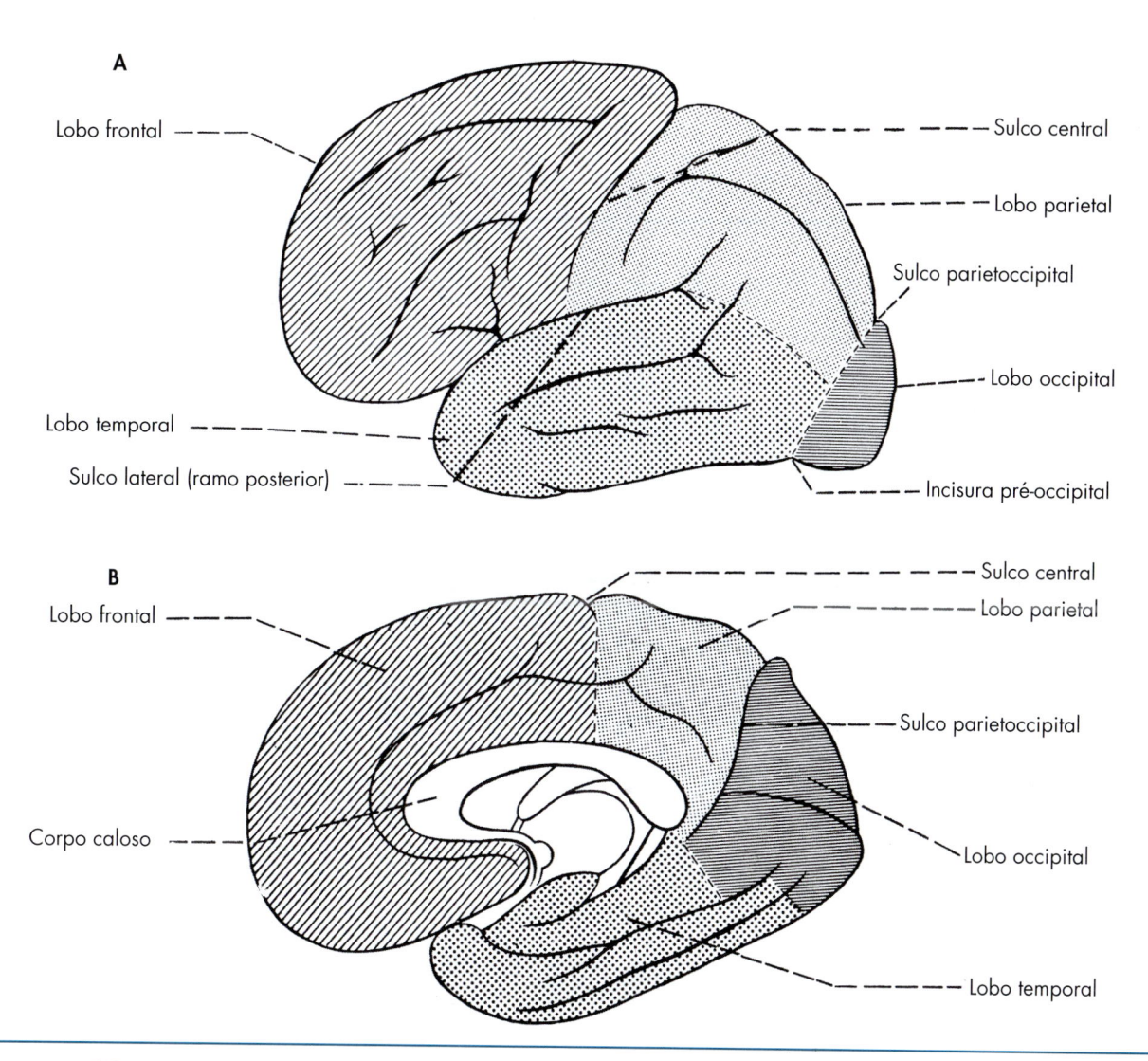

Figura 7.4 **(A)** Lobos do cérebro vistos lateralmente; **(B)** lobos do cérebro vistos medialmente.
Fonte: Reproduzidas de Dangelo e Fattini. Anatomia Humana Básica. Atheneu: Rio de Janeiro, 1988.

3.1.2 Lobo temporal

Apresentam-se, na face superolateral do cérebro, dois sulcos principais (**Figura 7.5**):

a) *Sulco temporal superior* – inicia-se próximo ao polo temporal e dirige-se para trás, paralelamente ao ramo posterior do sulco lateral, terminando no lobo parietal.
b) *Sulco temporal inferior* – paralelo ao sulco temporal superior, em geral é formado por duas ou mais partes descontínuas.

Entre os sulcos lateral e temporal superior está o *giro temporal superior;* entre os sulcos temporal superior e o temporal inferior, situa-se o *giro temporal médio;* abaixo do sulco temporal inferior, localiza-se o *giro temporal inferior*, que se limita com o *sulco occipitotemporal,* geralmente situado na face inferior do hemisfério cerebral. Afastando-se os lábios do sulco lateral, aparece o seu assoalho, que é parte do giro temporal superior. A porção posterior desse assoalho é atravessada por pequenos giros transversais, os *giros temporais transversos*, dos quais o mais evidente, o *giro temporal transverso anterior* (**Figura 7.6**), é importante, já que nele se localiza a área da audição.

3.1.3 Lobos parietal e occipital

O lobo parietal apresenta dois sulcos principais (**Figura 7.5**):

a) *Sulco pós-central* – quase paralelo ao sulco central, é frequentemente dividido em dois segmentos, que podem estar mais ou menos distantes um do outro.
b) *Sulco intraparietal* – muito variável e geralmente perpendicular ao pós-central, com o qual pode estar unido, estende-se para trás para terminar no lobo occipital.

Entre os sulcos central e pós-central, fica o *giro pós-central*, onde se localiza uma das mais importantes áreas sensitivas do córtex, a somestésica. O sulco intraparietal separa o *lóbulo parietal superior* do *lóbulo parietal inferior*. Neste último, descrevem-se dois giros: o *supramarginal,* curvado em torno da extremidade do ramo posterior do sulco lateral; e o *angular,* curvado em torno da porção terminal e ascendente do sulco temporal superior.

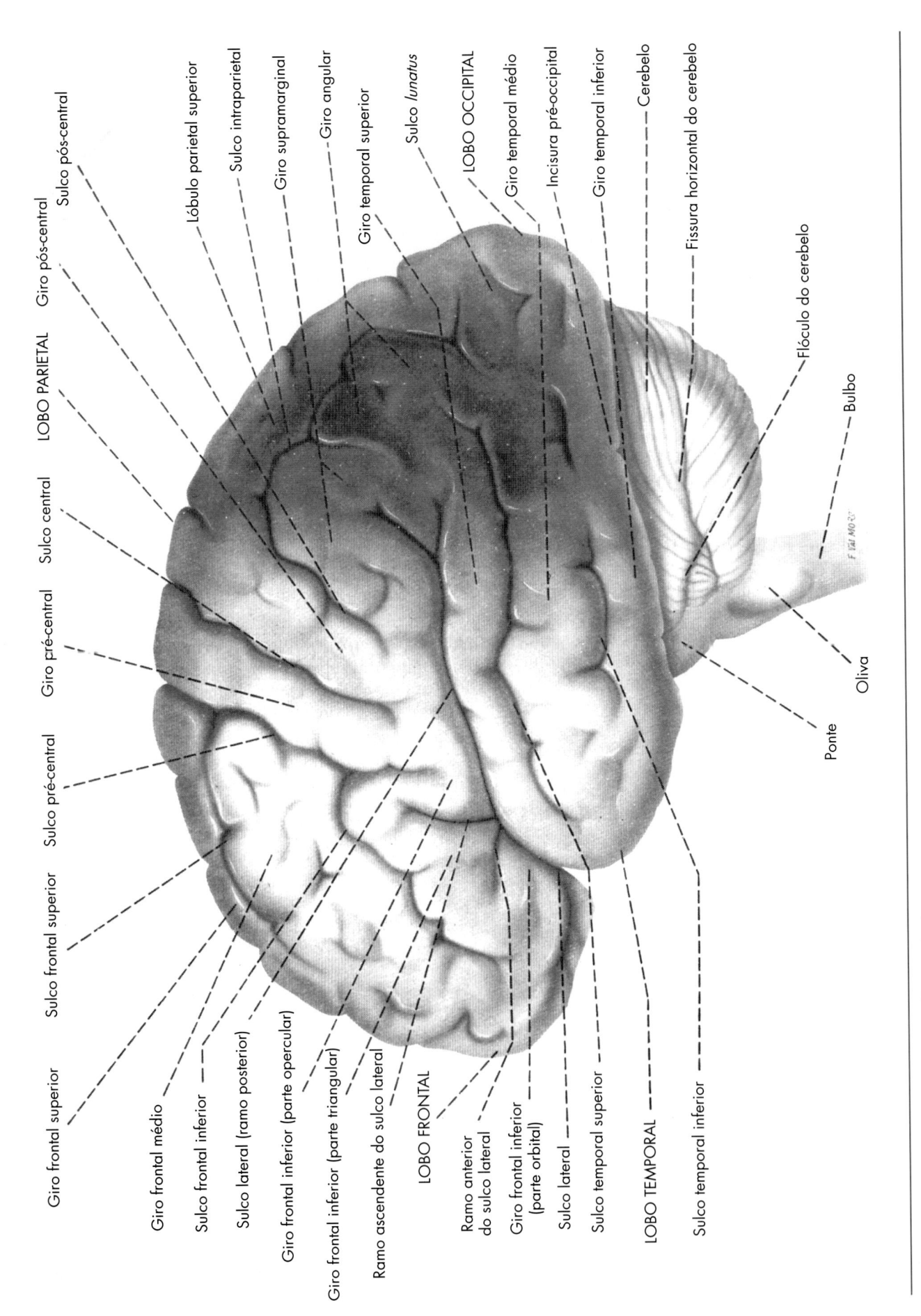

Figura 7.5 Face superolateral de um hemisfério cerebral.

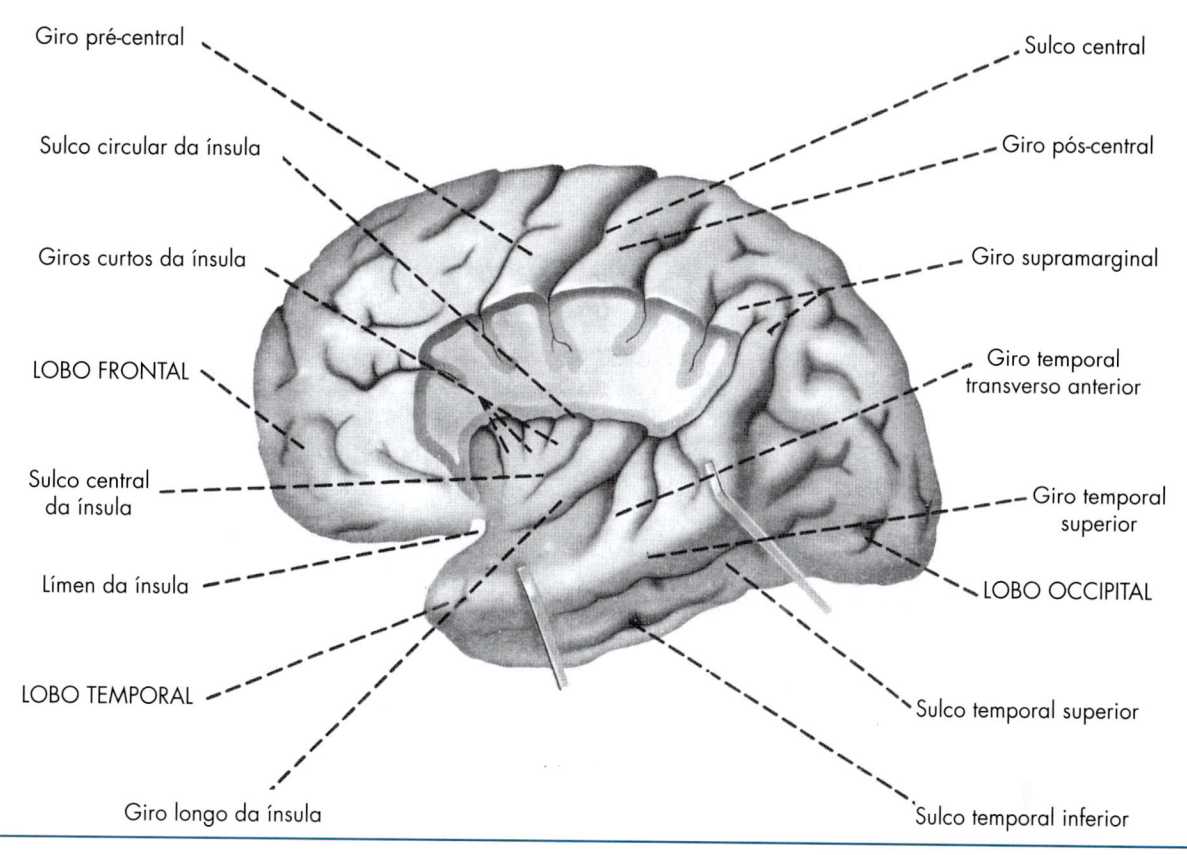

Figura 7.6 Face superolateral de um hemisfério cerebral após remoção de parte dos lobos frontal e parietal para mostrar a ínsula e os giros temporais transversos.

O *lobo occipital* ocupa uma porção relativamente pequena da face lateral do cérebro, onde apresenta pequenos sulcos e giros inconstantes e irregulares.

3.1.4 Ínsula

Afastando-se os lábios do sulco lateral, evidencia-se ampla fossa no fundo da qual está situada a *ínsula* (**Figura 7.6**), lobo cerebral que, durante o desenvolvimento, cresce menos que os demais, razão pela qual é pouco a pouco recoberto pelos lobos vizinhos, frontal, temporal e parietal. A ínsula tem forma cônica e apresenta alguns sulcos e giros. São descritos os seguintes (**Figura 7.6**): *sulco circular da ínsula; sulco central da ínsula; giros curtos; e giro longo da ínsula.*

3.2 Face medial

Para se visualizar completamente essa face, é necessário que o cérebro seja seccionado no plano sagital mediano (**Figura 7.1**), o que expõe o diencéfalo e algumas formações telencefálicas inter-hemisféricas, como o corpo caloso, o fórnice e o septo pelúcido, que serão descritos a seguir.

3.2.1 Corpo caloso, fórnice, septo pelúcido

O *corpo caloso*, a maior das comissuras inter-hemisféricas, é formado por grande número de fibras mielínicas, que cruzam o plano sagital mediano e penetram de cada lado no centro branco medular do cérebro, unindo áreas simétricas do córtex cerebral de cada hemisfério. Em corte sagital do cérebro (**Figura 7.1**), aparece como uma lâmina branca arqueada dorsalmente, o *tronco do corpo caloso*, que se dilata, da perspectiva posterior, no *esplênio do corpo caloso* e flete-se anteriormente em direção à base do cérebro para constituir o *joelho do corpo caloso*. Este afila-se para formar o *rostro do corpo caloso*, que termina na *comissura* anterior, uma das comissuras inter-hemisféricas. Entre a comissura anterior e o quiasma óptico, temos a *lâmina terminal*, delgada lâmina de substância branca, que também une os hemisférios e constitui o limite anterior do III ventrículo (**Figura 7.1**).

Emergindo abaixo do esplênio do corpo caloso (**Figura 7.7**) e arqueando-se em direção à comissura anterior, está o *fórnice*, feixe complexo de fibras que, entretanto, não pode ser visto em toda a sua extensão em um corte sagital de cérebro. É constituído por duas metades laterais e simétricas, afastadas nas extremidades e unidas entre si no trajeto abaixo do corpo caloso. A porção intermédia em que as duas metades se unem constitui o *corpo do fórnice*; as extremidades que se afastam são, respectivamente, as *colunas do fórnice*, anteriores, e as *pernas do fórnice*, posteriores (**Figura 7.7**). As colunas do fórnice terminam no corpo mamilar correspondente, cruzando a parede lateral do III ventrículo (**Figura 7.7**). As pernas do fórnice divergem e penetram de cada lado no corno inferior do ventrículo lateral, onde se ligam ao hipocampo (**Figura 7.3**). Entre o corpo caloso e o fórnice, estende-se o *septo pelúcido* (**Figura 7.1**), constituído por duas delgadas lâminas de tecido nervoso. Ele separa os dois ventrículos laterais (**Figura 7.3**).

A seguir, serão descritos os sulcos e giros da face medial dos hemisférios cerebrais, estudando-se inicialmente o lobo occipital e, logo depois, em conjunto, os lobos frontal e parietal.

3.2.2 Lobo occipital

Apresenta dois sulcos importantes na face medial do cérebro (**Figuras 7.1** e **7.7**):

a) *Sulco calcarino* – inicia-se abaixo do esplênio do corpo caloso e tem um trajeto arqueado em direção ao polo occipital. Nos lábios do sulco calcarino, localiza-se a área visual, também denominada área estriada porque o córtex apresenta uma estria branca visível a olho nu, a estria de Gennari (**Figura 7.3**).

b) *Sulco parietoccipital* – muito profundo, separa o lobo occipital do parietal e encontra, em ângulo agudo, o sulco calcarino.

Entre os sulcos parietoccipital e calcarino, situa-se o *cúneo*, giro complexo, de forma triangular. Abaixo do sulco calcarino, situa-se o giro *occipitotemporal medial (giro lingual)*, que continua anteriormente com o giro para-hipocampal, já no lobo temporal (**Figura 7.7**).

3.2.3 Lobos frontal e parietal

Na face medial do cérebro, há dois sulcos que passam do lobo frontal para o parietal (**Figuras 7.1** e **7.7**):

a) *Sulco do corpo caloso* – começa abaixo do rostro do corpo caloso, contorna o tronco e o esplênio do corpo caloso, onde continua, já no lobo temporal, com o *sulco do hipocampo*.

b) *Sulco do cíngulo* – tem curso paralelo ao sulco do corpo caloso, do qual é separado pelo *giro do cíngulo*. Termina posteriormente, dividindo-se em dois ramos: o *ramo marginal*, que se curva em direção à margem superior do hemisfério; e o *sulco subparietal*, que continua posteriormente na direção do sulco do cíngulo.

Destacando-se do sulco do cíngulo, em direção à margem superior do hemisfério, existe quase sempre o *sulco paracentral*, que se delimita com o sulco do cíngulo e seu ramo marginal, o *lóbulo paracentral*, assim denominado em razão de suas relações com o sulco central, cuja extremidade superior termina aproximadamente no seu meio. Nas partes anterior e posterior do lóbulo paracentral, localizam-se, respectivamente, as áreas motora e sensitiva, relacionadas com a perna e o pé.

A região situada abaixo do rostro do corpo caloso e adiante da lâmina terminal é a *área septal*. Essa área é considerada um dos centros do prazer do cérebro (veja o Capítulo 27).

3.3 Face inferior

A face inferior, ou base do hemisfério cerebral, pode ser dividida em duas partes: uma, pertence ao lobo frontal e repousa sobre a fossa anterior do crânio; a outra, muito maior, pertence quase toda ao lobo temporal e repousa sobre a fossa média do crânio e o tentório do cerebelo.

3.3.1 Lobo temporal

A face inferior do lobo temporal apresenta três sulcos principais (**Figura 7.7**), de direção longitudinal, e que são da borda lateral para a borda medial (**Figura 7.7**):

a) sulco occipitotemporal;
b) sulco colateral;
c) sulco do hipocampo.

O *sulco occipitotemporal* limita-se com o sulco temporal inferior, o *giro temporal inferior*, que quase sempre forma a borda lateral do hemisfério; medialmente, esse sulco se limita com o sulco colateral, o *giro occipitotemporal lateral* (ou giro fusiforme).

O *sulco colateral* inicia-se próximo ao polo occipital e dirige-se para a frente entre o sulco calcarino e o sulco do hipocampo, delimitando com eles, respectivamente, o *giro occipitotemporal medial (ou giro lingual)* e o *giro para-hipocampal*, cuja porção anterior se curva em torno do sulco do hipocampo para formar o *unco* (**Figura 7.7**). O sulco colateral pode ser contínuo com o *sulco rinal*, que separa a parte mais anterior do giro para-hipocampal do restante do lobo temporal. O sulco rinal e a parte mais anterior do sulco colateral separam áreas de córtex muito antigas (paleocórtex), situadas na porção medial, de áreas corticais mais recentes (neocórtex) localizadas lateralmente (**Figuras 7.7** e **7.8**).

O *sulco do hipocampo* origina-se na região do esplênio do corpo caloso, onde continua com o sulco do corpo caloso e dirige-se para o polo temporal, onde termina separando o giro para-hipocampal do unco.

O giro para-hipocampal se liga posteriormente ao giro do cíngulo por meio de um giro estreito, o *istmo do giro do cíngulo*. Assim, unco, giro para-hipocampal, istmo do giro do cíngulo e giro do cíngulo constituem uma formação contínua, que circunda as estruturas inter-hemisféricas e por muitos considerada um lobo independente, o *lobo límbico*. A parte anterior do giro para-hipocampal é a área entorrinal, importante para a memória e uma das primeiras regiões do cérebro a serem lesadas na doença de Alzheimer.

3.3.2 Lobo frontal

A face inferior do lobo frontal (**Figura 7.8**) apresenta um único sulco importante, o *sulco olfatório*, profundo e de direção anteroposterior. Medialmente ao sulco olfatório, continuando na porção dorsal como giro frontal superior, situa-se o *giro reto*. O restante da face inferior do lobo frontal é ocupado por sulcos e giros muito irregulares, os *sulcos* e *giros orbitários*.

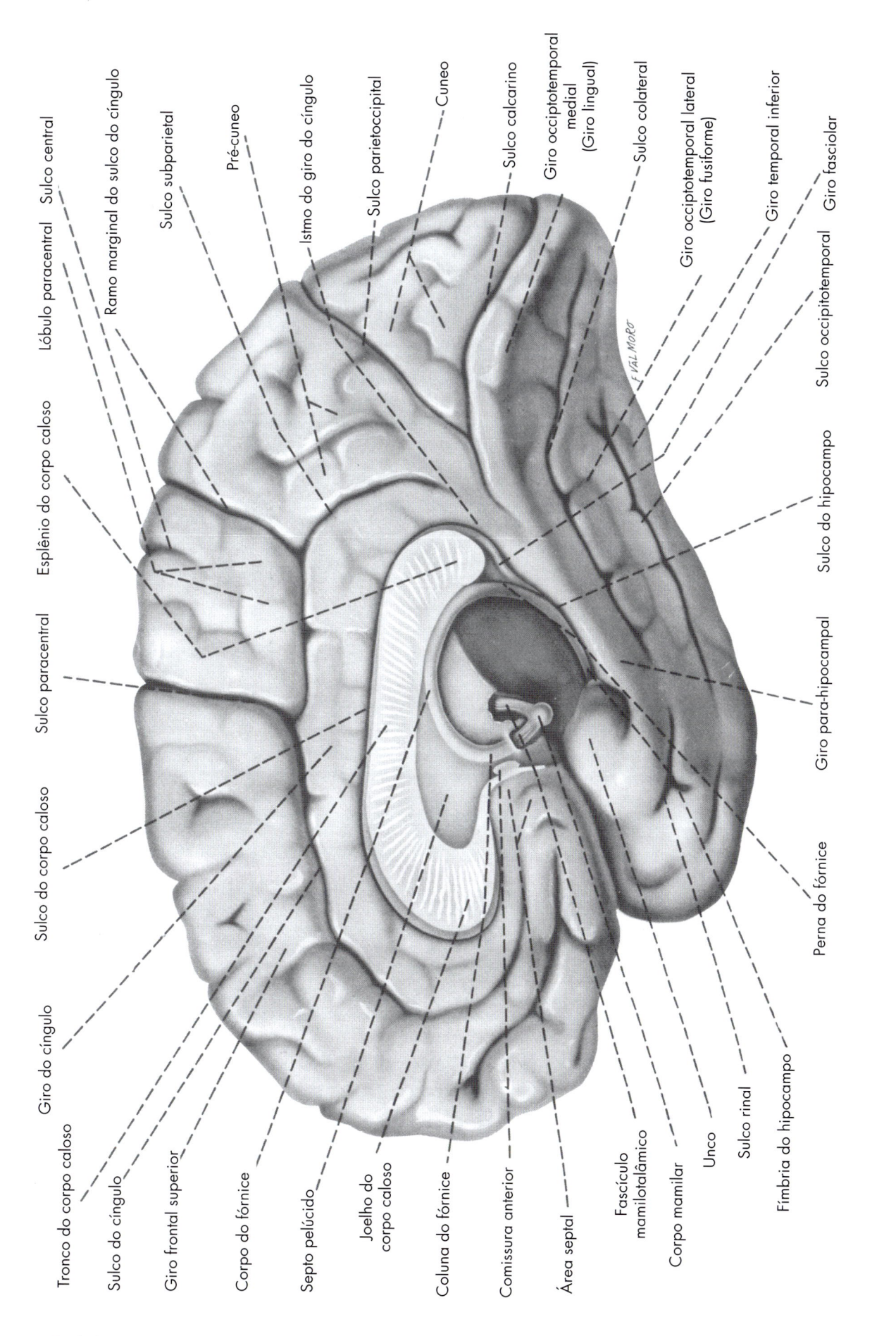

Figura 7.7 Vista medial e inferior de um hemisfério cerebral após remoção de parte do diencéfalo, de modo a expor o fascículo mamilotalâmico.

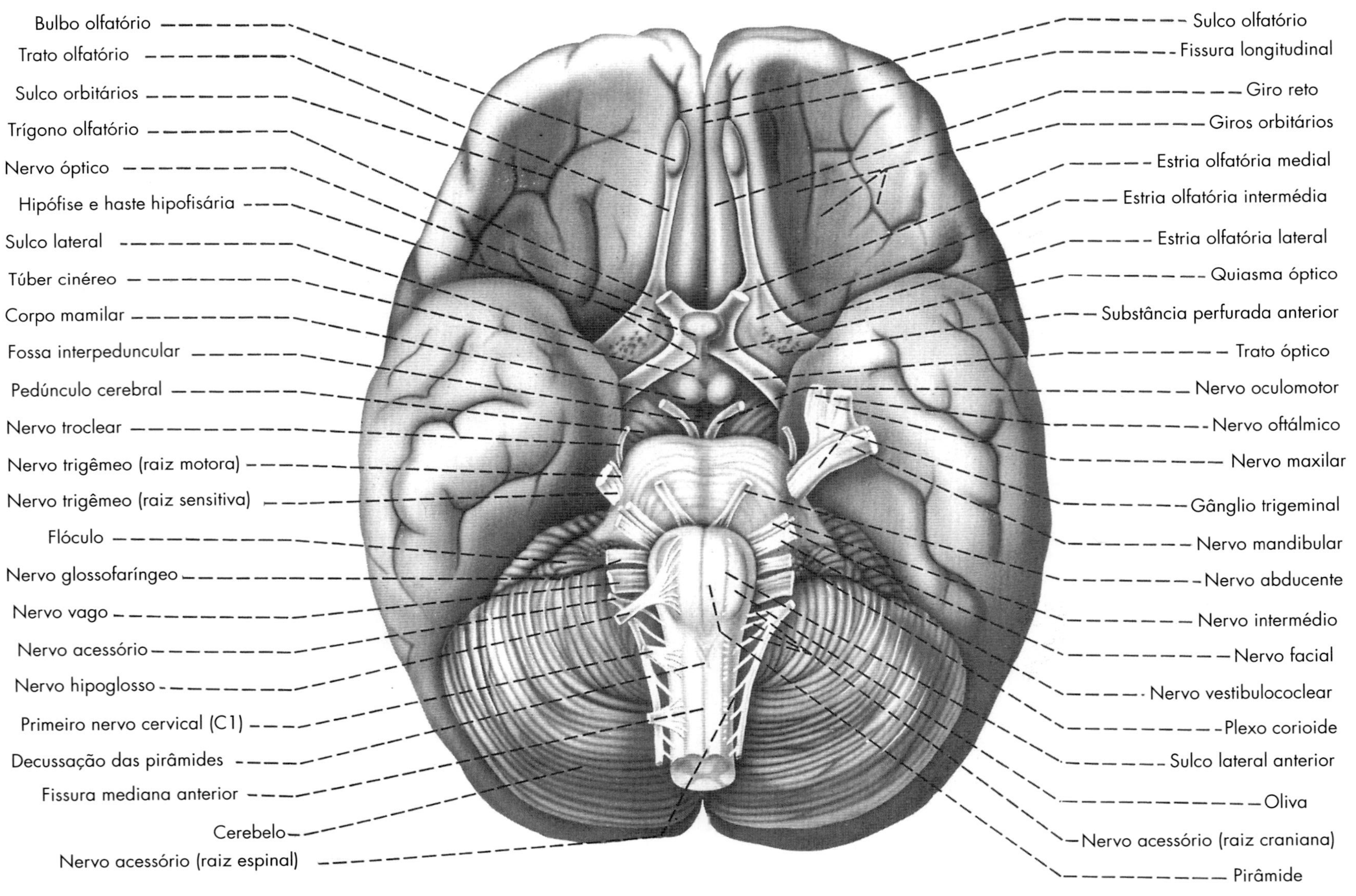

Bulbo olfatório
Trato olfatório
Sulco orbitários
Trígono olfatório
Nervo óptico
Hipófise e haste hipofisária
Sulco lateral
Túber cinéreo
Corpo mamilar
Fossa interpeduncular
Pedúnculo cerebral
Nervo troclear
Nervo trigêmeo (raiz motora)
Nervo trigêmeo (raiz sensitiva)
Flóculo
Nervo glossofaríngeo
Nervo vago
Nervo acessório
Nervo hipoglosso
Primeiro nervo cervical (C1)
Decussação das pirâmides
Fissura mediana anterior
Cerebelo
Nervo acessório (raiz espinal)
Sulco olfatório
Fissura longitudinal
Giro reto
Giros orbitários
Estria olfatória medial
Estria olfatória intermédia
Estria olfatória lateral
Quiasma óptico
Substância perfurada anterior
Trato óptico
Nervo oculomotor
Nervo oftálmico
Nervo maxilar
Gânglio trigeminal
Nervo mandibular
Nervo abducente
Nervo intermédio
Nervo facial
Nervo vestibulococlear
Plexo corioide
Sulco lateral anterior
Oliva
Nervo acessório (raiz craniana)
Pirâmide

Figura 7.8 Vista inferior do encéfalo.

A seguir, serão descritas algumas formações existentes na face inferior do lobo frontal, todas elas relacionadas com a olfação e, por isso, consideradas pertencentes ao chamado *rinencéfalo* (de *rhinos* = nariz).

O *bulbo olfatório* é uma dilatação ovoide e achatada de substância cinzenta, que continua posteriormente com o *trato olfatório*, ambos alojados no sulco olfatório (**Figura 7.8**). O bulbo olfatório recebe os filamentos que constituem o *nervo olfatório*, I par craniano. Estes atravessam os pequenos orifícios que existem na lâmina crivosa do osso etmoide e que costumam se romper quando o encéfalo é retirado, sendo, pois, dificilmente encontrados nas peças anatômicas usuais. Posteriormente, o trato olfatório se bifurca, formando as *estrias olfatórias lateral* e *medial*, as quais delimitam uma área triangular, o *trígono olfatório*. Atrás do trígono olfatório e adiante do trato óptico, localiza-se uma área contendo uma série de pequenos orifícios para a passagem de vasos, a *substância perfurada anterior* (**Figura 7.8**).

4. Morfologia dos ventrículos laterais

Os hemisférios cerebrais apresentam cavidades revestidas de epêndima e contendo líquido cerebrospinal, os *ventrículos laterais esquerdo* e *direito*, que se comunicam com o III ventrículo pelo respectivo *forame interventricular*. Exceto por esse forame, cada ventrículo é uma cavidade completamente fechada, cuja capacidade varia de um indivíduo para outro, e apresenta sempre uma *parte central* e três cornos, que correspondem aos três polos do hemisfério. As partes que se projetam nos lobos frontal, occipital e temporal são, respectivamente, os cornos *anterior*, *posterior* e *inferior* (**Figura 7.2**). Com exceção do corno inferior, todas as partes do ventrículo lateral têm o teto formado pelo corpo caloso, cuja remoção (**Figura 7.3**) expõe amplamente a cavidade ventricular.

4.1 Morfologia das paredes ventriculares

Os elementos que fazem proeminência nas paredes dos ventrículos laterais serão descritos a seguir, considerando, respectivamente, o corno anterior, a parte central e os cornos posterior e inferior.

O *corno anterior* (**Figuras 7.2** e **7.3**) é a parte do ventrículo lateral que se situa adiante do forame interventricular. Sua parede medial é vertical e constituída pelo *septo pelúcido*, que separa o corno anterior dos dois ventrículos laterais. O assoalho, inclinado, forma também a parede lateral e é constituído pela *cabeça do núcleo caudado*, proeminente na cavidade ventricular (**Figura 7.3**). O teto e o limite anterior do corno anterior são formados pelo corpo caloso.

A *parte central do ventrículo lateral* (**Figura 7.3**) estende-se dentro do lobo parietal, do nível do forame interventricular para trás, até o esplênio do corpo caloso, onde a cavidade se bifurca em cornos inferior e posterior, na região denominada *trígono colateral*. O teto da parte central é formado pelo corpo caloso, e a parede medial, pelo septo pelúcido. O assoalho, inclinado, une-se ao teto no ângulo lateral, e apresenta as seguintes formações: fórnice; plexo corioide; parte lateral da face dorsal do tálamo; estria terminal; e núcleo caudado (**Figura 7.3**).

O *corno posterior* (**Figura 7.3**) estende-se para dentro do lobo occipital e termina posteriormente em ponta, depois de descrever uma curva de concavidade medial. Suas paredes, em quase toda a extensão, são formadas por fibras do corpo caloso.[1]

O *corno inferior* (**Figuras 7.2** e **7.3**) curva-se inferiormente e, a seguir, na porção anterior, em direção ao polo temporal, a partir do trígono colateral. O teto do corno inferior é formado pela substância branca do hemisfério e apresenta, ao longo de sua margem medial, a *cauda do núcleo caudado* e a *estria terminal*, estruturas que acompanham a curva descrita pelo corno inferior do ventrículo. Na extremidade da cauda do núcleo caudado, observa-se discreta eminência arredondada, às vezes pouco nítida, formada pelo *corpo amigdaloide* ou *amígdala cerebral*, que faz saliência na parte terminal do teto do corno inferior do ventrículo. A maior parte da amígdala não tem relação com a superfície ventricular e só pode ser vista em toda a sua extensão em secções do lobo temporal. Tem importante função relacionada com as emoções, em especial com o medo.

O assoalho do corno inferior do ventrículo apresenta duas eminências alongadas, a *eminência colateral*, formada pelo sulco colateral, e o *hipocampo*, situado medialmente a ela (**Figura 7.3**). O hipocampo é uma elevação curva e muito pronunciada, que se dispõe acima do giro para-hipocampal e é constituído por um tipo de córtex muito antigo (arquicórtex). Ele se liga às pernas do fórnice por um feixe de fibras nervosas, que constituem a fímbria do hipocampo, situada ao longo de sua borda medial (**Figura 7.3**). Ao longo da margem da fímbria, há uma fita estreita e denteada, de substância cinzenta, o *giro denteado* (**Figura 7.3**). O hipocampo se liga lateralmente ao giro para-hipocampal através de uma porção de córtex, denominada *subiculum* (**Figura 28.1**), e que tem função relacionada à memória.

4.2 Plexos corioides dos ventrículos laterais

O plexo corioide da parte central dos ventrículos laterais (**Figura 7.3**) continua com o do III ventrículo por meio do forame interventricular e, acompanhando o trajeto curvo do fórnice, atinge o corno inferior do ventrículo lateral. Os cornos anterior e posterior não têm plexos corioides.

5. Organização interna dos hemisférios cerebrais

Até aqui foram estudadas apenas as formações anatômicas da superfície dos hemisférios cerebrais ou das cavidades ventriculares. O estudo detalhado da estrutura, das conexões e das funções das diversas partes do telencéfalo

---

[1] Na parte medial do corno posterior, descrevem-se duas elevações: o bulbo do corno posterior, formado pela porção occipital da radiação do corpo caloso; e o *calcar avis*, situado abaixo do bulbo e formado por uma prega da parede determinada pelo sulco calcarino (**Figura 7.3**).

será feito nos Capítulos 24 a 28. Convêm, entretanto, que sejam estudados já agora alguns aspectos da organização interna dos hemisférios cerebrais, visíveis mesmo macroscopicamente em cortes horizontais e frontais de cérebro (**Figura 32.1** a **32.9**). O estudo dessas secções é importante para a interpretação de "cortes" obtidos com as técnicas de neuroimagem (Capítulo 31). Além disso, esse estudo mostra que a organização interna dos hemisférios cerebrais, em seus aspectos mais gerais, se assemelha à do cerebelo, sendo, pois, características do sistema nervoso suprassegmentar. Assim, cada hemisfério apresenta uma camada superficial de substância cinzenta, o *córtex cerebral*, que reveste um centro de substância branca, o *centro branco medular do cérebro*, no interior do qual existem massas de substância cinzenta, os *núcleos da base* do cérebro.

O córtex cerebral, de estrutura muito mais complexa do que o cerebelar, será estudado no Capítulo 26. A seguir, serão feitas algumas considerações sobre os núcleos da base e o centro branco medular do cérebro.

5.1 Núcleos da base

Consideram-se núcleos da base os aglomerados de neurônios existentes na porção basal do cérebro. Sendo assim, do ponto de vista anatômico, os núcleos da base são (**Figura 24.2**): o *núcleo caudado;* o *putame;* e o *globo pálido;* em conjunto chamados de *núcleo lentiforme,* o *claustro,* o *corpo amigdaloide* e o *núcleo accumbens.*[2]

5.1.1 Núcleo caudado

É uma massa alongada e bastante volumosa, de substância cinzenta, relacionada em toda a sua extensão com os ventrículos laterais. Sua extremidade anterior, muito dilatada, constitui a *cabeça do núcleo caudado,* que se eleva do assoalho do corno anterior do ventrículo (**Figura 7.3**). Segue-se o *corpo do núcleo caudado,* situado no assoalho da parte central do ventrículo lateral (**Figuras 5.2** e **7.3**), a *cauda do núcleo caudado,* que é longa, delgada e fortemente arqueada, estendendo-se até a extremidade anterior do corno inferior do ventrículo lateral. Em razão de sua forma fortemente arqueada, o núcleo caudado aparece seccionado duas vezes em determinados cortes horizontais ou coronais do cérebro (**Figura 32.8** e **32.9**). A cabeça do núcleo caudado funde-se com a parte anterior do putame (**Figuras 24.1** e **32.2**). Os dois núcleos, em conjunto, recebem a denominação *corpo estriado* e têm funções relacionadas, sobretudo, com a motricidade.

5.1.2 Núcleo lentiforme

Tem a forma e o tamanho aproximados de uma castanha-do-pará. Não aparece na superfície ventricular, situando-se profundamente no interior do hemisfério. Na perspectiva medial, relaciona-se com a cápsula interna, que o separa do núcleo caudado e do tálamo; na lateral, relaciona-se com o córtex da ínsula, do qual é separado por substância branca e pelo *claustro* (**Figura 32.5**).

O núcleo lentiforme é dividido em putame e *globo pálido* por uma fina lâmina de substância branca. O putame situa-se lateralmente e é maior do que o globo pálido, o qual se dispõe medialmente. Nas secções não coradas de cérebro, o globo pálido tem coloração mais clara que o putame (daí o nome), em virtude da presença de fibras mielínicas que o atravessam. O globo pálido é subdividido, por outra lâmina de substância branca, em uma porção lateral e outra medial (**Figura 24.1**), e tem função, sobretudo, motora. O núcleo caudado e o núcleo lentiforme constituem o chamado corpo estriado dorsal ou neoestriado.

5.1.3 Claustro

É uma delgada calota de substância cinzenta situada entre o córtex da ínsula e o núcleo lentiforme. Separa-se daquele por uma fina lâmina branca, a *cápsula extrema*. Entre o *claustro* e o núcleo lentiforme, existe outra lâmina branca, a *cápsula externa*.

Neste ponto, o aluno deve estar em condições de identificar todas as estruturas que se dispõem no interior de cada hemisfério cerebral, vistas em um corte horizontal, passando pelo corpo estriado (**Figuras 24.1** e **32.9**). São elas, da face lateral até a superfície ventricular: córtex da ínsula; cápsula extrema; claustro; cápsula externa; putame; parte externa do globo pálido; parte interna do globo pálido; cápsula interna; tálamo; III ventrículo.

5.1.4 Corpo amigdaloide ou amígdala

É uma massa esferoide de substância cinzenta de cerca de 2 cm de diâmetro, situada no polo temporal do hemisfério cerebral, em relação com a cauda do núcleo caudado (**Figura 24.2**). Faz uma discreta saliência no teto da parte terminal do corno inferior do ventrículo lateral e pode ser vista em secções frontais do cérebro (**Figuras 27.1** e **32.4**). Tem importante função relacionada com as emoções, em especial com o medo.

5.1.5 Núcleo *accumbens*

Massa de substância cinzenta situada na zona de união entre o putame e a cabeça do núcleo caudado (**Figura 24.3**), integrando um conjunto que alguns autores denominam *corpo estriado ventral*. É uma importante área de prazer do cérebro.

5.2 Centro branco medular do cérebro

É formado por fibras mielínicas, cujo estudo detalhado será feito no Capítulo 25. Distinguem-se dois grupos de fibras: de *projeção* e de *associação*. As primeiras ligam o córtex cerebral a centros subcorticais; as segundas unem áreas corticais situadas em pontos diferentes do cérebro. Entre as fibras de associação, temos aquelas que atravessam o plano mediano para unir áreas simétricas dos dois hemisférios. Constituem as três comissuras telencefálicas:

---

[2] Alguns autores, levando em conta apenas critérios funcionais, consideram também núcleos da base a substância negra do mesencéfalo e o núcleo subtalâmico do diencéfalo.

corpo caloso; *comissura anterior* (**Figura 7.1**); e *comissura do fórnice* (**Figura 7.3**).

As fibras de projeção se dispõem em dois feixes: o *fórnice*; e a *cápsula interna*. O fórnice une o córtex do hipocampo ao corpo mamilar e contribui pouco para a formação do centro branco medular.

A cápsula interna contém a grande maioria das fibras que saem ou entram no córtex cerebral. Essas fibras formam um feixe compacto que separa o núcleo lentiforme, situado lateralmente, do núcleo caudado e do tálamo, situados na porção medial (**Figura 24.1**). Acima do nível desses núcleos, as fibras da cápsula interna passam a constituir a *coroa radiada* (**Figura 30.1**). Distinguem-se, na cápsula interna, uma *perna anterior*, situada entre a cabeça do núcleo caudado e o núcleo lentiforme, e uma *perna posterior*, bem maior, localizada entre o núcleo lentiforme e o tálamo. Essas duas porções da cápsula interna encontram-se, formando um ângulo, que constitui o *joelho da cápsula interna* (**Figuras 24.1** e **32.9**).

6. Considerações sobre o peso do encéfalo

O peso do encéfalo de um animal depende do seu peso corporal e da complexidade do seu encéfalo, expressos pelo chamado *coeficiente de encefalização* (K). Contudo, a complexidade cerebral geralmente depende da posição filogenética do animal. Em animais de mesma posição filogenética, como o gato e a onça, terá maior encéfalo o de maior peso corporal. Nesse exemplo, o coeficiente de encefalização K foi o mesmo, variando o peso corporal. Poderíamos considerar ainda o exemplo de dois animais de mesmo peso corporal, como um homem e um gorila. Nesse caso, terá encéfalo mais pesado o de maior K, ou seja, o homem.

De modo geral, o coeficiente de encefalização aumenta à medida que se sobe na escala zoológica, sendo quatro vezes maior no homem do que no chimpanzé. No *Pithecanthropus erectus*, estudado por Dubois, ele é duas vezes menor do que no do homem atual. Contudo, não há diferença entre os diversos grupos étnicos atuais no que se refere ao coeficiente de encefalização. O peso do encéfalo de diferentes grupos étnicos não se correlaciona com o estado cultural desses grupos. Entretanto, como o peso corporal de alguns grupos pode ser muito menor do que o de outros (p. ex., os pigmeus), o peso do encéfalo é também menor. Pelo mesmo motivo, o peso do encéfalo da mulher é, em média, um pouco menor que o do homem. No brasileiro adulto normal, o peso do encéfalo do homem está em torno de 1.300 g, e o da mulher, em torno de 1.200 g. O cérebro é responsável por em torno de 85% desse peso; o cerebelo, a 10%; e o tronco encefálico, a menos de 10%. Admite-se que no homem adulto de estatura mediana, o menor encéfalo compatível com uma inteligência normal é de cerca de 900 g. Acima desse limite, as tentativas de se correlacionar o peso do encéfalo com o grau de inteligência esbarraram em numerosas exceções. Estudos do encéfalo do físico Albert Einstein mostraram que o peso é normal, mas a área pré-frontal, principal responsável pela inteligência, é bem acima do normal quanto ao número de sinapses. Recentemente, desenvolveram-se novas técnicas que permitem avaliar o número total de neurônios no encéfalo de mamíferos e correlacionar parâmetros quantitativos do encéfalo com a capacidade intelectual das espécies. No homem, o número total de neurônios do encéfalo é de 86 bilhões, o maior entre os primatas já estudados, sendo que 85% deles estão no cerebelo.

Leitura sugerida

FALK, D.; LEPORE, E.; NOE, A. The cerebral cortex of Albert Einstein: a description and preliminary analysis of unpublished photographs. Brain 2013;136:1304-1327.

HERCULANO-HOUZEL, S. The human brain in numbers. Frontiers in Human Neuroscience 2009;3:1-11.

VON BARTHELD, C.S.; BAHNEY, J. HERCULANO-HOUZEL, S. The search for true numbers of neurons and glial cells in the human brain. A review of 150 years of counting. The Journal of Comparative Neurology 2016;524(18): 3865-3895

capítulo 8

Meninges – Liquor

1. Meninges

O sistema nervoso central (SNC) é envolvido por membranas conjuntivas, denominadas *meninges*, e que são três: *dura-máter*; *aracnoide*; e *pia-máter*. A aracnoide e a pia-máter, que no embrião constituem um só folheto, são, por vezes, consideradas uma formação única, *a leptomeninge*, ou meninge fina, distinta da *paquimeninge*, ou meninge espessa, a dura-máter. O conhecimento da estrutura e da disposição das meninges é muito importante, não só para a compreensão de seu importante papel de proteção dos centros nervosos, mas também porque elas podem ser acometidas por processos patológicos, como infecções (meningites) ou tumores (meningiomas). Além do mais, o acesso cirúrgico ao sistema nervoso central (SNC) envolve, necessariamente, contato com as meninges, o que torna o seu conhecimento muito importante para o neurocirurgião. No Capítulo 4 (item 5), foram feitas algumas considerações sobre as meninges e estudou-se a sua disposição na medula espinal. Essas membranas serão a seguir estudadas com mais profundidade, descrevendo-se sua disposição em torno do encéfalo.

1.1 Dura-máter

A meninge mais superficial é a dura-máter, espessa e resistente, formada por tecido conjuntivo muito rico em fibras colágenas, contendo vasos e nervos. A dura-máter do encéfalo difere da dura-máter espinal por ser formada por dois folhetos, *externo* ou *periosteal* e *interno* ou *meníngeo*, dos quais apenas o interno continua com a dura-máter espinal (**Figura 8.1**). O folheto externo adere intimamente aos ossos do crânio e comporta-se como periósteo desses ossos. Ao contrário do periósteo de outras áreas, o folheto externo da dura-máter não tem capacidade osteogênica, o que dificulta a consolidação de fraturas no crânio e impossibilita a regeneração de perdas ósseas na abóbada craniana.

Essa peculiaridade, entretanto, é vantajosa, pois a formação de um calo ósseo na superfície interna dos ossos do crânio pode constituir grave fator de irritação do tecido nervoso. Em virtude da aderência da dura-máter aos ossos do crânio, não existe no encéfalo um espaço epidural, como na medula. Em certos traumas, ocorre o descolamento do folheto externo da dura-máter da face interna do crânio e a formação de hematomas extradurais (**Figura 8.8**). A dura-máter, em particular o seu folheto externo, é muito vascularizada. No encéfalo, a principal artéria que irriga a dura-máter é a *artéria meníngea média* (**Figura 8.2**), ramo da artéria maxilar.

A dura-máter, ao contrário das outras meninges, é ricamente inervada. Como o encéfalo não tem terminações nervosas sensitivas, toda a sensibilidade intracraniana se localiza na dura-máter e nos vasos sanguíneos, responsáveis, assim, pela maioria das cefaleias.

1.1.1 Pregas da dura-máter do encéfalo

Em algumas áreas, o folheto interno da dura-máter destaca-se do externo para formar pregas, que dividem a cavidade craniana em compartimentos, que se comunicam amplamente. As principais pregas são as seguintes:

a) *Foice do cérebro* – é um septo vertical mediano em forma de foice, que ocupa a fissura longitudinal do cérebro, separando os dois hemisférios cerebrais (**Figura 8.3**).

b) *Tentório do cerebelo* – projeta-se para diante como um septo transversal entre os lobos occipitais e o cerebelo (**Figura 8.3**). O tentório do cerebelo separa a fossa posterior da fossa média do crânio, dividindo a cavidade craniana em um *compartimento superior*, ou *supratentorial*, e outro *inferior*, ou *infratentorial*. Essa divisão é de grande importância clínica, pois a sintomatologia das afecções supratentoriais

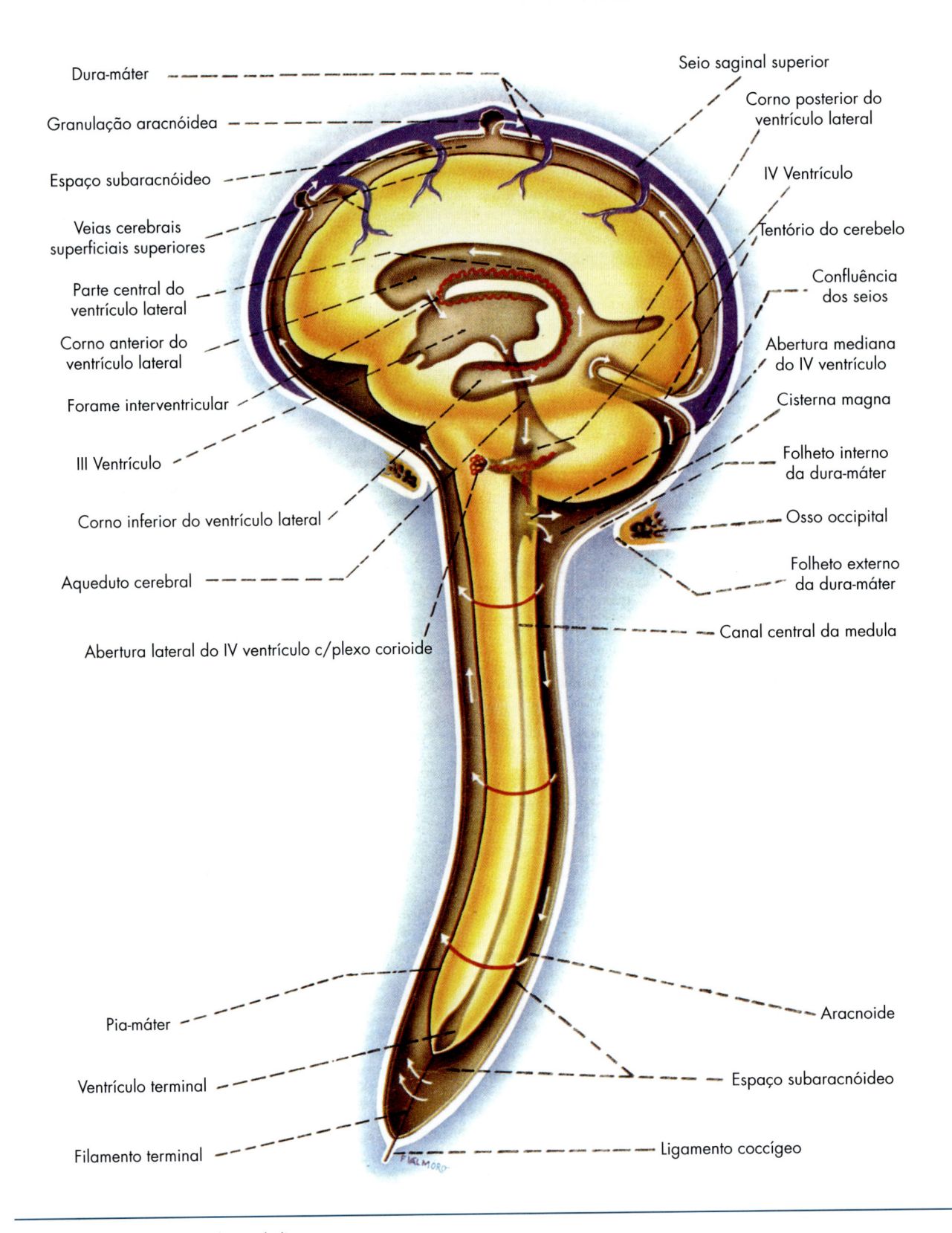

Figura 8.1 Esquema da circulação do liquor.

(sobretudo os tumores) é muito diferente das infratentoriais. A borda anterior livre do tentório do cerebelo, denominada *incisura do tentório*, ajusta-se ao mesencéfalo. Essa relação tem importância clínica, pois a incisura do tentório pode, em certas circunstâncias, lesar o mesencéfalo e os nervos troclear e oculomotor, que nele se originam.

c) *Foice do cerebelo* – pequeno septo vertical mediano, situado abaixo do tentório do cerebelo, entre os dois hemisférios cerebelares (**Figura 8.3**).

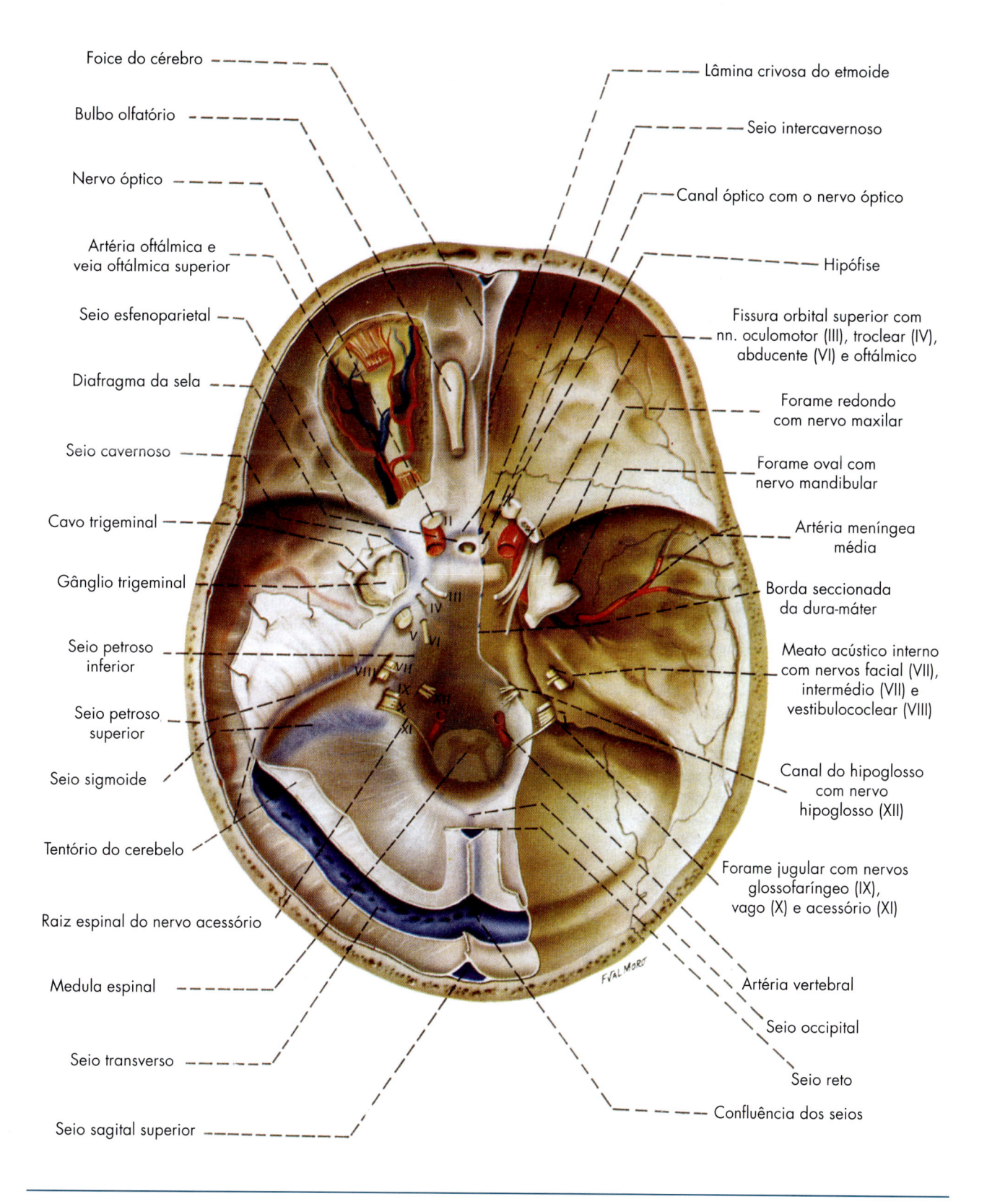

Figura 8.2 Base do crânio. A dura-máter foi removida do lado direito e mantida do lado esquerdo.

d) *Diafragma da sela* (**Figura 8.2**) – pequena lâmina horizontal, que fecha superiormente a sela turca, deixando apenas um pequeno orifício para a passagem da haste hipofisária. Por esse motivo, quando se retira o encéfalo de um cadáver, essa haste geralmente se rompe, ficando a hipófise dentro da sela turca. O diafragma da sela isola e protege a hipófise, mas dificulta consideravelmente a cirurgia dessa glândula.

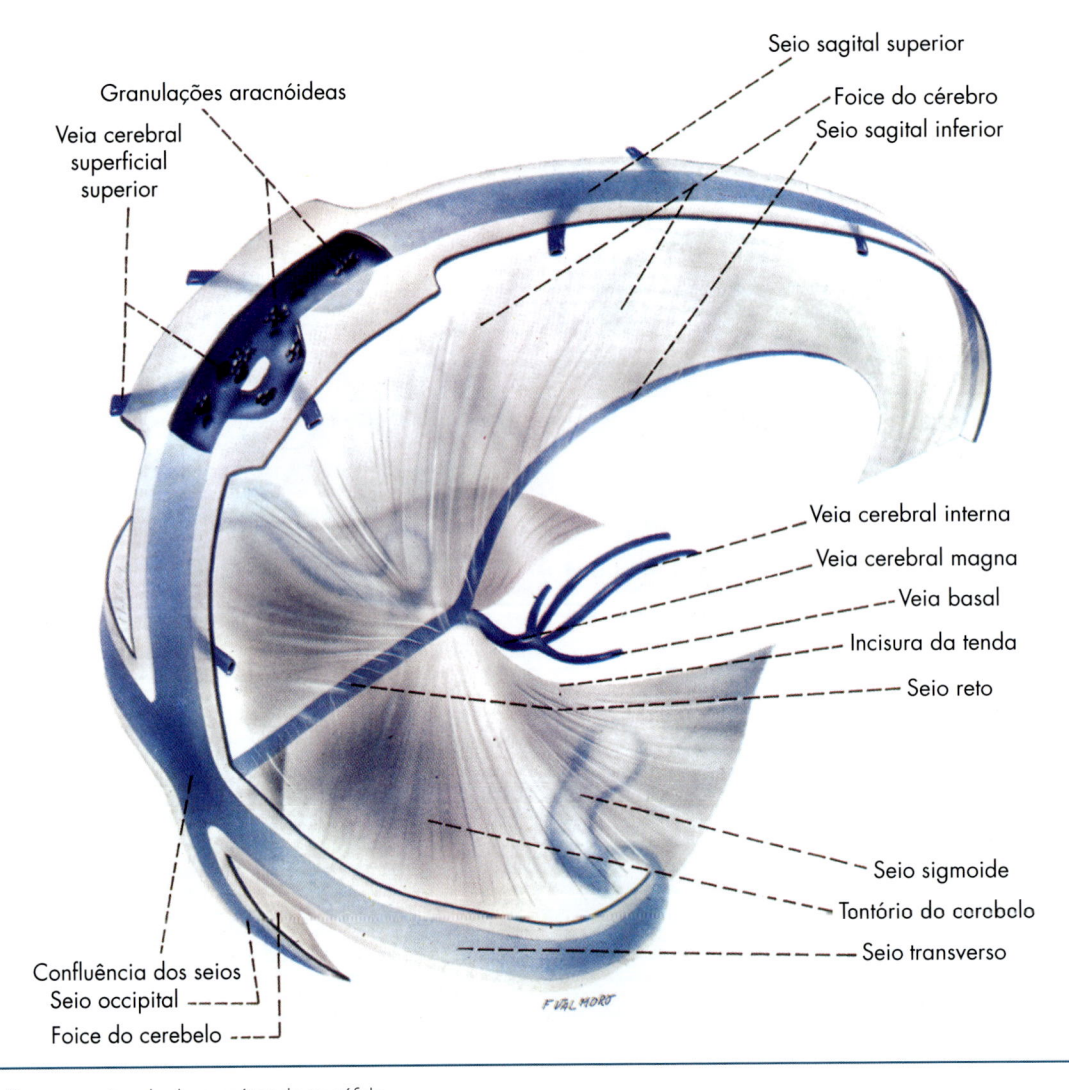

Figura 8.3 Pregas e seios da dura-máter do encéfalo.

1.1.2 Cavidades da dura-máter

Em determinadas áreas, os dois folhetos da dura-máter do encéfalo separam-se, delimitando cavidades. Uma delas é o *cavo trigeminal* (de Meckel), que contém o gânglio trigeminal (**Figura 8.2**). Outras cavidades são revestidas de endotélio e contêm sangue, constituindo os *seios da dura-máter*, que se dispõem, sobretudo, ao longo da inserção das pregas da dura-máter. Os seios da dura-máter serão estudados a seguir.

1.1.3 Seios da dura-máter

São canais venosos revestidos de endotélio e situados entre os dois folhetos que compõem a dura-máter encefálica. A maioria dos seios tem secção triangular e as suas paredes, embora finas, são mais rígidas que as das veias e geralmente não se colabam quando seccionadas. Alguns seios apresentam expansões laterais irregulares, as *lacunas venosas*, mais frequentes de cada lado do seio sagital superior. O sangue proveniente das veias do encéfalo e do globo ocular é drenado para os seios da dura-máter e destes para as veias jugulares internas. Os seios comunicam-se com veias da superfície externa do crânio por meio de *veias emissárias*, que percorrem forames ou canalículos que lhes são próprios, nos ossos do crânio. Os seios dispõem-se, sobretudo, ao longo da inserção das pregas da dura-máter, distinguindo-se os seios em relação com a abóbada e a base do crânio. Os seios da abóbada são os seguintes:

a) *Seio sagital superior* – ímpar e mediano, percorre a margem de inserção da foice do cérebro (**Figura 8.3**). Termina próximo à protuberância occipital interna, na chamada *confluência dos seios*, formada pela confluência dos seios sagital superior, reto e occipital e pelo início dos seios transversos esquerdo e direito (**Figura 8.3**).[1]

b) *Seio sagital inferior* – situa-se na margem livre da foice do cérebro, terminando no seio reto (**Figura 8.3**).

c) *Seio reto* – localiza-se ao longo da linha de união entre a foice do cérebro e o tentório do cerebelo.

---

[1] A confluência dos seios é também conhecida como *torcular de Herófilo*. Nem sempre os seios encontram-se em um só ponto, descrevendo-se, pelo menos, quatro tipos de confluência.

Recebe, em sua extremidade anterior, o seio sagital inferior e a veia cerebral magna (**Figuras 8.2** e **8.3**), terminando na confluência dos seios.

d) *Seio transverso* – é par e dispõe-se de cada lado ao longo da inserção do tentório do cerebelo no osso occipital, desde a confluência dos seios até a parte petrosa do osso temporal, onde passa a ser denominado *seio sigmoide* (**Figuras 8.2** e **8.3**).

e) *Seio occipital* – muito pequeno e irregular, dispõe-se ao longo da margem de inserção da foice do cerebelo (**Figuras 8.2** e **8.3**).

Os seios venosos da base são os seguintes:

a) *Seio sigmoide* – em forma de S, é uma continuação do seio transverso até o forame jugular, onde continua diretamente com a veia jugular interna (**Figuras 8.2** e **8.3**). O seio sigmoide drena a quase totalidade do sangue venoso da cavidade craniana.

b) *Seio cavernoso* (**Figura 8.2**) – um dos mais importantes seios da dura-máter, o seio cavernoso é uma cavidade bastante grande e irregular, situada de cada lado do corpo do esfenoide e da sela turca. Recebe o sangue proveniente das veias oftálmica superior (**Figura 8.2**) e central da retina, além de algumas veias do cérebro. Drena através dos seios petroso superior e petroso inferior, além de comunicar-se com o seio cavernoso do lado oposto por intermédio do *seio intercavernoso*. O seio cavernoso é atravessado pela artéria carótida interna, pelo nervo abducente e, já próximo à sua parede lateral, pelos nervos troclear, oculomotor e pelo ramo oftálmico do nervo trigêmeo (**Figura 8.2**). Esses elementos são separados do sangue do seio por um revestimento endotelial, e a sua relação com o seio cavernoso é de grande importância clínica. Assim, aneurismas da carótida interna no nível do seio cavernoso comprimem o nervo abducente e, em certos casos, os demais nervos atravessam o seio cavernoso, determinando distúrbios muito típicos dos movimentos do globo ocular. Pode haver perfuração da carótida interna dentro do seio cavernoso, formando-se, assim, um curto-circuito arteriovenoso (fístula carótido-cavernosa), que determina dilatação e aumento da pressão no seio cavernoso. Isso inverte a circulação nas veias que nele desembocam, como as veias oftálmicas, resultando em grande protrusão do globo ocular, que pulsa simultaneamente com a carótida (exoftalmia pulsátil). Infecções superficiais da face (como espinhas do nariz) podem se propagar ao seio cavernoso, tornando-se, pois, intracranianas, em virtude das comunicações que existem entre as veias oftálmicas, tributárias do seio cavernoso, e a veia angular, que drena a região nasal.

c) *Seios intercavernosos* – unem os dois seios cavernosos, envolvendo a hipófise (**Figura 8.2**).

d) *Seio esfenoparietal* – percorre a face interior da pequena asa do esfenoide e desemboca no seio cavernoso (**Figura 8.2**).

e) *Seio petroso superior* – dispõe-se de cada lado, ao longo da inserção do tentório do cerebelo, na porção petrosa do osso temporal. Drena o sangue do seio cavernoso para o seio sigmoide, terminando próximo do ângulo entre o seio transverso e sigmoide (**Figura 8.2**).

f) *Seio petroso inferior* – percorre o sulco petroso inferior entre o seio cavernoso e o forame jugular, onde termina lançando-se na veia jugular interna (**Figura 8.2**).

g) *Plexo basilar* – ímpar, ocupa a porção basilar do occipital. Comunica-se com os seios petroso inferior e cavernoso, liga-se ao plexo do forame occipital e, por meio deste, ao plexo venoso vertebral interno (**Figura 8.2**).

1.2 Aracnoide

Membrana muito delicada, justaposta à dura-máter, da qual se separa por um espaço virtual, o espaço subdural, contendo pequena quantidade de líquido necessário à lubrificação das superfícies de contato das duas membranas. A aracnoide separa-se da pia-máter pelo *espaço subaracnóideo* (**Figura 8.4**), que contém o líquido *cerebrospinal*, ou *liquor*, havendo ampla comunicação entre o espaço subaracnóideo do encéfalo e da medula (**Figura 8.1**). Consideram-se também pertencentes à aracnoide as delicadas trabéculas que atravessam o espaço para se ligar à pia-máter, e que são denominadas *trabéculas aracnóideas* (**Figura 8.4**). Essas trabéculas lembram, em aspecto, uma teia de aranha, daí a denominação aracnoide, semelhante à aranha.

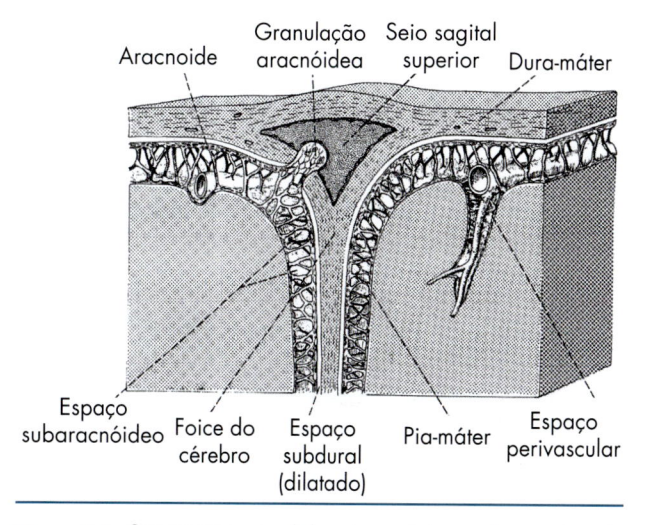

Figura 8.4 Secção transversal do seio sagital superior mostrando uma granulação aracnóidea e a disposição das meninges e espaços meníngeos.

1.2.1 Cisternas subaracnóideas

A aracnoide justapõe-se à dura-máter e ambas acompanham apenas grosseiramente a superfície do encéfalo. A pia-máter, entretanto, adere intimamente a essa superfície, que acompanha em todos os giros, sulcos e depressões. Desse modo, a distância entre as duas membranas, ou seja, a profundidade do espaço subaracnóideo é variável, sendo muito pequena no cume dos giros e grande nas áreas onde parte do encéfalo se afasta da parede craniana. Formam-se, assim, nessas áreas, dilatações do espaço subaracnóideo, as *cisternas subaracnóideas* (**Figura 8.5**), que contêm grande quantidade de liquor. As cisternas mais importantes são as seguintes:

a) *Cisterna cerebelo-bulbar,* ou cisterna *magna* – ocupa o espaço entre a face inferior do cerebelo, o teto do IV ventrículo e a face dorsal do bulbo (**Figura 8.5**). Continua em sentido caudal com o espaço subaracnóideo da medula e liga-se ao IV ventrículo através de sua abertura mediana (**Figura 8.5**). A cisterna cerebelo-medular é, de todas, a maior e mais importante, sendo às vezes utilizada para obtenção de liquor por meio das punções suboccipitais, em que a agulha é introduzida entre o occipital e a primeira vértebra cervical.
b) *Cisterna pontina* – situada ventralmente à ponte (**Figura 8.5**).
c) *Cisterna interpeduncular* – localizada na fossa interpeduncular (**Figura 8.5**).
d) *Cisterna quiasmática* – situada adiante do quiasma óptico (**Figura 8.5**).
e) *Cisterna superior* – (cisterna da veia cerebral magna) – situada dorsalmente ao teto do mesencéfalo, entre o cerebelo e o esplênio do corpo caloso (**Figura 8.5**), a cisterna superior corresponde, pelo menos em parte, à *cisterna ambiens*, termo usado sobretudo pelos neurologistas.
f) *Cisterna da fossa lateral do cérebro* – corresponde à depressão formada pelo sulco lateral de cada hemisfério.

1.2.2 Granulações aracnóideas

Em alguns pontos, a aracnoide forma pequenos tufos que penetram no interior dos seios da dura-máter, constituindo as *granulações aracnóideas,* mais abundantes no seio sagital superior (**Figuras 8.3** e **8.4**). As granulações aracnóideas levam pequenos prolongamentos do espaço subaracnóideo, verdadeiros divertículos desse espaço, nos quais o liquor está separado do sangue apenas pelo endotélio do seio e uma delgada camada da aracnoide. São, pois, estruturas admiravelmente adaptadas à absorção do liquor que, nesse ponto, cai no sangue. Sabe-se hoje que a passagem do liquor através da parede das granulações é feita por meio de grandes vacúolos, que o transportam de dentro para fora. No adulto e no idoso, algumas granulações tornam-se muito grandes, constituindo os chamados *corpos de Pacchioni,* que frequentemente se calcificam e podem deixar impressões na abóbada craniana.

1.3 Pia-máter

A pia-máter é a mais interna das meninges, aderindo intimamente à superfície do encéfalo (**Figura 8.4**) e da

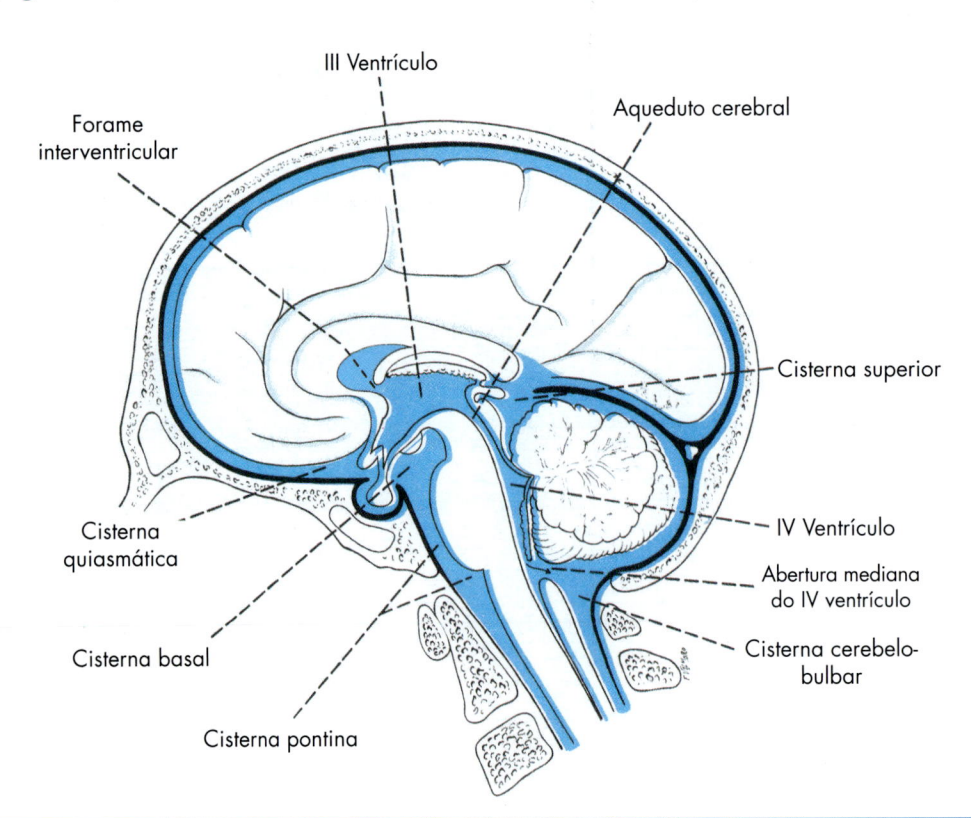

Figura 8.5 Esquema mostrando a disposição das cisternas subaracnóideas. As áreas contendo liquor estão representadas em azul.

medula, cujos relevos e depressões a pia-máter acompanha, descendo até o fundo dos sulcos cerebrais. Sua porção mais profunda recebe numerosos prolongamentos dos astrócitos do tecido nervoso, constituindo, assim, a *membrana pio-glial*. A pia-máter dá resistência aos órgãos nervosos uma vez que o tecido nervoso é de consistência muito mole. A pia-máter acompanha os vasos que penetram no tecido nervoso a partir do espaço subaracnóideo, formando a parede externa dos *espaços perivasculares* (**Figura 8.4**). Nesses espaços, existem prolongamentos do espaço subaracnóideo, contendo liquor, que forma um manguito protetor em torno dos vasos, muito importante para amortecer o efeito da pulsação das artérias ou picos de pressão sobre o tecido circunvizinho. O fato de as artérias estarem imersas em liquor no espaço subaracnóideo também reduz o efeito da pulsação. Os espaços perivasculares envolvem os vasos mais calibrosos até uma pequena distância e terminam por fusão da pia com a adventícia do vaso. As arteríolas que penetram no parênquima são envolvidas até alguns milímetros. As pequenas arteríolas são envolvidas até o nível capilar por pés-vasculares dos astrócitos do tecido nervoso.

2. Liquor

O liquor, ou líquido cerebrospinal, é um fluido aquoso e incolor, que ocupa o espaço subaracnóideo e as cavidades ventriculares. Fornece proteção mecânica ao sistema nervoso central (SNC), formando um verdadeiro coxim líquido entre este e o estojo ósseo que amortece os choques que frequentemente atingem o SNC. De acordo com o princípio de Arquimedes, o encéfalo submerso em líquido torna-se muito mais leve e, de 1.500 g, passa ao peso equivalente a 50 g, flutuando no liquor, o que reduz o risco de traumatismos resultantes do contato com os ossos do crânio.

Além de sua função de proteção mecânica do encéfalo, o liquor tem as seguintes funções:

a) Manutenção de um meio químico estável no sistema ventricular, por meio de troca de componentes químicos com os espaços intersticiais, permanecendo estável a composição química do liquor, mesmo quando ocorrem grandes alterações na composição química do plasma. Auxilia na regulação das funções dos neurônios e células da glia, fornecendo nutrientes e mantendo a homeostase iônica.

b) Excreção de produtos tóxicos do metabolismo das células do tecido nervoso, que passam dos espaços intersticiais e do fluido extracelular para o liquor e deste para o sangue. O volume dos espaços intersticiais aumenta 60% durante o sono, facilitando a eliminação de metabólitos tóxicos acumulados durante a vigília.

c) Veículo de comunicação entre diferentes áreas do SNC. Por exemplo, hormônios produzidos no hipotálamo são liberados no sangue, mas também no liquor, podendo agir sobre regiões distantes do sistema ventricular.

2.1 Características citológicas e físico-químicas do liquor

Por meio de punções lombares, suboccipitais ou ventriculares, pode-se medir a pressão do liquor, ou colher certa quantidade para o estudo de suas características citológicas e físico-químicas. Tais estudos fornecem importantes informações sobre a fisiopatologia do SNC e dos seus envoltórios, permitindo o diagnóstico, às vezes bastante preciso, de muitas afecções que o acometem, como hemorragias, infecções etc. O estudo do liquor é especialmente valioso para o diagnóstico dos diversos tipos de meningites. O liquor normal do adulto é límpido e incolor, apresenta de zero a quatro leucócitos por mm^3 e não tem hemácias. A pressão é de 5 a 20 cm de água, obtida na região lombar com paciente em decúbito lateral. A concentração de proteínas é bem inferior à do plasma, cerca de 25 mg/dL, a de glicose é cerca de dois terços da glicemia, e a de cloretos, superior à do plasma, 120 a 130 mEq/L. O volume total do liquor é de aproximadamente 150 mL no adulto, renovando-se completamente a cada 8 horas. Os plexos corioides produzem cerca de 500 mL por dia mediante filtração seletiva do plasma e da secreção de elementos específicos. Existem tabelas muito minuciosas com as características do liquor normal e as suas variações patológicas, permitindo a caracterização das diversas síndromes liquóricas.

2.2 Formação, circulação e absorção do liquor

O liquor é formado pelas células ependimárias e pelos plexos corioides, estrutura enovelada, formada por dobras de pia-máter, vasos sanguíneos e células ependimárias modificadas. É ativamente secretado, sobretudo, dos plexos corioides, e a sua composição é determinada por mecanismos de transporte específicos a partir do plasma. A sua formação envolve transporte ativo de Na^+ Cl^-, pelas células ependimárias dos plexos corioides, acompanhado de certa quantidade de água, necessária à manutenção do equilíbrio osmótico. Entende-se, assim, por que a composição do liquor é diferente da do plasma. O plexo coroide também sintetiza muitas proteínas para a composição do liquor. No período embrionário, essas proteínas regulam o desenvolvimento das células-tronco e participam do processo de desenvolvimento e da plasticidade cerebral.

Como já foi exposto anteriormente, existem plexos corioides nos ventrículos laterais (corno inferior e parte central) e no teto do III e IV ventrículos (**Figura 8.1**). Destes, sem dúvida, os ventrículos laterais contribuem com o maior contingente liquórico, que passa ao III ventrículo pelos forames interventriculares e daí ao IV ventrículo através do aqueduto cerebral (**Figuras 8.1** e **8.5**). Por meio das aberturas mediana e laterais do IV ventrículo, o liquor formado no interior dos ventrículos ganha o espaço subaracnóideo, sendo reabsorvido, sobretudo através das granulações aracnóideas, que se projetam no interior dos seios da dura-máter, pelas quais chega à circulação geral sistêmica (**Figuras 8.3** e **8.4**). Como essas granulações predominam no seio sagital superior, a circulação do liquor no espaço subaracnóideo é feita de baixo para cima, devendo, pois, atravessar o espaço entre a incisura do tentório e o mesencéfalo. No espaço subaracnóideo da medula, o liquor desce em direção caudal (**Figura 8.1**), mas apenas uma parte volta, pois há reabsorção liquórica nas pequenas granulações aracnóideas existentes nos prolongamentos da dura-máter que acompanham as raízes dos nervos espinais.

A circulação do liquor é bastante lenta e ainda são discutidos os fatores que a determinam. Sem dúvida, a produção do liquor em uma extremidade e a sua absorção em outra já são suficientes para causar sua movimentação. Outro fator é a pulsação das artérias intracranianas que, a cada sístole, aumenta a pressão liquórica, possivelmente contribuindo para empurrar o liquor através das granulações aracnóideas.

3. Correlações anatomoclínicas

O conhecimento das cavidades cerebrais que contêm liquor, assim como das meninges e suas relações com o encéfalo, é de grande relevância para a compreensão de uma série de condições patológicas. A seguir, descreveremos algumas dessas condições, acentuando, em cada caso, a base anatômica.

3.1 Hidrocefalia

Existem processos patológicos que interferem na produção, circulação e absorção do liquor, causando as chamadas *hidrocefalias*. Estas se caracterizam por aumento da quantidade e da pressão do liquor, provocando a dilatação dos ventrículos e a hipertensão intracraniana com compressão do tecido nervoso de encontro ao estojo ósseo. Por vezes, a hidrocefalia ocorre durante a vida fetal, geralmente em decorrência de anomalias congênitas do sistema ventricular. Nesses casos, assim como em lactentes jovens, já que os ossos do crânio ainda não estão soldados, há grande dilatação da cabeça da criança, o que confere alguma proteção ao encéfalo. No adulto, como o crânio não se expande, a pressão intracraniana se eleva rapidamente, com compressão das estruturas e sintomas típicos de cefaleia e vômitos, evoluindo para herniação (ver adiante), coma e óbito, caso não ocorra tratamento de urgência.

Há dois tipos de hidrocefalias: comunicantes e não comunicantes. As *hidrocefalias comunicantes* resultam do aumento na produção ou deficiência na absorção do liquor, em razão de processos patológicos dos plexos corioides ou dos seios da dura-máter e granulações aracnóideas. As *hidrocefalias não comunicantes* são muito mais frequentes e resultam de obstruções no trajeto do liquor, o que pode ocorrer nos seguintes locais:

a) Forame interventricular, provocando dilatação do ventrículo lateral correspondente.
b) Aqueduto cerebral, provocando dilatação do III ventrículo e dos ventrículos laterais, contrastando com o IV ventrículo, que permanece com dimensões normais.
c) Aberturas medianas e laterais do IV ventrículo, provocando dilatação de todo o sistema ventricular.
d) Incisura do tentório, impedindo a passagem do liquor do compartimento infratentorial para o supratentorial, provocando também dilatação de todo o sistema ventricular (**Figura 8.6**).

Existem vários procedimentos cirúrgicos visando diminuir a pressão liquórica nas hidrocefalias. Pode-se, por exemplo, drenar o liquor por meio de um cateter, ligando um dos ventrículos à cavidade peritoneal, nas chamadas derivações ventrículo-peritoneais. Nos casos de hidrocefalia obstrutiva, pode-se realizar a terceiroventriculostomia endoscópica. Nesse caso, é feito um orifício no assoalho do terceiro ventrículo, possibilitando a passagem do liquor para as cisternas da base.

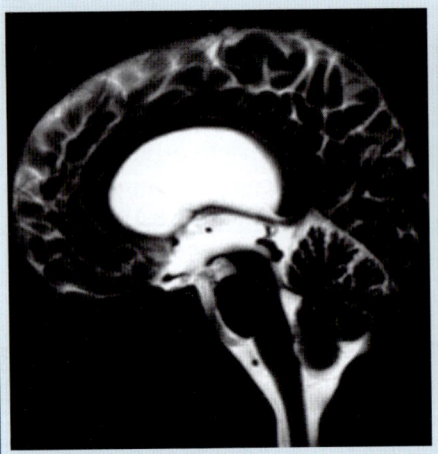

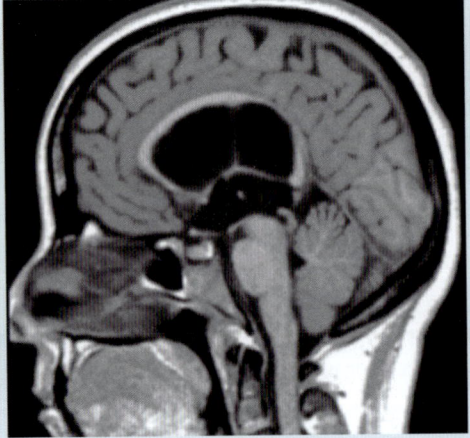

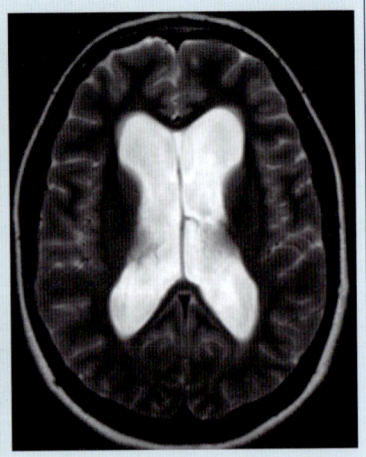

Figura 8.6 Ressonância magnética. Cortes sagital e axial mostrando a dilatação dos ventrículos em um paciente com hidrocefalia por estenose do aqueduto cerebral.
Fonte: Cortesia do Dr. Marco Antônio Rodacki.

3.2 Hipertensão intracraniana

Do ponto de vista neurológico, um dos aspectos mais importantes da cavidade crânio-vertebral e seu revestimento de dura-máter é o fato de ser uma cavidade fechada, que não permite a expansão de seu conteúdo. Desse modo, o aumento de volume de qualquer componente da cavidade craniana reflete-se sobre os demais, resultando no aumento da pressão intracraniana. Tumores, hematomas e outros processos expansivos intracranianos comprimem não só as estruturas em sua vizinhança imediata, mas todas as estruturas da cavidade crânio-vertebral, determinando um quadro de hipertensão intracraniana com sintomas característicos, entre os quais se sobressaem a cefaleia e os vômitos. Pode haver também formação de hérnias de tecido nervoso, como será visto no próximo item.

Nos casos de hipertensão intracraniana, haverá compressão do nervo óptico. Esse nervo é envolvido por um prolongamento do espaço subaracnóideo e o aumento da pressão nesse espaço causa obliteração da veia central da retina, a qual passa em seu interior, o que resulta em ingurgitamento das veias da retina, com edema da papila óptica (papiledema), que pode ser observado pelo exame do fundo de olho.

Na suspeita de hipertensão intracraniana, deve-se solicitar um exame de imagem do encéfalo: tomografia ou ressonância magnética. O tema será também abordado no Capítulo 18, item 2, que aborda o controle do fluxo sanguíneo cerebral.

3.3 Hérnias intracranianas

As pregas da dura-máter dividem a cavidade craniana em compartimentos separados por septos relativamente rígidos. Processos expansivos, como tumores ou hematomas que se desenvolvem em um deles, aumentam a pressão dentro do compartimento, podendo causar a protrusão de tecido nervoso para o compartimento vizinho. Formam-se, desse modo, hérnias intracranianas que podem causar sintomatologia grave. Assim, um tumor em um dos hemisférios cerebrais pode causar hérnias do giro do cíngulo (**Figura 8.7**), que se insinua entre a borda da foice do cérebro e o corpo caloso, fazendo protrusão para o lado oposto. Entretanto, são mais importantes, pelas graves consequências que acarretam as hérnias do unco e das tonsilas.

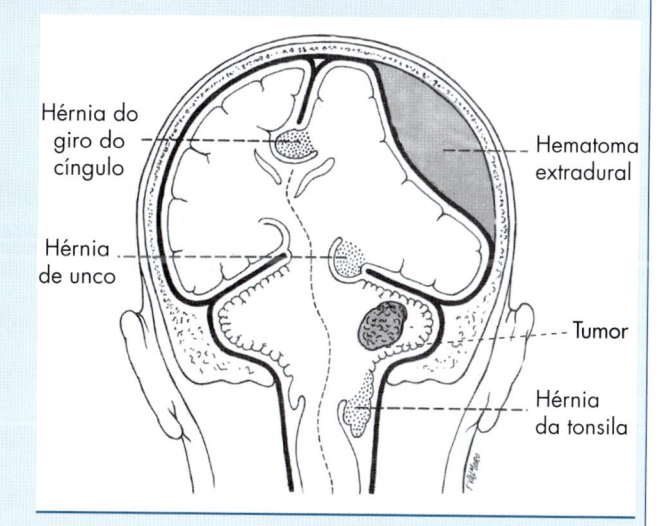

Figura 8.7 Esquema dos principais tipos de hérnia intracranianas. Notam-se também um hematoma extradural e um tumor cerebelar, causas frequentes de hipertensão intracraniana.

3.3.1 Hérnias do unco

Nesse caso, um processo expansivo cerebral, determinando aumento de pressão no compartimento supratentorial, empurra o unco, que faz protrusão através da

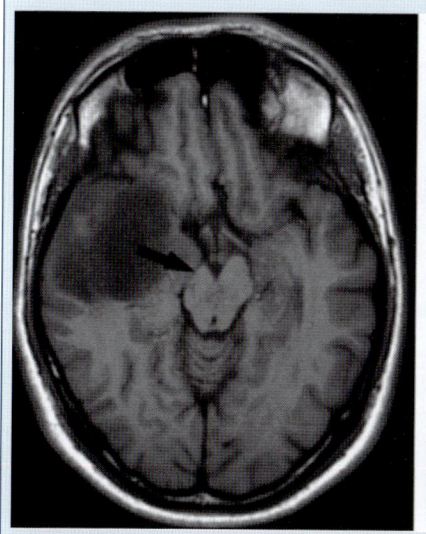

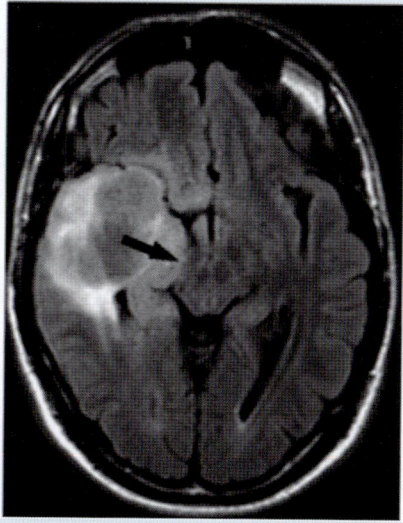

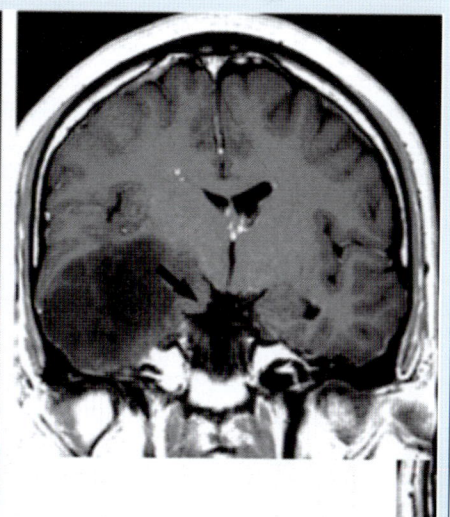

Figura 8.8 Ressonância magnética mostrando um tumor de lobo temporal direito causando hipertensão intracraniana e consequente hérnia de unco com compressão do mesencéfalo (setas).
Fonte: Cortesia Dr. Marco Antônio Rodacki.

incisura do tentório do cerebelo, comprimindo o mesencéfalo (**Figuras 8.7** e **8.8**). Inicialmente, ocorre dilatação da pupila do olho do mesmo lado da lesão com resposta lenta à luz, progredindo para dilatação completa e desvio lateral do olhar em decorrência da compressão do nervo oculomotor ipsilateral. A compressão da base do pedúnculo cerebral causa hemiparesia contralateral. A sintomatologia mais característica e mais grave é a rápida perda da consciência, ou coma profundo por lesão das estruturas mesencefálicas, responsáveis pela ativação do córtex cerebral, que serão estudadas no Capítulo 20.

3.3.2 Hérnias das tonsilas

Um processo expansivo na fossa posterior, como um tumor em um dos hemisférios cerebelares (**Figura 8.7**), pode empurrar as tonsilas do cerebelo através do forame magno, produzindo hérnia de tonsila. Nesse caso, há compressão do bulbo, culminando geralmente na morte por lesão dos centros respiratório e vasomotor que nele se localizam. O quadro pode ocorrer também quando se faz uma punção lombar em pacientes com hipertensão craniana. Nesse caso, há súbita diminuição da pressão liquórica no espaço subaracnóideo espinal, causando a penetração das tonsilas através do forame magno. Não se deve, portanto, na suspeita de hipertensão intracraniana, realizar uma punção liquórica sem antes realizar o exame de fundo de olho ou exame de imagem, em razão do risco de herniação do tecido nervoso.

3.4 Hematomas extradurais e subdurais

Uma das complicações mais frequentes dos traumatismos cranianos são as rupturas de vasos, que resultam em acúmulo de sangue nas meninges sob a forma de hematomas. Assim, lesões das artérias meníngeas, ocorrendo durante fraturas de crânio, sobretudo da artéria meníngea média, resultam em acúmulo de sangue entre a dura-máter e os ossos do crânio, formando-se um *hematoma extradural*. O hematoma cresce, separando a dura-máter do osso, e empurra o tecido nervoso para o lado oposto (**Figura 8.9**), causando a morte em poucas horas se o sangue em seu interior não for drenado.

Nos *hematomas subdurais*, o sangramento ocorre no espaço subdural, e o sangue acumula-se entre a dura-máter e a aracnoide. Costumam ser de crescimento lento e a sintomatologia é subaguda.

Nas hemorragias subaracnóideas não se formam hematomas, uma vez que o sangue se espalha no liquor, podendo ser visualizado em uma punção lombar ou nos exames de imagem. A causa pode ser a ruptura de veias cerebrais no ponto em que elas entram no seio sagital superior, de malformações arteriovenosas ou de aneurismas cerebrais. O quadro clínico é agudo, com cefaleia muito intensa, podendo ocorrer alteração de consciência.

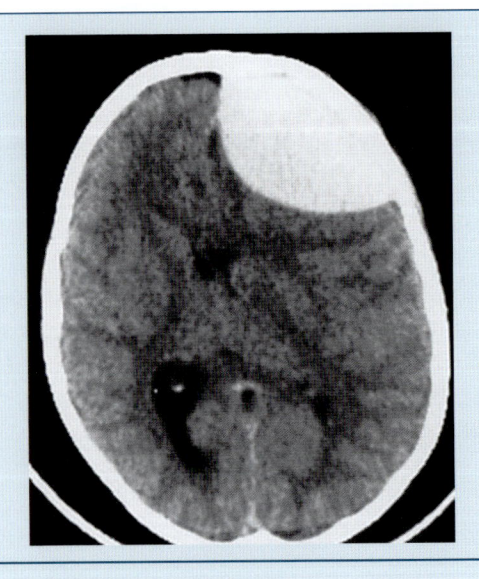

Figura 8.9 Tomografia de um paciente com hematoma extradural na região frontal esquerda, lado direito da imagem. Note-se como o cérebro está deslocado para o lado oposto.
Fonte: Cortesia do Dr. Marco Antônio Rodacki.

3.5 Meningeoma

A dura-mater pode também ser sítio de tumores do SNC. É o tipo mais comum de tumor primário do SNC e é originário da dura-máter. Ocorre em adultos sendo mais frequente no sexo feminino. Em geral, os meningeomas crescem lentamente, são benignos e podem, inclusive, serem assintomáticos. A sintomatologia depende da localização do tumor e se está causando compressão do encéfalo, da medula ou hipertensão intracraniana. O tratamento é a remoção cirúrgica.

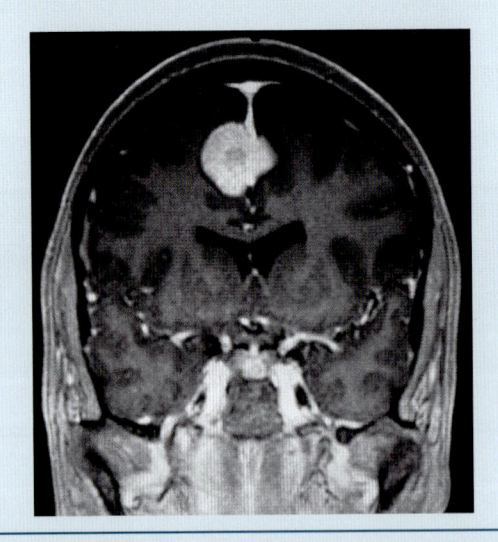

Figura 8.10 Meningeoma da foice cerebral com efeito compressivo.
Fonte: Cortesia Dr. Marco Antônio Rodacki.

Leitura sugerida

XIE, et al. Sleep drives metabolite clearance from the adult brain. Science 2013:342,373-377.

capítulo 9
Nervos em Geral – Terminações Nervosas – Nervos Espinais

A – Nervos em geral

1. Caracteres gerais e estrutura dos nervos

Nervos são cordões esbranquiçados constituídos por feixes de fibras nervosas, reforçadas por tecido conjuntivo, que unem o sistema nervoso central (SNC) aos órgãos periféricos. Podem ser *espinais* ou *cranianos*, conforme essa união se faça com a medula espinal ou com o encéfalo. A função dos nervos é conduzir, através de suas fibras, impulsos nervosos do SNC para a periferia (impulsos eferentes) e da periferia para o SNC (impulsos aferentes). As fibras nervosas que constituem os nervos são, em geral, mielínicas com neurilema. Entretanto, o nervo óptico, no qual a glia mielinizante é o oligodendrócito, é constituído somente por fibras mielínicas sem neurilema; no nervo olfatório, as fibras são amielínicas com neurilema (fibras de Remak). Fibras desse tipo existem também no sistema nervoso autônomo e entram em pequeno número na composição da maioria dos nervos periféricos. São três as bainhas conjuntivas que entram na constituição de um nervo: epineuro, perineuro e endoneuro, como já descrito no Capítulo 3, item 3.

Os nervos são muito vascularizados, sendo percorridos longitudinalmente por vasos que se anastomosam, o que permite a retirada do epineuro em um trecho de até 15 cm sem que ocorra lesão nervosa. Por outro lado, os nervos são quase totalmente desprovidos de sensibilidade. Se um nervo é estimulado ao longo de seu trajeto, a sensação geralmente dolorosa é sentida não no ponto estimulado, mas no território sensitivo que ele inerva. Assim, quando um membro é amputado, os cotos nervosos irritados podem originar impulsos nervosos que são interpretados pelo cérebro como se fossem originados no membro retirado, resultando na chamada *dor fantasma*, pois o indivíduo sente dor em um membro que não existe.

Durante o seu trajeto, os nervos podem se bifurcar ou se anastomosar. Nesses casos, entretanto, não há bifurcação ou anastomose de fibras nervosas, mas apenas um reagrupamento de fibras que passam a constituir dois nervos ou que se destacam de um nervo para seguir outro. Contudo, próximo à sua terminação, as fibras nervosas motoras ou sensitivas de um nervo em geral ramificam-se muito.

Costuma-se distinguir em um nervo uma origem real e uma origem aparente. A *origem real* corresponde ao local onde estão localizados os corpos dos neurônios que constituem os nervos, como a coluna anterior da medula, os núcleos dos nervos cranianos ou os gânglios sensitivos, no caso de nervos sensitivos. A *origem aparente* corresponde ao ponto de emergência ou à entrada do nervo na superfície do SNC. No caso dos nervos espinais, essa origem está nos sulcos lateral anterior e lateral posterior da medula. Alguns consideram ainda uma origem aparente no esqueleto que, no caso dos nervos espinais, está nos forames intervertebrais e, no caso dos nervos cranianos, nos vários orifícios existentes na base do crânio.

2. Condução dos impulsos nervosos

Nos nervos, a condução dos impulsos nervosos sensitivos (ou aferentes) é feita através dos prolongamentos periféricos dos neurônios sensitivos. Convém recordar que esses neurônios têm seu o corpo localizado nos gânglios das raízes dorsais dos nervos espinais e nos gânglios de alguns nervos cranianos. São células pseudounipolares, com um prolongamento periférico, que se liga ao receptor, e um prolongamento central, que se liga a neurônios da medula ou do tronco encefálico. O prolongamento periférico é morfologicamente um axônio, mas conduz o impulso nervoso centripetamente, sendo, pois, da perspectiva da função, um dendrito. Já o prolongamento central é um axônio no sentido morfológico e funcional, uma vez que conduz centrifugamente. Os impulsos nervosos sensitivos são conduzidos do prolongamento periférico para o central, e admite-se que não passam pelo corpo celular. Os impulsos nervosos motores são conduzidos do corpo celular para o efetuador (**Figura 9.3**). Contudo, pode-se estimular experimentalmente um nervo isolado que, então, funciona como um fio elétrico nos dois sentidos, dependendo apenas da extremidade estimulada. A velocidade de condução nas fibras nervosas varia de 1 m a 120 m por segundo e depende do calibre da fibra, sendo maior nas fibras mais calibrosas. Levando-se em conta certas características eletrofisiológicas, mas sobretudo a velocidade de condução, as fibras dos nervos foram classificadas em três grupos principais – A, B e C –, que correspondem às fibras de grande, médio e pequeno calibres. As fibras A correspondem às fibras ricamente mielinizadas dos nervos mistos e podem, ainda, ser divididas, quanto à velocidade de condução, em alfa, beta e gama. No grupo B, estão as fibras pré-ganglionares, que serão vistas a propósito do sistema nervoso autônomo. No grupo C, estão as fibras pós-ganglionares não mielinizadas do sistema autônomo e algumas fibras responsáveis por impulsos térmicos e dolorosos.

Os axônios de tamanhos equivalentes que inervam os músculos e tendões são chamados de grupos I, II, III e IV. O grupo IV contém fibras amielínicas. As fibras C e IV conduzem com velocidade de 0,5 m/s a 1 m/s por segundo. Nas fibras A alfa, a velocidade pode atingir 120 m/s e, nas A beta, 75 m/s.

3. Lesões dos nervos periféricos – regeneração de fibras nervosas

Os nervos periféricos são frequentemente traumatizados, resultando em esmagamentos ou secções, que trazem como consequência perda ou diminuição da sensibilidade e da motricidade no território inervado. Os fenômenos que ocorrem nesses casos orientam a conduta cirúrgica a ser adotada e são de grande importância para o médico. Tanto nos esmagamentos como nas secções, ocorrem degenerações da parte distal do axônio e sua bainha de mielina (degeneração walleriana). No coto proximal, há degeneração apenas até o nó de Ranvier mais próximo da lesão. No corpo celular há cromatólise, ou seja, diminuição da substância cromidial, que atinge o máximo entre 7 e 15 dias. O grau de cromatólise é inversamente proporcional à distância da lesão ao corpo celular. As alterações do corpo celular podem ser muito intensas, resultando na desintegração do neurônio, mas, em geral, ocorre recuperação.

Em cada coto proximal, a membrana plasmática é rapidamente reconstituída. Essa extremidade se modifica, dando origem a uma expansão denominada *cone de crescimento*, semelhante à que existe em axônios em crescimento durante o desenvolvimento do sistema nervoso. O cone de crescimento é capaz de emitir expansões semelhantes a pseudópodos, em cujas membranas há moléculas de adesão, como integrinas, que se ligam a moléculas da matriz extracelular, como a laminina, presente em membranas basais. Essa união se desfaz quando ocorrem novas expansões da membrana e novas adesões, o que permite o progressivo alongamento dos axônios. No cone de crescimento, há também receptores para fatores neurotróficos, os quais são endocitados e transportados ao corpo celular, ativando as vias metabólicas necessárias ao processo de regeneração.

Os fatores neurotróficos são essenciais para a sobrevivência e diferenciação de neurônios durante o desenvolvimento. Após essa fase, continuam sendo essenciais para a manutenção dos neurônios e regeneração de fibras nervosas lesadas. Entre eles, estão duas importantes famílias de polipeptídeos: a família das neurotrofinas, cujo protótipo é o fator de crescimento neural, e a família do fator neurotrófico, derivado da glia. Há outros fatores importantes para a regeneração axonal, como o fator de crescimento fibroblástico básico. A produção de um dado fator neurotrófico não se limita à célula ou ao local da sua descoberta. Por exemplo, o fator de crescimento derivado da glia é produzido por músculo esquelético, sendo importante na regeneração de fibras nervosas motoras. O fator de crescimento neural e outras neurotrofinas são importantes para neurônios sensoriais derivados da crista neural e para os neurônios do sistema autônomo simpático.

De modo geral, as células-alvo da inervação secretam fatores neurotróficos, mas, como podem estar longe do local da lesão do nervo, é importante o papel das células de Schwann. Essas células são ativadas por citocina secretada por macrófagos que invadem o local da lesão para a remoção da bainha de mielina e de restos celulares. As células de Schwann ativadas abandonam a fibra nervosa lesada e proliferam no nível do coto proximal. Secretam novas membranas basais e uma glucoproteína, a laminina, e assumem a função de produzir fatores neurotróficos que tinham no desenvolvimento. Sua própria superfície, e sobretudo suas membranas basais, são ricas em moléculas que fornecem o substrato necessário para a adesão dos cones de crescimento e o crescimento dos axônios em direção ao seu destino. Na verdade, as células de Schwann, com suas membranas basais, formam numerosos compartimentos ou tubos extracelulares, circundados por tecido conjuntivo do endoneuro, dentro dos quais o axônio se regenera.

Cabe assinalar que, no início do processo de regeneração, cada axônio emite numerosos ramos, o que aumenta a chance de eles encontrarem o caminho correto até o seu destino. Para se conseguir melhor recuperação funcional, as extremidades de um nervo seccionado devem ser ajustadas com precisão, tentando-se obter a justaposição das bainhas perineurais, com o auxílio de microscópio cirúrgico. Em casos de secção com afastamento dos dois cotos, as fibras nervosas em crescimento, não encontrando o coto distal, crescem desordenadamente no tecido cicatricial, constituindo os *neuromas*, formados de tecido conjuntivo, células de Schwann e um emaranhado de fibras nervosas "perdidas". Nesses casos, para que haja recuperação funcional, deve-se fazer a remoção do tecido cicatricial e o ajustamento dos cotos nervosos por sutura de elementos conjuntivos.

As fibras nervosas da parte periférica do sistema nervoso autônomo são também dotadas de grande capacidade de regeneração. Assim, verificou-se que, na doença de Chagas experimental, em cuja fase aguda há destruição quase total da inervação simpática e parassimpática do coração, ocorre, na maioria dos casos, total reinervação depois de algum tempo.[1]

Ao contrário do que ocorre no sistema nervoso periférico, as fibras nervosas do SNC dos mamíferos adultos não se regeneram quando lesadas, ou apresentam crescimento muito limitado. Isso dificulta consideravelmente a recuperação funcional de muitos casos neurológicos. Entretanto, verificou-se que, quando se enxerta um pedaço de nervo periférico na medula de um animal, os axônios seccionados da medula crescem ao longo do nervo enxertado, mas quando os axônios em crescimento entram em contato novamente com o tecido do SNC, há retração do cone de crescimento e parada do processo de regeneração. Assim, os axônios no sistema nervoso central são potencialmente capazes de regeneração, mas não há substrato adequado à regeneração em adultos, embora não faltem fatores neurotróficos. Ao contrário do que ocorre no desenvolvimento, no SNC de mamíferos adultos a regeneração é inibida. Essa inibição deriva, sobretudo, de dois fatores: 1) a cicatriz astrocitária, que constitui barreira mecânica e também química pela presença de proteoglicanas, como o sulfato de condroitina; 2) presença de inibidores associados à bainha de mielina do SNC.[2] Do que foi visto, pode-se concluir que a regeneração de fibras nervosas resulta da interação de fatores morfológicos e bioquímicos.

B – Terminações nervosas

1. Generalidades

Em suas extremidades periféricas, as fibras nervosas dos nervos modificam-se, dando origem a formações ora mais, ora menos complexas, as *terminações nervosas*, que podem ser de dois tipos: sensitivas ou aferentes[3] e motoras ou eferentes. As terminações sensitivas, quando estimuladas por uma forma adequada de energia (mecânica, calor, luz etc.), dão origem a impulsos nervosos que seguem pela fibra em direção ao corpo neuronal. Esses impulsos são levados ao SNC e atingem áreas específicas do cérebro, onde são "interpretados", resultando em diferentes formas de sensibilidade. As terminações nervosas motoras existem na porção terminal das fibras eferentes e são os elementos pré-sinápticos das sinapses neuroefetuadoras, ou seja, inervam músculos ou glândulas.

2. Terminações nervosas sensitivas (receptores)

O termo *receptor sensorial* refere-se à estrutura neuronal ou epitelial, capaz de transformar estímulos físicos ou químicos em atividade bioelétrica (transdução de sinais) para ser interpretada no SNC. Pode ser um terminal axônico ou células epiteliais modificadas conectadas aos neurônios, como as células ciliadas da cóclea.

2.1 Classificação morfológica dos receptores

Distinguem-se dois grandes grupos: os receptores especiais e os receptores gerais.

Os *receptores especiais* são mais complexos, relacionando-se com um *neuroepitélio* (retina, órgão de Corti etc.) e fazem parte dos chamados *órgãos especiais do sentido*: visão; audição e equilíbrio; gustação e olfação, todos localizados na cabeça. Serão estudados no Capítulo 29 (as grandes vias aferentes).

Os *receptores gerais* ocorrem em todo o corpo, fazem parte do sistema sensorial somático, que responde a diferentes estímulos, como tato, temperatura, dor e postura corporal ou propriocepção.

2.2 Classificação fisiológica dos receptores

2.2.1 Especificidade dos receptores

A especificidade dos receptores é geralmente aceita. Os receptores denominados *livres* podem ser responsáveis por vários tipos de sensibilidade (temperatura, dor, tato). No entanto, um determinado receptor livre é responsável apenas por uma dessas formas de sensibilidade. Assim, denominados receptores livres, existem, de fato, do ponto de vista fisiológico, vários tipos de receptores. Especificidade significa dizer que a sensibilidade de um receptor é máxima para determinado estímulo, ou o seu limiar de excitabilidade é mínimo para essa forma de energia, embora possam ser ativados com dificuldade por outras formas de energia. Além da forma de energia, um determinado receptor é mais sensível a uma faixa restrita dessa forma de energia. Exemplo: um fotorreceptor é sensível a determinado comprimento de onda correspondente ao vermelho.

Usando-se como critério os estímulos mais adequados para ativar os vários receptores, estes podem ser classificados como:

---

1 MACHADO, A.B.M.; MACHADO, C.R.S; GOMEZ, M.V. *Experimental parasitology*. 1979;47:107-115.
2 Entre esses inibidores, estão a proteína NOGO, a glicoproteína associada à mielina e à glicoproteína mielínica de oligodendrócitos.
3 Os termos "sensitivo" e "aferente", a rigor, não são sinônimos. Todos os impulsos nervosos que penetram no sistema nervoso central são aferentes, mas apenas aqueles que despertam algum tipo de sensação são sensitivos. Muitos impulsos provenientes de receptores viscerais (como os originados no seio carotídeo) são aferentes, mas não são sensitivos.

a) *Quimiorreceptores* – são receptores sensíveis a estímulos químicos, como os da olfação e gustação e os receptores do corpo carotídeo capazes de detectar variações no teor do oxigênio circulante.
b) *Osmorreceptores* – receptores capazes de detectar variação de pressão osmótica.
c) *Fotorreceptores* – receptores sensíveis à luz, como os cones e bastonetes da retina.
d) *Termorreceptores* – receptores capazes de detectar frio e calor. São terminações nervosas livres. Alguns se localizam no hipotálamo e detectam variações na temperatura do sangue, desencadeando respostas para conservar ou dissipar calor.
e) *Nociceptores* (do latim *nocere* = prejudicar) – são receptores ativados por diversos estímulos mecânicos, térmicos ou químicos, mas em intensidade suficiente para causar lesões de tecidos e dor. São terminações nervosas livres.
f) *Mecanorreceptores* – são receptores sensíveis a estímulos mecânicos e constituem o grupo mais diversificado. Aqui, situam-se os receptores de audição e de equilíbrio do ouvido interno; os receptores do seio carotídeo, sensíveis a mudanças na pressão arterial (barorreceptores); os fusos neuromusculares e órgãos neurotendinosos, sensíveis ao estiramento de músculos e tendões; receptores das vísceras, assim como os vários receptores cutâneos responsáveis pela sensibilidade de tato, pressão e vibração. Eles serão detalhados mais adiante neste capítulo.

Outra maneira de classificar os receptores, proposta inicialmente por Sherrington, leva em conta a sua localização, o que define a natureza do estímulo que os ativa. Com base nesse critério, distinguem-se três categorias de receptores: *exteroceptores; proprioceptores;* e *interoceptores*.

Os *exteroceptores* localizam-se na superfície externa do corpo, onde são ativados por agentes externos, como calor, frio, tato, pressão, luz e som.

Os *proprioceptores* localizam-se mais profundamente, situando-se nos músculos, tendões, ligamentos e cápsulas articulares. Os impulsos nervosos originados nesses receptores, *impulsos nervosos proprioceptivos,* podem ser conscientes e inconscientes. Estes últimos não despertam nenhuma sensação, sendo utilizados pelo SNC para regular a atividade muscular por meio do reflexo miotático ou dos vários centros envolvidos na atividade motora. Os impulsos proprioceptivos conscientes atingem o córtex cerebral e permitem a um indivíduo, mesmo de olhos fechados, ter percepção de seu corpo e de suas partes, bem como da atividade muscular e do movimento das articulações. São, pois, responsáveis pelos sentidos de posição e de movimento.

A capacidade de perceber posição e movimento, ou seja, a propriocepção consciente, depende basicamente das informações levadas ao SNC pelos fusos neuromusculares e órgãos neurotendinosos, sendo possível, entretanto, que os receptores das articulações tenham pelo menos um papel subsidiário nessa função.

Os *interoceptores* (ou *visceroceptores*) localizam-se nas vísceras e nos vasos e dão origem às diversas formas de sensações viscerais, geralmente pouco localizadas, como a fome, a sede e a dor visceral. Grande parte dos impulsos aferentes originados em interoceptores é inconsciente, transmitindo ao SNC informações necessárias à coordenação da atividade visceral, como o teor de O_2, a pressão osmótica do sangue e a pressão arterial. Tanto os exteroceptores como os proprioceptores transmitem impulsos relacionados ao "soma", ou parede corporal, sendo, pois, considerados receptores *somáticos*. Os interoceptores transmitem impulsos relacionados às vísceras e são, por conseguinte, *viscerais*.

Pode-se, ainda, dividir a sensibilidade em *superficial* e *profunda,* a primeira originando-se em exteroceptores e a segunda em proprioceptores e interoceptores.

2.3 Os receptores somáticos da pele

A maioria deles é de mecanorreceptores ou quimiorreceptores.

Se algo toca a pele, podemos perceber o local, a pressão, a textura, se um objeto é pontiagudo ou rombo, a duração precisa do toque e o deslocamento do estímulo sobre a pele, mesmo na ausência da visão. Um único receptor pode codificar várias características do estímulo, como intensidade, duração e posição. Mas geralmente um estímulo ativa vários receptores. Cabe ao SNC a geração das percepções.

Os mecanorreceptores sensíveis a vibração, pressão e toque e a essas modalidades de energia são percebidos pela maioria dos receptores, que variam sua preferência quanto à frequência de estímulo, pressão e tamanho do campo receptivo. Mecanorreceptores estão presentes também em vasos e vísceras e percebem pressão, estiramento de órgãos digestivos, bexiga, força de contato dos dentes etc.

Em sua maioria, apresentam uma estrutura mais simples do que a dos receptores especiais, podendo, do ponto de vista morfológico, ser classificados em dois tipos: *livres;* e *encapsulados,* conforme tenham ou não uma cápsula conjuntiva.

2.3.1 Receptores livres

Os receptores gerais livres são as terminações das fibras nervosas sensoriais que perdem a bainha de mielina, preservando o envoltório de células de Schwann até as proximidades da ponta de cada fibra (**Figura 9.1A**). São, sem dúvida, os mais frequentes. Ocorrem, por exemplo, em toda a pele, emergindo de redes nervosas subepiteliais e ramificando-se entre as células da epiderme. São de adaptação lenta e veiculam informações de tato grosseiro, dor e temperatura. Algumas terminações livres, relacionadas com o tato, enrolam-se na base dos folículos pilosos e detectam um simples toque ou deslocamento de um pelo.

Na categoria de terminações livres, estão também os discos de Merkel e os nociceptores.

- Discos de Merkel: são pequenas arborizações das extremidades das fibras mielínicas que terminam em contato com células epiteliais especiais. Estão envolvidos em tato e pressão contínuos.
- Nociceptores: são terminações nervosas livres, não mielinizadas, que sinalizam que o tecido corporal está sendo lesado ou em risco de lesão. Sua via para o encéfalo é distinta da via dos mecanorreceptores, e a sua ativação seletiva propicia a experiência consciente de dor. Podem ser ativados por estimulação mecânica intensa, temperaturas extremas, falta de oxigênio e exposição a produtos químicos. O lactato liberado no metabolismo anaeróbico pode provocar dor muscular; picadas de insetos estimulam mastócitos, que liberam histamina, que ativa os nociceptores. A maioria dos nociceptores é polimodal, ou seja, responde a mais de um tipo de estímulo, mas existem aqueles que são unimodais, mecânicos térmicos ou químicos. Estão presentes na maioria dos tecidos corporais, incluindo ossos, órgãos internos, vasos e coração. No encéfalo, estão ausentes, sendo encontrados somente nas meninges. Os nociceptores podem ficar mais sensíveis e causar hiperalgia em razão da liberação de substâncias que modulam a sua excitabilidade, como a bradicinina, histamina, prostaglandinas e a substância P. A substância P é produzida pelos nociceptores e causa sensibilização dos mesmos ao redor da lesão. As informações são levadas à medula por fibras A gama ou C e estabelecem sinapses com neurônios da região da coluna posterior. Os nociceptores das vísceras entram na medula pelo mesmo caminho dos exteroceptores, e as duas formas de informação se misturam, dando origem ao fenômeno de dor referida, na qual a ativação de um nociceptor visceral dá origem a uma sensação cutânea. O exemplo mais comum é o do infarto do miocárdio, em que o nociceptor está no coração, mas a dor é localizada na parede torácica superior ou no braço esquerdo. Os mecanismos por meio dos quais o encéfalo pode controlar a dor serão abordados no Capítulo 29.
- Termorreceptores: sensações não dolorosas de calor ou frio. Estão acolados a fibras A gama ou C, fazem sinapse dentro da substância gelatinosa da coluna posterior e ascendem na medula por caminho semelhante à via da dor.

2.3.2 Receptores encapsulados

Estes receptores são, em geral, mais complexos do que os livres e, na maioria deles, há intensa ramificação da extremidade do axônio no interior de uma cápsula conjuntiva. Estão compreendidos aqui os corpúsculos sensitivos da pele, descritos na histologia clássica, além dos fusos neuromusculares e neurotendíneos. A seguir, faremos uma rápida caracterização das terminações nervosas encapsuladas mais importantes para a neuroanatomia funcional:

a) *Corpúsculos de Meissner* (**Figura 9.1B**) – ocorrem nas papilas dérmicas, sobretudo nas da pele espessa das mãos e dos pés. São receptores de tato, pressão e estímulos vibratórios mais lentos do que os percebidos pelos corpúsculos de Paccini.

b) *Corpúsculos de Vater-Paccini* (**Figura 9.1C**) – são os maiores receptores, têm distribuição muito ampla, ocorrendo, sobretudo, no tecido conjuntivo subcutâneo das mãos e dos pés ou mesmo em territórios mais profundos, como nos septos intermusculares e no periósteo. São responsáveis pela sensibilidade vibratória, ou seja, a capacidade de perceber estímulos mecânicos rápidos e repetitivos. Os corpúsculos de Paccini são mais sensíveis a vibrações em torno de 200 Hz ou 300 Hz, ao passo que os de Meisser respondem melhor a 50 Hz. Ambos são importantes para a percepção de texturas.

c) *Corpúsculos de Ruffini* (**Figura 9.1D**) – ocorrem nas papilas dérmicas, tanto da pele espessa das mãos e dos pés (pele glabra), como na pele pilosa do restante do corpo. São receptores de tato e pressão.

d) *Fusos neuromusculares* (**Figura 9.2**) – são pequenas estruturas em forma de fuso, situadas nos ventres dos músculos estriados esqueléticos, dispondo-se paralelamente às fibras desses músculos (*fibras extrafusais*). Cada fuso é constituído de uma cápsula conjuntiva, que envolve de duas a dez pequenas fibras estriadas, denominadas *fibras intrafusais*. Cada uma dessas fibras contém uma *região equatorial*, não contrátil, e duas *regiões polares* dotadas de miofibrilas, portanto contráteis. O fuso neuromuscular recebe fibras nervosas sensitivas que se enrolam em torno da região equatorial das fibras intrafusais, constituindo as *terminações anuloespirais*. As fibras intrafusais estão ligadas à cápsula do fuso que, por sua vez, se liga direta ou indiretamente ao tendão do músculo. Isso significa que a tensão e o comprimento das fibras intrafusais aumentam quando o músculo é tracionado, por exemplo, por ação da gravidade, e diminuem quando o músculo se contrai. O estiramento e alongamento das fibras intrafusais causam deformações mecânicas das terminações anuloespirais que são ativadas. Originam-se, assim, impulsos nervosos que penetram na medula através de fibras aferentes e terminam fazendo sinapse diretamente com os grandes neurônios motores, situados na coluna anterior da medula (*motoneurônios alfa*) (**Figura 9.2**). Os axônios desses neurônios trazem os impulsos nervosos de volta ao músculo, terminando em placas motoras situadas nas fibras extrafusais, que se contraem. Esse mecanismo constitui o *reflexo miotático*, ou de estiramento, muito importante para a manutenção reflexa do tônus muscular. Reflexos desse tipo ocorrem continuamente em todos os músculos e são nítidos, sobretudo, nos extensores. O reflexo miotático, ou de estiramento muscular, pode ser desencadeado artificialmente, provocando-se o estiramento de um músculo esquelético por percussão do seu tendão. Isso ocorre, por exemplo, no reflexo patelar (**Figura 9.3**). Quando o neurologista bate o martelo no joelho do paciente, a perna se projeta para frente. O martelo produz estiramento do tendão que estimula receptores no músculo quadríceps, dando origem a impulsos nervosos que seguem pelo neurônio sensitivo. O prolongamento central desses neurônios penetra na medula e termina fazendo sinapse com os neurônios motores situados no corno anterior. O impulso sai pelo axônio desses neurônios e retorna ao músculo quadríceps fazendo a perna se projetar para frente. Os reflexos mais pesquisados no exame neurológico, além do patelar, são: o do tríceps sural; o do adutor; o do bíceps braquial; o do tríceps braquial; o do braquiorradial; e o masseteriano. Os fusos neuromusculares têm também uma inervação motora, representada pelas chamadas *fibras eferentes gama*, que se originam em pequenos neurônios motores, situados na coluna anterior da medula (*motoneurônios gama*). As fibras gama inervam as duas regiões polares das fibras intrafusais e causam sua contração, o que aumenta a tensão da região equatorial, onde se enrolam as terminações anuloespirais. O fuso torna-se, assim, mais sensível ao estiramento causado pela contração do músculo. Por esse mecanismo, o SNC pode regular a sensibilidade dos fusos neuromusculares, o que é importante para a regulação do tônus muscular. Contudo, se não houvesse um mecanismo ativo de contração das fibras intrafusais, elas perderiam a sua tensão e o fuso seria desativado logo no início da contração do músculo. Assim, a ativação dos motoneurônios gama permite que os fusos neuromusculares continuem a enviar informações ao SNC durante todo o processo de contração do músculo. Nas lesões do neurônio motor superior, há hiperatividade dos neurônios gama, o que causa hipertonia e espasticidade (Capítulo 30, item 6).

e) *Órgãos neurotendinosos* – são receptores encontrados na junção dos músculos estriados com o seu tendão. Consistem em fascículos tendinosos, em torno dos quais se enrolam as fibras nervosas aferentes, sendo o conjunto envolvido por uma cápsula conjuntiva. São ativados pelo estiramento do tendão, o que ocorre tanto quando há tração passiva do músculo, por exemplo, por ação da gravidade, como nos casos em que o músculo se contrai. Nisso, eles diferem dos fusos neuromusculares, que tendem a ser desativados durante a contração muscular. Outra diferença é que os órgãos neurotendinosos são desprovidos de inervação gama. Os órgãos neurotendinosos informam o SNC da tensão exercida pelos músculos em suas inserções tendinosas no osso e permitem, assim, a avaliação da força muscular que está sendo exercida.

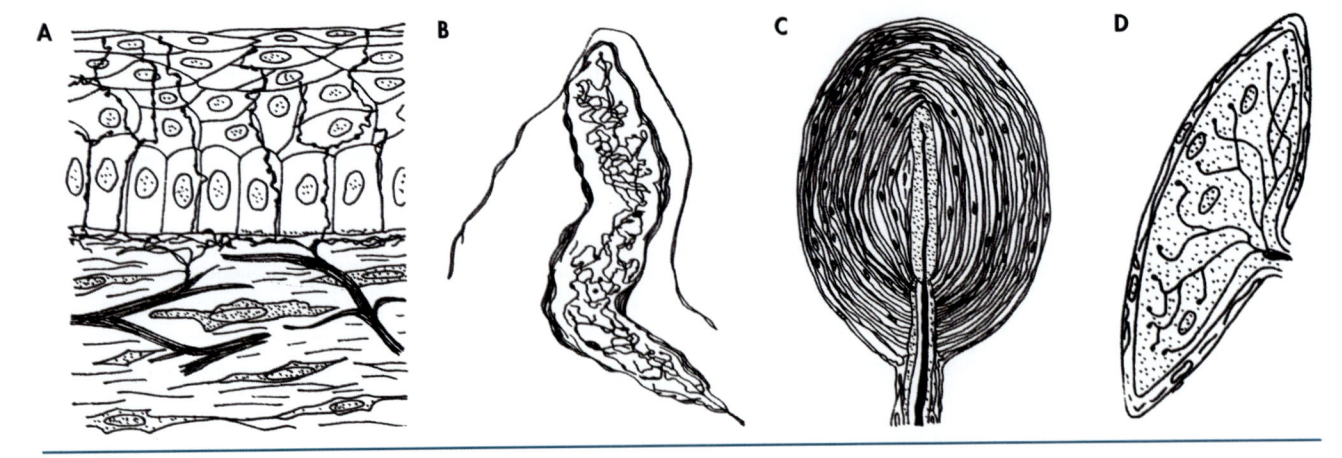

Figura 9.1 Desenhos esquemáticos de alguns receptores livres e encapsulados. **(A)** terminações nervosas livres na pele; **(B)** corpúsculo de Meissner; **(C)** corpúsculo de Vater-Paccini; **(D)** corpúsculo de Ruffini.

3. Terminações nervosas motoras

As terminações nervosas motoras, ou *junções neuroefetuadoras*, são menos variadas do que as sensitivas. Do ponto de vista funcional, elas se assemelham às sinapses entre os neurônios e, na realidade, o termo *sinapse*, no sentido mais amplo, também se lhes aplica. As terminações nervosas motoras podem ser *somáticas* ou *viscerais*. As primeiras terminam nos músculos estriados esqueléticos, as segundas nas glândulas, músculo liso ou músculo cardíaco, pertencendo, pois, ao sistema nervoso autônomo.

3.1 Terminações eferentes somáticas

As fibras nervosas eferentes somáticas relacionam-se com as fibras musculares estriadas esqueléticas por meio de estruturas especializadas, denominadas *placas motoras* (**Figura 9.4**). Ao aproximar-se da fibra muscular, a fibra nervosa perde a sua bainha de mielina, conservando, entretanto, o neurilema (**Figura 3.1**). Na placa motora, a terminação axônica emite finos ramos contendo pequenas dilatações, os *botões sinápticos* (**Figura 3.1**), de onde é liberado o neurotransmissor.

A ultraestrutura da placa motora, no nível de um desses botões, é bastante semelhante à da sinapse interneuronal descrita no Capítulo 3 (item 1.7.2.2). O elemento pré-sináptico, formado pela terminação axônica, apresenta-se rico em vesículas sinápticas agranulares, que se acumulam próximo a *barras densas*, constituindo zonas ativas, onde é liberado o neurotransmissor, a acetilcolina (**Figura 9.5**). O elemento pós-sináptico é constituído pelo sarcolema da fibra muscular, que mantém a sua membrana basal e tem a sua área consideravelmente aumentada pela presença de pregueamento característico (as *pregas funcionais*). As cristas dessas pregas apresentam *densidades pós-sinápticas*. O neurotransmissor acetilcolina, liberado na *fenda sináptica*, causa despolarização do sarcolema, o que desencadeia a contração da fibra muscular. O excesso de acetilcolina liberado é inativado pela acetilcolinesterase, presente em grande quantidade na placa.

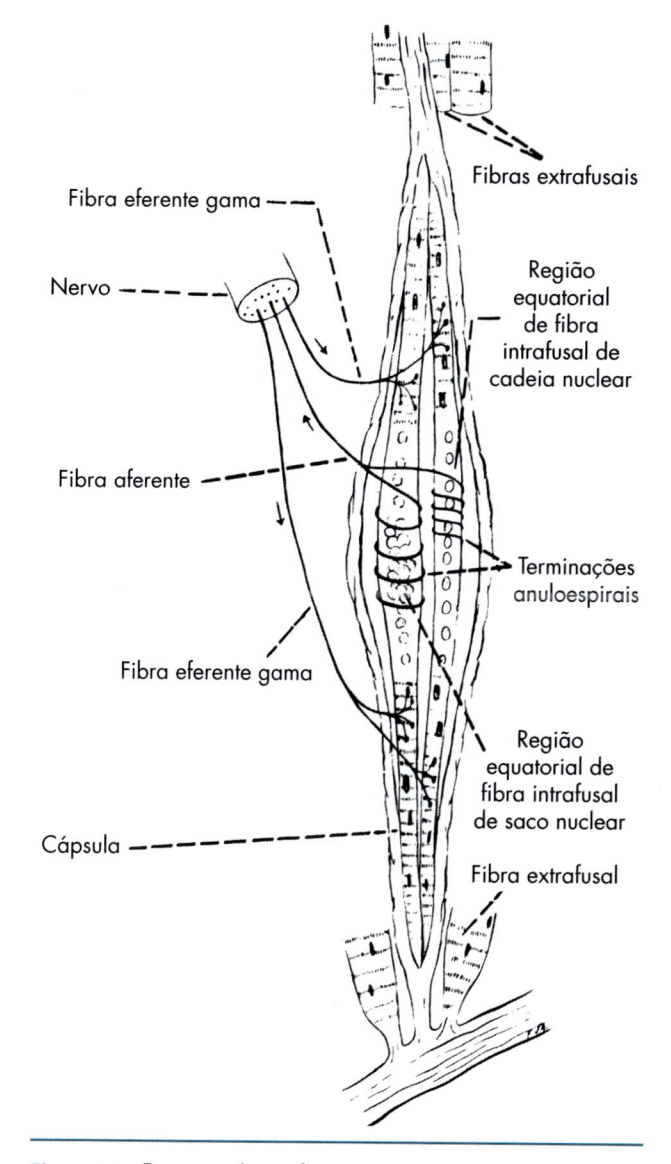

Figura 9.2 Esquema de um fuso neuromuscular.

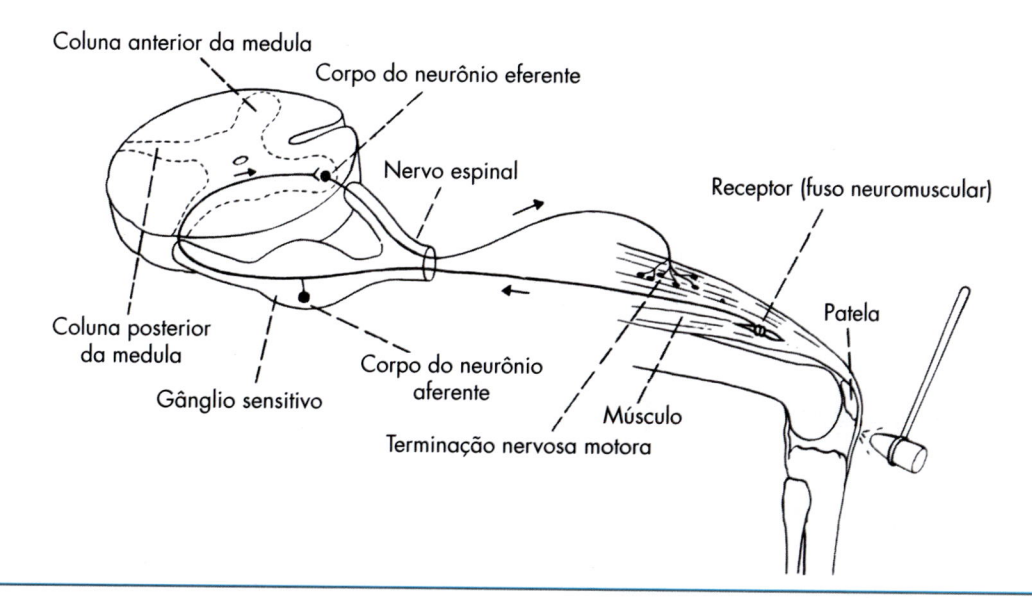

Figura 9.3 Esquema de um arco reflexo simples no homem: reflexo patelar

3.1.1 Correlações anatomoclínicas

3.1.1.1 Miastenia gravis

É uma doença da transmissão neuromuscular pré-sináptica, sináptica ou pós-sináptica, podendo ser também congênita ou adquirida. Em alguns casos, a causa não é identificável. As miastenias congênitas ocorrem por mutações específicas, causando a disfunção da transmissão neuromuscular.

A forma mais comum de miastenia adquirida é a autoimune por anticorpos antirreceptor da acetilcolina. A autoimunidade é dependente de células T, mediada por linfócitos B. O timo está implicado em 80% dos casos. O sintoma inicial mais frequente é a ptose palpebral que pode ser unilateral, com ou sem alteração da motricidade ocular, (**Figura 19.17**). A queixa pode ser de diplopia ou de dificuldade visual inespecífica. Outros músculos podem também ser acometidos, causando fraqueza nos membros, disfagia, disartria, dispneia ou fraqueza facial. Embora a musculatura acometida possa variar, há geralmente a queixa de que fraqueza piora ao longo do dia ou com esforço muscular caracterizando apresentação típica: fraqueza com flutuação e fatigabilidade. Na maioria dos casos, o início é subagudo, com piora progressiva com tendência à estabilização ao longo dos anos. Alguns casos evoluem de forma muito grave, com disfagia e dificuldade respiratória, necessitando de internação em UTI e ventilação mecânica. A crise miastênica pode ocorrer também pelo tratamento inadequado e fatores precipitantes, como infecções e interações medicamentosas.

O tratamento depende da etiologia e inclui medicamentos anticolinesterásicos, corticosteroides, imunossupressores, anticorpos monoclonais, plasmaférese, imunoglobulina intravenosa e timectomia.

O diagnóstico diferencial é estabelecido com doenças do neurônio motor inferior, como síndrome de Guillain-Barré, miopatias, intoxicações com agrotóxicos organofosforados e botulismo.

3.1.1.2 Botulismo e toxina botulínica

O botulismo é causado pela contaminação de alimentos pela neurotoxina produzida pelo *Clostridium botulinum*. A toxina botulínica é absorvida no trato gastrointestinal ou no ferimento e dissemina-se por via hematogênica até as terminações nervosas, mais especificamente para a membrana pré-sináptica da junção neuromuscular, bloqueando a liberação da acetilcolina. Pode acometer também o sistema nervoso autônomo. Consequentemente, haverá falha na transmissão de impulsos nas junções neuromusculatres, resultando em paralisia flácida dos músculos que esses nervos controlam. O dano causado na membrana pré-sináptica pela toxina é permanente. A recuperação depende da formação de novas terminações neuromusculares e, por isso, a recuperação clínica é prolongada, podendo variar de 3 a 12 meses.

Atualmente, a toxina botulina tipo A pode ser utilizada como medicamento, reduzindo a contração muscular nas patologias em que esta é exagerada, como nas distonias, câimbras, torcicolos e nas lesões de neurônio motor superior com espasticidade. É administrada via intramuscular e age localmente no músculo em que é aplicada. O uso estético da toxina botulínica tornou-se muito popular para reduzir ou retardar o surgimento das rugas de expressão relacionada com a idade, por meio da paralisia da musculatura facial de forma controlada.

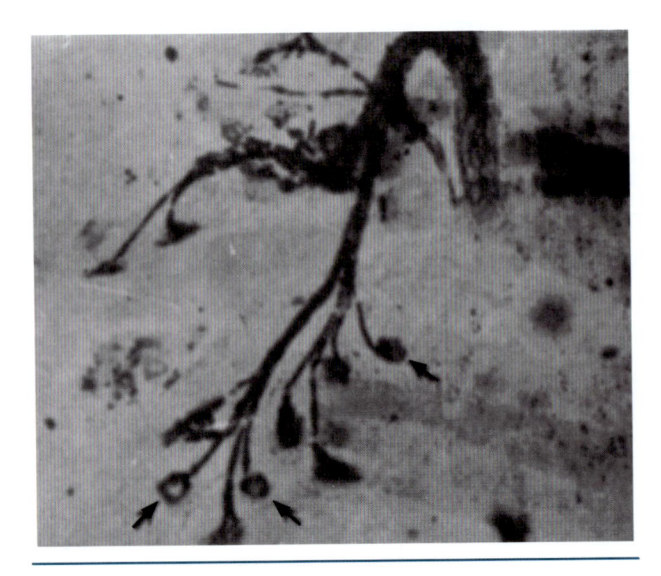

Figura 9.4 Fotomicrografia de placas motoras (setas). Impregnação metálica pelo método de cloreto de ouro de Ranvier.

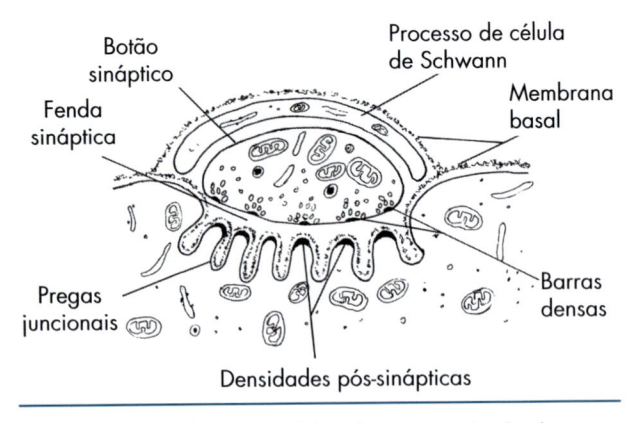

Figura 9.5 Desenho esquemático de uma secção de placa motora passando por um botão sináptico.

3.2 Terminações eferentes viscerais

Nas terminações nervosas viscerais dos mamíferos, o mediador químico pode ser a acetilcolina ou a noradrenalina. Assim, as fibras nervosas eferentes somáticas são colinérgicas, ao passo que as viscerais podem ser colinérgicas ou *adrenérgicas*.

Nas terminações nervosas viscerais (**Figura 23.4**) não existem, como nas somáticas, formações elaboradas, como as placas motoras. Os neurotransmissores são liberados em um trecho bastante longo da parte terminal das fibras (**Figura 3.8**) e não apenas em sua extremidade, podendo a mesma fibra estabelecer contato com grande número de fibras musculares ou células glandulares. As fibras terminais apresentam-se cheias de pequenas dilatações ou *varicosidades* (**Figuras 9.6 e 3.8**), ricas em vesículas contendo neurotransmissores, e constituem as áreas funcionalmente ativas das fibras. A distância percorrida pelo neurotransmissor até o órgão efetuador varia de 20 (musculatura do canal deferente) a 3.000 nm (musculatura intestinal). Em alguns casos, a fibra nervosa relaciona-se muito intimamente com o efetuador (**Figura 23.4**) e, de modo geral, não há modificações na membrana ou citoplasma do efetuador próximo à zona de contato, como ocorre na placa motora ou nas sinapses interneuronais.

Nas terminações nervosas eferentes viscerais, existem dois tipos de vesículas sinápticas: granulares e agranulares (**Figuras 3.8, 9.6, 9.7 e 11.3**). As vesículas agranulares armazenam acetilcolina e assemelham-se às vesículas sinápticas das terminações somáticas. Já as vesículas granulares contêm noradrenalina. Em condições fisiológicas, o impulso nervoso dos terminais adrenérgicos causa liberação de noradrenalina, que agirá sobre o efetuador. O excesso de noradrenalina liberado é captado novamente pela fibra nervosa e armazenado nas vesículas granulares. Quando a inervação adrenérgica de um órgão é destruída (como nas simpatectomias), ele se torna muito mais sensível à ação da noradrenalina injetada. Nesse caso, como o mecanismo de captação e inativação dessa amina foi destruído, ela permanece muito tempo em contato com os efetuadores.

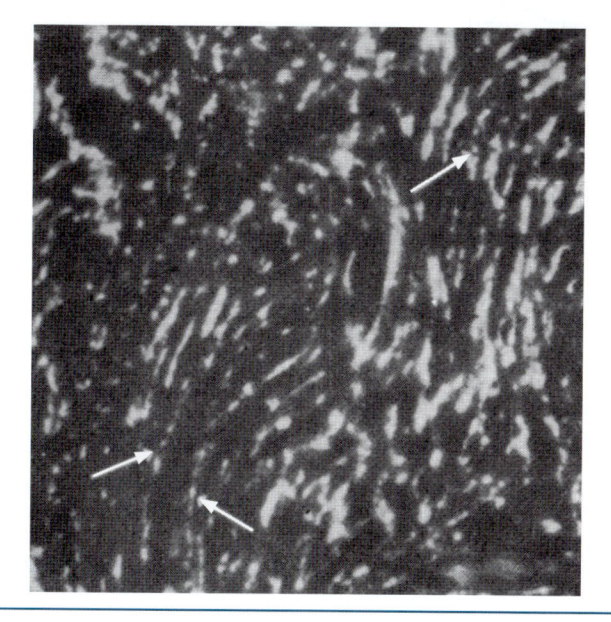

Figura 9.6 Fotomicrografia de fibras nervosas adrenérgicas do canal deferente, tornadas fluorescentes, em virtude do seu conteúdo em noradrenalina. O espaço escuro entre as fibras é ocupado por fibras musculares lisas. As setas indicam terminações adrenérgicas com varicosidades (método de Falck para histoquímica de monoaminas).

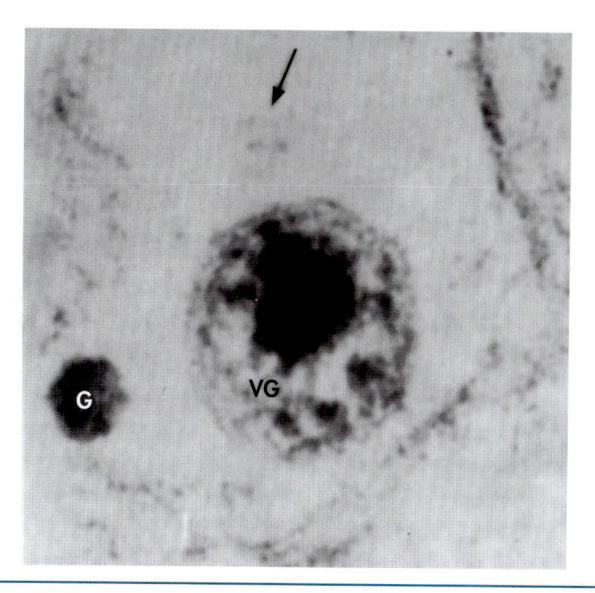

Figura 9.7 Eletromicrografia de um axônio seccionado transversalmente e aumentado 320 mil vezes. Nota-se uma vesícula granular (**VG**), um microtúbulo (seta) e uma partícula de glicogênio (**G**). A vesícula é envolvida por uma membrana unitária e contém um grânulo denso.
Fonte: Reproduzida de Machado. *Stain technology*. 1967;42:293-3000.

C – Nervos espinais

1. Generalidades

Nervos espinais são aqueles que fazem conexão com a medula espinal e são responsáveis pela inervação do tronco, dos membros e de partes da cabeça. São em número de 31 pares, que correspondem aos 31 segmentos medulares existentes. São, pois, oito pares de nervos cervicais, 12 torácicos, cinco lombares, cinco sacrais, um coccígeo. Cada nervo espinal é formado pela união das raízes dorsal e ventral, as quais se ligam, respectivamente, aos sulcos lateral posterior e lateral anterior da medula, através de filamentos radiculares (**Figura 9.8**). Na raiz dorsal, localiza-se o *gânglio espinal,* onde estão os corpos dos neurônios sensitivos pseudounipolares, cujos prolongamentos central e periférico formam a raiz. A raiz ventral é formada por axônios, que se originam em neurônios situados nas colunas anterior e lateral da medula. Da união da raiz dorsal, sensitiva, com a raiz ventral, motora, forma-se o *tronco do nervo espinal,* que funcionalmente é misto.

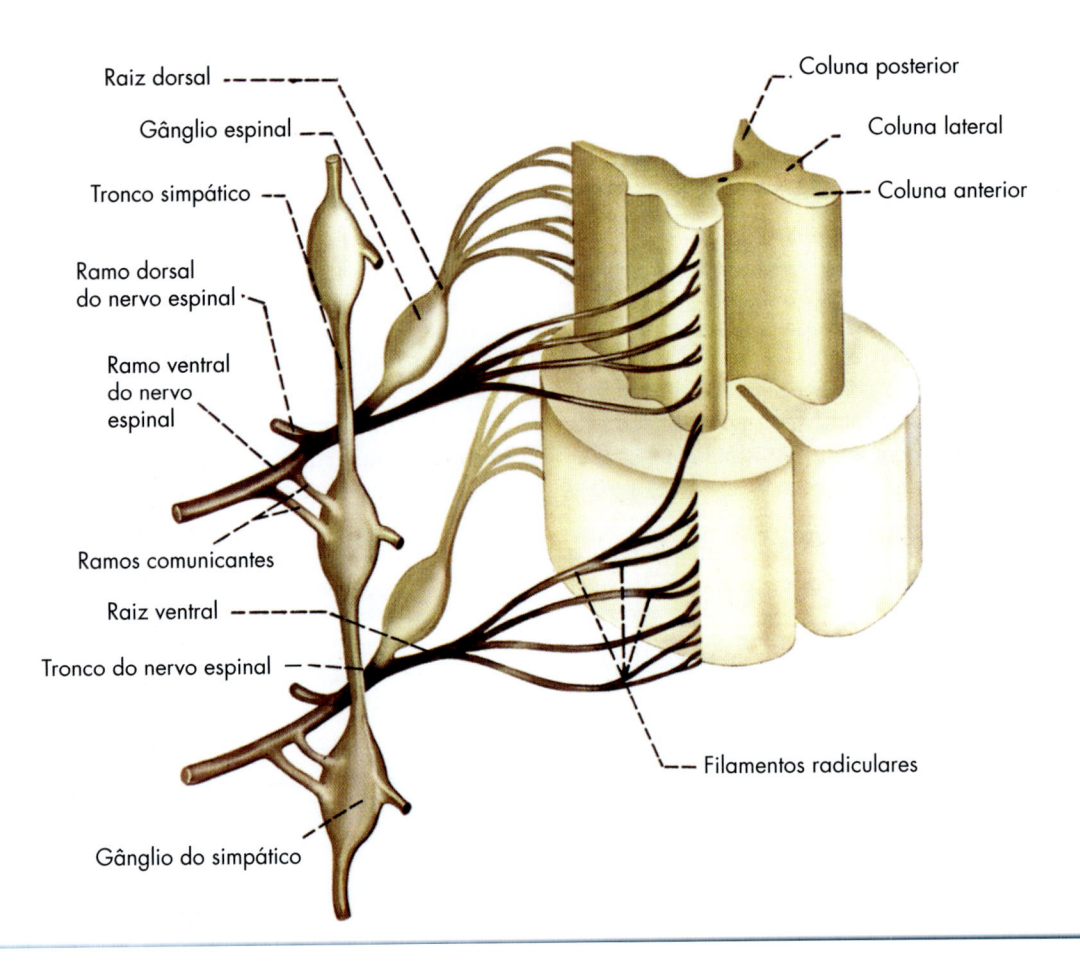

Figura 9.8 Esquema da formação dos nervos espinais mostrando também o tronco simpático.

2. Componentes funcionais das fibras dos nervos espinais

A classificação funcional das fibras que constituem os nervos está intimamente relacionada à classificação das terminações nervosas, estudadas neste capítulo. Fibras que se ligam perifericamente a terminações nervosas aferentes conduzem os impulsos centripetamente e são *aferentes*. As que se originam em interoceptores são viscerais, as que se originam em proprioceptores ou exteroceptores são somáticas. As fibras originadas em exteroceptores, ou *fibras exteroceptivas*, conduzem impulsos originados na superfície, relacionados com temperatura, dor, pressão e tato. Como foi visto na Parte B, item 2.2, as *fibras proprioceptivas* podem ser *conscientes* ou *inconscientes*. Fibras que se ligam perifericamente a terminações nervosas eferentes conduzem os impulsos nervosos de forma centrífuga e são, por conseguinte, *eferentes*, podendo ser somáticas ou viscerais. As fibras eferentes somáticas dos nervos espinais terminam em músculos estriados esqueléticos; as viscerais, em músculos lisos, cardíaco ou glândula, integrando, como será visto mais adiante, o sistema nervoso autônomo.

A chave a seguir sintetiza o que foi exposto sobre os componentes funcionais das fibras dos nervos espinais.

Convém acentuar que essa classificação é válida apenas para os nervos espinais, já que os nervos cranianos são mais complicados e apresentam os componentes "especiais" que serão estudados no capítulo seguinte.

Do que foi visto, verifica-se que, do ponto de vista funcional, os nervos espinais são muito heterogêneos. E em um mesmo nervo, em determinado momento, podem existir fibras situadas lado a lado, conduzindo impulsos nervosos de direções diferentes para estruturas diferentes, enquanto outras fibras podem estar inativas. Isso é possível pelo fato de as fibras nervosas que constituem os nervos serem "isoladas" umas das outras e, portanto, de funcionamento independente.

3. Trajeto dos nervos espinais

O tronco do nervo espinal sai do canal vertebral pelo forame intervertebral e logo se divide em um *ramo dorsal* e um *ramo ventral* (**Figura 9.8**), ambos mistos. Com exceção dos três primeiros nervos cervicais, os ramos dorsais dos nervos espinais são menores do que os ventrais correspondentes. Eles se distribuem aos músculos e à pele da região dorsal do tronco, da nuca e da região occipital. Os ramos ventrais representam, praticamente, a continuação do tronco do nervo espinal. Eles se distribuem pela musculatura, pele, ossos e vasos dos membros, bem como pela região anterolateral do pescoço e do tronco. Os ramos ventrais dos nervos espinais torácicos (*nervos intercostais*) têm trajeto

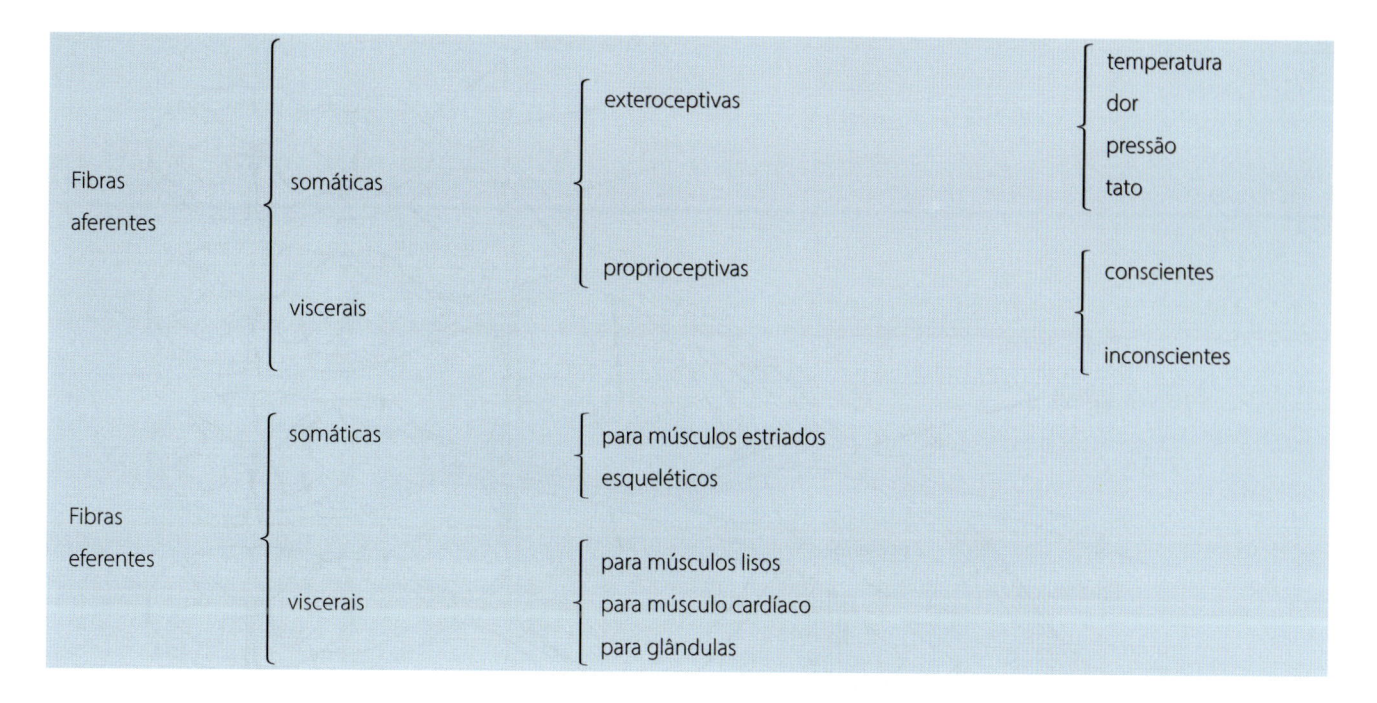

```
Fibras          ┌ somáticas ┌ exteroceptivas ┌ temperatura
aferente        │           │                │ dor
                │           │                │ pressão
                │           │                └ tato
                │           │
                │           └ proprioceptivas ┌ conscientes
                │                             └ inconscientes
                └ viscerais

Fibras          ┌ somáticas ┌ para músculos estriados
eferentes       │           └ esqueléticos
                │
                └ viscerais ┌ para músculos lisos
                            ├ para músculo cardíaco
                            └ para glândulas
```

aproximadamente paralelo, seguindo cada um de forma individual em seu espaço intercostal. Guardam, pois, no adulto, a disposição metamérica, observada em todos os nervos no início do desenvolvimento. Entretanto, o mesmo não acontece com os ramos ventrais dos outros nervos, que se anastomosam, entrecruzam-se e trocam fibras, resultando na formação de plexos. Desse modo, os nervos originados dos plexos *são plurissegmentares,* ou seja, contêm fibras originadas em mais de um segmento medular. Já os nervos intercostais são *unissegmentares,* isto é, suas fibras se originam de um só segmento medular. O estudo da formação dos plexos, bem como de seus ramos e músculos inervados é muito importante na prática médica e deverá ser feito no estudo da anatomia geral. Como exemplo, apresentamos um esquema do plexo braquial (**Figura 9.9**), no qual se representou a composição radicular do nervo mediano, visando objetivar o conceito de nervo plurissegmentar, em contraste com o de nervo unissegmentar, representado na Figura pelo 2º nervo intercostal.

De modo geral, os nervos alcançam o seu destino pelo caminho mais curto. Entretanto, há exceções explicadas por fatores embriológicos. Uma delas é o nervo laríngeo recorrente, que contorna a artéria subclávia, à direita, ou o arco aórtico, à esquerda, antes de atingir o seu destino nos músculos da laringe.

O trajeto de um nervo pode ser superficial ou profundo. Os primeiros são predominantemente sensitivos e os segundos, predominantemente motores. Entretanto, mesmo quando penetra em um músculo, o nervo não é puramente motor, uma vez que apresenta sempre fibras aferentes que veiculam impulsos proprioceptivos originados nos fusos neuromusculares. Do mesmo modo, os nervos cutâneos não são puramente sensitivos, pois apresentam fibras eferentes viscerais (do sistema autônomo) para as glândulas sudoríparas, músculos eretores dos pelos e vasos superficiais.

4. Territórios cutâneos de inervação radicular – dermátomo

Denomina-se *dermátomo* o território cutâneo inervado por fibras de uma única raiz dorsal. O dermátomo recebe o nome da raiz que o inerva. São sete dermátomos cervicais, C2 a C8 (não há dermátomo correspondente à raiz C1 que é essencialmente motora), 12 torácicos, cinco lombares, cinco sacrais e um coccígeo. O estudo da topografia dos dermátomos é muito importante para a localização de lesões radiculares ou medulares e, para isso, existem mapas onde são representados nas diversas partes do corpo (**Figuras 9.10, 9.11** e **9.12**).

Ao ter uma raiz seccionada, o dermátomo correspondente não perde completamente a sensibilidade, visto que raízes dorsais adjacentes inervam áreas sobrepostas. Para a perda completa da sensibilidade em todo um dermátomo, seria necessária a secção de três raízes. Porém, no caso do herpes-zóster, doença conhecida vulgarmente como *cobreiro*, o vírus acomete especificamente as raízes dorsais, causando o surgimento de dores e pequenas vesículas em uma área cutânea que corresponde a todo o dermátomo da raiz envolvida.

No embrião, os dermátomos se sucedem na mesma sequência das raízes espinais, em faixas aproximadamente paralelas, disposição esta que, após o nascimento, se mantém apenas no tronco. Nos membros, em virtude do grande crescimento dos brotos apendiculares durante o desenvolvimento, a disposição dos dermátomos se torna irregular, havendo aposição de dermátomos situados em segmentos distantes, como C5 e T1, na parte proximal do braço (**Figura 9.9**). A **Figura 9.12** mostra o limite entre os dermátomos cervicais, torácicos, lombares e sacrais em posição quadrúpede.

As fibras radiculares podem chegar aos dermátomos através de nervos unissegmentares, como os intercostais, ou plurissegmentares, como o mediano, o ulnar etc. No primeiro

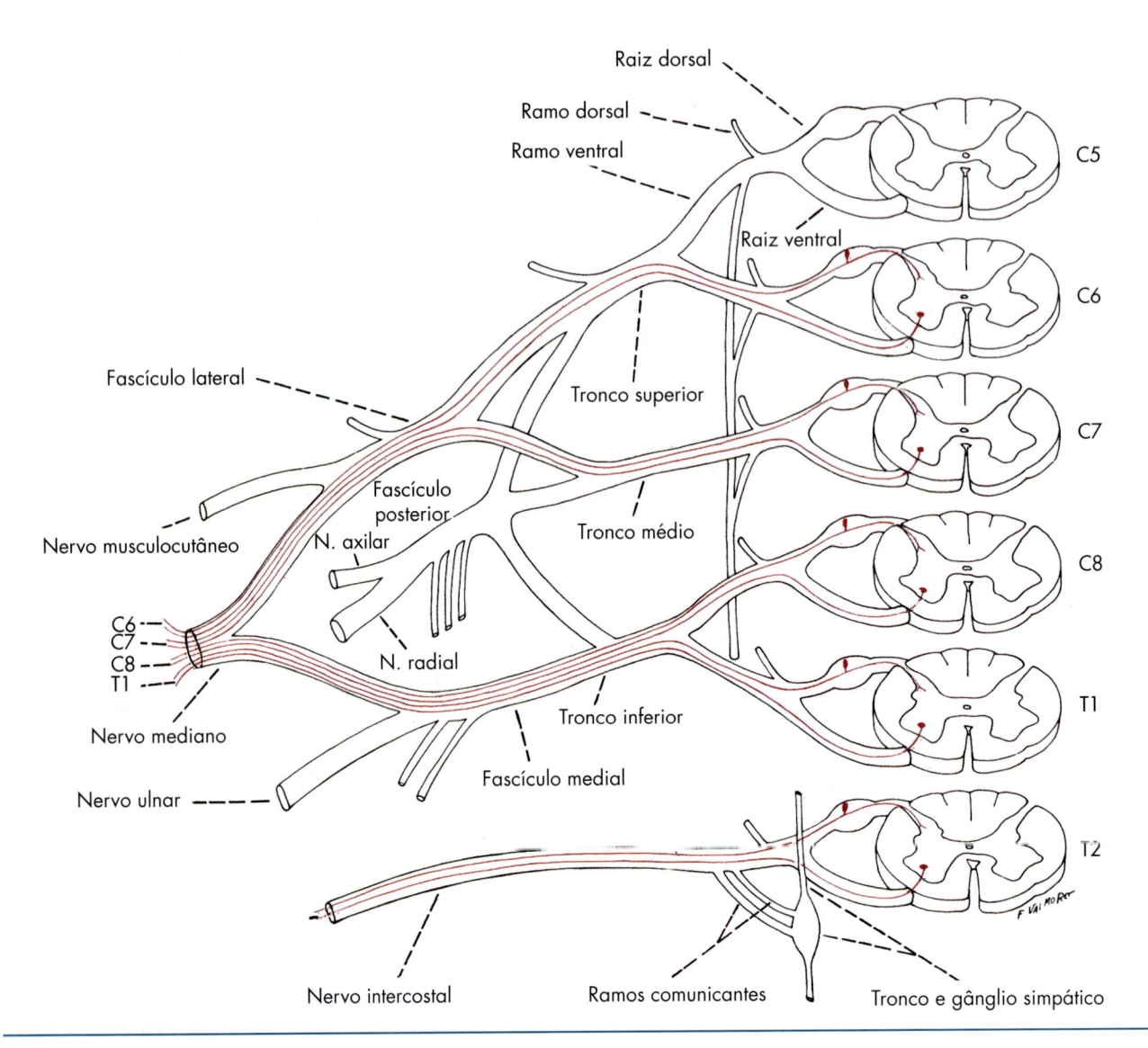

Figura 9.9 Esquema da formação do plexo braquial indicando a composição radicular do nervo mediano (exemplo de nervo plurissegmentar) e do 2º nervo intercostal (exemplo de nervo unissegmentar).

caso, a cada nervo corresponde um dermátomo que se localiza em seu território de distribuição cutânea. No segundo, o nervo contribui com fibras para vários dermátomos, pois recebe fibras sensitivas de várias raízes. Assim, o nervo mediano tem fibras sensitivas que contribuem para os dermátomos C6, C7 e C8 (**Figura 9.9**). As **Figuras 9.10** e **9.11** mostram os mapas dos territórios cutâneos de distribuição dos nervos periféricos e dos dermátomos. Mapas como esse permitem, diante de um quadro de perda de sensibilidade cutânea, determinar se a lesão foi em um nervo periférico, na medula ou nas raízes espinais.

5. Relação entre as raízes ventrais e os territórios de inervação motora

Denomina-se *campo radicular motor* o território inervado por uma única raiz ventral. Há quadros sinópticos indicando o território, vale dizer, os músculos inervados por cada uma das raízes que contribuem para a inervação de cada músculo, ou seja, a composição radicular de cada músculo. Quanto a isso, os músculos podem ser unirradiculares e plurirradiculares, conforme recebam inervação de uma ou mais raízes. Os músculos intercostais são exemplos de músculos unirradiculares. A maioria dos músculos, entretanto, é plurirradicular, não sendo possível separar as partes inervadas pelas diversas raízes. Contudo, no músculo reto do abdome, a parte inervada por uma raiz é separada das inervadas pelas raízes situadas abaixo ou acima por pequenas aponeuroses.

6. Unidade motora e unidade sensitiva

Denomina-se *unidade motora* o conjunto constituído por um neurônio motor com o seu axônio e todas as fibras musculares por ele inervadas. O termo aplica-se apenas aos neurônios motores somáticos, ou seja, à inervação dos músculos estriados esqueléticos. As unidades motoras são as menores unidades funcionais do sistema motor. Por ação do impulso nervoso, todas as fibras musculares da unidade motora se contraem aproximadamente ao mesmo tempo.

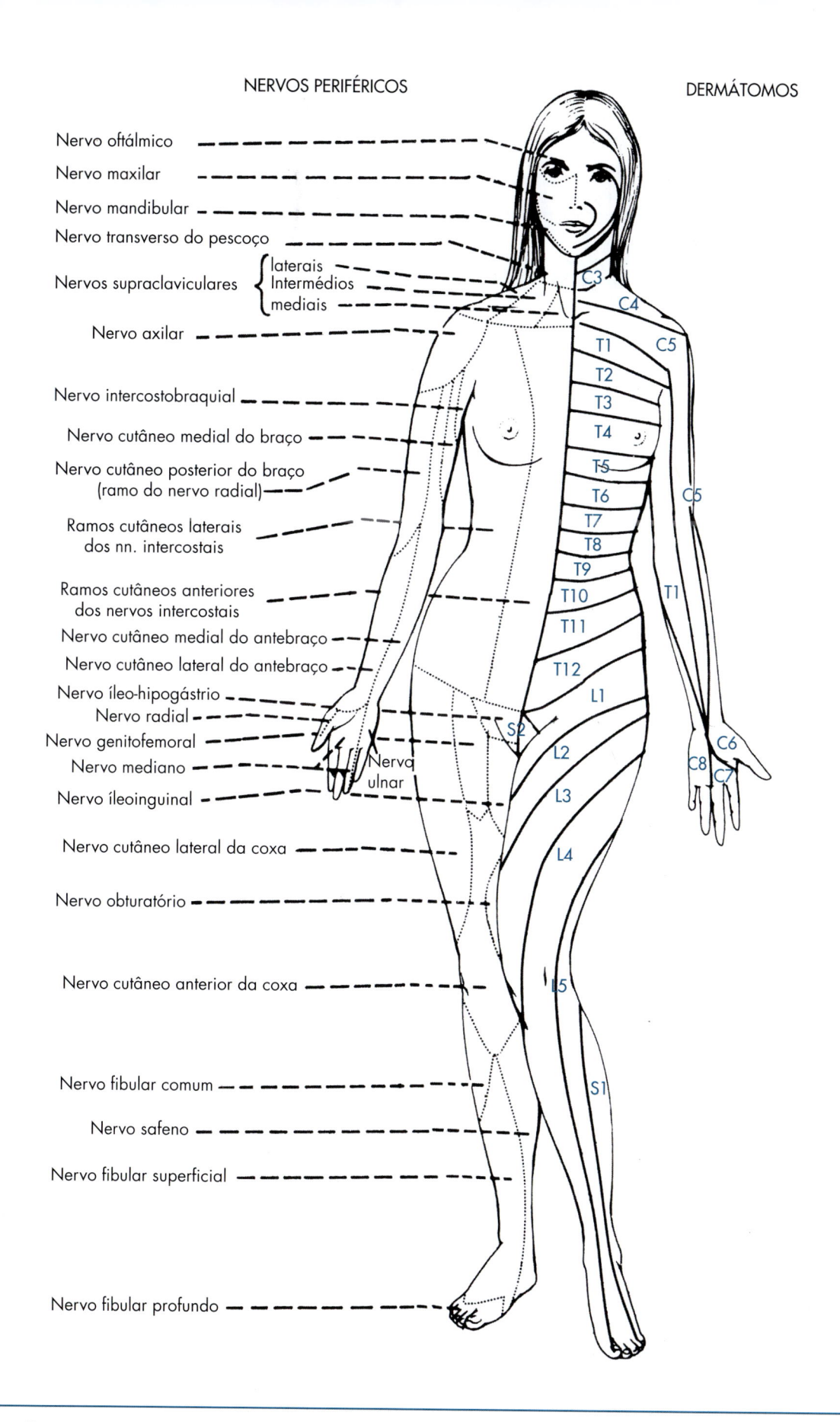

Figura 9.10 Comparação entre os dermátomos e os territórios de inervação dos nervos cutâneos na superfície ventral.
Fonte: Reproduzida, com permissão, de Curtis, Jacobson and Marcus. *An introduction to neurosciences.* Philadelphia: W. B. Saunders Co., 1972.

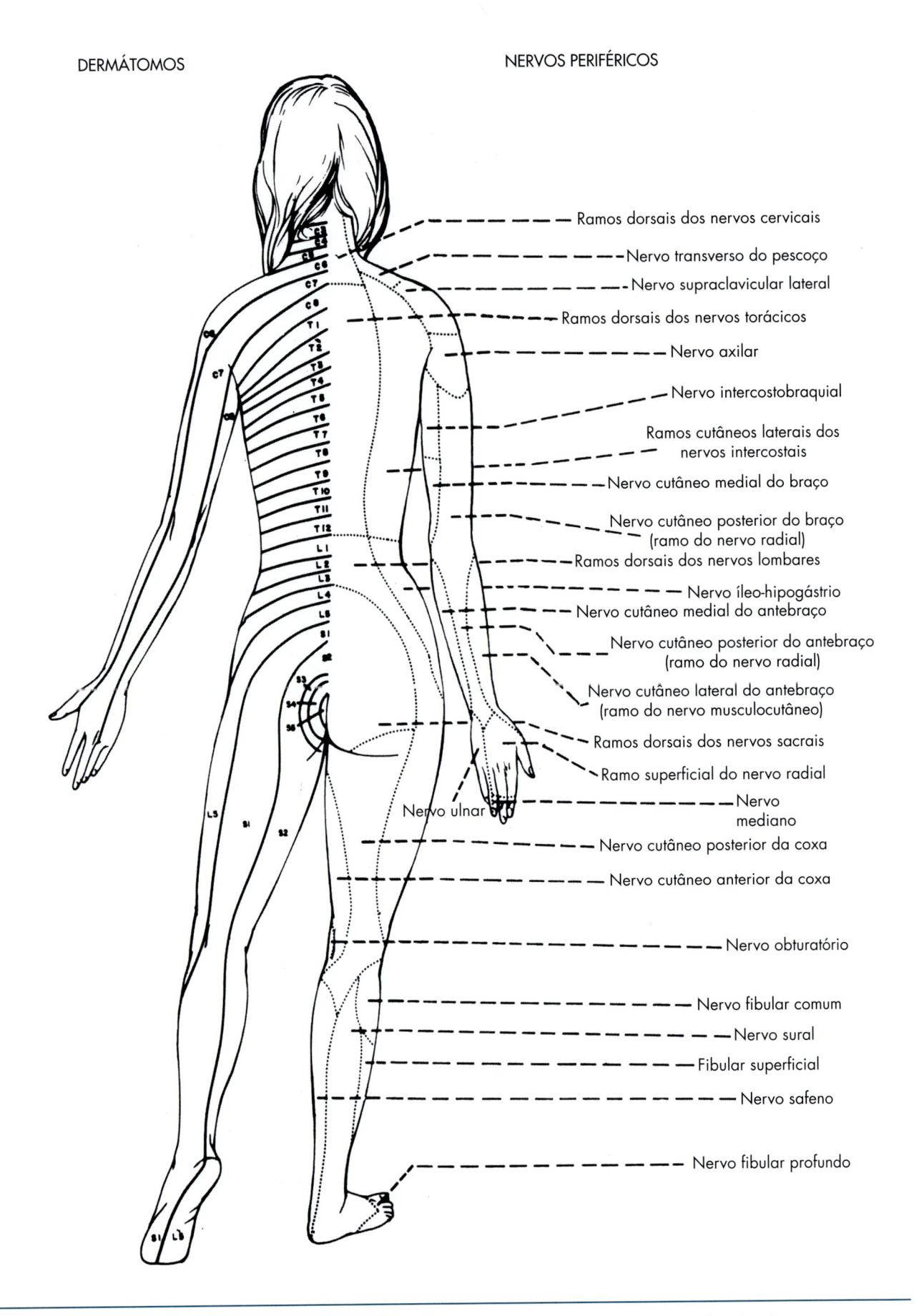

Figura 9.11 Comparação entre os dermátomos e os territórios de inervação dos nervos cutâneos na superfície dorsal.
Fonte: Reproduzida, com permissão, de Curtis, Jacobson and Marcus. *An introduction to neurosciences*. Philadelphia: W. B. Saunders Co., 1972.

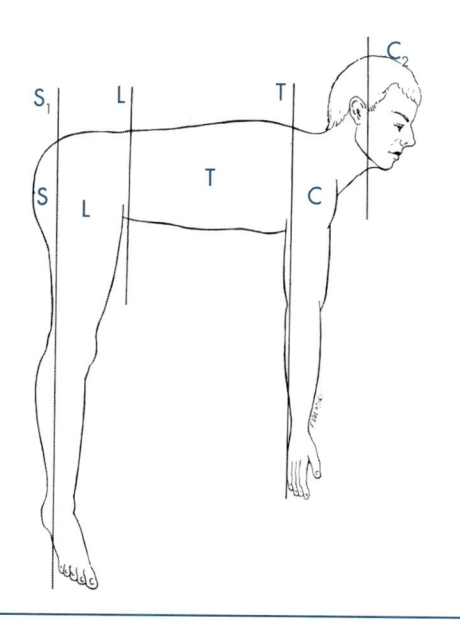

Figura 9.12 Esquema mostrando os limites dos dermátomos cervicais (**C**), torácicos (**T**), lombares (**L**) e sacrais (**S**) em um indivíduo em posição quadrúpede.

Quando, no início de uma "queda de braço", aumentamos progressivamente a força, fazemos agir um número cada vez maior de unidades motoras do bíceps. Entretanto, o aumento da força se deve também ao aumento da frequência com que os neurônios motores enviam impulsos às fibras musculares que eles inervam. A proporção entre fibras nervosas e musculares nas unidades motoras não é a mesma em todos os músculos. Músculos de força, como o bíceps, o tríceps ou o gastrocnêmio, têm grande número de fibras musculares para cada fibra nervosa (até 1.700 no gastrocnêmio). Já nos músculos que realizam movimentos delicados, como na mão, os interósseos e os lumbricais, esse número é muito menor (96 por axônio, no primeiro lumbrical da mão).

Por homologia com unidade motora, conceitua-se também *unidade sensitiva,* que é o conjunto de um neurônio sensitivo com todas as suas ramificações e os seus receptores. Os receptores de uma unidade sensitiva são todos de um só tipo, mas, como há grande superposição de unidades sensitivas na pele, diversas formas de sensibilidade podem ser percebidas em uma mesma área cutânea.

7. Correlações anatomoclínicas

7.1 Paralisia obstétrica do plexo braquial

É uma complicação associada a partos laboriosos, em que há necessidade de tração cervical ou braquial, causando estiramento excessivo e lesão do plexo braquial (**Figura 9.9**). Como consequência, haverá paresia ou paralisia dos músculos inervados pelas raízes C3 a T1. A lesão é variável, desde reversível (neuropraxia) à ruptura total e irreversível (neurotmese). Nesse caso, há possibilidade de cirurgia de reconexão e regeneração do nervo. A paralisia flácida pode ser observada logo após o nascimento e ser completa ou parcial. Nas paralisias altas ou de Erb, há acometimento de C5 a C7, afetando a musculatura proximal do membro superior, ombro, flexão do cotovelo e supinação do antebraço. Nas lesões baixas, C8 e T1 ou paralisia de Klumpke, há comprometimento da musculatura do tríceps, pronadores do antebraço, flexores do punho e paralisia da mão.

7.2 Eletroneuromiografia

A eletroneuromiografia é um método de diagnóstico neurofisiológico para diagnóstico diferencial das afecções que acometem as unidades motoras, permitindo distinguir aquelas que afetam o músculo (miopatias) e junção neuromuscular daquelas que afetam nervos (neuropatias), raízes ou do neurônio motor inferior. Auxilia o diagnóstico de doenças, como esclerose lateral amiotrófica, neuropatias e polineuropatias genéticas, inflamatória ou diabética, hérnias de disco, doenças do corno anterior da medula, alterações motoras ou de sensibilidade provocadas por traumas ou compressões de nervos periféricos, miopatias e distrofias musculares, paralisias faciais, por exemplo, auxiliando o médico a confirmar o diagnóstico, planejar o melhor tratamento e avaliar a evolução. Em caso de lesão de um nervo seguida de neurorrafia, pode-se, por meio de sucessivos exames eletromiográficos, acompanhar a evolução do processo de reinervação de um músculo, verificando-se o aumento do número de unidades motoras que reaparecem. É composto de duas partes:

1. Eletroneurografia ou neurocondução: sensores são posicionados sobre a pele para avaliar trajetos de nervos e, em seguida, pequenos estímulos elétricos são feitos para produzir atividades nesses nervos e músculos, que são captadas pelo aparelho. É importante para verificar interrupções da condução nervosa, como na síndrome de Guillain-Barré (Capítulo 3, item 5.2.2).
2. Eletromiografia: um eletrodo em forma de agulha é inserido na pele até alcançar o músculo, para avaliar diretamente sua atividade. Avalia a atividade espontânea em repouso e durante a contração voluntária. Desse modo, pode-se registrar, em diversas situações fisiológicas, as características dos potenciais elétricos que resultam da atividade das unidades motoras do músculo em estudo. O método permite avaliar o número de unidades motoras sob controle voluntário existentes no músculo, bem como o tamanho dessas unidades, visto que a amplitude do potencial gerado em cada unidade é proporcional ao número de fibras musculares que ela contém.

capítulo 10

Nervos Cranianos

1. Generalidades

Nervos cranianos são os que fazem conexão com o encéfalo. A maioria deles liga-se ao tronco encefálico, excetuando-se apenas os nervos olfatório e óptico, que se ligam, respectivamente, ao telencéfalo e ao diencéfalo. Os nomes dos nervos cranianos, numerados em sequência craniocaudal, aparecem na **Tabela 10.1**, que contém também as origens aparentes, no encéfalo e no crânio, dos 12 pares cranianos. Existe o par zero ou nervo terminal, situado próximo ao olfatório, pouco desenvolvido no homem e que em muitos vertebrados é sensível a feromônios sexuais. Os nervos III, IV e VI inervam os músculos do olho.

O V par, nervo trigêmeo, é assim denominado em virtude de seus três ramos: nervos *oftálmico*; *maxilar*; e *mandibular*. O VII, nervo facial, compreende o nervo facial propriamente dito e o *nervo intermédio*, considerado por alguns a raiz sensitiva e visceral do nervo facial. O VIII par, nervo vestibulococlear, apresenta dois componentes distintos, que são por alguns considerados nervos separados. São eles: as partes vestibular e coclear, relacionadas, respectivamente, com o equilíbrio e a audição. O nervo vago é também chamado *pneumogástrico*. O nervo acessório difere dos demais pares cranianos por ser formado por uma raiz craniana (ou bulbar) e outra espinal (ou cervical). A **Tabela 10.1** mostra, também, que os nervos cranianos são muito mais

Tabela 10.1 Origem aparente dos nervos cranianos.

Par craniano	Origem aparente no encéfalo	Origem aparente no crânio
I	bulbo olfatório	lâmina crivosa do osso etmoide
II	quiasma óptico	canal óptico
III	sulco medial do pedúnculo cerebral	fissura orbital superior
IV	véu medular superior	fissura orbital superior
V	entre a ponte e o pedúnculo cerebelar médio	fissura orbital superior (oftálmico); forame redondo (maxilar) e forame oval (mandibular)
VI	sulco bulbopontino	fissura orbital superior
VII	sulco bulbopontino (lateralmente ao VI)	forame estilomastóideo
VIII	sulco bulbopontino (lateralmente ao VII)	penetra no osso temporal pelo meato acústico interno, mas não sai do crânio
IX	sulco lateral posterior do bulbo	forame jugular
X	sulco lateral posterior (caudalmente ao IX)	forame jugular
XI	sulco lateral posterior do bulbo (raiz craniana) e medula (raiz espinal)	forame jugular
XII	sulco lateral anterior do bulbo, adiante da oliva	canal do hipoglosso

complicados do que os espinais no que se refere às origens aparentes. Enquanto nos nervos espinais, as origens são sempre as mesmas, variando apenas o nível em que a conexão é feita com a medula ou com o esqueleto; nos nervos cranianos, as origens aparentes são diferentes para cada nervo (**Figura 7.8**). As origens reais são ainda mais complicadas e serão estudadas a propósito da estrutura interna do sistema nervoso central (SNC).

2. Componentes funcionais dos nervos cranianos

A chave a seguir mostra a classificação funcional das fibras dos nervos cranianos.

Quando se compara essa chave com a que foi vista a propósito dos nervos espinais, chama atenção a maior complexidade funcional dos nervos cranianos, determinada principalmente pelo surgimento dos *componentes especiais*. A seguir, serão estudados os componentes funcionais aferentes e eferentes.

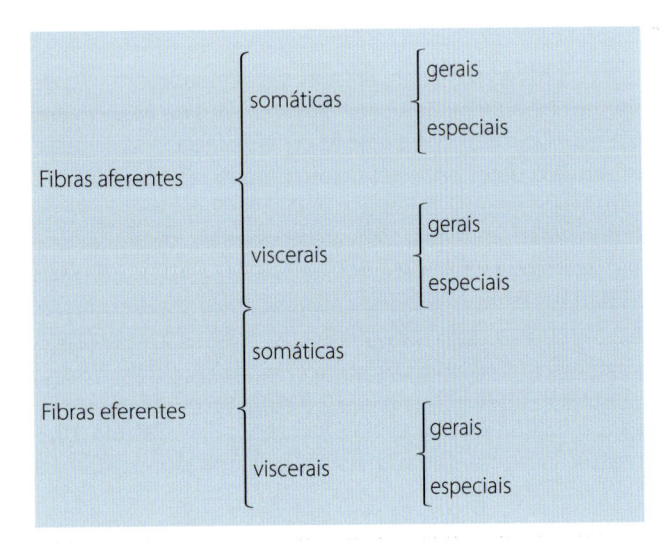

Fibras aferentes
- somáticas
  - gerais
  - especiais
- viscerais
  - gerais
  - especiais

Fibras eferentes
- somáticas
- viscerais
  - gerais
  - especiais

2.1 Componentes aferentes

Na extremidade cefálica dos animais, desenvolveram-se, durante a evolução, órgãos de sentido mais complexos, que são, nos mamíferos, os órgãos da visão, audição, gustação e olfação. Os receptores desses órgãos são denominados "especiais" para distingui-los dos demais receptores, que, por serem encontrados em todo o restante do corpo, são denominados gerais. As fibras nervosas em relação a esses receptores são, pois, classificadas como especiais. Assim, temos:

a) *Fibras aferentes somáticas gerais* – originam-se em exteroceptores e proprioceptores, conduzindo impulsos de temperatura, dor, pressão, tato e propriocepção.
b) *Fibras aferentes somáticas especiais* – originam-se na retina e no ouvido interno, relacionando-se com visão, audição e equilíbrio.
c) *Fibras aferentes viscerais gerais* – originam-se em visceroceptores e conduzem, por exemplo, impulsos relacionados com a dor visceral.
d) *Fibras aferentes viscerais especiais* – originam-se em receptores gustativos e olfatórios, considerados viscerais por estarem localizados em sistemas viscerais, como os sistemas digestivo e respiratório.

2.2 Componentes eferentes

Para que possamos entender a classificação funcional das fibras eferentes dos nervos cranianos, cumpre uma rápida recapitulação da origem embriológica dos músculos estriados esqueléticos. A maioria desses músculos deriva dos miótomos dos somitos e são, por esse motivo, denominados *músculos estriados miotômicos*. Com exceção de pequenos somitos existentes adiante dos olhos (somitos pré-ópticos), não se formam somitos na extremidade cefálica dos embriões. Nessa região, entretanto, o mesoderma é fragmentado pelas fendas branquiais, que delimitam os arcos branquiais. Os músculos estriados derivados desses arcos branquiais são denominados *músculos estriados branquioméricos*. Músculos miotômicos e branquioméricos, embora originados de modo diferente, são semelhantes do ponto de vista estrutural. Entretanto, os arcos branquiais são considerados formações viscerais, e as fibras que inervam os músculos neles originados são consideradas *fibras eferentes viscerais especiais,* para distingui-las das *eferentes viscerais gerais,* relacionadas com a inervação dos músculos lisos, cardíaco e das glândulas. Como será visto no capítulo seguinte, as fibras eferentes viscerais gerais pertencem à divisão parassimpática do sistema nervoso autônomo e terminam em gânglios viscerais, de onde os impulsos são levados às diversas estruturas viscerais. Elas são, pois, fibras pré-ganglionares e promovem a inervação pré-ganglionar dessas estruturas. As fibras que inervam músculos estriados miotômicos são denominadas *fibras eferentes somáticas*. Essa classificação encontra apoio na localização dos núcleos dos nervos cranianos motores, situados no tronco encefálico. Como veremos no Capítulo 17, os núcleos que originam as fibras eferentes viscerais especiais têm posição muito diferente daqueles que originam as fibras eferentes somáticas ou viscerais gerais. A chave a seguir resume o que foi exposto sobre as fibras eferentes dos nervos cranianos.

Fibras eferentes
- somáticas – músculos estriados esqueléticos miotômicos
- viscerais
  - especiais – músculos estriados esqueléticos branquioméricos
  - gerais – músculos lisos, músculo cardíaco, glândulas

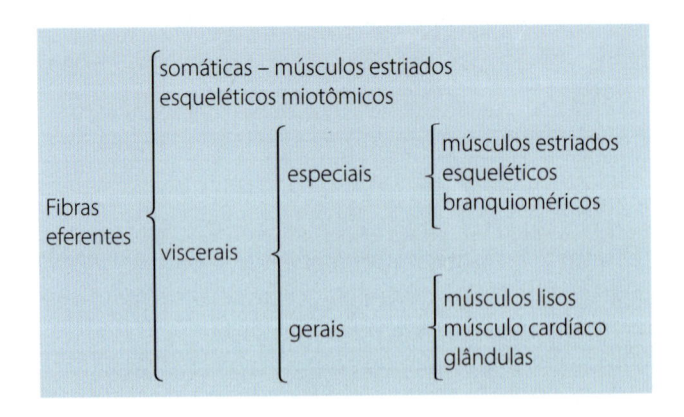

A propósito da inervação da musculatura branquiomérica, é interessante lembrar que, muito cedo no desenvolvimento, cada arco branquial recebe um nervo craniano que inerva a musculatura que aí se forma, como está indicado na **Tabela 10.2**.

Muito interessante é a inervação do músculo digástrico, cujo ventre anterior, derivado do primeiro arco, é inervado pelo trigêmeo, enquanto o ventre posterior, derivado do segundo arco, é inervado pelo facial.

Os músculos esternocleidomastóideo e trapézio são, ao menos em parte, de origem branquiomérica, sendo inervados pela raiz espinal do nervo acessório.

Tabela 10.2 Inervação da musculatura branquiomérica.

Nervo	Musculatura	Arco branquial
V par	musculatura mastigadora; ventre anterior do músculo digástrico	1º
VII par	musculatura mímica; ventre posterior do músculo digástrico e músculo estilo-hióideo	2º
IX par	músculo estilofaríngeo e constritor superior da faringe	3º
X par	músculos constritores médio e inferior da faringe e músculos da laringe	4º e 5º

3. Estudo sumário dos nervos cranianos

O estudo minucioso das ramificações e da distribuição de cada nervo craniano deve ser feito na anatomia geral por meio de dissecações. Vamos nos limitar agora a algumas considerações sumárias sobre os nervos cranianos, com ênfase nos componentes funcionais. As correlações anatomo-clínicas serão estudadas em conjunto no Capítulo 19.

3.1 Nervo olfatório, I par

É representado por numerosos pequenos feixes nervosos que, originando-se na região olfatória de cada fossa nasal, atravessam a lâmina crivosa do osso etmoide e terminam no bulbo olfatório (**Figura 29.6**). É um nervo exclusivamente sensitivo, cujas fibras conduzem informações do epitélio olfatório, sendo classificados como *aferentes viscerais especiais*.

3.2 Nervo óptico, II par

É constituído por um grosso feixe de fibras nervosas que se originam na retina, emergem próximo ao polo posterior de cada bulbo ocular, penetrando no crânio pelo canal óptico. Cada nervo óptico une-se com o do lado oposto, formando o quiasma óptico (**Figura 7.8**), onde há cruzamento parcial de suas fibras, as quais continuam no trato óptico até o corpo geniculado lateral. O nervo óptico é um nervo exclusivamente sensitivo, cujas fibras conduzem informações visuais, classificando-se como *aferentes somáticas especiais*.

3.3 Nervos oculomotor, III par; troclear, IV par; e abducente, VI par

São nervos motores que penetram na órbita pela fissura orbital superior, distribuindo-se aos músculos extrínsecos do bulbo ocular, que são os seguintes: elevador da pálpebra superior; reto superior; reto inferior; reto medial; reto lateral; oblíquo superior; e oblíquo inferior. Todos esses músculos são inervados pelo oculomotor, com exceção do reto lateral e do oblíquo superior, inervados, respectivamente, pelos nervos abducente e troclear (**Figura 10.1**). Admite-se que os músculos extrínsecos do olho derivam dos somitos pré-ópticos, sendo, por conseguinte, de origem miotômica. As fibras nervosas que os inervam são, pois, classificadas como *eferentes somáticas*. Além disso, o nervo oculomotor tem fibras responsáveis pela inervação pré-ganglionar dos músculos intrínsecos do bulbo ocular: o músculo ciliar, que regula a convergência do cristalino; e o músculo esfíncter da pupila. Esses músculos são lisos e as fibras que os inervam classificam-se como *eferentes viscerais gerais* (**Figura 10.1**).

O conhecimento dos sintomas que resultam de lesões dos nervos abducentes e oculomotor, além de ajudar a entender as suas funções, reveste-se de grande importância clínica e esses nervos serão estudados no Capítulo 19.

3.4 Nervo trigêmeo, V par

O nervo trigêmeo é um nervo misto, sendo o componente sensitivo consideravelmente maior. Tem uma *raiz sensitiva* e uma *raiz motora* (**Figura 7.8**). A raiz sensitiva é formada pelos prolongamentos centrais dos neurônios sensitivos, situados no *gânglio trigeminal*, que se localiza na loja do gânglio *trigeminal* (**Figura 8.2**), sobre a parte petrosa do osso temporal. Os prolongamentos periféricos dos neurônios sensitivos do gânglio trigeminal formam, distalmente ao gânglio, os três ramos ou divisões do trigêmeo – *nervo oftálmico*, *nervo maxilar* e *nervo mandibular* –, responsáveis pela sensibilidade somática geral de grande parte da cabeça (**Figura 10.2**), por intermédio de fibras classificadas como *aferentes somáticas gerais*. Essas fibras conduzem impulsos exteroceptivos e proprioceptivos. Os impulsos exteroceptivos (temperatura, dor, pressão e tato) originam-se:

a) da pele da face e da fronte (**Figura 10.2A**);
b) da conjuntiva ocular;
c) da parte ectodérmica da mucosa da cavidade bucal, nariz e seios paranasais (**Figura 10.2B**);
d) dos dentes (**Figura 10.2C**);
e) dos dois terços anteriores da língua (**Figura 10.2B** e **10.3**);
f) da maior parte da dura-máter craniana (**Figura 10.2B**).

Os impulsos proprioceptivos originam-se em receptores localizados nos músculos mastigadores e na articulação temporomandibular.

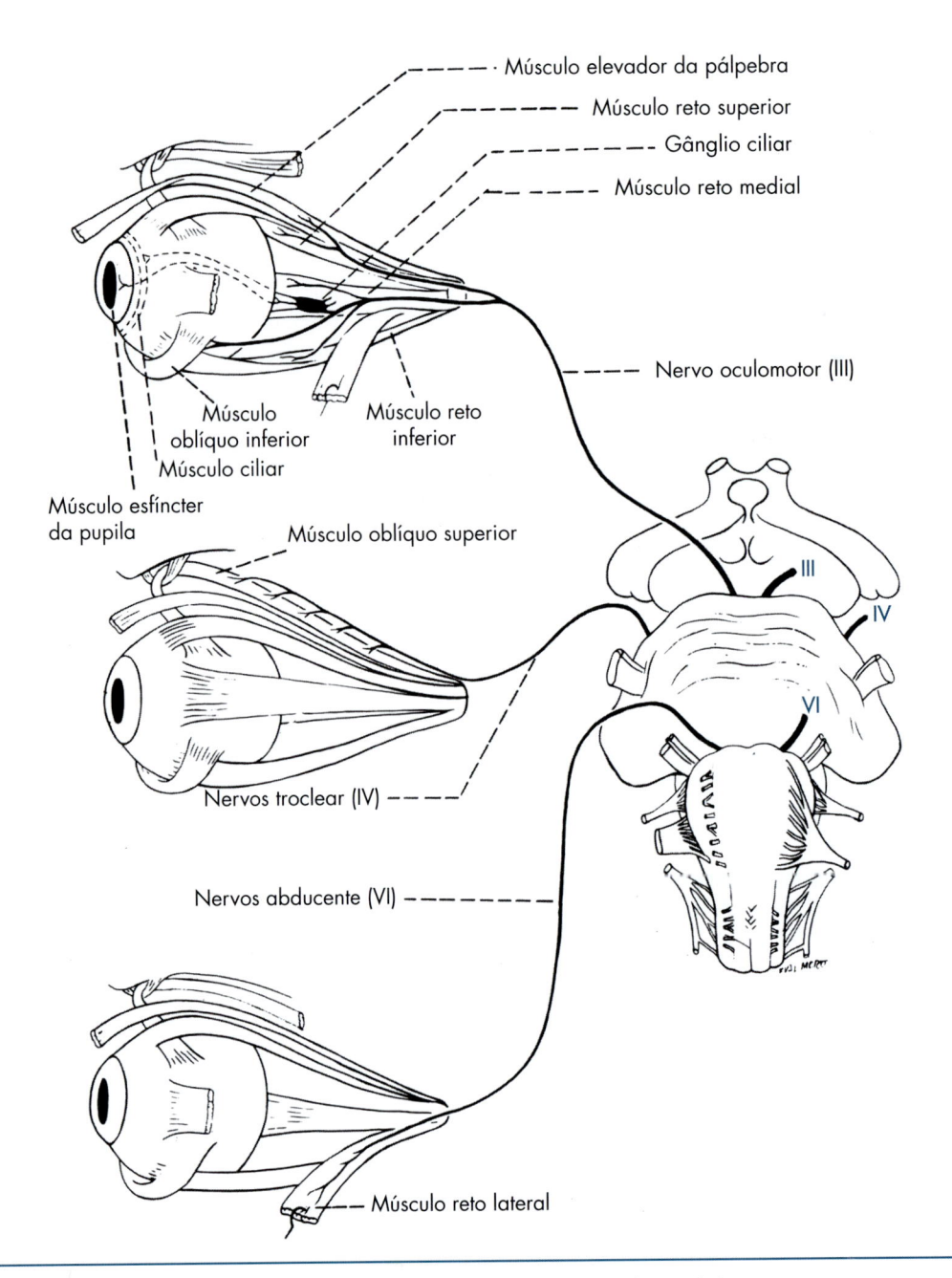

Figura 10.1 Origem aparente e territórios de distribuição dos nervos oculomotor, troclear e abducente.

A raiz motora do trigêmeo é constituída de fibras que acompanham o nervo mandibular, distribuindo-se aos músculos mastigadores (temporal, masseter, pterigóideo lateral, pterigóideo medial, milo-hióideo e o ventre anterior do músculo digástrico) (**Figura 10.2D**). Todos esses músculos derivam do primeiro arco branquial, e as fibras que os inervam são classificadas como *eferentes viscerais especiais*.

O problema médico mais observado em relação ao trigêmeo é a *neuralgia*, que se manifesta por crises dolorosas muito intensas no território de um dos ramos do nervo. São quadros clínicos que causam grande sofrimento ao paciente e cujo tratamento é quase sempre cirúrgico. Faz-se, então, a termocoagulação controlada do ramo do trigêmeo afetado, de modo a destruir as fibras sensitivas. Para estudar as perturbações motoras e sensitivas que resultam das lesões do nervo trigêmeo, consulte o item 5.3 do Capítulo 19.

3.5 Nervo facial, VII

As relações do nervo facial têm grande importância médica, destacando-se as relações com o nervo vestibulococlear e com as estruturas do ouvido médio e interno, no trajeto intrapetroso, e com a parótida,[1] no trajeto extrapetroso.

---

1 Fato curioso é que o nervo facial, apesar de atravessar a parótida, onde se ramifica, inerva todas as glândulas maiores da cabeça, exceto a parótida, que é inervada pelo glossofaríngeo.

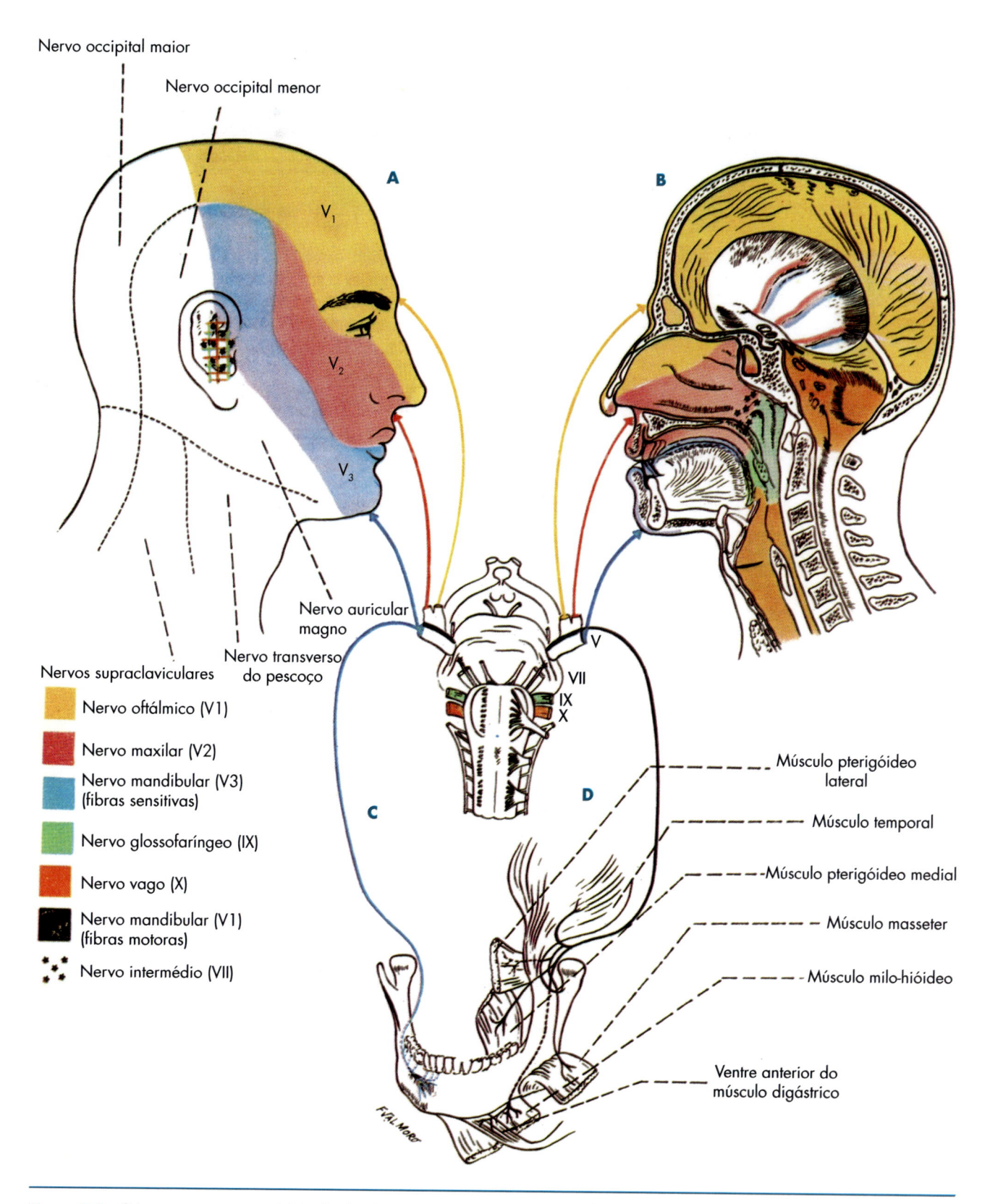

Figura 10.2 Origem aparente e território de distribuição do nervo trigêmeo, **(A)** na pele; **(B)** nas mucosas e meninges; **(C)** nos dentes; **(D)** nos músculos. O esquema mostra também os territórios sensitivos (sensibilidade geral) dos nervos facial, glossofaríngeo e vago.

O nervo emerge do sulco bulbopontino através de uma raiz motora, o *nervo facial propriamente dito*, e uma raiz sensitiva e visceral, o *nervo intermédio* (de Wrisberg) (**Figura 7.8**).

Juntamente com o nervo vestibulococlear, os dois componentes do nervo facial penetram no meato acústico interno (**Figura 8.2**), no interior do qual o nervo intermédio perde a

Tabela 10.3 Componentes funcionais das fibras dos nervos facial (VII), glossofaríngeo (IX) e vago (X).

Componente Funcional	VII	IX	X
Aferente visceral especial	gustação nos 2/3 anteriores da língua	gustação no 1/3 posterior da língua	gustação na epiglote
Aferente visceral geral	parte posterior das fossas nasais e face superior do palato mole	1/3 posterior da língua, faringe, úvula, tonsilas, tuba auditiva, seio e corpo carotídeos	parte da faringe, laringe, traqueia, esôfago e vísceras torácicas e abdominais
Aferente somático geral	parte do pavilhão auditivo e do meato acústico externo	parte do pavilhão auditivo e do meato acústico externo	parte do pavilhão auditivo e do meato acústico externo
Eferente visceral geral	glândula submandibular, sublingual e lacrimal	glândula parótida	vísceras torácicas e abdominais
Eferente visceral especial	musculatura mímica	músculo constritor superior da faringe e músculo estilofaríngeo	músculos da faringe e da laringe

sua individualidade, formando-se, assim, um tronco nervoso único, que penetra no *canal facial*. Depois de curto trajeto, o nervo facial encurva-se fortemente para trás, formando o *joelho externo*,[2] ou *genículo do nervo facial*, onde existe um gânglio sensitivo, o *gânglio geniculado* (**Figura 12.5**). A seguir, o nervo descreve nova curva para baixo, emerge do crânio pelo forame estilomastóideo, atravessa a glândula parótida e distribui uma série de ramos para os músculos mímicos, músculo estilo-hióideo e ventre posterior do músculo digástrico.[3] Esses músculos derivam do segundo arco branquial, e as fibras a eles destinadas são, pois, *eferentes viscerais especiais*, constituindo o componente funcional mais importante do VII par. Os quatro outros componentes funcionais do VII par pertencem ao nervo intermédio, que apresenta fibras aferentes viscerais especiais, aferentes viscerais gerais, eferentes somáticas gerais e eferentes viscerais gerais. As fibras aferentes são prolongamentos periféricos de neurônios sensitivos situados no gânglio geniculado; os componentes eferentes originam-se em núcleos do tronco encefálico.

Todos esses componentes são sintetizados na **Tabela 10.3**. Descrevemos com maior minúcia os três seguintes, que são os mais importantes do ponto de vista clínico:

a) *Fibras eferentes viscerais especiais* – para os músculos mímicos, músculos estilo-hióideos e ventre posterior do digástrico.

b) *Fibras eferentes viscerais gerais* – responsáveis pela inervação pré-ganglionar das glândulas lacrimal, submandibular e sublingual. As fibras destinadas às glândulas submandibular e sublingual acompanham o trajeto anteriormente descrito para as fibras aferentes viscerais especiais, mas terminam no *gânglio submandibular*; gânglio parassimpático anexo ao nervo lingual, de onde saem as fibras (pós-ganglionares), que se distribuem às glândulas submandibular (**Figura 12.5**) e sublingual. As fibras destinadas à glândula lacrimal destacam-se do nervo facial ao nível do joelho externo, percorrem, sucessivamente, o *nervo petroso maior* e o *nervo do canal pterigóideo*, atingindo o *gânglio pterigopalatino* (**Figura 12.5**), de onde saem as fibras (pós-ganglionares) para a glândula lacrimal.

c) *Fibras aferentes viscerais especiais* – recebem impulsos gustativos originados nos dois terços anteriores da língua (**Figura 10.3**) e seguem inicialmente com o nervo lingual. A seguir, passam para o nervo *corda do tímpano* (**Figura 12.5**), através do qual ganham o nervo facial, pouco antes de sua emergência no forame estilomastóideo. Passam pelo gânglio geniculado e penetram no tronco encefálico pela raiz sensitiva do VII par, ou seja, pelo nervo intermédio.

As lesões do nervo facial são muito frequentes e de grande importância clínica. Para estudar os sintomas que ocorrem nesses casos, consulte o item 5.1 do Capítulo 19.

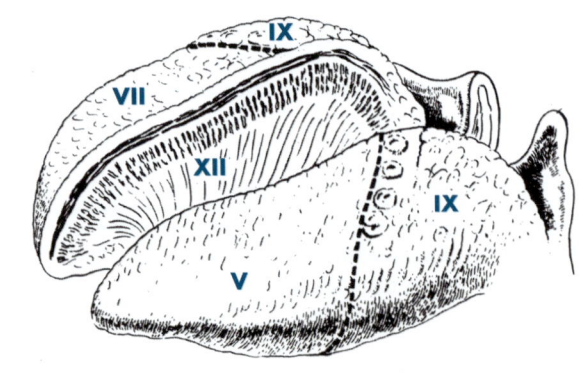

---

2 O joelho interno do nervo facial localiza-se no interior da ponte, no nível da eminência denominada *colículo facial*, no assoalho do ventrículo.
3 Em seu trajeto intrapetroso, o nervo facial emite o nervo estapédio para o músculo de mesmo nome.

Figura 10.3 Esquema de inervação da língua.

3.6 Nervo vestibulococlear, VIII par

O nervo vestibulococlear é um nervo exclusivamente sensitivo, que penetra na ponte na porção lateral do sulco bulbopontino, entre a emergência do VII par e o flóculo do cerebelo (**Figura 7.8**), região denominada *ângulo pontocerebelar*. Ocupa, juntamente com os nervos facial e intermédio, o meato acústico interno, na porção petrosa do osso temporal. Compõe-se de uma *parte vestibular* e uma *parte coclear*, que, embora unidas em um tronco comum, têm origem, funções e conexões centrais diferentes.

A parte vestibular é formada por fibras que se originam dos neurônios sensitivos do *gânglio vestibular*, que conduzem impulsos nervosos relacionados com o equilíbrio, originados em receptores da porção vestibular do ouvido interno.

A parte coclear do VIII par é constituída de fibras que se originam nos neurônios sensitivos do *gânglio espiral* e que conduzem impulsos nervosos relacionados com a audição, originados no órgão espiral (de Corti), receptor da audição, situado na cóclea. As fibras do nervo vestibulococlear classificam-se como *aferentes somáticas especiais*.

Lesões do nervo vestibulococlear causam diminuição da audição, por comprometimento da parte coclear do nervo, juntamente com vertigem, alterações do equilíbrio e enjoo, por envolvimento da parte vestibular. Pode ocorrer também um movimento oscilatório dos olhos, denominado *nistagno*. Uma das patologias mais comuns do nervo vestibulococlear são os tumores formados por células de Schwann (neurinomas), que crescem comprimindo o próprio nervo e também os nervos facial e intermédio. Nesse caso, os sintomas anteriormente descritos associam-se àqueles que resultam das lesões desses dois nervos. Com frequência, o neurinoma cresce no ângulo pontocerebelar, podendo comprimir também o trigêmeo e o pedúnculo cerebelar médio (síndrome do ângulo pontocerebelar).

3.7 Nervo glossofaríngeo, IX par

O nervo glossofaríngeo é um nervo misto, que emerge do sulco lateral posterior do bulbo, sob a forma de filamentos radiculares, que se dispõe em linha vertical (**Figura 7.8**). Esses filamentos reúnem-se para formar o tronco do nervo glossofaríngeo, que sai do crânio pelo forame jugular. Em seu trajeto através do forame jugular, o nervo apresenta dois gânglios, *superior* (ou jugular) e *inferior* (ou petroso), formados por neurônios sensitivos (**Figura 12.5**). Ao sair do crânio, o nervo glossofaríngeo tem trajeto descendente, ramificando-se na raiz da língua e na faringe. Os componentes funcionais das fibras do nervo glossofaríngeo assemelham-se aos do vago e do facial e estão sintetizados na **Tabela 10.3**.

Destes, o mais importante é o representado pelas fibras *aferentes viscerais gerais*, responsáveis pela sensibilidade geral do terço posterior da língua, faringe, úvula, tonsila, tuba auditiva, além do seio e corpo carotídeos. Merecem destaque, também, as fibras *eferentes viscerais gerais*, pertencentes à divisão parassimpática do sistema nervoso autônomo e que terminam no gânglio ótico (**Figura 12.5**). Desse gânglio, saem fibras nervosas do nervo auriculotemporal que inervarão a glândula parótida.

Das afecções do nervo glossofaríngeo, merece destaque apenas a *neuralgia*. Esta caracteriza-se por crises dolorosas, semelhantes às já descritas para o nervo trigêmeo, e manifesta-se na faringe e no terço posterior da língua, podendo irradiar para o ouvido.

3.8 Nervo vago, X par

O nervo vago, o maior dos nervos cranianos, é misto e essencialmente visceral. Emerge do sulco lateral posterior do bulbo (**Figura 7.8**) sob a forma de filamentos radiculares que se reúnem para formar o nervo vago. Este emerge do crânio pelo forame jugular, percorre o pescoço e o tórax, terminando no abdome. Nesse longo trajeto, o nervo vago dá origem a numerosos ramos, que inervam a laringe e a faringe, entrando na formação dos plexos viscerais, que promovem a inervação autônoma das vísceras torácicas e abdominais (**Figura 12.2**). O vago apresenta dois gânglios sensitivos, o *gânglio superior* (ou jugular), situado ao nível do forame jugular, e o *gânglio inferior* (ou nodoso), situado logo abaixo desse forame (**Figura 12.5**). Entre os dois gânglios, reúne-se ao vago o ramo interno do nervo acessório. Os componentes funcionais das fibras do nervo vago estão sintetizados na **Tabela 10.3**.

Destes, os mais importantes são os seguintes:

a) *Fibras aferentes viscerais gerais* – muito numerosas, conduzem impulsos aferentes originados na faringe, laringe, traqueia, esôfago, vísceras do tórax e abdome.
b) *Fibras eferentes viscerais gerais* – responsáveis pela inervação parassimpática das vísceras torácicas e abdominais (**Figura 12.2**).
c) *Fibras eferentes viscerais especiais* – inervam os músculos da faringe e da laringe. O nervo motor mais importante da laringe é o laríngeo, recorrente do vago, cujas fibras, entretanto, são, em grande parte, originadas no ramo interno do nervo acessório.

As fibras eferentes do vago originam-se em núcleos situados no bulbo, e as fibras sensitivas (**Figura 12.5**), nos *gânglios superior* (fibras somáticas) e *inferior* (fibras viscerais).

3.9 Nervo acessório, XI par

O nervo acessório é formado por uma *raiz craniana* (ou bulbar) e uma *raiz espinal* (**Figura 7.8**). A raiz espinal é formada por filamentos radiculares, que emergem da face lateral dos cinco ou seis primeiros segmentos cervicais da medula e constituem um tronco comum que penetra no crânio pelo forame magno (**Figura 8.2**). A esse tronco, reúnem-se os filamentos da raiz craniana, que emergem do sulco lateral posterior do bulbo (**Figura 7.8**). O tronco comum atravessa o forame jugular em companhia dos nervos glossofaríngeo e vago, dividindo-se em um *ramo interno* e outro *externo*. O ramo interno, que contém as fibras da raiz craniana, reúne-se ao vago e distribui-se com ele. O ramo externo contém as fibras da raiz espinal, tem trajeto próprio e, dirigindo-se obliquamente para baixo, inerva os músculos trapézio e esternocleidomastóideo. Funcionalmente, as fibras oriundas da raiz craniana que se unem ao vago são de dois tipos:

a) *Fibras eferentes viscerais especiais* – inervam os músculos da laringe através do nervo laríngeo recorrente.
b) *Fibras eferentes viscerais gerais* – inervam vísceras torácicas juntamente com fibras vagais.

Embora haja controvérsia sobre a origem embriológica dos músculos trapézio e esternocleidomastóideo, há argumentos que indicam uma origem branquiomérica. De acordo esse ponto de vista, as fibras da raiz espinal do nervo acessório são *eferentes viscerais especiais*.

3.10 Nervo hipoglosso, XII par

O nervo hipoglosso, essencialmente motor, emerge do sulco lateral anterior do bulbo (**Figura 7.8**) sob a forma de filamentos radiculares, que se unem para formar o tronco do nervo. Este emerge do crânio pelo canal do hipoglosso (**Figura 8.2**), tem trajeto inicialmente descendente, dirigindo-se, a seguir, para diante, distribuindo-se aos músculos intrínsecos e extrínsecos da língua. Embora haja discussão sobre o assunto, admite-se que a musculatura da língua seja derivada dos miótomos da região occipital. Assim, as fibras do hipoglosso são consideradas *eferentes somáticas*, o que, como veremos, está de acordo com a posição de seu núcleo no tronco encefálico.

Nas lesões do nervo hipoglosso, há paralisia da musculatura de uma das metades da língua. Nesse caso, quando o paciente faz a protrusão da língua, ela se desvia para o lado lesado, por ação da musculatura do lado normal, não contrabalançada pela musculatura da metade paralisada.

4. Inervação da língua

Durante a descrição dos nervos cranianos, vimos que quatro deles contêm fibras destinadas à inervação da língua: o trigêmeo, o facial, o glossofaríngeo e o hipoglosso. Os territórios de inervação de cada um desses nervos são mostrados na **Figura 10.3**. Segue-se, à guisa de recordação, rápido relato sobre a função de cada um deles na inervação da língua:

a) *trigêmeo* – sensibilidade geral (temperatura, dor, pressão e tato) nos dois terços anteriores;
b) *facial* – sensibilidade gustativa nos dois terços anteriores;
c) *glossofaríngeo* – sensibilidade geral e gustativa no terço posterior;
d) *hipoglosso* – motricidade.

Cabe ressaltar que, embora sejam quatro os nervos cranianos cujas fibras inervam a língua, apenas três nervos chegam a esse órgão, ou seja, o hipoglosso, o glossofaríngeo e o lingual, sendo, este último, um ramo da divisão mandibular do nervo trigêmeo. Essa "redução" no número de nervos resultado do fato de que as fibras do nervo facial chegam à língua através do nervo lingual, incorporando-se a ele por meio de uma anastomose, denominada nervo corda do tímpano (**Figura 12.5**).

5. Correlações anatomoclínicas

O estudo detalhado das funções dos nervos cranianos será feito nos Capítulos 14 a 17 em conjunto com a anatomia interna do tronco encefálico. As correlações anatomoclínicas estão condensadas no Capítulo 19.

capítulo 11

Sistema Nervoso Autônomo – Aspectos Gerais

1. Conceito

Conforme já exposto anteriormente (veja Capítulo 2, item 3), pode-se dividir o sistema nervoso em somático e visceral. O *sistema nervoso somático* é também denominado *sistema nervoso da vida de relação*, ou seja, aquele que relaciona o organismo com o meio ambiente. Para isso, a parte aferente do sistema nervoso somático conduz aos centros nervosos impulsos originados em receptores periféricos, informando esses centros sobre o que se passa no meio ambiente. Por sua vez, a parte eferente do sistema nervoso somático leva aos músculos esqueléticos o comando dos centros nervosos, resultando movimentos que propiciam maior relacionamento ou integração com o meio externo. O *sistema nervoso visceral* é responsável pela inervação das estruturas viscerais e é muito importante para a integração das funções desses órgãos para a manutenção da constância do meio interno (homeostase). Assim como no sistema nervoso somático, distingue-se no sistema nervoso visceral uma parte aferente e outra eferente. O componente aferente conduz os impulsos nervosos originados em receptores das vísceras (visceroceptores) a áreas específicas do sistema nervoso central (SNC). O componente eferente traz impulsos de alguns centros nervosos até as estruturas viscerais, terminando, pois, em glândulas, músculos lisos ou músculo cardíaco, e é denominado *sistema nervoso autônomo*. Alguns autores adotam um conceito mais amplo, incluindo no sistema nervoso autônomo também a parte aferente visceral. Segundo o conceito de Langley, utilizaremos a denominação *sistema nervoso autônomo* (SNA) apenas para o componente eferente do sistema nervoso visceral. Há muitas diferenças entre as vias eferentes somáticas e viscerais, que serão estudadas no item 3. Já as vias aferentes do sistema nervoso visceral, ao menos no componente medular, são semelhantes às do somático e compartilham do mesmo gânglio sensitivo.

Com base em critérios que serão estudados a seguir, o SNA divide-se em *simpático* e *parassimpático*, como mostra a chave a seguir.

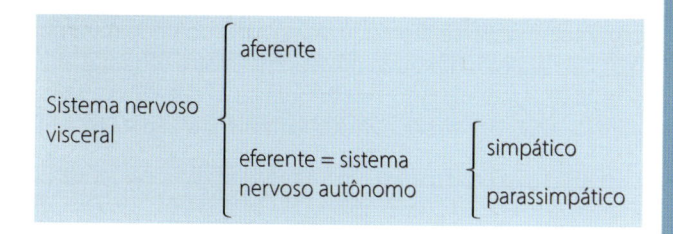

Sistema nervoso visceral
- aferente
- eferente = sistema nervoso autônomo
  - simpático
  - parassimpático

Convém acentuar que as fibras eferentes viscerais especiais, estudadas a propósito dos nervos cranianos (Capítulo 10, item 2.2), não fazem parte do sistema nervoso autônomo, pois inervam músculos estriados esqueléticos. Assim, apenas as fibras eferentes viscerais gerais integram esse sistema. Embora o sistema nervoso autônomo tenha parte tanto no SNC como no periférico, neste capítulo daremos ênfase apenas à porção periférica desse sistema. Antes de estudarmos o sistema nervoso autônomo, faremos algumas considerações sobre o sistema nervoso visceral aferente.

2. Sistema nervoso visceral aferente

As fibras viscerais aferentes conduzem impulsos nervosos originados em receptores situados nas vísceras (visceroceptores). Em geral, essas fibras integram nervos predominantemente viscerais, em conjunto com as fibras do sistema nervoso autônomo. Assim, sabe-se hoje que a grande maioria das fibras aferentes que veiculam a dor visceral acompanha as fibras do sistema nervoso simpático, constituindo-se exceção as fibras que inervam alguns órgãos pélvicos que acompanham os nervos parassimpáticos. Os impulsos nervosos aferentes viscerais, antes de penetrar no SNC, passam por gânglios sensitivos. No caso dos impulsos que penetram pelos nervos espinais, esses gânglios são os gânglios espinais, não havendo, pois, gânglios diferentes para as fibras viscerais e somáticas.

Ao contrário das fibras que se originam em receptores somáticos, grande parte das fibras viscerais conduz impulsos que não se tornam conscientes. Por exemplo, continuamente estão chegando ao nosso sistema nervoso central impulsos que informam sobre a pressão arterial e o teor de O_2 do sangue, sem que possamos percebê-los. São, pois, impulsos aferentes inconscientes, importantes para a realização de vários reflexos viscerais ou viscerossomáticos, relacionados, no exemplo citado, com o controle da pressão arterial ou da taxa de O_2 do sangue. Existem alguns visceroceptores especializados em detectar esse tipo de estímulo, sendo os mais conhecidos os do *seio carotídeo* e do *corpo carotídeo*, situados próximos à bifurcação da artéria carótida comum. Os visceroceptores situados no seio carotídeo são sensíveis às variações da pressão arterial, e os do corpo carotídeo, às variações na taxa de O_2 do sangue. Impulsos neles originados são levados ao SNC pelo nervo glossofaríngeo. Contudo, muitos impulsos viscerais tornam-se conscientes, manifestando-se sob a forma de sensações, como sede, fome, plenitude gástrica e dor.

A sensibilidade visceral difere da somática principalmente por ser mais difusa, não permitindo localização precisa. Assim, pode-se dizer que dói a ponta do dedo mínimo, mas não se pode dizer que dói a primeira ou a segunda alça intestinal. Por outro lado, os estímulos que determinam dor somática são diferentes dos que determinam a dor visceral. A secção da pele é dolorosa, mas a secção de uma víscera não o é. A distensão de uma víscera, como uma alça intestinal, é muito dolorosa, o que não acontece com a pele. Considerando-se que a dor é um sinal de alarme, o estímulo adequado para provocar dor em uma região é aquele que mais usualmente é capaz de lesar essa região. Fato interessante, observado com frequência na prática médica, é que certos processos inflamatórios ou irritativos de vísceras e órgãos internos dão manifestações dolorosas em determinados territórios cutâneos. Assim, processos irritativos do diafragma manifestam-se por dores e hipersensibilidade na pele da região do ombro; a apendicite pode causar hipersensibilidade cutânea na parede abdominal da fossa ilíaca direita; o infarto do miocárdio, no braço esquerdo. Esse fenômeno denomina-se *dor referida*.

3. Diferenças entre o sistema nervoso somático eferente e o visceral eferente ou autônomo

Os impulsos nervosos que seguem pelo sistema nervoso somático eferente terminam em músculo estriado esquelético, enquanto os que seguem pelo sistema nervoso autônomo terminam em músculo estriado cardíaco, músculo liso ou glândula. Assim, o sistema nervoso eferente somático é voluntário, enquanto o sistema nervoso autônomo é involuntário. Do ponto de vista anatômico, uma diferença muito importante diz respeito ao número de neurônios que ligam o SNC (medula ou tronco encefálico) ao órgão efetuador (músculo ou glândula). Esse número, no sistema nervoso somático, é de apenas um neurônio, o neurônio motor somático (**Figura 11.1**), cujo corpo, na

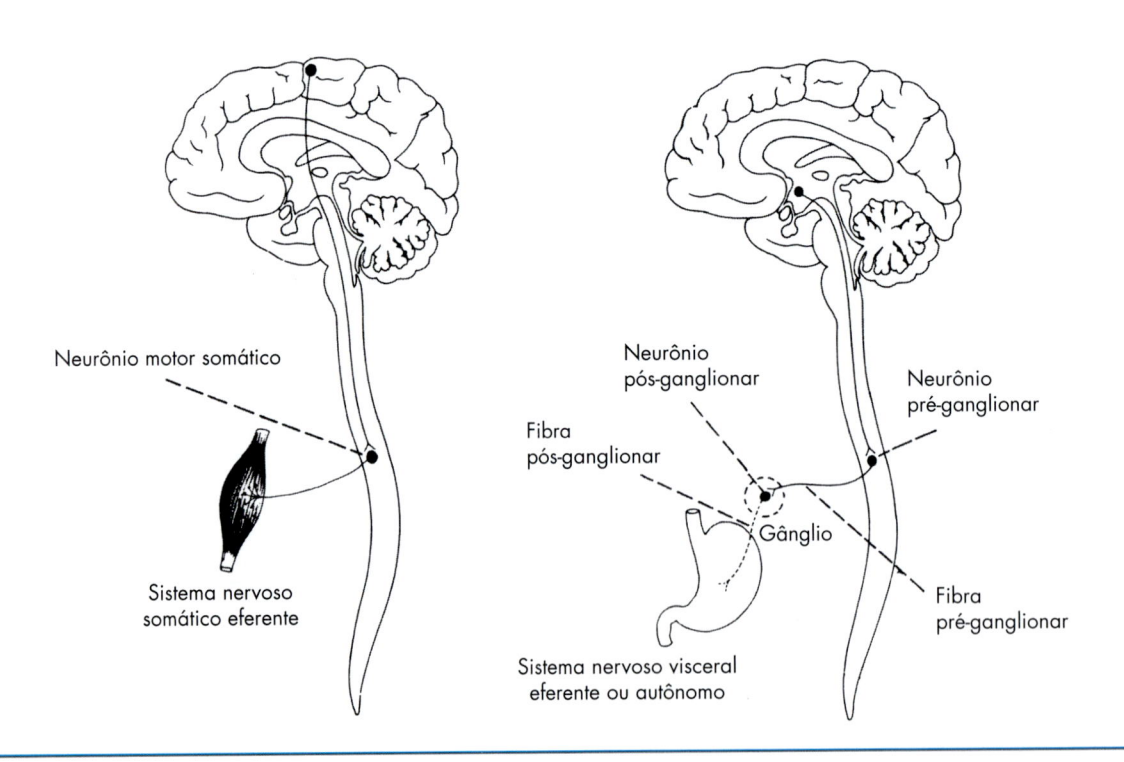

Figura 11.1 Diferenças anatômicas entre o sistema nervoso somático eferente (lado esquerdo) e o sistema nervoso visceral eferente ou autônomo (lado direito).

medula, localiza-se na coluna anterior, saindo o axônio pela raiz anterior e terminando em placas motoras nos músculos estriados esqueléticos. Já no sistema nervoso autônomo, há dois neurônios unindo o sistema nervoso central ao órgão efetuador. Um deles tem o corpo dentro do SNC (medula ou tronco encefálico), o outro tem o seu corpo localizado no sistema nervoso periférico (**Figura 11.1**). Corpos de neurônios situados fora do SNC tendem a se agrupar, formando dilatações denominadas *gânglios*. Assim, os neurônios do sistema nervoso autônomo, cujos corpos estão situados fora do SNC, se localizam em gânglios e são denominados *neurônios pós-ganglionares* (melhor seria, talvez, a denominação *neurônios ganglionares*); aqueles que têm os seus corpos dentro do sistema nervoso central são denominados *neurônios pré-ganglionares* (**Figura 11.1**). Convém lembrar ainda que, no sistema nervoso somático eferente, as fibras terminam em placas motoras situadas nos músculos estriados esqueléticos. No sistema nervoso autônomo, elas terminam em músculos lisos, estriado cardíaco e glândulas, e são terminações nervosas livres.

4. Organização geral do sistema nervoso autônomo

Neurônios pré- e pós-ganglionares são os elementos fundamentais da organização da parte periférica do sistema nervoso autônomo. Os corpos dos neurônios pré-ganglionares localizam-se na medula e no tronco encefálico. No tronco encefálico, eles se agrupam formando os núcleos de origem de alguns nervos cranianos, como o nervo vago. Na medula, eles ocorrem do 1º ao 12º segmento torácico (T1 até T12), nos dois primeiros segmentos lombares (L1 e L2) e nos segmentos S2, S3 e S4 da medula sacral.

Na porção toracolombar (T1 até L2) da medula, os neurônios pré-ganglionares se agrupam, formando uma coluna muito evidente, denominada *coluna lateral*, situada entre as colunas anterior e posterior da substância cinzenta. O axônio do neurônio pré-ganglionar, envolvido pela bainha de mielina e pela bainha de neurilema, constitui a chamada *fibra pré-ganglionar*, assim denominada por estar situada antes de um gânglio, onde termina fazendo sinapse com o neurônio pós-ganglionar.

Os corpos dos neurônios pós-ganglionares estão situados nos gânglios do sistema nervoso autônomo, onde são envolvidos por um tipo especial de células neurogliais, denominadas *anfícitos* ou *células-satélite*. São neurônios multipolares, no que se diferenciam dos neurônios sensitivos, também localizados em gânglios, e que são pseudounipolares. O axônio do neurônio pós-ganglionar envolvido apenas pela bainha de neurilema constitui a *fibra pós-ganglionar*. Portanto, a fibra pós-ganglionar se diferencia histologicamente da pré-ganglionar por ser amielínica com neurilema (fibra de Remak). As fibras pós-ganglionares terminam nas vísceras em contato com glândulas, músculos liso ou cardíaco. Nos gânglios do sistema nervoso autônomo, a proporção entre fibras pré- e pós-ganglionares varia muito, e no sistema simpático, usualmente uma fibra pré-ganglionar faz sinapse com um grande número de neurônios pós-ganglionares.[1]

Convém lembrar que existem áreas no telencéfalo e no diencéfalo que regulam as funções viscerais, sendo a mais importante o hipotálamo. Essas áreas estão relacionadas também com certos tipos de comportamento, especialmente com o comportamento emocional. Impulsos nervosos nelas originados são levados por fibras especiais que terminam fazendo sinapse com os neurônios pré-ganglionares do tronco encefálico e da medula (**Figura 11.1**). Por esse mecanismo, o SNC influencia o funcionamento das vísceras. A existência dessas conexões entre as áreas cerebrais relacionadas com o comportamento emocional e os neurônios pré-ganglionares do sistema nervoso autônomo ajuda a entender as alterações do funcionamento visceral, que com frequência acompanham os distúrbios emocionais. Essas áreas e as suas conexões serão estudadas no Capítulo 27.

5. Diferenças entre sistema nervoso simpático e parassimpático

Tradicionalmente, divide-se o sistema nervoso autônomo em simpático e parassimpático, de acordo com critérios anatômicos, farmacológicos e fisiológicos.

5.1 Diferenças anatômicas

a) *Posição dos neurônios pré-ganglionares* – no sistema nervoso simpático, os neurônios pré-ganglionares localizam-se na medula torácica e lombar (entre T1 e L2). Diz-se, pois, que o sistema nervoso simpático é toracolombar (**Figura 11.2**). No sistema nervoso parassimpático, eles se localizam no tronco encefálico (portanto, dentro do crânio) e na medula sacral (S2, S3, S4). Diz-se que o sistema nervoso parassimpático é craniossacral (**Figura 11.2**).

b) *Posição dos neurônios pós-ganglionares* – no sistema nervoso simpático, os neurônios pós-ganglionares, ou seja, os gânglios, localizam-se longe das vísceras e próximos da coluna vertebral (**Figura 11.2**). Formam os gânglios paravertebrais e pré-vertebrais, que serão estudados no próximo capítulo. No sistema nervoso parassimpático, os neurônios pós-ganglionares localizam-se próximos ou dentro das vísceras.

c) *Tamanho das fibras pré- e pós-ganglionares* – em consequência da posição dos gânglios, o tamanho das fibras pré- e pós-ganglionares é diferente nos dois sistemas (**Figura 11.2**). Assim, no sistema nervoso simpático, a fibra pré-ganglionar é curta e a pós-ganglionar, longa. Já no sistema nervoso parassimpático, temos o contrário: a fibra pré-ganglionar é longa, a pós-ganglionar, curta (**Figura 11.2**).

---

[1] No gânglio simpático cervical superior do homem, a relação entre fibras pré-ganglionares e pós-ganglionares variou entre 1 para 63 e 1 para 196.

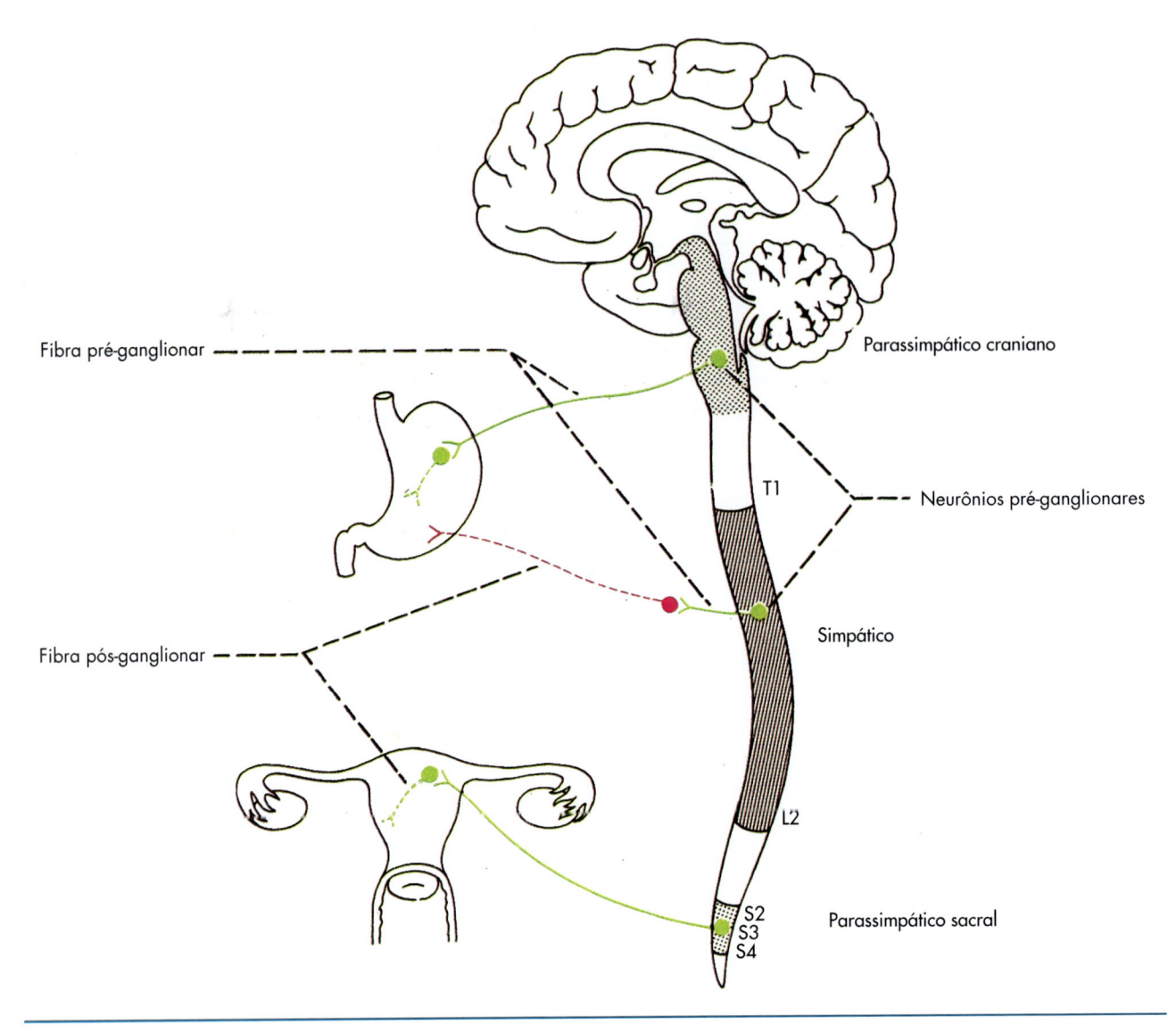

Figura 11.2 Diferenças entre os sistemas simpático e parassimpático. Fibras adrenérgicas em rosa e colinérgicas em verde.

d) *Ultraestrutura da fibra pós-ganglionar* – sabe-se que as fibras pós-ganglionares contêm vesículas sinápticas de dois tipos: granulares e agranulares, podendo as primeiras ser grandes ou pequenas (veja Capítulo 10, parte B, item 3.2). A presença de vesículas granulares pequenas é uma característica exclusiva das fibras pós-ganglionares simpáticas (**Figura 11.3**), o que permite separá-las das parassimpáticas, nas quais predominam as vesículas agranulares. No sistema nervoso periférico, as vesículas granulares pequenas contêm noradrenalina, e a maioria das vesículas agranulares contém acetilcolina. Essa diferença torna-se especialmente relevante para a interpretação das diferenças farmacológicas entre fibras pós-ganglionares simpáticas e parassimpáticas, o que será feito a seguir.

5.2 Diferenças farmacológicas entre o sistema nervoso simpático e o parassimpático. Neurotransmissores

As diferenças farmacológicas dizem respeito à ação de drogas. Quando injetamos em um animal certas drogas, como adrenalina e noradrenalina, obtemos efeitos (aumento da pressão arterial, do ritmo cardíaco etc.) que se assemelham aos obtidos por ação do sistema nervoso simpático. Essas drogas que imitam a ação do sistema nervoso simpático são denominadas *simpaticomiméticas*. Existem também drogas, como acetilcolina, que imitam as ações do parassimpático e são chamadas *parassimpaticomiméticas* (Capítulo 12, item 5.2). A descoberta dos neurotransmissores veio explicar o modo de ação e as diferenças existentes entre esses dois tipos de drogas. Sabemos hoje que a ação da fibra nervosa sobre o efetuador (músculo ou glândula) é feita por liberação de um neurotransmissor, dos quais os

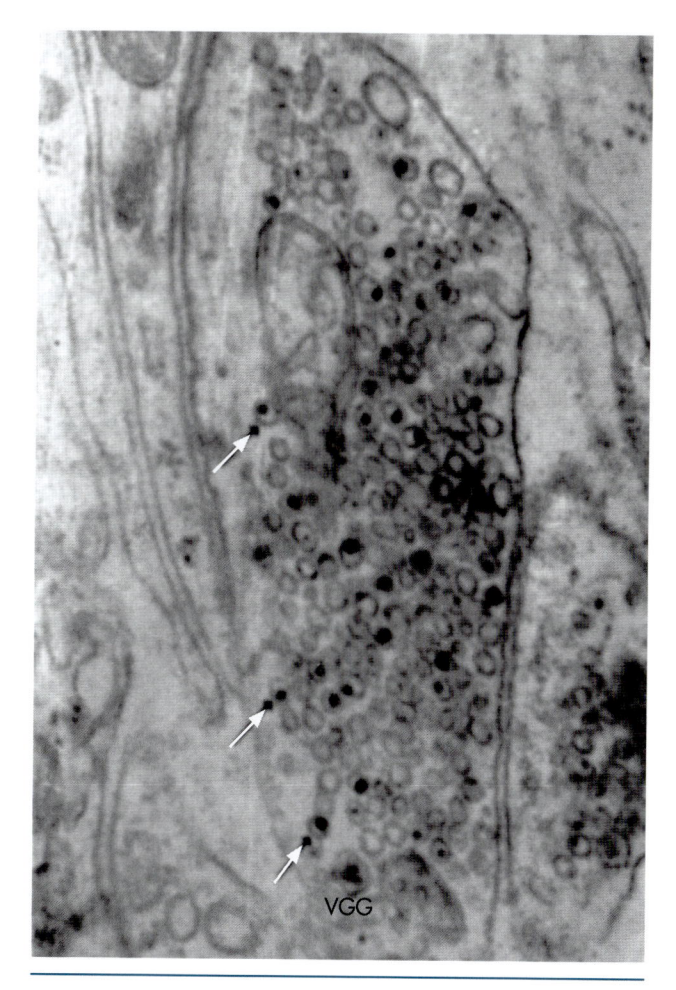

Figura 11.3 Eletromicrografia de uma fibra pós-ganglionar simpática (adrenérgica) contendo vesículas agranulares, vesículas granulares pequenas (setas) e uma vesícula granular grande (**VGG**). Aumento de 57 mil vezes.

Fonte: Reproduzida de Machado. *Stain technology.* 1967;42:293-300.

mais importantes são a *acetilcolina* e a *noradrenalina*. As fibras nervosas que liberam a acetilcolina são chamadas *colinérgicas* e as que liberam noradrenalina, *adrenérgicas*. A rigor, estas últimas deveriam ser chamadas *noradrenérgicas*, mas inicialmente pensou-se que o principal neurotransmissor seria a adrenalina (o que de fato ocorre em anfíbios) e o termo "adrenérgico" tornou-se clássico. Hoje, sabemos que, nos mamíferos, é a noradrenalina e não a adrenalina o principal neurotransmissor nas fibras adrenérgicas. De modo geral, as ações dessas duas substâncias são bastante semelhantes, mas existem diferenças que serão vistas nas disciplinas de Farmacologia e Fisiologia.

Os sistemas simpático e parassimpático diferem no que se refere à disposição das fibras adrenérgicas e colinérgicas. As fibras pré-ganglionares, tanto simpáticas como parassimpáticas, e as fibras pós-ganglionares parassimpáticas são colinérgicas. Contudo, a grande maioria das fibras pós-ganglionares do sistema simpático é adrenérgica (**Figura 11.2**). Fazem exceção as fibras que inervam as glândulas sudoríparas e os vasos dos músculos estriados esqueléticos que, apesar de simpáticas, são colinérgicas.

As diferenças anatômicas e farmacológicas entre os sistemas simpático e parassimpático estão sintetizadas na **Tabela 11.1** e na **Figura 11.2**.

5.3 Diferenças fisiológicas entre o sistema nervoso simpático e o parassimpático

De modo geral, o sistema simpático tem ação antagônica à do parassimpático em um determinado órgão. Essa afirmação, entretanto, não é válida em todos os casos. Assim, por exemplo, nas glândulas salivares os dois sistemas aumentam a secreção, embora a secreção produzida por ação parassimpática seja mais fluida e muito mais abundante. Além do mais, é importante acentuar que os dois sistemas, apesar de, na maioria dos casos, terem ações antagônicas, colaboram e trabalham harmonicamente na coordenação da atividade visceral, adequando o funcionamento de cada órgão às diversas situações a que é submetido o organismo. Na maioria dos órgãos, a inervação autônoma é mista, simpática e parassimpática. Entretanto, alguns órgãos têm inervação puramente simpática, como as glândulas sudoríparas, os músculos eretores do pelo e a glândula pineal de vários animais. Na maioria das glândulas endócrinas, as células secretoras não são inervadas, uma vez que o seu controle é hormonal e, neste caso, existe apenas a inervação simpática da parede dos vasos. Em algumas glândulas exócrinas, como nas glândulas lacrimais, a inervação parenquimatosa é parassimpática, limitando-se o simpático a inervar os vasos. Na maioria das glândulas salivares dos mamíferos, o simpático, além de inervar os vasos, inerva as unidades secretoras juntamente com o parassimpático. Constitui-se exceção a glândula sublingual do homem, na qual a inervação das unidades secretoras é feita exclusivamente por fibras parassimpáticas.[2]

Uma das diferenças fisiológicas entre o simpático e o parassimpático é que este tem ações sempre localizadas em um órgão ou setor do organismo, enquanto as ações do simpático, embora possam ser também localizadas, tendem a ser difusas, atingindo vários órgãos. A base anatômica dessa diferença reside no fato de que os gânglios do parassimpático, estando próximos das vísceras, tornam o território de distribuição das fibras pós-ganglionares necessariamente restrito. Além do mais, no sistema parassimpático, uma fibra pré-ganglionar faz sinapse com um número relativamente pequeno de fibras pós-ganglionares. Já no sistema simpático, os gânglios estão longe das vísceras e uma fibra pré-ganglionar faz sinapse com grande número de fibras pós-ganglionares que se distribuem a territórios consideravelmente maiores. Em determinadas

---

[2] ROSSONI, R.B.; MACHADO, A.B.M.; MACHADO C.R.S. *Histochemical Journal,* 1979;11:661-668.

circunstâncias, todo o sistema simpático é ativado, produzindo uma *descarga em massa*, na qual a medula da suprarrenal é também ativada, lançando no sangue a adrenalina que age em todo o organismo. Como recebe inervação simpática, pré-ganglionar, a medula da suprarrenal funciona como um gânglio. Nesse caso, a adrenalina age como um hormônio, pois tem ação a distância por meio da circulação sanguínea, amplificando os efeitos da ativação simpática. Temos, assim, uma *reação de alarme*, que ocorre em certas manifestações emocionais e situações de emergência (*síndrome de emergência de Cannon*), em que o indivíduo deve estar preparado para lutar ou fugir (*to fight or to flight*, segundo Cannon). Como exemplo, poderíamos imaginar um indivíduo surpreendido por um animal feroz que avança contra ele. Os impulsos nervosos resultantes da visão do animal são levados ao cérebro, resultando em uma forma de emoção, o medo. Do cérebro, mais especialmente do hipotálamo, partem impulsos nervosos que descem pelo tronco encefálico e pela medula, ativando os neurônios pré-ganglionares simpáticos da coluna lateral, de onde os impulsos nervosos ganham os diversos órgãos, iniciando a reação de alarme. Esta visa preparar o organismo para o esforço físico necessário para resolver a situação, o que, no exemplo, significa fugir ou brigar com o animal. Há maior transformação de glicogênio em glicose, que é lançada no sangue, aumentando as possibilidades de consumo de energia pelo organismo. Há, também, aumento no suprimento sanguíneo nos músculos estriados esqueléticos, necessário para levar a esses músculos mais glicose e oxigênio, bem como para mais fácil remoção do CO_2. Esse aumento das condições hemodinâmicas nos músculos é feito por:

a) Aumento do ritmo cardíaco, acompanhado de aumento na circulação coronária.
b) Vasoconstrição nos vasos mesentéricos e cutâneos (o indivíduo fica pálido), de modo a "mobilizar" maior quantidade de sangue para os músculos estriados.

Ocorre, ainda, aumento da pressão arterial, o que pode causar a morte, por exemplo, por ruptura de vasos cerebrais (diz-se que morreu de susto). Os brônquios dilatam-se, melhorando as condições respiratórias necessárias para melhor oxigenação do sangue e remoção do CO_2.

No globo ocular, observa-se dilatação das pupilas. No tubo digestivo, há diminuição do peristaltismo e fechamento dos esfíncteres.[3] Na pele, há ainda aumento da sudorese e ereção dos pelos.

O estudo da situação descrita anteriormente ajuda a memorizar as ações do sistema simpático e, por oposição, as do parassimpático em quase todos os órgãos. Pode-se lembrar ainda que, nos órgãos genitais, o simpático é responsável pelo fenômeno da ejaculação, e o parassimpático, pela ereção. Verifica-se, assim, que as ações dos dois sistemas são complexas, podendo o mesmo sistema ter ações diferentes nos vários órgãos. Por exemplo, o sistema simpático, que ativa o movimento cardíaco, inibe o movimento do tubo digestivo. Na **Tabela 11.2**, estão sintetizadas as ações dos sistemas simpático e parassimpático sobre os principais órgãos. Sabendo-se que as fibras pós-ganglionares do parassimpático são colinérgicas e as do simpático, com raras exceções, são adrenérgicas, o estudo da **Tabela 11.2** dá uma ideia das ações da acetilcolina e da noradrenalina nos vários órgãos.

Tabela 11.1 Diferenças anatômicas e farmacológicas entre os sistemas simpático e parassimpático.

Critério	Simpático	Parassimpático
Posição do neurônio pré-ganglionar	T1 a L2	tronco encefálico e S2, S3 e S4
Posição do neurônio pós-ganglionar	longe da víscera	próximo ou dentro da víscera
Tamanho das fibras pré-ganglionares	curtas	longas
Tamanho das fibras pós-ganglionares	longas	curtas
Ultraestrutura das fibras pós-ganglionares	com vesículas granulares pequenas	sem vesículas granulares pequenas
Classificação farmacológica das fibras pós-ganglionares	adrenérgicas (a maioria)	colinérgicas

---

3 Nem sempre. Quando a situação foge do controle, pode acontecer o contrário.

Tabela 11.2 Funções do simpático e do parassimpático em alguns órgãos.

Órgão	Simpático	Parassimpático
Íris	dilatação da pupila (midríase)	constrição da pupila (miose)
Glândula lacrimal	vasoconstrição; pouco efeito sobre a secreção	secreção abundante
Glândulas salivares	vasoconstrição; secreção viscosa e pouco abundante	vasodilatação; secreção fluida e abundante
Glândulas sudoríparas	secreção copiosa (fibras colinérgicas)	inervação ausente
Músculos eretores dos pelos	ereção dos pelos	inervação ausente
Coração	aceleração do ritmo cardíaco (taquicardia); dilatação das coronárias	diminuição do ritmo cardíaco (bradicardia) e constrição das coronárias
Brônquios	dilatação	constrição
Tubo digestivo	diminuição do peristaltismo e fechamento dos esfíncteres	aumento do peristaltismo e abertura dos esfíncteres
Fígado	aumento da liberação de glicose	armazenamento de glicogênio aumento de secreção
Glândulas digestivas e pâncreas	diminuem a secreção	
Bexiga	facilita o enchimento pelo relaxamento da parede e contração do esfíncter interno	contração da parede, promovendo o esvaziamento
Genitais masculinos	vasoconstrição; ejaculação	vasodilatação; ereção
Glândula suprarrenal	secreção de adrenalina (através de fibras pré-ganglionares)	nenhuma ação
Vasos sanguíneos do tronco e das extremidades	vasoconstrição	nenhuma ação; inervação ausente
Cristalino	acomodação para longe	acomodação para perto
Órgãos linfoides	imunossupressão	imunoativação
Tecido adiposo	lipólise	–

c a p í t u l o | **12**

Sistema Nervoso Autônomo: Anatomia do Simpático, do Parassimpático e dos Plexos Viscerais

No capítulo anterior, tratamos de alguns aspectos gerais da organização do sistema nervoso autônomo. Temos, assim, os elementos necessários para um estudo da topografia e organização anatômica do componente simpático e parassimpático desse sistema, assim como de seus plexos viscerais. Esse estudo será feito de maneira sucinta, sem dar ênfase às inúmeras variações existentes.

1. Sistema nervoso simpático

1.1 Aspectos anatômicos

Antes de analisar o trajeto das fibras pré- e pós-ganglionares no sistema simpático, faremos um estudo das suas principais formações anatômicas.

1.1.1 Tronco simpático

A principal formação anatômica do sistema simpático é o *tronco simpático* (**Figura 12.1**), formado por uma cadeia de gânglios unidos através dos *ramos interganglionares*.

Cada tronco simpático estende-se, de cada lado, da base do crânio até o cóccix, onde termina unindo-se com o do lado oposto. Os gânglios do tronco simpático se dispõem de cada lado da coluna vertebral em toda a sua extensão, e são *gânglios paravertebrais*. Na porção cervical do tronco simpático, temos classicamente três gânglios: *cervical superior, cervical médio* e *cervical inferior* (**Figura 12.1**). O gânglio cervical médio falta em vários animais domésticos e, com frequência, não é observado no homem. Em geral, o gânglio cervical inferior está fundido com o primeiro torácico, formando o *gânglio cervicotorácico,* ou *estrelado*. O número de gânglios da porção torácica do tronco simpático costuma ser menor (10 a 12) que o dos nervos espinais torácicos, pois pode haver fusão de gânglios vizinhos. Na porção lombar, há de três a cinco gânglios, na sacral, de quatro a cinco, e na coccígea, apenas um gânglio, o *gânglio ímpar,* para o qual convergem e no qual terminam os dois troncos simpáticos de cada lado (**Figura 12.1**).

1.1.2 Nervos esplâncnicos e gânglios pré-vertebrais

Da porção torácica do tronco simpático, originam-se, a partir de T5, os *nervos esplâncnicos*: *maior; menor* e *imo*, os quais têm trajeto descendente, atravessam o diafragma e penetram na cavidade abdominal, onde terminam nos *gânglios pré-vertebrais* (**Figura 12.2**). Estes se localizam anteriormente à coluna vertebral e à aorta abdominal, em geral próximo à origem dos ramos abdominais dessa artéria, dos quais recebem o nome. Assim, existem: dois *gânglios celíacos,* direito e esquerdo, situados na origem do tronco celíaco; dois gânglios *aórtico-renais,* na origem das artérias renais; um *gânglio mesentérico superior* e outro *mesentérico inferior,* próximo à origem das artérias de mesmo nome. Os nervos esplâncnicos maior e menor terminam, respectivamente, nos gânglios celíaco e aórtico-renal (**Figura 12.2**). Como será visto, apesar de os nervos esplâncnicos se originarem aparentemente de gânglios paravertebrais, eles são constituídos por fibras pré-ganglionares, além de um número considerável de fibras viscerais aferentes.

1.1.3 Ramos comunicantes

Unindo o tronco simpático aos nervos espinais, existem filetes nervosos denominados ramos comunicantes, que são de dois tipos: *ramos comunicantes brancos* e *ramos comunicantes cinzentos* (**Figura 12.3**). Como

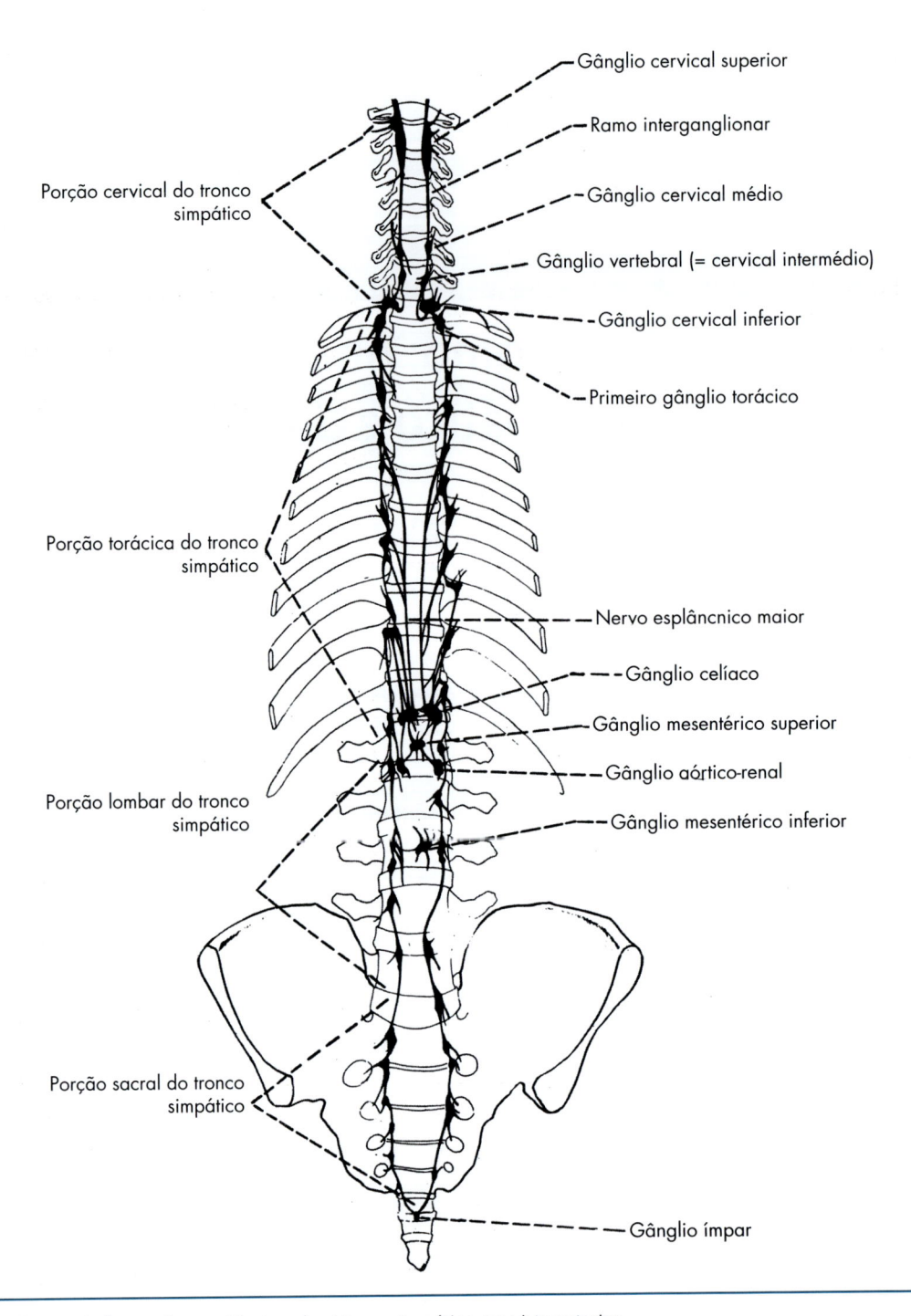

Figura 12.1 Principais formações anatômicas do sistema simpático em vista anterior.
Fonte: Reproduzida de Dangelo e Fattini. *Anatomia humana básica.* Rio de Janeiro: Atheneu, 2001.

será visto mais adiante, os ramos comunicantes brancos, na realidade, ligam a medula ao tronco simpático, sendo, pois, constituídos de fibras pré-ganglionares, além de fibras viscerais aferentes. Já os ramos comunicantes cinzentos são constituídos de fibras pós-ganglionares, que, sendo amielínicas, dão a esse ramo uma coloração ligeiramente mais escura. Como os neurônios pré-ganglionares só existem nos segmentos medulares de T1 a L2, as fibras pré-ganglionares emergem somente desses níveis, o que explica a existência de ramos comunicantes brancos apenas nas regiões torácica e lombar alta. Já os ramos comunicantes cinzentos ligam o tronco simpático a todos os nervos espinais. Como o número de gânglios do tronco simpático é frequentemente menor que o número de nervos espinais, de um gânglio pode emergir mais de um ramo comunicante cinzento, como ocorre, por exemplo, na região cervical, onde existem três gânglios para oito nervos cervicais.

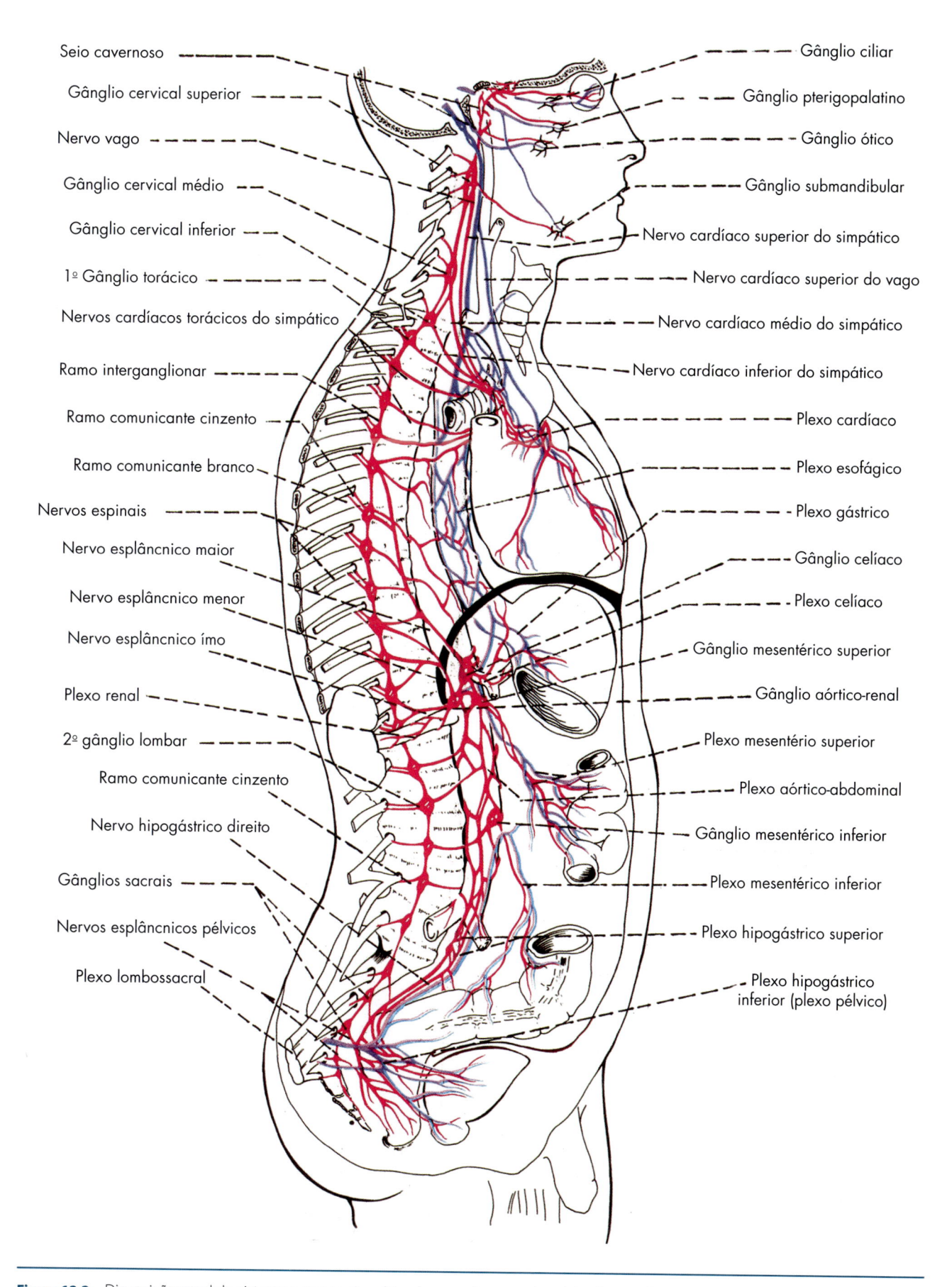

Figura 12.2 Disposição geral do sistema nervoso simpático (em rosa) e parassimpático (em azul).
Fonte: Modificada de Netter.

1.1.4 Filetes vasculares e nervos cardíacos

Do tronco simpático, e especialmente dos gânglios pré-vertebrais, saem pequenos filetes nervosos que se acolam à adventícia das artérias e seguem com elas até as vísceras. Assim, do polo cranial do gânglio cervical superior sai o *nervo carotídeo interno* (**Figuras 12.4** e **12.5**), que pode ramificar-se, formando o *plexo carotídeo interno*, que penetra no crânio, nas paredes da artéria carótida interna. Dos gânglios pré-vertebrais, filetes nervosos acolam-se à artéria aorta abdominal e a seus ramos (**Figura 12.2**). Do tronco simpático, emergem ainda filetes nervosos que chegam às vísceras por um trajeto independente das artérias. Entre estes, temos, por exemplo, os *nervos cardíacos cervicais superior*, *médio* e *inferior*, que se destacam dos gânglios cervicais correspondentes, dirigindo-se ao coração (**Figura 12.2**).

A seguir, estudaremos como se localizam nesses elementos anatômicos os dois neurônios característicos do sistema nervoso autônomo, ou seja, neurônio pré- e pós-ganglionar, com as respectivas fibras pré- e pós-ganglionares.

1.2 Localização dos neurônios pré-ganglionares simpáticos, destino e trajeto das fibras pré-ganglionares

Vimos no capítulo anterior que, no sistema simpático, o corpo do neurônio pré-ganglionar está localizado na coluna lateral da medula de TI a L2. Daí saem as fibras pré-ganglionares pelas raízes ventrais, ganham o tronco do nervo espinal e o seu ramo ventral, de onde passam ao tronco simpático pelos ramos comunicantes brancos. Essas fibras terminam fazendo sinapse com os neurônios pós-ganglionares, que podem estar em três posições (**Figura 12.3**):

a) *Em um gânglio paravertebral situado no mesmo nível*, de onde a fibra saiu pelo ramo comunicante branco.
b) *Em um gânglio paravertebral situado acima ou abaixo desse nível* e, neste caso, as fibras pré-ganglionares chegam ao gânglio pelos ramos interganglionares, que são formados por grande número de tais fibras. Por esse trajeto, no interior do próprio tronco simpático, as fibras pré-ganglionares chegam a gânglios situados acima de TI, ou abaixo de L2, ou seja, em níveis nos quais já não emergem fibras pré-ganglionares simpáticas da medula, não existindo, pois, ramos comunicantes brancos.
c) *Em um gânglio pré-vertebral*, aonde as fibras pré-ganglionares chegam pelos nervos esplâncnicos que, assim, poderiam ser considerados como verdadeiros "ramos comunicantes brancos" muito longos. As fibras pré-ganglionares que seguem esse trajeto passam pelos gânglios paravertebrais, sem, entretanto, aí fazerem sinapse (**Figura 12.3**).

1.3 Localização dos neurônios pós-ganglionares simpáticos, destino e trajeto das fibras pós-ganglionares

Os neurônios pós-ganglionares estão nos gânglios para- e pré-vertebrais, de onde saem as fibras pós-ganglionares, cujo destino é sempre uma glândula, músculo liso ou cardíaco. As fibras pós-ganglionares, para chegar a esse destino, podem seguir por três trajetos:

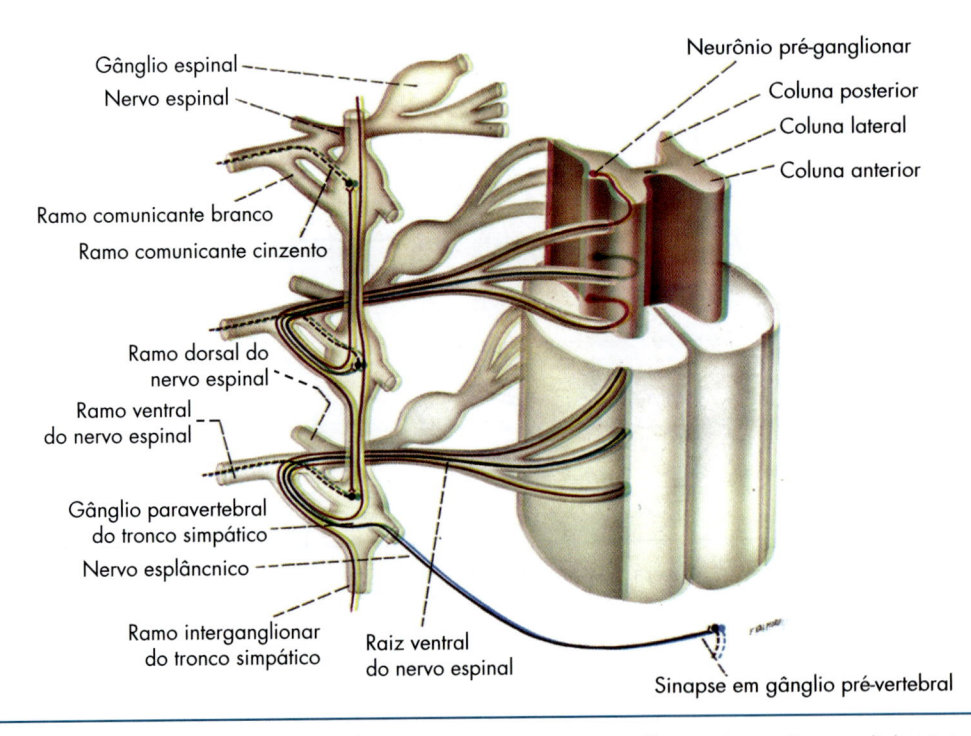

Figura 12.3 Esquema do trajeto das fibras no sistema simpático (linha contínua = fibras pré-ganglionares; linhas interrompidas = fibras pós-ganglionares).

a) *Por intermédio de um nervo espinal* (**Figura 12.3**) – neste caso, as fibras voltam ao nervo espinal pelo ramo comunicante cinzento e distribuem-se no território de inervação desse nervo. Assim, todos os nervos espinais apresentam fibras simpáticas pós-ganglionares que, assim, chegam aos músculos eretores dos pelos, às glândulas sudoríparas e aos vasos cutâneos.

b) *Por intermédio de um nervo independente* (**Figura 12.2**) – neste caso, o nervo liga diretamente o gânglio à víscera. Aqui se situam, por exemplo, os nervos cardíacos cervicais do simpático.

c) *Por intermédio de uma artéria* (**Figura 12.4**) – as fibras pós-ganglionares acolam-se à artéria e a acompanham em seu território de vascularização. Assim, as fibras pós-ganglionares que se originam nos gânglios pré-vertebrais inervam as vísceras do abdome, seguindo na parede dos vasos que irrigam essas vísceras. Do mesmo modo, fibras pós-ganglionares originadas no gânglio cervical superior formam o nervo e o plexo carotídeo interno e acompanham a artéria carótida interna em seu trajeto intracraniano, inervando os vasos intra-

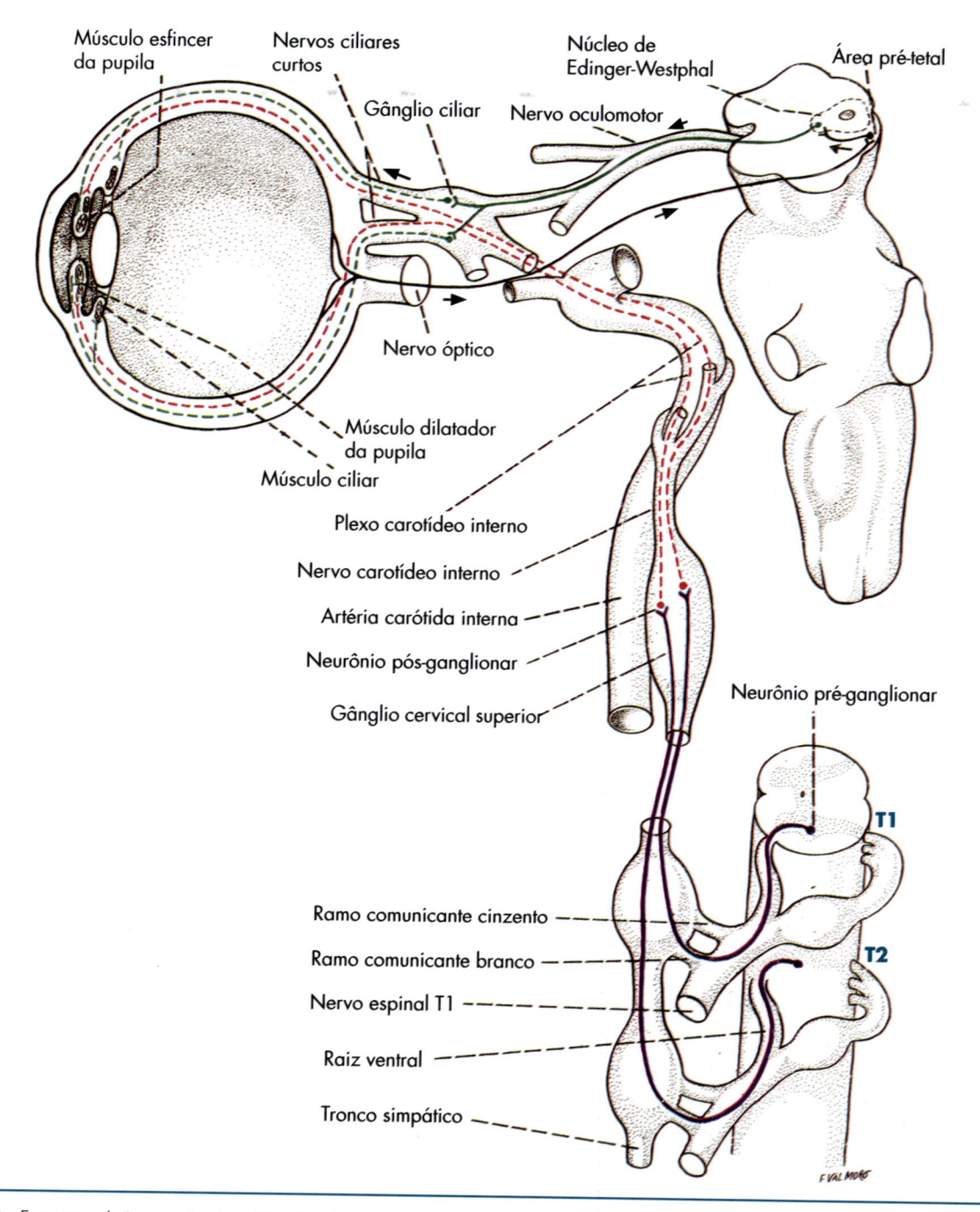

Figura 12.4 Esquema de inervação simpática (rosa) e parassimpática (verde) da pupila. As setas indicam o trajeto do impulso nervoso no reflexo fotomotor.

cranianos, o corpo pineal, a hipófise e a pupila. Por sua importância prática, a inervação simpática da pupila merece destaque.

1.4 Inervação simpática da pupila

As fibras pré-ganglionares relacionadas com a inervação da pupila originam-se de neurônios situados na coluna lateral da medula torácica alta (T1 e T2). Essas fibras saem pelas raízes ventrais, ganham os nervos espinais correspondentes e passam ao tronco simpático pelos respectivos ramos comunicantes brancos (**Figura 12.4**). Sobem no tronco simpático e terminam estabelecendo sinapses com os neurônios pós-ganglionares do gânglio cervical superior. As fibras pós-ganglionares sobem no nervo e no plexo carotídeo interno e penetram no crânio com a artéria carótida interna. Quando essa artéria atravessa o seio cavernoso, essas fibras se destacam, passando, sem fazer sinapse, pelo gânglio ciliar, que, como será visto, pertence ao parassimpático, e, através dos *nervos ciliares curtos*, ganham o bulbo ocular, onde terminam formando um rico plexo no músculo dilatador da pupila.

Nesse longo trajeto, as fibras simpáticas para a pupila podem ser lesadas por processos compressivos (tumores, aneurismas etc.) da região torácica ou cervical. Nesse caso, a pupila do lado da lesão ficará contraída (miose) por ação do parassimpático, não contrabalançada pelo simpático. Esse é o principal sinal da chamada *síndrome de Horner* (**Figura 19.15**), caracterizada pelos seguintes sinais, observados do lado da lesão:

a) Miose.
b) Queda da pálpebra (semiptose palpebral), por paralisia do músculo tarsal ou músculo de Muller, que auxilia no levantamento da pálpebra.
c) Vasodilatação cutânea e deficiência de sudorese na face, por interrupção da inervação simpática para a pele.

2. Sistema nervoso parassimpático

Vimos que os neurônios pré-ganglionares do sistema nervoso parassimpático estão situados no tronco encefálico e na medula sacral. Isso permite dividir esse sistema em duas partes: uma craniana e outra sacral, que serão estudadas a seguir.

2.1 Parte craniana do sistema nervoso parassimpático

É constituída por alguns núcleos do tronco encefálico, gânglios e fibras nervosas em relação com alguns nervos cranianos. Nos núcleos, localizam-se os corpos dos neurônios pré-ganglionares, cujas fibras pré-ganglionares (classificadas no Capítulo 10 como eferentes viscerais gerais) atingem os gânglios através dos pares cranianos III, VII, IX e X. Dos gânglios, saem as fibras pós-ganglionares para as glândulas, músculo liso e músculo cardíaco. Os núcleos da parte craniana do sistema nervoso parassimpático estão relacionados na Tabela 12.1 e serão descritos a propósito da estrutura do tronco encefálico. Os gânglios, com as suas conexões, são representados na **Figura 12.5** e descritos sucintamente a seguir:

a) *Gânglio ciliar* – situado na cavidade orbitária, lateralmente ao nervo óptico, relacionando-se ainda com o ramo oftálmico do trigêmeo. Recebe fibras pré-ganglionares do III par (**Figura 12.5**) e envia, através dos *nervos ciliares curtos*, fibras pós-ganglionares, que ganham o bulbo ocular e inervam os músculos ciliar e esfíncter da pupila (**Figura 12.4**).
b) *Gânglio pterigopalatino* – situado na fossa pterigopalatina, ligado ao ramo maxilar do trigêmeo (**Figura 12.5**). Recebe fibras pré-ganglionares do VII par e envia fibras pós-ganglionares para a glândula lacrimal.
c) *Gânglio ótico* – situado junto ao ramo mandibular do trigêmeo, logo abaixo do forame oval (**Figura 12.5**). Recebe fibras pré-ganglionares do IX par e manda fibras pós-ganglionares para a parótida, através do nervo auriculotemporal.
d) *Gânglio submandibular* – situado junto ao nervo lingual, no ponto em que este se aproxima da glândula submandibular (**Figura 12.5**). Recebe fibras pré-ganglionares do VII par e manda fibras pós-ganglionares para as glândulas submandibular e sublingual.

É interessante notar que esses gânglios estão relacionados anatomicamente com ramos do nervo trigêmeo. Esse nervo, entretanto, ao emergir do crânio, não tem fibras parassimpáticas, recebendo-as durante seu trajeto através de anastomoses com os nervos VII e IX.

Existe, ainda, na parede ou nas proximidades das vísceras, do tórax e do abdome, grande número de gânglios parassimpáticos, em geral pequenos, às vezes constituídos por células isoladas. Nas paredes do tubo digestivo, eles integram o plexo submucoso (de Meissner) e o mioentérico (de Auerbach). Esses gânglios recebem fibras pré-ganglionares do vago e dão fibras pós-ganglionares curtas para as vísceras onde estão situadas. Convém acentuar que o trajeto da fibra pré-ganglionar até o gânglio pode ser muito complexo. Com frequência, ela chega ao gânglio por um nervo diferente daquele no qual saiu do tronco encefálico. Assim, as fibras pré-ganglionares que fazem sinapse no gânglio submandibular saem do encéfalo pelo nervo intermédio e passam, a seguir, para o nervo lingual por meio do nervo *corda do tímpano* (**Figura 12.5**). Do mesmo modo, as fibras pré-ganglionares que se destinam ao gânglio pterigopalatino, relacionadas com a inervação das glândulas lacrimais, emergem do tronco encefálico pelo VII par (nervo intermédio) e, no nível do gânglio geniculado, destacam-se desse nervo para, através do *nervo petroso maior* e do *nervo do canal pterigóideo*, chegar ao gânglio pterigopalatino.

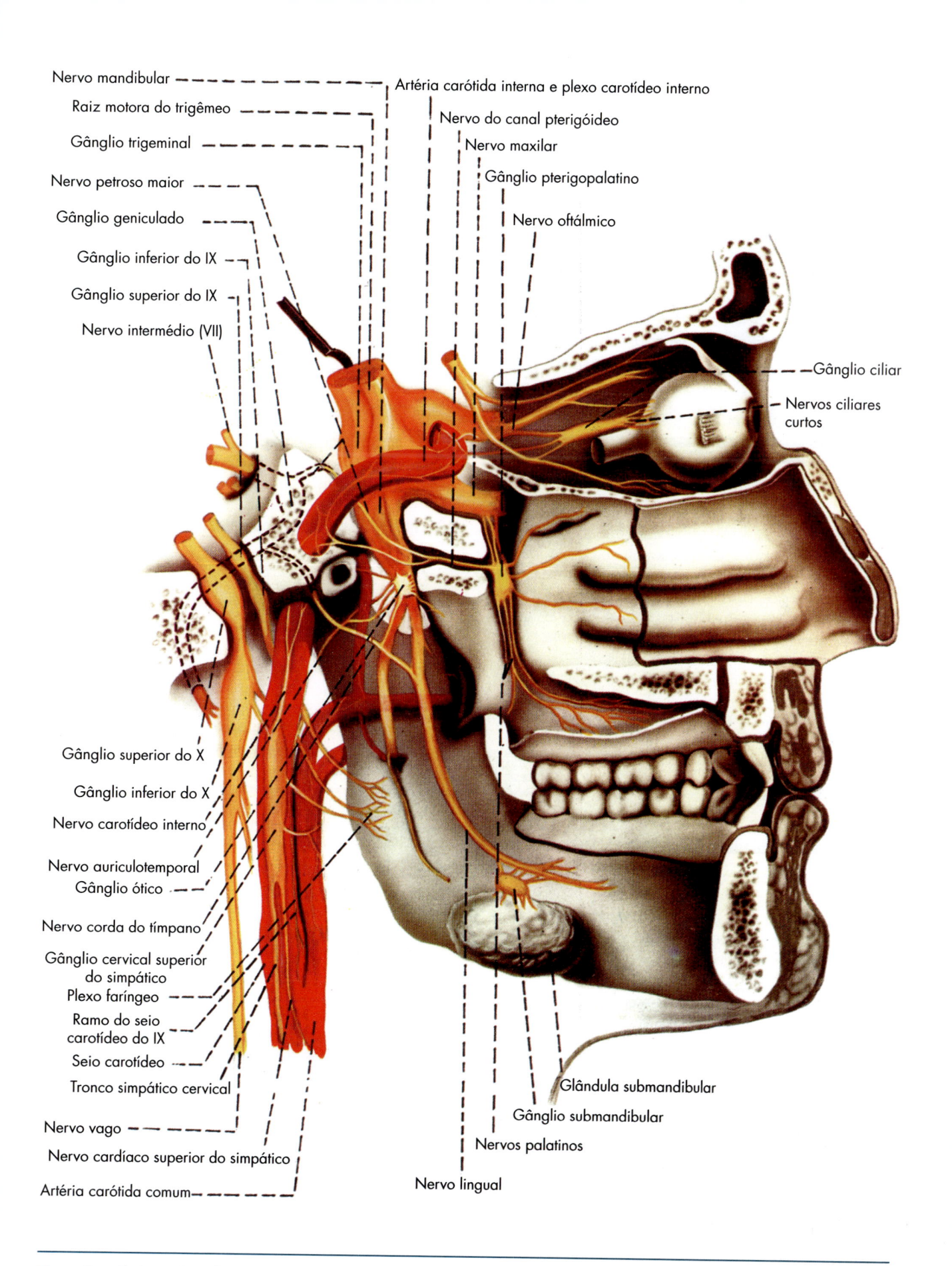

Figura 12.5 Parte craniana do sistema parassimpático.

A **Tabela 12.1** sintetiza os principais dados relativos à posição dos neurônios pré-ganglionares, o trajeto das fibras pré-ganglionares e o destino das fibras pós-ganglionares na parte craniana do sistema nervoso parassimpático.

2.2 Parte sacral do sistema nervoso parassimpático

Os neurônios pré-ganglionares estão nos segmentos sacrais em S2, S3 e S4. As fibras pré-ganglionares saem pelas raízes ventrais dos nervos sacrais correspondentes, ganham o tronco desses nervos, dos quais se destacam para formar os *nervos esplâncnicos pélvicos* (**Figura 12.2**). Por meio desses nervos, atingem as vísceras da cavidade pélvica, onde terminam fazendo sinapse nos gânglios (neurônios pós-ganglionares) aí localizados. Os nervos esplâncnicos pélvicos são também denominados *nervos eretores*, pois estão ligados ao fenômeno da ereção. Sua lesão causa a impotência.

3. Plexos viscerais

3.1 Conceito

Quanto mais próximo das vísceras, mais difícil se torna separar, por dissecação, as fibras do simpático e do parassimpático. Isso ocorre porque se forma, nas cavidades torácica, abdominal e pélvica, um emaranhado de filetes nervosos e gânglios, constituindo os chamados *plexos viscerais*, que não são puramente simpáticos ou parassimpáticos, mas que contêm elementos dos dois sistemas, além de fibras viscerais aferentes. Na composição desses plexos, temos os seguintes elementos: fibras simpáticas pré-ganglionares (raras) e pós-ganglionares; fibras parassimpáticas pré- e pós-ganglionares; fibras viscerais aferentes e gânglios do parassimpático, além dos gânglios pré-vertebrais do simpático. Nos plexos entéricos, existem também neurônios não ganglionares. Serão estudados separadamente os plexos das cavidades torácica, abdominal e pélvica.

3.2 Plexos da cavidade torácica – inervação do coração

Na cavidade torácica, existem três plexos: *cardíaco, pulmonar* e *esofágico* (**Figura 12.2**), cujas fibras parassimpáticas se originam do vago, e as simpáticas, dos três gânglios cervicais e seis primeiros torácicos. Em vista da importância da inervação autônoma do coração, merece destaque o plexo cardíaco, intimamente relacionado ao pulmonar, em cuja composição entram principalmente os três nervos cardíacos cervicais do simpático (superior, médio e inferior) e os dois nervos cardíacos cervicais do vago (superior e inferior), além de nervos cardíacos, torácicos do vago e do simpático. Fato interessante é que o coração, embora tenha posição torácica, recebe a sua inervação predominantemente da região cervical, o que se explica por sua origem na região cervical do embrião.

Os nervos cardíacos convergem para a base do coração, ramificam-se e trocam amplas anastomoses, formando o *plexo cardíaco*, no qual se observam numerosos gânglios do parassimpático. A esse plexo, externo, correspondem plexos internos, subepicárdicos e subendocárdicos, formados de células ganglionares e ramos terminais das fibras simpáticas e parassimpáticas. A inervação autônoma do coração é abundante em especial na região do nó sinoatrial, fato significativo, uma vez que a sua função se exerce fundamentalmente sobre o ritmo cardíaco, sendo o simpático cardioacelerador e o parassimpático, cardioinibidor.

3.3 Plexos da cavidade abdominal

3.3.1 Plexo celíaco

Na cavidade abdominal, situa-se o *plexo celíaco* (ou solar), um plexo visceral muito grande, localizado na parte profunda da região epigástrica, adiante da aorta abdominal e dos pilares do diafragma, na altura do tronco celíaco. Aí se localizam os gânglios simpáticos, celíaco, mesentérico superior e aórtico-renais, a partir dos quais o plexo celíaco se irradia a toda a cavidade abdominal, formando plexos secundários ou subsidiários (**Figura 12.2**). Fato interessante é que a maioria dos nervos que contribuem com fibras pré-ganglionares para o plexo celíaco tem origem na cavidade torácica, sendo mais importantes:

a) Os *nervos esplâncnicos maior* e *menor* – destacam-se de cada lado do tronco simpático de T5 a T12 e terminam fazendo sinapse nos gânglios pré-vertebrais.

b) O *tronco vagal anterior* e o *tronco vagal posterior* – oriundos do plexo esofágico, contendo, cada um, fibras oriundas dos nervos vago direito e esquerdo, que trocam amplas anastomoses em seu trajeto torácico.

Tabela 12.1 Parte craniana do parassimpático.

Posição do neurônio pré-ganglionar	Nervo (fibra pré-ganglionar)	Posição do neurônio pós-ganglionar	Órgão inervado
Núcleo de Edinger-Westphal	III par	gânglio ciliar	m. esfíncter da pupila e músculo ciliar
Núcleo salivatório superior	VII par (n. intermédio)	gânglio submandibular	glândulas submandibular e sublingual
Núcleo salivatório inferior	IX par	gânglio ótico	glândula parótida
Núcleo lacrimal	VII par (n. intermédio)	gânglio pterigopalatino	glândula lacrimal
Núcleo dorsal do vago	X par	gânglios nas vísceras torácicas e abdominais	vísceras torácicas e abdominais

As fibras parassimpáticas do vago passam pelos gânglios pré-vertebrais do simpático sem fazer sinapse e terminam estabelecendo sinapses com gânglios e células ganglionares das vísceras abdominais.

Do plexo celíaco, irradiam-se plexos secundários que se distribuem às vísceras da cavidade abdominal, acompanhando, em geral, os vasos.

Os plexos secundários pares são: renal, suprarrenal e testicular (ou uterovárico); e os plexos secundários ímpares são: hepático, pineal, gástrico, pancreático, mesentérico superior, mesentérico inferior e aórtico-abdominal.

3.3.2 Plexos entéricos – sistema nervoso entérico

Os plexos entéricos estão localizados no interior das paredes do trato gastrointestinal. São dois: o mioentérico (de Auerbach) e o submucoso (de Meissner).

Esses plexos não são constituídos apenas de neurônios pós-ganglionares parassimpáticos colinérgicos, como se pensou durante muito tempo. Além de neurônios ganglionares, apresentam também neurônios sensoriais e interneurônios. Eles contêm aproximadamente 100 milhões de neurônios em suas paredes, muitos dos quais sem conexão direta com o sistema nervoso central. Esse número é muito grande e assemelha-se ao encontrado na medula espinal. Apresentam também grande diversidade de neurotransmissores e peptídeos.[1]

Comandam as células musculares lisas, glândulas produtoras de muco e vasos sanguíneos locais. Os neurônios sensoriais entéricos detectam o estado químico dos conteúdos e o grau de estiramento da parede do trato gastrointestinal, promovendo a inibição da musculatura lisa distal (anel de relaxamento) e contração da proximal (anel de constrição), para que os movimentos peristálticos sejam adequadamente coordenados para movimentar o bolo alimentar. Controlam também a liberação da secreção gástrica e das enzimas digestivas. Diante dessa complexidade, concluiu-se que os plexos entéricos apresentam uma independência funcional do SNA, o que fez alguns autores considerá-los uma terceira divisão do SNA, denominada *sistema nervoso entérico*, proposta esta não adotada neste livro. Apesar de certa independência para gerar algumas respostas, os plexos entéricos recebem modulação de impulsos dos gânglios simpáticos paravertebrais e do parassimpático através do nervo vago que lhes conferem ritmo e informações provenientes de todo o organismo, inclusive com comportamentos emocionais. É por isso que cólicas e distúrbios intestinais são comuns em diversas situações emocionais.

3.3.3 Plexos da cavidade pélvica

As vísceras pélvicas são inervadas pelo *plexo hipogástrico* (**Figura 12.2**), no qual se distinguem uma porção superior, *plexo hipogástrico superior*, e uma porção inferior, *plexo hipogástrico inferior*, também chamado *plexo pélvico* (**Figura 12.2**). O plexo hipogástrico superior situa-se adiante do promontório, entre as artérias ilíacas direita e esquerda. Continua cranialmente o plexo aórtico-abdominal e corresponde ao chamado *nervo pré-sacral* dos cirurgiões e ginecologistas, o qual, na realidade, é formado por vários filetes nervosos. Para a formação dos plexos hipogástricos, contribuem principalmente:

a) Filetes nervosos provenientes do plexo aórtico-abdominal, os quais contêm, além de fibras viscerais aferentes, fibras simpáticas pós-ganglionares, provenientes, principalmente, do gânglio mesentérico inferior.
b) Os nervos esplâncnicos pélvicos, trazendo fibras pré-ganglionares da parte sacral do parassimpático, as quais terminam fazendo sinapse em numerosos gânglios situados nas paredes das vísceras pélvicas.
c) Filetes nervosos que se destacam de gânglios lombares e sacrais do tronco simpático.

Entre as vísceras inervadas pelo plexo pélvico, merece destaque a bexiga, cuja inervação é de grande importância clínica.

4. Inervação da bexiga

As fibras viscerais aferentes da bexiga ganham a medula através do sistema simpático ou do parassimpático. No primeiro caso, sobem pelos nervos hipogástricos e plexo hipogástrico superior, conduzindo impulsos nervosos que atingem os segmentos torácicos e lombares baixos da medula (T10 L2). Já as fibras que acompanham o parassimpático seguem pelos nervos esplâncnicos pélvicos, terminando na medula sacral através das raízes dorsais dos nervos S2, S3 e S4. Ao chegar à medula, as fibras aferentes viscerais provenientes da bexiga ligam-se às vias ascendentes que terminam no cérebro, conduzindo impulsos que se manifestam sob a forma de plenitude vesical. As fibras aferentes que chegam à região sacral fazem parte do *arco reflexo da micção*, cuja parte eferente está a cargo da inervação parassimpática da bexiga. Esta inicia-se nos neurônios pré-ganglionares, situados na medula sacral (S2, S3, S4), os quais dão origem a fibras pré-ganglionares que saem da medula pelas raízes ventrais e ganham os nervos sacrais S2, S3 e S4, de onde se destacam os nervos esplâncnicos pélvicos. Através desses nervos, as fibras pré-ganglionares dirigem-se aos gânglios parassimpáticos situados no plexo pélvico, na parede da bexiga. Daí saem as fibras pós-ganglionares, muito curtas, que inervam a musculatura lisa da parede da bexiga (*músculo detrusor*) e o *músculo esfíncter da bexiga*. Os impulsos parassimpáticos que seguem por essa via causam relaxamento do esfíncter e contração do músculo detrusor, fenômenos que permitem o esvaziamento vesical. Segundo a maioria dos autores, o sistema simpático tem pouca ou nenhuma importância na micção. O estímulo para o reflexo da micção é representado pela distensão da parede vesical. Convém acentuar, entretanto, que a micção, como ato puramente reflexo, existe normalmente apenas na criança até o fim do primeiro ano de vida. Daí em diante, surge a capacidade de impedir a contração do detrusor, apesar de a bexiga estar cheia, e a micção torna-se, até certo ponto, um ato controlado pela vontade.

---

[1] Neuropeptídeos Y, galanina, dinorfina, adenosina, destacando-se a acetilcolina, serotonina, GABA, substância P, VIP e óxido nítrico.

5. Correlações anatomoclínicas

5.1 Doença de Chagas

Infecção causada pelo protozoário *Trypanossoma cruzi*, que tem como vetor o barbeiro do gênero Triatoma. Esse inseto se aloja nas frestas das paredes das casas e ao picar o homem transmite a doença pela via hematogênica. Há comprometimento de vários órgãos causando a doença aguda, que pode levar ao óbito por insuficiência cardíaca. Vencida a fase aguda, estabelece-se a fase crônica com diferentes níveis de insuficiência cardíaca, que pode indicar a necessidade de transplante do órgão. Por sua grande importância clínica, cabem algumas considerações sobre o envolvimento da inervação autônoma do coração na doença de Chagas. Há muito tempo sabe-se que nessa doença há intensa destruição dos gânglios parassimpáticos do plexo cardíaco, ocasionando desnervação parassimpática do coração. Segundo alguns autores, essa desnervação, sem a correspondente desnervação simpática, seria responsável pelo desenvolvimento da cardiomiopatia chagásica. Entretanto, com base em estudos da doença de Chagas experimental, sabe-se que, na fase aguda dessa doença, ocorre também total destruição da inervação simpática do coração.[2] Contudo, em fases posteriores da doença, ocorre reinervação simpática e parassimpática do órgão.[3]

Há também intensa destruição de neurônios do sistema nervoso autônomo nos plexos entéricos, o que ocasiona grandes dilatações do esôfago e do intestino, conhecidas, respectivamente, como megaesôfago e megacólon.

5.2 Drogas simpaticomiméticas e parassimpaticomiméticas

Estas drogas são amplamente utilizadas na prática clínica e atuam facilitando ou bloqueando a transmissão neuroquímica.

5.2.1 Fármacos que atuam na transmissão colinérgica

Existem dois tipos de receptores colinérgicos: os muscarínicos e nicotínicos. A ação sobre os receptores muscarínicos correspondem aos efeitos da acetilcolina (ACH) liberada nas terminações nervosas pós-ganglionares parassimpáticas. As ações nicotínicas correspondem às ações da ACH sobre os gânglios autonômicos dos sistemas simpático e parassimpático. Os receptores muscarínicos são ativados pela acetilcolina e bloqueados pela atropina, seu principal antagonista.

Os agonistas colinérgicos ou parassimpaticomiméticos têm efeito semelhante ao da estimulação parassimpática. Atuam principalmente sobre os receptores muscarínicos. São eles o betamecol, a pilocarpina e a cevimelina. Seus efeitos são redução da frequência e débito cardíacos, vasodilatação, hipotensão e contração da musculatura lisa do intestino com aumento do peristaltismo, da bexiga e constrição dos brônquios podendo causar dificuldade respiratória além de estimulação das glândulas sudoríparas, salivares, lacrimal e brônquicas. Sob a forma de colírio (pilocarpina), promove a constrição da pupila reduzindo a pressão ocular sendo usado no tratamento do glaucoma. Pode também ser utilizada para aumento das secreções salivar e lacrimal com consequente alívio de boca seca e olhos secos como no caso da síndrome de Sjögren. A ativação dos receptores muscarínicos, no encéfalo, produz tremores, hipotermia e aumento da atividade locomotora e melhora da cognição.

Os antagonistas muscarínicos ou parassimpaticolíticos principais são a atropina e a escopolamina. Os principais efeitos são: taquicardia inibição de secreções; dilatação da pupila; paralisia da acomodação; relaxamento da musculatura lisa (intestino, brônquios e bexiga); e inibição da secreção ácida do estomago. No SNC, promovem excitação, além de efeito antiemético e antiparkinsoniano. A escopolamina tem os mesmos efeitos da atropina, porém, no SNC, promove sedação e amnésia. Os efeitos colaterais são boca seca turvação da visão. Os principais usos clínicos da atropina e seus derivados:

a) Cardiológicos – tratamento da bradicardia sinusal. A atropina é uma importante droga que pode auxiliar em casos de parada cardiorrespiratória, promovendo a estimulação da musculatura cardíaca.
b) Oftálmico – colírios para dilatação da pupila.
c) Neurológico – agindo sobre o SNC na prevenção da cinetose, náuseas e vômitos, no parkinsonismo, e também para neutralizar distúrbios de movimento causados por fármacos antipsicóticos.
d) Respiratório – por inalação, o ipratrópio e a benzotropina são utilizados na asma e na doença pulmonar obstrutiva crônica (DPOC).
e) Gastrointestinal – para relaxamento da musculatura para execução de endoscopia e colonoscopia, como antiespasmódico em cólicas e diarreia.

Outra categoria de fármacos anticolinérgicos são os bloqueadores neuromusculares que agem inibindo a síntese ou a liberação de ACH ou bloqueando os receptores pós-sinápticos. A principal indicação clínica é provocar paralisia durante a anestesia e intubação traqueal. São os derivados do curare e fármacos mais modernos como o suxametônio, com menos efeitos colaterais. A toxina botulínica age inibindo a liberação da ACH na placa motora e é

---

2 Machado, A.B.M.; Machado, E.R.S. & Gomes, E.B. Depletion of heart norepinephrine in the experimental acute myocardites caused by Trypanosoma cruzi. Experientia, 1975. 31: 1201-1203.
3 Machado, E.R.S.; Machado, A.B.M. & Chiari, E.A. Recovery from heart norepinephrine depletion in experimental Chagas disease. The American Journal of Tropical Medicine and Hygiene, 1978. 27 (1): 20-24.

hoje amplamente utilizada para fins estéticos paralisando a musculatura facial, reduzindo, assim, as rugas de expressão. Para fins terapêuticos, é utilizada na redução da espasticidade, blefarospasmo, estrabismo, hiper-hidrose e sialorreia. O efeito dura entre 3 e 6 meses e só é reversível com a regeneração da placa motora.

Os fármacos que intensificam a transmissão colinérgica atuam inibindo a colinesterase ou aumentando a liberação de ACH. Os principais fármacos anticolinesterásicos são a neostigmina e a piridostigmina utilizadas no tratamento da miastenia *gravis* (Capítulo 9, item 3.1.1.1).. A neostigmina é também utilizada na interrupção dos efeitos dos bloqueadores musculares anestésicos. O ecotiopato e a fisostigmina são utilizados sob a forma de colírio no tratamento do glaucoma. No SNC, a donepezila atua no tratamento das demências principalmente na de Alzheimer. Os pesticidas organofosforados causam inibição irreversível da colinesterase e causam grave intoxicação com bradicardia, aumento de secreção, broncoconstrição e hipermobilidade intestinal, podendo culminar no óbito.

5.2.2 Fármacos que atuam na transmissão adrenérgica

Os agonistas adrenérgicos são utilizados principalmente no tratamento de doenças cardiovasculares e respiratórias e podem atuar seletivamente nos receptores α1, α2, β1, β2 e β3. Esta atuação seletiva possibilita a ação mais restrita dos fármacos em patologias específicas. São eles:

a) Adrenalina e noradrenalina – mostram pouca seletividade de receptor e são usadas principalmente em paradas cardiorrespiratórias e anafilaxia.
b) Agonistas α1 seletivos – fenilefrina e efedrina utilizados como descongestionantes tópicos.
c) Agonista α2 seletivos – clonidina e metildopa utilizados para tratamento da hipertensão arterial. A metildopa atualmente só é utilizada em gestantes com hipertensão e eclampsia.
d) Agonistas β1 seletivos – dobutamina, aumenta contratilidade cardíaca e é utilizada no choque cardiogênico.
e) Agonistas β2 seletivos – salbutamol, terbutalina, salmeterol e formoterol usados como broncodilatadores na asma e na DPOC.
f) Agonistas β3 seletivo – mirabegron, utilizado no tratamento da bexiga hiperativa e da incontinência urinária. Promovem também lipólise e têm potencial de tratamento da obesidade.

Os principais antagonistas adrenérgicos são:

a) Antagonistas ou bloqueadores α – fenoxibenzamina, utilizada no tratamento do feocromocitoma. A ergotamina di-hidroergotamina são utilizadas no tratamento da enxaqueca.
b) Antagonista α1 – prazosina e doxazosina utilizadas na hipertensão arterial e na hipertrofia prostática benigna.
c) Antagonista α1 A uroseletivo – tansulosina, utilizada na hipertrofia prostática benigna.
d) Antagonista β não seletivos – são conhecidos com betabloqueadores e amplamente utilizados na cardiologia. O mais conhecido é o propranolol utilizado na hipertensão arterial, angina, no infarto do miocárdio, nas arritmias cardíacas, na enxaqueca, ansiedade, no tremor familiar benigno e no glaucoma. Seus derivados metoprolol e atenolol têm ação cardiovascular semelhante e β1 seletiva. Os principais efeitos colaterais dos betabloqueadores são: broncoconstrição, bradicardia, hipoglicemia, fadiga.
e) Antagonistas β e α1 – carvedilol e labetalol, utilizados na insuficiência cardíaca.

Leitura sugerida

RITTER, J. M.; et al. *Rang & Dale's Pharmacology*. 9. ed. Philadelphia: Elsevier, 2019.

CALEB JÚNIOR. *Livro-Texto Farmacologia*. Rio de Janeiro: Atheneu, 2020.

capítulo 13

Estrutura da Medula Espinal

1. Introdução ao estudo da estrutura interna do sistema nervoso central: glossário

O estudo da estrutura interna do sistema nervoso central (SNC), que será iniciado neste capítulo, é uma das partes mais importantes e interessantes da Neuroanatomia, uma vez que, no sistema nervoso, estrutura e função estão intimamente ligadas e é fundamental para a compreensão dos diversos quadros clínicos que resultam das lesões e processos patológicos que podem acometê-lo. O conhecimento da estrutura funcional do SNC permite ao aluno localizar lesões no sistema nervoso central com base nos sinais e sintomas que delas decorrem. Antes de iniciarmos o estudo da estrutura da medula, conceituaremos alguns termos que serão largamente usados nos capítulos seguintes.

a) *Substância cinzenta* – tecido nervoso constituído de neuróglia, corpos de neurônios e fibras predominantemente amielínicas.
b) *Substância branca* – tecido nervoso formado de neuróglia e fibras predominantemente mielínicas.
c) *Núcleo* – massa de substância cinzenta dentro de substância branca, ou grupo delimitado de neurônios com aproximadamente a mesma estrutura e mesma função.
d) *Formação reticular* – agregado de neurônios separados por fibras nervosas que não correspondem exatamente às substâncias branca ou cinzenta e ocupa a parte central do tronco encefálico.
e) *Córtex* – substância cinzenta que se dispõe em uma camada fina na superfície do cérebro e do cerebelo.
f) *Trato* – feixe de fibras nervosas com aproximadamente a mesma origem, mesma função e mesmo destino. As fibras podem ser mielínicas ou amielínicas. Na denominação de um trato, usa-se a fusão dos nomes e a origem seguida do nome da terminação das fibras. Pode, ainda, haver um segundo nome indicando a posição do trato. Assim, trato corticospinal lateral indica um trato cujas fibras se originam no córtex cerebral, terminam na medula espinal e localiza-se no funículo lateral da medula.
g) *Fascículo* – usualmente, o termo se refere a um trato mais compacto. Entretanto, o emprego do termo *fascículo*, em vez de *trato*, para algumas estruturas se explica mais pela tradição do que por uma diferença fundamental existente entre eles.
h) *Lemnisco* – o termo significa *fita*. É empregado para alguns feixes de fibras sensitivas que levam impulsos nervosos ao tálamo.
i) *Funículo* – o termo significa *cordão* e é usado para a substância branca da medula. Um funículo contém vários tratos ou fascículos.
j) *Decussação* – formação anatômica constituída por fibras nervosas que cruzam obliquamente o plano mediano e que têm aproximadamente a mesma direção (**Figura 13.1**). O exemplo mais conhecido é a decussação das pirâmides.
k) *Comissura* – formação anatômica constituída por fibras nervosas que cruzam perpendicularmente o plano mediano e que têm, por conseguinte, direções diametralmente opostas (**Figura 13.1**). O exemplo mais conhecido é o corpo caloso.
l) *Fibras de projeção* – fibras de projeção de uma determinada área ou órgão do SNC são aquelas que saem dos limites dessa área ou desse órgão.
m) *Fibras de associação* – fibras de associação de uma determinada área ou órgão do SNC são aquelas que associam pontos mais ou menos distantes dessa área ou desse órgão, sem, entretanto, abandoná-lo.

n) *Modulação* – mudança da excitabilidade de um neurônio causada por axônios de outros neurônios não relacionados com a função do primeiro. Por exemplo, um axônio pode modular a excitabilidade de um neurônio motor sem se relacionar diretamente com a motricidade.

o) *Neuroimagem funcional* – técnica que permite estudar o estado funcional de áreas do SNC em indivíduos sem anestesia. Baseia-se no fato de que, quando os neurônios são ativados, há aumento do metabolismo e do fluxo sanguíneo, o que é detectado pelo equipamento. Para mais informações, veja o Capítulo 31.

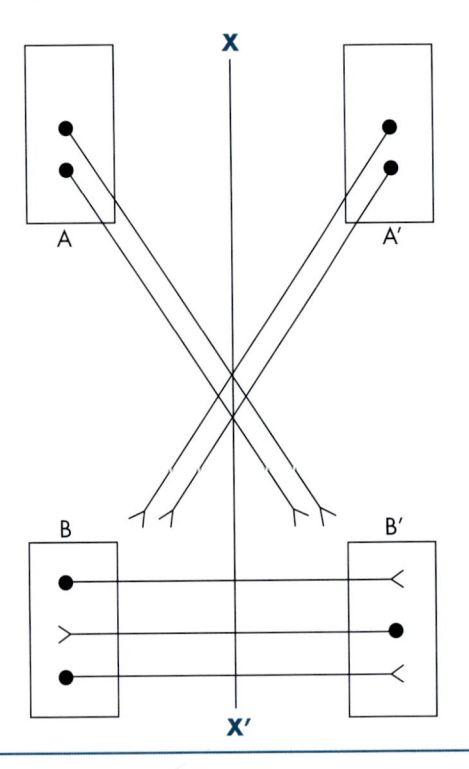

Figura 13.1 Diferença entre decussação e comissura. As fibras originadas em A e A' cruzam o plano mediano (XX'), formando uma decussação; as originadas em B e B' cruzam esse plano formando uma comissura.

2. Estrutura da medula: aspectos gerais

Como já foi visto no Capítulo 4 (**Figura 4.2**), na superfície da medula existem os sulcos lateral anterior, lateral posterior, intermédio posterior, mediano posterior e a fissura mediana anterior. A substância cinzenta é circundada pela branca, constituindo, de cada lado, os funículos anterior, lateral e posterior, este último compreendendo os fascículos grácil e cuneiforme. Entre a fissura mediana anterior e a substância cinzenta, localiza-se a *comissura branca*, local de cruzamento de fibras. Na substância cinzenta, notam-se as colunas anterior, lateral e posterior.

Existem diferenças entre os vários níveis da medula no que diz respeito à forma, localização e ao tamanho desses elementos. Assim, a quantidade de substância branca em relação à cinzenta é tanto maior quanto mais alto o nível considerado. No nível das intumescências lombares e cervicais, a coluna anterior é mais dilatada; a coluna lateral só existe de T1 até L2. Esses e outros critérios permitem identificar aproximadamente o nível de uma secção medular.

3. Substância cinzenta da medula

3.1 Divisão da substância cinzenta da medula

A substância cinzenta da medula tem a forma de borboleta ou de um H. Existem vários critérios para a divisão dessa substância cinzenta. Um deles (**Figura 13.2**) considera duas linhas que tangenciam os contornos anterior e posterior do ramo horizontal do H, dividindo a substância cinzenta em *coluna anterior*, *coluna posterior* e *substância cinzenta intermédia*. Por sua vez, a substância cinzenta intermédia pode ser dividida em *substância cinzenta intermédia central* e *substância cinzenta intermédia lateral* por duas linhas anteroposteriores, como mostra a **Figura 13.2**. De acordo com esse critério, a coluna lateral faz parte da substância cinzenta intermédia lateral. Na coluna anterior, distinguem-se uma cabeça e uma base, esta última em conexão com a substância cinzenta intermédia lateral. Na coluna posterior, observa-se, de diante para trás, uma base, um pescoço e um ápice. Neste último, existe uma área constituída por tecido nervoso translúcido, rico em células neurogliais e pequenos neurônios, a *substância gelatinosa* (**Figura 13.3**).

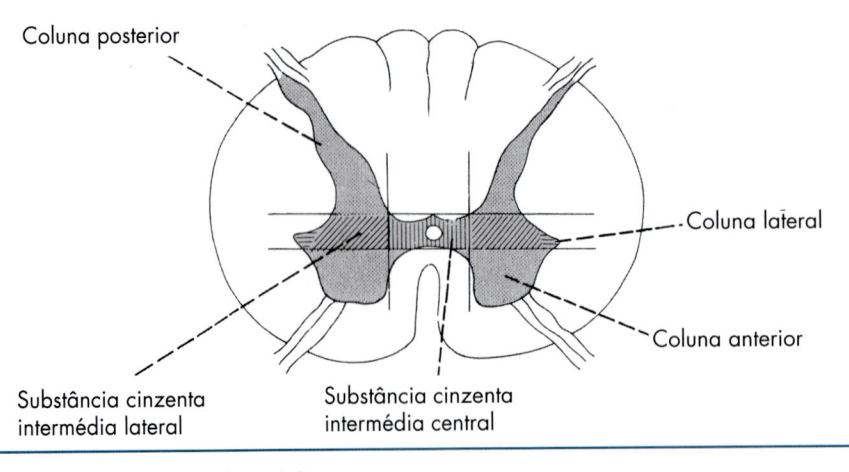

Figura 13.2 Divisão da substância cinzenta da medula.

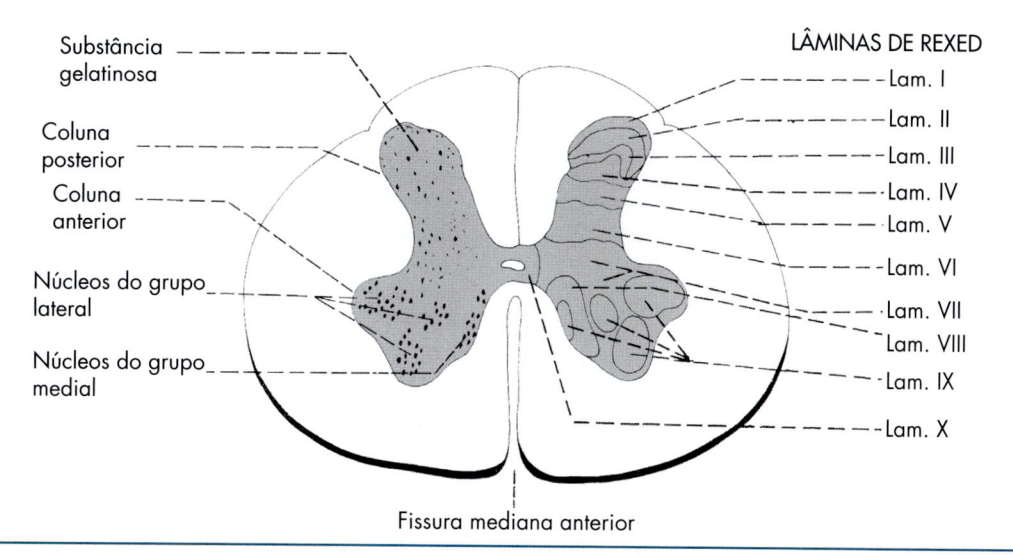

Figura 13.3 Secção da medula espinal ao nível de L5 mostrando, do lado direito, as lâminas de Rexed e, do lado esquerdo, alguns núcleos medulares.

3.2 Classificação dos neurônios medulares

Os elementos mais importantes da substância cinzenta da medula são os seus neurônios, que têm sido classificados de várias maneiras. A classificação adotada baseia-se, com algumas modificações, na classificação proposta por Cajal[1] e está esquematizada a seguir.

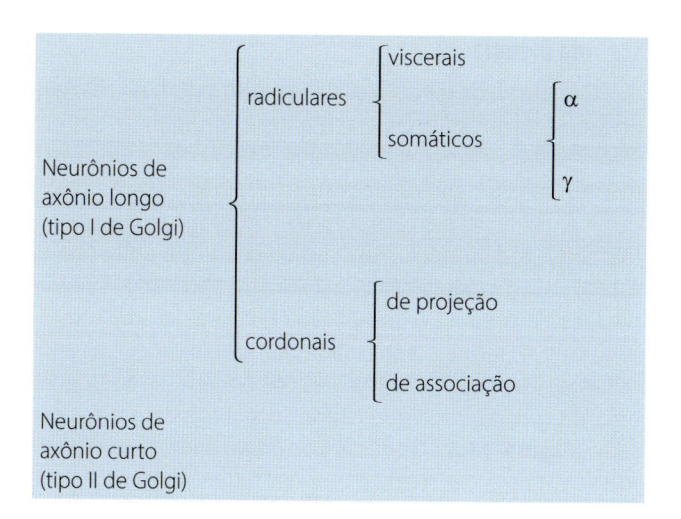

Neurônios de axônio longo (tipo I de Golgi)
- radiculares
  - viscerais
  - somáticos
    - α
    - γ
- cordonais
  - de projeção
  - de associação

Neurônios de axônio curto (tipo II de Golgi)

3.2.1 Neurônios radiculares

Os neurônios radiculares recebem este nome porque o seu axônio, muito longo, sai da medula para constituir a raiz ventral.

Os neurônios radiculares viscerais são os neurônios pré-ganglionares do sistema nervoso autônomo, cujos corpos localizam-se na substância cinzenta intermédia lateral, de T1 a L2 (simpático), ou de S2 a S4 (parassimpático). Destinam-se à inervação de músculos lisos, cardíacos ou glândulas.

Os neurônios radiculares somáticos destinam-se à inervação de músculos estriados esqueléticos e têm o seu corpo localizado na coluna anterior. São também denominados *neurônios motores inferiores*. Costuma-se distinguir, na medula dos mamíferos, dois tipos de neurônios radiculares somáticos: alfa; e gama. Os *neurônios alfa* são muito grandes e o seu axônio, bastante grosso, destina-se à inervação de fibras musculares que contribuem efetivamente para a contração dos músculos. Essas fibras são extrafusais, ou seja, localizam-se fora dos fusos neuromusculares. Cada neurônio alfa, juntamente com as fibras musculares que ele inerva, constitui uma *unidade motora*. Os *neurônios gama* são menores e têm axônios mais finos (fibras eferentes gama), responsáveis pela inervação motora das fibras intrafusais. O papel dos motoneurônios gama na regulação da sensibilidade dos fusos neuromusculares já foi discutido (veja Capítulo 9, parte B, item 2.3.2d). Eles recebem influência de vários centros supraespinais relacionados com a atividade motora e sabe-se hoje que, para a execução de um movimento voluntário, eles são ativados simultaneamente com os motoneurônios alfa (coativação alfa-gama). Isso permite que os fusos neuromusculares continuem a enviar informações proprioceptivas ao SNC, mesmo durante a contração muscular desencadeada pela atividade dos neurônios alfa.

3.2.2 Neurônios cordonais

Os neurônios cordonais são aqueles cujos axônios ganham a substância branca da medula, onde tomam direção ascendente ou descendente, passando a constituir as fibras que formam os funículos da medula. O axônio de

---
[1] Santiago Ramon y Cajal, neuroanatomista espanhol que em 1906 ganhou o prêmio Nobel por suas descobertas fundamentais sobre a estrutura do sistema nervoso, em especial a demonstração de que os neurônios são células independentes que se comunicam por contatos especiais, mais tarde denominadas sinapses. Esse conceito venceu a controvérsia com o italiano Camilo Golgi, segundo o qual haveria continuidade entre um neurônio e outro.

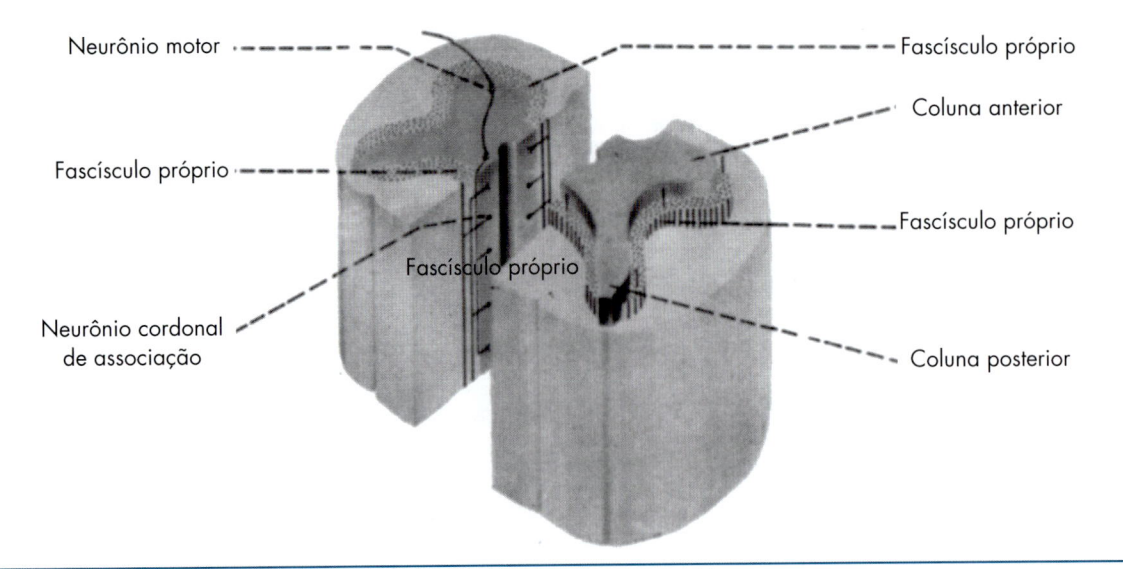

Figura 13.4 Esquema de formação dos fascículos próprios da medula.

um neurônio cordonal pode passar ao funículo situado do mesmo lado onde se localiza o seu corpo, ou do lado oposto. No primeiro caso, diz-se que ele é homolateral (ou ipsilateral); no segundo caso, heterolateral (ou contralateral). Os *neurônios cordonais de projeção* têm um axônio ascendente longo, que termina fora da medula (tálamo, cerebelo etc.), integrando as *vias ascendentes da medula*. Os *neurônios cordonais de associação* têm um *axônio* que, ao passar para a substância branca, se bifurca em um ramo ascendente e outro descendente, ambos terminando na substância cinzenta da própria medula. Constituem, pois, um mecanismo de integração de segmentos medulares, situados em níveis diferentes, permitindo a realização de *reflexos intersegmentares na medula* (veja Capítulo 1, item 2). As fibras nervosas formadas por esses neurônios dispõem-se em torno da substância cinzenta, onde formam os chamados *fascículos próprios* (**Figura 13.4**), existentes nos três funículos da medula.

3.2.3 Neurônios de axônio curto (ou internunciais)

Em razão de seu pequeno tamanho, o axônio desses neurônios permanece sempre na substância cinzenta. Os seus prolongamentos ramificam-se próximo ao corpo celular e estabelecem conexão entre as fibras aferentes, que penetram pelas raízes dorsais e os neurônios motores, interpondo-se, assim, em vários arcos reflexos medulares. Além disso, muitas fibras que chegam à medula trazendo impulsos do encéfalo terminam em neurônios internunciais, que desempenham, assim, um papel importante na fisiologia medular. Um tipo especial de neurônio de axônio curto encontrado na medula é a *célula de Renshaw*, localizada na porção medial da coluna anterior. Os impulsos nervosos provenientes da célula de Renshaw inibem os neurônios motores. Admite-se que os axônios dos neurônios motores, antes de deixar a medula, emitem um ramo colateral recorrente que volta e termina estabelecendo sinapse com uma célula de Renshaw, cujo neurotransmissor é inibitório. Esta, por sua vez, faz sinapse com o próprio neurônio motor que emitiu o colateral. Assim, os impulsos nervosos que saem pelos neurônios motores são capazes de inibir o próprio neurônio por meio do ramo recorrente e da célula de Renshaw.[2] Esse mecanismo é importante para a fisiologia dos neurônios motores.

3.3 Núcleos e lâminas da substância cinzenta da medula

Os neurônios medulares não se distribuem de maneira uniforme na substância cinzenta, mas agrupam-se em núcleos ora mais ora menos definidos. Esses núcleos são, usualmente, representados em cortes, mas não se pode esquecer que, na realidade, formam colunas longitudinais dentro das três colunas da medula. Alguns núcleos, entretanto, não se estendem ao longo de toda a medula. A sistematização dos núcleos da medula é complicada e controvertida, e o estudo que se segue é extremamente simplificado. Os vários núcleos descritos na coluna anterior podem ser agrupados em dois grupos: medial; e lateral, de acordo com a sua posição (**Figura 13.3**). Os *núcleos do grupo medial* existem em toda a extensão da medula e os neurônios motores aí localizados inervam a musculatura relacionada com o esqueleto axial. Já os núcleos do grupo lateral dão origem a fibras que inervam a musculatura apendicular, ou seja, dos membros superior e inferior. Em função disso, esses núcleos aparecem apenas nas regiões das intumescências cervical e lombar, onde se originam, respectivamente, os plexos braquial e lombossacral. No grupo lateral, os neurônios motores situados mais na porção medial inervam a musculatura proximal

---

2 Descobriu-se que o neurotransmissor da maioria das células de Renshaw é a glicina, substância cuja ação é inibida pela estricnina. Isso explica as fortes convulsões que se observam em casos de envenenamento por estricnina quando cessa completamente a ação inibidora das células de Renshaw sobre os neurônios motores.

dos membros, enquanto os situados mais lateralmente inervam a musculatura distal dos membros, ou seja, os músculos intrínsecos e extrínsecos da mão e do pé.

Na coluna posterior, são mais evidentes dois núcleos: o *núcleo torácico* (= núcleo dorsal); e a *substância gelatinosa*. O primeiro, evidente apenas na região torácica e lombar alta (L1–L2), relaciona-se com a propriocepção inconsciente e contém neurônios cordonais de projeção, cujos axônios vão ao cerebelo.

A substância gelatinosa tem organização bastante complexa. Ela recebe fibras sensitivas que entram pela raiz dorsal e nela funciona o chamado *portão da dor,* mecanismo que regula a entrada de impulsos dolorosos no sistema nervoso. Para o funcionamento do portão da dor, são importantes as fibras que chegam à substância gelatinosa vindas do tronco encefálico. O portão da dor será estudado no Capítulo 29, item 4.1.

A substância cinzenta da medula foi objeto de exaustivos estudos de citoarquitetura realizada por Rexed, cujos trabalhos mudaram as concepções existentes sobre a distribuição dos neurônios medulares. Esse autor verificou que os neurônios medulares se distribuem em extratos ou lâminas bastante regulares, as *lâminas de Rexed,* numeradas de I a X, no sentido dorsoventral (**Figura 13.3**). As lâminas I a IV constituem uma área receptora, onde terminam os neurônios das fibras exteroceptivas que penetram pelas raízes dorsais. As lâminas V e VI recebem informações proprioceptivas. A lâmina IX contém os neurônios motores que correspondem aos núcleos da coluna anterior.

4. Substância branca da medula

4.1 Identificação de tratos e fascículos

As fibras da substância branca da medula agrupam-se em tratos e fascículos que formam verdadeiros caminhos, ou vias, por onde passam os impulsos nervosos que sobem e descem. A formação, função e posição desses feixes de fibras nervosas serão estudadas a seguir. Convém notar, entretanto, que não existem na substância branca septos delimitando os diversos tratos e fascículos, e as fibras da periferia de um trato se dispõem lado a lado com as do trato vizinho. Contudo, há métodos que permitiram aos neuroanatomistas localizar a posição dos principais tratos e fascículos.

O mais importante deles baseia-se no fato de que, quando seccionamos uma fibra mielínica, o segmento distal sofre degeneração walleriana. Seccionando-se experimentalmente a medula de animais ou, do homem, aproveitando-se casos de secção resultantes de acidentes, observam-se áreas de degeneração acima ou abaixo das lesões. Elas correspondem aos diversos tratos e fascículos cujas fibras foram lesadas. Se a área de degeneração se localiza acima do ponto de secção, concluímos que o trato degenerado é ascendente, ou seja, o corpo do neurônio localiza-se em algum ponto abaixo da lesão. Se a área de degeneração estiver localizada abaixo, concluímos, por raciocínio semelhante, que o trato é descendente. Temos, assim, as *vias ascendentes* e *vias descendentes da medula*. Atualmente, a tratografia por ressonância magnética permite a identificação dos principais tratos no indivíduo vivo.

4.2 Vias descendentes

As vias descendentes são formadas por fibras que se originam no córtex cerebral ou em várias áreas do tronco encefálico e terminam fazendo sinapse com os neurônios medulares. Algumas terminam nos neurônios pré-ganglionares do sistema nervoso autônomo, constituindo as vias descendentes viscerais. Outras terminam fazendo sinapse com neurônios da coluna posterior e participam dos mecanismos que regulam a penetração dos impulsos sensoriais no SNC. Contudo, o contingente mais importante termina direta ou indiretamente nos neurônios motores somáticos, constituindo as vias motoras descendentes somáticas. Durante muito tempo, essas vias foram divididas em piramidais e extrapiramidais. Essa divisão não é mais válida, pois não se aceita mais a divisão do sistema motor em piramidal e extrapiramidal. Modernamente, é mais utilizada a divisão morfofuncional de Kuyper. Esse pesquisador seccionou especificamente os funículos lateral e anterior da medula do gato. A lesão do funículo lateral resultou na perda dos movimentos finos das extremidades, sem alterar a postura do animal. Já a lesão do funículo anterior resultou em alterações na postura e impossibilidade de ajustes posturais. Por exemplo, quando se joga um gato para o alto, ele se movimenta para cair em pé. No gato com o funículo anterior lesado, isso não ocorre, embora o animal não perca a capacidade de realizar movimentos apendiculares finos. Com base nessa experiência, foi proposta, e é hoje mais utilizada, inclusive para o homem, a classificação das vias descendentes motoras em dois sistemas, lateral e medial.

4.2.1 Sistema lateral

O sistema lateral da medula compreende dois tratos: o *corticospinal*, que se origina no córtex; e o *rubrospinal*, que se origina no núcleo rubro do mesencéfalo. Ambos conduzem impulsos nervosos aos neurônios da coluna anterior da medula, relacionando-se com esses neurônios diretamente ou por meio de neurônios internunciais. No nível da *decussação das pirâmides no bulbo,* os tratos corticospinais se cruzam, o que significa que o córtex de um hemisfério cerebral comanda os neurônios motores situados na medula do lado oposto, visando à realização de movimentos voluntários. Assim, a motricidade voluntária é cruzada, sendo este um dos fatos mais importantes da neuroanatomia. É fácil entender, assim, que uma lesão do trato corticospinal acima da decussação das pirâmides causa paralisia da metade oposta do corpo. Um pequeno número de fibras, no entanto, não se cruza na decussação das pirâmides e continua em posição anterior, constituindo o *trato corticospinal anterior*, localizado no funículo anterior da medula

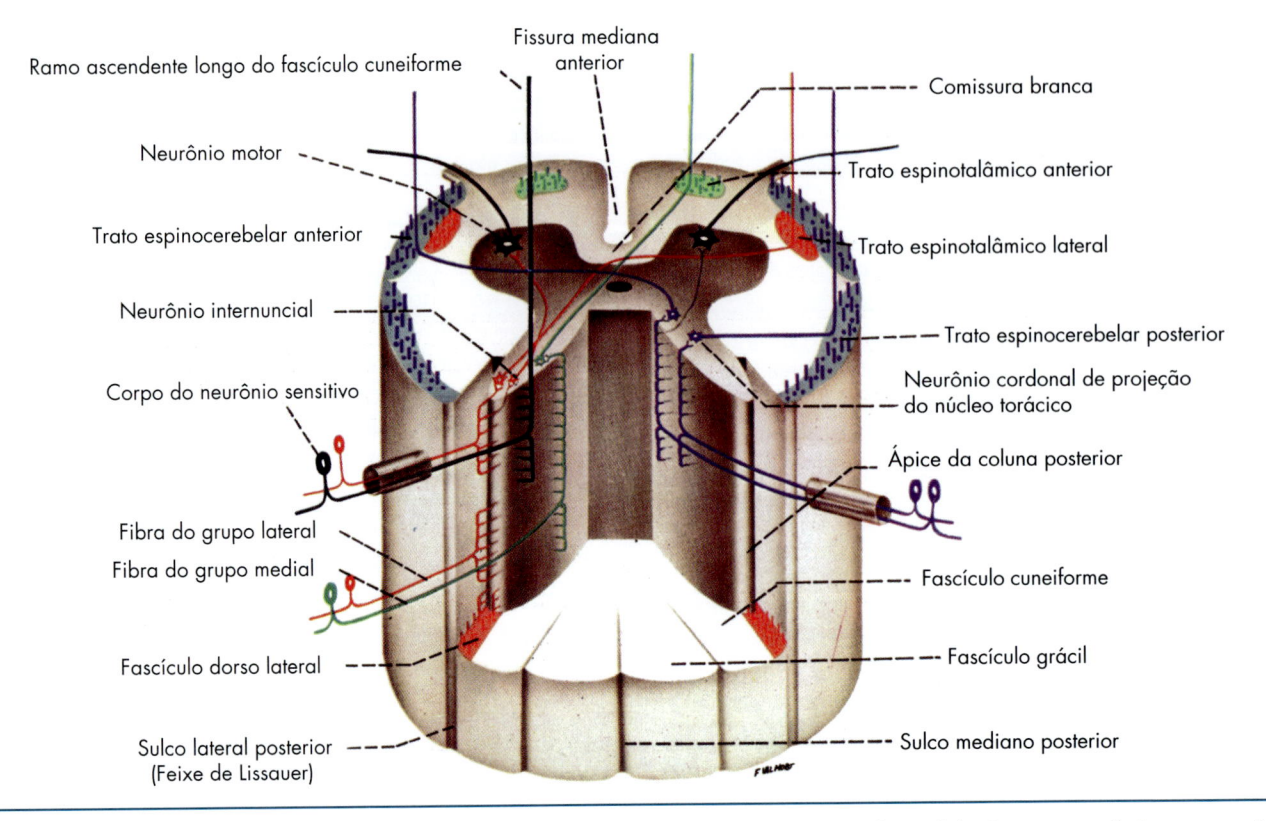

Figura 13.5 Penetração das fibras da raiz dorsal e formação das principais vias ascendentes da medula. O esquema não leva em conta o fato de que os ramos de bifurcação das fibras da raiz dorsal podem percorrer vários segmentos antes de terminarem na substância cinzenta.

(**Figura 13.6**) e faz parte do sistema medial. O *trato corticospinal lateral* localiza-se no funículo lateral da medula (**Figura 13.6**), atinge até a medula sacral e, como as suas fibras vão pouco a pouco terminando na substância cinzenta, quanto mais baixo, menor o número delas. O *trato rubrospinal*, bem desenvolvido na maioria dos animais, liga-se aos neurônios motores situados lateralmente na coluna anterior, os quais, como vimos, controlam os músculos responsáveis pela motricidade da parte distal dos membros (músculos intrínsecos e extrínsecos da mão e do pé). Nesse sentido, ele se assemelha ao trato corticospinal lateral, que também controla esses músculos. Entretanto, durante a evolução, houve aumento do trato corticospinal e diminuição do trato rubrospinal, que, no homem, ficou reduzido a um número muito pequeno de fibras.

4.2.2 Sistema medial

São os seguintes os tratos do sistema medial da medula: *trato corticospinal anterior; tetospinal; vestibulospinal;*[3] e os *reticulospinais pontino* e *bulbar*. Os nomes referem-se aos locais onde eles se originam, e que são, respectivamente, o córtex cerebral, o teto mesencefálico (colículo superior); os núcleos vestibulares, situados na área vestibular do IV ventrículo; e a formação reticular, estrutura que ocupa a parte central do tronco encefálico, sendo as fibras que vão à medula originárias da formação reticular da ponte e do bulbo. Todos esses tratos terminam na medula em neurônios internunciais, por meio dos quais eles se ligam aos neurônios motores situados na parte medial da coluna anterior e, assim, controlam a musculatura axial, ou seja, do tronco e pescoço, assim como a musculatura proximal dos membros. Os tratos vestibulospinais e reticulospinais são importantes para a manutenção do equilíbrio e da postura básica. Estes últimos também controlam a motricidade voluntária da musculatura axial e proximal. O trato reticulospinal pontino promove a contração da musculatura extensora (antigravitária) do membro inferior, necessária à manutenção da postura ereta, resistindo à ação da gravidade. Isso dá estabilidade ao corpo para realizar movimentos com os membros superiores. Já o trato reticulospinal bulbar tem efeito oposto, ou seja, promove o relaxamento da musculatura extensora do membro inferior. O trato tetospinal tem funções mais limitadas, relacionadas a reflexos em que a movimentação decorre de estímulos visuais. O trato corticospinal anterior, pouco antes de terminar, cruza o plano mediano e termina em neurônios motores, situados do lado oposto àquele no qual entrou na medula. O trato corticospinal anterior é muito menor do que o lateral, sendo menos importante do ponto de vista clínico. As suas fibras vão penetrando na coluna anterior e ele termina, mais ou menos, ao nível da metade da medula torácica. A **Tabela 13.1** sintetiza o que foi visto sobre as vias motoras descendentes somáticas dos sistemas lateral e medial.

---

3 Na realidade, são dois os tratos vestibulospinais, o medial e o lateral.

Tabela 13.1 Características das vias motoras descendentes somáticas da medula.

Trato	Origem	Função
Sistema lateral		
Corticospinal lateral	Córtex motor	Motricidade voluntária da musculatura distal
Rubrospinal	Núcleo rubro do mesencéfalo	Motricidade voluntária da musculatura distal
Sistema medial		
Corticospinal anterior	Córtex motor	Motricidade voluntária axial e proximal dos membros superiores
Tetospinal	Colículo superior	Orientação sensorial motora da cabeça
Reticulospinal pontino	Formação reticular pontina	Ajustes posturais ativando a musculatura extensora do membro inferior / Motricidade voluntária da musculatura axial e proximal
Reticulospinal bulbar	Formação reticular bulbar	Ajustes posturais relaxando a musculatura extensora do membro inferior / Motricidade voluntária da musculatura axial e proximal
Vestibulospinal lateral	Núcleo vestibular lateral	Ajustes posturais para manutenção do equilíbrio
Vestibulospinal medial	Núcleo vestibular medial	Ajustes posturais da cabeça e do tronco

4.3 Vias ascendentes

As fibras que formam as vias ascendentes da medula relacionam-se, direta ou indiretamente, com as fibras que penetram pela raiz dorsal do nervo espinal, trazendo impulsos aferentes de várias partes do corpo. Os componentes funcionais dessas fibras já foram estudados no Capítulo 9, parte C, item 2, a propósito dos nervos espinais. Cabe agora o estudo morfológico de como essas fibras penetram na medula.

4.3.1 Destino das fibras da raiz dorsal

Cada filamento radicular da raiz dorsal, ao ganhar o sulco lateral posterior, divide-se em dois grupos de fibras: um grupo lateral e outro medial (**Figura 13.5**). As fibras do *grupo lateral* são mais finas e dirigem-se ao ápice da coluna posterior, enquanto as fibras do *grupo medial* dirigem-se à face medial da coluna posterior. Antes de penetrar na coluna posterior, cada uma dessas fibras se bifurca, dando um ramo ascendente e outro descendente sempre mais curto, além de grande número de ramos colaterais mais finos. Todos esses ramos terminam na coluna posterior da medula, exceto um grande contingente de fibras do grupo medial, cujos ramos ascendentes, muito longos, terminam no bulbo. Esses ramos constituem as fibras dos *fascículos grácil* e *cuneiforme*, que ocupam os funículos posteriores da medula e terminam fazendo sinapse nos *núcleos grácil* e *cuneiforme*, situados, respectivamente, nos tubérculos do núcleo grácil e do núcleo cuneiforme do bulbo.

A seguir, são relacionadas as diversas possibilidades de sinapse que podem fazer as fibras e os colaterais da raiz dorsal ao penetrar na substância cinzenta da medula (**Figura 13.5**). Convém acentuar que os impulsos nervosos que chegam por uma única fibra podem seguir mais de um dos caminhos relacionados a seguir.

a) *Sinapse com neurônios motores, na coluna anterior* – para a realização de arcos reflexos monossinápticos (arco reflexo simples), sendo mais conhecidos os reflexos de estiramento ou miotáticos, dos quais o reflexo patelar é um exemplo (**Figura 9.3**).
b) *Sinapse com os neurônios internunciais* – para a realização de arcos reflexos polissinápticos, que envolvem pelo menos um neurônio internuncial, cujo axônio se liga ao neurônio motor. Um exemplo é o reflexo de flexão ou de retirada, no qual um estímulo doloroso causa a retirada reflexa da parte afetada. Os reflexos polissinápticos podem ser muito complexos, envolvendo grande número de neurônios internunciais.
c) *Sinapse com os neurônios cordonais de associação* – para a realização de arcos reflexos intersegmentares, dos quais um exemplo é o reflexo de coçar (veja Capítulo 1, item 2).
d) *Sinapse com os neurônios pré-ganglionares* – para a realização de arcos reflexos viscerais.
e) *Sinapse com neurônios cordonais de projeção* – cujos axônios constituirão as vias ascendentes da medula, por meio das quais os impulsos que entram pela raiz dorsal são levados ao tálamo e ao cerebelo.

Do que já foi exposto no item anterior, conclui-se que as fibras que formam as vias ascendentes da medula são ramos ascendentes de fibras da raiz dorsal (fascículos grácil e cuneiforme) ou axônios de neurônios cordonais de projeção situados na coluna posterior. Em qualquer desses casos, as fibras ascendentes reúnem-se em tratos e fascículos com características e funções próprias, que serão estudadas a seguir, analisando-se separadamente os funículos posterior, anterior e lateral.

4.3.2 Sistematização das vias ascendentes da medula

4.3.2.1 Vias ascendentes do funículo posterior

No funículo posterior, existem dois fascículos, *grácil*, situado medialmente, e *cuneiforme*, situado na porção lateral, separados pelo *septo intermédio posterior* (**Figura 13.6**). Como já foi visto, esses fascículos são formados pelos ramos ascendentes longos das fibras do grupo medial da raiz dorsal, que sobem no funículo para terminar no bulbo (**Figura 13.5**). Na realidade, essas fibras nada mais são do que os prolongamentos centrais dos neurônios sensitivos situados nos gânglios espinais.

O *fascículo grácil* inicia-se no limite caudal da medula e é formado por fibras que penetram na medula pelas raízes coccígea, sacrais, lombares e torácicas baixas, terminando no núcleo grácil, situado no tubérculo do núcleo grácil do bulbo (**Figura 5.2**). Conduz, portanto, impulsos provenientes dos membros inferiores e da metade inferior do tronco e pode ser identificado em toda a extensão da medula.

O *fascículo cuneiforme*, evidente apenas a partir da medula torácica alta, é formado por fibras que penetram pelas raízes cervicais e torácicas superiores, terminando no núcleo cuneiforme, situado no tubérculo do núcleo cuneiforme do bulbo (**Figura 5.2**). Conduz, portanto, impulsos originados nos membros superiores e na metade superior do tronco. Do ponto de vista funcional, não há diferença entre os fascículos grácil e cuneiforme; sendo assim, o funículo posterior da medula é funcionalmente homogêneo, conduzindo impulsos nervosos relacionados com:

a) *Propriocepção consciente* ou *sentido de posição e de movimento (cinestesia)* – permite, sem o auxílio da visão, situar uma parte do corpo ou perceber o seu movimento. A perda da propriocepção consciente, que ocorre, por exemplo, após lesão do funículo posterior, deixa o indivíduo incapaz de localizar, sem ver, a posição do seu braço ou da sua perna. Ele será também incapaz de dizer se o neurologista fletiu ou estendeu o seu hálux ou o seu pé.

b) *Tato discriminativo (ou epicrítico)* – permite localizar e descrever as características táteis de um objeto. Testa-se tocando a pele simultaneamente com as duas pontas de um compasso e verificando-se a maior distância dos dois pontos tocados, que é percebida como se fosse um ponto só (discriminação de dois pontos).

c) *Sensibilidade vibratória* – percepção de estímulos mecânicos repetitivos. Testa-se tocando a pele de encontro a uma saliência óssea com um diapasão, quando o indivíduo deverá dizer se o diapasão está vibrando ou não. A perda da sensibilidade vibratória é um dos sinais precoces da lesão do funículo posterior.

d) *Estereognosia* – capacidade de perceber, com as mãos, a forma e o tamanho de um objeto. A estereognosia depende de receptores tanto para tato como para propriocepção.

4.3.2.2 Vias ascendentes do funículo anterior

No funículo anterior, localiza-se o *trato espinotalâmico anterior*, formado por axônios de neurônios cordonais de projeção situados na coluna posterior. Esses axônios cruzam o plano mediano e fletem-se cranialmente para formar o *trato espinotalâmico anterior* (**Figura 13.5**), cujas fibras nervosas terminam no tálamo e levam impulsos de pressão e tato leve (*tato protopático*). Esse tipo de tato, ao contrário daquele que segue pelo funículo posterior, é pouco discriminativo e permite, apenas de maneira grosseira, a localização da fonte do estímulo tátil. A sensibilidade tátil tem, pois, duas vias na medula, uma direta, no funículo posterior, e outra cruzada, no funículo anterior. Por isso, dificilmente se perde toda a sensibilidade tátil nas lesões medulares, exceto, é óbvio, naquelas em que há transecção do órgão.

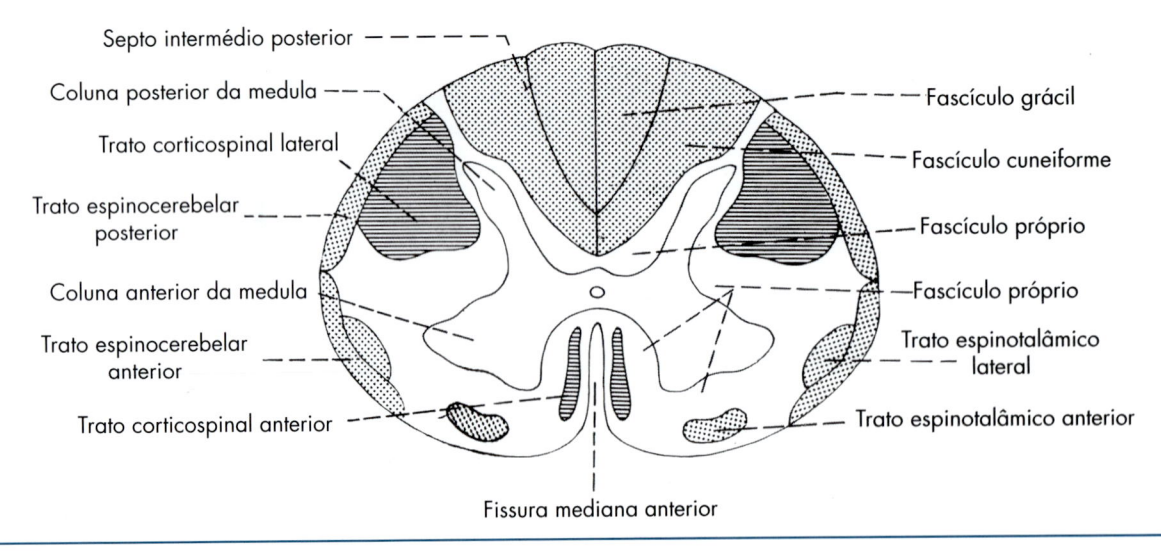

Figura 13.6 Posição aproximada dos principais tratos e fascículos da medula. Tratos ascendentes em pontilhado; tratos descendentes em linhas horizontais.

4.3.2.3 Vias ascendentes do funículo lateral

▶ *Trato espinotalâmico lateral* – neurônios cordonais de projeção, situados na coluna posterior, emitem axônios que cruzam o plano mediano na comissura branca, ganham o funículo lateral, onde se fletem cranialmente para constituir o trato espinotalâmico lateral (**Figura 13.5**), cujas fibras terminam no tálamo. O tamanho desse trato aumenta à medida que ele sobe na medula pela constante adição de novas fibras. O trato espinotalâmico lateral conduz impulsos de temperatura e dor. Tendo em vista a grande significação que a dor tem em Medicina, pode-se entender que o trato espinotalâmico lateral é de grande importância para o médico. Em certos casos de dor, decorrente principalmente de câncer, aconselha-se o tratamento cirúrgico por secção do trato espinotalâmico lateral, técnica denominada *cordotomia* (Capítulo 19, item 3.7). O trato espinotalâmico lateral constitui a principal via pelas quais os impulsos de temperatura e dor chegam ao cérebro. Junto dele, seguem também as fibras espinorreticulares, que também conduzem impulsos dolorosos. Essas fibras fazem sinapse na chamada formação reticular do tronco encefálico, onde se originam as fibras reticulotalâmicas, constituindo-se, assim, a via espino-retículo-talâmica. Essa via conduz impulsos relacionados com dores do tipo crônico e difuso (dor em queimação), enquanto a via espinotalâmica se relaciona com as dores agudas e bem localizadas da superfície corporal:

▶ *Trato espinocerebelar posterior* – neurônios cordonais de projeção, situados no núcleo torácico da coluna posterior, emitem axônios que ganham o funículo lateral do mesmo lado, fletindo-se cranialmente para formar o trato espinocerebelar posterior (**Figura 13.5**). As fibras desse trato penetram no cerebelo pelo pedúnculo cerebelar inferior (**Figura 22.7**), levando impulsos de propriocepção inconsciente, originados em fusos neuromusculares e órgãos neurotendinosos.

▶ *Trato espinocerebelar anterior* – neurônios cordonais de projeção, situados na coluna posterior e na substância cinzenta intermédia, emitem axônios que ganham o funículo lateral do mesmo lado ou do lado oposto, fletindo-se cranialmente para formar o trato espinocerebelar anterior (**Figura 13.5**). As fibras desse trato penetram no cerebelo, principalmente pelo pedúnculo cerebelar superior (**Figura 22.7**). Admite-se que as fibras cruzadas na medula tornam a se cruzar ao entrar no cerebelo, de tal modo que o impulso nervoso termina no hemisfério cerebelar situado do mesmo lado em que se originou. Ao contrário do trato espinocerebelar posterior, que veicula somente impulsos nervosos originados em receptores periféricos, as fibras do trato espinocerebelar anterior informam também eventos que ocorrem dentro da própria medula, relacionados com a atividade elétrica do trato corticospinal. Assim, por intermédio do trato espinocerebelar anterior, o cerebelo é informado de quando os impulsos motores chegam à medula e qual a sua intensidade. Essa informação é usada pelo cerebelo para o controle da motricidade somática.

Na **Tabela 13.2**, estão sintetizados os dados mais importantes sobre os principais tratos e fascículos ascendentes da medula, cuja posição é mostrada na **Figura 13.6**, juntamente com os tratos corticospinais e o fascículo próprio da medula.

5 Correlações anatomoclínicas

O conhecimento dos principais tratos e fascículos da medula é importante para a compreensão dos sinais e sintomas decorrentes das lesões e processos patológicos que podem acometer esse órgão. Esse assunto será discutido no Capítulo 19, juntamente com as correlações anatomoclínicas referentes ao tronco encefálico.

Tabela 13.2 Características dos principais tratos e fascículos ascendentes da medula.

Nome	Origem	Trajeto na medula	Localização	Terminação	Função
F. grácil e cuneiforme	gânglio espinal	direto	funículo posterior	núcleo grácil e cuneiforme (bulbo)	propriocepção consciente, tato epicrítico, sensibilidade vibratória e estereognosia
T. espinotalâmico anterior	coluna posterior	cruzado	funículo anterior	tálamo	tato protopático e pressão
T. espinotalâmico lateral	coluna posterior	cruzado	funículo lateral	tálamo	temperatura e dor
T. espinocerebelar anterior	coluna posterior e substância cinzenta intermédia	cruzado	funículo lateral	cerebelo	propriocepção inconsciente detecção dos níveis de atividade do t. corticospinal
T. espinocerebelar posterior	coluna posterior (núcleo torácico)	direto	funículo lateral	cerebelo	propriocepção inconsciente

capítulo 14

Estrutura do Bulbo

1. Considerações sobre a estrutura do tronco encefálico

Iniciaremos neste capítulo o estudo da estrutura do tronco encefálico, começando pelo seu componente mais caudal, o *bulbo*. Antes disso, faremos algumas considerações sobre a estrutura de todo o tronco encefálico e as suas diferenças em relação à medula.

Há várias diferenças entre a estrutura da medula e a do tronco encefálico, embora ambos pertençam ao sistema nervoso segmentar. Uma delas é a fragmentação longitudinal e transversal da substância cinzenta no tronco encefálico, formando-se, assim, os núcleos dos nervos cranianos. Esses núcleos correspondem, pois, a determinadas áreas de substância cinzenta da medula e constituem a chamada *substância cinzenta homóloga à da medula*. Todavia, existem muitos núcleos no tronco encefálico que não têm correspondência com nenhuma área da substância cinzenta da medula. Constituem a *substância cinzenta própria do tronco encefálico*. A fragmentação das colunas cinzentas ao nível do tronco encefálico resulta, em parte, do surgimento de grande número de fibras de direção transversal, pouco frequentes na medula.

Outra diferença entre a estrutura da medula e a do tronco encefálico é a presença, ao nível deste, de uma rede de fibras e corpos de neurônios, a *formação reticular*, que preenche o espaço situado entre os núcleos e tratos mais compactos. A formação reticular tem uma estrutura intermediária entre a substância branca e cinzenta. Mas é, ainda assim, composta de corpos neuronais axônios e neuroglia.

Embora estejamos acostumados a pensar que o comportamento humano depende do comportamento do prosencéfalo, muitos comportamentos humanos complexos, como alimentação em um recém-nascido, são respostas motoras estereotipadas programadas no tronco encefálico. Pode ser extremamente difícil distinguir clinicamente um recém-nascido normal de um com lesões prosencefálicas extensas, como no caso de hidrocefalias. Um bebê hidrocefálico chora, sorri, suga, move os seus olhos, face e membros ativamente, demonstrando que o tronco encefálico organiza toda a gama de comportamentos de um recém-nascido normal. As sequelas só ficarão evidentes em alguns meses, à medida que os centros superiores vão assumindo o controle motor.

2. Estrutura do bulbo

A organização interna das porções caudais do bulbo é bastante semelhante à da medula. Entretanto, à medida que se examinam secções mais altas de bulbo, notam-se diferenças cada vez maiores, até que, ao nível da oliva, já não existe aparentemente nenhuma semelhança. Essas modificações da estrutura do bulbo em relação à da medula são decorrentes, principalmente, dos seguintes fatores:

a) *Aparecimento de novos núcleos próprios do bulbo* – sem correspondentes na medula, como os núcleos grácil, cuneiforme e o olivar inferior.

b) *Decussação das pirâmides* ou *decussação motora* (**Figura 14.1**) – as fibras do trato corticospinal percorrem as pirâmides bulbares e a maioria delas decussa, ou seja, muda de direção, cruzando o plano mediano (*decussação das pirâmides*), para continuar como trato corticospinal lateral. Nesse trajeto, as fibras atravessam a substância cinzenta, contribuindo, assim, para separar a cabeça da base da coluna anterior. A **Figura 14.1** mostra, esquematicamente, como isso é feito, representando-se o trajeto de uma só fibra.

c) *Decussação dos lemniscos* ou *decussação sensitiva* (**Figura 14.2**) – conforme exposto no capítulo anterior, as fibras dos fascículos grácil e cuneiforme da medula terminam fazendo sinapse em

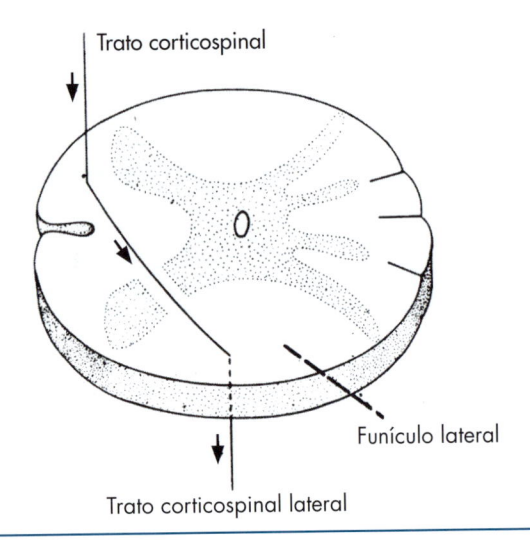

Figura 14.1 Esquema do trajeto de uma fibra na decussação das pirâmides.

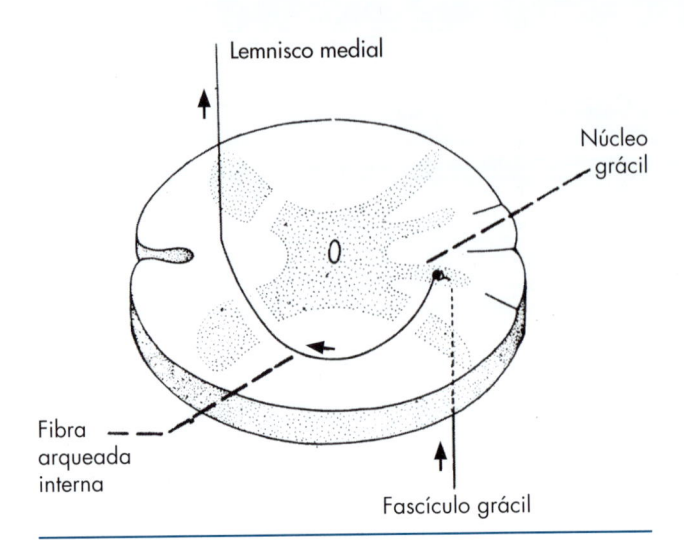

Figura 14.2 Esquema do trajeto de uma fibra na decussação dos lemniscos.

neurônios dos *núcleos grácil* e *cuneiforme*, que aparecem no funículo posterior. Já nos níveis mais baixos do bulbo, as fibras que se originam nesses núcleos são denominadas *fibras arqueadas internas*. Elas mergulham ventralmente, passam através da coluna posterior, contribuindo para fragmentá-la, cruzam o plano mediano (*decussação sensitiva*) e infletem-se cranialmente para constituir, de cada lado, o *lemnisco medial*. A **Figura 14.2** mostra, de modo esquemático, esse trajeto, representando-se uma só fibra. É fácil, pois, entender que cada lemnisco medial conduz ao tálamo os impulsos nervosos que subiram nos fascículos grácil e cuneiforme da medula do lado oposto. Esses impulsos relacionam-se, pois, com a propriocepção consciente, tato epicrítico e sensibilidade vibratória.

d) *Abertura do IV ventrículo* – em níveis progressivamente mais altos do bulbo, o número de fibras dos fascículos grácil e cuneiforme diminui pouco a pouco, à medida que elas terminam nos respectivos núcleos. Desse modo, desaparecem os dois fascículos, bem como os correspondentes núcleos grácil e cuneiforme. Não havendo mais nenhuma estrutura no funículo posterior, abre-se o canal central formando o IV ventrículo, cujo assoalho é constituído principalmente de substância cinzenta homóloga à medula, ou seja, núcleos de nervos cranianos.

3. Substância cinzenta do bulbo

3.1 Substância cinzenta homóloga à da medula (núcleos de nervos cranianos)

Os núcleos dos nervos cranianos serão estudados em conjunto no Capítulo 17. Limitar-nos-emos, agora, a dar as principais características daqueles situados no bulbo (**Figura 14.3**):

a) *Núcleo ambíguo* – núcleo motor para a musculatura estriada, de origem branquiomérica. Dele, saem as fibras eferentes viscerais especiais do IX, X e XI pares cranianos, destinados à musculatura da laringe e da faringe. Situa-se profundamente no interior do bulbo.

b) *Núcleo do hipoglosso* – núcleo motor onde se originam as fibras eferentes somáticas para a musculatura da língua. Situa-se no trígono do hipoglosso, no assoalho do IV ventrículo, e as suas fibras dirigem-se ventralmente para emergir no sulco lateral anterior do bulbo, entre a pirâmide e a oliva.

c) *Núcleo dorsal do vago* – núcleo motor pertencente ao parassimpático. Nele, estão situados os neurônios pré-ganglionares, cujos axônios saem pelo nervo vago. Corresponde à coluna lateral da medula. Situa-se no trígono do vago, no assoalho do IV ventrículo.

d) *Núcleos vestibulares* (**Figuras 14.3** e **15.3**) – são núcleos sensitivos que recebem as fibras que penetram pela porção vestibular do VIII par. Localizam-se na área vestibular do assoalho do IV ventrículo, atingindo o bulbo apenas os núcleos vestibulares *inferior* e *medial*.

e) *Núcleo do trato solitário* – é um núcleo sensitivo que recebe fibras aferentes viscerais gerais e especiais que entram pelo VII, IX e X pares cranianos. Antes de penetrarem no núcleo, as fibras têm trajeto descendente no *trato solitário*, que é quase totalmente circundado pelo núcleo. As fibras aferentes viscerais especiais que penetram no núcleo do trato solitário estão relacionadas com a gustação.

f) *Núcleo do trato espinal do nervo trigêmeo* (**Figuras 14.3** e **14.4**) – a esse núcleo chegam fibras aferentes somáticas gerais, trazendo a sensibilidade de quase toda a cabeça pelos nervos V, VII, IX e X. Con-

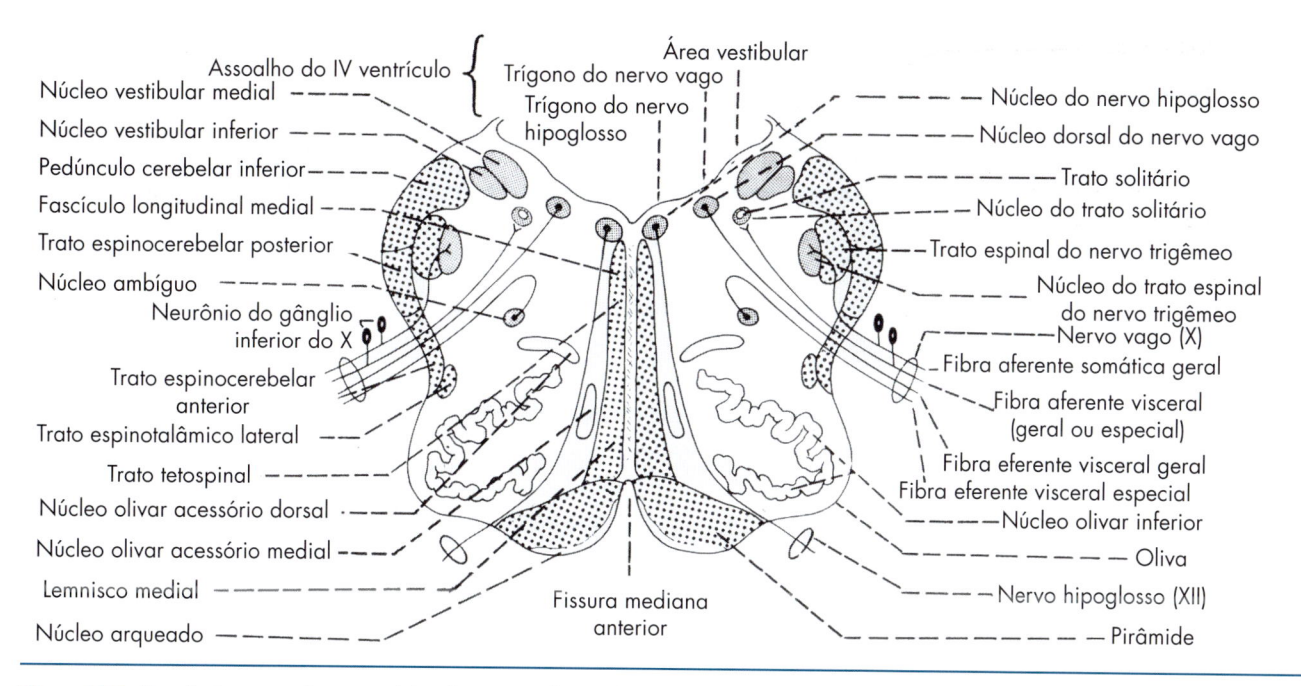

Figura 14.3 Secção transversal esquemática da porção aberta do bulbo ao nível da parte média da oliva.

tudo, as fibras que chegam pelos nervos VII, IX e X trazem apenas a sensibilidade geral do pavilhão e do conduto auditivo externo. Corresponde à substância gelatinosa da medula, com a qual continua.

g) *Núcleo salivatório inferior* – origina fibras pré-ganglionares que emergem pelo nervo glossofaríngeo para inervação da parótida (**Figura 17.2**).

Para facilitar a memorização dos nomes e das funções dos núcleos de nervos cranianos do bulbo, um bom exercício é tentar deduzir o nome de cada um dos núcleos que entram em ação nas várias etapas do ato de tomar sorvete. Inicialmente, põe-se a língua para fora para lamber o sorvete. Núcleo envolvido: *núcleo do hipoglosso*. A seguir, é necessário verificar se o sorvete está mesmo frio (ou seja, se é realmente um sorvete). Núcleo envolvido: *núcleo do trato espinal do trigêmeo*. Feito isso, é conveniente verificar o gosto do sorvete. Núcleo envolvido: *núcleo do trato solitário*. Nessa etapa, o indivíduo já deve estar com a "boca cheia d'água". Núcleo envolvido: *núcleos salivatórios* (no caso do bulbo, somente o inferior). Nessa fase, já há condições de se engolir o sorvete. Núcleo envolvido: *núcleo ambíguo*. Por fim, o sorvete chega ao estômago e sofre a ação do suco gástrico. Núcleo envolvido: *núcleo dorsal do vago*. E como o indivíduo tomou o sorvete de pé, sempre mantendo o equilíbrio, estiveram envolvidos também os *núcleos vestibulares inferior* e *medial*.

3.2 Substância cinzenta própria do bulbo

a) *Núcleos grácil e cuneiforme* – já foram estudados no item 2.1. Dão origem a fibras arqueadas internas, que cruzam o plano mediano para formar o lemnisco medial (**Figuras 14.2** e **14.4**).[1]

b) *Núcleo olivar inferior* (**Figura 14.3**) – é uma grande massa de substância cinzenta que corresponde à formação macroscópica já descrita como oliva. Aparece, em cortes, como uma lâmina de substância cinzenta bastante pregueada e encurvada sobre si mesma, com uma abertura principal dirigida medialmente. O núcleo olivar inferior recebe fibras do córtex cerebral, da medula e do núcleo rubro, este último situado no mesencéfalo. Liga-se ao cerebelo por meio das fibras *olivocerebelares* que cruzam o plano mediano, penetram no cerebelo pelo pedúnculo cerebelar inferior (**Figura 14.5**), distribuindo-se a todo o córtex desse órgão. Hoje, sabe-se que as conexões olivocerebelares estão envolvidas na aprendizagem motora, fenômeno que nos permite realizar determinada tarefa com velocidade e eficiência cada vez maiores quando ela se repete várias vezes.

c) *Núcleos olivares acessórios medial* e *dorsal* (**Figura 14.3**) – esses núcleos têm basicamente a mesma estrutura, conexão e função do núcleo olivar inferior, constituindo com ele o *complexo olivar inferior*.

---

[1] Também pertence à substância cinzenta própria do bulbo o núcleo cuneiforme acessório, situado lateralmente à porção cranial do núcleo cuneiforme (**Figura 14.4**). Esse núcleo liga-se ao cerebelo pelo trato cuneocerebelar que, numa parte do seu trajeto, constitui as fibras arqueadas externas dorsais (**Figura 14.5**).

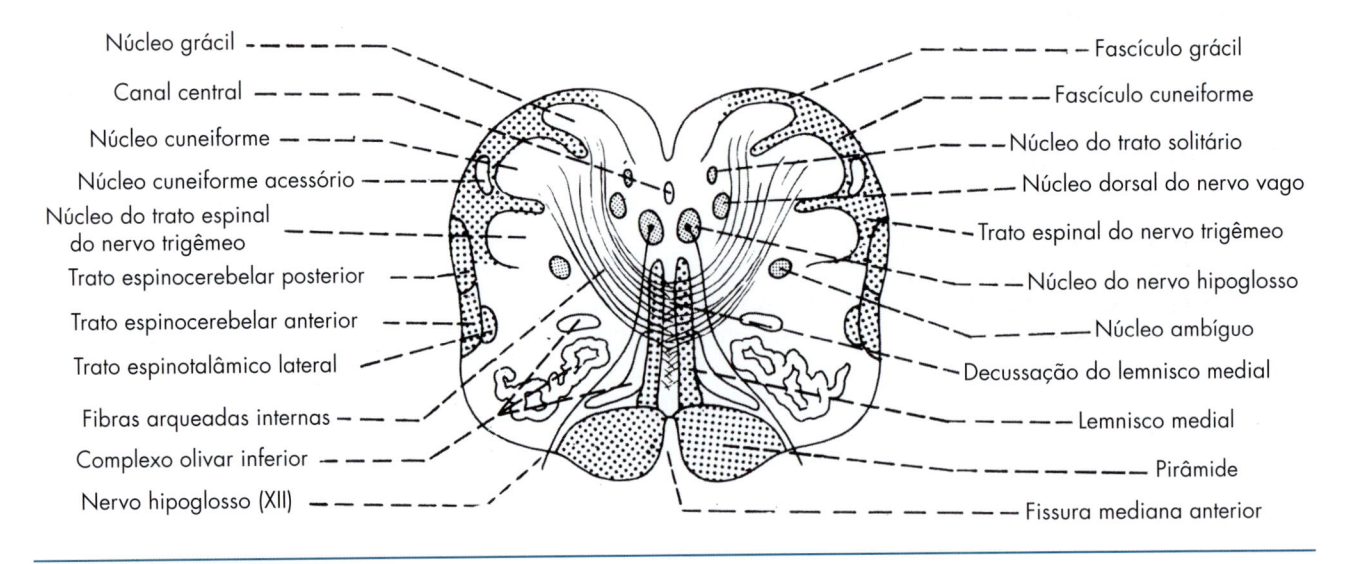

Figura 14.4 Secção transversal esquemática da porção fechada do bulbo ao nível da decussação do lemnisco medial.

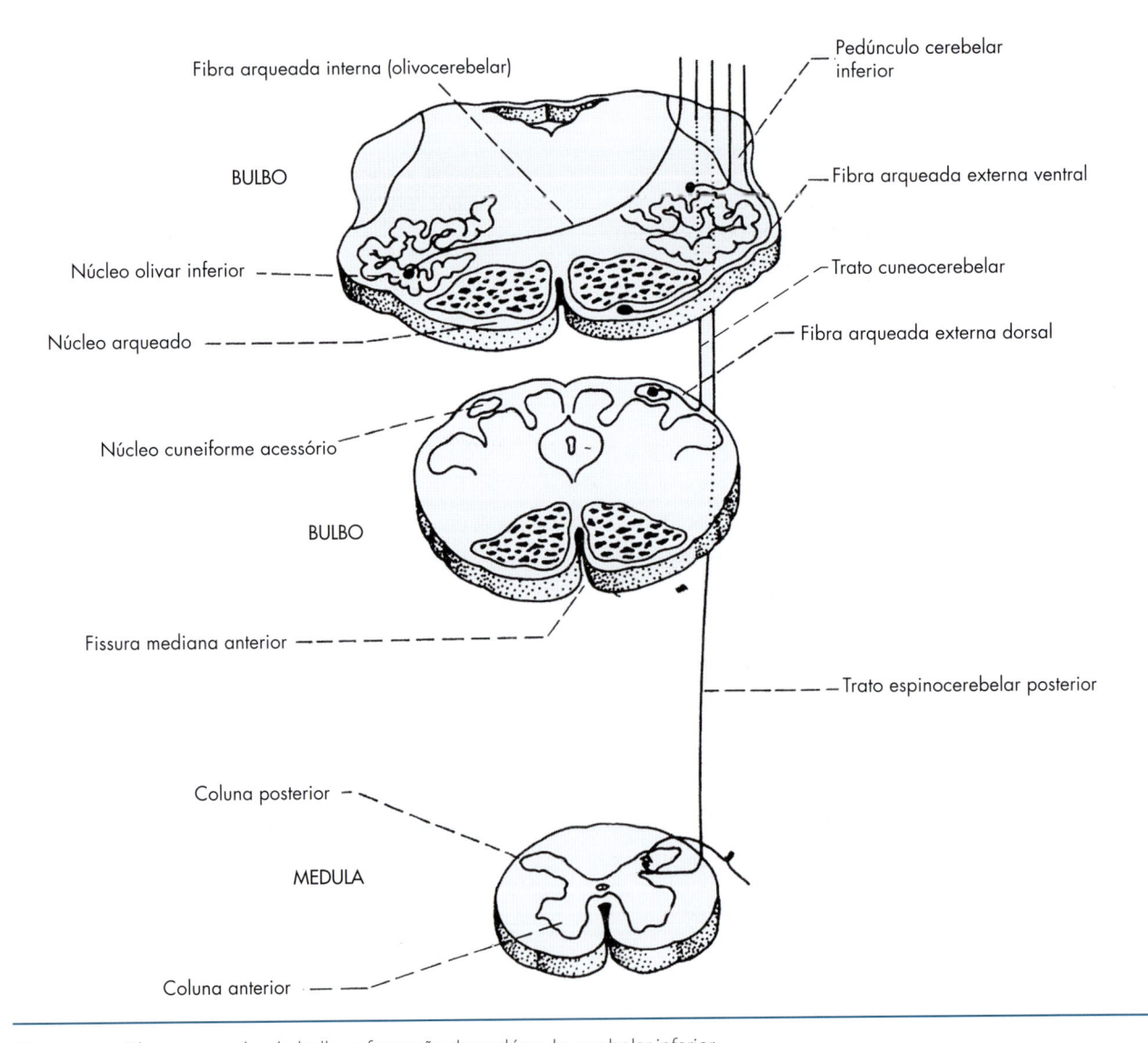

Figura 14.5 Fibras arqueadas do bulbo e formação do pedúnculo cerebelar inferior.

4. Substância branca do bulbo

4.1 Fibras transversais

As fibras transversais do bulbo são também denominadas *fibras arqueadas* e podem ser divididas em *internas* e *externas*:

a) *Fibras arqueadas internas* – formam dois grupos principais, de significação completamente diferente: algumas são constituídas pelos axônios dos neurônios dos núcleos grácil e cuneiforme no trajeto entre esses núcleos e o lemnisco medial (**Figura 14.2**); outras são constituídas pelas fibras olivocerebelares, que, do complexo olivar inferior, cruzam o plano mediano, penetrando no cerebelo do lado oposto, pelo pedúnculo cerebelar inferior (**Figura 14.5**).

b) *Fibras arqueadas externas* (**Figura 14.5**) – originam-se do núcleo cuneiforme acessório, têm trajeto próximo à superfície do bulbo e penetram no cerebelo pelo pedúnculo cerebelar inferior.

4.2 Fibras longitudinais

As fibras longitudinais formam as *vias ascendentes, descendentes* e de *associação* do bulbo.

4.2.1 Vias ascendentes

São constituídas pelos tratos e fascículos ascendentes, oriundos da medula, que terminam no bulbo ou passam por ele em direção ao cerebelo ou ao tálamo. A eles, acrescenta-se o lemnisco medial, originado no próprio bulbo. Essas vias estão relacionadas a seguir.

a) *Fascículos grácil e cuneiforme* – visíveis na porção fechada do bulbo (**Figura 14.4**).
b) *Lemnisco medial* – forma uma fita compacta de fibras de cada lado do plano mediano (**Figuras 14.2** e **14.3**). Suas fibras terminam no tálamo.
c) *Trato espinotalâmico lateral* – está situado na área lateral do bulbo, medialmente ao trato espinocerebelar anterior (**Figura 14.3**).
d) *Trato espinotalâmico anterior* – tem no bulbo uma posição correspondente à sua posição na medula; sobe junto com o espinotalâmico lateral.
e) *Trato espinocerebelar anterior* – situa-se superficialmente na área lateral do bulbo, entre o núcleo olivar e o trato espinocerebelar posterior (**Figura 14.3**). Continua na ponte, pois entra no cerebelo pelo pedúnculo cerebelar superior.
f) *Trato espinocerebelar posterior* – situa-se superficialmente na área lateral do bulbo (**Figura 14.3**), entre o trato espinocerebelar anterior e o pedúnculo cerebelar inferior, com o qual pouco a pouco se confunde (**Figura 14.5**).
g) *Pedúnculo cerebelar inferior* – é um proeminente feixe de fibras ascendentes que percorrem as bordas laterais da metade inferior do IV ventrículo até o nível dos recessos laterais, onde se fletem dorsalmente para penetrar no cerebelo. As fibras que constituem o pedúnculo cerebelar inferior já foram estudadas e são as seguintes (**Figura 14.5**): fibras olivocerebelares; fibras do trato espinocerebelar posterior; e fibras arqueadas externas.

4.2.2 Vias descendentes

As principais vias descendentes do bulbo são as seguintes:

4.2.2.1 Tratos do sistema lateral da medula

a) *Trato corticospinal* – constituído por fibras originadas no córtex cerebral, que passam no bulbo em trânsito para a medula, ocupando as pirâmides bulbares. É, por isso, denominado também *trato piramidal*. É motor voluntário (**Figura 14.3**).
b) *Trato rubrospinal* – originado de neurônios do núcleo rubro do mesencéfalo, chega à medula por trajeto que não passa pelas pirâmides. É motor voluntário, mas no homem é menos importante que o corticospinal.

4.2.2.2 Tratos do sistema medial da medula

Constituídos por fibras originadas em várias áreas do tronco encefálico e que se dirigem à medula. Foram referidos no capítulo anterior e são os seguintes: *trato corticospinal anterior; trato tetospinal; tratos vestibulospinais;* e *tratos reticulospinais*.

4.2.2.3 Trato corticonuclear

Constituído por fibras originadas no córtex cerebral e que terminam em núcleos motores do tronco encefálico. No caso do bulbo, essas fibras terminam nos núcleos ambíguo e do hipoglosso, permitindo o controle voluntário dos músculos da laringe, da faringe e da língua.

4.2.2.4 Trato espinal do nervo trigêmeo

Constituído por fibras sensitivas que penetram na ponte pelo nervo trigêmeo e tomam trajeto descendente ao longo do *núcleo do trato espinal do nervo trigêmeo*, onde terminam (**Figura 17.4**). Dispõe-se lateralmente a esse núcleo, e o número das suas fibras diminui à medida que, em níveis progressivamente mais caudais, elas vão terminando no núcleo do trato espinal.

4.2.2.5 Trato solitário

Formado por fibras aferentes viscerais, que penetram no tronco encefálico pelos nervos VII, IX e X e tomam trajeto descendente ao longo do *núcleo do trato solitário*, no qual vão terminando em níveis progressivamente mais caudais.

4.2.3 Via de associação

É formada por fibras que constituem o fascículo longitudinal medial, presente em toda a extensão do tronco encefálico e níveis mais altos da medula. É facilmente identificado nos cortes por sua posição sempre medial e dorsal (**Figura 15.4**). Corresponde ao fascículo próprio que, como já foi visto, é a via de associação da medula. O fascículo longitudinal medial liga todos os núcleos motores dos nervos cranianos, sendo especialmente importantes as suas conexões com os núcleos dos nervos relacionados com o movimento do bulbo ocular (III, IV, VI) e da cabeça (núcleo de origem da raiz espinal do nervo acessório que inerva os músculos trapézio e esternocleidomastóideo). Recebe, ainda, um importante contingente de fibras dos núcleos vestibulares, trazendo impulsos que informam sobre a posição da cabeça (**Figura 16.1**). Desse modo, o fascículo longitudinal medial é importante para a realização de reflexos que coordenam os movimentos da cabeça com os do olho, além de vários outros reflexos envolvendo estruturas situadas em níveis diferentes do tronco encefálico.

5. Formação reticular do bulbo

A formação reticular ocupa grande área do bulbo, onde preenche todo o espaço não ocupado pelos núcleos de tratos mais compactos. Na formação reticular do bulbo, localiza-se o *centro respiratório*, muito importante para a regulação do ritmo respiratório. Aí, também estão localizados o *centro vasomotor* e o *centro do vômito*. Esses centros serão estudados nos Capítulos 17 e 20. A presença dos centros respiratório e vasomotor no bulbo torna as lesões nesse órgão particularmente graves.

6. Correlações anatomoclínicas

O bulbo, apesar de ser uma parte relativamente pequena do sistema nervoso central, é percorrido por um grande número de tratos motores e sensitivos, situados nas proximidades de importantes núcleos de nervos cranianos. Por isso, lesões do bulbo, mesmo restritas, causam sinais e sintomas muito variados, que caracterizam as diversas *síndromes bulbares*. Essas síndromes serão estudadas no Capítulo 19, com as demais síndromes do tronco encefálico e da medula. Pode-se adiantar, entretanto, que os sintomas mais característicos das lesões bulbares são a disfagia (dificuldade de deglutição) e as alterações da fonação por lesão do núcleo ambíguo, assim como alterações do movimento da língua por lesão do núcleo do hipoglosso. Esses quadros podem ser acompanhados de paralisias e perdas de sensibilidade no tronco e nos membros por lesão das vias ascendentes ou descendentes, que percorrem o bulbo.

Sinopse das principais estruturas do bulbo

- **Substância cinzenta**
  - núcleos de nervos cranianos
    - núcleos motores
      - núcleo ambíguo (IX, X, XI)
      - núcleo do hipoglosso (XII)
      - núcleo dorsal do vago (X)
      - núcleo salivatório inferior (IX)
    - núcleos sensitivos
      - núcleo do trato espinal do trigêmeo (V, VII, IX, X)
      - núcleo do trato solitário (VII, IX, X)
      - núcleo vestibular medial (VIII)
      - núcleo vestibular inferior (VIII)
  - substância cinzenta própria do bulbo
    - núcleo grácil
    - núcleo cuneiforme
    - núcleo cuneiforme acessório
    - núcleo olivar inferior ⎫
    - núcleo olivar acessório medial ⎬ complexo olivar inferior
    - núcleo olivar acessório dorsal ⎭

- **Substância branca**
  - fibras longitudinais
    - ascendentes
      - fascículo grácil
      - fascículo cuneiforme
      - lemnisco medial
      - trato espinotalâmico lateral
      - trato espinotalâmico anterior
      - trato espinocerebelar anterior
      - trato espinocerebelar posterior
      - pedúnculo cerebelar inferior
    - descendentes
      - trato rubrospinal
      - trato corticospinal
      - trato corticonuclear
      - trato tetospinal
      - trato vestibulospinal bulbar
      - tratos reticulospinais
      - trato espinal do trigêmeo
      - trato solitário
    - de associação
      - fascículo longitudinal medial
  - fibras transversais
    - fibras arqueadas internas
    - fibras arqueadas externas

- **Formação reticular**
  - centro respiratório
  - centro vasomotor
  - centro do vômito

Cavidade: canal central do bulbo e IV ventrículo

capítulo 15

Estrutura da Ponte

A ponte é formada por uma *parte ventral*, ou *base da ponte*, e uma *parte dorsal*, ou *tegmento da ponte*. O tegmento da ponte tem uma estrutura muito semelhante à do bulbo e à do tegmento do mesencéfalo. Já a base da ponte tem estrutura muito diferente das outras áreas do tronco encefálico. No limite entre o tegmento e a base da ponte, observa-se um conjunto de fibras mielínicas de direção transversal, o *corpo trapezoide* (**Figura 15.1**). O corpo trapezoide será estudado como parte integrante do tegmento.

1. Parte ventral ou base da ponte

A base da ponte é uma área própria da ponte sem correspondente em outros níveis do tronco encefálico. Ela apareceu durante a filogênese, juntamente com o neocerebelo e o neocórtex, mantendo íntimas conexões com essas duas áreas do sistema nervoso. Atinge o seu máximo desenvolvimento no homem, no qual é maior do que o tegmento.

As seguintes formações são observadas na base da ponte:

Base da ponte
- fibras longitudinais
  - trato corticospinal
  - trato corticonuclear
  - trato corticopontino
- fibras transversais
- núcleos pontinos

1.1 Fibras longitudinais

a) *Trato corticospinal* – constituído por fibras que, das áreas motoras do córtex cerebral, se dirigem aos neurônios motores da medula. O seu trajeto pelo bulbo e pela terminação na medula já foi estudado. Na base da ponte, o trato corticospinal forma vários feixes dissociados, não tendo a estrutura compacta que apresenta nas pirâmides do bulbo (**Figura 15.1**).

b) *Trato corticonuclear* – constituído por fibras que, das áreas motoras do córtex, se dirigem aos neurônios motores situados em núcleos motores de nervos cranianos; no caso da ponte, os núcleos do trigêmeo, abducente e facial. As fibras destacam-se do trato à medida que se aproximam de cada núcleo motor, podendo terminar em núcleos do mesmo lado e do lado oposto (detalhes no Capítulo 30).

c) *Trato corticopontino* – formado por fibras que se originam em várias áreas do córtex cerebral, terminam fazendo sinapse com os neurônios dos núcleos pontinos (**Figura 15.1**).

1.2 Fibras transversais e núcleos pontinos

Os núcleos pontinos são pequenos aglomerados de neurônios dispersos em toda a base da ponte (**Figura 15.1**). Neles, terminam, fazendo sinapse, as fibras corticopontinas. Os axônios dos neurônios dos núcleos pontinos constituem as *fibras transversais da ponte*, também denominadas *fibras pontinas* ou *pontocerebelares*. Essas fibras, de direção transversal, cruzam o plano mediano e penetram no cerebelo pelo pedúnculo cerebelar médio.

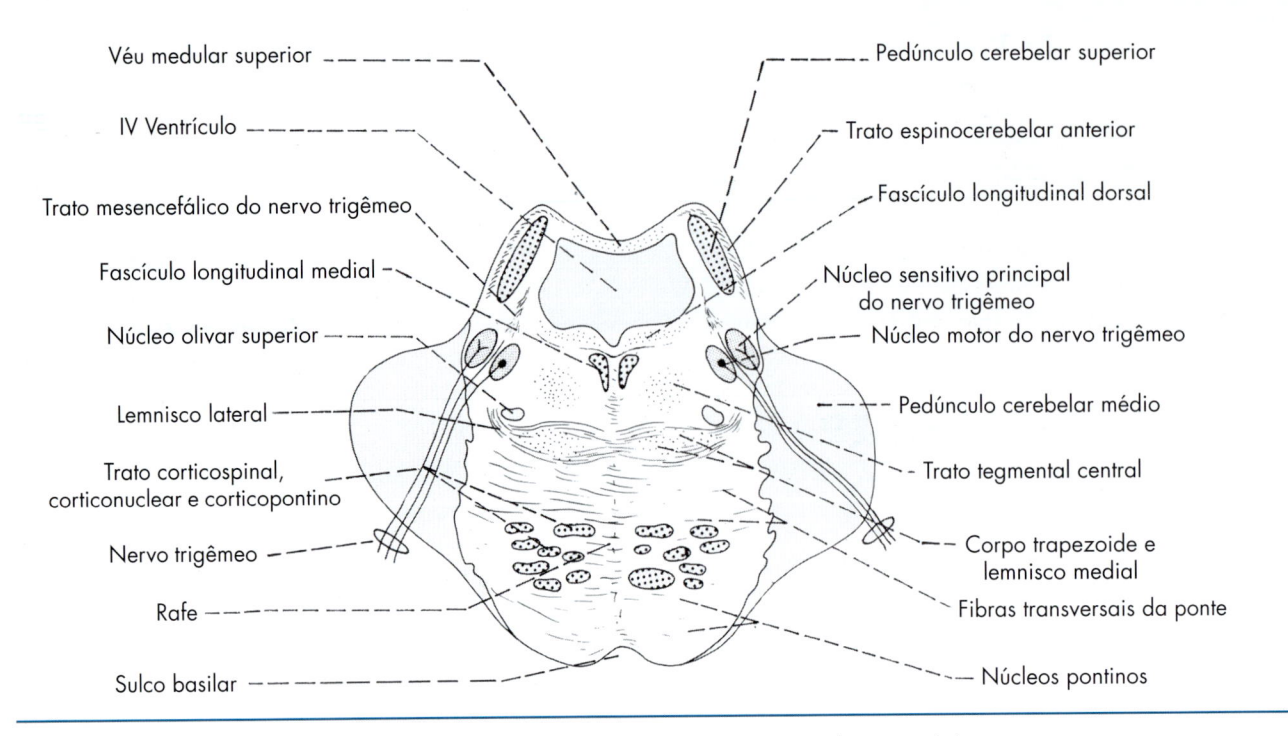

Figura 15.1 Esquema de uma secção transversal da ponte ao nível da origem aparente do nervo trigêmeo.

2. Parte dorsal ou tegmento da ponte

O tegmento da ponte assemelha-se estruturalmente ao tegmento do mesencéfalo, com o qual continua. Apresenta fibras ascendentes, descendentes e transversais, substância cinzenta homóloga à da medula, que são os núcleos dos pares cranianos V, VI, VII e VIII, substância cinzenta própria da ponte, além da formação reticular. O estudo desses elementos será feito de acordo com uma sequência didática um pouco diferente da que foi usada para o bulbo. Serão estudados sucessivamente os núcleos e os sistemas de fibras relacionadas com os nervos vestibulococlear, facial, abducente e trigêmeo. Isso corresponde à análise das estruturas mais importantes observadas em cortes, passando, respectivamente, pelos recessos laterais do IV ventrículo, pelo colículo facial e pela origem aparente do nervo trigêmeo.

2.1 Núcleos do nervo vestibulococlear

As fibras sensitivas que constituem as partes coclear e vestibular do nervo vestibulococlear terminam, respectivamente, nos núcleos cocleares e vestibulares da ponte, cujas conexões e funções são muito diferentes e serão estudadas a seguir.

2.1.1 Núcleos cocleares, corpo trapezoide, lemnisco lateral

Os *núcleos cocleares* são dois, o *dorsal* e o *ventral*, situados no nível em que o pedúnculo cerebelar inferior se volta dorsalmente para penetrar no cerebelo (**Figura 29.8**). Nesses núcleos, terminam as fibras que constituem a porção coclear do nervo vestibulococlear e são os prolongamentos centrais dos neurônios sensitivos do gânglio espiral situado na cóclea. A maioria das fibras originadas nos núcleos cocleares dorsal e ventral cruza para o lado oposto, constituindo o corpo trapezoide (**Figura 29.8**). A seguir, essas fibras contornam o *núcleo olivar superior* e infletem-se cranialmente para constituir o *lemnisco lateral*, terminando no colículo inferior, de onde os impulsos nervosos seguem para o corpo geniculado medial (**Figura 29.8**).

Entretanto, um número significativo de fibras dos núcleos cocleares termina no núcleo olivar superior, do mesmo lado ou do lado oposto de onde os impulsos nervosos seguem pelo lemnisco lateral.[1] Todas essas formações são parte da via da audição, que será estudada mais minuciosamente no Capítulo 29. Através dela, os impulsos nervosos oriundos da cóclea são levados ao córtex cerebral, onde são interpretados. É interessante assinalar que muitas fibras originadas dos núcleos cocleares sobem no lemnisco lateral do mesmo lado (**Figura 29.8**) ou terminam nos núcleos olivares desse mesmo lado. Assim, a via auditiva apresenta componentes cruzados e não cruzados, ou seja, o hemisfério cerebral de um lado recebe informações auditivas provenientes dos dois ouvidos.

2.1.2 Núcleos vestibulares e suas conexões

Os núcleos vestibulares localizam-se no assoalho do IV ventrículo, onde ocupam a *área vestibular*. São em número de quatro, os *núcleos vestibulares lateral, medial, superior*

---

[1] Além dos núcleos olivares superiores, dois outros núcleos recebem colaterais ou terminais das fibras do corpo trapezoide ou do lemnisco lateral: o núcleo do corpo trapezoide e o núcleo do lemnisco lateral.

e *inferior* (**Figuras 15.2** e **15.3**). Cada um desses núcleos tem as suas características e as suas conexões, mas serão estudados em conjunto, como se fossem um só núcleo. Os núcleos vestibulares recebem impulsos nervosos, originados na parte vestibular do ouvido interno e que informam sobre a posição e os movimentos da cabeça. Esses impulsos passam pelos neurônios sensitivos do gânglio vestibular e chegam aos núcleos vestibulares pelos prolongamentos centrais desses neurônios, que, em conjunto, formam a parte vestibular do nervo vestibulococlear. Algumas fibras seguem diretamente do gânglio vestibular para o cerebelo sem conexão nos núcleos vestibulares. Chegam, ainda, aos núcleos vestibulares fibras provenientes do cerebelo, relacionadas com a manutenção do equilíbrio. Essas fibras serão estudadas a propósito das conexões do vestibulocerebelo. As fibras eferentes dos núcleos vestibulares formam ou entram na composição dos seguintes tratos e fascículos:

a) *Fascículo vestibulocerebelar* (**Figura 15.2**) – formado por fibras que terminam no córtex do vestibulocerebelo.

b) *Fascículo longitudinal medial* – nos núcleos vestibulares origina-se a maioria das fibras que entram na composição do fascículo longitudinal medial (**Figura 15.2**). Esse fascículo está envolvido em reflexos que permitem ao olho ajustar-se aos movimentos da cabeça. As informações sobre a posição da cabeça chegam ao fascículo longitudinal medial através das suas conexões com os núcleos vestibulares.

c) *Trato vestibulospinal* (**Figura 15.2**) – as suas fibras levam impulsos aos neurônios motores da medula e são importantes para a manutenção do equilíbrio.

d) *Fibras vestibulotalâmicas* – admite-se a existência de fibras vestibulotalâmicas que levam impulsos ao tálamo, de onde vão ao córtex. Entretanto, a localização e o significado dessas fibras são ainda discutidos.

2.2 Núcleos dos nervos facial e abducente

As relações entre estes dois núcleos são mostradas na **Figura 15.3**. As fibras que emergem do núcleo do nervo

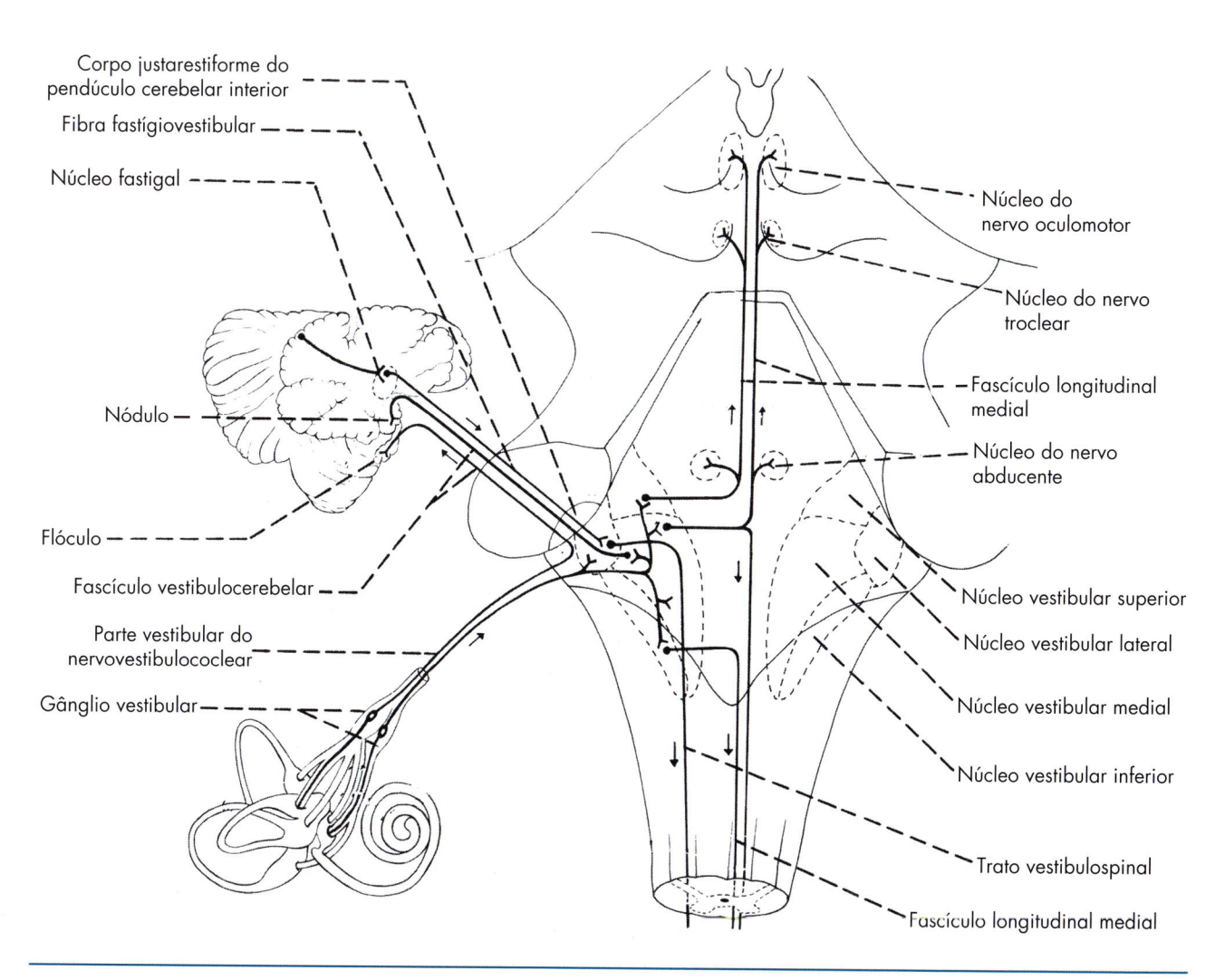

Figura 15.2 Núcleos e vias vestibulares.

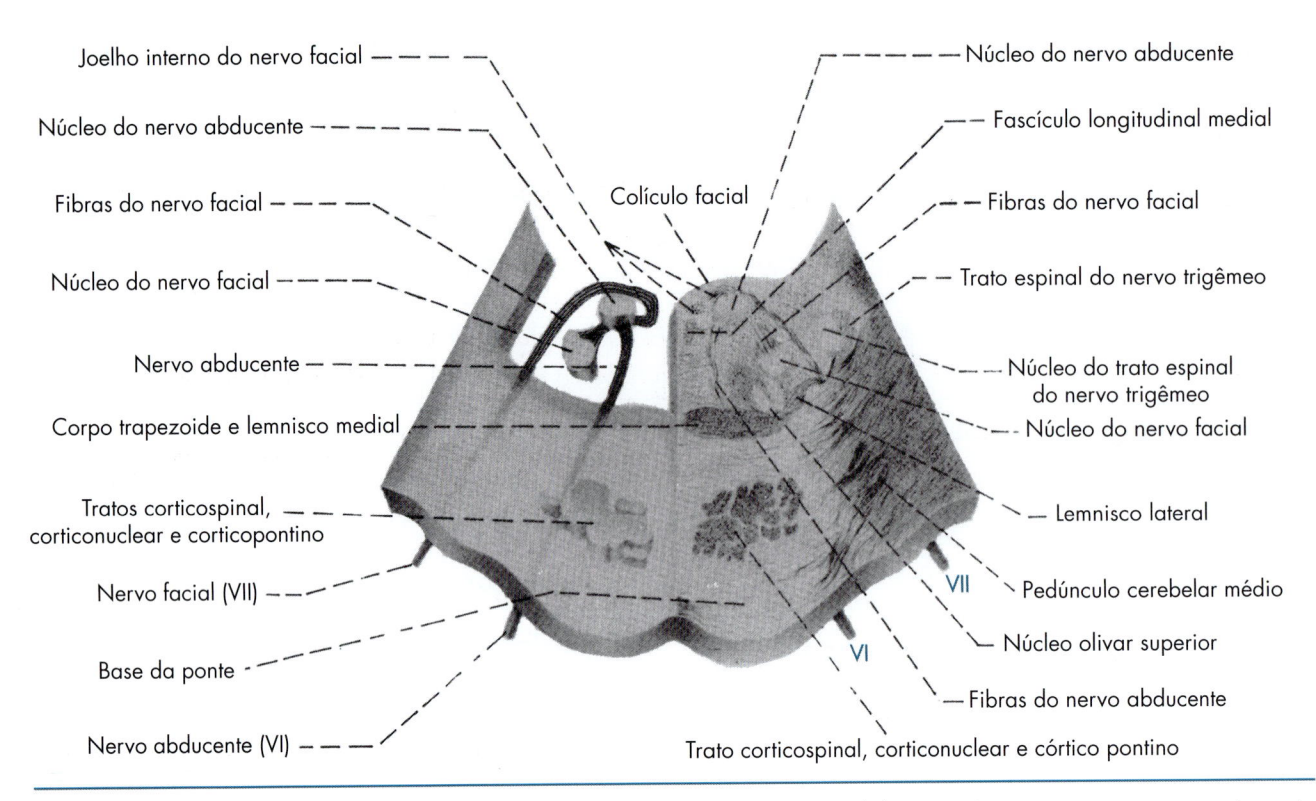

Figura 15.3 Diagrama mostrando as relações do nervo facial com o núcleo do nervo abducente, visto em um corte espesso da ponte passando pelo colículo facial.

facial têm inicialmente direção dorsomedial (**Figura 15.3**), formando um feixe compacto que, logo abaixo do assoalho do IV ventrículo, se encurva em direção cranial. Essas fibras, após percorrerem certa distância ao longo do lado medial do núcleo do nervo abducente, encurvam-se lateralmente sobre a superfície dorsal desse núcleo, contribuindo para formar a elevação do assoalho do IV ventrículo, denominada *colículo facial* (**Figura 5.2**). A curvatura das fibras do nervo facial em torno do núcleo do abducente constitui o *joelho interno do nervo facial*. Após contornar o núcleo do abducente, as fibras do nervo facial tomam direção ventrolateral, e ligeiramente caudal, para emergir no sulco bulbopontino. As fibras do facial têm, pois, relações muito íntimas com o núcleo do abducente e, por isso, lesões conjuntas de ambas as estruturas podem ocorrer. Os sinais resultantes desse tipo de lesão serão descritos no Capítulo 19, item 5.1.

2.3 Núcleo salivatório superior e núcleo lacrimal

Estes núcleos, pertencentes à parte craniana do sistema nervoso parassimpático, dão origem a fibras pré-ganglionares, que emergem pelo nervo intermédio, conduzindo impulsos para a inervação das glândulas submandibular, sublingual e lacrimal.

2.4 Núcleos do nervo trigêmeo

Além do núcleo do trato espinal, já descrito no bulbo, o nervo trigêmeo tem ainda, na ponte, o *núcleo sensitivo* *principal*, o *núcleo do trato mesencefálico* e o *núcleo motor* (**Figura 17.4**). Observando-se uma secção de ponte, aproximadamente ao nível da penetração do nervo trigêmeo (**Figura 15.1**), vê-se, medialmente, o núcleo motor, e lateralmente, o núcleo sensitivo principal, este último uma continuação cranial e dilatada do núcleo do trato espinal (**Figura 17.4**). A partir do núcleo principal, estende-se cranialmente, em direção ao mesencéfalo, o núcleo do trato mesencefálico do trigêmeo, acompanhado pelas fibras do *trato mesencefálico do trigêmeo* (**Figura 17.4**). O núcleo motor origina fibras para os músculos mastigadores, sendo frequentemente denominado *núcleo mastigador*. Os demais núcleos recebem impulsos relacionados com a sensibilidade somática geral de grande parte da cabeça. Deles, saem fibras ascendentes, que constituem o lemnisco trigeminal, que termina no tálamo.

2.5 Fibras longitudinais do tegmento da ponte

As fibras longitudinais originadas no tegmento da ponte já foram estudadas e são os lemniscos lateral e trigeminal. Percorrem também o tegmento da ponte, feixes de fibras ascendentes originadas no bulbo, medula e cerebelo, que são os seguintes:

a) *Lemnisco medial* (**Figura 15.4**) – ocupa na ponte, ao contrário do bulbo, uma faixa de disposição transversal, cujas fibras cruzam perpendicularmente as fibras do corpo trapezoide, sobem e terminam no tálamo.

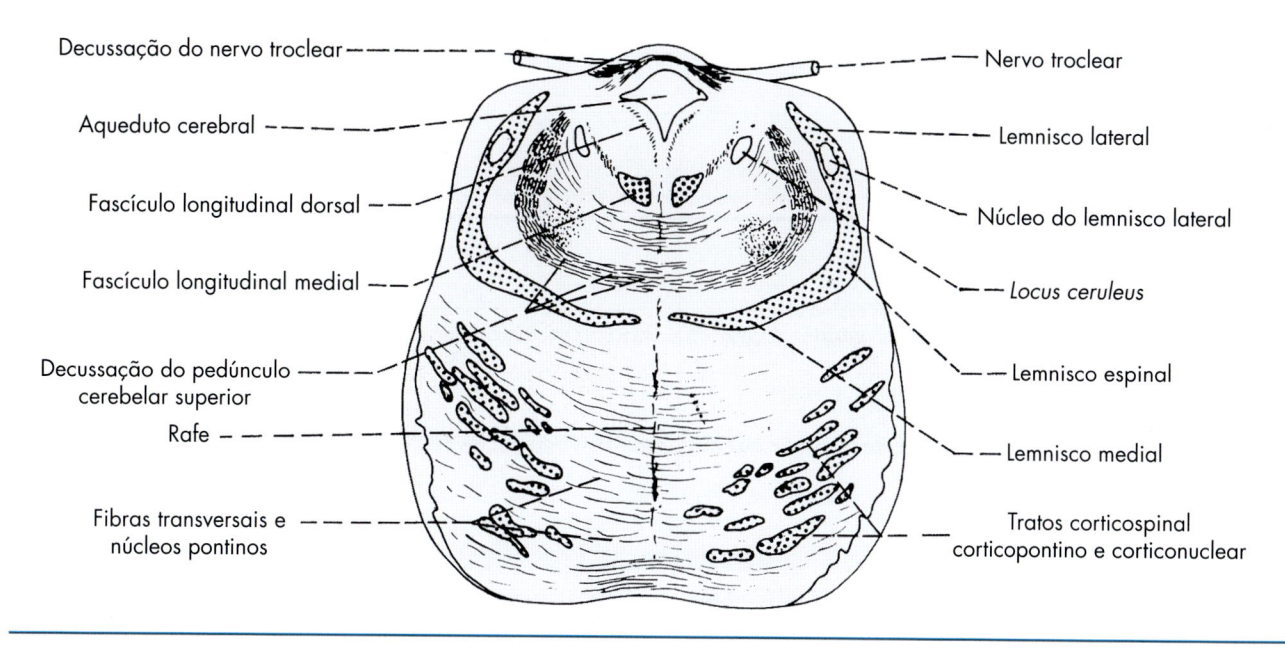

Figura 15.4 Esquema de uma secção transversal da ponte ao nível da parte cranial do assoalho do IV ventrículo.

b) *Lemnisco espinal* (**Figura 15.4**) – formado pela união dos tratos espinotalâmico lateral e espinotalâmico anterior.

c) *Pedúnculo cerebelar superior* – emerge do cerebelo, constituindo inicialmente a parede dorsolateral da metade cranial do IV ventrículo (**Figura 15.1**). A seguir, aprofunda-se no tegmento e, já no limite com o mesencéfalo, as suas fibras começam a se cruzar com as do lado oposto, constituindo o início da decussação dos pedúnculos cerebelares superiores (**Figura 15.4**). Os pedúnculos cerebelares superiores são o mais importante sistema de fibras eferentes do cerebelo.

2.6 Formação reticular da ponte

Na formação reticular da ponte, localiza-se o *locus ceruleus* (**Figura 5.2**), que contém neurônios ricos em noradrenalina, e os núcleos da rafe, situados ventralmente na linha média, contendo neurônios ricos em serotonina. Essas estruturas envolvidas na modulação da atividade do córtex cerebral serão estudadas no Capítulo 20.

> ### 3. Correlações anatomoclínicas
>
> Os sinais e sintomas característicos das lesões da ponte decorrem do comprometimento dos núcleos de nervos cranianos aí localizados, ou seja, os núcleos do V, VI, VII e VIII cranianos. Assim, podem ocorrer alterações da sensibilidade da face (V), da motricidade da musculatura mastigadora (V) ou mímica (VII), do músculo reto lateral (VI), além de vertigem e alterações do equilíbrio (VIII). A esses sinais, podem associar-se paralisias ou perdas da sensibilidade no tronco e nos membros, por lesão das vias descendentes e ascendentes que transitam pela ponte. Esses sinais e sintomas caracterizam algumas síndromes que serão estudadas no Capítulo 19, item 5.

A seguir, serão relacionadas as principais estruturas já estudadas da ponte, divididas em substância cinzenta, substância branca e formação reticular.

Sinopse das principais estruturas da ponte

- **Substância cinzenta**
  - núcleos de nervos cranianos
    - núcleos do V
      - núcleo do trato mesencefálico
      - núcleo sensitivo principal
      - núcleo motor
      - núcleo do trato espinal
    - núcleo do VI
    - núcleos do VII
      - núcleo motor do facial
      - núcleo lacrimal
      - núcleo salivatório superior
    - núcleos do VIII
      - núcleos coclear dorsal
      - núcleos coclear ventral
      - núcleos vestibular superior
      - núcleos vestibular inferior
      - núcleos vestibular medial
      - núcleos vestibular lateral
  - substância cinzenta própria da ponte
    - núcleos pontinos
    - núcleo olivar superior
    - núcleo do corpo trapezoide
    - núcleo do lemnisco lateral

- **Substância branca**
  - fibras longitudinais
    - ascendentes
      - lemnisco medial
      - lemnisco lateral
      - lemnisco trigeminal
      - lemnisco espinal
      - pedúnculo cerebelar superior
    - descendentes
      - trato corticospinal
      - trato corticonuclear
      - trato corticopontino
      - trato tetospinal
      - trato rubrospinal
      - trato vestibulospinal
      - trato espinal do trigêmeo
    - de associação
      - fascículo longitudinal medial
  - fibras transversais
    - fibras pontinas e pedúnculo cerebelar médio
    - fibras do corpo trapezoide
    - decussação dos pedúnculos cerebelares superiores

- **Formação reticular**
  - *locus ceruleus*
  - núcleos da rafe

- **Cavidade IV ventrículo**

capítulo 16

Estrutura do Mesencéfalo

O mesencéfalo (**Figura 5.3**) é constituído por uma porção dorsal, o *teto do mesencéfalo*, e outra ventral, muito maior, os *pedúnculos cerebrais*, separados pelo *aqueduto cerebral*. Este percorre longitudinalmente o mesencéfalo e é circundado por espessa camada de substância cinzenta, a *substância cinzenta central* ou *periaquedutal* (**Figura 16.1**). Em cada pedúnculo cerebral, distingue-se uma parte ventral, a *base do pedúnculo*, formada por fibras longitudinais, e uma parte dorsal, o *tegmento do mesencéfalo*, cuja estrutura se assemelha à parte correspondente da ponte. Separando o tegmento da base, observa-se uma lâmina de substância cinzenta pigmentada, a *substância negra* (**Figura 5.3**).

1. Teto do mesencéfalo

Em vertebrados inferiores, o teto do mesencéfalo é um centro nervoso muito importante, relacionado com a integração de várias funções sensoriais e motoras. Durante a evolução, parte de suas funções foi assumida pelo córtex cerebral, diminuindo consideravelmente sua importância nos mamíferos. Nestes, o teto do mesencéfalo é constituído de quatro eminências, os *colículos superiores*, relacionados com a via visual, e os *colículos inferiores*, relacionados com a via auditiva, além da chamada *área pré-tetal*. Cada uma dessas partes será estudada a seguir.

1.1 Colículo superior

O colículo superior (**Figura 16.2**) é formado por uma série de camadas superpostas, constituídas alternadamente por substância branca e cinzenta. A camada mais profunda confunde-se com a substância cinzenta central. As suas conexões são complexas, destacando-se, entre elas:

a) Fibras oriundas da retina, que atingem o colículo pelo trato óptico e braço do colículo superior.

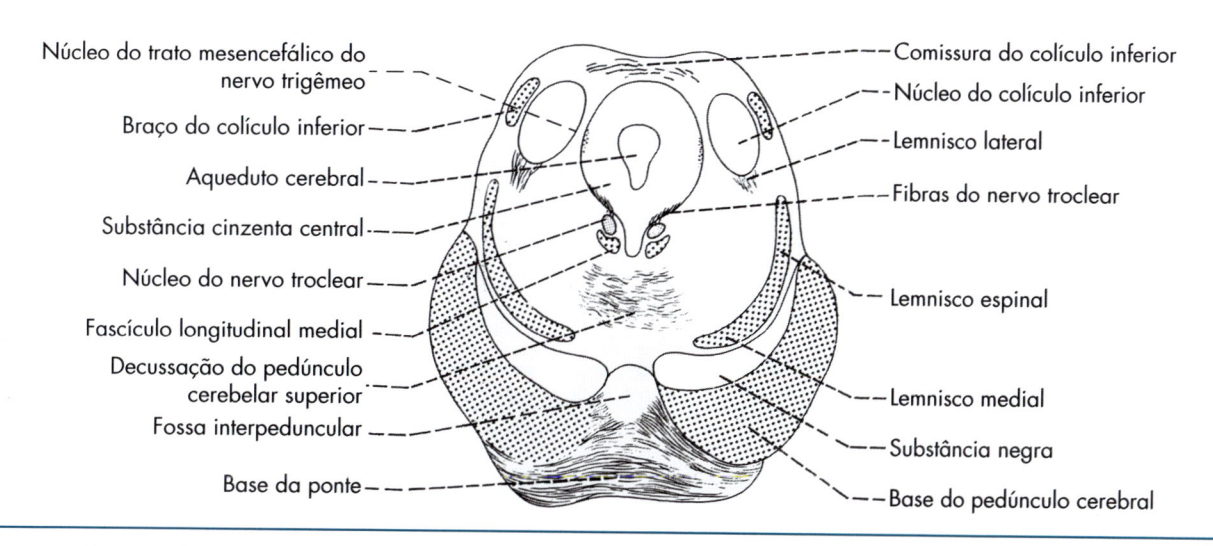

Figura 16.1 Esquema de uma secção transversal do mesencéfalo ao nível dos colículos inferiores.

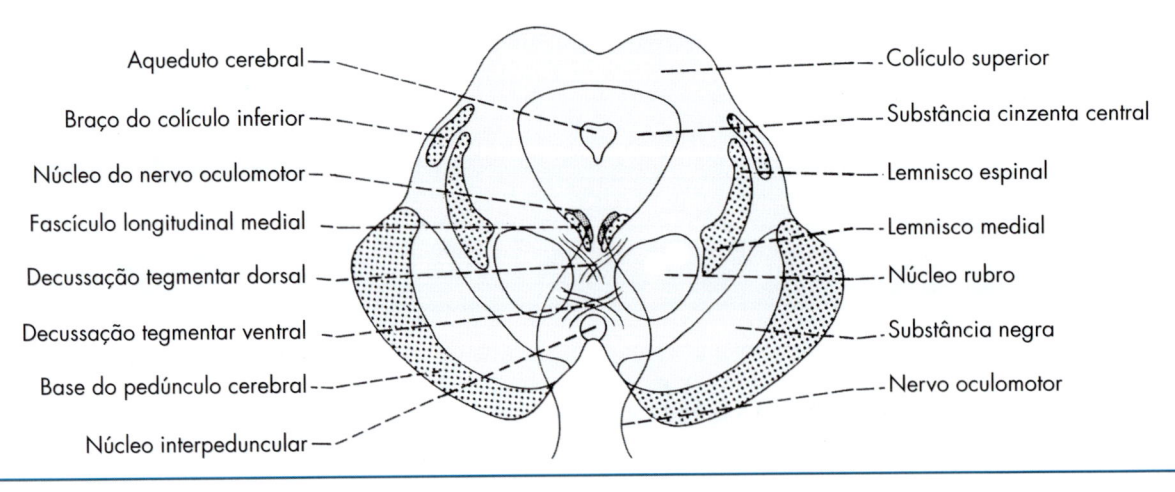

Figura 16.2 Esquema de uma secção transversal do mesencéfalo ao nível dos colículos superiores.

b) Fibras oriundas do córtex occipital, que chegam ao colículo pela radiação óptica e braço do colículo superior.
c) Fibras que formam o *trato tetospinal* e terminam fazendo sinapse com neurônios motores da medula cervical.

O colículo superior é importante para certos reflexos que regulam os movimentos dos olhos. Para essa função, existem fibras ligando o colículo superior ao núcleo do nervo oculomotor, situado ventralmente no tegmento do mesencéfalo. Lesões dos colículos superiores podem causar perda da capacidade de mover os olhos no sentido vertical, voluntária ou reflexamente. Isso ocorre, por exemplo, em certos tumores do corpo pineal que comprimem os colículos (Capítulo 19, item 6.3).

1.2 Colículo inferior

O colículo inferior (**Figura 16.1**) difere estruturalmente do superior por se constituir de uma massa bem delimitada de substância cinzenta, o *núcleo do colículo inferior*. Esse núcleo recebe as fibras auditivas que sobem pelo lemnisco lateral (**Figura 16.1**) e manda fibras ao corpo geniculado medial através do braço do colículo inferior (**Figura 29.8**). Algumas fibras vão de um colículo para outro, constituindo a comissura do colículo inferior. O núcleo do colículo inferior é uma importante estrutura das vias auditivas.

1.3 Área pré-tetal

Também denominada *núcleo pré-tetal*, é uma área de limites pouco definidos situada na extremidade rostral dos colículos superiores, no limite do mesencéfalo com o diencéfalo. Relaciona-se com o controle reflexo das pupilas (Capítulo 17, item 2.2.6).

2. Base do pedúnculo cerebral

A base do pedúnculo é formada pelas fibras descendentes dos tratos corticospinal, corticonuclear e corticopontino, que formam um conjunto compacto (**Figura 16.2**). Essas fibras têm localizações precisas na base do pedúnculo cerebral, sabendo-se, inclusive, a localização das fibras corticospinais, responsáveis pela motricidade de cada parte do corpo.

Em vista do grande número de fibras descendentes que percorrem a base dos pedúnculos cerebrais, lesões aí localizadas causam paralisias que se manifestam do lado oposto ao da lesão.

3. Tegmento do mesencéfalo

O tegmento do mesencéfalo é uma continuação do tegmento da ponte. Como este, apresenta, além da formação reticular, as substâncias cinzenta e branca, que serão estudadas a seguir.

3.1 Substância cinzenta homóloga à da medula

No tegmento do mesencéfalo estão os núcleos dos pares cranianos III, IV e V. Neste último, entretanto, está apenas o núcleo do trato mesencefálico (**Figura 17.4**), que continua da ponte e recebe as informações proprioceptivas que entram pelo nervo trigêmeo. O núcleo dos nervos troclear e oculomotor serão estudados com mais detalhes a seguir.

3.1.1 Núcleo do nervo troclear

Situa-se no nível do colículo inferior, em posição imediatamente ventral à substância cinzenta central e dorsal ao fascículo longitudinal medial. Suas fibras saem de sua face dorsal, contornam a substância cinzenta central, cruzam com as do lado oposto e emergem do véu medular superior, caudalmente ao colículo inferior (**Figura 5.2**). Esse nervo apresenta duas peculiaridades: suas fibras são as únicas que saem da face dorsal do encéfalo e trata-se do único nervo cujas fibras decussam antes de emergir do sistema nervoso central. Convém lembrar que o nervo troclear inerva o músculo oblíquo superior.

3.1.2 Núcleo do nervo oculomotor

Este núcleo localiza-se no nível do colículo superior (**Figura 16.2**) e está intimamente relacionado com o fascículo longitudinal medial. Trata-se de um núcleo muito complexo, constituído de várias partes, razão pela qual alguns autores preferem denominá-lo *complexo oculomotor*. O complexo oculomotor pode ser dividido, sob o aspecto funcional, em uma parte somática e outra visceral. A parte somática contém os neurônios motores responsáveis pela inervação dos músculos reto superior, reto inferior, reto medial, levantador da pálpebra e oblíquo inferior. Na realidade, a parte somática do complexo oculomotor é constituída de vários subnúcleos, cada um dos quais destina fibras motoras para inervação de um dos músculos já relacionados anteriormente. Essas fibras, depois de um trajeto curvo em direção ventral, emergem na fossa interpeduncular, constituindo o nervo oculomotor (**Figura 16.2**).

A parte visceral do complexo oculomotor é o *núcleo de Edinger-Westphal*. Ele contém os neurônios pré-ganglionares, cujas fibras fazem sinapses no gânglio ciliar e estão relacionadas com a inervação do músculo ciliar e do músculo esfíncter da pupila. Essas fibras pertencem ao parassimpático craniano e são muito importantes para o controle reflexo do diâmetro da pupila em resposta a diferentes intensidades de luz.

3.2 Substância cinzenta própria do mesencéfalo

Nessa categoria, situam-se dois núcleos importantes, ambos relacionados com a atividade motora somática: o núcleo rubro; e a substância negra.

3.2.1 Núcleo rubro

O núcleo rubro, ou núcleo vermelho (**Figura 16.2**), é assim denominado em virtude da tonalidade ligeiramente rósea que apresenta nas preparações a fresco. Cada núcleo rubro é abordado em sua extremidade caudal pelas fibras do pedúnculo cerebelar superior que o envolve. Essas fibras penetram no núcleo à medida que sobem, mas grande parte delas termina no tálamo.

O núcleo rubro participa do controle da motricidade somática. Recebe fibras do cerebelo e das áreas motoras do córtex cerebral e dá origem ao trato rubrospinal, que, assim como o trato corticospinal, termina nos neurônios motores da medula, responsáveis pela motricidade voluntária da musculatura distal dos membros. O núcleo rubro liga-se também ao complexo olivar inferior, através das fibras *rubro-livares*, que integram o *circuito rubrolivar-cerebelar*.

3.2.2 Substância negra

Situada entre o tegmento e a base do pedúnculo cerebral (**Figura 16.2**), a substância negra é um núcleo compacto,[1] formado por neurônios que têm a peculiaridade de conter inclusões de melanina. Isso resulta em que esse núcleo apresente, nas preparações a fresco, uma coloração escura, que lhe valeu o nome. Uma característica importante da maioria dos neurônios da substância negra é que eles utilizam como neurotransmissor a dopamina, ou seja, são neurônios dopaminérgicos. Do ponto de vista funcional, as conexões mais importantes da substância negra são com o corpo estriado. Estas são feitas nos dois sentidos, através de fibras *nigrostriadais* e *estriadonigrais*, sendo as primeiras dopaminérgicas. Degenerações dos neurônios dopaminérgicos da substância negra causam diminuição de dopamina no corpo estriado, provocando as graves perturbações motoras que caracterizam a *doença de Parkinson*[2] (Capítulo 24, item 2.3.2).

3.2.3 Substância cinzenta central ou periaquedutal

A substância cinzenta central ou periaquedutal (**Figura 16.2**) é uma massa espessa de substância cinzenta que circunda o aqueduto cerebral. Desempenha um papel importante na regulação da dor.

3.3 Substância branca

Assim como na ponte, a maioria dos feixes de fibras descendentes do mesencéfalo não passa pelo tegmento, mas pela base do pedúnculo cerebral, o que já estudamos. Já as fibras ascendentes percorrem o tegmento e representam a continuação dos segmentos que sobem da ponte: os quatro lemniscos e o pedúnculo cerebelar superior. Este, no nível do colículo inferior (**Figura 16.1**), cruza com o do lado oposto, na *decussação do pedúnculo cerebelar superior*, e sobe, envolvendo o núcleo rubro. No nível do colículo inferior, os quatro lemniscos aparecem agrupados em uma só faixa, na parte lateral do tegmento (**Figura 16.1**), onde, em uma sequência mediolateral, se dispõem os lemniscos medial, espinal, trigeminal e lateral.

Este último, pertencente às vias auditivas, termina no núcleo do colículo inferior, enquanto os demais sobem e aparecem no nível do colículo superior (**Figura 16.2**), em uma faixa disposta lateralmente ao núcleo rubro. Nesse nível, nota-se também o *braço do colículo inferior*, cujas fibras sobem para terminar no corpo geniculado medial. Em toda a extensão do tegmento mesencefálico, nota-se, próximo ao plano mediano, o fascículo longitudinal medial, que constitui o feixe de associação do tronco encefálico.

3.4 Formação reticular

Duas estruturas merecem destaque na formação reticular do mesencéfalo, a *área tegmentar ventral*, com neurônios ricos em dopamina, e os *núcleos da rafe*, continuação de estruturas de mesmo nome da ponte, contendo neurônios ricos em serotonina. Essas estruturas, extremamente importantes do ponto de vista funcional e clínico, serão estudadas no Capítulo 20, Parte B.

---

4. Correlações anatomoclínicas

A análise da chave a seguir mostra que atravessam o mesencéfalo todas as vias ascendentes que vão ao diencéfalo e cinco tratos descendentes relacionados com a motricidade. As lesões dessas vias causam perda de sensibilidade ou paralisias associadas a lesões do nervo oculomotor, caracterizando duas síndromes que serão estudadas no Capítulo 19, item 6. Processos patológicos que comprimem o mesencéfalo, lesando a formação reticular, podem gerar perda de consciência (coma).

---

[1] Na realidade, a substância negra contém duas partes: *pars compacta*; e *pars reticulata*. Somente a primeira contém neurônios dopaminérgicos.

[2] Devido às suas importantes conexões com o corpo estriado, alguns autores consideram a substância negra como parte deste corpo, o que não é correto, pois a substância negra é uma estrutura do tronco encefálico e o corpo estriado é constituído por núcleos da base do cérebro pertencentes ao telencéfalo.

Sinopse das principais estruturas do mesencéfalo

- **Substância cinzenta**
  - núcleos de nervos cranianos
    - núcleo do III
      - parte somática
      - parte visceral = núcleo de Edinger-Westphal
    - núcleo do IV
    - núcleo do trato mesencefálico do V
  - substância cinzenta própria do mesencéfalo
    - núcleo rubro
    - substância negra
    - substância cinzenta periaquedutal
    - núcleo do colículo inferior
    - colículo superior
    - área pré-tetal

- **Substância branca**
  - fibras longitudinais
    - ascendentes
      - lemnisco medial
      - lemnisco lateral
      - lemnisco trigeminal
      - lemnisco espinal
      - pedúnculo cerebelar superior
      - braço do colículo superior
      - braço do colículo inferior
    - descendentes
      - trato corticospinal
      - trato corticonuclear
      - trato corticopontino
      - trato tetospinal
      - trato rubrospinal
    - de associação
      - fascículo longitudinal medial
  - fibras transversais
    - decussação do pedúnculo cerebelar superior
    - comissura do colículo inferior

- **Formação reticular**
  - área tegmentar ventral
  - núcleos da rafe

Cavidade: aqueduto cerebral

150 Neuroanatomia Funcional

capítulo 17

Núcleos dos Nervos Cranianos – Alguns Reflexos Integrados no Tronco Encefálico

A topografia de cada um dos núcleos dos nervos cranianos e o trajeto de suas fibras já foram estudados nos capítulos sobre a estrutura do tronco encefálico. Esse estudo é importante, pois dá as bases para a compreensão e o diagnóstico das lesões do tronco encefálico. Contudo, há ainda outro modo de estudar os núcleos dos nervos cranianos, que consiste em agrupá-los de acordo com os componentes funcionais de suas fibras. Esses componentes foram estudados no Capítulo 10, no qual há uma chave que deve ser recapitulada para a compreensão do presente capítulo.

1. Sistematização dos núcleos dos nervos cranianos em colunas

Os núcleos dos nervos cranianos dispõem-se no tronco encefálico em colunas longitudinais que correspondem aos seus componentes funcionais. Entretanto, como as fibras aferentes viscerais gerais e aferentes viscerais especiais vão para a mesma coluna, existem sete componentes funcionais, mas apenas seis colunas. Essas colunas têm correspondência funcional e, às vezes, continuidade com as colunas da medula. Assim, a coluna aferente somática (coluna do trigêmeo) continua com a substância gelatinosa da medula, e a coluna eferente visceral geral (do sistema nervoso parassimpático) corresponde, na medula, à coluna lateral.

A seguir, serão estudados os núcleos que compõem cada uma das seis colunas de núcleos.

1.1 Coluna eferente somática

Todos os núcleos dessa coluna dispõem-se de cada lado, próximo ao plano mediano. Eles originam fibras para a inervação dos músculos estriados miotômicos do olho e da língua. São eles (**Figura 17.1**):

a) *Núcleo do oculomotor* – somente a parte somática pertence a essa coluna. Localiza-se no mesencéfalo e origina fibras que inervam todos os músculos extrínsecos do olho, com exceção do reto lateral e oblíquo superior.
b) *Núcleo do troclear* – situado no mesencéfalo ao nível do colículo inferior. Origina fibras que inervam o músculo oblíquo superior.
c) *Núcleo do abducente* – situado na ponte (colículo facial). Dá origem a fibras para o músculo reto lateral.
d) *Núcleo do hipoglosso* – situado no bulbo, no trígono do nervo hipoglosso, no assoalho do IV ventrículo. Dá origem a fibras para os músculos da língua.

1.2 Coluna eferente visceral geral

Nos núcleos dessa coluna (**Figura 17.2**) estão os neurônios pré-ganglionares do parassimpático craniano. As fibras que saem desses núcleos (fibras pré-ganglionares), antes de atingir as vísceras, fazem sinapse em um gânglio, conforme já foi exposto no Capítulo 11. Os núcleos da coluna eferente visceral geral são os seguintes (**Figura 17.2**):

a) *Núcleo de Edinger-Westphal* (**Figura 17.2**) – pertence ao complexo oculomotor, situado no mesencéfalo, no nível do colículo superior. Origina fibras pré-ganglionares para o gânglio ciliar (por meio do nervo oculomotor), de onde saem fibras pós-ganglionares para o músculo ciliar que altera a curvatura do cristalino e é responsável pela acomodação e o esfíncter da pupila (**Figura 12.4**).
b) *Núcleo lacrimal* – situado na ponte, próximo ao núcleo salivatório superior. Origina fibras pré-ganglionares que saem pelo VII par (n. intermédio) e, após complicado trajeto através dos nervos petroso maior e nervo do canal pterigóideo, chegam ao gânglio pterigopalatino (**Figura 12.5**), onde têm origem as fibras pós-ganglionares para a glândula lacrimal.

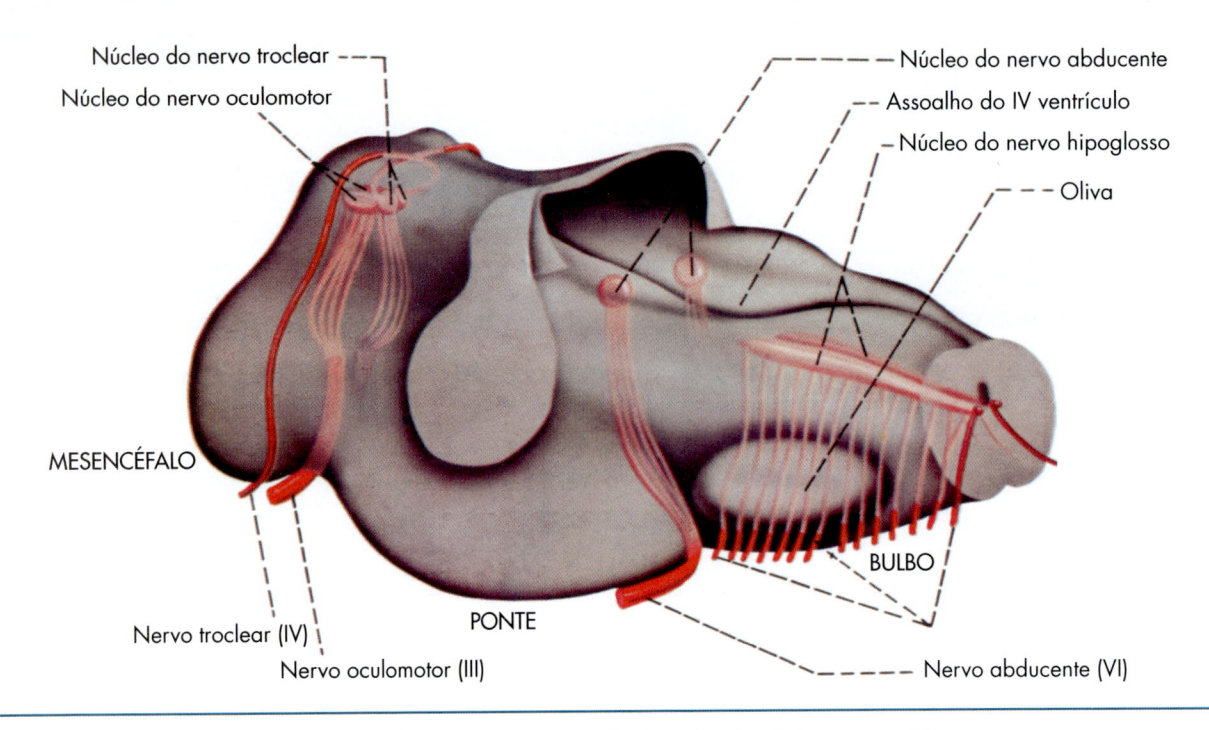

Figura 17.1 Núcleos da coluna eferente somática vistos por transparência no interior do tronco encefálico.

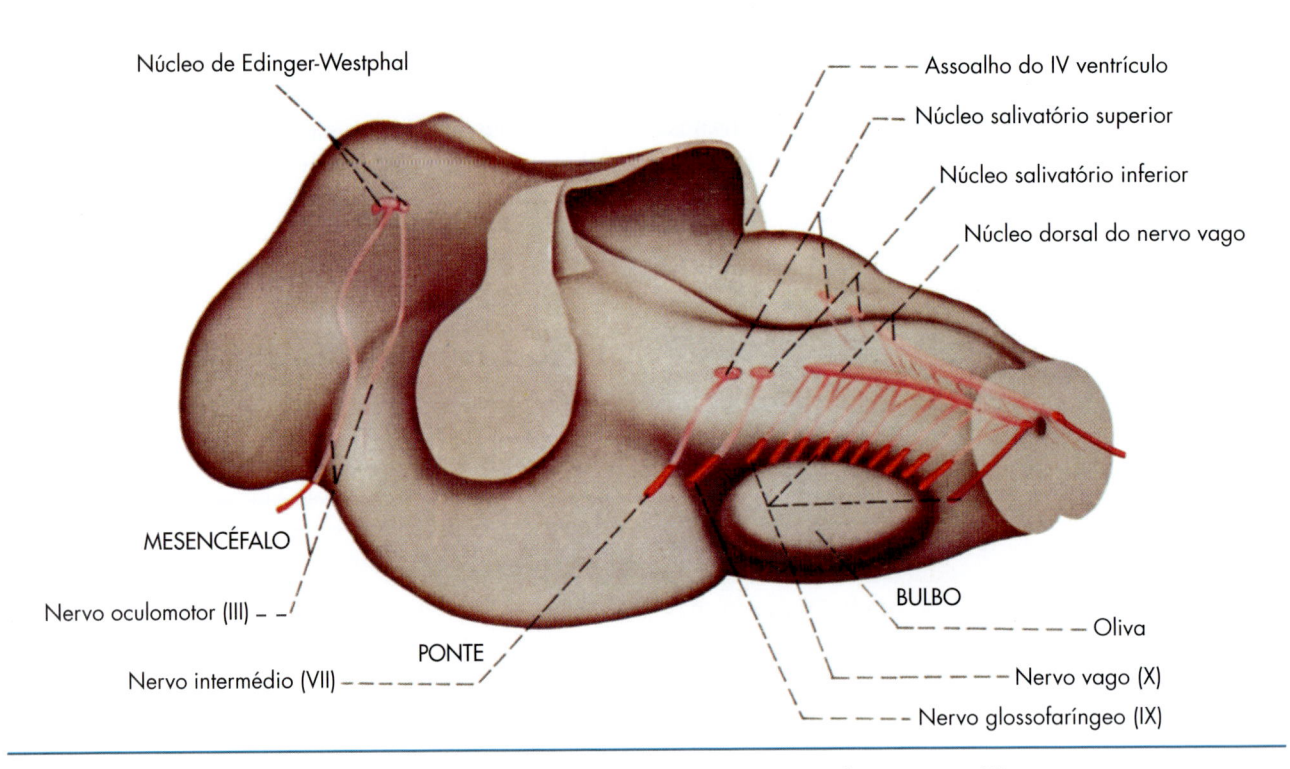

Figura 17.2 Núcleos da coluna eferente visceral geral vistos por transparência no interior do tronco encefálico

c) *Núcleo salivatório superior* (**Figura 17.2**) – situado na parte caudal da ponte. Origina fibras pré-ganglionares que saem pelo nervo intermédio e ganham o nervo lingual através do nervo corda do tímpano (**Figura 12.5**). Pelo nervo lingual, chegam ao gânglio submandibular, de onde saem fibras pós-ganglionares que inervam as glândulas submandibular e sublingual.

d) *Núcleo salivatório inferior* (**Figura 17.2**) – situado na parte mais cranial do bulbo, origina fibras pré-ganglionares que saem pelo nervo glossofaríngeo e chegam ao gânglio ótico (**Figura 12.5**) pelos nervos timpânico e petroso menor. Do gânglio ótico, saem fibras pós-ganglionares que chegam à parótida pelo nervo auriculotemporal, ramo do nervo mandibular.

152 Neuroanatomia Funcional

e) *Núcleo dorsal do* vago (**Figura 17.2**) – situado no bulbo, no trígono do vago, no assoalho do IV ventrículo. Origina fibras pré-ganglionares que saem pelo nervo vago e terminam fazendo sinapse em grande número de pequenos gânglios nas paredes das vísceras torácicas e abdominais (**Figura 12.5**).

1.3 Coluna eferente visceral especial

Dá origem a fibras que inervam os músculos de origem branquiomérica. Ao contrário dos núcleos já vistos, os núcleos dessa coluna (**Figura 17.3**) localizam-se profundamente no interior do tronco encefálico.

a) *Núcleo motor do trigêmeo* (**Figura 17.3**) – situa-se na ponte. Dá origem a fibras que saem pela raiz motora do trigêmeo, ganham a divisão mandibular desse nervo e terminam inervando músculos derivados do primeiro arco branquial, ou seja, os músculos mastigadores (temporal, masseter, pterigóideo lateral e medial), milo-hióideo e o ventre anterior do músculo digástrico.

b) *Núcleo do facial* (**Figura 17.3**) – situa-se na ponte. Origina fibras que, pelo VII par, vão à musculatura mímica e ao ventre posterior do músculo digástrico, todos músculos derivados do segundo arco branquial.

c) *Núcleo ambíguo* (**Figura 17.3**) – situado no bulbo, dá origem a fibras que inervam os músculos da laringe e da faringe, saindo pelos nervos glossofaríngeo, vago e raiz craniana do acessório.

As fibras que emergem pela raiz espinal do acessório originam-se na coluna anterior dos cinco primeiros segmentos cervicais da medula, e inervam os músculos trapézio e esternocleidomastóideo, que se admite sejam, ao menos em parte, derivados de arcos branquiais.

1.4 Coluna aferente somática geral

Os núcleos dessa coluna (**Figura 17.4**) recebem fibras que trazem grande parte da sensibilidade somática geral da cabeça. Pode-se dizer que essa é, por excelência, a coluna do trigêmeo, por ser ele o principal nervo que nela termina. Entretanto, nela também termina um pequeno contingente de fibras que entram pelos nervos VII, IX e X. A coluna aferente somática é a única coluna contínua que se estende ao longo de todo o tronco encefálico, continuando em direção caudal, sem interrupção, com a substância gelatinosa da medula. Apesar de contínua, distinguem-se nela três núcleos, que serão estudados a seguir:

a) *Núcleo do trato mesencefálico do trigêmeo* (**Figura 17.4**) – estende-se ao longo de todo o mesencéfalo e a parte mais cranial da ponte. Recebe impulsos proprioceptivos, originados em receptores situados nos músculos da mastigação e, provavelmente, também nos músculos extrínsecos do bulbo ocular. Há, também, evidência de que ao núcleo mesencefálico chegam fibras originadas em receptores dos dentes e do periodonto, que são importantes para a regulação reflexa da força da mordida. Os neurônios do núcleo do trato mesencefálico são muito grandes e sabe-se que, na realidade, são neurônios sensitivos. Esse núcleo constitui, pois, exceção à regra segundo a qual os corpos dos neurônios sensitivos se localizam sempre fora do sistema nervoso central. As fibras descendentes originadas nesses neurônios constituem o trato mesencefálico (**Figura 17.4**).

b) *Núcleo sensitivo principal* (**Figura 17.4**) – esse núcleo localiza-se na ponte, aproximadamente no nível da penetração da raiz sensitiva do nervo trigêmeo, cujas fibras o abraçam (**Figura 17.4**). Continua caudalmente com o núcleo do trato espinal.

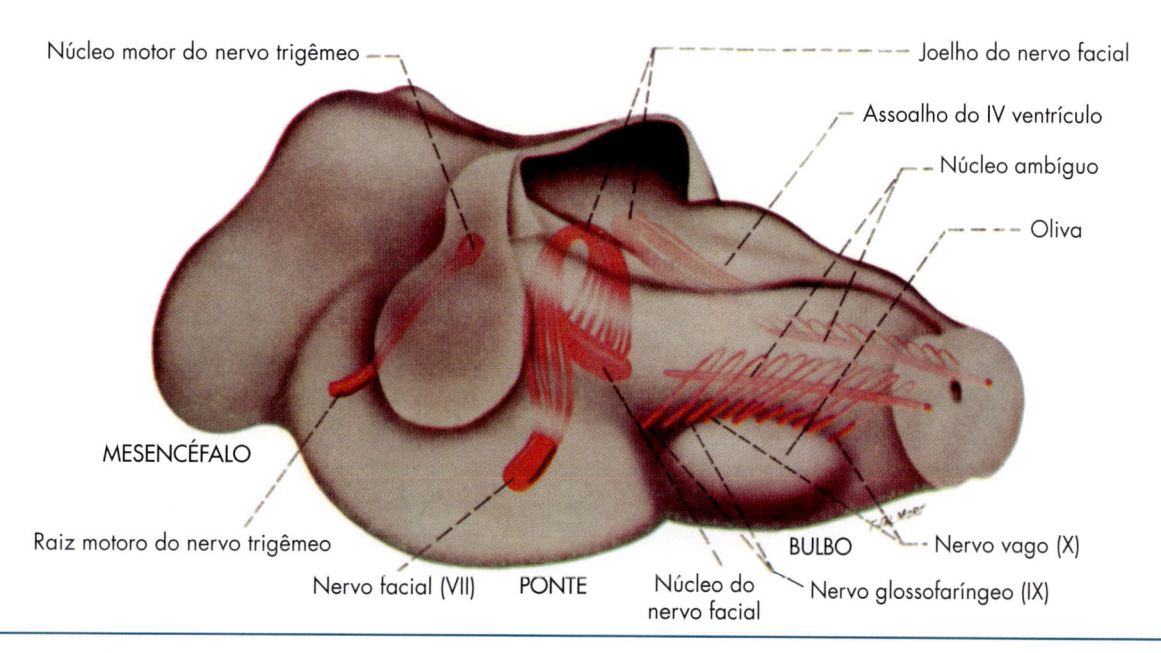

Figura 17.3 Núcleos da coluna eferente visceral especial vistos por transparência no interior do tronco encefálico.

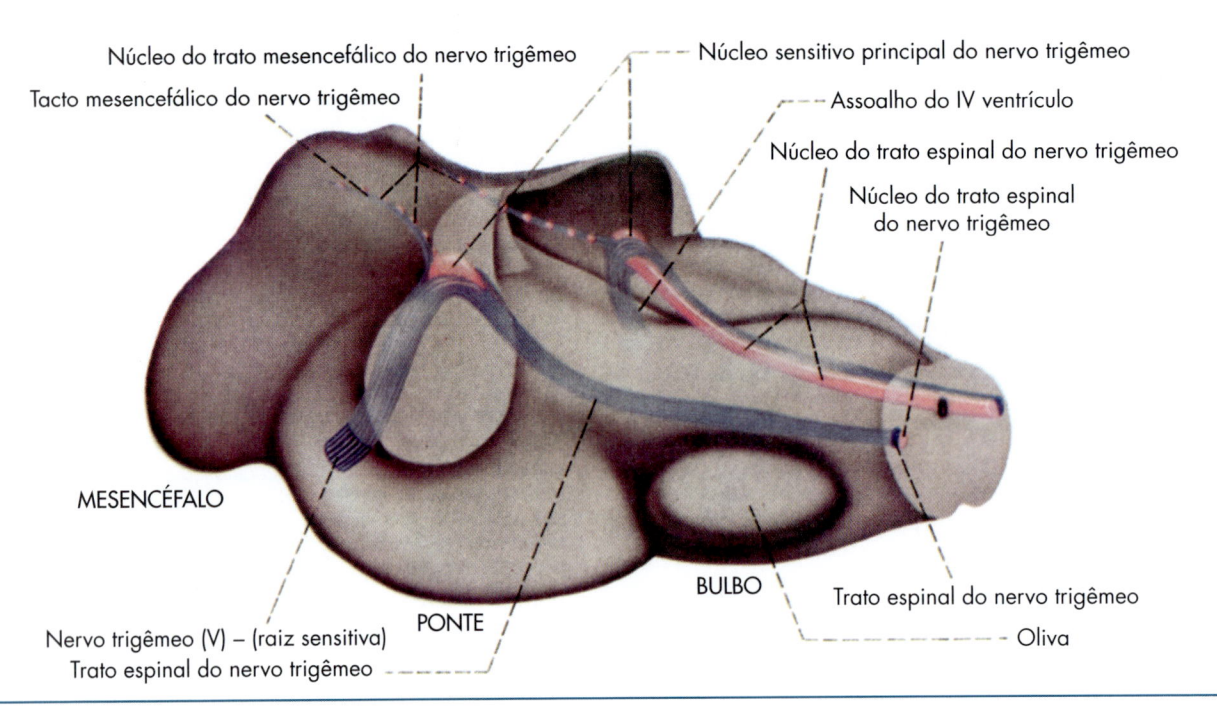

Figura 17.4 Núcleos da coluna aferente somática geral (núcleos do trigêmeo) vistos por transparência no interior do tronco encefálico.

c) *Núcleo do trato espinal do trigêmeo* (**Figura 17.4**) – estende-se desde a ponte até a parte alta da medula, onde continua com a substância gelatinosa. Sendo um núcleo muito longo, grande parte das fibras que penetram pela raiz sensitiva do trigêmeo tem um trajeto descendente bastante longo, antes de terminar em sua parte caudal. As fibras se agrupam, assim, em um trato, o *trato espinal do nervo trigêmeo* (**Figura 17.4**), que acompanha o núcleo em toda sua extensão, tornando-se cada vez mais fino em direção caudal, à medida que as fibras vão terminando.

As diferenças funcionais entre o núcleo sensitivo principal e o núcleo do trato espinal do trigêmeo têm despertado considerável interesse, em vista de suas aplicações práticas para a cirurgia desse nervo. As fibras trigeminais que penetram pela raiz sensitiva podem terminar no núcleo sensitivo principal, no núcleo do trato espinal ou então bifurcar, dando um ramo para cada um desses núcleos (**Figura 29.4**). Admite-se que as fibras que terminam exclusivamente no núcleo sensitivo principal levam impulsos de tato epicrítico; as que terminam exclusivamente no núcleo do trato espinal e que, por conseguinte, têm trajeto descendente nesse trato, levam impulsos de dor e temperatura; já as fibras que se bifurcam e terminam nos dois núcleos seriam relacionadas com pressão e tato protopático. Assim sendo, pode-se dizer que o núcleo sensitivo principal relaciona-se sobretudo com o tato. Esses dados encontram apoio em certos tipos de cirurgia utilizados para o tratamento das neuralgias do trigêmeo, doença em que se manifesta uma dor muito forte no território de um ou mais ramos desse nervo. Nesse caso, entre outros procedimentos cirúrgicos, pode-se seccionar o trato espinal (tratotomia), interrompendo-se, assim, as fibras que terminam no núcleo do trato espinal. Após a cirurgia, há completa abolição da sensibilidade térmica e dolorosa do lado operado, sendo, entretanto, muito pouco alterada a sensibilidade tátil, pois as fibras que terminam no núcleo sensitivo principal não são lesadas pela cirurgia.

1.5 Coluna aferente somática especial

Nessa coluna (**Figura 15.3**), estão localizados os dois núcleos cocleares, ventral e dorsal, e os quatro núcleos vestibulares – superior, inferior, medial e lateral –, já estudados no Capítulo 15, a propósito da estrutura da ponte. Essa coluna, ao contrário das demais, é muito larga, pois ocupa toda a área vestibular do IV ventrículo (**Figura 15.3**) e, nesse sentido, não se parece, morfologicamente, com uma coluna.

1.6 Coluna aferente visceral

Essa coluna é formada por um único núcleo, o *núcleo do trato solitário*, situado no bulbo (**Figura 29.5**). Aí chegam fibras trazendo a sensibilidade visceral, geral e especial (gustação), que entram pelos nervos facial, glossofaríngeo e vago. Essas fibras são os prolongamentos centrais de neurônios sensitivos situados nos gânglios geniculado (VII), inferior do vago e inferior do glossofaríngeo. Antes de terminar no núcleo do trato solitário, as fibras têm trajeto descendente no *trato solitário*. As fibras gustativas fazem sinapse com os neurônios do terço anterior do núcleo. As fibras viscerais gerais terminam nos dois terços posteriores. Para recordar os territórios de inervação visceral geral e especial desses três nervos, reporte-se à **Tabela 10.3**.

2. Conexões dos núcleos dos nervos cranianos

2.1 Conexões suprassegmentares

Para que os impulsos aferentes que chegam aos núcleos sensitivos dos nervos cranianos possam tornar-se conscientes, é necessário que sejam levados ao tálamo e daí às áreas específicas do córtex cerebral. As fibras ascendentes, encarregadas de fazer a ligação entre esses núcleos e o tálamo, agrupam-se do seguinte modo:

a) *Lemnisco trigeminal* – liga os núcleos sensitivos do trigêmeo ao tálamo.
b) *Lemnisco lateral* – conduz impulsos auditivos dos núcleos cocleares ao colículo inferior, de onde vão ao corpo geniculado medial, parte do tálamo.
c) *Fibras vestibulotalâmicas* – ligam os núcleos vestibulares ao tálamo.
d) *Fibras solitariotalâmicas* – ligam o núcleo do trato solitário ao tálamo.

Entretanto, os neurônios situados nos núcleos motores dos nervos cranianos estão sob o controle do sistema nervoso suprassegmentar, graças a um sistema de fibras descendentes, entre as quais se destacam as que constituem o *trato corticonuclear*. Esse trato liga as áreas motoras do córtex cerebral aos neurônios motores, situados nos núcleos das colunas eferente somática e eferente visceral especial, permitindo a realização de movimentos voluntários pelos músculos estriados inervados por nervos cranianos. O trato corticonuclear corresponde, no tronco encefálico, aos tratos corticospinais da medula, mas difere destes por ter um grande número de fibras homolaterais.

Os núcleos da coluna eferente visceral geral, ou seja, os núcleos de parte craniana do sistema parassimpático recebem influência do sistema nervoso suprassegmentar, especialmente do hipotálamo, por meio de vias diretas ou envolvendo a formação reticular.

2.2 Conexões reflexas

Existem muitas conexões entre os neurônios dos núcleos sensitivos dos nervos cranianos e os neurônios motores (e pré-ganglionares) dos núcleos das colunas eferentes. Essas conexões são muito importantes para grande número de arcos reflexos que se fazem ao nível do tronco encefálico. As fibras para essas conexões podem passar através da formação reticular ou do fascículo longitudinal medial, que, como já foi exposto, é o fascículo de associação do tronco encefálico. A seguir, serão estudados alguns dos arcos reflexos integrados no tronco encefálico.

2.2.1 Reflexo mandibular ou mentoniano

Pesquisa-se esse reflexo percutindo-se o mento de cima para baixo, estando a boca entreaberta. A resposta consiste no fechamento brusco da boca por ação dos músculos mastigadores, em especial do masseter. As vias aferentes e eferentes são feitas pelo trigêmeo (**Figura 17.5**). A percussão do mento estira os músculos mastigadores, ativando os fusos neuromusculares aí localizados. Iniciam-se, assim, impulsos aferentes, que seguem pelo nervo mandibular e atingem o núcleo do trato mesencefálico do trigêmeo. Os axônios dos neurônios aí localizados fazem sinapse no núcleo motor do trigêmeo, onde se originam os impulsos eferentes que determinam a contração dos músculos mastigadores. Trata-se, pois, de um reflexo miotático de mecanismo semelhante ao reflexo patelar, já estudado, uma vez que envolve apenas dois neurônios, um do núcleo do trato mesencefálico, outro do núcleo motor do trigêmeo. Como se sabe, o núcleo mesencefálico contém neurônios sensitivos, tendo, pois, valor funcional de um gânglio. Esse arco reflexo é importante, porque em condições normais mantém a boca fechada sem que seja necessária uma atividade voluntária para isso. Assim, por ação da força da gravidade, o queixo tende a cair, o que causa estiramento dos músculos mastigadores (masseter), desencadeando-se o reflexo mentual que resulta na contração desses músculos, mantendo-se a boca fechada.

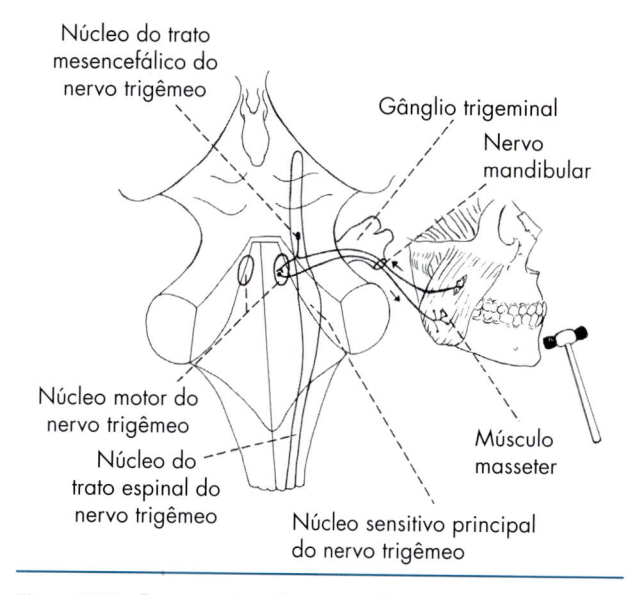

Figura 17.5 Esquema do reflexo mandibular.

2.2.2 Reflexo corneano ou corneopalpebral

Pesquisa-se esse reflexo tocando-se ligeiramente a córnea com uma mecha de algodão, o que determina o fechamento dos dois olhos por contração bilateral da parte palpebral do músculo orbicular do olho. O impulso aferente (**Figura 17.6**) passa sucessivamente pelo ramo oftálmico do trigêmeo, gânglio trigeminal e raiz sensitiva do trigêmeo, chegando ao núcleo sensitivo principal e núcleo do trato espinal desse nervo. Fibras cruzadas e não cruzadas originadas nesses núcleos conduzem os impulsos aos núcleos do facial dos dois lados, de tal modo que a resposta motora é feita pelos dois nervos faciais, resultando no fechamento dos dois olhos. Entende-se, assim, que a lesão de um dos nervos trigêmeos abole a resposta reflexa dos dois lados quando se toca a córnea do lado da lesão, mas não quando se toca a córnea do lado normal. Já a lesão do nervo facial de um lado abole a resposta reflexa desse lado, qualquer que seja o olho tocado. O reflexo corneano é um mecanismo de proteção contra corpos estranhos que caem no olho, condição em que ocorre também aumento do lacrimejamento. Desse modo, a abolição do reflexo é geralmente seguida de ulcerações da córnea. Isso ocorre, por exemplo, como consequência indesejável de certas técnicas cirúrgicas utilizadas para o tratamento das neuralgias do trigêmeo, nas quais o cirurgião secciona a raiz sensitiva desse nervo, abolindo toda a sensibilidade e também o reflexo corneano. Já nas chamadas tratotomias, nas quais se secciona o trato espinal do trigêmeo, há abolição da dor, permanecendo o reflexo corneano, uma vez que a maioria das fibras que compõem a parte aferente do arco reflexo termina no núcleo sensitivo principal e não são comprometidas pela cirurgia.

O reflexo corneano é diminuído ou abolido nos estados de coma ou nas anestesias profundas, sendo muito utilizado pelos anestesistas para testar a profundidade das anestesias.

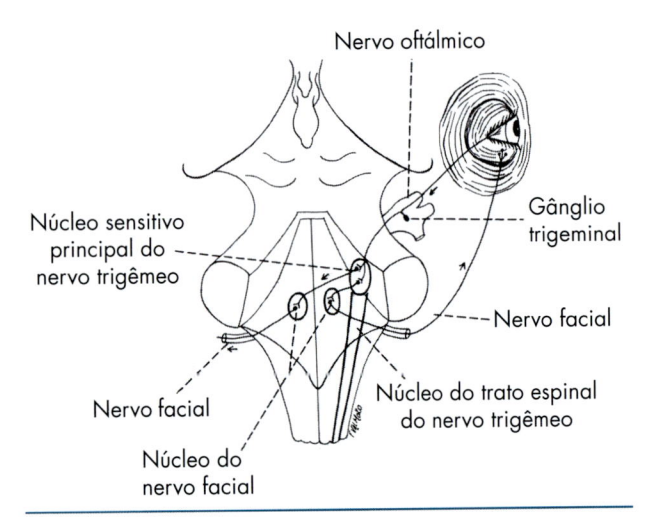

Figura 17.6 Esquema do reflexo corneano.

2.2.3 Reflexo lacrimal

O toque da córnea, ou a presença de um corpo estranho no olho, causa aumento da secreção lacrimal. Trata-se de mecanismo de proteção do olho, sobretudo porque é acompanhado do fechamento da pálpebra, como já foi visto anteriormente. A via aferente do reflexo lacrimal é idêntica à do reflexo corneano. Contudo, as conexões centrais são feitas com o núcleo lacrimal, de onde saem fibras pré-ganglionares pelo VII par (nervo intermédio), através dos quais o impulso chega ao gânglio pterigopalatino e daí à glândula lacrimal. O reflexo lacrimal é um exemplo de reflexo somatovisceral.

2.2.4 Reflexo de piscar

Quando um objeto é rapidamente jogado diante do olho, ou quando fazemos um rápido movimento como se fôssemos tocar o olho de uma pessoa com a mão, a pálpebra se fecha. A resposta é reflexa e não pode ser inibida voluntariamente. Fibras aferentes da retina vão ao colículo superior (através do nervo óptico, trato óptico e braço do colículo superior), de onde saem fibras para o núcleo do nervo facial. Pelo nervo facial, o impulso chega à parte palpebral do músculo orbicular do olho, determinando o piscar da pálpebra. Se o estímulo for muito intenso, impulsos do teto mesencefálico vão aos neurônios motores da medula através do trato tetospinal, havendo uma resposta motora, que pode fazer o indivíduo, reflexamente, proteger o olho com a mão.

2.2.5 Reflexo de movimentação dos olhos por estímulos vestibulares (reflexos oculocefálico e oculovestibular) – nistagmo

Esse reflexo tem por finalidade manter a fixação do olhar em um objeto que interessa, quando essa fixação tende a ser rompida por movimentos do corpo ou da cabeça. Para melhor entendê-lo, imaginemos um indivíduo cavalgando com os olhos fixos em um objeto à sua frente. A cada trepidação da cabeça, o olho se move em sentido contrário, mantendo o olhar fixo no objeto. Assim, quando a cabeça se move para baixo, os olhos se movem para cima, e vice-versa. Se não houvesse esse mecanismo automático e rápido para a compensação dos desvios causados pela trepidação do cavalo, o objeto estaria sempre saindo da mácula, ou seja, da parte da retina onde a visão é mais distinta. Os receptores para esse reflexo são as cristas situadas nas ampolas dos canais semicirculares do ouvido interno (**Figura 29.7**), onde existe um líquido, a endolinfa. Os movimentos da cabeça causam movimento da endolinfa dentro dos canais semicirculares e esse movimento determina deslocamento dos cílios das células sensoriais das cristas. Isso estimula os prolongamentos periféricos dos neurônios do gânglio vestibular, originando impulsos nervosos que seguem pela porção vestibular do nervo vestibulococlear, através do qual atingem os núcleos vestibulares. Desses núcleos saem fibras, que ganham o fascículo longitudinal medial e vão diretamente aos núcleos dos III, IV e VI pares cranianos, determinando movimento do olho em sentido contrário ao da cabeça. Este reflexo, o oculocefálico, é frequentemente utilizado na avaliação do paciente inconsciente ou em coma. A pesquisa é feita com a rotação lateral da cabeça. A resposta normal é o desvio conjugado do olhar para o lado oposto. A ausência deste reflexo indica lesão do tronco encefálico.

Quando, entretanto, as cristas dos canais semicirculares são submetidas a estímulos exagerados, maiores do que os normalmente encontrados, o comportamento do olho é um pouco diferente. Assim, quando se roda rapidamente um indivíduo em uma cadeira, há estímulo exagerado das cristas dos canais semicirculares laterais, causado pelo movimento da endolinfa, que continua a girar dentro dos canais, mesmo depois que a cadeira parou. Nesse caso, os olhos desviam-se para um lado até o máximo de contração dos músculos retos, voltam-se rapidamente à posição anterior, para logo iniciar um novo desvio. A sucessão desses movimentos confere aos olhos um movimento oscilatório de vaivém, denominado *nistagmo*. Por um lado, as características do nistagmo provocado, como direção e intensidade, permitem testar a excitabilidade de cada canal semicircular, dando valiosas informações para o diagnóstico de processos patológicos que acometem o sistema vestibular. Por outro lado, em condições patológicas podem ocorrer nistagmos espontâneos, como em casos de lesões vestibulares ou cerebelares.

Outro modo de desencadear o nistagmo consiste em fazer passar, por um dos meatos acústicos externos, uma corrente de água fria, o que determina o deslocamento da endolinfa nos canais semicirculares e, consequentemente, a estimulação das cristas. O deslocamento lento dos olhos se dá em direção ao ouvido irrigado e, depois, ocorre o movimento rápido corretivo. Esse reflexo, denominado *oculovestibular*, é frequentemente utilizado na avaliação do paciente em coma ou em morte encefálica.

2.2.6 Reflexos pupilares

O conhecimento dos reflexos envolvendo a pupila tem grande importância clínica não só para o neurologista, mas também para os demais profissionais da saúde.

2.2.6.1 Reflexo fotomotor direto

Quando um olho é estimulado com um feixe de luz, a respectiva pupila contrai-se em virtude do seguinte mecanismo (**Figura 12.4**): o impulso nervoso originado na retina é conduzido pelo nervo óptico, quiasma óptico e trato óptico, chegando ao corpo geniculado lateral, via aferente do reflexo. Entretanto, ao contrário das fibras relacionadas com a visão, as fibras ligadas ao reflexo fotomotor não fazem sinapse no corpo geniculado lateral, mas ganham o braço do colículo superior, terminando em neurônios da *área pré-tetal* (**Figura 12.4**). Daí, saem fibras que terminam fazendo sinapse com os neurônios do *núcleo de Edinger-Westphal*. Desse núcleo, saem fibras pré-ganglionares que, pelo III par, vão ao *gânglio ciliar*, de onde saem fibras pós-ganglionares que terminam no músculo esfíncter da pupila, determinando sua contração.

2.2.6.2 Reflexo consensual

Pesquisa-se esse reflexo estimulando-se a retina de um olho com um jato de luz e observando-se a contração da pupila do lado oposto. O impulso nervoso cruza o plano mediano no quiasma óptico e na comissura posterior, nesse caso, através de fibras que, da área pré-tetal, de um lado, cruzam para o núcleo de Edinger-Westphal, do lado oposto.

2.2.6.3 Reflexo de convergência

Pesquisa-se este reflexo aproximando-se um objeto dos olhos, em direção ao nariz. Observa-se que as pupilas se contraem, processo que se denomina *miose*, quando o objeto é aproximado. Durante essa manobra, ocorre também a mudança na curvatura do cristalino em virtude da contração do músculo ciliar. Porém, essa resposta não é percebida pelo examinador. A abolição do reflexo fotomotor com preservação da contração pupilar pela convergência constitui um importante sinal: a dissociação luz-perto associada à lesão do mesencéfalo dorsal que interrompe a fibras do arcorreflexo fotomotor e preserva as fibras do reflexo de convergência que se situam mais ventralmente no mesencéfalo.

2.2.7 Reflexo do vômito

O reflexo do vômito pode ser desencadeado por várias causas, sendo mais frequentes aquelas que resultam de irritação da mucosa gastrointestinal. Nesse caso, situa-se, por exemplo, o vômito decorrente de ingestão excessiva de bebidas alcoólicas, um mecanismo de defesa que visa impedir a passagem para o sangue de grande quantidade de álcool. A irritação da mucosa gastrointestinal estimula visceroceptores aí existentes (**Figura 17.7**), originando impulsos aferentes que, pelas fibras aferentes viscerais do vago, chegam ao núcleo do trato solitário. Daí saem fibras que levam impulsos ao *centro do vômito*, situado na formação reticular do bulbo. Desse centro, saem fibras que se ligam às áreas responsáveis pelas respostas motoras que desencadearão o vômito. Essas fibras são as seguintes (**Figura 17.7**):

a) Fibras para o núcleo dorsal do vago, de onde saem os impulsos, pelas fibras pré-ganglionares do vago, após sinapse em neurônios pós-ganglionares situados na parede do estômago; os impulsos chegam a esse órgão, aumentando a sua contração e determinando a abertura do cárdia.

b) Fibras que, pelo trato reticulospinal, chegam à coluna lateral da medula, de onde saem fibras simpáticas pré-ganglionares que, pelos nervos esplâncnicos, chegam aos gânglios celíacos. Fibras pós-ganglionares originadas nesses gânglios levam os impulsos ao estômago, determinando o fechamento do piloro.

c) Fibras que, pelo trato reticulospinal, chegam à medula cervical onde se localizam os neurônios motores cujos axônios constituem o nervo frênico. Os impulsos nervosos que seguem por esse nervo determinarão a contração do diafragma.

d) Fibras que, pelo trato reticulospinal, chegam aos neurônios motores da medula, onde se originam os nervos toracoabdominais. Estes inervam os músculos da parede abdominal, cuja contração aumenta a pressão intra-abdominal, talvez o fator mais importante no mecanismo do vômito.

e) Fibras para o núcleo do hipoglosso, cuja ação resulta na protrusão da língua.

---

3. Correção anatomoclínica – Importância clínica dos reflexos do tronco encefálico – morte encefálica

Os reflexos pupilares são importantes para avaliar o estado funcional das vias aferentes e eferentes que o medeiam, podendo estar abolidos em lesões da retina, do nervo óptico, do trato óptico ou do nervo oculomotor. Assim, por um lado, se a luz direcionada ao olho direito causa apenas resposta consensual do olho esquerdo, a via aferente do reflexo está intacta, mas a via eferente para o olho direito está lesada, provavelmente no nervo oculomotor. Por outro lado, se existe lesão unilateral do nervo óptico, causando cegueira unilateral, a luz incidindo sobre esse olho não ocasiona resposta em nenhum dos olhos, enquanto a pesquisa do olho contralateral desencadeará tanto o reflexo fotomotor direto como o consensual no olho cego.

Ausência do reflexo fotomotor em um paciente inconsciente indica dano no mesencéfalo. Pode indicar também lesão supratentorial causando hipertensão intracraniana e herniações (**Figuras 8.7** e **8.8**). Se o quadro não for revertido, o paciente pode evoluir para morte encefálica em que há disfunção completa do tronco encefálico e abolição dos reflexos nele integrados: fotomotor; corneopalpebral; oculocefálico; oculovestibular; e do vômito. O reflexo oculovestibular é testado mediante prova calórica, instilando-se água gelada em um dos condutos auditivos. A ausência de reflexos associada ao coma aperceptivo com arreatividade dolorosa e teste de apneia positivo é o indicativo de morte encefálica, descartando-se intoxicações metabólicas, ou por drogas, e hipotermia. O quadro deve ser confirmado por exames complementares que comprovem ausência de atividade elétrica cerebral, ausência de atividade metabólica ou ausência de perfusão encefálica. A morte encefálica é a definição legal de morte, mesmo que os batimentos cardíacos e a respiração sejam mantidos com o uso de aparelhos, e permite a retirada de órgãos para a doação, quando houver autorização prévia do paciente ou da família.

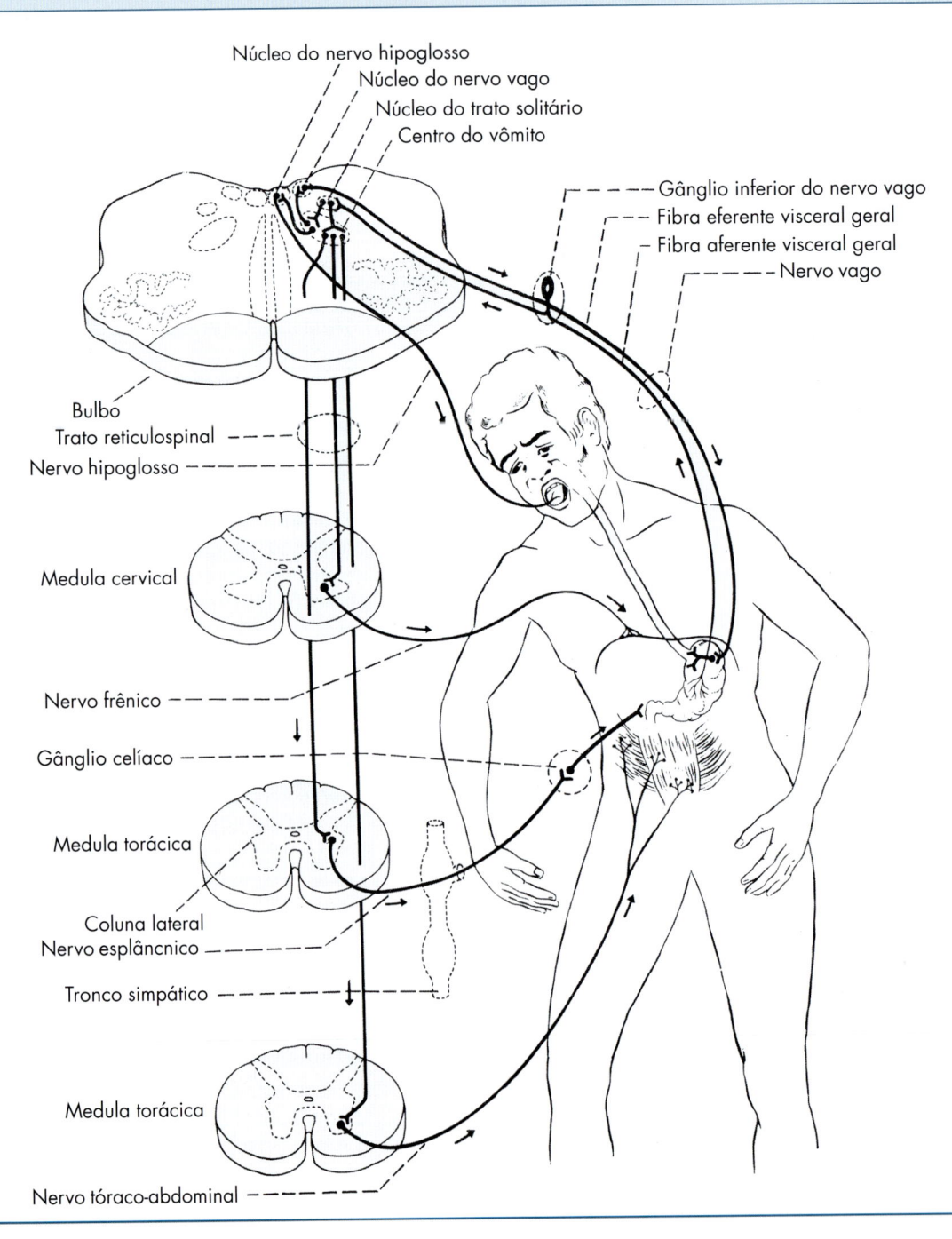

Figura 17.7 Esquema do reflexo do vômito.

capítulo 18

Vascularização do Sistema Nervoso Central e Barreiras Encefálicas

A – Vascularização do sistema nervoso central

1. Importância da vascularização do sistema nervoso central

O sistema nervoso é formado por estruturas nobres e altamente especializadas, que exigem, para o seu metabolismo, um suprimento permanente e elevado de glicose e oxigênio. Com efeito, a atividade funcional do encéfalo depende de um processo de oxidação de carboidratos e não pode, mesmo temporariamente, ser sustentada por metabolismo anaeróbico. Isso requer um fluxo sanguíneo contínuo e intenso. Quedas na concentração de glicose e de oxigênio no sangue circulante ou, então, a suspensão do afluxo sanguíneo ao encéfalo não são toleradas além de um período muito curto. A parada da circulação cerebral por mais de 10 segundos submete o indivíduo à perda da consciência. Após cerca de 5 minutos, começam a aparecer lesões irreversíveis, pois, como se sabe, as células nervosas não se regeneram. Isso acontece, por exemplo, como consequência de paradas cardíacas. Áreas diferentes do sistema nervoso central (SNC) são lesadas em tempos diferentes, tendo em vista que as áreas filogeneticamente mais recentes, como o neocórtex cerebral, são as que primeiro se alteram. A área lesada em último lugar é o centro respiratório situado no bulbo.

Os processos patológicos que acometem os vasos encefálicos ocorrem com frequência cada vez maior com o aumento da sobrevida média do homem. São os acidentes vasculares encefálicos (AVE) hemorrágicos ou isquêmicos (tromboses e embolias). Eles interrompem a circulação de determinadas áreas encefálicas, causando necrose do tecido nervoso, e são acompanhados de alterações motoras, sensoriais ou psíquicas, características para a área e a artéria lesada. Há poucas anastomoses entre artérias e arteríolas, o que torna cada região bastante dependente da circulação de determinada artéria. A prevenção, o diagnóstico e o tratamento de todos esses processos exigem um estudo da vascularização do SNC, o que será feito a seguir, considerando-se separadamente o encéfalo, a medula, a vascularização arterial e a venosa. Os capilares do SNC serão estudados no final deste capítulo (item B). Cabe lembrar que, no SNC, não existe circulação linfática. Todavia, há circulação liquórica, já estudada que, entretanto, não corresponde, quer anatômica quer funcionalmente, à circulação linfática.

2. Vascularização do encéfalo

2.1 Fluxo sanguíneo cerebral e hipertensão intracraniana

O fluxo sanguíneo cerebral é muito elevado, sendo superado apenas pelo do rim e do coração. Embora o encéfalo represente apenas 2% da massa corporal, ele consome 20% do oxigênio disponível e recebe 15% do fluxo sanguíneo, refletindo a alta taxa metabólica do tecido nervoso. Calcula-se que, em um minuto, circula pelo encéfalo uma quantidade de sangue aproximadamente igual ao seu próprio peso. O estudo dos fatores que regulam o fluxo sanguíneo é de grande importância clínica. O fluxo sanguíneo cerebral (FSC) é diretamente proporcional à diferença entre a pressão arterial (PA) e a pressão venosa (PV), e inversamente proporcional à resistência cerebrovascular (RCV). Assim, temos:

$$FSC = \frac{PA - PV}{RCV}$$

Como a pressão venosa cerebral varia muito pouco, a fórmula pode ser simplificada: FSC = PA/RCV, ou seja, o fluxo sanguíneo cerebral é diretamente proporcional à pressão arterial e inversamente proporcional à resistência cerebrovascular.

A resistência cerebrovascular depende, sobretudo, dos seguintes fatores:

a) *Pressão intracraniana* – cujo aumento, decorrente de condições diversas (veja o Capítulo 8, item 3.2), eleva a resistência cerebrovascular.
b) *Condição da parede vascular* – que pode estar alterada em certos processos patológicos, como na aterosclerose, que aumentam a resistência cerebrovascular.
c) *Viscosidade do sangue*.
d) *Calibre dos vasos cerebrais* – regulado por fatores humorais e nervosos, estes últimos representados por fibras do sistema nervoso autônomo, que se distribuem na parede das arteríolas cerebrais. Entre os fatores humorais, o mais importante é o CO_2, cuja ação vasodilatadora dos vasos cerebrais é muito grande.

O consumo de oxigênio varia entre as diversas regiões cerebrais. Verificou-se que o fluxo sanguíneo é maior nas áreas mais ricas em sinapses, de tal modo que, na substância cinzenta, ele é maior do que na branca, o que obviamente está relacionado com a maior atividade metabólica do córtex cerebral O fluxo sanguíneo de uma determinada área do cérebro varia com o seu estado funcional no momento. Assim, medindo-se o fluxo sanguíneo na área visual do córtex de um animal, verifica-se que ele aumenta consideravelmente quando o animal é colocado diante de um foco luminoso, o que determina a chegada de impulsos nervosos no córtex visual, com aumento do metabolismo dos neurônios. É nesse aumento regional do metabolismo e, consequentemente do fluxo sanguíneo, que se baseiam as técnicas de neuroimagem funcional (Capítulo 31). Essas técnicas contribuíram muito para o estudo e a localização de diversas funções cerebrais por meio da avaliação do fluxo sanguíneo em áreas restritas do cérebro de um indivíduo em condições fisiológicas ou patológicas. O aumento da demanda nas regiões ativadas é proporcionado por ajustes locais realizados pelas próprias arteríolas, uma vez que não seria possível aumentar a pressão arterial e o fluxo cerebral, por risco de lesão do tecido nervoso. A atividade celular causa liberação de CO_2 e este aumenta o calibre vascular e o fluxo sanguíneo local em áreas cerebrais submetidas a maior solicitação funcional. A ampliação do fluxo regional em resposta ao aumento da atividade neuronal é também mediado pela liberação de óxido nítrico pelos neurônios que, por ser um gás, se difunde com rapidez, atuando sobre o calibre dos vasos.

2.1.1 Correlação anatomoclínica – Traumatismo cranioencefálico

A pressão intracraniana é influenciada pelos três componentes principais do conteúdo intracraniano: a massa encefálica, o volume sanguíneo e o volume do liquor. Portanto, o aumento de cada um deles pode afetar rapidamente a pressão intracraniana. É o que acontece em diversos processos patológicos, sobretudo os agudos, como nos traumatismos cranioencefálicos, que podem causar ao mesmo tempo hemorragia, contusão e edema com consequente aumento da pressão intracraniana. Em casos graves, necessita de tratamento de emergência. As hemorragias podem necessitar de drenagem cirúrgica. A acetazolamida, um diurético inibidor da anidrase carbônica, pode ser utilizada para auxiliar na estabilização da pressão intracraniana de forma temporária e paliativa. Atua reduzindo significativamente a produção de liquor. O paciente grave necessita de ventilação mecânica que também ajuda no manejo da hipertensão intracraniana modificando o teor de CO_2, a hiperventilação ocasiona vasoconstrição. O paciente deve ser monitorado com medida da hipertensão intracraniana e pressão arterial. As medidas adotadas acabam sendo medidas posicionais, elevação de cabeceira, sedação e analgesia, ajustes ventilatórios, drenagem de fluidos, terapia osmótica, barbitúricos, hipotermia e craniectomia descompressiva (**Figura 18.1**).

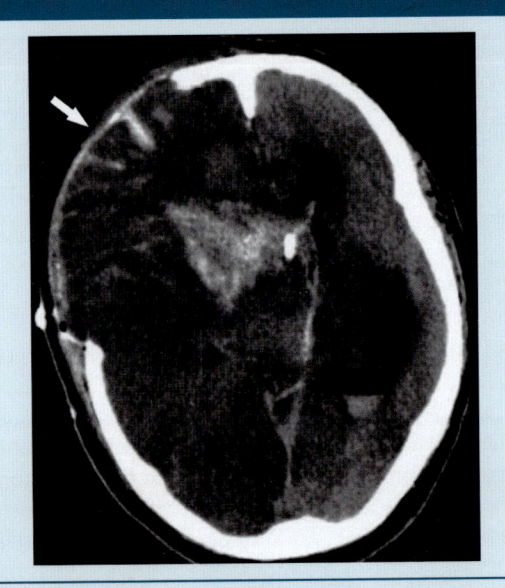

Figura 18.1 Tomografia em traumatismo cranioencefálico grave com acometimento do hemisfério cerebral direito. Observam-se hemorragia (área com hipersinal) e edema causando hipertensão intracraniana grave com desvio da linha média. Foi realizada a craniectomia (seta), para alívio da pressão intracraniana, evitando-se a herniação de uncus e compressão do tronco encefálico.
Fonte: Cortesia do Dr. Marco Antônio Rodacki.

2.2 Vascularização arterial do encéfalo

2.2.1 Peculiaridades da vascularização arterial do encéfalo

O encéfalo é irrigado pelas artérias carótidas internas e vertebrais, originadas no pescoço, onde não dão nenhum ramo importante. Na base do crânio, essas artérias formam um polígono anastomótico, o polígono de Willis, de onde saem as principais artérias para a vascularização cerebral. Desse modo, a vascularização do encéfalo é peculiar, visto que, ao contrário da maioria das vísceras, não tem um hilo para a penetração dos vasos que entram no encéfalo em diversos pontos de sua superfície. Do ponto de vista de sua estrutura, as artérias cerebrais são também peculiares. Elas têm, de modo geral, paredes finas, comparáveis às paredes de artérias de mesmo calibre situadas em outras áreas do organismo. Esse é um fator que torna as artérias cerebrais especialmente propensas a hemorragias. A túnica média das artérias cerebrais tem menos fibras musculares, e a túnica elástica interna é mais espessa e tortuosa do que a de artérias de outras áreas. Esse espessamento da túnica elástica interna constitui um dos dispositivos anatômicos que protegem o tecido nervoso, amortecendo o choque da onda sistólica responsável pela pulsação das artérias. Existem outros dispositivos anatômicos com a mesma finalidade. Além de mais tortuosas, as artérias que penetram no cérebro são envolvidas, nos milímetros iniciais, pelo liquor nos espaços perivasculares. Esses fatores permitem atenuar o impacto da pulsação arterial. Também contribui para amortecer o choque da onda sistólica a tortuosidade que apresentam as artérias carótidas internas e as artérias vertebrais ao penetrarem no crânio, bem como as artérias que saem do polígono de Willis (**Figura 18.4**). No homem, ao contrário do que ocorre em outros mamíferos, há uma quase independência entre as circulações arteriais intracraniana e extracraniana. As poucas anastomoses existentes são, na maioria das vezes, incapazes de manter uma circulação colateral útil em caso de obstrução no território da carótida interna. A seguir, estudaremos as artérias carótidas internas e vertebrais, que constituem, com a artéria basilar, os dois sistemas de irrigação encefálica: o *sistema carotídeo interno;* e o *sistema vértebro-basilar,* **Figuras 18.2** e **31.28B**.

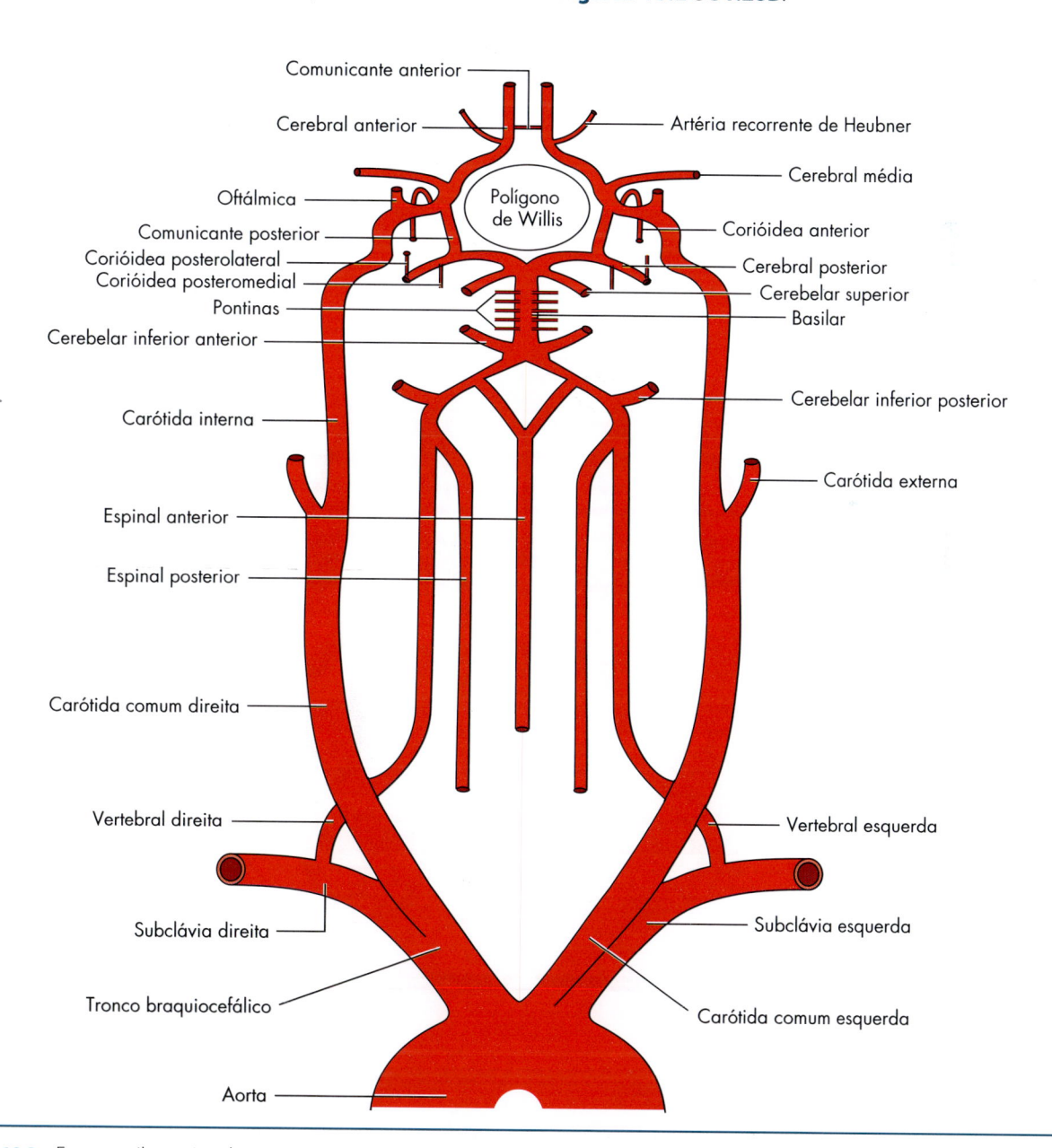

Figura 18.2 Esquema ilustrativo dos sistemas carotídeo e vértebro-basilar. (Comparar com a Figura 31.28B.)

2.2.2 Círculo arterial do cérebro

O *círculo arterial do cérebro*, ou *polígono de Willis*, é uma anastomose arterial de forma poligonal e está situado na base do cérebro, onde circunda o quiasma óptico e o túber cinéreo, relacionando-se também com a fossa interpeduncular (**Figura 18.3**).

É formado pelas artérias carótida interna, cerebrais anterior e posterior, pela artéria comunicante anterior e pelas artérias comunicantes posteriores, direita e esquerda (**Figura 18.3**). A *artéria comunicante anterior* é pequena e anastomosa as duas artérias cerebrais anteriores adiante do quiasma óptico. As *artérias comunicantes posteriores* unem, de cada lado, as carótidas internas com as cerebrais posteriores correspondentes (**Figura 18.4**). Desse modo, elas anastomosam o sistema carotídeo interno ao sistema vertebral. Entretanto, essa anastomose é apenas potencial, pois, em condições normais, não há passagem significativa de sangue do sistema vertebral para o carotídeo interno ou vice-versa. Do mesmo modo, praticamente não existe troca de sangue entre as metades esquerda e direita do círculo arterial. O círculo arterial do cérebro, em casos favoráveis, permite a manutenção de fluxo sanguíneo adequado em todo o cérebro, em casos de obstrução de uma (ou mais) artérias que o irrigam. É fácil entender que a obstrução, por exemplo, da carótida direita, determina a queda de pressão em seu território, o que faz o sangue fluir para aí através da artéria comunicante anterior e da artéria comunicante posterior direita. Entretanto, o círculo arterial do cérebro é sede de muitas variações, que tornam imprevisível o seu comportamento diante de um determinado quadro de obstrução vascular. Ademais, o estabelecimento de uma circulação colateral adequada, também aqui, como em outras áreas, depende de vários fatores, como a rapidez com que se instalam o processo obstrutivo e o estado da parede arterial, o qual, por sua vez, depende da idade do paciente. As artérias cerebrais anterior, média e posterior dão *ramos*

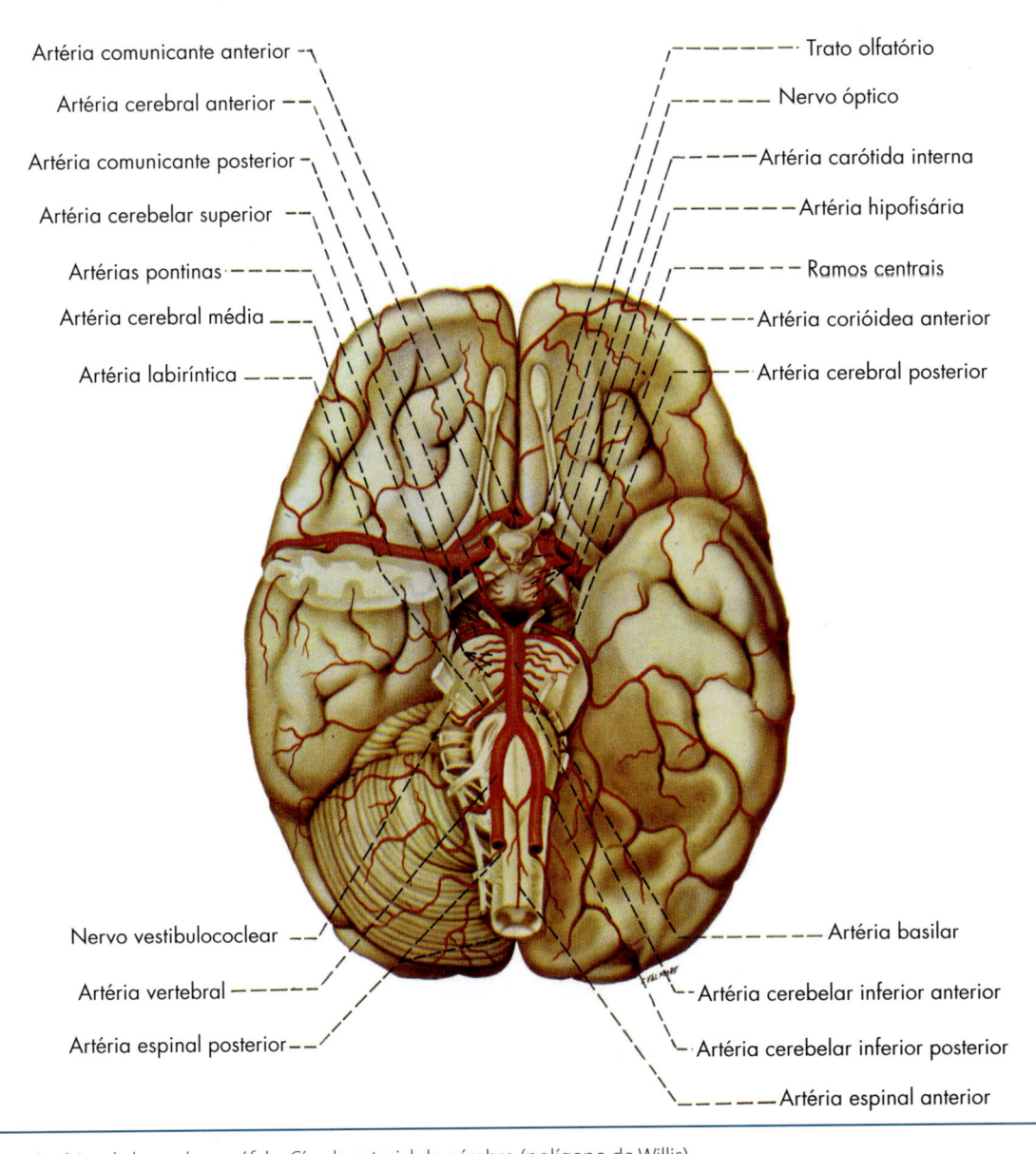

Figura 18.3 Artérias da base do encéfalo. Círculo arterial do cérebro (polígono de Willis).

corticais e *ramos centrais*. Os ramos corticais destinam-se à vascularização do córtex e substância branca subjacente. Os ramos centrais emergem da porção proximal de cada uma das artérias cerebrais e das artérias comunicantes (**Figura 18.3**). Eles penetram perpendicularmente na base do cérebro e vascularizam o diencéfalo, os núcleos da base e a cápsula interna. Esta angulação súbita e as características das artérias cerebrais, descritas no item 2.2.1, tornam os ramos centrais especialmente vulneráveis a hemorragias ocasionadas por hipertensão arterial sistêmica (**Figuras 18.10A e 18.10B**). São especialmente graves os AVE hemorrágicos das *artérias lenticuloestriadas*, ramos centrais que se destacam da artéria cerebral média e penetram na substância perfurada anterior, vascularizando a maior parte do corpo estriado e da cápsula interna. Tendo em vista que pela cápsula interna passam quase todas as fibras de projeção do córtex, pode-se entender que lesões dessas artérias são particularmente graves e causam hemiplegia contralateral (**Figura 18.10A**). Quando se retira a pia-máter, permanecem os orifícios de penetração desses ramos centrais, o que rendeu às áreas onde eles penetram a denominação *substância perfurada*, anterior e posterior.

Classicamente, admitia-se que os ramos centrais do polígono de Willis não se anastomosavam. Hoje, sabemos que essas anastomoses existem, embora sejam escassas, de tal modo que essas artérias comportam-se, sob o aspecto funcional, como artérias terminais.

2.2.3 Artéria carótida interna

Ramo de bifurcação da carótida comum, a artéria carótida interna, após o trajeto mais ou menos longo no pescoço, penetra na cavidade craniana pelo canal carotídeo do osso temporal, atravessa o seio cavernoso, no interior do qual descreve, em plano vertical, uma dupla curva, formando um S, o *sifão carotídeo*, que aparece muito bem nas arteriografias da carótida. Em seguida, perfura a dura-máter e a aracnoide e, no início do sulco lateral, divide-se em seus dois ramos terminais: as artérias cerebrais *média* e *anterior* (**Figuras 18.2 e 18.3**). Além dos seus dois ramos terminais, a artéria carótida interna dá origem aos seguintes ramos mais importantes:

a) *Artéria oftálmica* – emerge da carótida quando esta atravessa a dura-máter, logo abaixo do processo clinoide anterior. Irriga o bulbo ocular e formações anexas (**Figuras 8.2 e 18.2**).
b) *Artéria comunicante posterior* (**Figura 18.3**) – anastomosa-se com a artéria cerebral posterior, ramo da basilar, contribuindo para a formação do polígono de Willis.
c) *Artéria corióidea anterior* (**Figura 18.3**) – emerge da carótida interna acima da artéria comunicante posterior e dirige-se posteriormente ao longo do trato óptico, dividindo-se em ramos perfurantes que irrigam os dois terços posteriores do ramo posterior da cápsula interna, segmento interno do globo pálido, tálamo ventrolateral, trato e radiação ópticos, parte do corpo geniculado lateral e parte do lobo temporal. Penetra no corno inferior do ventrículo lateral, irrigando o plexo coroide. Anastomosa-se com a artéria corióidea posterior.

As artérias cerebrais anteriores e médias se subdividem em ramos menores superficiais e profundos, rumo a estruturas internas.

2.2.4 Artérias vertebral e basilar

As artérias vertebrais direita e esquerda destacam-se das artérias subclávias correspondentes, sobem no pescoço dentro dos forames transversos das vértebras cervicais, perfuram a membrana atlantoccipital, a dura-máter e a aracnoide, penetrando no crânio pelo forame magno. Percorrem, a seguir, a face ventral do bulbo e, aproximadamente no nível do sulco bulbopontino, fundem-se para constituir um tronco único, a *artéria basilar* (**Figura 18.2**). As artérias vertebrais dão origem às duas *artérias espinais posteriores* e à *artéria espinal anterior*, que vascularizam a medula. Originam, ainda, as *artérias cerebelares inferiores posteriores*, que irrigam as porções inferior e posterior do cerebelo. A artéria basilar percorre geralmente o sulco basilar da ponte e termina superiormente, bifurcando-se para formar as *artérias cerebrais posteriores direita* e *esquerda*, que serão estudadas mais adiante. Nesse trajeto, a artéria basilar emite os seguintes ramos mais importantes (**Figuras 18.2 e 18.3**):

a) *Artéria cerebelar superior* – nasce da basilar, inferiormente às cerebrais posteriores, distribuindo-se ao mesencéfalo e à parte superior do cerebelo.
b) *Artéria cerebelar inferior anterior* – distribui-se à parte anterior da face inferior do cerebelo;
c) *Artéria labiríntica* – penetra no meato acústico interno, junto com os nervos facial e vestibulococlear, vascularizando estruturas do ouvido interno (**Figura 18.3**).
e) *Ramos pontinos*.

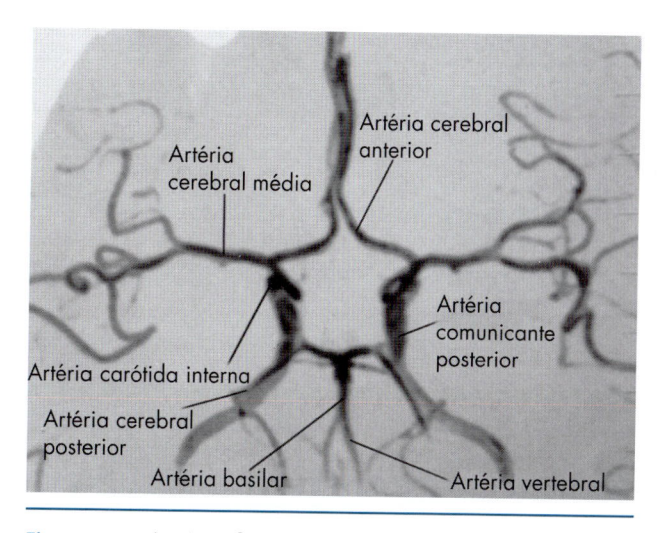

Figura 18.4 Angiografia por ressonância magnética. Círculo arterial do cérebro (polígono de Willis).
Fonte: Cortesia do Dr. Gilberto Belisario Campos.

2.2.5 Território cortical das três artérias cerebrais e acidentes vasculares encefálicos

Ao contrário dos ramos profundos, os ramos corticais das artérias cerebrais apresentam anastomoses, ao menos em seu trajeto na superfície do cérebro. Entretanto, essas anastomoses são, em geral, insuficientes para a manutenção de circulação colateral adequada em casos de obstrução de uma dessas artérias ou de seus ramos mais calibrosos. Resultam, pois, nesses casos, lesões de áreas mais ou menos extensas do córtex cerebral, com um quadro sintomatológico característico das síndromes das artérias cerebrais *anterior*, *média* e *posterior*. O estudo dessas síndromes, exige conhecimento dos territórios corticais irrigados pelas três artérias cerebrais, o que será feito a seguir.

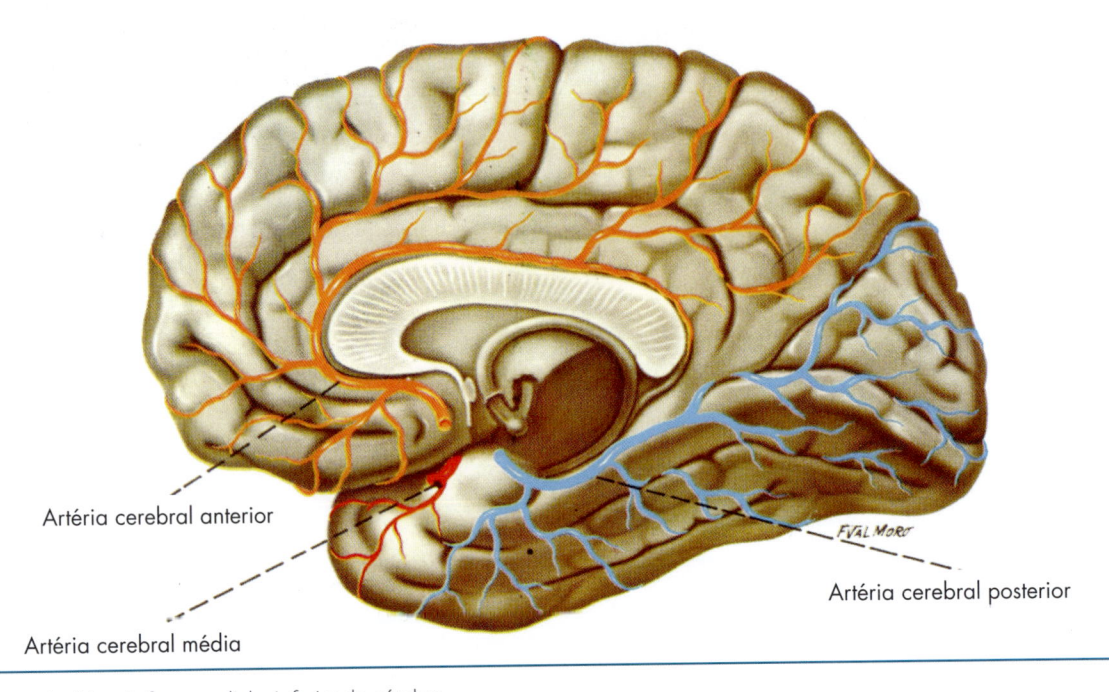

Figura 18.5 Artérias da face medial e inferior do cérebro.

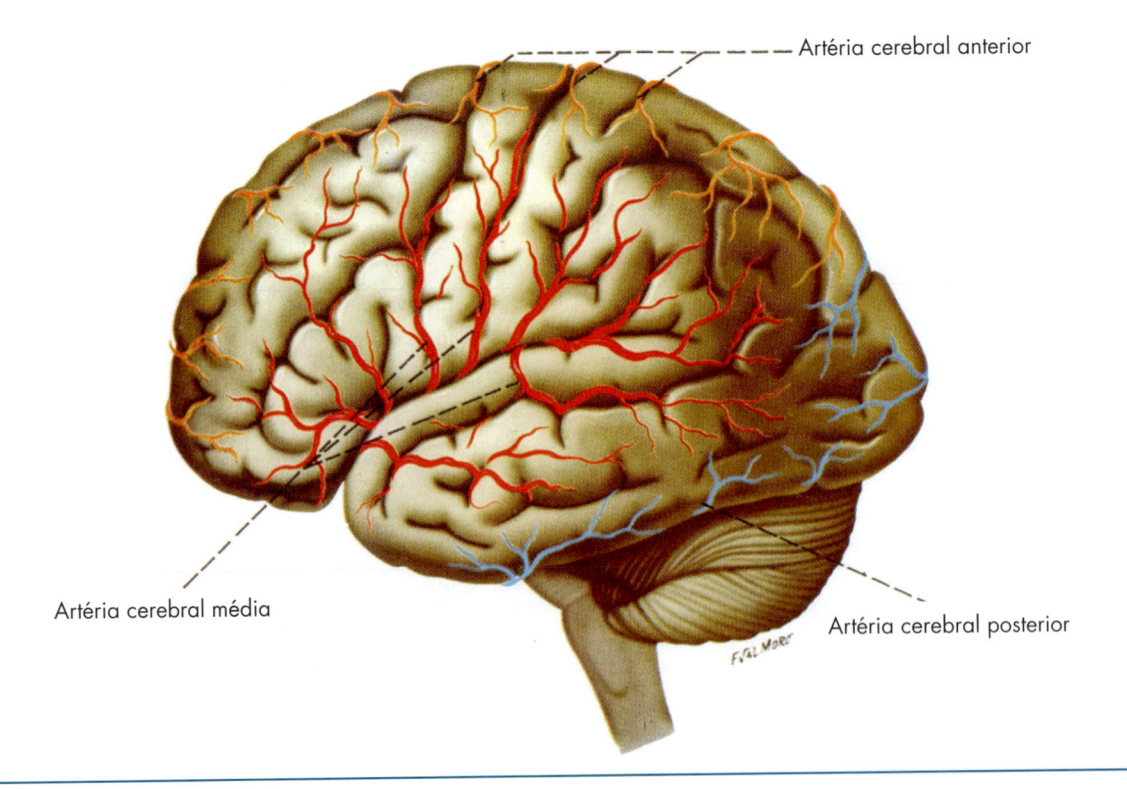

Figura 18.6 Artérias da face superolateral do cérebro.

2.2.5.1 Artéria cerebral anterior – ACA

É um dos ramos de bifurcação da carótida interna (CI). A ACA dirige-se para diante e para cima (**Figura 18.5**), curva-se em torno do joelho do corpo caloso e ramifica-se na face medial de cada hemisfério, desde o lobo frontal até o sulco parietoccipital. Irriga os três quartos anteriores da superfície medial do cérebro, incluindo a superfície médio-orbitofrontal, o frontal, e a parte mais alta da face lateral de cada hemisfério, onde se limita com o território da artéria cerebral média (**Figura 18.6**). Irriga também os quatro quintos anteriores do corpo caloso. Anastomosa-se com a ACA contralateral pela artéria comunicante anterior. Essa porção proximal origina a artéria recorrente de Heubner, ramo único ou múltiplo, que, com pequenas artérias, irriga a parte anterior do núcleo caudado, o terço anterior do putame, parte do segmento externo do globo pálido e ramo anterior da cápsula interna, hipotálamo, podendo incluir também parte da região olfatória. A obstrução de uma das ACA causa paralisia e diminuição da sensibilidade no membro inferior do lado oposto, decorrente da lesão de partes das áreas corticais motora e sensitiva, que correspondem à perna e localizam-se na porção alta dos giros pré- e pós-central (lóbulo paracentral) (**Figura 18.7**). A obstrução da artéria recorrente de Heubner pode gerar paresia da face e do membro superior pelo acometimento da parte anterior da cápsula interna. O comprometimento do corpo caloso pode ocasionar a síndrome de desconexão calosa, descrita no Capítulo 25, item 3 e Capítulo 26, item 6.

2.2.5.2 Artéria cerebral média – ACM

Ramo principal da carótida interna, a artéria cerebral média percorre o sulco lateral em toda a sua extensão, distribuindo ramos que vascularizam a maior parte da face lateral de cada hemisfério (**Figura 18.6**). Esse território compreende a área motora, a área somestésica e as áreas de linguagem. Os ramos corticais irrigam também a ínsula e parte do lobo temporal e os ramos medulares nutrem o centro semioval. Obstruções da artéria cerebral média, quando não são fatais, determinam sintomatologia muito rica, com hemiplegia (exceto no membro inferior), hipoanestesia e hemianopsia homônima contralaterais, desvio do olhar conjugado ipsilateralmente à lesão. Ocorrerão afasia global e apraxia ideomotora se a lesão for à esquerda. A lesão à direita ocasionará aprosódia, heminegligência, apraxias, anosognosia, prosopoagnosia e distúrbios visuoespaciais. A lesão do córtex orbitofrontal ocasiona a síndrome de Lúria pré-frontal. O quadro é especialmente grave se a obstrução atingir também ramos profundos da artéria cerebral média (artérias estriadas, **Figura 18.10A**), que vascularizam parte do corpo e da cabeça do núcleo caudado, parte anterior do ramo posterior da cápsula interna, o putame e o globo pálido lateral, os núcleos da base e a cápsula interna (**Figura 18.10A**). São isquemias de áreas extensas, que também ocasionam edema cerebral e rebaixamento do nível de consciência com prognóstico muito ruim (**Figura 18.8**).

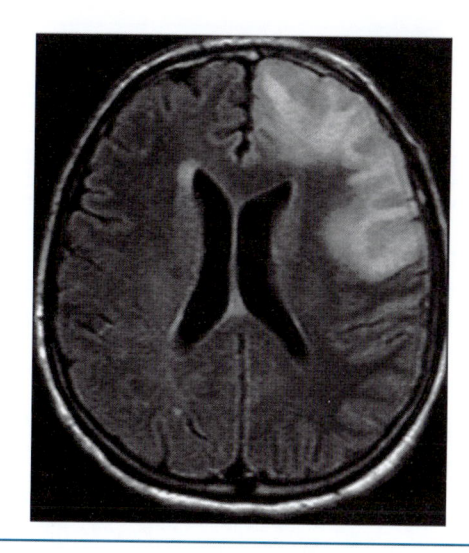

Figura 18.7 Ressonância magnética de AVE isquêmico no território da artéria cerebral anterior esquerda. A área isquêmica aparece com hipersinal.
Fonte: Cortesia do Dr. Marco Antônio Rodacki.

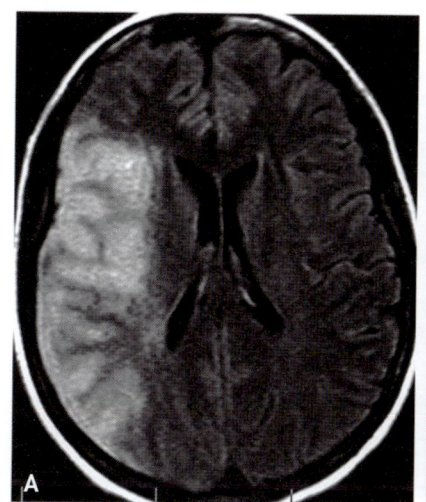

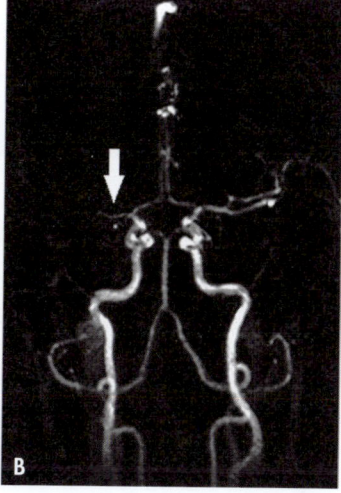

Figura 18.8 **(A)** Ressonância magnética de AVE isquêmico no território da artéria cerebral média e **(B)** angiorressonância mostrando obstrução da ACM.
Fonte: Cortesia do Dr. Marco Antônio Rodacki.

2.2.5.3 Artéria cerebral posterior – ACP

Ramo de bifurcação da artéria basilar (**Figuras 18.6** e **18.7**), as artérias cerebrais posteriores dirigem-se no sentido posterior, contornam o pedúnculo cerebral do mesencéfalo e fazem anastomose com as artérias comunicantes posteriores. Emitem os ramos corticais e percorrem a face inferior do lobo temporal e o lobo occipital, irrigando áreas visuais, incluindo a primária no sulco calcarino. Seus ramos proximais incluem as artérias talamoperfurantes, corióidea posterior lateral e corióidea posterior medial, que irrigam o tálamo, corpo geniculado lateral, glândula pineal, região posterior da cápsula interna, hipotálamo e mesencéfalo incluindo a substância negra e núcleo rubro. A maioria dos AVE acomete o território cortical, incluindo o calcarino. Praticamente todos os pacientes apresentam sintomas visuais com perda de parte do campo visual ou hemianopsia homônima e quadrantopsias, o acometimento calcarino ocasiona cegueira. O acometimento das áreas secundárias gera déficits parciais, como a perda da capacidade de reconhecer cores (hemiacromatopsia), agnosias visuais, como a prosopagnosia, incapacidade de reconhecer faces. Pode haver queixas sensitivas pelo acometimento talâmico e hemiparesia, em geral transitória pelo acometimento de parte da cápsula interna. Distúrbios neuropsicológicos podem ocorrer pelo acometimento do lobo temporal, como afasia sensitiva transcortical, anomia e alexia pura, se o acometimento for à esquerda (**Figura 18.9**).

Infartos da ACP podem mimetizar alguns infartos da ACM com hemiparesia hipoestesia, hemianopsia, negligência visuoespacial. Os AVE subcorticais podem ser mais graves pelo acometimento do mesencéfalo. Nos AVE talâmicos (artérias talamoperfurantes, **Figura 18.10B**), pode haver dores persistentes e demência talâmica. O acometimento pode estender-se ao hipocampo e causar amnesia anterógrada.

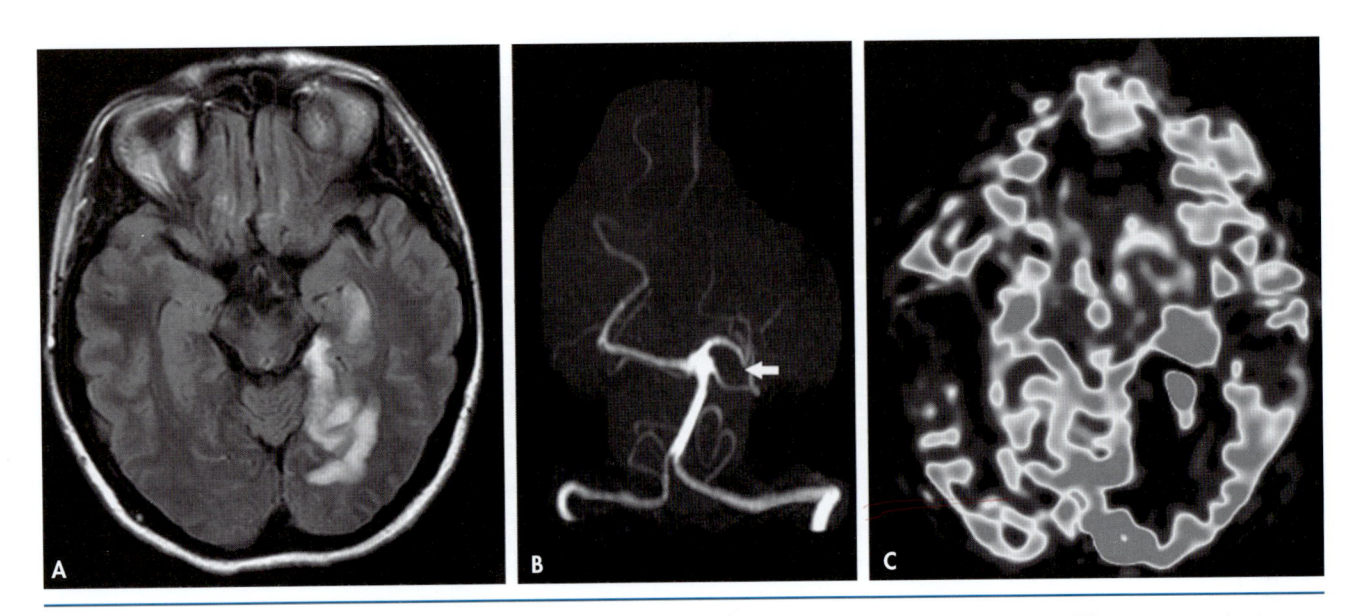

Figura 18.9 **(A)** Imagem em ressonância magnética mostrando AVE em território da artéria cerebral posterior; **(B)** Angiorressonância mostrando obstrução da artéria cerebral posterior; **(C)** Técnica perfusão ASL mostrando hipoperfusão no mesmo território.
Fonte: Cortesia do Dr. Marco Antônio Rodacki.

2.2.6 Correlações anatomoclínicas

2.2.6.1 Acidentes vasculares encefálicos

Os AVE podem ser isquêmicos ou hemorrágicos. No AVE hemorrágico, há maior efeito de massa e maior edema, causando sintomas mais amplos, que incluem a hipertensão intracraniana aguda. No AVE isquêmico, os sintomas serão mais dependentes do território irrigado. Para diagnóstico dos AVE, assim como dos aneurismas cerebrais (item 2.2.6.2), utiliza-se a angiografia por tomografia ou ressonância magnética (**Figura 18.4** e Capítulo 31, item 2.2.5), cuja vantagem é não usar contraste nem necessitar de punção arterial, sendo, portanto, um método não invasivo.

Os AVEs isquêmicos das principais artérias encefálicas já foram abordados no item 2.2.5. Alguns exemplos de AVEs do tronco encefálico serão vistos no Capítulo 19. A seguir, abordaremos exemplos de AVEs hemorrágicos.

2.2.6.2 Hemorragia subaracnóidea e aneurismas cerebrais

A hemorragia subaracnóidea (HSA) aneurismática é a principal causa de sangramento no espaço subaracnóideo, correspondendo a 85% dos casos e está associada a altas taxas de mortalidade. Considera-se os preditores clínicos mais importantes: o nível de consciência do paciente na admissão e a gravidade e a extensão do sangramento (**Figuras 18.11**, **18.12** e **18.13**).

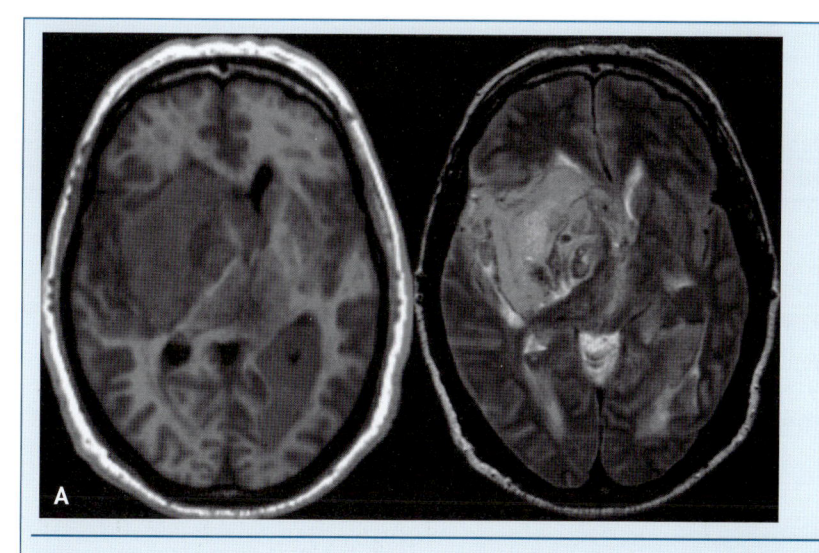

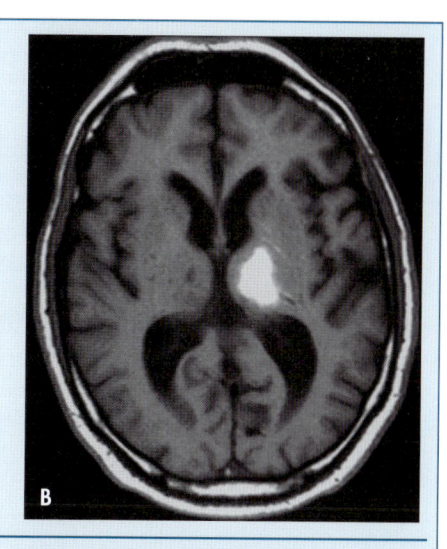

Figura 18.10 AVE hemorrágicos de ramos arteriais centrais causados por hipertensão arterial sistêmica. **(A)** Artéria lenticuloestriada, ramo da artéria cerebral média; **(B)** Artéria talamoperfurante, ramo da artéria cerebral posterior.
Fonte: Cortesia do Dr. Marco Antônio Rodacki.

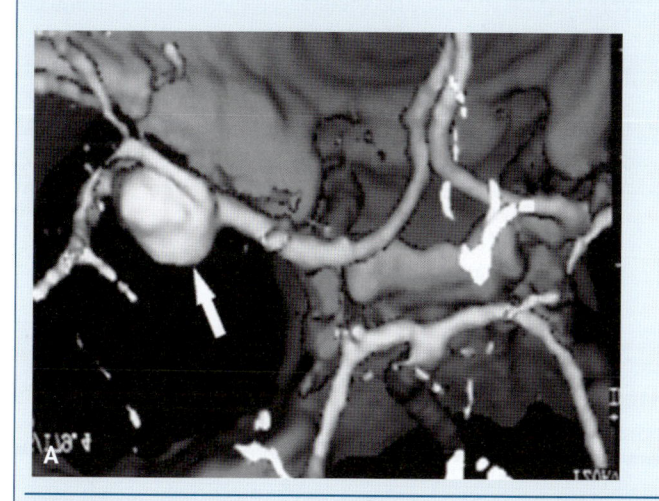

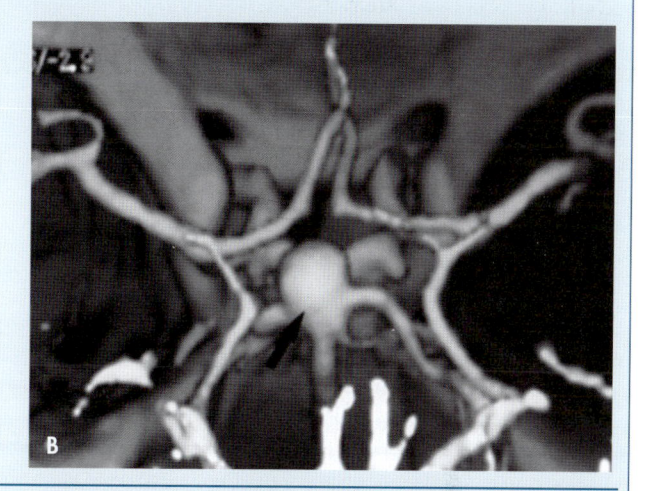

Figura 18.11 Angiotomografias tridimensionais mostrando **(A)** aneurisma da artéria cerebral média; **(B)** aneurisma da artéria basilar.
Fonte: Cortesia do Dr. Marco Antônio Rodacki.

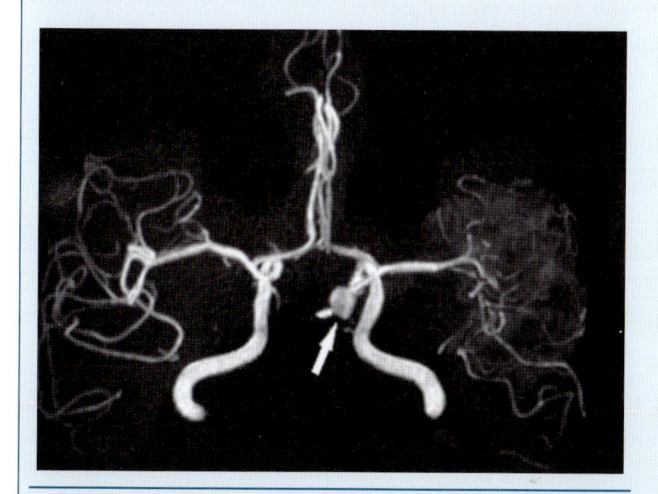

Figura 18.12 Angiorressonância mostrando aneurisma da artéria cerebral posterior.
Fonte: Cortesia do Dr. Marco Antônio Rodacki.

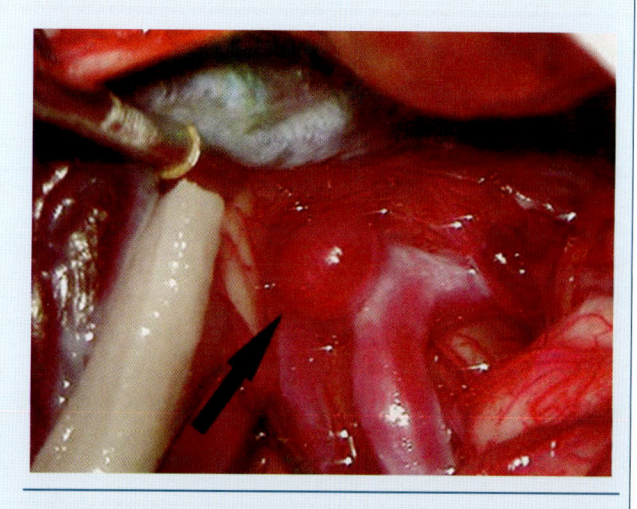

Figura 18.13 Fotografia intraoperatória para clipagem de aneurisma da artéria cerebral média.
Fonte: Cortesia do Dr. Humberto Schroeder.

A injúria inicial é determinada por aumento súbito da pressão intracraniana (PIC) com consequente redução da pressão de perfusão cerebral (PPC) e isquemia cerebral global transitória. Esta última é a causadora da perda de consciência súbita após o sangramento. O outro grande determinante do desfecho nos pacientes que sobrevivem ao sangramento é a chamada isquemia cerebral tardia relacionada com vasoespasmo cerebral, depressão cortical alastrante, microtrombose e disfunção de microcirculação. A apresentação clínica da HSA costuma ser bastante evidente com cefaleia súbita intensa, frequentemente descrita como "a pior dor de cabeça da vida", perda de consciência inicial em 53% dos casos, e nos mais leves, náuseas, vômitos e meningismo. Parte dos pacientes terão sinais focais associados, que variarão de acordo com a topografia do sangramento.

A combinação de TC simples com punção lombar pode ser feita na emergência para diagnóstico da HSA, seguida de angiotomografia ou angiorressonância para a confirmação da etiologia aneurismática e também para auxiliar no planejamento terapêutico. Após o diagnóstico da HSA, é fundamental a prevenção do ressangramento por meio principalmente do manejo pressórico. O tratamento pode ser feito por cirurgia com clipagem do aneurisma ou embolização endovascular. A hidrocefalia é a complicação precoce mais frequente, e pode exigir a colocação de válvula para drenagem liquórica. O manejo da isquemia cerebral tardia e suas sequelas é complexa e exige equipe especializada.

2.3 Vascularização venosa do encéfalo
2.3.1 Generalidades

As veias do encéfalo, de modo geral, não acompanham as artérias, sendo maiores e mais calibrosas do que elas. Drenam para os *seios da dura-máter*, de onde o sangue converge para as veias jugulares internas, as quais recebem praticamente todo o sangue venoso encefálico (Capítulo 8). Os seios da dura-máter ligam-se também às veias extracranianas por meio de pequenas veias emissárias que passam através de pequenos forames no crânio. As paredes das veias encefálicas são muito finas e praticamente desprovidas de musculatura. Faltam, assim, os elementos necessários à regulação ativa da circulação venosa. Esta se faz, sobretudo, sob a ação de três forças:

a) Aspiração da cavidade torácica, determinada pelas pressões subatmosféricas da cavidade torácica, mais evidente no início da inspiração.
b) Força da gravidade, notando-se que o retorno sanguíneo do encéfalo ocorre a favor da gravidade, o que torna desnecessária a existência de válvulas nas veias cerebrais.
c) Pulsação das artérias, cuja eficácia é aumentada pelo fato de que se faz em uma cavidade fechada. Esse fator é mais eficiente no seio cavernoso, cujo sangue recebe diretamente a força expansiva da carótida interna, que o atravessa.

O leito venoso do encéfalo é muito maior do que o arterial; consequentemente, a circulação venosa é muito mais lenta. A pressão venosa no encéfalo é muito baixa e varia muito pouco em razão da grande capacidade de distensão das veias e seios. Os seios da dura-máter já foram estudados no Capítulo 8 (item 1.1.3). A seguir, serão descritas as principais veias do encéfalo que se dispõem em dois sistemas: o *sistema venoso superficial*; e o *sistema venoso profundo*. Embora anatomicamente distintos, esses dois sistemas são unidos por numerosas anastomoses.

2.3.2 Sistema venoso superficial

É constituído por veias que drenam o córtex e a substância branca subjacente, anastomosam-se amplamente na superfície do cérebro, onde formam grandes troncos venosos, as *veias cerebrais superficiais*, que desembocam nos seios da dura-máter. Distinguem-se veias cerebrais superficiais superiores e inferiores.

As *veias cerebrais superficiais superiores* (**Figura 8.3**) provêm da face medial e da metade superior da face lateral de cada hemisfério, desembocando no seio sagital superior. As *veias cerebrais superficiais inferiores* provêm da metade inferior da face lateral de cada hemisfério e de sua face inferior, terminando nos seios da base (petroso superior e cavernoso) e no seio transverso. A principal veia superficial inferior é a *veia cerebral média superficial*, que percorre o sulco lateral e termina, em geral, no seio cavernoso.

2.3.3 Sistema venoso profundo

Compreende veias que drenam o sangue de regiões situadas profundamente no cérebro, como corpo estriado, cápsula interna, diencéfalo e grande parte do centro branco medular do cérebro. A mais importante veia desse sistema é a *veia cerebral magna* ou *veia de Galeno*, para a qual converge quase todo o sangue do sistema venoso profundo do cérebro. A veia cerebral magna é um curto tronco venoso ímpar e mediano, formado pela confluência das *veias cerebrais internas*, logo abaixo do esplênio do corpo caloso, desembocando no seio reto (**Figura 8.3**). Suas paredes muito finas são facilmente rompidas, o que às vezes ocorre em recém-nascidos como resultado de traumatismos encefálicos durante o parto.

3. Vascularização da medula

A medula espinal é irrigada pelas *artérias espinais anterior* e *posterior*, ramos da artéria vertebral, e pelas *artérias radiculares*, que penetram na medula com as raízes dos nervos espinais.

A *artéria espinal anterior* é um tronco único, formado pela confluência de dois curtos ramos recorrentes, que emergem das artérias vertebrais direita e esquerda (**Figuras 18.2** e **18.3**). Dispõe-se superficialmente na medula, ao longo da fissura mediana anterior até o cone medular. Emite as *artérias sulcais*, que se destacam perpendicularmente e penetram no tecido nervoso pelo fundo da fissura mediana anterior. As artérias espinais anteriores vascularizam as colunas e os funículos anterior e lateral da medula.

As *artérias espinais posteriores direita* e *esquerda* emergem das artérias vertebrais correspondentes, dirigem-se dorsalmente, contornando o bulbo (**Figura 18.3**) e, em seguida, percorrem em sentido longitudinal a medula, medialmente aos filamentos radiculares das raízes dorsais dos nervos espinais (**Figura 4.3**). As artérias espinais posteriores vascularizam a coluna e o funículo posterior da medula.

As *artérias radiculares* (**Figura 4.3**) derivam dos *ramos espinais* das artérias segmentares do pescoço e do tronco (tireóidea inferior, intercostais, lombares e sacrais). Esses ramos penetram nos forames intervertebrais com os nervos espinais e dão origem às artérias *radiculares anterior* e *posterior*, que ganham a medula com as correspondentes raízes dos nervos espinais (**Figura 4.3**). As artérias radiculares anteriores anastomosam-se com a espinal anterior, e as artérias radiculares posteriores com as espinais posteriores.

B – Barreiras encefálicas

1. Generalidades

Barreiras encefálicas são dispositivos que impedem ou dificultam a passagem de substâncias entre o sangue e o tecido nervoso (barreira hematoencefálica) ou entre o sangue e o liquor (barreira hematoliquórica). O termo *hematoencefálica*, embora seja unanimemente aceito, é impróprio, pois a barreira existe também na medula.

A descoberta da barreira hematoencefálica foi feita por Paul Ehrlich, em 1883. Esse autor injetou no sangue de rato um corante vital, o azul-de-tripan, e verificou que todos os órgãos e as partes do corpo se coravam, com exceção do encéfalo, indicando que o corante não atravessou a parede dos capilares cerebrais.

Entretanto, quando o corante foi injetado no liquor, houve coloração do tecido nervoso cerebral. Verificou-se também que a injeção de toxina tetânica no liquor provoca sintomas mais graves do que quando uma dose dez vezes maior é injetada no sangue. A importância fisiológica e clínica dessas barreiras é muito grande, uma vez que elas regulam a passagem, para o tecido nervoso, não só de substâncias a serem utilizadas pelos neurônios, mas também de medicamentos e substâncias tóxicas.

2. Localização anatômica da barreira hematoencefálica

A localização anatômica da barreira hematoencefálica está nos capilares do sistema nervoso central.

Este é formado pelo endotélio e por uma membrana basal muito fina. Por fora, os pés vasculares dos astrócitos formam uma camada quase completa em torno do capilar (**Figura 18.14**). Todos esses três elementos (endotélio, membrana basal e astrócito) já foram considerados sede da barreira hematoencefálica. Entretanto, sabe-se hoje que ela está no endotélio, como foi demonstrado com a utilização de peroxidase, proteína que pode ser visualizada ao microscópio eletrônico. Verificou-se que, ao contrário dos capilares das demais áreas do corpo (**Figura 18.15**), os quais deixam passar livremente a peroxidase, os capilares cerebrais (**Figura 18.14**) a retêm, impedindo a sua passagem mesmo para o espaço entre o endotélio e a membrana basal. Os endotélios dos capilares encefálicos apresentam três características que os diferenciam dos endotélios dos demais capilares e que se relacionam com o fenômeno de barreira:

a) As células endoteliais são unidas por junções oclusivas, que impedem a penetração de macromoléculas (**Figura 18.14**). Essas junções não estão presentes nos capilares em geral.

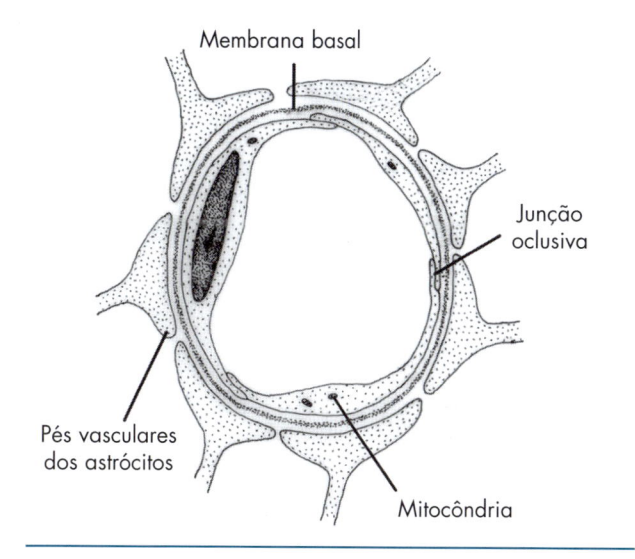

Figura 18.14 Vaso capilar mostrando as características do endotélio na barreira hematoencefálica.

b) Não existem fenestrações (**Figura 18.15**), que são pequenas áreas em que o endotélio se reduz a uma fina membrana muito permeável.
c) São raras as vesículas pinocitóticas. Nos demais endotélios, elas são frequentes e vitais no transporte de macromoléculas (**Figura 18.15**).

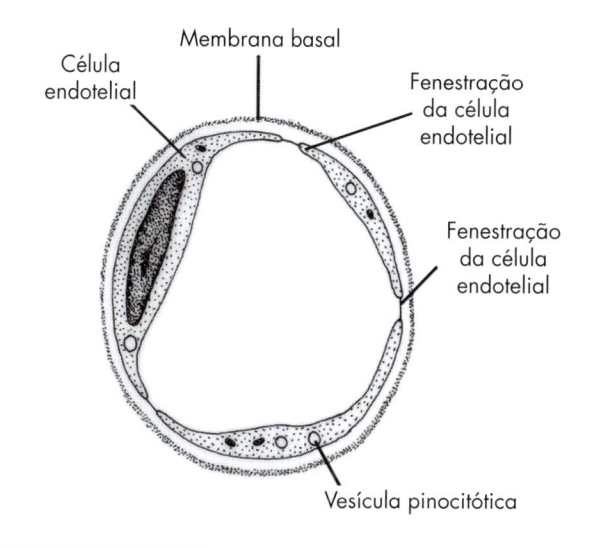

Figura 18.15 Vaso capilar comum com endotélio fenestrado.

3. Localização anatômica da barreira hematoliquórica

A barreira hematoliquórica localiza-se nos plexos corioides. Seus capilares, no entanto, não participam do fenômeno. Assim, quando se injeta peroxidase em um animal, ela atravessa os capilares fenestrados dos plexos corioides, mas é barrada no nível da superfície do epitélio ependimário voltada para a cavidade ventricular. O epitélio ependimário que reveste os plexos corioides, ao contrário dos demais epitélios ependimários, apresenta junções oclusivas que unem as células próximo à superfície ventricular e impedem a passagem de macromoléculas, constituindo a base anatômica da barreira hematoliquórica.

4. Funções das barreiras

A principal função das barreiras é impedir a passagem de agentes tóxicos para o sistema nervoso central, como venenos, toxinas, bilirrubina etc. Impedem também a passagem de neurotransmissores encontrados no sangue, como a adrenalina. A adrenalina é lançada em grande quantidade na circulação em certas situações emocionais e poderia alterar o funcionamento do cérebro se não fosse barrada. Portanto, essas barreiras constituem um mecanismo de proteção do encéfalo contra agentes que poderiam lesá-lo ou alterar o seu funcionamento.

A palavra *barreira* pode indicar que ela tem apenas o papel de impedir a entrada de substâncias, quando desempenha também a função de permitir a entrada de substâncias importantes para o funcionamento das células do tecido nervoso, como glicose e aminoácidos. Assim, a barreira atua como um portão que barra a entrada de algumas substâncias e permite a entrada de outras.

Diferentemente do que ocorre nos endotélios dos capilares em geral, os endotélios dos capilares da barreira hematoencefálica utilizam-se de mecanismos especiais para a passagem de glicose e aminoácidos através do citoplasma. Essa passagem depende de moléculas transportadoras específicas.[1] Há evidência de que a barreira hematoliquórica também funciona como portão, utilizando essencialmente os mesmos mecanismos da barreira hematoencefálica para o transporte de substâncias.

5. Fatores de variação da permeabilidade da barreira hematoencefálica

A permeabilidade da barreira hematoencefálica não é a mesma em todas as áreas. Estudos sobre a penetração no encéfalo de agentes farmacológicos marcados com isótopos radioativos mostraram que certas áreas concentram esses agentes muito mais do que outras. Por exemplo, certas substâncias penetram facilmente no núcleo caudado e no hipocampo, mas têm dificuldade de penetrar no restante do encéfalo. Isso mostra que certos agentes farmacológicos, quando injetados no sangue, não agem em determinadas áreas do sistema nervoso porque não as atingem.

Inicialmente os capilares que penetram no encéfalo têm fenestrações. Com o aumento da idade, substâncias produzidas pelos pés dos astrócitos causam a perda dessas fenestrações. Em razão disso, no feto e no recém-nascido, a barreira hematoencefálica é mais fraca e deixa passar um maior número de substâncias até que os capilares percam por completo as fenestrações. Por isso as icterícias do recém-nascido podem ser mais graves do que no adulto. Com efeito, uma determinada concentração sanguínea de bilirrubina, que no adulto não atravessa a barreira hematoencefálica, no recém-nascido pode atravessá-la, passando ao tecido nervoso, sobre o qual tem ação tóxica. Surge, assim, um quadro de icterícia com manifestações neurológicas conhecida como *kernicterus*.

Vários processos patológicos, como certas infecções e traumatismos, podem causar "ruptura", mais ou menos completa, da barreira hematoencefálica, que deixa passar substâncias que normalmente não passariam.

6. Órgãos circunventriculares

Em algumas áreas do cérebro, a barreira hematoencefálica não existe. Em animais injetados com azul-de-tripan, ao contrário das demais áreas do cérebro, elas se coram. Nessas áreas, os endotélios são fenestrados e desprovidos de junções oclusivas. Eles se distribuem em volta do III e IV ventrículos e, por isso, são denominados órgãos circunventriculares (**Figura 18.16**).[2] Do ponto de vista funcional, os órgãos circunventriculares podem ser receptores de sinais químicos do sangue ou relacionados, direta ou indiretamente, com a secreção de hormônios.

Órgãos circunventriculares		
secretores de hormônio		glândula pineal
		eminência média
		neuro-hipófise
receptores		órgão subfornicial
		órgão vascular da lâmina terminal
		área postrema

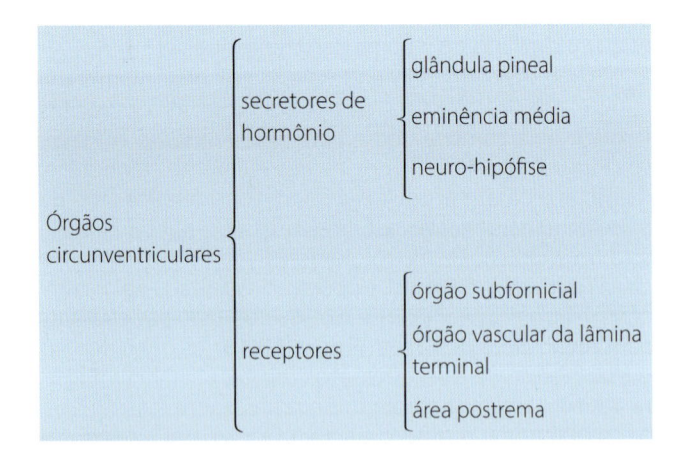

A glândula pineal localiza-se no epitálamo, secreta o hormônio melatonina e será estudada no Capítulo 23.

---

[1] A molécula transportadora de glicose denominada GLUT 1 é codificada por um gene do cromossoma humano 1. A deficiência de expressão da GLUT 1 resulta em uma síndrome rara, na qual a dificuldade no transporte de glicose gera um quadro de epilepsia e retardo mental.

[2] Do latim *circa* = em volta de.

A eminência média pertence ao hipotálamo e está envolvida no transporte de hormônios do hipotálamo para a adeno-hipófise. A neuro-hipófise é local de liberação de hormônios hipotalâmicos. Esses dois órgãos serão estudados no Capítulo 21. O órgão subfornicial é uma pequena estrutura neuronal, situada no forame de Monro, abaixo do fórnice. Sua função foi descoberta recentemente. Seus neurônios são sensíveis a baixas concentrações de angiotensina 2, hormônio peptídico que regula o volume de sangue circulante (volemia).[3] As informações obtidas pelos neurônios do órgão subfornicial são levadas a áreas do hipotálamo que regulam a volemia. Entre elas, está o centro da sede no hipotálamo lateral que, sob estímulo dos neurônios subforniciais, aumenta a sede. O órgão vascular da lâmina terminal está situado nessa lâmina no hipotálamo, próximo da parte anterior e ventral do III ventrículo (**Figura 18.16**). Seus neurônios são sensíveis ao aumento da pressão osmótica do sangue, desencadeando a sede e estimulando a secreção de hormônios antidiuréticos pelo hipotálamo. A área postrema fica localizada na parte mais caudal do assoalho do IV ventrículo (**Figura 5.2**). Essa área é sensível a sinais químicos veiculados no sangue, como o hormônio colecistocinina, secretado pelo trato gastrointestinal. A informação obtida é repassada ao hipotálamo para a regulação da atividade gastrointestinal ou ao centro do vômito, que, em função da informação recebida, pode desencadear o reflexo do vômito.

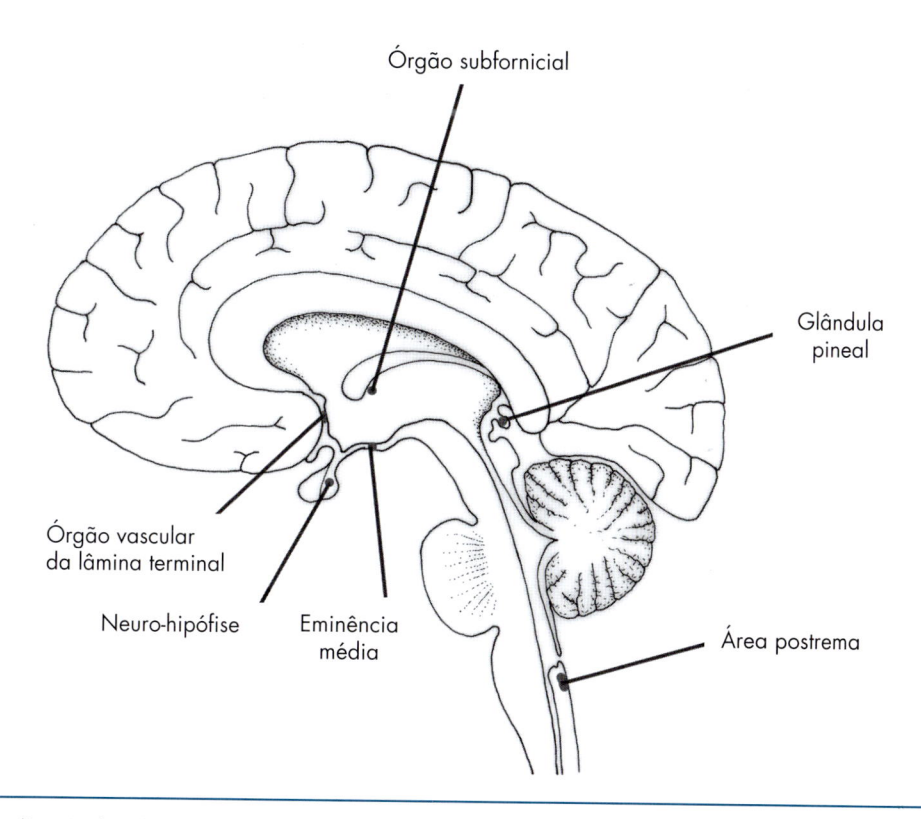

Figura 18.16 Localização dos órgãos circunventriculares no encéfalo.

---

[3] A angiotensina II resulta da atividade da enzima renina, secretada pelos rins sobre o angiotensinogênio, proteína secretada pelo fígado, resultando na angiotensina I, logo hidrolisada para formar a angiotensina II.

capítulo 19

Considerações Anatomoclínicas sobre a Medula e o Tronco Encefálico

1. Introdução

A correlação entre a localização anatômica de uma lesão e o sintoma clínico observado é um dos processos mais utilizados para se estabelecer o significado funcional de uma área do sistema nervoso central (SNC). O conhecimento das *correlações anatomoclínicas* é muito importante para o médico, sobretudo para o neurologista, interessado em estabelecer a localização precisa de uma lesão, com base nos sintomas e sinais clínicos observados. Embora o assunto seja objeto dos cursos de Neurologia, julgamos que algumas noções devem ser dadas durante o curso de Neuroanatomia, pois elas permitem ao aluno entender e, mais racionalmente, memorizar alguns dos aspectos mais relevantes da anatomia e fisiologia do SNC. Neste capítulo, serão feitas algumas considerações anatomoclínicas sobre a medula e o tronco encefálico, à guisa de exercício de raciocínio sobre fatos que já foram vistos. Exatamente por ser essa a finalidade do estudo, não tivemos a pretensão de ele estar completo, certos de que o estudo de algumas síndromes neurológicas dará as bases para a compreensão de outras.

2. Conceituação de alguns termos

As lesões da medula e do tronco encefálico manifestam-se principalmente por alterações de motricidade e de sensibilidade.

2.1 Alterações da motricidade – Síndrome do neurônio motor superior e inferior

Podem ser da motricidade voluntária, do tônus ou dos reflexos. A diminuição da força muscular denomina-se *paresia;* a ausência total de força, impossibilitando o movimento, *paralisia* (ou plegia). Quando esses sintomas atingem todo um lado do corpo, temos *hemiparesia* e *hemiplegia*.

Por *tônus*, entende-se o estado de relativa contração em que se encontra permanentemente um músculo normal em repouso. As alterações do tônus podem ser de aumento (*hipertonia*), diminuição (*hipotonia*) ou ausência completa (*atonia*).

Nas alterações da motricidade decorrentes de lesões do sistema nervoso, pode haver ausência (*arreflexia*), diminuição (*hiporreflexia*) ou aumento (hiper-reflexia) dos reflexos musculotendinosos, como, o reflexo patelar. Pode ainda haver o aparecimento de reflexos patológicos. Assim, quando se estimula a pele da região plantar, a resposta reflexa normal consiste na flexão plantar do hálux. Contudo, em casos de lesão dos tratos corticospinais, ocorre flexão dorsal ou extensão do hálux (*sinal de Babinski*).

Paralisias com hiporreflexia e hipotonia são denominadas *paralisias flácidas*. Caracterizam a chamada *síndrome do neurônio motor inferior*, que resulta de lesão dos neurônios motores da coluna anterior da medula ou dos núcleos motores dos nervos cranianos e nervos periféricos. Nesses casos, ocorre também, em pouco tempo, atrofia da musculatura inervada por perda da ação trófica dos nervos sobre os músculos. Paralisias com hiper-reflexia e hipertonia são denominadas *paralisias espásticas*. Ocorrem na *síndrome do neurônio motor superior*, em que a lesão localiza-se nas áreas motoras do córtex cerebral ou nas vias motoras descendentes, em especial no trato corticospinal (**Figura 30.4**). Nesse caso, a atrofia muscular é discreta, pois os músculos continuam inervados pelos neurônios motores inferiores. Há presença do sinal de Babinski e a presença de clônus. Essas síndromes são de grande importância clínica e serão estudadas com mais detalhes no Capítulo 30, item 6.

2.2 Alterações da sensibilidade

As principais alterações da sensibilidade são:

a) *Anestesia* – desaparecimento total de uma ou mais modalidades de sensibilidade após estimulação adequada. O termo é empregado com mais frequência

para a perda da sensibilidade tátil, reservando-se o termo *analgesia* para a perda de sensibilidade dolorosa.
b) *Hipoestesia* – diminuição da sensibilidade.
c) *Hiperestesia* – aumento da sensibilidade.
d) *Parestesia* – aparecimento, sem estimulação, de sensações espontâneas e mal definidas, por exemplo, o "formigamento".
e) *Algias* – dores, em geral.

3. Lesões da medula

A cada ano, milhares de pessoas no mundo sofrem lesões na medula espinal, que geram incapacidade permanente sensorial e motora, assim como perda do controle voluntário das funções vesical e intestinal. Diante da suspeita de uma lesão medular, é importante distinguir se os sintomas realmente resultam de lesões da medula ou das raízes nervosas. Quando a lesão ocorre nas raízes ventrais, os sinais motores incluem fraqueza, atrofia e perda de reflexos nos músculos inervados pela raiz. Quando são lesadas as raízes dorsais, haverá perda total de sensibilidade no dermátomo correspondente à raiz lesada. A identificação dos locais das lesões radiculares pode ser feita com base nos mapas de dermátomos e de território de inervação radicular (**Figuras 9.10** e **9.11**).

3.1 Lesões da coluna anterior

3.1.1 Poliomielite

Na poliomielite (paralisia infantil), o vírus destrói especificamente os neurônios motores da coluna anterior. Nesse caso, ocorre uma síndrome do neurônio motor inferior, ou seja, paralisia flácida nos músculos correspondentes à área da medula que foi lesada, seguida, depois de algum tempo, de hipotrofia desses músculos. Podem ocorrer enormes deformidades por ação de grupos musculares cujos antagonistas foram paralisados. Quando a destruição ocorre nos neurônios responsáveis pelos movimentos respiratórios, pode haver morte por insuficiência respiratória.

3.1.2 Esclerose lateral amiotrófica

Doença degenerativa que acomete, em média, 1 a cada 50 mil pessoas no mundo, e é caracterizada pela paralisia progressiva da motricidade voluntária por lesão dos neurônios motores superiores e inferiores, ficando mantida a sensibilidade. A causa não está totalmente esclarecida. Existem formas genéticas e as relacionadas a fatores ambientais. Entre as causas ambientais, estão fatores dietéticos, relação com padrão de atividade física, tabagismo, infecções, traumas, exposição a toxinas e toxicidade do glutamato (principal neurotransmissor excitatório do SNC). Inicia-se predominantemente entre 55 e 65 anos. O quadro clínico inclui sintomas de lesão do neurônio motor superior, com hipertonia, aumento de reflexos e aparecimento do sinal de Babinski; e neurônio motor inferior, com fraqueza, atrofias, fasciculações musculares, disfagia e disartria. Os principais exames para diagnóstico são a eletroneuromiografia e a ressonância magnética do neuroeixo. A evolução é sempre para o óbito, geralmente em poucos anos. O tratamento é sintomático visando à melhora da qualidade de vida. Novas drogas estão sendo constantemente pesquisadas objetivando prevenir ou reduzir a degeneração neuronal. Algumas delas já estão em uso, com efeito modesto no aumento da sobrevida do paciente.

3.1.3 Atrofia muscular espinhal – AME

A atrofia muscular espinhal (AME) é uma doença degenerativa hereditária autossômica recessiva, caracterizada pela perda do neurônio motor do corno anterior da medula e dos núcleos dos nervos cranianos. As formas mais graves tipos 1 e 2 iniciam-se nos primeiros meses de vida, com fraqueza muscular, com predomínio proximal evoluindo para fraqueza generalizada, disfagia e dificuldade respiratória que leva ao óbito. A AME é causada por uma mutação no gene produtor da proteína SMN (*survival motor neuron*), que permite a sobrevivência e o bom funcionamento do neurônio motor inferior. A ausência da proteína provoca a morte desses neurônios. Até recentemente, o tratamento era paliativo, quando foi aprovada uma droga que supre a deficiência da proteína SMN e estabiliza a evolução da doença. Foi também aprovada a terapia gênica, que introduz, por meio de vetor, o gene faltante. De altíssimo custo, o tratamento iniciado precocemente é uma esperança de cura ou estabilização definitiva da doença.

3.2 Lesões da coluna posterior

3.2.1 *Tabes dorsalis*

Na *tabes dorsalis*, consequência da neurossífilis, ocorre lesão das raízes dorsais, sobretudo da divisão medial dessas raízes. Como essa divisão contém as fibras que formam os fascículos grácil e cuneiforme, estes são também destruídos. Como consequência, temos perdas das funções desses fascículos, já descritas no Capítulo 13 (item 4.3.2.1) e que são as seguintes:

a) *Perda da propriocepção consciente* – na prática, isso se manifesta por perda da cinestesia, ou seja, do sentido de posição e de movimento.
b) *Perda do tato epicrítico* – em virtude da qual o indivíduo perde a discriminação tátil.
c) *Perda da sensibilidade vibratória* (*hipopalestesia*) e da *estereognosia*.

Com o progredir das lesões, pode haver destruições maiores das raízes dorsais, com comprometimento de outras formas de sensibilidade e perda de alguns reflexos, cujas fibras aferentes foram destruídas.

O diagnóstico diferencial deve ser feito com outras causas de ataxias sensitivas, como compressão do funículo posterior da medula, formas atípicas de neuropatia inflamatória desmielinizante, neuropatias carenciais e autoimunes, com comprometimento preferencial de fibras sensitivas.

3.3 Hemissecção da medula

A hemissecção da medula produz no homem um conjunto de sinais e sintomas conhecido como *síndrome de Brown-Séquard* (**Figura 19.1**). Os sintomas mais característicos resultam da interrupção dos principais tratos, que percorrem uma metade da medula. Os sintomas resultantes da secção dos tratos que não se cruzam na medula aparecem do mesmo lado da lesão. Já os sintomas resultantes da lesão de tratos que se cruzam na medula manifestam-se no lado oposto ao lesado. Todos os sintomas surgem abaixo do nível da lesão. Assim, temos:

3.3.1 Sintomas que se manifestam do mesmo lado da lesão (tratos não cruzados na medula)

a) Síndrome do neurônio motor superior, ou seja, paralisia espástica, com aparecimento do sinal de Babinski, em virtude da interrupção das fibras do trato corticospinal lateral.
b) Perda da propriocepção consciente e do tato epicrítico, em virtude da interrupção das fibras dos fascículos grácil e cuneiforme (**Figura 19.1A**).

3.3.2 Sintomas que se manifestam do lado oposto ao lesado (tratos cruzados)

a) Perda da sensibilidade térmica e dolorosa a partir de um ou dois dermátomos abaixo do nível da lesão, em consequência da interrupção das fibras do trato espinotalâmico lateral (**Figura 19.1B**).
b) Ligeira diminuição do tato protopático e da pressão, por comprometimento do trato espinotalâmico anterior. Esse comprometimento, em geral, é pequeno, porque as fibras da raiz dorsal, que levam essa modalidade de sensibilidade, dão ramos ascendentes muito grandes, que emitem colaterais em várias alturas antes de fazer sinapse na coluna posterior e cruzar para o lado oposto (**Figura 19.1C**).

3.4 Lesões medulares centrais

3.4.1 Siringomielia

Trata-se de uma doença na qual há formação de uma cavidade no canal central da medula (**Figura 19.2**), resultando na destruição da substância cinzenta intermédia

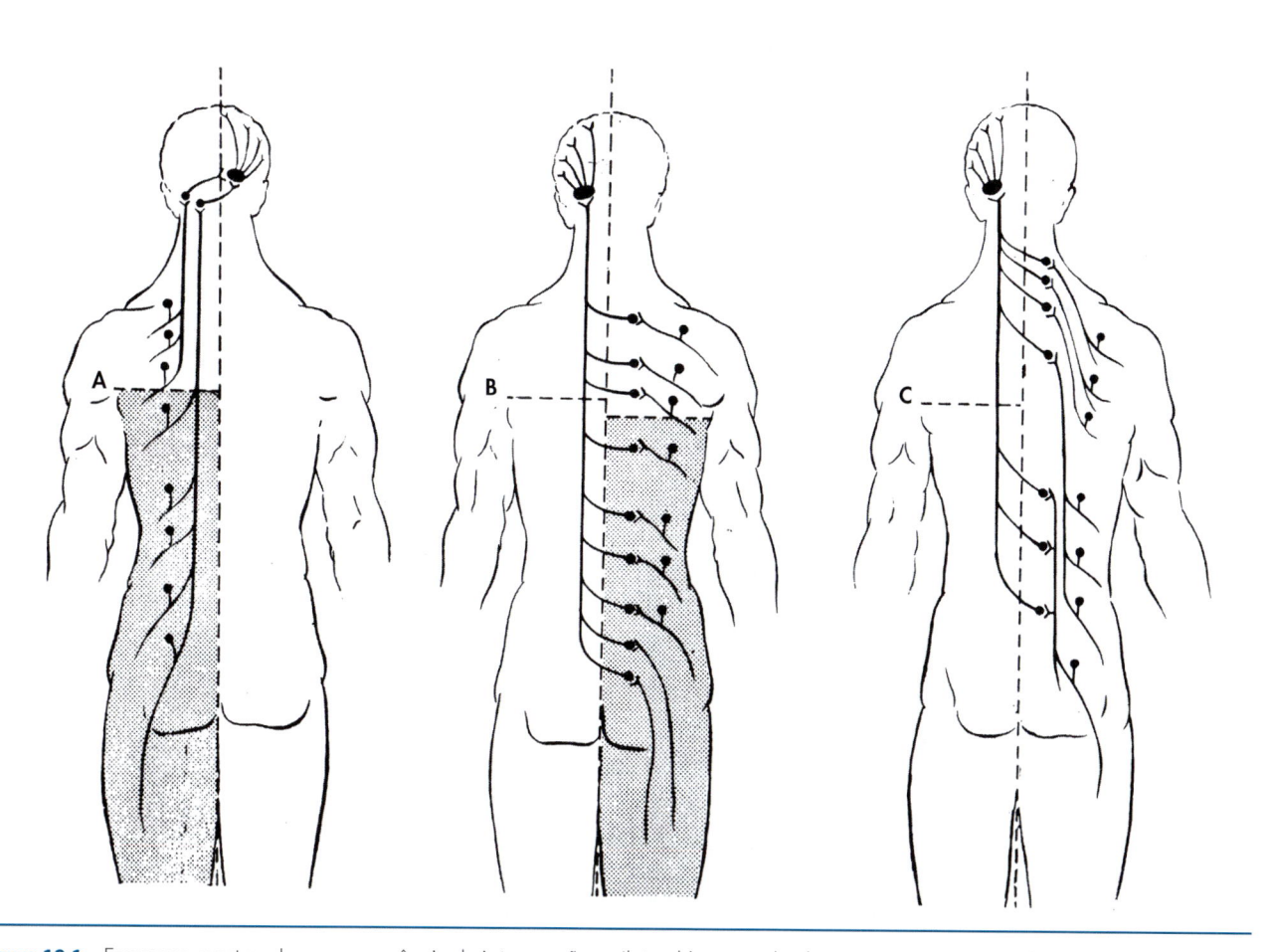

Figura 19.1 Esquema mostrando a consequência da interrupção unilateral à esquerda, das principais vias ascendentes da medula, como ocorre na síndrome de Brown-Séquard. As áreas escuras indicam as regiões comprometidas pelas lesões do fascículo grácil (**A**) ou do trato espinotalâmico lateral (**B**). O esquema C mostra por que a lesão do trato espinotalâmico anterior não causa sintomatologia acentuada.
Fonte: Modificada de Gatz AJ. *Clinical Neuroanatomy and Neurophysiology.* Philadelphia: Davis, 1988.

central e da comissura branca. Essa destruição interrompe as fibras que formam os dois tratos espinotalâmicos laterais, quando eles cruzam ventralmente ao canal central (**Figuras 29.1** e **29.2**). Ocorre, assim, perda de sensibilidade térmica e dolorosa de ambos os lados, em uma área que corresponde aos dermátomos relacionados com as fibras lesadas. Contudo, nessas áreas não há perturbação da propriocepção, sendo mínima a deficiência tátil. A persistência da propriocepção explica-se pelo fato de a lesão não atingir as fibras do funículo posterior (fascículos grácil e cuneiforme). A persistência da sensibilidade tátil quase normal origina-se do fato de que os impulsos táteis seguem, em grande parte, pelos fascículos grácil e cuneiforme (tato epicrítico), que não são comprometidos. Mesmo as fibras que seguem pelos tratos espinotalâmicos anteriores são, em parte, poupadas pelas razões vistas no item anterior (item 3.3.2b e **Figura 19.1C**). A perda da sensibilidade térmica e dolorosa, com persistência da sensibilidade tátil e proprioceptiva, é denominada *dissociação sensitiva*.

3.5 Transecção da medula

Logo após um traumatismo que resulte na secção completa da medula, o paciente entra em estado de *choque medular*. Essa condição (que nada tem a ver com o choque por perda de sangue) caracteriza-se pela absoluta perda da sensibilidade, dos movimentos e do tônus nos músculos inervados pelos segmentos medulares situados abaixo da lesão. Há, ainda, retenção de urina e fezes e perda da função erétil. Contudo, após um período variável, reaparecem os movimentos reflexos, que se tornam exagerados e surge o sinal de Babinski. A eliminação de urina e fezes passa a ser feita reflexamente, ou seja, sem controle voluntário. A ereção só é possível com estimulação manual.

3.6 Compressão da medula

Ocorre, com maior frequência, em casos de câncer. Um tumor que se desenvolve no canal vertebral pode, pouco a pouco, comprimir a medula de fora para dentro, resultando em uma sintomatologia variável, conforme a posição do tumor. Inicialmente, podem aparecer dores em determinados dermátomos, que correspondem às raízes dorsais comprometidas. Com o progredir da doença, surgem sintomas de comprometimento de tratos medulares.

Um tumor que se desenvolve no interior da medula comprime-a de dentro para fora, causando perturbações motoras por lesão do trato corticospinal lateral. Há também perda da sensibilidade térmica e dolorosa, por compressão do trato espinotalâmico lateral. Interessante assinalar que esse sintoma aparece, inicialmente, nos dermátomos mais próximos do nível da lesão, progredindo para dermátomos cada vez mais baixos, em geral poupando os dermátomos sacrais. É o que os neurologistas conhecem como *preservação sacral*. Isso resulta do fato de que as fibras originadas nos segmentos sacrais da medula se dispõem lateralmente no trato espinotalâmico lateral, enquanto as originadas em segmentos progressivamente mais altos ocupam posição cada vez mais medial, neste trato. Entende-se, pois, que, quando um tumor comprime a medula de fora para dentro, as fibras originadas nos segmentos sacrais são lesadas em primeiro lugar. Quando o tumor comprime de dentro para fora, essas fibras são lesadas por último ou são preservadas.

3.7 Cordotomias

3.7.1 Cordotomia lateral

Em casos de dor resistente aos medicamentos, resultante principalmente de tumores malignos, pode-se recorrer à *cordotomia*. O processo consiste na secção cirúrgica do trato espinotalâmico lateral, acima e do lado oposto ao processo doloroso. Nesse caso, haverá perda da dor e de temperatura do lado oposto, a partir de um dermátomo abaixo do nível da secção. Em caso de tratamento de dores viscerais, é imprescindível a cirurgia bilateral, em vista do grande número de fibras não cruzadas, relacionadas com a transmissão desse tipo de dor.

3.7.2 Mielotomia da linha média

Utilizada em caso de tratamento de dores viscerais intratáveis de origem oncológica, consiste na lesão das fibras responsáveis pela dor visceral de origem pélvica e abdominal, que se localizam em um pequeno fascículo medial ao fascículo grácil e podem ser abordadas cirurgicamente pelo sulco mediano posterior da medula.

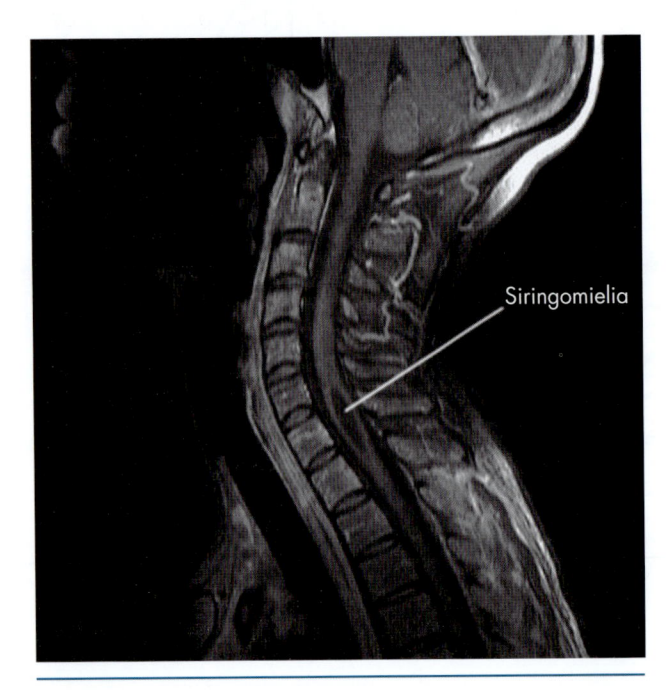

Figura 19.2 Ressonância magnética da coluna vertebral em corte sagital mostrando a dilatação do canal central da medula em um paciente com siringomielia.
Fonte: Cortesia do Dr. Marco Antônio Rodacki.

4. Lesões do bulbo

4.1 Lesão da base do bulbo

Estas lesões, em geral, comprometem a pirâmide e o nervo hipoglosso (**Figura 19.3**). A *lesão da pirâmide* compromete o trato corticospinal e, como este se cruza abaixo do nível da lesão, causa hemiparesia do lado oposto ao lesado. Quando a lesão se estende dorsalmente, atingindo os demais tratos motores descendentes, o quadro é de hemiplegia. A *lesão do hipoglosso* causa paralisia dos músculos da metade da língua situada do lado lesado, com sinais de síndrome de neurônio motor inferior, que, no caso, se manifesta principalmente por atrofia desses músculos. Como a musculatura de uma das metades da língua está paralisada, quando o doente faz a protrusão da língua, a musculatura do lado normal desvia a língua para o lado lesado. Assim, nas lesões dos núcleos dos nervos cranianos ou sua porção infranuclear ocorrerá uma síndrome alterna. Haverá uma síndrome motora ou sensitiva deficitária do lado oposto, enquanto a sintomatologia do nervo acometido será ipsilateral.

4.2 Síndrome da artéria cerebelar inferior posterior (Síndrome de Wallenberg)

A artéria cerebelar inferior posterior, ramo da vertebral, irriga a parte dorsolateral do bulbo. Tromboses dessa artéria comprometem várias estruturas, resultando em sintomatologia complexa, descrita a seguir (**Figura 19.3**):

a) *Lesão do pedúnculo cerebelar inferior* – incoordenação de movimentos na metade do corpo situada do lado lesado.

b) *Lesão do trato espinal do trigêmeo e seu núcleo* – perda da sensibilidade térmica e dolorosa na metade da face situada do lado da lesão.

c) *Lesão do trato espinotalâmico lateral* – perda de sensibilidade térmica e dolorosa na metade do corpo situada do lado oposto ao da lesão.

d) *Lesão do núcleo ambíguo* – perturbações da deglutição (disfagia) e da fonação (disfonia) por paralisia dos músculos da faringe e da laringe.

Pode aparecer uma síndrome de Horner (Capítulo 12, item 1.4 e **Figura 19.15**) por lesão das vias descendentes que, do hipotálamo, dirigem-se aos neurônios pré-ganglionares relacionados com a inervação da pupila.

5. Lesões da ponte

5.1 Lesões do nervo facial

O nervo facial origina-se de seu núcleo situado na ponte, emerge da lateral do sulco bulbopontino, penetra no osso temporal pelo meato acústico interno e emerge do crânio pelo forame estilomastóideo, para se distribuir aos músculos mímicos. Lesões do nervo, em qualquer parte desse trajeto, resultam em paralisia total dos músculos da expressão facial na metade lesada. Esses músculos perdem o tônus, tornando-se flácidos e, como isso ocorre com o músculo bucinador, há, frequentemente, vazamento de saliva pelo ângulo da boca do lado lesado. Como a musculatura do lado oposto está normal, resulta desvio da comissura labial para o lado normal, particularmente evidente quando o indivíduo sorri. Há também paralisia do músculo *orbicularis oculi,* cuja porção palpebral permite o fechamento da pálpebra. Como o músculo elevador da pálpebra (inervado pelo oculomotor) está normal, a pálpebra permanece aberta, predispondo o olho a lesões e infecções, uma vez que o reflexo corneano está abolido. Entende-se, também, porque o paciente não consegue soprar, assoviar, pestanejar e nem enrugar o lado correspondente da testa.

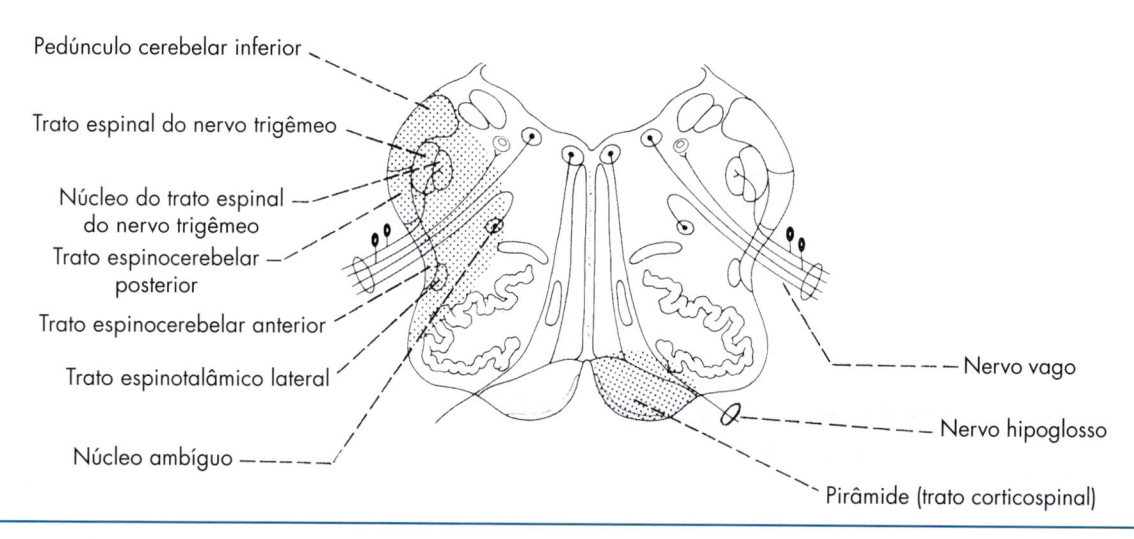

Figura 19.3 Esquema de uma secção transversal do bulbo mostrando, do lado esquerdo, as estruturas comprometidas na síndrome da artéria cerebelar inferior posterior (síndrome de Wallenberg), do lado direito, uma lesão de base do bulbo comprometendo a pirâmide e a emergência do nervo hipoglosso.

O tipo de paralisia descrito é denominado *paralisia facial periférica* e deve ser distinguido das *paralisias faciais centrais* ou *supranucleares*, resultantes de lesões do trato corticonuclear. As diferenças entre esses dois tipos de paralisia são mostradas na **Figura 19.4** e descritas a seguir:

a) As paralisias periféricas são homolaterais, ou seja, ocorrem do mesmo lado da lesão. As paralisias centrais ocorrem do lado oposto ao da lesão, ou seja, são contralaterais.

b) As paralisias periféricas acometem uma metade toda da face; as centrais manifestam-se apenas nos músculos da metade inferior da face, poupando os músculos da metade superior, como o *orbicularis oculi*.

Isso se explica pelo fato de as fibras corticonucleares, que vão para os neurônios motores do núcleo do facial que inervam os músculos da metade superior da face, serem homo- e heterolaterais, ou seja, terminam no núcleo do seu próprio lado e no do lado oposto. Já as fibras que controlam os neurônios motores para a metade inferior da face são todas heterolaterais. Desse modo, quando há uma lesão do trato corticonuclear de um lado, há completa paralisia da musculatura mímica da metade inferior da face do lado oposto, mas na metade superior os movimentos são mantidos pelas fibras homolaterais, que permanecem intactas (**Figura 19.4**).

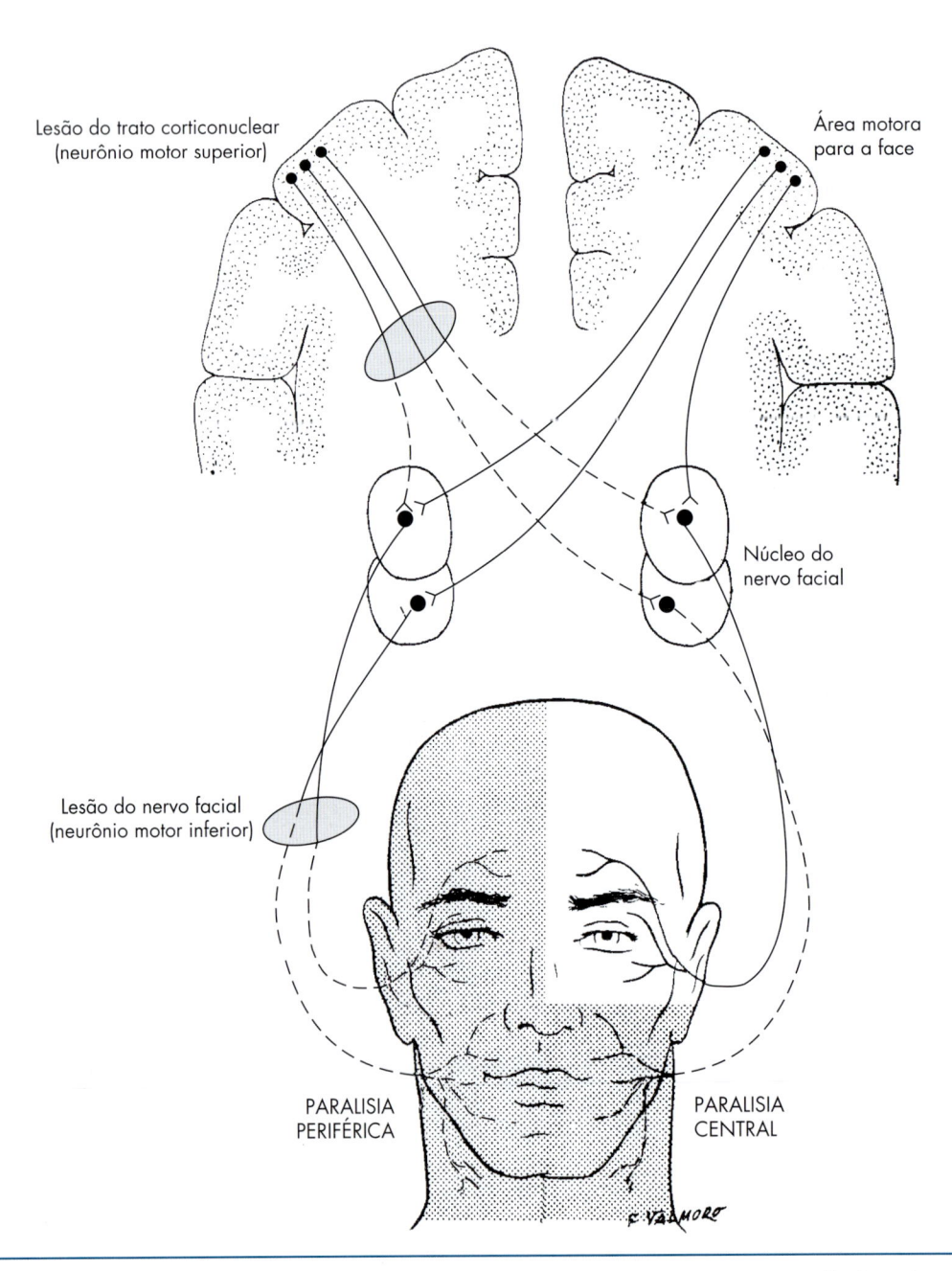

Figura 19.4 Esquema mostrando as diferenças entre as paralisias faciais centrais e periféricas. As áreas pontilhadas indicam os territórios da face onde se verificam paralisias após lesão do trato corticonuclear ou do próprio nervo facial.

c) As paralisias periféricas são totais. Nas paralisias centrais, entretanto, pode haver contração involuntária da musculatura mímica como manifestação emocional. Assim, o indivíduo pode contrair a musculatura mímica do lado paralisado quando ri ou chora, embora não possa fazê-lo voluntariamente. Isso se explica pelo fato de que os impulsos que chegam ao núcleo do facial, para iniciar movimentos decorrentes de manifestações emocionais, não seguem pelo trato corticonuclear.

Convém assinalar, ainda, que as lesões do nervo facial, em seu trajeto no canal facial, antes de sua emergência do forame estilomastóideo, estão, em geral, associadas a lesões do VIII par e do nervo intermédio. Nesse caso, além dos sintomas já vistos, há perda de sensibilidade gustativa nos dois terços anteriores da língua (lesão do intermédio), alterações do equilíbrio, enjoo e tontura, decorrentes da lesão da parte vestibular do VIII par, e diminuição da audição, por comprometimento da parte coclear desse nervo. As lesões do núcleo do nervo facial na ponte causam sintomas de paralisia periférica. Neste caso, porém, provavelmente haveria comprometimento de outras estruturas da ponte sobretudo do núcleo do abducente.

5.2 Lesão da base da ponte (Síndrome de Millard-Gubler)

Uma lesão situada na base da ponte, comprometendo o trato corticospinal e as fibras do nervo abducente (**Figura 19.5**), resulta no quadro denominado hemiplegia cruzada, com lesão do abducente. A lesão do trato corticospinal resulta em hemiparesia do lado oposto ao lesado. A *lesão do nervo abducente* causa paralisia do músculo reto lateral do mesmo lado da lesão, o que impede o movimento do olho em direção lateral (abdução), (figura 19.11). Como o olho não afetado move-se normalmente, os movimentos dos dois olhos deixam de ser conjugados. Por isso, os raios luminosos provenientes de um determinado objeto incidem em partes não simétricas das retinas dos dois olhos, por exemplo, na mácula do olho normal e em um ponto situado ao lado da mácula, no olho afetado. É por isso que o indivíduo vê duas imagens no objeto, fenômeno denominado *diplopia*. Além disso, nas lesões do nervo abducente, há desvio do bulbo ocular em direção medial (*estrabismo convergente*) por ação do músculo reto medial não contrabalançada pelo reto lateral. Quando a lesão da base da ponte se estende lateralmente, compromete as fibras do nervo facial (**Figura 19.5**) e, ao quadro clínico já descrito, acrescentam-se sinais de lesão do nervo facial, caracterizando a síndrome de Millard-Gubler.

5.3 Lesão da ponte ao nível da emergência do nervo trigêmeo

Lesões da base da ponte podem comprometer o trato corticospinal e as fibras do nervo trigêmeo (**Figura 19.6**), determinando um quadro de hemiplegia cruzada com lesão do trigêmeo. A lesão do trato corticospinal causa hemiplegia do lado oposto, com síndrome do neurônio motor superior. A *lesão do trigêmeo* causa as seguintes perturbações motoras e sensitivas do mesmo lado:

a) *Perturbações motoras* – lesão do componente motor do trigêmeo causa paralisia da musculatura mastigadora do lado da lesão. Por ação dos músculos pterigóideos do lado normal, há desvio da mandíbula para o lado paralisado.
b) *Perturbações sensitivas* – ocorre anestesia da face do mesmo lado da lesão, no território correspondente aos três ramos do trigêmeo. Perda do reflexo corneano.

A lesão pode se estender ao lemnisco medial, determinando a perda da propriocepção consciente e do tato epicrítico do lado oposto ao lesado.

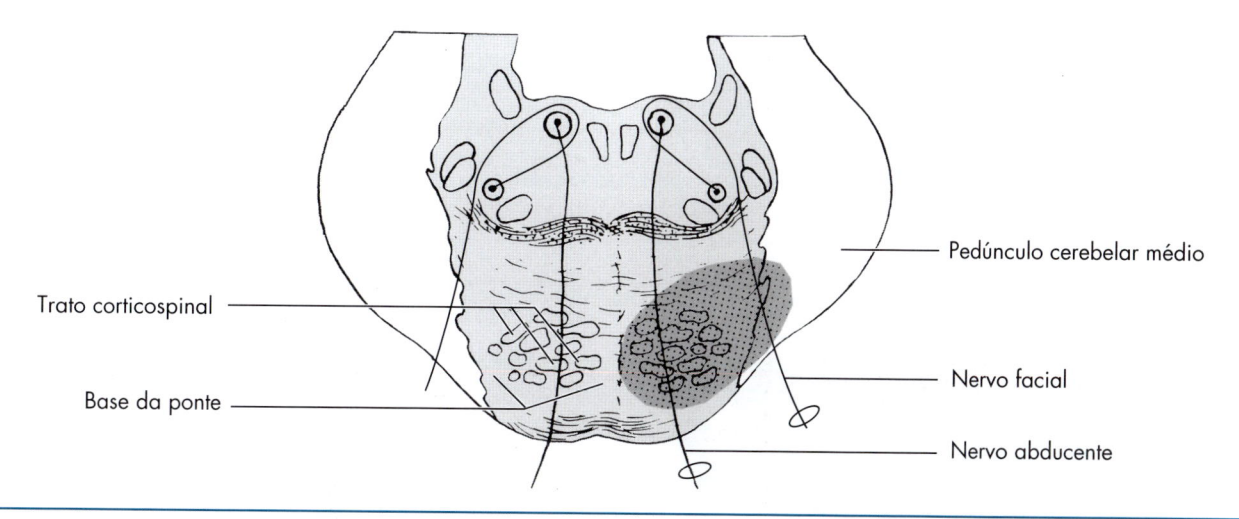

Figura 19.5 Esquema de uma secção transversal da ponte mostrando as estruturas comprometidas em uma lesão de sua base ao nível do colículo facial (síndrome de Millard-Gubler).

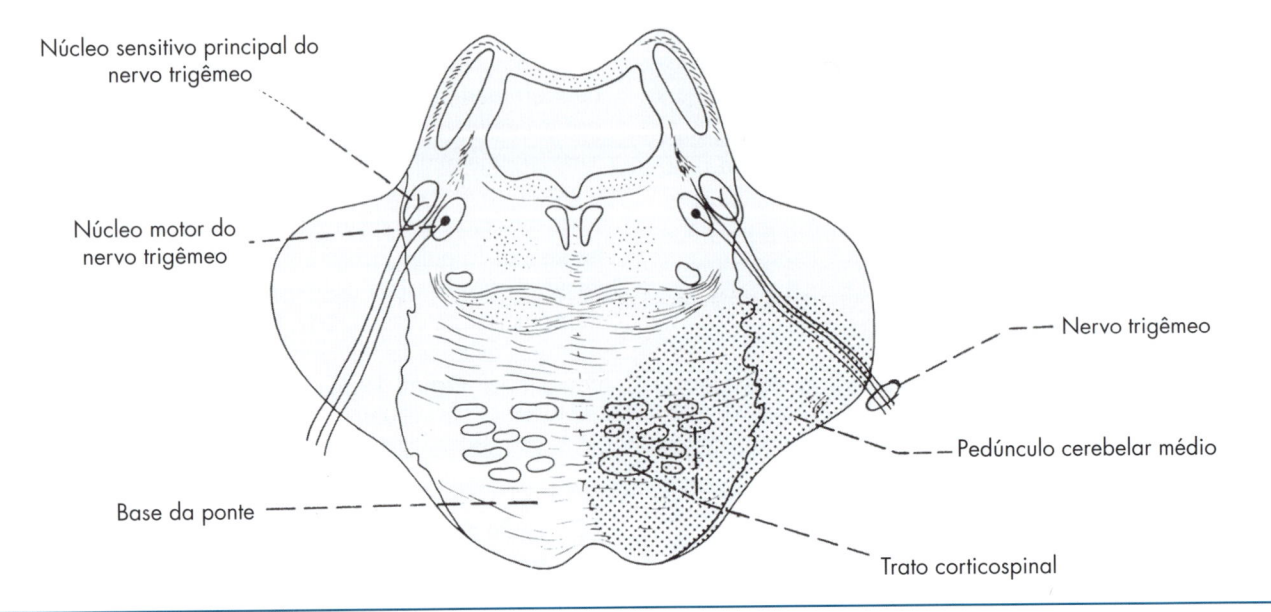

Figura 19.6 Esquema de uma secção transversal da ponte mostrando as estruturas comprometidas em uma lesão de sua base ao nível da origem aparente do nervo trigêmeo.

5.4 Lesão extensa da ponte – Síndrome de encarceramento

A síndrome do encarceramento, ou *locked in syndrome*, ocorre nas lesões extensas da ponte decorrentes de acidentes vasculares encefálicos (AVE), tumores ou doenças degenerativas. A lesão interrompe os tratos corticospinal e corticonuclear sem atingir a formação reticular do mesencéfalo. O paciente desenvolve tetraplegia, anartria, disfagia, mantendo a consciência e o ritmo normal de sono e vigília. Há a preservação de movimentos oculares como o movimento conjugado ocular para cima e piscamento que se tornarão a única forma de comunicação do paciente, (**Figura 19.7**).

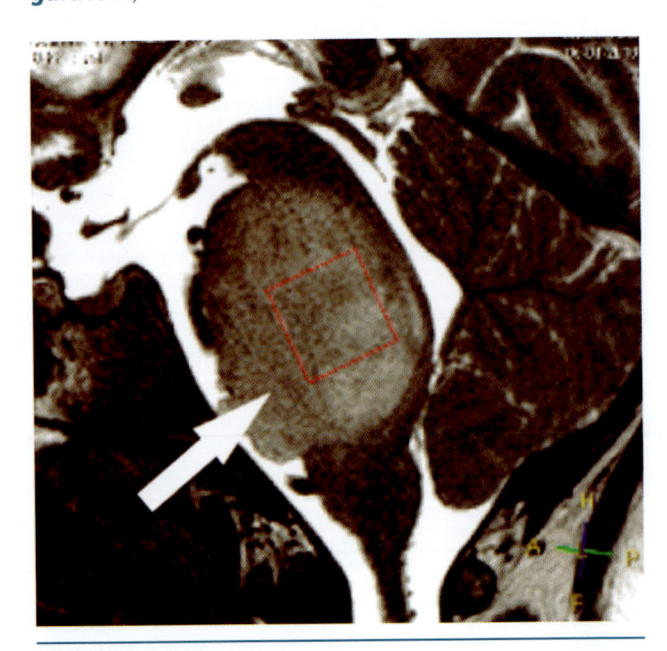

Figura 19.7 Tumor extenso da ponte.

6. Lesões do mesencéfalo

6.1 Lesões da base do pedúnculo cerebral (Síndrome de Weber)

Uma lesão da base do pedúnculo cerebral (**Figura 19.8**) geralmente compromete o trato corticospinal e as fibras do nervo oculomotor. A lesão do trato corticospinal, como já foi visto, determina hemiparesia do lado oposto. Da *lesão do nervo oculomotor*, resultam os seguintes sintomas no lado da lesão:

a) Impossibilidade de mover o bulbo ocular para cima, para baixo ou em direção medial, por paralisia dos músculos retos superior, inferior e medial.
b) Diplopia (veja explicação no item 5.2).
c) Desvio do bulbo ocular em direção lateral (*estrabismo divergente*), por ação do músculo reto lateral não contrabalançada pelo medial, (**Figura 19.9**).
d) Ptose palpebral (queda da pálpebra), decorrente da paralisia do músculo levantador da pálpebra, o que impossibilita também a abertura voluntária da pálpebra, (**Figura 19.9**).
e) Dilatação da pupila (midríase) por ação do músculo dilatador da pupila (inervado pelo sistema nervoso simpático), não antagonizada pelo constritor da pupila, cuja inervação parassimpática foi lesada.

6.2 Lesão do tegmento do mesencéfalo (Síndrome de Benedikt)

A lesão no tegmento do mesencéfalo (**Figura 19.8**) compromete o nervo oculomotor, o núcleo rubro e os lemniscos medial, espinal e trigeminal, resultando nos seguintes sintomas:

a) *Lesão do oculomotor* – já estudada no item anterior.
b) *Lesão dos lemniscos medial, espinal* e *trigeminal* – anestesia da metade oposta do corpo, inclusive da

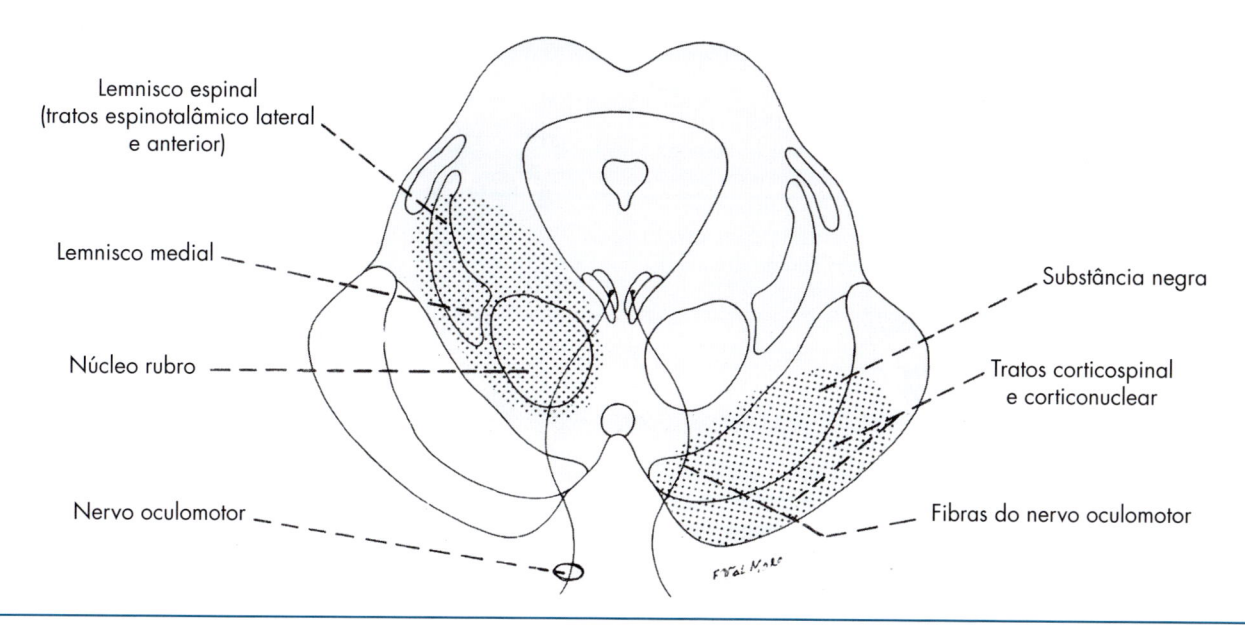

Figura 19.8 Esquema de uma secção transversal do mesencéfalo ao nível dos colículos superiores mostrando as estruturas comprometidas na síndrome de Weber (lado direito) e na síndrome de Benedikt (lado esquerdo).

cabeça, esta última causada por lesão do lemnisco trigeminal.

c) *Lesão do núcleo rubro* – tremores e movimentos anormais do lado oposto à lesão.

6.3 Síndrome de Parinaud

Em geral, é decorrente de tumores da glândula pineal ou do mesencéfalo dorsal, que comprime o colículo superior e a área pré-tectal, causando paralisia do olhar conjugado para cima, além da ausência de reação pupilar à luz. A miose associada ao reflexo de convergência-acomodação permanece caracterizando a dissociação luz-perto (**Figura 19.14**). Com a evolução, a compressão pode causar oclusão do aqueduto, com hidrocefalia e paralisia ocular decorrentes da compressão dos núcleos dos nervos oculomotor e troclear.

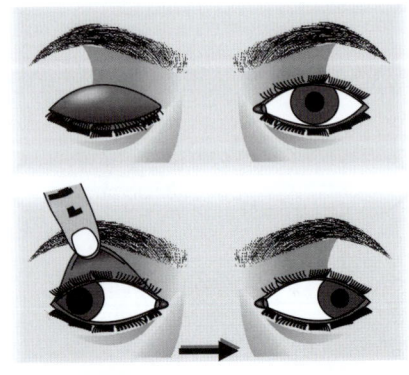

7. Semiologia das oftalmoplegias

Figura 19.9 Paralisia do nervo oculomotor direito. Ptose palpebral, estrabismo divergente com perda da adução do olho e midríase

Figura 19.10 Paralisia do nervo troclear esquerdo. Em posição de repouso, o olho apresenta desvio para cima.

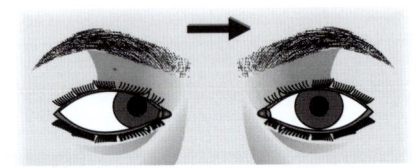

Figura 19.11 Paralisia do nervo abducente à esquerda. Perda da abdução do olho acometido.

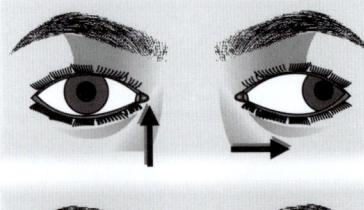

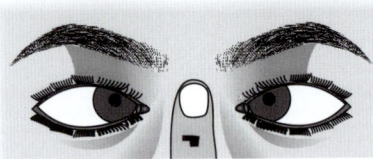

Figura 19.12 Oftalmoplegia internuclear pelo acometimento do fascículo longitudinal medial no tronco encefálico bilateral. Há limitação da adução do olho ipsilateral a lesão ao olhar conjugado horizontal. Há preservação da adução na convergência mediada no teto mesencefálico.

Figura 19.13 Desvio conjugado do olhar lateral para a direita. Neste caso, a lesão ocorreu no nível cortical na área motora ocular frontal direita. O desvio ocorre para o lado da lesão.

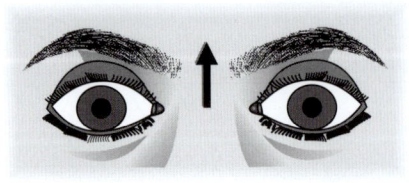

Figura 19.14 Síndrome de Parinaud causada pela compressão do mesencéfalo dorsal. Observa-se paralisia do olhar conjugado para cima.

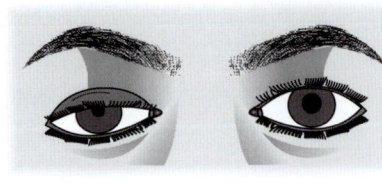

Figura 19.15 Síndrome de Horner à direita com semiptose palpebral, anisocoria com pupila menor à direita.

Figura 19.16 Perda visual grave em ambos os olhos, ausência do reflexo fotomotor bilateral. Neste caso, haverá a preservação da resposta pupilar no reflexo de convergência e acomodação.

Figura 19.17 Miastenia *gravis* ocular com semiptose palpebral bilateral.

Neuroanatomia Funcional

capítulo 20

Formação Reticular – Sistemas Modulatórios de Projeção Difusa

A – Formação reticular

1. Conceito e estrutura

Denomina-se *formação reticular* uma agregação mais ou menos difusa de neurônios de tamanhos e tipos diferentes, separados por uma rede de fibras nervosas que ocupa a parte central do tronco encefálico. A formação reticular tem, pois, uma estrutura que não corresponde exatamente à da substância branca ou cinzenta, sendo, de certo modo, intermediária entre elas. Trata-se de uma região muito antiga do sistema nervoso, que, embora pertencendo basicamente ao tronco encefálico, se estende um pouco ao diencéfalo e aos níveis mais altos da medula, onde ocupa uma pequena área do funículo lateral. No tronco encefálico, ocupa uma grande área, preenchendo todo o espaço que não é preenchido pelos tratos, fascículos e núcleos de estrutura mais compacta.

Um aspecto interessante, mostrado com técnicas de impregnação metálica, é que muitos neurônios da formação reticular têm axônios muito grandes que se bifurcam dando um ramo ascendente e outro descendente, os quais se estendem ao longo de todo o tronco encefálico, podendo atingir a medula, o diencéfalo e o telencéfalo.

A formação reticular não é uma estrutura homogênea, tanto em relação à sua citoarquitetura como do ponto de vista bioquímico. Apresenta grupos mais ou menos bem definidos de neurônios, com diferentes tipos de neurotransmissores, destacando-se as monoaminas, que são: noradrenalina; serotonina; dopamina. Esses grupos de neurônios constituem os *núcleos da formação reticular* com funções distintas. Entre eles, destacam-se os seguintes:

a) *Núcleos da rafe* – trata-se de um conjunto de nove núcleos, entre os quais um dos mais importantes é o *núcleo magno da rafe,* que se dispõe ao longo da linha mediana (rafe mediana) em toda a extensão do tronco encefálico. Os núcleos da rafe contêm neurônios ricos em serotonina.

b) *Locus ceruleus* – na área de mesmo nome, no assoalho do IV ventrículo (**Figura 5.2**), esse núcleo apresenta neurônios ricos em noradrenalina.

c) *Área tegmentar ventral* – situada na parte ventral do tegmento do mesencéfalo, medialmente à substância negra, contém neurônios ricos em dopamina.

2. Conexões da formação reticular

A formação reticular apresenta conexões amplas e variadas. Além de receber impulsos que entram pelos nervos cranianos, ela mantém relações nos dois sentidos com o cérebro, o cerebelo e a medula, como será visto a seguir:

a) *Conexões com o cérebro* – a formação reticular projeta fibras para todo o córtex cerebral, por via talâmica e extratalâmica. Projeta-se também para áreas do diencéfalo. Todavia, várias áreas do córtex cerebral, do hipotálamo e do sistema límbico enviam fibras descendentes à formação reticular.

b) *Conexões com o cerebelo* – existem conexões nos dois sentidos entre o cerebelo e a formação reticular.

c) *Conexões com a medula* – dois grupos principais de fibras ligam a formação reticular à medula, as *fibras rafespinais* e as fibras que constituem os *tratos reticulospinais*. Entretanto, a formação reticular recebe informações provenientes da medula através das *fibras espinorreticulares*.

d) *Conexões com núcleos dos nervos cranianos* – os impulsos nervosos que entram pelos nervos cranianos sensitivos ganham a formação reticular por meio das fibras que a ela se dirigem, a partir dos seus núcleos. Há evidência de que informações visuais e olfatórias também ganham a formação reticular por intermédio das conexões tetorreticulares e do feixe prosencefálico medial.

3. Funções da formação reticular

Embora simplificada, a análise das conexões da formação reticular feita no item anterior mostra que estas são extremamente amplas. Isso nos permite concluir que a formação reticular influencia quase todos os setores do SNC, o que é coerente com o grande número de funções que lhe têm sido atribuídas. Procurando acentuar as áreas e as conexões envolvidas, estudaremos a seguir suas principais funções, distribuídas nos seguintes tópicos:

a) controle da atividade elétrica cortical – ciclo vigília-sono;
b) controle eferente da sensibilidade e da dor;
c) controle da motricidade somática e postura;
d) controle do sistema nervoso autônomo;
e) controle neuroendócrino;
f) integração de reflexos – centro respiratório e vasomotor.

3.1 Controle da atividade elétrica cortical – ciclo vigília-sono

3.1.1 A atividade elétrica cerebral e o eletroencefalograma

O córtex cerebral tem uma atividade elétrica espontânea, que determina os vários níveis de consciência. Essa atividade pode ser detectada colocando-se eletrodos na superfície do crânio (eletroencefalograma, EEG). Os traçados elétricos que se obtêm de um indivíduo ou de um animal dormindo (*traçados de sono*) são muito diferentes dos obtidos de um indivíduo ou animal acordado (*traçados de vigília*). Em vigília, o traçado elétrico é uniforme e dessincronizado, isto é, apresenta ondas de baixa amplitude e alta frequência (**Figura 20.1A**). Durante o sono, denominado *sono de ondas lentas* ou *sono não REM*, o traçado é sincronizado, com ondas lentas e de grande amplitude (**Figura 20.1B**). O sono é dividido entre sono REM e sono não REM. Este último divide-se em três fases: as mais superficiais, N1, N2; e a mais profunda, N3. O sono REM aparece após um ciclo de sono não REM. São quatro a cinco ciclos por noite. Na fase REM, o eletroencefalograma mostra um traçado semelhante ao de vigília, apesar de a pessoa estar dormindo e com profundo relaxamento muscular. Por isso, essa fase do sono é denominada *sono paradoxal*. Durante essa fase, os olhos se movem rapidamente, por isso a denominação REM (*rapid eye movement*) (**Figura 20.1C**). Assim, o eletroencefalograma, além de ter uso clínico para o estudo da atividade cortical no homem, permite pesquisas sobre sono e vigília em animais.

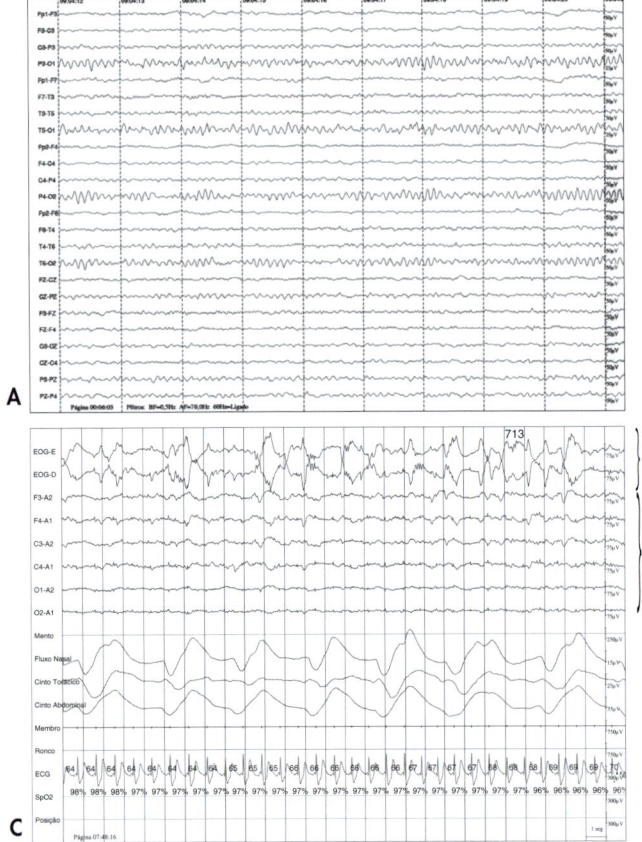

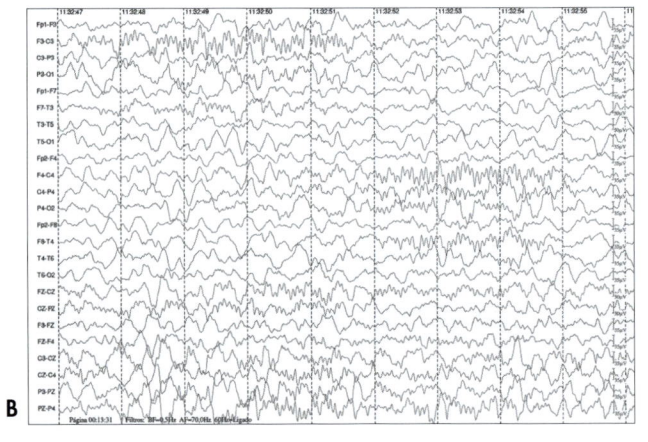

Eletroculograma – movimentos oculares rápidos

Eletrencefalograma – Sono REM

Figura 20.1 **(A)** Eletroencefalograma (EEG) em vigília e **(B)** em sono de ondas lentas. **(C)** Polissonografia em sono REM. Observam-se atividade nos eletrodos do eletroculograma (EOG) e EEG dessincronizado com baixa amplitude (3º a 8º canais), além dos outros parâmetros monitorizados no exame.

3.1.2 Sistema ativador reticular ascendente (SARA)

Em uma experiência clássica utilizando o gato, Bremer (1935) fez secções na transição entre o bulbo e a medula, ou no mesencéfalo, entre os dois colículos, resultando nas "preparações" conhecidas, respectivamente, como *encéfalo isolado* e *cérebro isolado*. Um cérebro isolado tem somente um traçado de sono (o animal dorme sempre), enquanto um encéfalo isolado mantém o ritmo diário normal de sono e vigília, ou seja, o animal dorme e acorda. Dessa experiência, concluiu-se que o sono e a vigília dependem de mecanismos localizados no tronco encefálico. Uma série de pesquisas feitas principalmente por Magoun e Moruzzi (1949) mostrou que esses mecanismos envolvem a formação reticular. Assim, verificou-se que um animal sob anestesia ligeira (EEG de sono) acorda quando se estimula a formação reticular. Concluiu-se que existe, na formação reticular, um sistema de fibras ascendentes, que exercem uma ação ativadora sobre o córtex cerebral. Criou-se, assim, o conceito de sistema ativador reticular ascendente (SARA). O SARA é constituído de fibras noradrenérgicas do *locus ceruleus*, serotoninérgicas dos núcleos do rafe e colinérgicas da formação reticular da ponte (núcleo tegmentar pedunculopontino) e dos neurônios dopaminérgicos mesencefálicos. Essas vias constituem os sistemas modulatórios de projeção difusa. Na transição entre o mesencéfalo e o diencéfalo, o SARA se divide em um ramo dorsal e outro ventral. O ramo dorsal termina no tálamo (núcleos intralaminares) que, por sua vez, projeta impulsos ativadores para todo o córtex. O ramo ventral dirige-se ao hipotálamo lateral e recebe fibras histaminérgicas e orexinérgicas proveniente dele e, sem passar pelo tálamo, esse ramo dirige-se diretamente ao córtex, sobre o qual tem ação ativadora. O conjunto das fibras ativadoras noradrenérgicas, serotoninérgicas, dopaminérgicas e colinérgicas constituem o SARA. O conjunto das fibras ativadoras histaminérgicas, orexinérgicas, glutamatérgicas e gabaérgicas do hipotálamo, assim como as fibras colinérgicas, glutamatérgicas e gabaérgicas do prosencéfalo basal, denomina-se *sistema ativador ascendente* (SAA), cujos componentes são mostrados na Tabela 20.1 a seguir. Esses sistemas têm papel central na regulação do sono e da vigília.

A lesão das vias modulatórias do SARA diminui o tempo de vigília, mas não é capaz de induzir o coma. Recentemente, descobriu-se o papel das vias glutamatérgicas, gabaérgicas e colinérgicas na manutenção da vigília. Os neurônios glutamatérgicos da região supramamilar ativam o córtex e os gabaérgicos do hipotálamo lateral, inibem o sono e contribuem para o estado de vigília. Lesões dos neurônios glutamatérgicos da região dorsolateral na ponte e do núcleo parabraquial, assim como dos neurônios colinérgicos do núcleo tegmentar pedunculopontino adjacente, causam um estado de coma permanente. Lesões bilaterais do prosencéfalo basal podem produzir coma similar às lesões da parte dorsolateral da ponte em virtude da interrupção das fibras colinérgicas, glutamatérgicas e gabaérgicas dessa região.

Portanto, a visão atual do sistema ativador ascendente é de que os componentes cruciais são os neurônios glutamatérgicos da porção dorsolateral da ponte, do hipotálamo supramamilar e do prosencéfalo basal; os neurônios colinérgicos do prosencéfalo basal e os neurônios gabaérgicos do hipotálamo lateral e do prosencéfalo basal.

Tabela 20.1 Sistema ativador ascendente

	Núcleo	Neurotransmissor
Formação reticular (SARA)	*Locus ceruleus*	Noradrenalina
	Núcleos de Rafe	Serotonina
	Núcleo tegmentar pedúnculopontino	Acetilcolina
	Núcleos mesencefálicos dopaminérgicos	Dopamina
Ponte dorsolateral	Núcleo parabraquial	Glutamato
Hipotálamo	Núcleo tuberomamilar	Histamina
	Hipotálamo lateral	Orexina
	Núcleos supramamilares	Glutamato
Prosencéfalo basal	Núcleo Basal de Meynert	Acetilcolina
	Neurônios gabaérgicos	GABA
	Neurônios glutamatérgicos	Glutamato

3.1.3 Ciclo vigília-sono

O ciclo vigília-sono é regulado por neurônios hipotalâmicos do SAA. A atividade de seus neurônios pode ser medida pela taxa de disparos dos potenciais de ação. Durante o dia (vigília), essa taxa é muito alta, indicando que o córtex está sendo ativado. O córtex recebe normalmente as aferências dos núcleos talâmicos sensitivos. No final da vigília, em antecipação ao momento de dormir, um grupo de neurônios do hipotálamo anterior (núcleo pré-óptico ventrolateral) inibe a atividade dos neurônios do SAA, desativando o córtex. Ao mesmo tempo, o núcleo reticular do tálamo inibe a atividade dos núcleos talâmicos sensitivos, barrando a passagem para o córtex dos impulsos originados nas vias sensoriais. Inicia-se, assim, o estado de sono de ondas lentas ou sono não REM, no qual a atividade elétrica do córtex deriva de circuitos intrínsecos sem influência de informações sensoriais externas e o eletroencefalograma é sincronizado (**Figura 20.1B**). Pouco antes do despertar, a atividade do núcleo pré optico ventrolateral é reduzida e os neurônios do SAA voltam a disparar, e inicia-se novo período de vigília (**Figura 20.1A**).

Durante o sono REM, o consumo de oxigênio pelo cérebro é igual ou maior do que em vigília, refletindo a atividade cortical. O indivíduo sonha e os seus olhos movem-se rapidamente (**Figura 20.1C**). No sono não REM, o cérebro repousa. A sua taxa de consumo de oxigênio está em nível baixo e predomina o tônus parassimpático, com redução de frequência cardíaca e respiratória. O sono REM ocupa 20% a 25% do tempo total de sono no adulto jovem. Pesquisas sugerem que ele tem papel no processo de consolidação de memórias. O conteúdo bizarro que ocorre em alguns sonhos poderia ser decorrente da ativação aleatória de áreas do córtex.[1]

O sono REM é gerado por uma rede de neurônios do tronco encefálico, principalmente na ponte. O ritmo rápido no eletroencefalograma e os sonhos resultam de uma ação coordenada de neurônios glutamatérgicos na região subcerúlea ventralmente ao *locus ceruleus*, dos neurônios glutamatérgicos e colinérgicos do núcleo parabraquial e do núcleo tegmentar pedunculopontino. Outros neurônios glutamatérgicos subceruleos promovem a paralisia do sono REM mediante projeções que fazem para a medula espinal, onde ativam neurônios gabaérgicos e glicinérgicos, que hiperpolarizam os neurônios motores. Algumas pessoas, sobretudo os idosos, perdem o mecanismo inibitório, o que promove a atonia muscular do sono REM. Esses casos são conhecidos como *transtorno comportamental do sono REM*, que será visto nas correlações anatomoclínicas.

A região subcerulea recebe estímulos inibitórios gabaérgicos vindos de uma região lateral à substância cinzenta periaquedutal. Esses neurônios estão mais ativos durante a vigília e o sono não REM e inibem os neurônios subceruleos e nucleo tegmentar pedunculo pontino, evitando a entrada em sono REM. A interação entre essas vias permite a alternância entre sono REM e não REM. Os neurônios noradrenérgicos do *locus ceruleus* e os serotoninérgicos do núcleo dorsal da rafe inibem a região subcerúlea, o que explica o motivo de os antidepressivos reduzirem a quantidade de sono REM. Essas projeções também evitam que o organismo passe diretamente da vigília para o sono REM. O sono REM é encerrado pelos neurônios do *locus ceruleus*, que aumentam a sua atividade na transição entre o sono paradoxal e a vigília, podendo ser considerados os neurônios do despertar.[2]

---

[1] Pesquisas mostram que há ativação do sistema límbico, o que explica o colorido emocional de muitos sonhos, às vezes transformados em pesadelos.
[2] Informações sobre a plenitude da bexiga durante o sono são levadas ao *locus ceruleus*, que aumenta temporariamente a sua atividade; o indivíduo acorda, vai ao banheiro, volta e dorme novamente.

Durante a vigília, a atividade metabólica e a utilização de adenosina-trifosfato (ATP) são intensas. O ATP é metabolizado e gera a molécula adenosina, que se liga a receptores em várias partes do encéfalo, inibindo a sua atividade e gerando sonolência. É por isso que inibidores dos receptores de adenosina, como a cafeína, inibem o sono momentaneamente.

Como será visto no Capítulo 21, a geração do ritmo de vigília e sono depende também do núcleo supraquiasmático do hipotálamo que, junto com a glândula pineal, sincroniza esse ritmo com a alternância de claro e escuro.

A **Tabela 20.2** sintetiza o que foi exposto sobre o ciclo vigília-sono.

3.2 Controle eferente da sensibilidade e da dor

Sabe-se que o sistema nervoso não recebe passivamente as informações sensoriais. Ele é, até certo ponto, capaz de modular a transmissão dessas informações por meio de fibras eferentes, que agem principalmente sobre os núcleos relés existentes nas grandes vias aferentes. A presença de vias eferentes reguladoras da sensibilidade explica a capacidade que temos de selecionar, entre as diversas informações sensoriais que nos chegam em determinado momento, aquelas mais relevantes e que despertam a nossa atenção, diminuindo algumas e concentrando-se em outras, o que configura o fenômeno da *atenção seletiva*. A atenção seletiva é um fenômeno que pode ocorrer simultaneamente a outro denominado *habituação*, quando deixamos de perceber estímulos apresentados de forma contínua. Assim, por exemplo, quando prestamos atenção em um filme, deixamos de perceber as sensações táteis da cadeira do cinema. Do mesmo modo, podemos ignorar um ruído ambiental, especialmente quando ele é contínuo, como o barulho de um ventilador, quando estamos muito interessados na leitura de um livro. Isso se faz por um mecanismo ativo, envolvendo fibras eferentes ou centrífugas, capazes de modular a passagem dos impulsos nervosos nas vias aferentes específicas. Em geral, o controle da sensibilidade pelo SNC ocorre por inibição e as vias responsáveis pelo processo originam-se no córtex cerebral e, sobretudo, na formação reticular. Entre estas, destacam-se, por sua grande importância clínica, as fibras que inibem a penetração no SNC de impulsos dolorosos, caracterizando as chamadas vias de analgesia. O estudo detalhado dessas vias que envolvem os neurônios serotoninérgicos dos núcleos da rafe será feito no Capítulo 29, item 4.1.

3.3 Controle da motricidade somática e postura

A formação reticular exerce ação controladora sobre a motricidade somática por meio dos tratos reticulospinais pontino e bulbar. Esses tratos são importantes para a manutenção da postura e da motricidade voluntária da musculatura axial e apendiculares proximais. Para as suas

Tabela 20.2 Características dos estados do ciclo vigília-sono.

Características	Vigília	Sono de ondas lentas	Sono paradoxal ou sono REM
Sistema ativador ascendente	ativado	desativado	desativado
Núcleo t. pedunculopontino	ativado	desativado	ativado
Núcleo pré-óptico ventrolateral	desativado	ativado	ativado
Núcleo reticular do tálamo	desativado	ativado	ativado
Núcleos sensitivos do tálamo	ativados	desativados	desativados
Núcleos intralaminares do tálamo	ativados	desativados	desativados
Eletroencefalograma	dessincronizado	sincronizado	dessincronizado
Tônus muscular	normal	diminuído	ausente (exceto diafragma, musculatura ocular)
Atividade motora	intensa	discreta	ausente (exceto musculatura ocular) e diafragma
Movimentos oculares	normais	raros e lentos	frequentes e rápidos
Reflexos	normais	diminuídos	ausentes
Postura corporal	variável	típica de sono	típica de sono
Sonhos	–	raros, lógicos, referindo-se ao quotidiano	frequentes, ilógicos, às vezes, bizarros
Ereção genital	ocasional por estimulação	ausente	frequente

funções motoras, a formação reticular recebe aferências do cerebelo e de áreas motoras do córtex cerebral. Entretanto, há evidência de que os tratos reticulospinais veiculam também comandos motores descendentes, gerados na própria formação reticular e relacionados com alguns padrões complexos e estereotipados de movimentos, como os da locomoção.

3.4 Controle do sistema nervoso autônomo

Vimos que os dois centros supraspinais mais importantes para o controle do sistema nervoso autônomo são o sistema límbico e o hipotálamo. Ambos têm amplas projeções para a formação reticular, a qual, por sua vez, se liga aos neurônios pré-ganglionares do sistema nervoso autônomo, estabelecendo-se, assim, o principal mecanismo de controle da formação reticular sobre esse sistema.

3.5 Controle neuroendócrino

Sabe-se que estímulos elétricos da formação reticular do mesencéfalo causam liberação de ACTH (hormônio adrenocorticotrófico) e de hormônio antidiurético. No controle hipotalâmico da liberação de vários hormônios adeno-hipofisários, estão envolvidos mecanismos noradrenérgicos e serotoninérgicos, o que envolve também a formação reticular, uma vez que nela se originam quase todas as fibras contendo essas monoaminas que se dirigem ao hipotálamo.

3.6 Integração de reflexos – centros respiratório e vasomotor

Já há bastante tempo os fisiologistas identificaram na formação reticular uma série de centros que, ao serem estimulados eletricamente, desencadeiam respostas motoras, estereotipadas, características de fenômenos, como vômito, deglutição, locomoção, mastigação, movimentos oculares, além de alterações respiratórias e vasomotoras. Esses centros contêm neurônios geradores de padrões de atividade motora estereotipada (*pattern generators*) e podem ter sua atividade iniciada ou modificada por estímulos químicos, por comandos centrais (corticais ou hipotalâmicos) ou por aferências sensoriais. Nesse último caso, funcionam como centros integradores de reflexos em que os impulsos aferentes dão origem a sequências motoras complicadas, cuja execução envolve núcleos e áreas diversas e às vezes distantes do SNC. Um exemplo de reflexo desse tipo é o do vômito, descrito no Capítulo 17 (item 2.2.7). O *centro do vômito* está situado na formação reticular do bulbo, próximo ao núcleo do trato solitário, estendendo-se até a parte inferior da ponte, onde se situa o *centro da deglutição*. Na formação reticular da ponte, próxima ao núcleo do nervo abducente, situa-se também o *núcleo parabducente*, considerado o centro controlador dos movimentos conjugados dos olhos no sentido horizontal. Na formação reticular do mesencéfalo, situa-se o *centro locomotor*, que, no homem, age em conjunto com os centros locomotores da medula. A mastigação é controlada por neurônios da formação reticular adjacente aos núcleos motores do trigêmeo, do facial e do hipoglosso para movimentação, respectivamente, da mandíbula, dos lábios e da língua. Esses neurônios coordenam também a respiração e recebem retroalimentação sensorial do núcleo do trato solitário (gustação) e do trigêmeo para textura e temperatura dos alimentos e posição da mandíbula.

Os neurônios geradores de padrões de atividade motora estereotipada ao redor do núcleo motor facial coordenam a mímica característica de situações emocionais, como sorriso e choro, que são difíceis de serem produzidas voluntariamente. Assim como a medula, portanto, a formação reticular do tronco também contém grupos de neurônios que coordenam reflexos e padrões motores estereotipados, que podem se tornar mais complexos sob o controle voluntário do córtex cerebral.

Por sua enorme importância, merecem destaque o *centro respiratório* e o *centro vasomotor*, que controlam não só o ritmo respiratório como também o ritmo cardíaco e a pressão arterial, funções indispensáveis à manutenção da vida. São, pois, centros vitais, cuja presença no bulbo torna qualquer lesão desse órgão extremamente perigosa. Os centros respiratório e vasomotor diferem dos demais por funcionar como osciladores, ou seja, apresentam atividade rítmica espontânea e sincronizada, respectivamente, com os ritmos respiratório e cardíaco. Ao que parece, essa atividade rítmica é endógena, ou seja, independente das aferências sensoriais. A seguir, o funcionamento desses dois centros é estudado de maneira sucinta.

3.6.1 Controle da respiração: centro respiratório

Informações sobre o grau de distensão dos alvéolos pulmonares continuamente são levadas ao núcleo do trato solitário pelas fibras aferentes viscerais gerais do nervo vago. Desse núcleo, os impulsos nervosos passam ao *centro respiratório*. Este se localiza na formação reticular do bulbo e apresenta uma parte dorsal, que controla a inspiração, e outra ventral, que regula a expiração.[3] Do centro respiratório saem fibras reticuloespinais, que terminam fazendo sinapse com os neurônios motores da porção cervical e torácica da medula. Os primeiros dão origem às fibras que, pelo nervo frênico, vão ao diafragma. Os que se originam na medula torácica dão origem às fibras que, pelos nervos intercostais, vão aos músculos intercostais. Essas vias são importantes para a manutenção reflexa ou automática dos movimentos respiratórios. No centro respiratório, existem neurônios que mantêm espontaneamente um ritmo de disparos, gerando atividade motora mesmo na ausência de aferências. Os neurônios motores relacionados com os nervos frênico e intercostais recebem também fibras do trato corticospinal, o que permite o controle voluntário da respiração.

Convém lembrar que, por um lado, o funcionamento do centro respiratório é bem mais complicado. Ele está sob influência do hipotálamo, o que explica as modificações do ritmo respiratório em certas situações emocionais. Por outro lado, sabe-se que o aumento do teor de CO_2 no sangue tem ação estimuladora direta sobre esse centro, que recebe ainda impulsos nervosos originados no corpo carotídeo. Os quimiorreceptores do corpo carotídeo são sensíveis às variações do teor de oxigênio do sangue, originando impulsos que chegam ao centro respiratório através de fibras do nervo glossofaríngeo, após sinapse no núcleo do trato solitário.

3.6.2 Controle vasomotor: centro vasomotor

Situado na formação reticular do bulbo, o *centro vasomotor* coordena os mecanismos que regulam o calibre vascular, do qual depende basicamente a pressão arterial, influenciando também o ritmo cardíaco. Informações sobre a pressão arterial chegam ao núcleo do trato solitário a partir de barorreceptores, situados principalmente no seio carotídeo, trazidas pelas fibras aferentes viscerais gerais do nervo vago. A partir do núcleo do trato solitário, os impulsos passam para o centro vasomotor. Desse centro, saem fibras para os neurônios pré-ganglionares do núcleo dorsal do vago, resultando impulsos parassimpáticos e fibras reticuloespinais para os neurônios pré-ganglionares da coluna lateral da medula, resultando em impulsos simpáticos. Mecanorreceptores do coração e quimiorreceptores da aorta são também importantes para a regulação da pressão arterial. O centro vasomotor está ainda sob controle do hipotálamo, responsável pelo aumento da pressão arterial resultante de situações emocionais ou até mesmo antecipadamente, em casos em que prevemos uma situação de estresse.

Outro núcleo importante é o parabraquial localizado na parte dorsolateral da ponte próximo ao pedúnculo cerebelar superior. Desempenha papel fundamental na regulação de fluidos e eletrólitos e na função cardiovascular principalmente na regulação da pressão arterial em resposta à hemorragia e à hipovolemia. É um importante relé entre as informações do núcleo do trato solitário e os centros encefálicos superiores. Controla a ingestão de sal e água em resposta a variações da pressão arterial, inibindo a ingestão em caso de aumento da pressão e aumentando no caso de hipotensão e hipovolemia. Influencia também a resposta do sistema nervoso autônomo e do neuroendócrino.

---

[3] Alguns autores consideram também pertencente ao centro respiratório o chamado centro pneumotáxico, situado na formação reticular da ponte e que transmite impulsos inibitórios para a parte inspiratória do centro respiratório pontino.

4. Correlações anatomoclínicas

4.1 Coma

O córtex cerebral, apesar de sua elevada posição na hierarquia do sistema nervoso, é incapaz de funcionar por si próprio de maneira consciente. Para isso, depende de impulsos ativadores que recebe do sistema ativador ascendente. Esse fato trouxe novos subsídios para a compreensão dos distúrbios da consciência. Quando um paciente não pode ser acordado com estímulos vigorosos, ele está em coma. Pacientes que acordam parcialmente com estímulos estão torporosos ou obnubilados. A avaliação do nível de consciência é feita utilizando-se a escala de coma de Glasgow (**Tabela 20.3**). Os processos patológicos, mesmo localizados, que comprimem o mesencéfalo, ou a transição deste com o diencéfalo, quase sempre resultam na perda total da consciência, isto é, no *coma*. Os processos patológicos responsáveis por tal consequência, em geral, desenvolvem-se abaixo do tentório do cerebelo, ou seja, são infratentoriais. Entretanto, tumores ou hematomas que causem o aumento da pressão no compartimento supratentorial podem causar hérnia do unco (**Figuras 8.7** e **8.8**), que, ao se insinuar entre a incisura da tentório e o mesencéfalo, comprime este último e produz um quadro de coma.

O coma pode também ser causado pelo comprometimento bilateral e generalizado do próprio córtex cerebral, como nos graves distúrbios metabólicos e intoxicações. Na realidade, um dos problemas principais do neurologista na avaliação clínica de um paciente em coma é saber se o quadro se deve ao envolvimento generalizado do córtex cerebral ou decorre primariamente de um processo localizado no tronco encefálico. A avaliação dos reflexos pupilares (**Tabela 20.4**) e dos nervos cranianos, em especial os relacionados com a motricidade ocular, ajudam a reconhecer o nível da lesão. Um quadro de coma com disfunção do tronco encefálico indica risco iminente de vida. Em geral, realizam-se exame de imagem e dosagens sanguíneas de glicose, função hepática e renal e gasometria para o diagnóstico das causas metabólicas.

Tabela 20.3 Escala de coma de Glasgow

Escala de Coma de Glasgow		
Parâmetro	Resposta obtida	Pontuação
Abertura ocular	Espontânea	4
	Ao estímulo sonoro	3
	Ao estímulo de pressão	2
	Nenhuma	1
Resposta verbal	Orientada	5
	Confusa	4
	Verbaliza palavras soltas	3
	Verbaliza sons	2
	Nenhuma	1
Resposta motora	Obedece comandos	6
	Localiza estímulo	5
	Flexão normal	4
	Flexão anormal	3
	Extensão anormal	2
	Nenhuma	1
Trauma leve	Trauma moderado	Trauma grave
13-15	9-12	3-8
Reatividade pupilar		
Inexistente	Unilateral	Bilateral
-2	-1	0

Tabela 20.4 Alterações pupilares mais frequentes.

Pupila	Lesão estrutural	Representação
Anisocoria (RFM ausente no lado midriático)	• Herniação uncal ipsilateral com compressão do nervo oculomotor ou do seu núcleo • Aneurisma de artéria comunicante posterior • Compressão extrínseca no curso do nervo oculomotor • Efeito colinérgica ou simpaticomimético local	
Dilatadas (RFM ausente ou reduzido bilateralmente)	• Lesão do teto do mesencéfalo • Efeito colinérgico ou simpaticomimético	
Dilatadas (RFM presente bilateralmente)	• Superdosagens de antidepressivos tricíclicos, anfetaminas e drogas	
Médias (RFM ausente bilateralmente)	• Mesencéfalo (vias simpáticas e parassimpáticas) • Anestésicos gerais • Morte encefálica	
Pequenas (RFM presente bilateralmente)	• Lesão do diencéfalo ou tálamo • Altas doses de narcóticos • hiperglicemia não cetótica • Envenenamento por organofosforados • Idoso, sono normal	
Puntiformes (FM presente bilateralmente)	• Ponte (lesão das vias simpáticas descendentes) • Opiáceos	
Anisocoria (FM presente bilateralmente)	• Lesão da via simpática homolateral (Síndrome de Horner)	

Fonte: Adaptada de Martins et al. Semiologia Neurológica, 2017.

4.2 Distúrbios do sono

Passamos, em média, um terço de nossas vidas dormindo, o que demonstra a importância do sono para o funcionamento do organismo. O recém-nascido dorme até 16 horas por dia e essa proporção diminui com a idade, ressaltando também a importância do sono para o desenvolvimento. A vida moderna com alta exposição à luz artificial e a eletrônicos no período da noite é uma das causas de insônia: dificuldade para iniciar ou manter o sono. O sono permite a recuperação metabólica do cérebro e a reparação de lesões teciduais. Durante o sono, há um alargamento dos espaços extracelulares, permitindo a remoção de produtos tóxicos derivados do metabolismo pelo liquor. Permite também a remoção dos beta-amiloides, inibindo a formação de placas que caracterizam a doença de Alzheimer. Admite-se também que a memória seja consolidada durante o sono. A seguir, descreveremos alguns distúrbios do sono.

4.2.1 Apneia obstrutiva do sono

Os pacientes com apneia obstrutiva do sono apresentam episódios repetidos de obstrução das vias aéreas que levam o indivíduo a apresentar despertares para aumentar a força muscular e vencer a obstrução. Durante o sono, ocorre relaxamento muscular e hipotonia, que provoca o colapso das vias aéreas em pessoas com algum grau de redução do seu calibre. A hipóxia e o acúmulo de CO_2 causam a ativação de quimiorreceptores do núcleo parabraquial, que promove o despertar, auxiliando no aumento do tônus e da força muscular. Os episódios de obstrução podem ocorrer centenas de vezes durante a noite, porém os despertares são muito breves, o que impede que o indivíduo chegue a tomar consciência deles. A intensa fragmentação do sono causa sonolência diurna e prejudica o desempenho no dia seguinte. A ativação crônica dos sistemas de alerta, com liberação

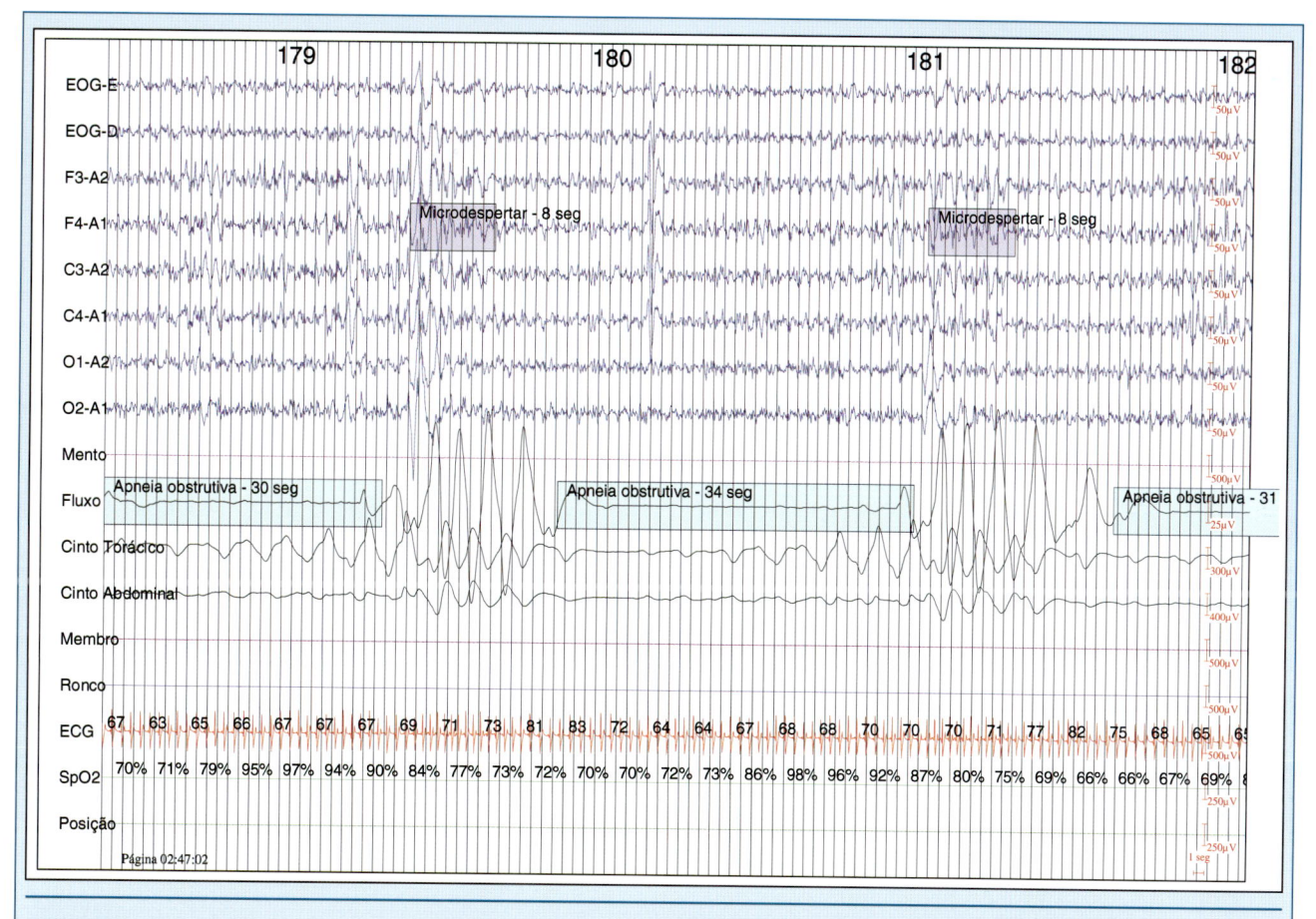

Figura 20.2 Polissonografia de paciente portador de apneia obstrutiva do sono. Observa-se a interrupção do fluxo aéreo enquanto permanece o esforço abdominal e torácico. Em seguida, observa-se um microdespertar que aumenta o esforço respiratório e permite a passagem do ar. Seguem-se novos episódios de apneia. Observa-se a queda na saturação de oxigênio e a variação da frequência cardíaca.
Fonte: Cortesia da Dra. Alessandra Zanatta.

de catecolaminas, causa aumento da frequência cardíaca e da pressão arterial, o que contribui para o aparecimento ou a piora da hipertensão arterial crônica. É também uma importante causa de acidentes de trânsito. O tratamento mais eficaz é o uso de aparelhos de *continuous positive airway pressure* (CPAP). Em alguns casos, a cirurgia para a retirada das adenoides ou de avanço mandibular e o uso de aparelhos ortodônticos específicos estão indicados. A polissonografia é o método neurofisiológico indicado para diagnóstico pelo monitoramento de diversos parâmetros fisiológicos durante uma noite de sono. Pode ser complementado pelo teste das latências múltiplas do sono, que avalia o grau de sonolência diurna **Figura 20.2**.

4.2.2 Narcolepsia

A narcolepsia é um distúrbio do sono causado pela perda seletiva dos neurônios que produzem a orexina, (hipocretina), encontrados no hipotálamo lateral. A causa parece ser autoimune e pode ser desencadeada pela infecção ou pela vacina contra influenza. A orexina promove a vigília e suprime o sono REM ativando neurônios monoaminérgicos do *locus ceruleus* e do núcleo dorsal da rafe e os neurônios gabaérgicos da substância cinzenta periaquedutal que inibem os neurônios geradores do sono REM na ponte. O sintoma mais característico é a sonolência excessiva diurna, mesmo após uma noite de sono reparador. O estado de vigília é interrompido por súbitas e irresistíveis crises de sono, que duram, em média, 15 a 20 minutos e podem causar acidentes, principalmente de trânsito. Em alguns cochilos, o paciente entra rapidamente no sono REM. Além da sonolência, elementos do sono REM passam a ocorrer durante a vigília. A atonia do sono REM durante o estado de vigília causa fraqueza súbita e perda do tônus, a cataplexia. É geralmente limitada a alguns músculos da mandíbula ou do pescoço, mas nos casos graves são generalizadas, ocasionando queda súbita e imobilidade por alguns segundos. Em muitos casos, a cataplexia é desencadeada por gatilhos emocionais, como riso, susto ou surpresa. No início ou no final do sono, o indivíduo pode apresentar atonia e a desagradável sensação de estar acordado sem conseguir se mexer: é a chamada *paralisia do sono*. Nesse momento, pode experimentar também as alucinações hipnagógicas, quando as imagens de sonhos permanecem já com o indivíduo acordado. O tratamento é feito com medicamentos estimulantes, como as anfetaminas e o modafinil, associados a cochilos programados durante o dia.

4.2.3 Distúrbio comportamental do sono REM

É causado pela falha do mecanismo de atonia durante o sono REM, fenômeno oposto ao da narcolepsia. Os portadores são vítimas de constantes ferimentos por vivenciar os seus sonhos com movimentos bruscos. O paciente acorda e lembra-se de estar sonhando com lutas ou ataques e reproduzem os movimentos dos sonhos. O distúrbio é mais frequente em idosos e pessoas acometidas por doenças degenerativas, como a doença de Parkinson, que atingem os neurônios sub ceruleus, que promovem a paralisia do sono.

B – Sistemas modulatórios de projeção difusa

1. Aspectos gerais

A partir da década de 1950, os cientistas verificaram a presença, no SNC, de substâncias formadas pela decarboxilação de certos aminoácidos, denominadas monoaminas. Foi quando surgiram as primeiras hipóteses sobre o seu papel na regulação de processos mentais. As monoaminas mais importantes são: noradrenalina; serotonina; dopamina; e histamina. De modo geral, os neurônios monoaminérgicos têm conexões muito amplas, não estando relacionados diretamente a funções sensoriais ou motoras, mas desempenham funções regulatórias, modulando, ou seja, modificando a excitabilidade de sistemas neuronais no encéfalo. Cada neurônio pode influenciar muitos outros, podendo um só neurônio fazer sinapse com até 100 mil neurônios às vezes situados em áreas muito distantes. Eles têm uma rede extremamente ramificada de terminais, com dilatações denominadas *varicosidades* (**Figura 3.8**). Um neurônio dopaminérgico da substância negra do rato pode conter 500 mil varicosidades. Sabe-se também que os neurônios monoaminérgicos, além de liberar os neurotransmissores nas sinapses, podem liberá-los no espaço extracelular aumentando, assim, a sua difusão. Desse modo, apesar de o número de neurônios monoaminérgicos ser relativamente pequeno, os seus terminais se distribuem por quase todo o SNC constituindo os sistemas modulatórios de projeção difusa.

Os principais sistemas modulatórios são: *dopaminérgicos; noradrenérgicos; adrenérgicos; serotoninérgicos; e histaminérgicos*. Cabe lembrar que existem no SNC neurônios monoaminérgicos sem projeção difusa, associados a funções específicas, como as fibras dopaminérgicas que ligam a substância negra ao corpo estriado. Apesar de terem terminais em praticamente todo o SNC, a grande maioria dos neurônios monoaminérgicos centrais tem os seus corpos localizados em áreas relativamente pequenas do tronco encefálico, em especial na formação reticular e também no hipotálamo. Embora a acetilcolina não seja uma monoamina, existem no encéfalo fibras colinérgicas modulatórias de projeção difusa. Outro sistema que desempenha função modulatória é o endocanabinoide, que passou recentemente a ter importância medicinal. A seguir, estudaremos sucintamente a localização dos principais grupos de neurônios monoaminérgicos, *colinérgicos* e *canabinoides*, assim como suas vias e áreas de distribuição.

2. Neurônios e vias serotoninérgicas

A maior parte dos neurônios serotoninérgicos do tronco encefálico localiza-se na formação reticular, nos nove núcleos da rafe, que se estendem na linha média, do bulbo ao mesencéfalo (**Figura 20.3**). Os axônios originados nos núcleos situados em níveis mais altos têm trajeto ascendente, projetando-se para quase todas as estruturas do prosencéfalo, incluindo córtex cerebral, hipotálamo e sistema límbico (**Figura 20.3**), e participam da regulação do ciclo vigília-sono, de comportamentos motivacionais e emocionais. O sistema serotoninérgico participa também do controle afetivo, digestão, termorregulação, comportamento sexual e tônus motor, além de promover a ativação cortical durante a vigília, como parte do SARA. Especialmente importantes são as fibras rafespinais, que, do núcleo magno da rafe, ganham a substância gelatinosa da medula (**Figura 29.1**), onde inibem a entrada de impulsos dolorosos, fazendo parte das vias da analgesia (Capítulo 29, item 4.1).

3. Neurônios e vias noradrenérgicas

A grande maioria dos neurônios noradrenérgicos do SNC está distribuída em vários núcleos na formação reticular do bulbo e da ponte. Destes, o núcleo mais importante é o *locus ceruleus*, núcleo situado no assoalho do IV ventrículo e que apresenta cerca de 12 mil neurônios. As projeções noradrenérgicas desse núcleo atingem praticamente todo o SNC, inclusive todo o córtex cerebral. Um neurônio pode fazer até 250 mil sinapses, sendo um dos sistemas de projeção mais difusa do encéfalo. A distribuição dos neurônios noradrenérgicos assemelha-se à dos serotoninérgicos (**Figura 20.3**). O sistema noradrenérgico está envolvido na regulação do alerta, da atenção seletiva e da vigília, assim como no aprendizado e na memória. Está envolvido também na regulação do humor e da ansiedade. Em virtude de suas projeções difusas, pode influenciar literalmente todo o encéfalo. São especialmente ativados por estímulos sensoriais novos e inesperados, oriundos do ambiente. Em casos de eventos estressantes, participam do alerta geral do encéfalo, aumentando a capacidade cerebral de responder a estímulos e a sua eficiência. Por outro lado, estão menos ativos nas atividades calmas, como durante o repouso e as refeições e inativos durante o sono.

4. Neurônios e vias adrenérgicas

Os neurônios adrenérgicos encontram-se misturados aos noradrenérgicos do bulbo. Existem também neurônios adrenérgicos do tronco encefálico que se projetam para a coluna lateral da medula, modulando a atividade vasomotora por meio do sistema simpático. Outros se projetam para o hipotálamo, participando do controle cardiovascular.

5. Neurônios e vias dopaminérgicas

A maioria dos neurônios dopaminérgicos localiza-se no mesencéfalo, em duas regiões muito próximas, a área *tegmentar ventral*, pertencente à formação reticular, e a *substância negra*. Nesta última, origina-se a *via nigroestriatal* (**Figura 20.4**), que termina no corpo estriado, sendo muito importante no controle da atividade motora, como será visto no Capítulo 24.

Na área tegmentar ventral, origina-se a *via dopaminérgica mesolímbica* (**Figura 27.5**), que se projeta para o núcleo *accumbens*, núcleos do septo e o córtex pré-frontal integrantes do sistema de recompensa ou de prazer do cérebro (Capítulo 27, item 3.9). Há evidências de que alterações nessa via estão envolvidas na fisiopatologia da esquizofrenia.

Comparando-se as áreas de projeção das vias dopaminérgicas com as já estudadas para as vias serotoninérgicas e noradrenérgicas, verifica-se que, enquanto estas se distribuem a quase todo o SNC (**Figura 20.3**), as vias dopaminérgicas têm distribuição bem mais restrita e localizada (**Figura 20.4**). Além das regiões descritas como responsáveis por funções modulatórias, existem neurônios dopaminérgicos de distribuição mais restrita em várias partes do encéfalo, em especial no hipotálamo, onde estão envolvidos na regulação endócrina e autonômica.

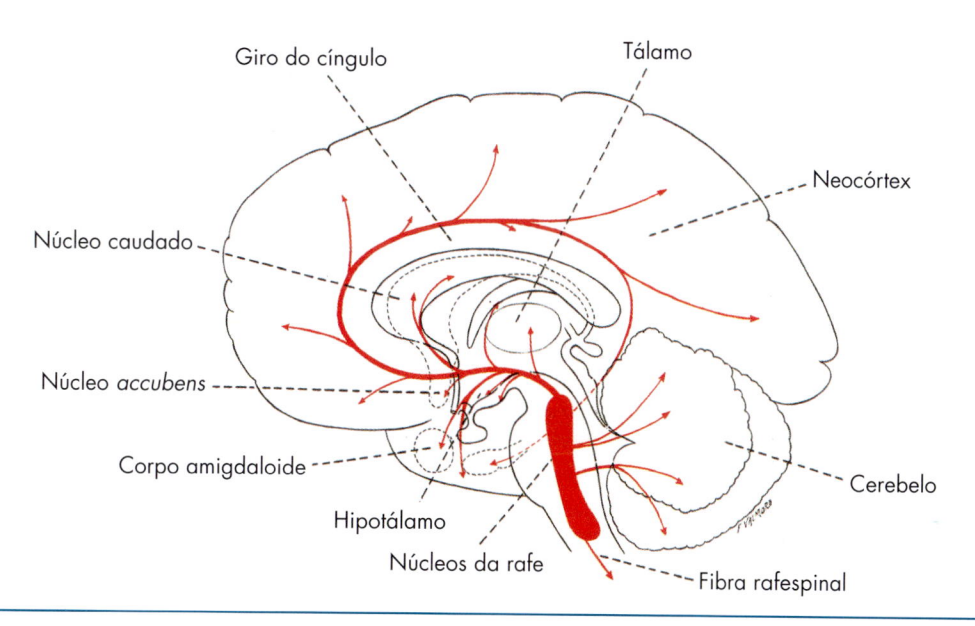

Figura 20.3 Vias serotoninérgicas centrais.

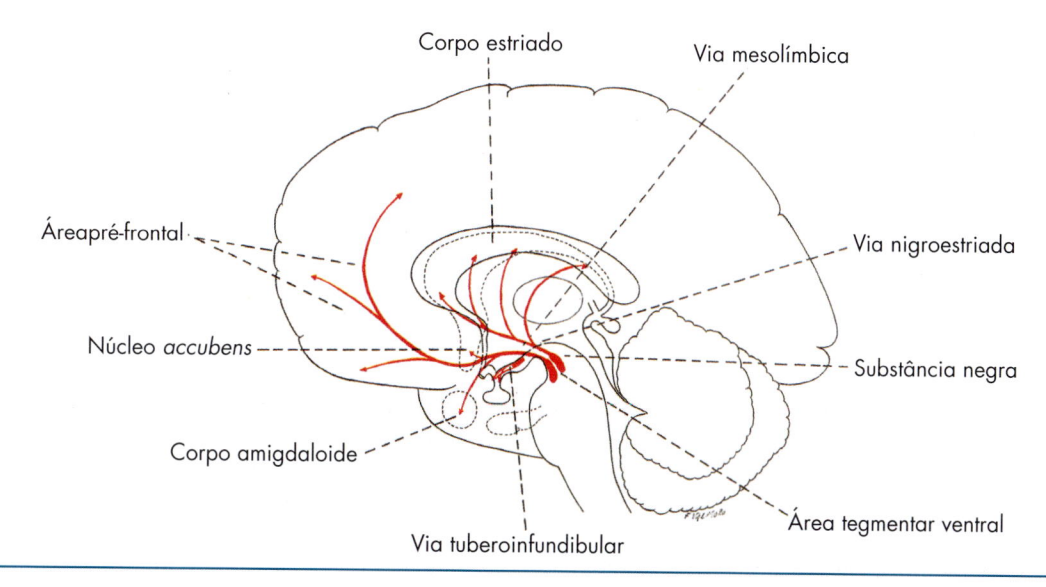

Figura 20.4 Vias dopaminérgicas centrais.

6. Neurônios e vias histaminérgicas

Os neurônios histaminérgicos de projeção difusa localizam-se no núcleo tuberomamilar do hipotálamo. Projetam-se para todo o córtex por via extratalâmica e, junto com as fibras serotoninérgicas e noradrenérgicas, integram o sistema ativador ascendente, responsável pela vigília. A presença de neurônios histaminérgicos no sistema ativador ascendente explica o fato já bastante conhecido de que os medicamentos anti-histamínicos causam sono como efeito colateral.

7. Neurônios e vias colinérgicas

O sistema modulatório colinérgico tem dois componentes, um situado na formação reticular da junção ponte-mesencéfalo (núcleo tegmentar pedunculopontino), o outro situado no prosencéfalo basal. Como já foi visto no item 3.1.2, o núcleo tegmentar pedunculopontino é um dos responsáveis pelo sono REM. O principal componente do prosencéfalo basal é o núcleo basal de Meynert (**Figura 24.6**), que provê grande parte das projeções colinérgicas para o encéfalo, sendo um dos componentes do sistema ativador ascendente.

8. Neurônios canabinoides

Embora não relacionado à formação reticular, o sistema endocanabinoide será citado a seguir por exercer uma função neuromodulatória de projeção difusa. Exerce papel no desenvolvimento do SNC e na plasticidade sináptica. A ativação de seus receptores inibe a liberação de diversos neurotransmissores, inclusive o glutamato e o GABA, principais neurotransmissores excitatório e inibitório do sistema nervoso, respectivamente. O primeiro endocanabinoide identificado foi a *anandamida*. Os endocanabinoides não são neurotransmissores típicos, não estão contidos em vesículas e não são liberados em contatos sinápticos especializados. São mensageiros transcelulares, portanto atravessam a membrana celular e, além de ativar os receptores, penetram também nas células vizinhas, atingindo diretamente alvos intracelulares. Os receptores estão localizados principalmente na membrana pós-sináptica. A membrana pré-sináptica tem enzimas que sintetizam os endocanabinoides e, portanto, a atividade sináptica aumenta a produção destes, que agirão como segundos mensageiros retrógrados, inibindo a transmissão sináptica tanto excitatória como inibitória. Assim, atuam fortemente na plasticidade sináptica. Os receptores CB1 são abundantes no hipocampo, cerebelo, corpo estriado, além de outras áreas cerebrais. A remoção da inibição, por sua vez, potencializa a transmissão excitatória e está envolvida no amadurecimento de circuitos corticais. Os receptores CB1 se ligam fortemente aos componentes canabinoides da planta *Cannabis sativa*, entre eles o THC (tetra-hidrocanabinol). O uso da planta pode, portanto, comprometer o neurodesenvolvimento e predispor a doenças psiquiátricas, como a esquizofrenia.

9. Correlações anatomoclínicas

9.1 Transtornos de humor

Os transtornos de humor são divididos em unipolar, em que a depressão ocorre isoladamente, e o bipolar, em que ocorrem também episódios de mania. A depressão é um estado diferente da tristeza por sua persistência e associação a sintomas fisiológicos, cognitivos e comportamentais, causando prejuízo significativo da funcionalidade. O circuito da depressão é menos conhecido do que o da ansiedade, mas envolve circuitos de processamento emocional e controle cognitivo. As drogas antidepressivas atuam nas vias modulatórias de projeção difusa, principalmente a serotoninérgica, os inibidores de recaptação da serotonina. Outros medicamentos podem atuar também nas vias noradrenérgicas, dopaminérgicas e histaminérgicas descritas no Capítulo 27, item 5.2.

9.2 Sistemas modulatórios e psicofarmacologia

Drogas que interferem no metabolismo das monoaminas têm papel central na psicofarmacologia, ou seja, no estudo de drogas que atuam sobre o SNC, influenciando as atividades psíquicas. O exemplo mais conhecido é a fluoxetina, um inibidor da recaptação de serotonina, usado como antidepressivo.

Várias outras drogas foram sintetizadas, atuando sobre os diversos sistemas modulatórios, noradrenérgico, dopaminérgico ou histaminérgico.

As drogas antipsicóticas usadas no tratamento da esquizofrenia atuam bloqueando os receptores dopaminérgicos na via mesolímbica. Os alucinógenos que têm como droga inicial o LSD produzem efeitos comportamentais, com aumento da percepção sensorial e alucinações múltiplas, e atuam sobre o sistema serotoninérgico.

As drogas estimulantes, como cocaína e anfetaminas, exercem o seu efeito atuando sobre os sistemas noradrenérgico e dopaminérgico, bloqueando a recaptação dessas monoaminas pela membrana pré-sináptica, o que as disponibiliza na fenda sináptica.

A maconha, ou *Cannabis sativa*, atua nos receptores canabinoides difusos pelo encéfalo. Os principais componentes são o THC, responsável pelos efeitos psicotrópicos, e o CBD (canabidiol), responsável pelos efeitos terapêuticos. Recentemente, o CBD ganhou importância clínica pela efetividade no tratamento de certas formas graves de epilepsia e está sendo comercializado no Brasil. As formas contendo também o THC são utilizadas para tratamento de espasticidade e dor crônica. A efetividade no tratamento de condições psiquiátricas e no autismo ainda necessita de confirmação em estudos randomizados.

Leitura sugerida

DAVERN, P. J. A role for the lateral parabrachial nucleus in cardiovascular function and fluid homeostasis. *Frontiers in Physiology*, v. 5, p. 1-7, 2014.

KANDEL, E. R.; et al. *Principles of Neural Science*. 6. ed. Nova York: Mc Graw Hill, 2021.

KRYGER, M. H.; et al. Principles and practice of sleep medicine. 6. ed. Philadelphia: Elsevier, 2016.

LU, H. C.; MACKIE, K. An introduction to the endogenous cannabinoid system. *Biological Psychiatry*, v. 79, n. 6, p. 516-525, 2016.

MARTINS JR, C. R.; et al. *Semiologia neurológica*. Rio de Janeiro: Thieme Revinter, 2016.

SANVITO, W. L. *Propedêutica neurológica básica*. Rio de Janeiro: Atheneu, 2010.

capítulo 21

Estrutura e Funções do Hipotálamo

O hipotálamo é parte do diencéfalo e se dispõe nas paredes do III ventrículo, abaixo do sulco hipotalâmico, que o separa do tálamo (**Figura 23.1**). Lateralmente, é limitado pelo subtálamo; na porção anterior, pela lâmina terminal; e na posterior, pelo mesencéfalo. Apresenta também algumas formações anatômicas visíveis na face inferior do cérebro: o quiasma óptico; o túber cinéreo; o infundíbulo; e os corpos mamilares (**Figuras 7.8** e **22.1**). Trata-se de uma área muito pequena, mas, apesar disso, o hipotálamo, por suas inúmeras e variadas funções, é uma das áreas mais importantes do sistema nervoso.

1. Divisões e núcleos do hipotálamo

O hipotálamo é constituído fundamentalmente de substância cinzenta, que se agrupa em núcleos, às vezes de difícil individualização. Percorrendo o hipotálamo, existem, ainda, sistemas variados de fibras, alguns muito conspícuos, como o fórnice. Este percorre de cima para baixo cada metade do hipotálamo, terminando no respectivo corpo mamilar. O fórnice permite dividir o hipotálamo em uma área medial e outra lateral (**Figura 21.1**). A *área medial* do hipotálamo, situada entre o fórnice e as paredes do III ventrículo, é rica em substância cinzenta e nela estão os principais núcleos do hipotálamo. A *área lateral*, situada lateralmente ao fórnice, contém menos corpos de neurônios e nela há predominância de fibras de direção longitudinal. A área lateral do hipotálamo é percorrida pelo *feixe prosencefálico medial* (**Figura 27.5**), complexo sistema de fibras que estabelecem conexões nos dois sentidos, entre a área septal, pertencente ao sistema límbico, e a formação reticular do mesencéfalo. Muitas dessas fibras terminam no hipotálamo e estão relacionadas com o sistema de recompensa e de alerta. O hipotálamo lateral contém também neurônios orexinérgicos que atuam na manutenção do estado de vigília.

O hipotálamo pode ainda ser dividido por três planos frontais em hipotálamo supra-óptico, tuberal e mamilar ou posterior.

O *hipotálamo supra-óptico* compreende o quiasma óptico e toda a área situada acima dele, nas paredes do III ventrículo até o sulco hipotalâmico. O *hipotálamo tuberal* compreende o túber cinéreo (ao qual se liga o infundíbulo) e toda a área situada acima dele, nas paredes do III ventrículo até o sulco hipotalâmico. O *hipotálamo posterior* compreende os corpos mamilares com seus núcleos e as áreas das paredes do III ventrículo, que se encontram acima deles, até o sulco hipotalâmico. Contém também os neurônios histaminérgicos no núcleo tuberomamilar e controla o despertar.

Na parte mais anterior do III ventrículo, próximo da lâmina terminal, há uma pequena área, denominada área pré-óptica. Essa área é embriologicamente derivada da porção central da vesícula telencefálica e não pertence, pois, ao diencéfalo. Apesar disso, ela é estudada junto com o diencéfalo, pois funcionalmente liga-se ao hipotálamo supra-óptico. Na área pré-óptica, localiza-se o órgão vascular da lâmina terminal, no qual não existe barreira hematoencefálica, e que funciona como um sensor especializado em detectar sinais químicos para termorregulação e metabolismo salino. O núcleo pré-óptico medial é um importante centro de regulação dos fluidos corporais, osmolaridade, temperatura, sono e homeostase cardiovascular.

Os principais núcleos do hipotálamo (**Figura 21.1**) estão relacionados na chave a seguir.

As conexões e funções desses núcleos serão estudadas nos itens seguintes.

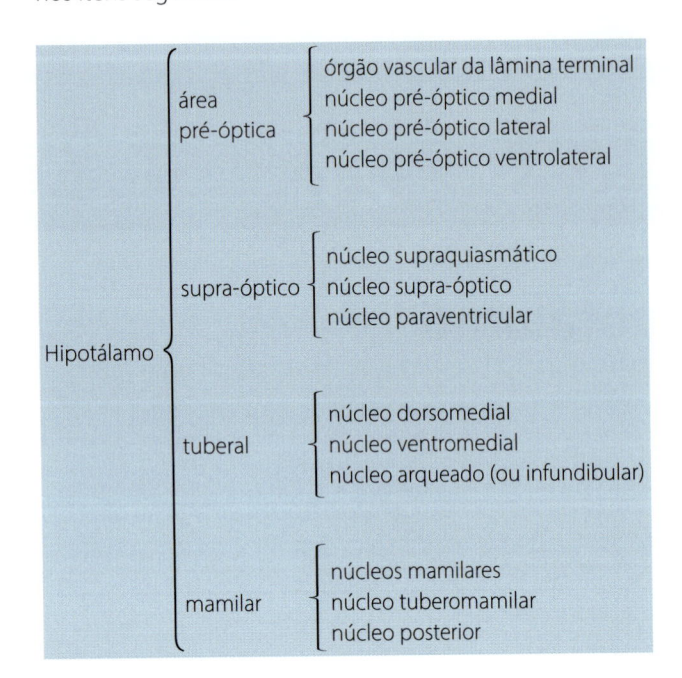

Hipotálamo
- área pré-óptica
  - órgão vascular da lâmina terminal
  - núcleo pré-óptico medial
  - núcleo pré-óptico lateral
  - núcleo pré-óptico ventrolateral
- supra-óptico
  - núcleo supraquiasmático
  - núcleo supra-óptico
  - núcleo paraventricular
- tuberal
  - núcleo dorsomedial
  - núcleo ventromedial
  - núcleo arqueado (ou infundibular)
- mamilar
  - núcleos mamilares
  - núcleo tuberomamilar
  - núcleo posterior

2. Conexões do hipotálamo

O hipotálamo tem conexões muito amplas e complicadas, com diferentes regiões do sistema nervoso central (SNC), algumas por meio de fibras que se reúnem em feixes bem definidos, outras por meio de feixes mais difusos e de difícil identificação. Tem também conexões intra-hipotalâmicas entre alguns de seus diferentes núcleos. O hipotálamo recebe sinais das vias sensoriais, de várias áreas do SNC e tem eferências que, como resultado final, contribuirão para a regulação da homeostasia. A seguir, serão estudadas, de maneira esquemática, apenas as conexões mais importantes, agrupadas de modo a evidenciar as suas relações com as grandes funções do hipotálamo.

2.1 Conexões com o sistema límbico

O sistema límbico compreende uma série de estruturas relacionadas principalmente com a regulação do comportamento emocional e da memória. Entre elas, destacam-se, pelas relações recíprocas que têm com o hipotálamo, o hipocampo, o corpo amigdaloide e a área septal:

a) *Hipocampo* – liga-se pelo fórnice aos núcleos mamilares do hipotálamo, de onde os impulsos nervosos

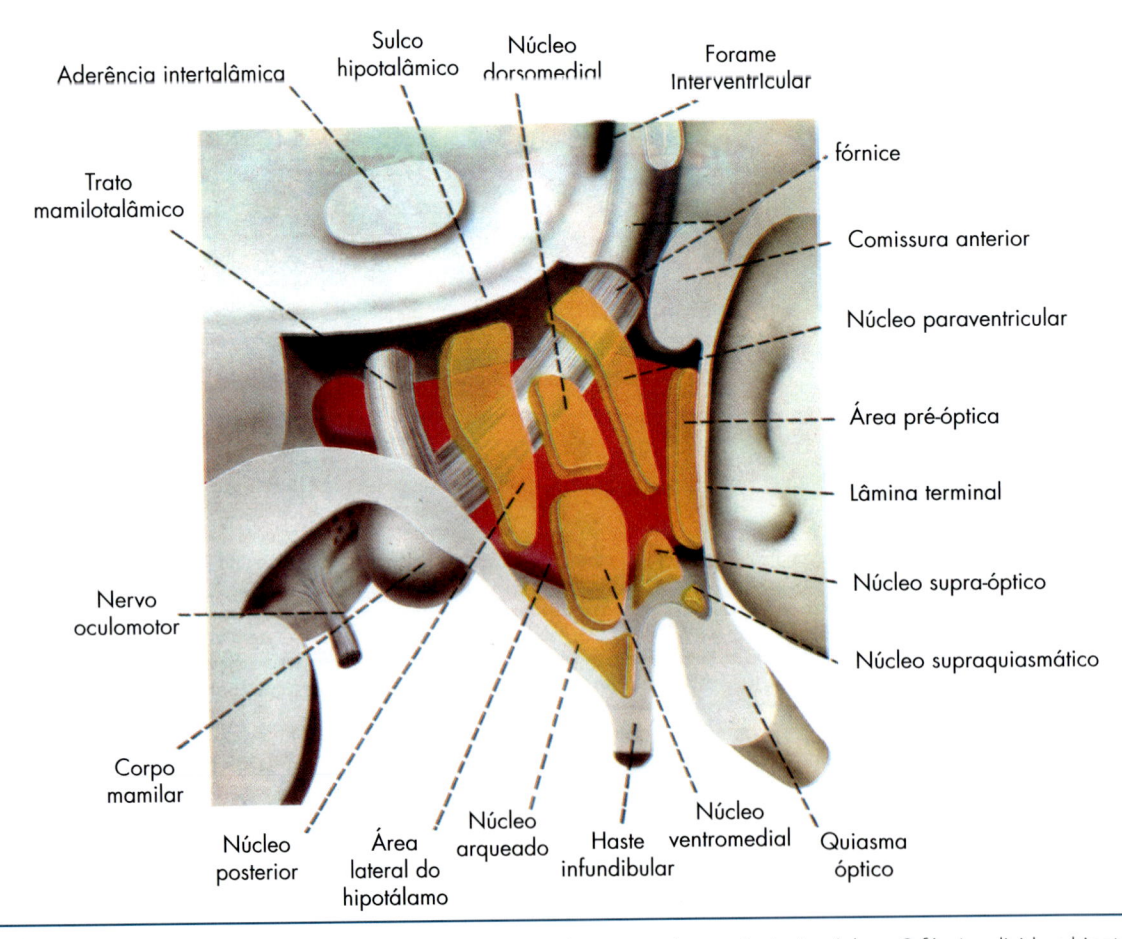

Figura 21.1 Esquema da região hipotalâmica do hemisfério esquerdo mostrando os principais núcleos. O fórnice divide o hipotálamo em uma área lateral (em vermelho) e outra medial (em amarelo), onde estão os principais núcleos.
Fonte: Modificada de NAUTA, W.J.F.; HAYMAKER, W. *The hypothalamus*. Springfield, IL: C.C. Thomas, 1969.

seguem para o núcleo anterior do tálamo através do *fascículo mamilotalâmico* (**Figura 23.2**), fazendo parte do chamado *circuito de Papez* (**Figura 27.2**). Dos núcleos mamilares, impulsos nervosos chegam também à formação reticular do mesencéfalo pelo *fascículo mamilotegmentar*.

b) *Corpo amigdaloide* – fibras originadas nos núcleos do corpo amigdaloide chegam ao hipotálamo, principalmente através da estria terminal (**Figura 7.3**).

c) *Área septal* – a área septal liga-se ao hipotálamo por meio de fibras que percorrem o feixe prosencefálico medial.

2.2 Conexões com a área pré-frontal

Estas conexões têm o mesmo sentido funcional das anteriores, visto que o córtex da área pré-frontal também se relaciona com o comportamento emocional. A área pré-frontal mantém conexões com o hipotálamo diretamente ou por intermédio do núcleo dorsomedial do tálamo.

2.3 Conexões viscerais

Para exercer o seu papel básico de controlador das funções viscerais, o hipotálamo mantém conexões aferentes e eferentes com os neurônios da medula e do tronco encefálico relacionados com essas funções.

2.3.1 Conexões viscerais aferentes

O hipotálamo recebe informações sobre a atividade das vísceras por meio de suas conexões diretas com o núcleo do trato solitário (*fibras solitário-hipotalâmicas*). Como já foi visto, esse núcleo recebe toda a sensibilidade visceral, tanto geral como especial (gustação), que entra no sistema nervoso pelos nervos facial, glossofaríngeo e vago.

2.3.2 Conexões viscerais eferentes

O hipotálamo controla o sistema nervoso autônomo agindo, direta ou indiretamente, sobre os neurônios pré-ganglionares dos sistemas simpático e parassimpático. As conexões diretas são feitas por intermédio de fibras que, de vários núcleos do hipotálamo, terminam seja nos núcleos da coluna eferente visceral geral do tronco encefálico, seja na coluna lateral da medula (*fibras hipotalamospinais*). As conexões indiretas são feitas por meio da formação reticular e dos tratos reticulospinais.

2.4 Conexões com a hipófise

O hipotálamo tem apenas conexões eferentes com a hipófise, que são feitas por intermédio dos tratos hipotálamo-hipofisário e tuberoinfundibular:

a) *Trato hipotálamo-hipofisário* – formado por fibras que se originam nos neurônios grandes (magnocelulares) dos núcleos supra-óptico e paraventricular e terminam na neuro-hipófise (**Figura 21.2**). As fibras desse trato, que constituem os principais componentes estruturais da neuro-hipófise, são ricas em neurossecreção, transportando os hormônios antidiurético (ADH ou vasopressina) e ocitocina.

b) *Trato tuberoinfundibular* (ou túbero-hipofisário) – é constituído de fibras que se originam em neurônios pequenos (parvocelulares) do núcleo arqueado e em áreas vizinhas do hipotálamo tuberal e terminam na eminência mediana e na haste infundibular (**Figura 21.3**). Essas fibras transportam os hormônios que ativam ou inibem as secreções dos hormônios da adeno-hipófise.

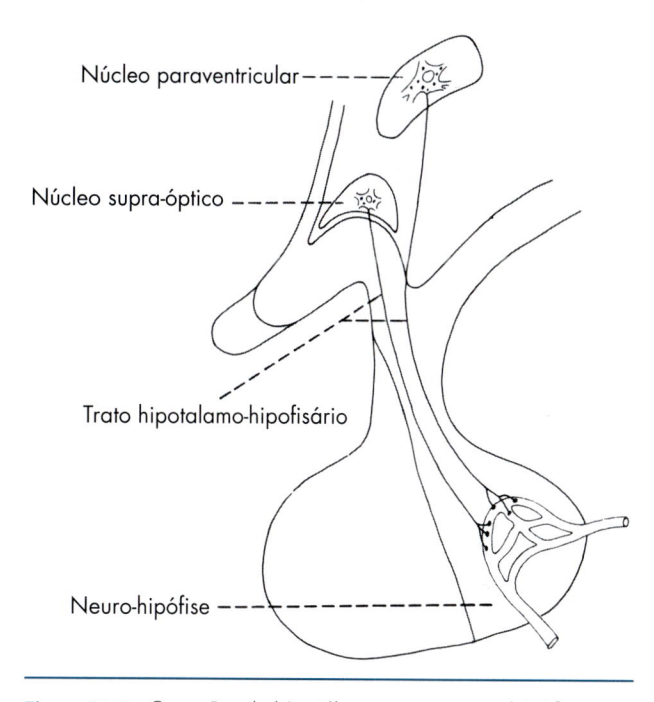

Figura 21.2 Conexões do hipotálamo com a neuro-hipófise.

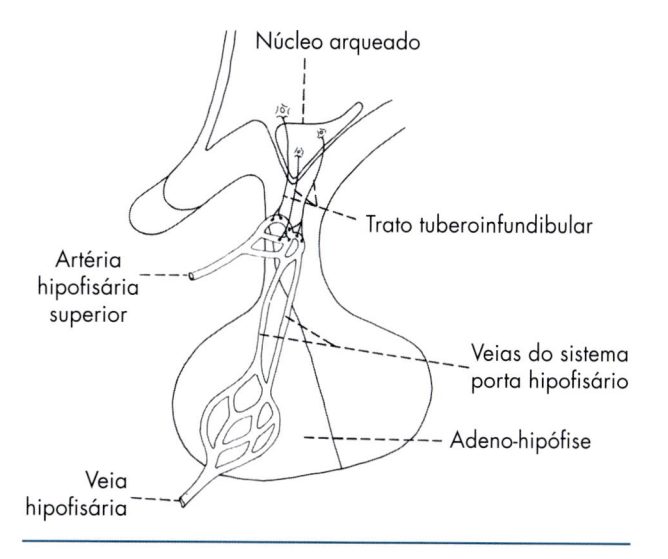

Figura 21.3 Conexões do hipotálamo com a adeno-hipófise.

2.5 Conexões sensoriais

Além das informações sensoriais provenientes das vísceras, já vistas no item 2.3, diversas outras modalidades sensoriais têm acesso ao hipotálamo por vias indiretas, nem sempre bem conhecidas. Assim, por exemplo, o hipotálamo recebe informações sensoriais das áreas erógenas, como os mamilos e os órgãos genitais, importantes para o fenômeno da ereção. Existem também conexões diretas do córtex olfatório e da retina com o hipotálamo. Estas últimas são feitas por meio do *trato retino-hipotalâmico,* que termina no núcleo supraquiasmático e, em parte, também no núcleo pré-óptico ventrolateral. Essas conexões estão envolvidas na regulação dos ritmos circadianos, como o ciclo de claro-escuro, como será visto no item 3.7.

3. Funções do hipotálamo

As funções do hipotálamo são muito numerosas e importantes. Ele centraliza o controle da homeostase, ou seja, a manutenção do meio interno dentro de limites compatíveis com o funcionamento adequado dos diversos órgãos. Para isso, o hipotálamo tem um papel regulador sobre o sistema nervoso autônomo e o sistema endócrino, integrando-os com comportamentos vinculados às necessidades do dia a dia. Controla, também, vários processos motivacionais importantes para a sobrevivência do indivíduo e da espécie, como a fome, a sede e o sexo. Processos motivacionais são impulsos internos que levam à realização de comportamentos específicos e de ajustes corporais. A sensação de calor, por exemplo, provoca um desconforto que disparará mecanismos internos inconscientes para dissipá-lo, como a sudorese e o comportamento de procura de local fresco. Assim, ocorre com as sensações de fome, sede, frio, determinando ajustes internos e comportamentos específicos, visando garantir a constância do meio interno (homeostase) e a sobrevivência do indivíduo.

As principais funções do hipotálamo são descritas de maneira sucinta nos itens que se seguem.

3.1 Controle do sistema nervoso autônomo

O hipotálamo é o centro suprassegmentar mais importante do sistema nervoso autônomo, exercendo essa função juntamente com outras áreas do cérebro, em especial com as do sistema límbico. Estimulações elétricas em áreas determinadas do hipotálamo dão respostas típicas dos sistemas parassimpático e simpático. Quando essas estimulações são feitas no hipotálamo anterior, determinam aumento do peristaltismo gastrointestinal, contração da bexiga, diminuição do ritmo cardíaco e da pressão sanguínea, assim como constrição da pupila. Assim, o hipotálamo anterior controla principalmente o sistema parassimpático. Já a estimulação do hipotálamo posterior dá respostas opostas a essas, porque controla sobretudo o sistema simpático. As funções do sistema nervoso autônomo já foram estudadas no Capítulo 12.

3.2 Regulação da temperatura corporal

A capacidade de regular a temperatura corporal, característica especial dos animais homeotérmicos, é exercida pela área pré-óptica medial ao hipotálamo. Este é informado da temperatura corporal, não só por termorreceptores periféricos, mas principalmente por neurônios que funcionam como termorreceptores. Assim, o hipotálamo funciona como um termostato capaz de detectar as variações de temperatura do sangue que por ele passa e ativar os mecanismos de perda ou de conservação do calor necessários à manutenção da temperatura normal. Existem no hipotálamo dois centros frequentemente denominados: *centro da perda do calor*, situado no hipotálamo anterior (ou pré-óptico),[1] e o *centro da conservação do calor*, situado no hipotálamo posterior. Estimulações no primeiro desencadeiam fenômenos de vasodilatação periférica e sudorese, que resultam em perda de calor; já as estimulações no segundo resultam em vasoconstrição periférica, tremores musculares (calafrios) e até mesmo liberação do hormônio tireoidiano, que aumentam o metabolismo, o qual gera calor. Lesões do centro da perda do calor no hipotálamo anterior, em consequência, por exemplo, de traumatismos cranianos, causam elevação incontrolável da temperatura (febre central), quase sempre fatal. Este é um acidente que pode surgir nas cirurgias da hipófise, em que o procedimento cirúrgico é feito na região próxima ao hipotálamo anterior. Sabe-se, também, que a febre que acompanha processos inflamatórios resulta do comprometimento dos neurônios termorreguladores do hipotálamo anterior, que deixam de perder calor.

O hipotálamo ativa regiões corticais para determinar os comportamentos motivacionais de busca de abrigo, agasalho para o frio ou de local fresco e ventilação para o calor.

3.3 Regulação do comportamento emocional

Muitas áreas do hipotálamo pertencem ao sistema límbico e exercem uma importante função na regulação de processos emocionais, assunto que será estudado no Capítulo 27.

3.4 Regulação do equilíbrio hidrossalino e da pressão arterial

O equilíbrio hidrossalino exige mecanismos automáticos de regulação do volume de líquido do organismo, na prática representado pelo volume de sangue (volemia), e da osmolaridade, representada principalmente pela concentração extracelular de íons Na^+. É fácil entender que a pressão arterial está diretamente ligada à volemia e à concentração de Na^+. O principal mecanismo que o hipotálamo dispõe para regulação do equilíbrio hidrossalino é a liberação do hormônio antidiurético (vasopressina), que, como já vimos, é sintetizado pelos neurônios dos núcleos supra-óptico e paraventricular e liberado na neuro-hipófise. Para exercer tal função, esses neurônios recebem informações por meio de aferências que mantêm com dois órgãos circunventricula-

---

[1] Mais exatamente no núcleo pré-óptico medial.

res (Capítulo 18, item 6) – o órgão vascular da lâmina terminal e o órgão subfornicial (**Figura 18.16**). Neles, não existe barreira hematoencefálica, o que permite detectar, no caso do órgão vascular, a osmolaridade do sangue, e, no caso do órgão subfornicial, os níveis circulantes de angiotensina 2, que é um potente vasopressor. Esse mecanismo funciona normalmente, mas é ativado em casos de diminuição de pressão, por exemplo, em hemorragias, promovendo o aumento da liberação de hormônio antidiurético pela neuro-hipófise. Outro mecanismo regulador da ingestão de água e sal, que mantém a volemia e a concentração de sódio dentro de valores normais, tem como base receptores periféricos de pressão (barorreceptores), localizados nas paredes dos grandes vasos, no seio carotídeo e no arco aórtico. Esses receptores percebem alterações da pressão arterial e transmitem aos núcleos do trato solitário, pelo nervo glossofaríngeo, que, por sua vez, transmite ao núcleo parabraquial da ponte. Esse núcleo conecta-se com os núcleos paraventricular e supra-óptico e com neurônios receptores na área pré-óptica. Quando o sinal detectado é de hipovolemia, secreta-se o hormônio antidiurético (vasopressina), que promove vasoconstrição e reabsorção de sódio e água; se for detectada hiponatremia, é liberado pela hipófise o hormônio adrenocorticotrófico (ACTH), que estimula a secreção de aldosterona pela suprarrenal, reabsorvendo sódio.

Do que foi visto, o hipotálamo regula a volemia por mecanismos automáticos e inconscientes. Mas ele ativa também a ingestão de água e sal, despertando ou não a sensação de sede ou o desejo de ingestão de alimentos salgados. A estimulação elétrica dos núcleos pré-ópticos mediais, assim como do órgão subcomissural e do órgão vascular da lâmina terminal, estimula a sede e a ingestão de água pelo animal, que pode morrer por excesso de ingestão de água. Essas áreas são consideradas o centro da sede. A lesão dessas áreas faz o animal perder a sede, podendo morrer desidratado.

Assim, a desidratação aumenta a atividade dos neurônios do órgão subfornicial e do órgão vascular da lâmina terminal e dos núcleos pré-ópticos mediais e estimulam a sede e a liberação de vasopressina.

3.5 Regulação da ingestão de alimentos

A estimulação do hipotálamo lateral faz com que o animal se alimente vorazmente, enquanto a estimulação do núcleo ventromedial do hipotálamo causa total saciedade, ou seja, o animal recusa-se a comer mesmo na presença de alimentos apetitosos. Lesões destrutivas dessas áreas causam efeitos opostos aos da estimulação. Assim, lesões da área lateral do hipotálamo causam ausência completa do desejo de alimentar-se (anorexia), submetendo o animal à inanição, enquanto nas lesões do núcleo ventromedial, o animal alimenta-se exageradamente (hiperfagia), tornando-se extremamente obeso. Isso ocorre, por exemplo, em tumores suprasselares e resultam em um quadro de obesidade frequentemente acompanhado de hipogonadismo, por interferência com os mecanismos hipotalâmicos que regulam a secreção dos hormônios gonadotrópicos pela adeno-hipófise. Nesse caso, temos a chamada síndrome adiposogenital de Fröhlich. Costuma-se distinguir no hipotálamo um *centro da fome*, situado no hipotálamo lateral, e um *centro da saciedade*, correspondendo ao núcleo ventromedial.

A existência dos centros hipotalâmicos de fome e de saciedade é uma explicação simplista, para fins didáticos, do processo de regulação da ingestão de alimento, que envolve outros mecanismos neurais e endócrinos. O mecanismo endócrino mais importante envolve o hormônio leptina, secretado pelas células do tecido adiposo (adipócitos), que é lançado no sangue. A insulina também informa sobre o nível de reserva energética do organismo. A leptina informa o núcleo arqueado do hipotálamo sobre a abundância de gordura existente no corpo, que é proporcional ao volume de leptina liberada, e ele libera o hormônio α-melanócito-estimulante, responsável pela saciedade. A distensão do estômago também estimula a saciedade. Ao contrário, a grelina é liberada por células endócrinas da parede estomacal em jejum e estimula a fome. Para a maioria dos indivíduos, as reservas de gordura se mantêm estáveis. Há um equilíbrio entre a ingesta e o gasto energético. O crescente crescimento da obesidade está relacionado com causas genéticas e mudanças no estilo de vida. Entre as várias causas genéticas, está a redução de receptores para leptina nos neurônios do núcleo arqueado do hipotálamo.

3.6 Regulação do sistema endócrino

O sistema neuroendócrino é um importante braço eferente, por meio do qual o hipotálamo controla a secreção de hormônios da hipófise.

3.6.1 Relações do hipotálamo com a neuro-hipófise

As ideias de que o hipotálamo teria relações importantes com a neuro-hipófise surgiram a propósito da doença conhecida, como o *diabetes insipidus*. Essa doença caracteriza-se por grande aumento da quantidade de urina eliminada, sem que haja eliminação de glicose, como ocorre no *diabetes mellitus*. Ela resulta da diminuição dos níveis sanguíneos do *hormônio antidiurético* (ADH ou vasopressina). Verificou-se que o *diabetes insipidus* ocorre não só em processos patológicos da neuro-hipófise, mas também em certas lesões do hipotálamo. Isso se explica pelo fato de que o hormônio antidiurético é sintetizado pelos neurônios dos núcleos supra-óptico e paraventricular do hipotálamo e, a seguir, é transportado pelas fibras do trato hipotálamo-hipofisário (**Figura 21.2**) até a neuro-hipófise, onde é liberado. O hormônio antidiurético e a ocitocina são transportados acoplados a uma proteína transportadora (neurofisina) que se cora com a técnica de Gomori (substância de Gomori positiva) (**Figura 21.4**). O estudo histológico dessa substância foi importante, pois permitiu a descoberta da *neurossecreção*. De acordo com esse estudo, alguns neurônios seriam capazes não só de conduzir impulsos nervosos, mas de sintetizar e secretar substâncias. Os grandes neurônios neurossecretores dos núcleos supra-óptico e paraventricular sintetizam os hormônios antidiurético, ou vasopressina, e a ocitocina. Na neuro-hipófise, as fibras do trato hipotálamo-hipofisário terminam em relação com vasos situados em septos conjuntivos, o que permite a liberação dos hormônios na corrente sanguínea. Essa liberação é facilitada pelo fato de que os capilares da neuro-hipófise, assim como dos demais órgãos circunventriculares (Capítulo 18, item 6), são fenestrados, não existindo, pois, barreira hematoencefálica. O hormônio antidiurético age nos túbulos renais aumentando a reabsorção de água. Já a ocitocina promove a contração da musculatura uterina e das células mioepiteliais das glândulas mamárias, sendo importante no momento do parto ou na ejeção do leite. Este último fenômeno envolve um reflexo neuroendócrino por meio do qual os impulsos sensoriais que resultam da sucção do mamilo pela criança são levados à medula e daí ao hipotálamo, onde estimulam a produção de ocitocina pelos núcleos supra-óptico e paraventricular e a sua liberação na neuro-hipófise. Hoje, sabe-se que também o choro do bebê estimula a produção e liberação da ocitocina pelos neurônios neurossecretores do hipotálamo. A ocitocina está também relacionada com a capacidade de empatia. Estudos clínicos estão sendo realizados na tentativa de validar o seu uso para aumentar a capacidade de empatia e interação social em crianças autistas.

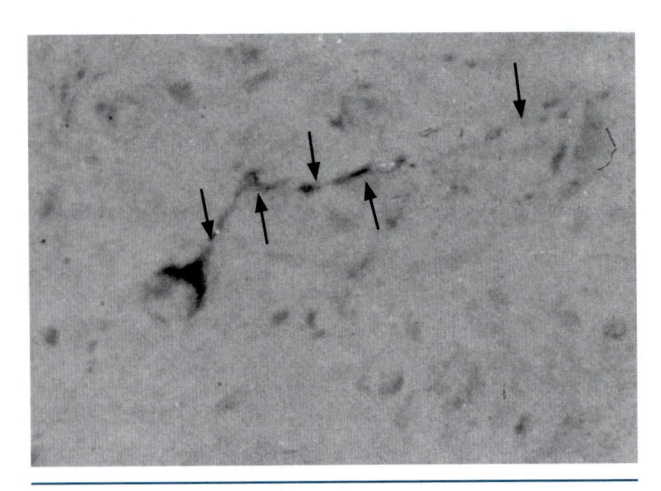

Figura 21.4 Neurônio neurossecretor do núcleo supra-óptico de macaco guariba (*Allouata*), contendo substância Gomori-positiva no corpo celular e no axônio (setas). Hematoxilina alúmen-crônica (preparação do técnico Rubens Miranda).

3.6.2 Relações do hipotálamo com a adeno-hipófise

O hipotálamo regula a secreção dos hormônios da adeno-hipófise por um mecanismo que envolve uma conexão nervosa e outra vascular. Através da primeira, neurônios neurossecretores situados no núcleo arqueado e áreas vizinhas do hipotálamo tuberal secretam substâncias ativas que descem por fluxo axoplasmático nas fibras do *trato tuberoinfundibular* (**Figura 21.3**) e são liberadas em capilares especiais, situados na eminência mediana e na haste infundibular. Inicia-se, então, a conexão vascular, que é feita por intermédio do *sistema porta-hipofisário* (**Figura 21.3**). Lembremos que o sistema porta é aquele constituído por veias interpostas entre duas redes capilares. Os hormônios liberados pelo hipotálamo na primeira dessas redes, ou seja, na eminência mediana e na haste infundibular, passam através das veias do sistema porta à segunda rede capilar situada na adeno-hipófise, onde atuam regulando a liberação dos hormônios adeno-hipofisários. Isso é feito por estimulação e por inibição, existindo, pois, hormônios hipotalâmicos liberadores e inibidores da liberação dos hormônios adeno-hipofisários, que são os seguintes: adrenocorticotrópico (ACTH); tireotrópico (TSH); folículo-estimulante (FSH); luteinizante (LH); hormônio do crescimento (GH); melanócito-estimulante (MSH); e prolactina. Para todos eles, existem hormônios hipotalâmicos liberadores, e a prolactina e o hormônio de crescimento têm também hormônios hipotalâmicos inibidores. O hipotálamo é sensível à ação dos hormônios circulantes que, por retroalimentação, regulam a sua secreção.

A descoberta de que o hipotálamo regula a liberação dos hormônios da adeno-hipófise veio mudar o conceito tradicional de que essa glândula seria a "glândula mestra", reguladora de todo o sistema endócrino. Assim, a adeno-hipófise pode ser considerada apenas um elo entre o hipotálamo neurossecretor e as glândulas endócrinas que ela regula.

Tabela 21.1 Relações do hipotálamo com a adeno-hipófise

Hormônio hipotalâmico	Hormônio hipofisário
Hormônio liberador da tireotrofina (TRH)	Tireotrofina (TSH)
Hormônio liberador da corticotrofina (CRH)	Adrenocorticotrofina (ACTH)
Hormônio liberador da gonadotrofina	Hormônio lutenizante (LH), hormônio folículo estimulante (FSH)
Hormônio liberador do hormônio de crescimento	Hormônio de crescimento (GH)
Hormônio inibidor da prolactina (PIH), dopamina	Prolactina
Hormônio inibidor da liberação do GH (GIH ou somatostatina)	Hormônio de crescimento, tireotrofina

3.7 Geração e regulação de ritmos circadianos

A maioria de nossos parâmetros fisiológicos, metabólicos ou mesmo comportamentais sofre oscilações que se repetem no período de 24 horas. Isso é observado, por exemplo, na temperatura corporal, no nível circulante de eosinófilos, em vários hormônios, na glicose e em várias outras substâncias, ou mesmo nos padrões de atividade motora e de sono e vigília. Essas variações rítmicas são endógenas, ou seja, elas ocorrem mesmo quando o animal é mantido em escuro permanente. Contudo, nesse caso o ritmo pouco a pouco perde o seu sincronismo com o ritmo externo de claro e escuro, e o período de oscilação passa a ser ligeiramente diferente de 24 horas, donde o termo *circadiano*, do latim *circa* (cerca) e *dies* (dia), ou seja, de aproximadamente um dia. Os ritmos circadianos ocorrem em quase todos os organismos e são gerados em marca-passos ou relógios biológicos. Atualmente, está demonstrado que, nos mamíferos, o principal marca-passo situa-se no núcleo supraquiasmático do hipotálamo (**Figura 21.1**), cuja destruição abole a maioria dos ritmos circadianos.[2] Os próprios neurônios do núcleo supraquiasmático exibem uma atividade circadiana evidenciável em seu metabolismo ou em sua atividade elétrica. Verificou-se que o ritmo circadiano de atividade elétrica pode ser observado até mesmo em neurônios do núcleo supraquiasmático mantidos *in vitro*. A destruição do núcleo supraquiasmático resulta em perda da maioria dos ritmos, inclusive os de vigília-sono.

Existem, no SNC, relógios biológicos, que geram ritmos circadianos, independentemente do núcleo supraquiasmático, como nos núcleos supra-óptico e arqueado, responsáveis pelos ritmos circadianos dos hormônios hipofisários. Demonstrou-se também a presença de relógios biológicos fora do sistema nervoso,[3] como nos hepatócitos, os quais são responsáveis pelos ritmos circadianos de substâncias ligadas às funções hepáticas, por exemplo, as enzimas da glicogenólise. O núcleo supraquiasmático recebe informações sobre a luminosidade do meio ambiente através do trato retino-hipotalâmico, o que lhe permite sincronizar com o ritmo natural de dia e noite todos os ritmos circadianos de todos os relógios biológicos, inclusive os situados fora do SNC.

3.8 Regulação do sono e da vigília

O envolvimento do hipotálamo com sono e vigília já era conhecido desde 1930, quando o médico austríaco Constantin von Economo correlacionou a sintomatologia da encefalite letárgica, doença em que há uma grave sonolência, com lesões do hipotálamo. O núcleo supraquiasmático é responsável pela geração e sincronização do ritmo circadiano de sono e vigília. O nível de alerta é regulado pela área hipotalâmica lateral e o núcleo tuberomamilar. Este último contém neurônios histaminérgicos.

Informações são passadas ao núcleo pré-óptico ventrolateral e a um grupo de neurônios do hipotálamo lateral, que têm como neurotransmissor o peptídeo orexina (ou hipocretina). Os neurônios do núcleo pré-óptico ventrolateral são gabaérgicos e inibem os neurônios monoaminérgicos do sistema ativador ascendente, o que resulta em sono. Ao final do período de sono, sob a ação do núcleo supraquiasmático, essa inibição cessa e começa a ação excitatória dos neurônios orexinérgicos sobre os neurônios desse sistema e inicia-se a vigília. Os neurônios orexinérgicos têm também ação inibitória sobre os neurônios colinérgicos do núcleo tegmentar pedunculopontino, responsáveis pelo sono REM.

Como já foi visto no item anterior, o núcleo supraquiasmático sincroniza o ritmo vigília sono com o ciclo dia-noite e para isso recebe informações pelo trato retino-hipotalâmico. Pesquisas recentes demonstram a existência de fibras que da retina projetam-se diretamente para o núcleo pré-óptico ventrolateral, bloqueando o efeito inibidor que esses neurônios têm sobre o sistema ativador ascendente. A melatonina, o hormônio produzido pela glândula pineal, é liberado ao entardecer, com a perda da luminosidade. Esse hormônio age no núcleo supraquiasmatico, reforçando o ritmo circadiano. Isso explica por que a luz dificulta o adormecer. O ritmo circadiano natural vai um pouco além de 24 horas. Por isso, no caso de pessoas cegas ou que se mantêm completamente no escuro, a tendência é o prolongamento progressivo do ritmo que se desvincula do ritmo dia-noite. O estudo mais detalhado do ciclo sono-vigília foi visto no Capítulo 20.

3.9 Integração do comportamento sexual

Algumas funções hipotalâmicas não estão relacionadas com a homeostase e são também importantes para a sobrevivência da espécie. O comportamento sexual depende de sinais neurais e químicos provenientes de todo o corpo, integrados no hipotálamo, com participação de outras regiões. A excitação sexual depende de várias áreas encefálicas, como o córtex pré-frontal, o sistema límbico (corpo amigdaloide e parte anterior do giro do cíngulo) e estriado ventral, todas as áreas com conexões recíprocas com o hipotálamo. Neste, a excitação está ligada diretamente aos dois núcleos pré-ópticos. Estudos com ressonância magnética funcional demonstraram que eles são ativados em situações em que se manifesta a excitação sexual. A ereção e a ejaculação dependem do sistema nervoso autônomo que, por sua vez, é regulado pelo hipotálamo. O prazer sexual, entretanto, depende de áreas do sistema dopaminérgico mesolímbico, em especial o núcleo *accumbens*, que também tem conexões com o hipotálamo.

---

[2] A atividade rítmica do núcleo supraquiasmático depende dos chamados genes-relógio. Eles transcrevem RNAm, o qual é traduzido em proteínas especiais. Essas proteínas vão aumentando e depois de algum tempo passam a inibir o mecanismo de transcrição, diminuindo a expressão gênica. Como consequência, menos proteína é sintetizada e a expressão gênica novamente aumenta, iniciando um novo ciclo. Todo ciclo ocorre em cerca de 24 horas, e ao ritmo químico corresponde um ritmo de disparos potenciais dos neurônios. Cada neurônio é um relógio e deve ser sincronizado de modo a fornecer a todo o encéfalo uma única mensagem sobre o tempo. Essa sincronização é feita por sinapses elétricas entre esses neurônios.

[3] Revisão em: MOHAWK, J.Á.; FREEN, C.B.; TAKAHASHI, J.S. Central and peripheral circadian clocks in mammals. *Annual Review of Neuroscience*, 2012;445-462.

O estudo comparativo entre os hipotálamos de machos e fêmeas mostrou áreas sexualmente dismórficas como a área pré-óptica especialmente o núcleo intersticial 3 do hipotálamo anterior. Os núcleos pré-ópticos contêm mais neurônios no homem do que na mulher. Estas e outras áreas dismórficas são reguladoras das diferenças de comportamento sexual entre machos e fêmeas. A alta taxa de testosterona fetal nos machos é responsável pela diferenciação ou masculinização do cérebro que influenciará o comportamento sexual quando adultos, fazendo a maioria dos machos se interessar por fêmeas e vice-versa. O comportamento sexual do homem e da mulher é diferente, sobretudo entre os animais. Isso inclui a agressividade e a defesa de território entre os machos e o comportamento de proteção e amamentação das fêmeas. Existem outras áreas sexualmente dismórficas no hipotálamo e áreas extra hipotalâmicas. Como exemplo citamos o núcleo da estria terminal. Diferenças sutis ocorrem também na porção medial da amigdala, córtex pré-frontal, giro lingual e giro angular. O núcleo da estria terminal e o bulbo olfatório acessório são sensíveis a feromônios e fazem conexão com a substância cinzenta periaquedutal para a coordenação do comportamento motor e do sistema nervoso autônomo.

capítulo 22

Estrutura e Funções do Cerebelo

1. Generalidades

O cerebelo e o cérebro são os dois órgãos que constituem o sistema nervoso suprassegmentar. O cerebelo representa apenas 10% do volume do encéfalo, porém contém mais da metade dos neurônios. Tanto o cerebelo como o cérebro apresentam um córtex que envolve um centro de substância branca (o centro medular do cérebro e o corpo medular do cerebelo), onde são observadas massas de substância cinzenta (os núcleos centrais do cerebelo e os núcleos da base do cérebro). Entretanto, veremos que a estrutura fina do córtex cerebral é muito mais complexa do que a do cerebelo, variando nas diversas áreas cerebrais, enquanto no cerebelo ela é uniforme. A ideia inicial de que o cerebelo teria funções exclusivamente motoras não é mais aceita, pois sabe-se hoje que ele participa também de algumas funções cognitivas.

2. Citoarquitetura do córtex cerebelar

No córtex cerebelar, da superfície para o interior, distinguem-se as seguintes camadas (**Figuras 22.1** e **22.2**):

a) camada molecular;
b) camadas de células de Purkinje;
c) camada granular.

Iniciaremos pelo estudo da camada média, formada por uma fileira de células de Purkinje, os elementos mais importantes do cerebelo. As células de Purkinje, piriformes e grandes (**Figura 22.1**), são dotadas de dendritos, que se ramificam na camada molecular, e de um axônio, que sai em direção oposta (**Figura 22.3**), terminando nos núcleos centrais do cerebelo, onde exercem ação inibitória. Esses axônios constituem as únicas fibras eferentes do córtex do cerebelo.

A camada molecular é formada principalmente por fibras de direção paralela (fibras paralelas) e contém dois tipos de neurônios, as *células estreladas* e as *células em cesto*.

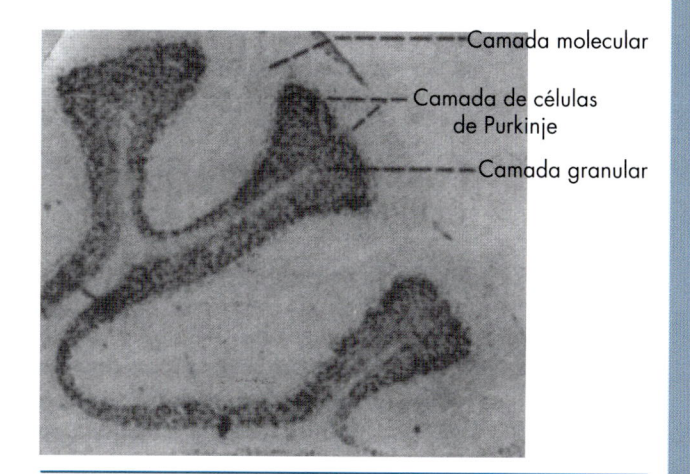

Figura 22.1 Fotomicrografia de um corte histológico de três folhas do cerebelo mostrando as camadas (tricrômico de Gomori, aumento 40×).

Estas últimas são assim denominadas por apresentarem sinapses axossomáticas dispostas em torno do corpo das células de Purkinje, à maneira de um cesto (**Figura 22.3**).

A camada granular é constituída principalmente por células granulares ou grânulos do cerebelo, células muito pequenas (as menores do corpo humano), cujo citoplasma é muito reduzido. Essas células, extremamente numerosas, têm vários dendritos e um axônio que atravessa a camada de células de Purkinje e, ao atingir a camada molecular, bifurca-se em T (**Figura 22.3**). Os ramos resultantes dessa bifurcação constituem as chamadas *fibras paralelas*, que se dispõem paralelamente ao eixo da folha cerebelar. Essas fibras, dispostas ao longo do eixo da folha cerebelar, estabelecem sinapses com os dendritos das células de Purkinje, lembrando a disposição dos fios nos postes de luz (**Figura 22.3**). Desse modo, cada célula granular faz sinapse com um grande número de células de Purkinje.

Na camada granular, existe ainda outro tipo de neurônio, as *células de Golgi* (**Figura 22.3**), com ramificações muito amplas. Essas células, entretanto, são menos numerosas do que as granulares.

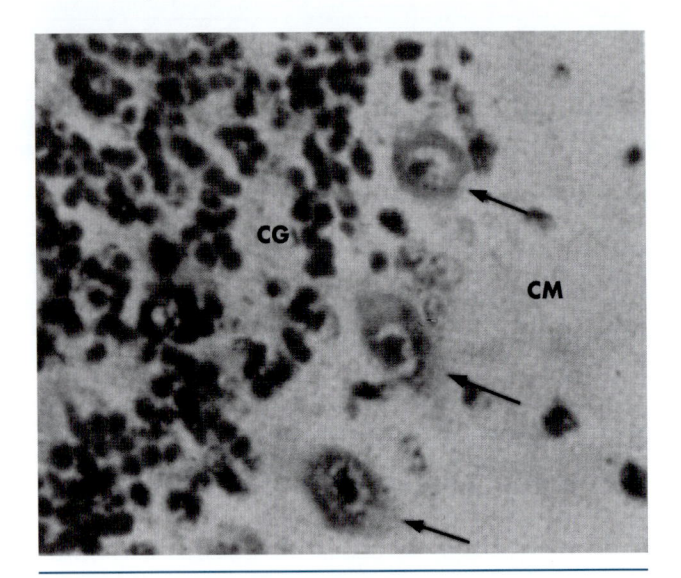

Figura 22.2 Fotomicrografia de um corte histológico de cerebelo mostrando as células de Purkinje (setas).
CM = camada molecular; **CG** = camada granular (tricrômico de Gomori, aumento 150×).

3. Conexões intrínsecas do cerebelo

As fibras que penetram no cerebelo se dirigem ao córtex e são de dois tipos: *fibras musgosas*; e *fibras trepadeiras*[1] (**Figura 22.3**). Estas últimas são axônios de neurônios situados no complexo olivar inferior, enquanto as fibras musgosas representam a terminação dos demais feixes de fibras que penetram no cerebelo. Ambas são glutamatérgicas. As fibras trepadeiras têm esse nome porque terminam enrolando-se em torno dos dendritos das células de Purkinje (**Figuras 22.3** e **22.4**), sobre as quais exercem potente ação excitatória. Já as fibras musgosas, ao penetrar no cerebelo, emitem ramos colaterais (**Figura 22.4**) que fazem sinapses excitatórias com os neurônios dos núcleos centrais. Em seguida, atingem a camada granular, onde se ramificam, terminando em sinapses excitatórias axodendríticas com grande número de células granulares, que, por meio das fibras paralelas, se ligam às células de Purkinje. Constitui-se, assim, um circuito cerebelar básico (**Figura 22.4**), através do qual os impulsos nervosos que penetram no cerebelo pelas fibras musgosas ativam sucessivamente os neurônios dos núcleos centrais, as células granulares e as células de Purkinje, as quais, por sua vez, inibem os próprios neurônios dos núcleos centrais. Temos, assim, a situação em que as informações que chegam ao cerebelo de vários setores do sistema nervoso agem inicialmente sobre os neurônios dos núcleos centrais de onde saem as respostas eferentes do cerebelo. A atividade desses neurônios, por sua vez, é modulada pela ação inibidora das células de Purkinje. Na realidade, as conexões intrínsecas do cerebelo são mais complexas, uma vez que o circuito formado pela união das células granulares com as células de Purkinje é modulado pela ação de três outras células inibitórias: as células de Golgi; as células em cesto; e as células estreladas. Essas células, assim como as células de Purkinje, agem mediante a liberação de ácido gama-aminobutírico (GABA). Já a célula granular, única célula excitatória do córtex cerebelar, tem como neurotransmissor o glutamato. A célula de Purkinje recebe, portanto, sinapses diretamente das fibras trepadeiras e indiretamente das fibras musgosas. Projeta-se depois para os núcleos centrais do cerebelo ou para o núcleo vestibular, no caso do lobo floculonodular, sendo estas as vias de saída do cerebelo.

4. Núcleos centrais e corpo medular do cerebelo

São os seguintes os núcleos centrais do cerebelo (**Figura 22.5**):

a) núcleo denteado;
b) núcleo emboliforme;
c) núcleo globoso;
d) núcleo fastigial.

O *núcleo fastigial* localiza-se próximo ao plano mediano, em relação com o ponto mais alto do teto do IV ventrículo. O *núcleo denteado* é o maior dos núcleos centrais do cerebelo; assemelha-se ao núcleo olivar inferior e localiza-se mais lateralmente (**Figura 22.5**). Entre os núcleos fastigial e denteado, localizam-se os *núcleos globoso* e *emboliforme*. Esses dois núcleos são bastante semelhantes do ponto de vista funcional e estrutural, sendo geralmente agrupados sob denominação *núcleo interpósito*.

Dos núcleos centrais saem as fibras eferentes do cerebelo e neles chegam os axônios das células de Purkinje e colaterais das fibras musgosas.

O *corpo medular do cerebelo* é constituído de substância branca e formado por fibras mielínicas, que são principalmente as seguintes:

a) *Fibras aferentes ao cerebelo* – penetram pelos pedúnculos cerebelares e dirigem-se ao córtex, onde perdem a bainha de mielina.
b) *Fibras formadas pelos axônios das células de Purkinje* – dirigem-se aos núcleos centrais e, ao sair do córtex, tornam-se mielínicas.

Ao contrário do que ocorre no cérebro, existem muito poucas fibras de associação no corpo medular do cerebelo. Admite-se que essas fibras são ramos colaterais dos axônios das células de Purkinje.

---

[1] Além dessas fibras, conhecidas há bastante tempo, também penetram no córtex cerebelar fibras noradrenérgicas e serotoninérgicas, originadas, respectivamente, no *locus ceruleus* e nos núcleos da rafe.

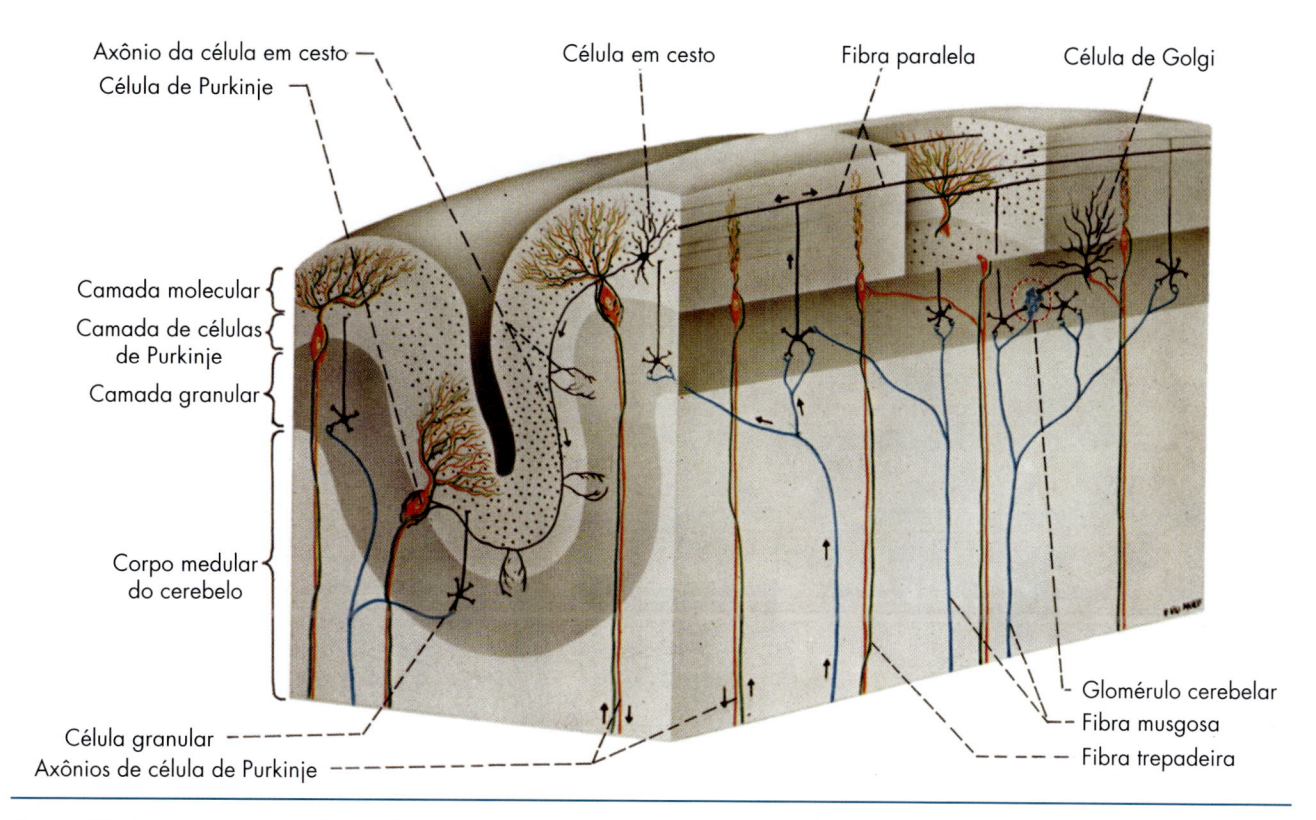

Figura 22.3 Diagrama esquemático de duas folhas do cerebelo mostrando o arranjo das células e das fibras no córtex cerebelar.

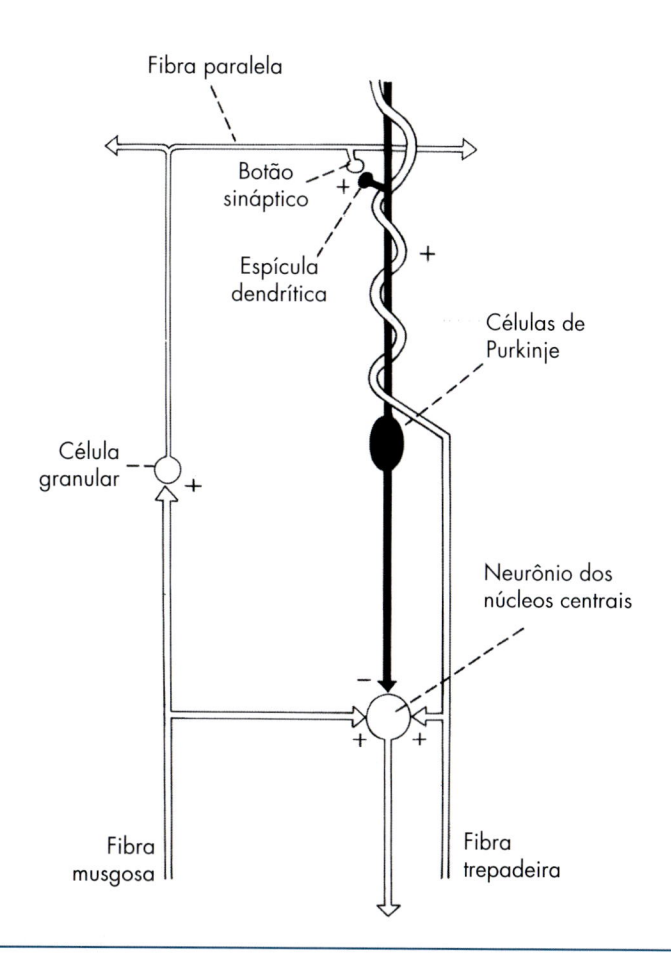

Figura 22.4 Esquema do circuito cerebelar básico.

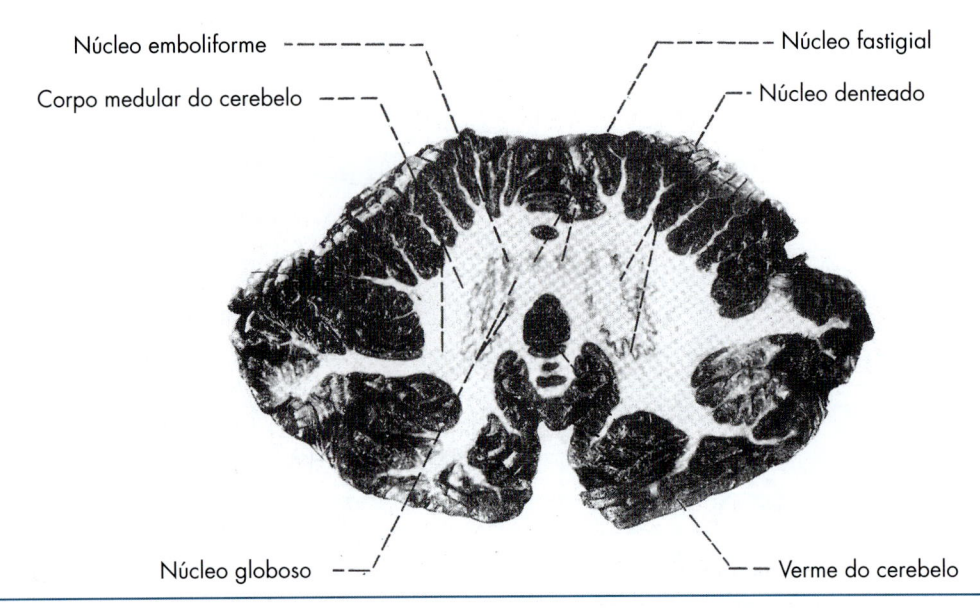

Figura 22.5 Secção horizontal do cerebelo mostrando os núcleos centrais (método de Barnard, Roberts, Brown).

5. Divisão funcional do cerebelo

Vimos no Capítulo 5, parte B, item 4 a divisão anatômica do cerebelo, em que as partes se distribuem transversalmente (**Figura 5.7**). Existe também uma divisão longitudinal, em que as partes do corpo do cerebelo se dispõem no sentido mediolateral (**Figura 22.6**). Distinguem-se uma *zona medial*, ímpar, correspondendo ao verme, e, de cada lado, uma *zona intermédia* paravermiana e uma *zona lateral*, correspondendo à maior parte dos hemisférios. A zona lateral, entretanto, não se separa da zona intermédia por nenhum elemento visível na superfície do cerebelo. Os axônios das células de Purkinje da zona lateral projetam-se para o núcleo denteado; os da zona medial, para os núcleos fastigial e vestibular lateral; e os da zona intermédia, para o núcleo interpósito. As células de Purkinje do lobo floculonodular projetam-se para o núcleo fastigial ou diretamente para os núcleos vestibulares.

Esta maneira de se dividir o cerebelo, com base nas conexões do córtex com os núcleos centrais, dá a base para divisão funcional do cerebelo em três partes, a saber:

a) *Vestibulocerebelo* – compreende o lobo floculonodular e tem conexões com o núcleo fastigial e os núcleos vestibulares.
b) *Espinocerebelo* – compreende o verme e a zona intermédia dos hemisférios e tem conexões com a medula.
c) *Cerebrocerebelo* – compreende a zona lateral e tem conexões com o córtex cerebral.

O esquema a seguir mostra a divisão longitudinal do cerebelo (**Figura 22.6**) e as três divisões funcionais que serão adotadas para o estudo de suas conexões.

Cerebelo		
Divisão anatômica	Divisão funcional	
Corpo do cerebelo	Zona lateral	cerebrocerebelo
	Zona intermédia	espinocerebelo
	Zona medial	espinocerebelo
Lobo floculonodular		vestibulocerebelo

6. Conexões extrínsecas

6.1 Aspectos gerais

Chegam ao cerebelo do homem alguns milhões de fibras nervosas, trazendo informações dos mais diversos setores do sistema nervoso, as quais são processadas pelo órgão, cuja resposta, veiculada por intermédio de um complexo sistema de vias eferentes, influenciará os neurônios motores. Um princípio geral é que, ao contrário do cérebro,

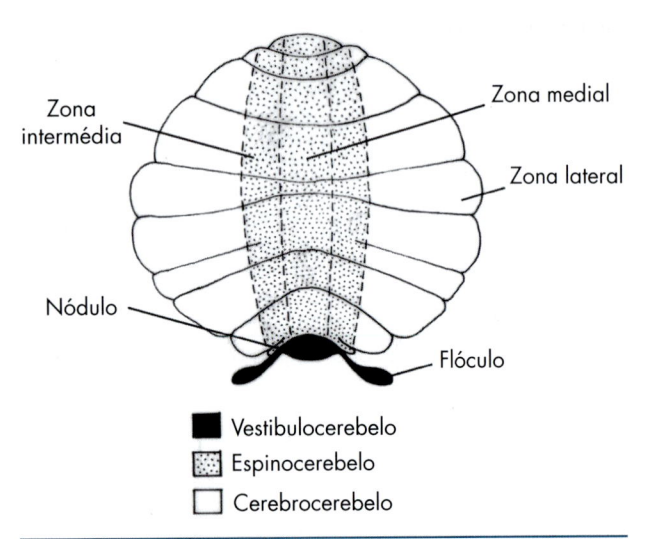

Figura 22.6 Esquema da divisão funcional do cerebelo.

o cerebelo influencia os neurônios motores de seu próprio lado. Para isso, tanto as suas vias aferentes como as eferentes, quando não são homolaterais, sofrem duplo cruzamento, ou seja, vão para o lado oposto e voltam para o mesmo lado. Esse fato tem importância clínica, pois a lesão de um hemisfério cerebelar dá sintomatologia do mesmo lado, enquanto no hemisfério cerebral a sintomatologia é do lado oposto. O estudo da origem, trajeto e destino das fibras aferentes e eferentes do cerebelo é muito importante para a compreensão da fisiologia e da patologia desse órgão. Esse estudo será feito separadamente para o vestíbulo, o espino e o cerebrocerebelo.

6.2 Vestibulocerebelo

6.2.1 Conexões aferentes

As fibras aferentes chegam ao cerebelo pelo *fascículo vestibulocerebelar*, têm origem nos núcleos vestibulares e distribuem-se ao lobo floculonodular (**Figura 15.2**). Trazem informações originadas na parte vestibular do ouvido interno sobre a posição da cabeça, importantes para a manutenção do equilíbrio e da postura básica.

6.2.2 Conexões eferentes

As células de Purkinje do vestibulocerebelo projetam-se para os neurônios dos núcleos vestibulares medial e lateral. Por intermédio do núcleo lateral, modulam os tratos vestibulospinais lateral e medial, que controlam a musculatura axial e extensora dos membros para manter o equilíbrio na postura e na marcha, fazendo parte do sistema motor medial da medula. Projeções inibitórias das células de Purkinje para os núcleos vestibulares mediais controlam os movimentos oculares e coordenam os movimentos da cabeça e dos olhos por meio do fascículo longitudinal medial.

6.3 Espinocerebelo

6.3.1 Conexões aferentes

Essas conexões são representadas principalmente pelos tratos *espinocerebelar anterior* e *espinocerebelar posterior* (**Figura 22.7**), que penetram no cerebelo, respectivamente, pelos pedúnculos cerebelares superior e inferior e terminam no córtex das zonas medial e intermédia. Recebe também informações visuais, auditivas, vestibulares e somatossensoriais. O verme controla a postura, locomoção e movimentos oculares. A lesão da área visual do verme prejudica os movimentos sacádicos que, desregulados, ultrapassam o alvo e causam oscilações. Por meio do trato espinocerebelar posterior, o cerebelo recebe sinais sensoriais originados em receptores proprioceptivos e, em menor grau, de outros receptores somáticos, o que lhe permite avaliar o grau de contração dos músculos, a tensão nas cápsulas articulares e nos tendões, assim como as posições e velocidades do movimento das partes do corpo. Já as fibras do trato espinocerebelar anterior são ativadas principalmente pelos sinais motores que chegam à medula pelos tratos corticospinal e rubrospinal, permitindo ao cerebelo avaliar o grau de atividade nesse trato.

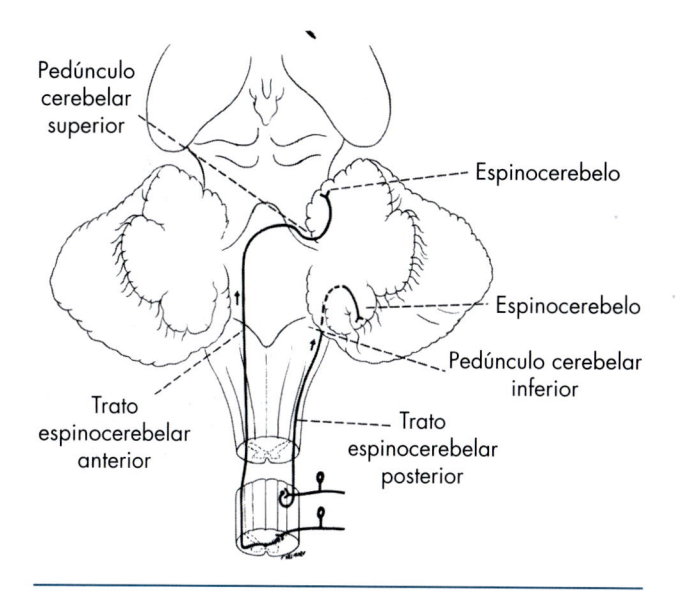

Figura 22.7 Conexões aferentes do espinocerebelo.

6.3.2 Conexões eferentes

Os axônios das células de Purkinje da zona intermédia fazem sinapse no núcleo interpósito, de onde saem fibras para o núcleo rubro e para o tálamo do lado oposto. Por meio das primeiras, o cerebelo influencia os neurônios motores pelo trato rubrospinal, constituindo-se a *via interpósito-rubrospinal* (**Figura 22.8**). Já os impulsos que vão para o tálamo seguem para as áreas motoras do córtex cerebral (*via interpósito-tálamo-cortical*), onde se origina o trato corticospinal (**Figura 22.8**). Assim, por intermédio desses dois tratos, o cerebelo exerce a sua influência sobre os neurônios motores da medula situados do mesmo lado. A ação do núcleo interpósito é realizada diretamente sobre os neurônios motores do grupo lateral da coluna anterior, que controlam os músculos distais dos membros responsáveis por movimentos delicados.

Os axônios das células de Purkinje da zona medial fazem sinapse nos núcleos fastigiais, de onde sai o trato fastigiobulbar com dois tipos de fibras: *fastigiovestibulares* e *fastigiorreticulares*. As primeiras fazem sinapse nos núcleos vestibulares, a partir dos quais os impulsos nervosos, por meio do trato vestibulospinal, projetam-se sobre os neurônios motores (**Figura 15.2**); as segundas terminam na formação reticular, a partir da qual os impulsos atingem, pelos tratos reticulospinais, os neurônios motores. Em ambos os casos, a influência do cerebelo se exerce sobre os neurônios motores do grupo medial da coluna anterior, os quais controlam a musculatura axial e proximal dos membros, no sentido de manter o equilíbrio e a postura.

6.4 Cerebrocerebelo

6.4.1 Conexões aferentes

As fibras *pontinas*, também chamadas *pontocerebelares*, têm origem nos núcleos pontinos, penetram no cerebelo pelo pedúnculo cerebelar médio, distribuindo-se ao córtex

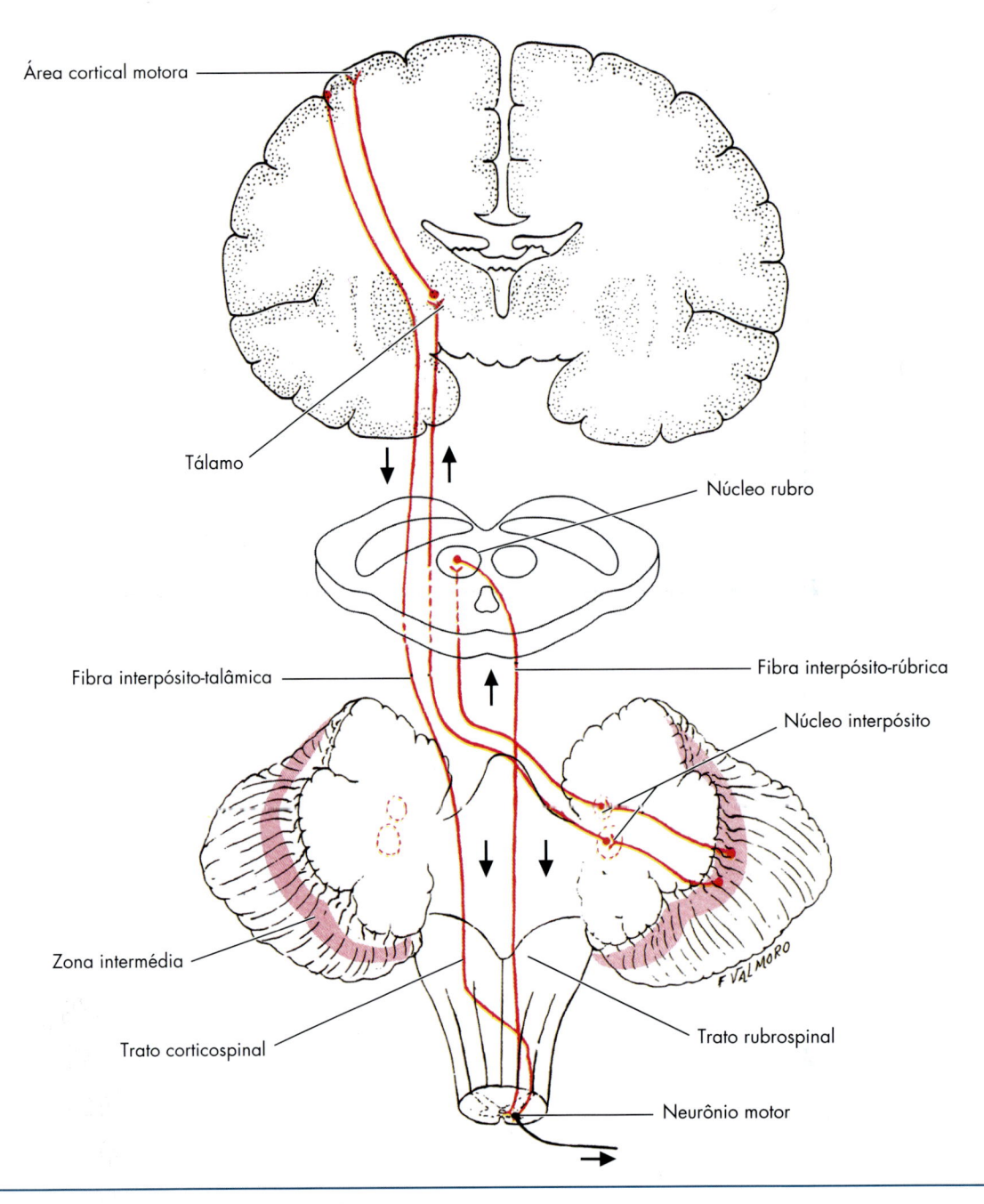

Figura 22.8 Conexões eferentes do espinocerebelo.

da zona lateral dos hemisférios. Fazem parte da via *cortico-pontocerebelar* (**Figura 22.9**), por meio da qual chegam ao cerebelo informações oriundas de áreas motoras e não motoras do córtex cerebral. A projeção córtico-pontocerebelar tem mais fibras do que a projeção corticospinal, o que dá uma ideia da sua importância funcional.

6.4.2 Conexões eferentes

Os axônios das células de Purkinje da zona lateral do cerebelo fazem sinapse no núcleo denteado, de onde os impulsos seguem para o tálamo do lado oposto e daí para as áreas motoras do córtex cerebral (*via dento-tálamo-cortical*), onde se origina o trato corticospinal (**Figura 22.9**). Por intermédio desse trato, o núcleo denteado participa da atividade motora, agindo sobre a musculatura distal dos membros responsáveis por movimentos finos que envolvem múltiplas articulações. Controla o planejamento, o início, a velocidade e o tempo do movimento. O distúrbio causa o tremor de ação e dismetria.

7. Resumo dos aspectos funcionais

As principais funções do cerebelo são: manutenção do equilíbrio e da postura; controle do tônus muscular; controle dos movimentos voluntários; aprendizagem motora; e funções cognitivas específicas, que serão detalhadas a seguir.

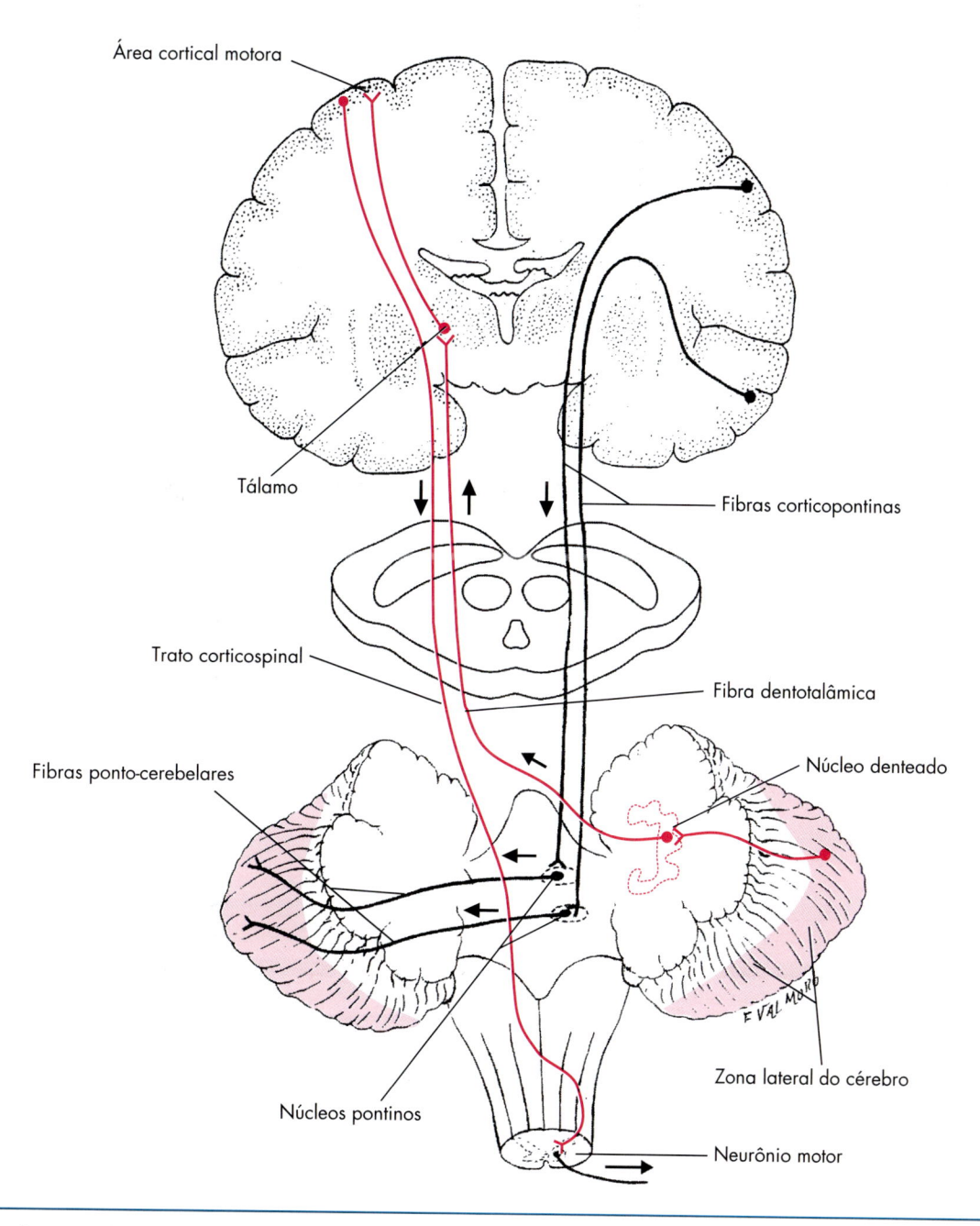

Figura 22.9 Conexões do cerebrocerebelo: aferentes (em preto) e eferentes (em vermelho).

7.1 Manutenção do equilíbrio e da postura

Essas funções se fazem basicamente pelo vestibulocerebelo, que promove a contração adequada dos músculos axiais e proximais dos membros, de modo a manter o equilíbrio e a postura normal, mesmo nas condições em que o corpo se desloca. A influência do cerebelo é transmitida aos neurônios motores pelos tratos vestibulospinais.

7.2 Controle do tônus muscular

Um dos sintomas da descerebelização é a perda do tônus muscular, que pode ocorrer também por lesão dos núcleos centrais. Sabe-se que esses núcleos, em especial o dendeado e interposto, mantêm, mesmo na ausência de movimento, certo nível de atividade espontânea. Essa atividade, agindo sobre os neurônios motores das vias laterais (tratos corticospinal e rubrospinal) é também importante para a manutenção do tônus.

7.3 Controle dos movimentos voluntários

O papel do cerebelo no controle dos movimentos voluntários é amplamente conhecido. Lesões do cerebelo têm como sintomatologia uma grave ataxia, ou seja, falta de coordenação dos movimentos voluntários decorrentes de erros na força, extensão e direção do movimento. O mecanismo pelo qual o cerebelo controla o movimento envolve duas etapas: uma de *planejamento do movimento* e outra de *correção do movimento* já em execução. O planejamento do movimento é elaborado no cerebrocerebelo, a partir de informações trazidas, pela via corticopontocerebelar, de áreas de associação do córtex cerebral ligadas a funções psíquicas superiores e que expressam a "intenção" do movimento. Estudos recentes sugerem que os núcleos da base interagem diretamente com o cerebelo nesse planejamento motor. O "plano" motor é, então, enviado às áreas motoras de associação do córtex cerebral pela via *dentotalamocortical* (**Figura 22.9**). Essas áreas (pré-motora e motora suplementar) associam os dados do plano motor do cerebelo com seus próprios dados, resultando em um plano motor comum que é, então, colocado em execução mediante ativação dos neurônios da área motora primária. Estes, por sua vez, ativam os neurônios motores medulares por meio do trato corticospinal. Uma vez iniciado o movimento, ele passa a ser controlado pelo espinocerebelo. Este, através de suas inúmeras aferências sensoriais, especialmente as que chegam pelos tratos espinocerebelares, é informado das características do movimento em execução e, por meio da via *interpósito-tálamo-cortical,* promove as correções devidas, agindo sobre as áreas motoras e o trato corticospinal. Admite-se que, para isso, o espinocerebelo compara as características do movimento em execução com o plano motor, promovendo as correções e os ajustamentos necessários para que o movimento ocorra de maneira adequada. Assim, o papel do espinocerebelo é diferente daquele do cerebrocerebelo, o que pode ser correlacionado com o fato de que o primeiro recebe aferências espinais e corticais, enquanto o cerebrocerebelo recebe apenas estas últimas.

Corroborando ainda os papéis diferentes exercidos pelo espinocerebelo e cerebrocerebelo na organização do movimento, temos o fato de que estudos com ressonância magnética funcional mostram que o núcleo denteado – ligado ao planejamento motor – é ativado antes do início do movimento, enquanto o núcleo interpósito – ligado à correção do movimento – só é ativado depois que este se inicia. Fato interessante é que em certos movimentos muito rápidos (movimentos balísticos), como o de datilografar, apenas o cerebrocerebelo é ativado, pois não há tempo do espinocerebelo receber informações sensoriais que lhe permitam corrigir o movimento.

7.4 Aprendizagem motora

É fato conhecido que, quando executamos a mesma atividade motora várias vezes, ela passa a ser feita de maneira cada vez mais rápida e com menos erros. Isso significa que o sistema nervoso aprende a executar as tarefas mo[toras] repetitivas, o que provavelmente envolve modificaç[ões] mais ou menos estáveis em circuitos nervosos. Admite[-se] que o cerebelo participa desse processo por meio das fi[bras] olivocerebelares, que chegam ao córtex cerebelar como [fi]bras trepadeiras e fazem sinapses diretamente com as [cé]lulas de Purkinje. Há evidência de que essas fibras pod[em] modular a excitabilidade das células de Purkinje, em resp[os]ta aos impulsos que essas células recebem do sistema [de] fibras musgosas e paralelas. As fibras trepadeiras modific[am] por tempo prolongado as respostas das células de Purk[inje] aos estímulos das fibras musgosas. As fibras trepadeiras [for]necem o sinal de erro durante o movimento que depr[imi]ria as fibras paralelas simultaneamente ativas, permiti[ndo] que os movimentos certos surgissem. Por meio de su[ces]sivos movimentos, um padrão de atividade cada vez [mais] apropriado surgiria ao longo do tempo. Tal ação parece [ser] muito importante para a aprendizagem motora. As fi[bras] trepadeiras detectariam diferenças entre informações [sen]soriais esperadas e as que ocorrem na realidade, em ve[z de] só monitorizar a informação aferente. A lesão, tanto do c[ere]belo como da oliva inferior, prejudica o aprendizado m[otor] em que prática, tentativa e erro propiciam a execução [per]feita e automática do movimento.

Atualmente, considera-se que a aprendizagem m[oto]ra ocorre não apenas no córtex cerebelar, mas result[a da] plasticidade sináptica coordenada entre vários locais [em que] núcleos centrais estão envolvidos. O cerebelo cria mo[delos] internos para auxiliar na realização de movimentos pre[cisos] antes da interferência do *feedback* sensorial. O mecan[ismo] da aprendizagem motora pode estar relacionado às m[odi]ficações sinápticas que cria e mantém esses modelos i[nter]nos, permitindo fazer boas estimativas e pré-program[ação] da sequência de movimentos. As mudanças no tama[nho] do corpo ao longo do crescimento exige do cerebelo [a ca]pacidade de aprender e adaptar os modelos para perm[itir a] realização de movimentos cada vez mais eficientes. Le[sões] cerebelares podem afetar as habilidades proprioceptiv[as e] senso de posição do membro durante um movimento [ativo]. Uma interpretação para esse fato é que o cerebelo no[rmal]mente ajuda a predizer como os movimentos ocorrer[ão, o] que pode ser importante para a coordenação e perce[pção] de onde o membro está durante o movimento ativo, [facili]tando as correções. Esse mecanismo não está restrito ao [con]trole dos movimentos, mas também pode contribuir p[ara a] aprendizagem comportamental, emocional e cognitiva.

8. Correlações anatomoclínicas – síndromes cerebelares

As características gerais das lesões cerebelares incluem hipotonia, ataxia, perda do equilíbrio e incoordenação motora. No entanto, as lesões podem afetar partes específicas do cerebelo e provocar sintomas característicos dessa área. Assim, podemos distinguir três síndromes principais, de acordo com a divisão funcional do cerebelo: síndromes do vestibulocerebelo, com instabilidade [pos]tural; do espinocerebelo, com incoordenação moto[ra; e] do cerebrocerebelo, com alterações do planejame[nto] motor. Nas lesões unilaterais dos hemisférios cerebel[ares,] as alterações ocorrerão ipsilateralmente. Essas síndro[mes] serão detalhadas a seguir.

8.1 Síndrome do vestibulocerebelo

O vestibulocerebelo recebe informações vestibulares dos canais semicirculares do ouvido interno por meio dos núcleos vestibulares e visuais por meio dos núcleos do troco encefálico e das áreas visuais do córtex. Em casos de lesão, perde a capacidade de usar essas informações para o controle dos movimentos do corpo durante a marcha ou na postura de pé, e perda do controle dos movimentos oculares durante a rotação da cabeça ou segmento de objetos.

Ocorre marcha com base alargada e movimentos irregulares das pernas (ataxia), tanto com olhos abertos como fechados, e tendência a quedas. Não há dificuldade no movimento preciso de braços e pernas se o indivíduo estiver deitado ou apoiado, pois o cerebelo pode usar as informações proprioceptivas dos tratos espinocerebelares.

Uma das causas da síndrome do vestibulocerebelo são os tumores do teto do IV ventrículo, que comprimem o nódulo e o pedúnculo do flóculo. Nesse caso, há somente perda de equilíbrio, com ataxia de tronco, e as crianças não conseguem se manter em pé. Ocorre, também, nistagmo. Não há, entretanto, nenhuma alteração do tônus muscular e, quando elas se mantêm deitadas, a coordenação dos movimentos é praticamente normal. Os movimentos oculares de segmento são também controlados pelo flóculo. As lesões unilaterais são causadas principalmente por tumores do VIII nervo. Deste modo, dificultam os movimentos oculares de segmento para o lado da lesão.

8.2 Síndrome do espinocerebelo

Lesões no espinocerebelo ocasionam erros na execução motora porque a área afetada deixa de processar informações proprioceptivas dos feixes espinocerebelares não é mais capaz de influenciar as vias descendentes.

O espinocerebelo atua por intermédio de mecanismo de anteroalimentação, ou seja, são ações antecipatória executadas antes do movimento, guiadas por informaçõe sobre o corpo e os objetos no espaço. O espinocerebel pode também atuar após o início do movimento por mei de informações proprioceptivas do movimento em execu ção. Essas ações atuam pelas vias descendentes.

O movimento de uma articulação é iniciado pela cor tração do agonista e desacelerado pelo antagonista. Iss é temporalmente graduado. A perda desse controle im pede que a contração antecipada do antagonista ocorra o movimento só é interrompido após ultrapassar o alvo; contração antecipada é substituída por uma contração re troalimentada, ou seja, após o término do movimento par reajustá-lo. Observa-se ataxia de membros em que a tenta tiva de alcançar um objeto se faz por um caminho sinuos A correção resulta em novo erro e outro ajuste, causando tremor terminal.

A lesão do núcleo interpósito reduz a ativação dos tr tos rubrospinal e corticospinal e consequente redução d tônus muscular. Reduz também a precisão do moviment em virtude de erros na cronologia, direção e extensão d movimento, sintomas estes conhecidos como *dismetria*. Na lesões mediais ocorrerá ataxia de marcha (**Figura 22.10**).

Lesões do espinocerebelo podem também causar ni tagmo e alteração da fala, como fala arrastada por lesão d verme ou núcleo fastigial (o controle vocal está no verme Movimentos sacádicos dos olhos são também controla dos pelo verme cerebelar e pelo núcleo fastigial. Sua lesã

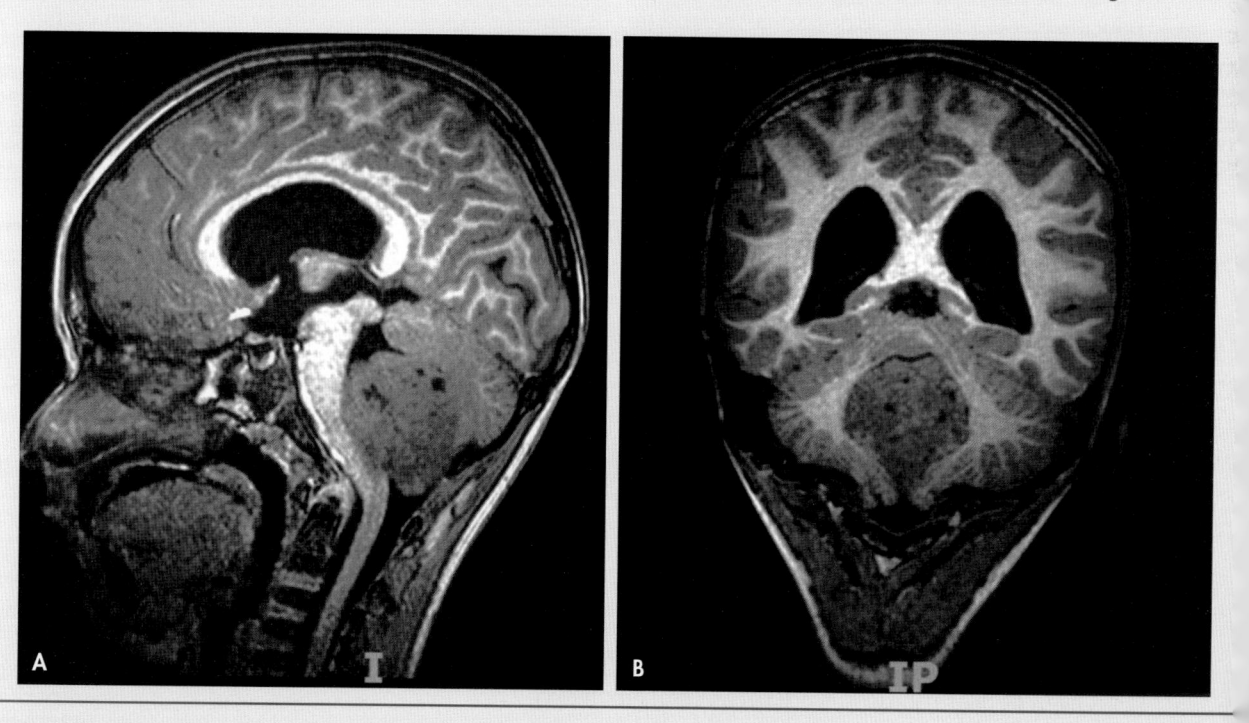

Figura 22.10 Ressonância magnética mostrando tumor envolvendo a linha média cerebelar. O paciente apresentava cefaleia e vômito matinais, devido a obstrução liquórica, causando hipertensão intracraniana e hidrocefalia; perda de peso e ataxia de marcha. **(A)** Cort sagital. **(B)** Corte coronal.

torna as sacadas hipermétricas, assim como ocorre com os movimentos dos membros.

8.3 Síndrome do cerebrocerebelo

Ocorre principalmente por lesão da zona lateral e manifesta-se por sinais e sintomas ligados ao movimento e que vão descritos a seguir:

a) *Atraso no início do movimento.*
b) *Decomposição do movimento multiarticular* – movimentos complexos, que normalmente são feitos de modo simultâneo por várias articulações, são decompostos, ou seja, realizados em etapas sucessivas por cada uma das articulações.
c) *Disdiadococinesia* – é a dificuldade de fazer movimentos rápidos e alternados com precisão temporal, como tocar rapidamente a ponta do polegar com os dedos indicador e médio, alternadamente.
d) *Rechaço* – verifica-se esse sinal mandando o paciente forçar a flexão do antebraço contra uma resistência que se faz no pulso. No indivíduo normal, quando se retira essa resistência, a flexão cessa por uma imediata ação dos músculos extensores, coordenada pelo cerebelo. Entretanto, no doente neocerebelar, essa coordenação não existe, os músculos extensores custam a agir e o movimento é muito violento, levando quase sempre o paciente a dar um tapa no próprio rosto.
e) *Tremor* – trata-se de um tremor característico, que se acentua ao final do movimento ou quando o paciente está prestes a atingir um objetivo, como apanhar um objeto.
f) *Dismetria* – consiste na execução defeituosa de movimentos que visam atingir um alvo, pois o indivíduo não consegue dosar exatamente a "quantidade" de movimentos necessários para isso. Pode-se testar esse sinal pedindo ao paciente que coloque o dedo na ponta do nariz e verificando se ele é capaz de executar a ordem.

8.4 Algumas considerações sobre as lesões cerebelares

Os distúrbios cerebelares podem estar associados a inúmeras causas: malformações congênitas; hereditárias; infecciosas; neoplásicas vasculares; e outras. Uma das principais características é que as lesões cerebelares causam sintomas ipsilaterais. As síndromes do vestibulocerebelo, do espino cerebelo e do cerebrocerebelo nem sempre são observadas de forma isolada na prática clínica.

Do ponto de vista puramente clínico, e tendo em vista principalmente a localização de tumores cerebelares, os neurologistas costumam distinguir dois quadros patológicos do cerebelo: *lesões do verme*; e *lesões dos hemisférios*. As lesões hemisféricas manifestam-se nos membros do lado lesado e dão sintomatologia relacionada com a coordenação dos movimentos. Já a lesão do verme manifesta-se principalmente por perda do equilíbrio, com alargamento da base de sustentação e alterações da marcha (marcha atáxica) e da fala (**Figura 22.10**).

O cerebelo tem notável capacidade de recuperação funcional quando há lesões de seu córtex, sobretudo em crianças, ou quando as lesões aparecem de maneira gradual. Para isso, concorre o fato de o seu córtex ter uma estrutura uniforme, permitindo que as áreas intactas assumam pouco a pouco as funções das áreas lesadas. Entretanto, a recuperação não ocorre quando as lesões atingem os núcleos centrais.

8.5 Funções não motoras

A princípio, considerava-se que o cerebelo teria apenas funções motoras. No entanto, estudos de neuroimagem funcional demonstraram que ele também participa de funções cognitivas, executadas principalmente pelo cerebrocerebelo. Este, além de suas conexões relacionadas com a motricidade, tem também conexões com a área pré-frontal do córtex, evidenciando funções não motoras, como resolver quebra-cabeças, associar palavras a verbos, resolver mentalmente operações aritméticas e reconhecer figuras complexas.

O cerebelo tem fortes conexões com as estruturas límbicas e cognitivas. Participa da regulação dos estados emocionais, comportamento social, linguagem e cognição. Isto fica evidente por meio dos quadro clínicos em lesões cerebelares em que o paciente passa a apresentar uma síndrome cognitivo-afetiva associada aos distúrbios motores. As lesões da linha media ou do verme ocasionam desregulação emocional e afetiva decorrente da ligação com as áreas límbicas. Os danos ao hemisfério cerebelar direito podem ocasionar distúrbios de linguagem presumivelmente pela ligação com as áreas de linguagem do hemisfério cerebral esquerdo. Do mesmo modo, as lesões do hemisfério cerebelar esquerdo podem ocasionar disfunções visuoespaciais em virtude das conexões com o hemisfério cerebral direito. Alguns pacientes desenvolvem déficits cognitivos com graus deferentes de compensação após a lesão. Em alguns casos, principalmente se a lesão for precoce na infância, esses déficits podem ser robustos, o que confirma o papel do cerebelo no neurodesenvolvimento. O cerebelo está envolvido na fisiopatologia de diversos transtornos psiquiátricos, como o autismo e a esquizofrenia. Estudos demonstraram que no autismo assim como em alguns quadros de deficiência intelectual há redução do número de células de Purkinje.

Leitura sugerida

BODRANGHIEN, F.; BASTIAN, A.; CASALI, C.; et al. Consensus paper: revisiting the symptoms and signs of cerebelar syndrome. *Cerebellum*. 2016,15:369-391.

ADAMASZEK, M.; D'AGATA, F.; FERRUCCI, R.; et al. Consensus paper: cerebellum and emotion. *Cerebellum*. 2017,16:552-576.

STATE, MW.; SESTAN N. The emerging biology of autism spectrum disorders. Science. 2012, 337:1301-1303.

STOODLEY, CJ.; SCHMAHMANN JD. Evidence for topographic organization in the cerebellum of motor control versus cognitive and affective processing. Cortex. 2010,46(7):831-44.

STOODLEY CJ.; VALERAD, EM., SCHMAHMANN JD. Functional topography of cerebellum for motor and cognitive tasks: an fMRI study. Neuroimage. 2012;59(2):1560-70.

capítulo 23

Estrutura e Funções do Tálamo, Subtálamo e Epitálamo

A – Estrutura e funções do tálamo

1. Generalidades

O tálamo está situado no diencéfalo, acima do sulco hipotalâmico (**Figura 23.1**). É constituído de duas grandes massas ovoides de tecido nervoso, com uma extremidade anterior pontuda, o *tubérculo anterior do tálamo*, e outra posterior, bastante proeminente, o *pulvinar do tálamo* (**Figura 5.2**). Os dois ovoides talâmicos estão unidos pela aderência intertalâmica e relacionam-se medialmente com o III ventrículo, e na porção lateral, com a cápsula interna. Consideramos pertencentes ao tálamo os dois *corpos geniculados*, o *lateral* e o *medial*, que alguns autores consideram uma parte independente do diencéfalo, denominado metatálamo.

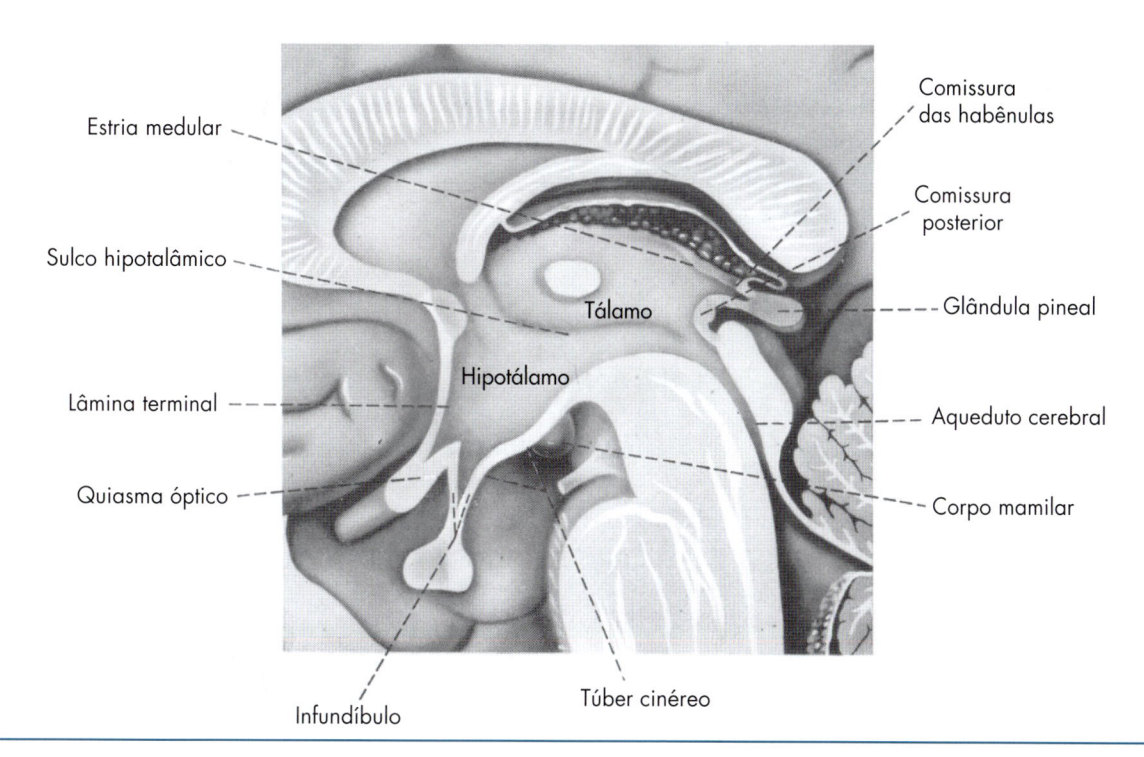

Figura 23.1 Diencéfalo mostrando algumas estruturas do epitálamo, tálamo e hipotálamo nas paredes do III ventrículo.

O tálamo é fundamentalmente constituído de substância cinzenta, na qual se distinguem vários núcleos. Contudo, sua superfície dorsal é revestida por uma lâmina de substância branca, o estrato zonal do tálamo, que se estende à sua face lateral, onde recebe o nome de *lâmina medular externa*. Entre esta e a cápsula interna, situada lateralmente, localiza-se o *núcleo reticular do tálamo*. O estrato zonal penetra no tálamo, formando um verdadeiro septo, a *lâmina medular interna*, que o percorre longitudinalmente. Em sua extremidade anterior, essa lâmina bifurca-se em Y, delimitando anteriormente uma área onde estão os núcleos talâmicos anteriores (**Figura 23.2**). No interior da lâmina medular interna, há pequenas massas de substância cinzenta que constituem os *núcleos intralaminares do tálamo*. Essa lâmina é um importante ponto de referência para a divisão dos núcleos do tálamo em grupos.

2. Núcleos do tálamo

Os núcleos do tálamo são muito numerosos, tendo sido identificados mais de 50 núcleos. Estudaremos somente os principais que podem ser divididos em cinco grupos, de acordo com a sua posição, a saber: *anterior*; *posterior*; *mediano*; *medial*; e *lateral*.

2.1 Grupo anterior

Compreende núcleos situados no tubérculo anterior do tálamo, sendo limitados posteriormente pela bifurcação em Y da lâmina medular interna (**Figura 23.2**). Esses núcleos recebem fibras dos núcleos mamilares pelo *fascículo mamilotalâmico* (**Figura 23.2**) e projetam fibras para o córtex do giro do cíngulo e frontal, integrando o circuito de Papez (**Figura 27.2**), relacionado com a memória.

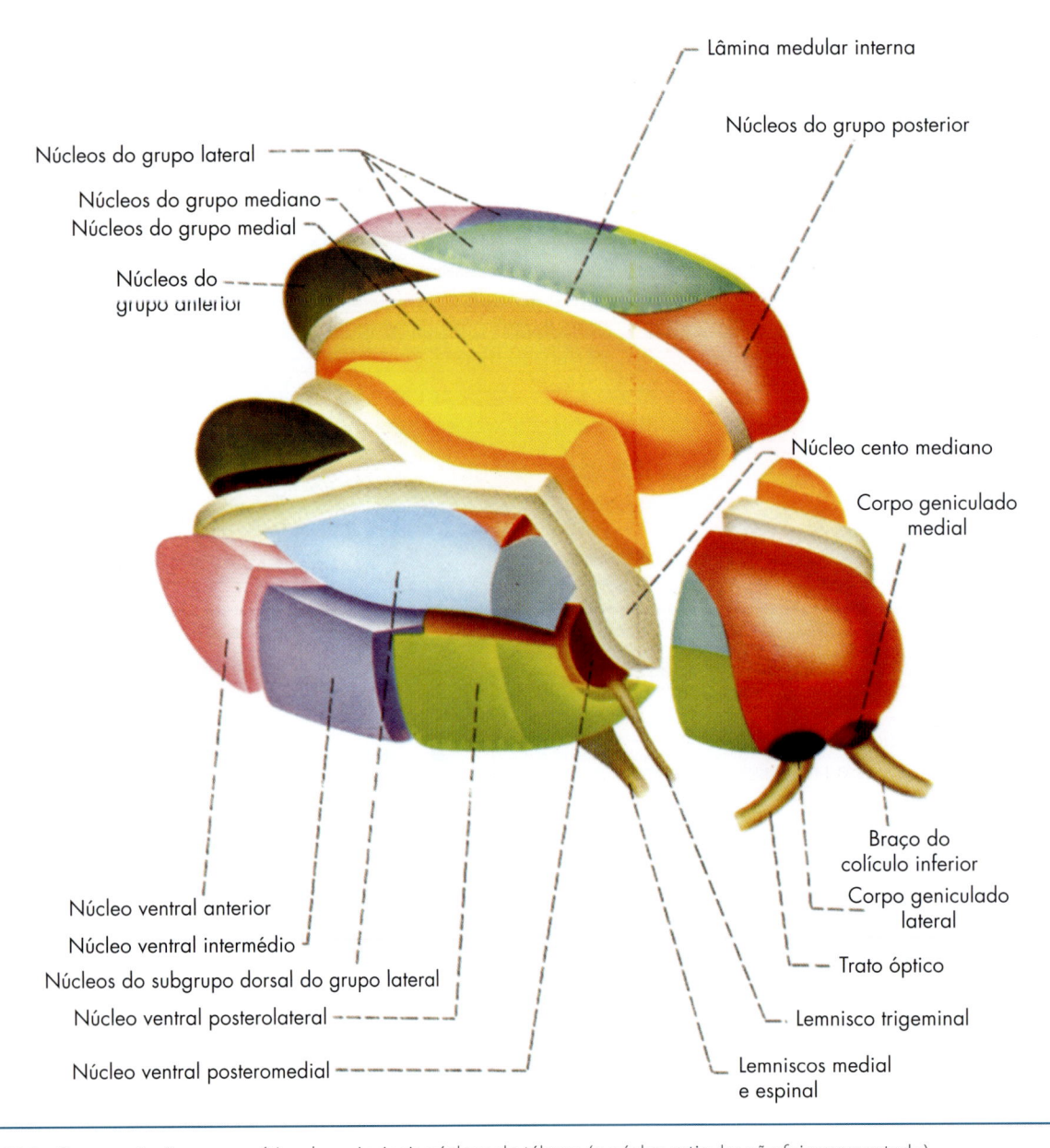

Figura 23.2 Representação esquemática dos principais núcleos do tálamo (o núcleo reticular não foi representado).

Grupo posterior

Situado na parte posterior do tálamo, compreende o pulvinar e os corpos geniculados lateral e medial (**Figura 23.2**):

a) *Pulvinar* – tem conexões recíprocas com a chamada área de associação temporoparietal do córtex cerebral, situada nos giros angular e supramarginal. Apesar de ser o maior núcleo talâmico do homem, suas funções não são ainda bem conhecidas. Embora existam relatos ocasionais de problemas de linguagem associados a lesões do pulvinar, nenhuma síndrome particular e nenhum déficit sensorial resultam dessas lesões. Parece estar envolvido nos processos de atenção seletiva.

b) *Corpo geniculado medial* – recebe pelo braço do colículo inferior fibras provenientes desse colículo ou diretamente do lemnisco lateral. Projeta fibras para a área auditiva do córtex cerebral no giro temporal transverso anterior, sendo, pois, um componente da via auditiva.

c) *Corpo geniculado lateral* – a rigor, não é um núcleo, pois é formado de camadas concêntricas de substância branca e cinzenta. Recebe pelo trato óptico fibras provenientes da retina. Projeta fibras pelo trato geniculocalcarino (radiação óptica) para a área visual primária do córtex situada nas bordas do sulco calcarino. Faz parte, portanto, das vias ópticas.

Grupo mediano

São núcleos localizados próximo ao plano sagital mediano, na aderência intertalâmica (**Figura 23.2**) ou na substância cinzenta periventricular. Muito desenvolvidos nos vertebrados inferiores, os núcleos do grupo mediano são pequenos e de difícil delimitação no homem. Têm conexões principalmente com o hipotálamo e, possivelmente, relacionam-se com funções viscerais.

Grupo medial

O grupo medial (**Figura 23.2**) compreende os núcleos situados dentro da lâmina medular interna (*núcleos intralaminares*) e o *núcleo dorsomedial*, situado entre essa lâmina e os núcleos do grupo mediano. Os núcleos intralaminares, entre os quais se destaca o *núcleo centromediano* (**Figura 23.2**), recebem um grande número de fibras da formação reticular e têm importante papel ativador sobre o córtex cerebral, integrando o sistema ativador reticular ascendente (SARA) (Capítulo 20).

A via que liga a formação reticular ao córtex, por meio dos núcleos intralaminares, proporciona uma vaga percepção sensorial sem especificidade, mas com reações emocionais especialmente para estímulos dolorosos. Lesões no núcleo centromediano já foram feitas para aliviar dores intratáveis.

O núcleo dorsomedial recebe fibras principalmente do corpo amigdaloide e tem conexões recíprocas com a parte anterior do lobo frontal, denominada área pré-frontal. As suas funções relacionam-se com as funções dessa área, que serão estudadas no Capítulo 26 (item 4.1).

2.5 Grupo lateral

Este grupo é o mais importante e o mais complicado. Compreende núcleos situados lateralmente à lâmina medular interna, que podem ser divididos em dois subgrupos, ventral e dorsal[1] (**Figura 23.2**). São mais importantes os núcleos do subgrupo ventral, ou seja:

a) *Núcleo ventral anterior (VA)* – recebe a maioria das fibras que, do globo pálido, se dirigem para o tálamo. Projeta-se para as áreas motoras do córtex cerebral e tem função ligada ao planejamento e à execução da motricidade somática.

b) *Núcleo ventral lateral (VL)* – também denominado *ventral intermédio*, recebe as fibras do cerebelo e projeta-se para as áreas motoras do córtex cerebral. Integra, pois, a via cerebelo-tálamo-cortical, já estudada a propósito do cerebelo. Além disso, o núcleo ventral lateral recebe parte das fibras que, do globo pálido, se dirigem ao tálamo.

c) *Núcleo ventral posterolateral* – núcleo das vias sensitivas, recebendo fibras dos lemniscos medial e espinal. Vale ressaltar que o lemnisco medial leva os impulsos de tato epicrítico e propriocepção consciente. Já o lemnisco espinal, formado pela união dos tratos espinotalâmicos lateral e anterior, transporta impulsos de temperatura, dor, pressão e tato protopático. O núcleo ventral posterolateral projeta fibras para o córtex do giro pós-central, onde se localiza a área somestésica.

d) *Núcleo ventral posteromedial* – também um núcleo das vias sensitivas. Recebe fibras do lemnisco trigeminal, trazendo sensibilidade somática geral de parte da cabeça e fibras gustativas provenientes do núcleo do trato solitário (fibras solitário-talâmicas). Projeta fibras para a área somestésica, situada no giro pós-central, e para a área gustativa, situada na parte anterior da insula.

e) *Núcleo reticular* – constituído por uma fina calota de substância cinzenta disposta lateralmente entre a massa principal de núcleos que constitui o ovoide talâmico e a cápsula interna. Nessa posição, ele é atravessado pela quase totalidade das fibras tálamo-corticais que passam pela cápsula interna e que, ao atravessá-lo, dão colaterais que nele estabelecem sinapses. O núcleo reticular difere dos

---

[1] Os núcleos do subgrupo dorsal não foram mostrados na figura. São eles: o núcleo lateral dorsal e o lateral posterior.

demais núcleos talâmicos por utilizar como neurotransmissor o GABA, que é inibidor, enquanto a maioria dos outros usa glutamato. Difere também por não ter conexões diretas com o córtex, e sim com os outros núcleos talâmicos. Estes também fornecem aferências para ele, representadas principalmente pelos ramos colaterais das fibras talamocorticais que o atravessam. Com base no fluxo de informações desses ramos colaterais, o núcleo reticular modula a atividade dos núcleos talâmicos, atuando como um porteiro que barra ou deixa passar informações para o córtex cerebral. O núcleo reticular recebe também aferências dos núcleos intralaminares, que, por sua vez, recebem das fibras do SARA e do SAA, influenciando no nível de vigília e alerta. No início do sono, as fibras gabaérgicas do núcleo reticular inibem os núcleos talâmicos de retransmissão, como o núcleo ventral posterolateral, o que impede a chegada de impulsos sensitivos ao córtex cerebral durante o sono.

3. Relações talamocorticais

O tálamo é um elo essencial entre os receptores sensoriais e o córtex cerebral para todas as modalidades sensoriais, exceto a olfação. É mais do que um simples receptor. Por meio do núcleo reticular, ele age como comporta, facilitando ou impedindo a passagem de informações para o córtex. Todos os núcleos talâmicos, com exceção do núcleo reticular, têm conexões com o córtex. Essas conexões são recíprocas, ou seja, são feitas por intermédio de fibras talamocorticais e corticotalâmicas. Essas fibras constituem uma grande parte da cápsula interna, e o maior contingente delas destina-se às áreas sensitivas do córtex. Por suas conexões com o lobo frontal, mais especificamente com a área pré-frontal, participa de funções cognitivas.

Quando certos núcleos do tálamo são estimulados, pode-se tomar potenciais evocados apenas em certas áreas específicas do córtex, relacionadas com funções específicas. Esses núcleos são denominados *núcleos talâmicos específicos* ou *de retransmissão*. Entre eles temos, por exemplo, o núcleo ventral posterolateral e o corpo geniculado medial, cuja estimulação evoca potenciais, respectivamente, na área somestésica e na área auditiva do córtex. Por outro lado, existem núcleos no tálamo, denominados *núcleos talâmicos inespecíficos*, cuja estimulação modifica os potenciais elétricos de territórios muito grandes do córtex cerebral e não apenas de áreas específicas desse córtex. Nesse grupo, estão os núcleos intralaminares, em especial o centromediano, que medeiam o alerta cortical.

Eles recebem muitas fibras da formação reticular e sabe-se que o SARA exerce a sua ação sobre o córtex por meio desses núcleos. Os núcleos talâmicos inespecíficos, com suas conexões corticais, compõem o que muitos autores denominam *sistema talâmico de projeção difusa*.

4. Funções do tálamo

Do que foi visto, é fácil concluir que o tálamo é, na realidade, um agregado de núcleos de conexões muito diferentes, o que indica funções também diversas. Assim, as funções mais conhecidas do tálamo relacionam-se:

a) *Com a sensibilidade* – as funções sensitivas do tálamo são as mais conhecidas e as mais importantes. Todos os impulsos sensitivos, antes de chegar ao córtex, param em um núcleo talâmico, fazendo exceção apenas os impulsos olfatórios. O tálamo tem, assim, a função de distribuir para as áreas específicas do córtex, os impulsos que recebe das vias sensoriais. Entretanto, o papel do tálamo não é simplesmente retransmitir os impulsos sensitivos ao córtex, mas também integrá-los e modificá-los. Acredita-se mesmo que o córtex só seria capaz de interpretar corretamente os impulsos já modificados pelo tálamo. Alguns desses impulsos, como os relacionados com a dor, a temperatura e o tato protopático, tornam-se conscientes já em nível talâmico. Entretanto, a sensibilidade talâmica, ao contrário da cortical, não é discriminativa e não permite, por exemplo, o reconhecimento da forma e do tamanho de um objeto pelo tato (estereognosia).

b) *Com a motricidade* – por meio dos núcleos ventral anterior e ventral lateral, interpostos, respectivamente, em circuitos palidocorticais e cerebelocorticais.

c) *Com o comportamento emocional* – por meio do núcleo dorsomedial, com as suas conexões com a área pré-frontal.

d) *Com a memória* – por meio do núcleo do grupo anterior e das suas conexões com os núcleos mamilares do hipotálamo.

e) *Com a ativação do córtex* – por meio dos núcleos talâmicos inespecíficos e das suas conexões com a formação reticular, fazendo parte do SARA.

5. Correlações anatomoclínicas

Afecções do tálamo decorrentes, em geral, de lesões vasculares, podem resultar na *síndrome talâmica*, na qual se manifestam dramáticas alterações da sensibilidade. Uma delas é o aparecimento de crises da chamada *dor central*, dor espontânea e pouco localizada, que frequentemente se irradia para toda a metade do corpo, situada do lado oposto ao tálamo comprometido. Apesar de ser mais difícil desencadear qualquer manifestação sensorial, uma vez que o limiar de excitabilidade talâmica está aumentado, certos estímulos térmicos ou táteis desencadeiam sensações desproporcionalmente intensas, em geral muito desagradáveis e não facilmente caracterizadas pelo doente. Há casos em que até mesmo estímulos auditivos tornam-se desagradáveis (**Figura 18.10B**).

B – Estrutura e funções do subtálamo

1. Subtálamo

É uma pequena área situada na parte posterior do diencéfalo na transição com o mesencéfalo, limitando-se superiormente com o tálamo; na perspectiva lateral, com a cápsula interna e; na medial, com o hipotálamo (**Figura 32.14**). As formações subtalâmicas só podem ser observadas em secções do diencéfalo, uma vez que não se relacionam com sua superfície externa ou com as paredes do III ventrículo. Estando situado na transição com o mesencéfalo, algumas estruturas mesencefálicas estendem-se até o subtálamo, como o núcleo rubro, a substância negra e a formação reticular, constituindo a chamada *zona incerta* do subtálamo. Contudo, o subtálamo apresenta algumas formações que lhe são próprias, sendo a mais importante o *núcleo subtalâmico* (**Figura 32.5**). Esse núcleo tem conexões nos dois sentidos com o globo pálido por meio do *circuito pálido-subtálamo-palidal*, importante para a regulação da motricidade somática. Lesões do núcleo subtalâmico provocam uma síndrome conhecida como *hemibalismo*, caracterizada por movimentos anormais das extremidades. Esses movimentos são muito violentos e muitas vezes não desaparecem nem com o sono, podendo submeter o doente à exaustão (Capítulo 24, item 2.3.1). Em razão da importância das suas conexões com os núcleos da base, alguns autores consideram o núcleo subtalâmico como parte desses núcleos, o que, do ponto de vista embriológico e anatômico, não é correto. As funções do subtálamo serão abordadas em conjunto com os núcleos da base no Capítulo 24.

C – Estrutura e funções do epitálamo

1. Generalidades

O epitálamo está localizado na parte superior e posterior do diencéfalo e contém formações importantes, as habênulas e a glândula pineal (**Figura 5.2**). As habênulas estão situadas de cada lado do trígono das habênulas e participam da regulação dos níveis de dopamina na via mesolímbica. Está envolvida, portanto, na modulação do humor e motivação. Ela pertence ao sistema límbico, onde será estudada (Capítulo 27, item 3.7). A glândula pineal será estudada a seguir.

2. Glândula pineal

2.1 Generalidades

A glândula pineal foi durante muitos séculos um órgão misterioso, geralmente considerado um resíduo filogenético do chamado terceiro olho, encontrado em alguns lagartos e, por conseguinte, desprovido de função. A descoberta por Lener (1958) do hormônio da pineal, a *melatonina*, alterou esse quadro e comprovou o envolvimento da pineal na reprodução e nos ritmos circadianos. Na última década, houve uma verdadeira explosão de trabalhos demonstrando a participação da melatonina em vários processos fisiológicos, o que aumentou consideravelmente a importância da pineal.[2]

2.2 Estrutura e inervação

A pineal é uma glândula endócrina compacta, constituída de um estroma de tecido conjuntivo, contendo também neuróglia e de células secretoras, denominadas *pinealócitos*. Essas células são ricas em serotonina (**Figura 23.3**), que é utilizada para a síntese do hormônio da pineal, a melatonina. A pineal é muito vascularizada e os seus capilares têm fenestrações. Por isso, ela não apresenta barreira hematoencefálica, enquadrando-se entre os órgãos circunventriculares (Capítulo 18, item 6). A inervação da pineal ocorre por fibras simpáticas pós-ganglionares, oriundas do gânglio cervical superior, que entram no crânio pelo plexo carotídeo e terminam em relação com os pinealócitos e com os vasos (**Figura 23.4**). Essa inervação simpática desempenha uma função importante na regulação da melatonina.

2.3 Secreção de melatonina – ritmo circadiano

A *melatonina*, único hormônio da glândula pineal, é sintetizada pelos pinealócitos a partir da serotonina e o processo de síntese é ativado pela noradrenalina liberada pelas fibras simpáticas. Durante o dia, essas fibras têm pouca atividade e os níveis de melatonina na pineal e na circulação são muito baixos. Entretanto, durante a noite, a inervação simpática da pineal é ativada, liberando noradrenalina, e os níveis de melatonina circulante aumentam cerca de dez vezes. Assim, a concentração de melatonina no sangue obedece a um ritmo circadiano, com pico durante a noite. Entretanto, esse ritmo não é intrínseco à pineal, pois decorre da atividade rítmica do núcleo supraquiasmático do hipotálamo, transmitida à pineal por meio da inervação simpática. Esse ritmo é importante para a compreensão de alguns aspectos da fisiologia dessa glândula.

---

[2] Embora a principal fonte de melatonina seja a pineal, ela é sintetizada também na retina, no intestino, nas células do sistema imunitário e na placenta, onde é responsável pelo aumento da melatonina circulante durante a gravidez. Para mais informações sobre a melatonina placentária, veja: LANOIX, D.; GUÉRIN & VAILLANCOURT C. Placental melatonin production and melatonin receptor expression are altered in preeclampsia: new insights into role of this hormone in pregnancy. *Journal of Pineal Research*. 2012;53:417-425.

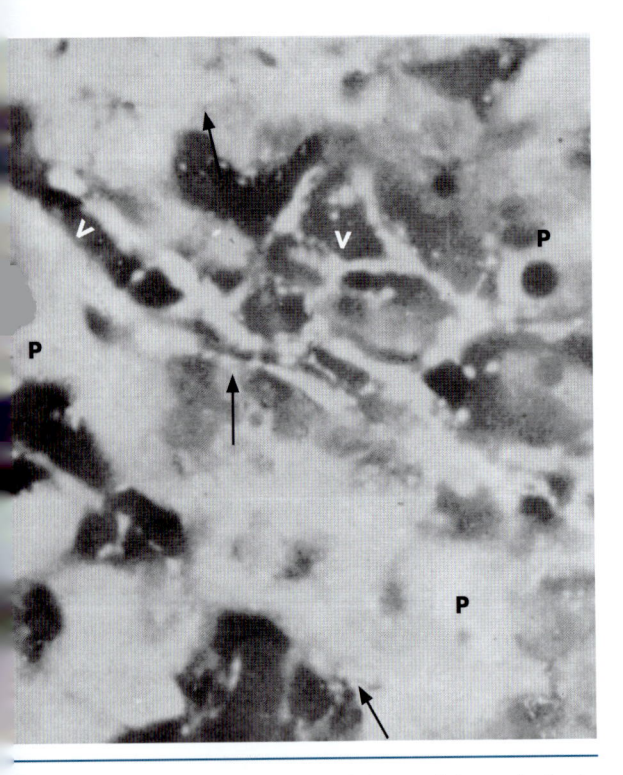

Figura 23.3 Corte histológico de glândula pineal do rato (método de Falck para monoaminas). A fluorescência observada neste caso decorre da presença de serotonina nos pinealócitos (**P**) e nas fibras nervosas (setas). **V** = vasos.
Fonte: Reproduzida de MACHADO, C.R.S.; WRAGG, L.E.; MACHADO, A.B.M. Progress in brain research. 1968;8:310-318.

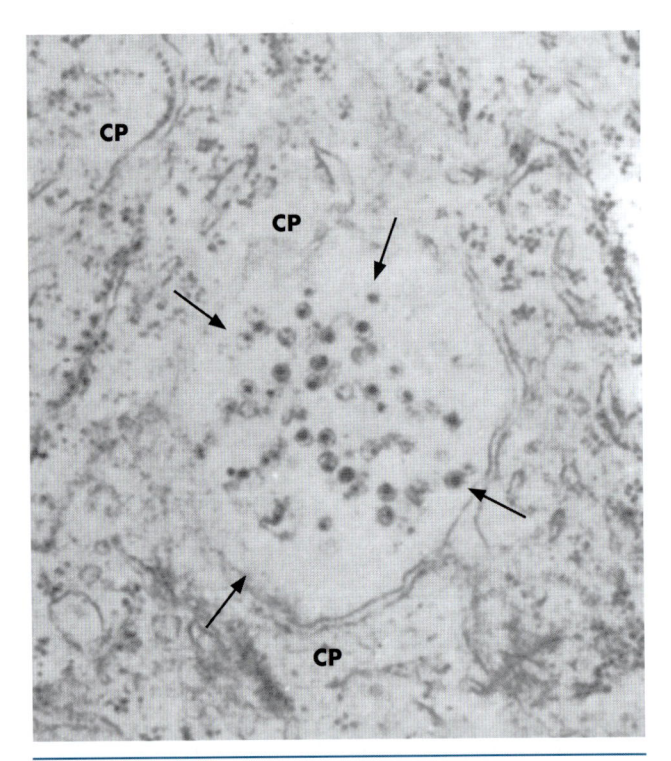

Figura 23.4 Eletromicrografia de uma fibra simpática (setas) contendo vesículas granulares em íntimo contato com um pinealócito do rato. **CP** = citoplasma do pinealócito. Aumento 37.700 vezes.
Fonte: Reproduzida de MACHADO. Progress in brain research. 1971;34:171-185.

2.4 Funções da pineal

Durante muito tempo pensou-se que, nos mamíferos, a pineal estaria relacionada apenas com a reprodução por meio de uma atividade antigonadotrópica e com os ritmos circadianos. Entretanto, a melatonina tem uma enorme versatilidade funcional, estando relacionada com um grande número de processos fisiológicos em várias células e órgãos. As principais funções da pineal e da melatonina são resumidamente descritas a seguir.

2.4.1 Função antigonadotrópica

Sabe-se que a pineal tem um efeito inibidor sobre as gônadas via hipotálamo. Sabe-se também que a luz inibe a pineal e o escuro a ativa. Assim, ratas colocadas em luz permanente entram em cio permanente porque cessa a ação inibidora que a pineal tem sobre os ovários. Demonstrou-se que no hamster os testículos atrofiam-se quando o animal é colocado em um regime de 23 horas de escuro e 1 hora de luz por dia. Essa atrofia, entretanto, não ocorre quando o animal é previamente pinealectomizado. Admite-se, nesse caso, que o escuro estimule a pineal, que, então, aumenta a sua ação inibidora sobre os testículos, causando sua atrofia. Na natureza, as gônadas desse animal atrofiam-se quando entra o inverno e o animal inicia o seu período de hibernação. Assim, a pineal regula o ritmo sazonal dos mamíferos que hibernam. No homem, a evidência de uma ação da luz sobre os órgãos reprodutores, mediada pela pineal, é ainda pequena. Contudo, certas alterações da época de aparecimento da puberdade em meninas cegas de nascença poderiam ser explicadas pela ausência da luz. Puberdade precoce também ocorre em casos de tumores de pineal de crianças quando há destruição dos pinealócitos, cessando, assim, a ação frenadora que a pineal exerce sobre as gônadas.

2.4.2 Sincronização do ritmo circadiano de vigília-sono

Como visto no capítulo anterior, o ritmo vigília-sono no homem é sincronizado com o ciclo dia-noite pelo núcleo supraquiasmático que para isso recebe informações sobre a luminosidade do ambiente pelo trato retino-hipotalâmico. A melatonina tem uma ação sincronizadora suplementar sobre esse ritmo, agindo diretamente sobre os neurônios do núcleo supraquiasmático que têm receptores para melatonina. Essa ação é especialmente importante quando há mudanças acentuadas no ciclo natural de dia-noite. Isso ocorre, por exemplo, nos voos intercontinentais em aviões a jato, em que de repente o indivíduo é deslocado para uma região onde é dia quando o seu ritmo circadiano está em fase de sono. O mal-estar e a sonolência (*jet lag*) observados nessa situação melhoram mais rapidamente com a administração de melatonina. Esse hormônio possui aplicação clínica como cronobiótico, ou seja, uma substância usada como agente profilático ou terapêutico em casos de desordens do ritmo circadiano de sono e vigília.

3 Regulação da glicemia

Um grande número de pesquisas demonstrou que, nos mamíferos, inclusive no homem, a melatonina está envolvida na regulação de glicemia, inibindo a secreção de insulina pelas células beta das ilhotas pancreáticas. Como os pinealócitos têm receptores de insulina, postulou-se a existência de uma alça de retroalimentação (*feedback*) entre pinealócitos e células beta.

4 Regulação da morte celular por apoptose

A apoptose exerce um papel importante em vários processos fisiológicos, como a diferenciação do tubo neural e a involução do timo com a idade. A sua regulação é muito importante. Sabe-se, hoje, que a melatonina inibe o aparecimento de células em apoptose enquanto os corticosteroides ativam esse processo. Pesquisas recentes mostram que, ao contrário do que ocorre com as células normais, nas células cancerosas a melatonina aumenta a apoptose, contribuindo para a regressão de certos tipos de tumores.

5 Ação antioxidante

A melatonina é um dos mais potentes antioxidantes conhecidos, superando a ação de antioxidantes mais tradicionais, como as vitaminas A, C e E. Ela não só remove os radicais livres, como também aumenta a capacidade antioxidante das células.

6 Regulação do sistema imunitário

A melatonina, por mecanismos diversos, aumenta as respostas imunitárias, agindo sobre as células do baço, timo, medula óssea, macrófagos, neutrófilos e células T. A pinealectomia em ratos acelera a involução normal do timo e a melatonina atrasa esse processo. A ação da melatonina no sistema imunitário é feita não apenas pela melatonina da pineal, mas pela produzida por células do próprio sistema imunitário. A melatonina tem também efeito benéfico sobre vários processos inflamatórios por mecanismos diversos de atuação.

Leitura sugerida

PESCHKE, E.; MÜHLBAUER, E. New evidence for a role of melatonin in glucose regulation. *Best Practice & Research Clinical Endocrinology & Metabolism*. 2010;24:829-841.

WANG, J.; XIAO, X.; ZHANG, Y.; SHI, D.; CHEN, W.; FU, L.; LIU, L.; XIE, F.; KANG, T.; HUANG, W.; DENG, W. Simultaneous modulation of COX-2, p. 300, Akt, and Apaf-1 signaling by melatonin to inhibit proliferation and induce apoptosis in breast cancer cells. *Journal of Pineal Research*. 2012;53:77-90.

KORKMAZ, A.; REITER, R.J.; TOPAL, T.; MANCHESTER, L.C.; OTER, S.; TAN, D.X. Melatonin: an established antioxidant worthy of use in clinical trials. *Molecular Medicine*. 2009;15:43-50.

CARRILLO-VICO, A.; GUERRERO, J.M.; LARDONI, P.J.; REITER, R.J. A review of the multiple actions of melatonin on the immune system. *Endocrine*. 2005;27(2):189-200.

LALIENA, A.; SAN MIGUEL, B.; CRESPO, I.; ALVAREZ, M.; GONZÁLEZ-GALLEGO, J.; TUÑON, M.J. Melatonin attenuates inflammation and promotes regeneration in rabbits with fulminant hepatitis of viral origin. *Journal of Pineal Research*. 2012;53(3): 270-278.

NAMBOODIRI, V. M. K.; ROMAGUERA J. R.; STUBER, G. D. The habenula. *Primer*, v. 26, n. 19, p. 873-877, 2016.

capítulo 24

Estrutura e Funções dos Núcleos da Base

1. Introdução

Tradicionalmente, levando-se em consideração a definição de que núcleos da base são massas de substância cinzenta situadas na base do telencéfalo, esses núcleos são: *claustro*; *corpo amigdaloide* (ou *amígdala*); *núcleo caudado*; *putame*; e *globo pálido*. Podem ser incluídas, também, mais duas estruturas: o *núcleo basal de Meynert*; e o *núcleo accumbens*. A substância negra e o subtálamo, levando em conta a posição anatômica, pertencem, respectivamente, ao tronco encefálico e ao diencéfalo, mas, do ponto de vista funcional, estão relacionados com os núcleos da base e serão também discutidos neste capítulo.

O núcleo caudado, o putame e o globo pálido integram o chamado *corpo estriado* e os núcleos basal de Meynert e *accumbens* integram o *corpo estriado ventral*. O *claustro*, situado entre o putame e o córtex da ínsula (**Figura 24.1**), tem conexões recíprocas com praticamente todas as áreas corticais, mas a sua função é ainda enigmática, havendo várias hipóteses sobre o seu funcionamento. Uma hipótese é de que ele teria uma ação sincronizadora da atividade elétrica de várias partes do cérebro integrando-as, participando, assim, da regulação de comportamentos voluntários.

O corpo amigdaloide e o núcleo *accumbens* são importantes componentes do sistema límbico e serão estudados a propósito desse sistema (Capítulo 27). O núcleo basal de Meynert foi estudado no Capítulo 20, item 7, a propósito das vias colinérgicas. Embora os núcleos da base, em especial o corpo estriado, continuem a ser estruturas predominantemente motoras, eles também estão envolvidos com várias funções não motoras, relacionadas com processos cognitivos, emocionais e motivacionais.

2. Corpo estriado

2.1 Organização geral

O corpo estriado é constituído pelo *núcleo caudado*, *putame* e *globo pálido*. O putame e o globo pálido, em conjunto, constituem o *núcleo lentiforme*. As relações entre esses três núcleos são vistas nas **Figuras 24.1** e **24.2**. Embora o putame seja topograficamente mais ligado ao globo pálido, do ponto de vista filogenético, estrutural e funcional, suas afinidades são com o núcleo caudado. Assim, pode-se dividir o corpo estriado em uma parte recente, *neoestriado*, ou simplesmente *striatum*, que compreende o putame e o núcleo caudado; e uma parte antiga, *paleoestriado*, ou *pallidum*, constituída pelo globo pálido. O globo pálido pode ser dividido em *pálido medial* e *pálido lateral* com conexões diferentes.

Existem muitas fibras ligando o núcleo caudado e o putame ao globo pálido e são elas que, ao convergir para o globo pálido, lhe dão uma cor mais pálida nas preparações não coradas. A esse esquema tradicional do corpo estriado, veio juntar-se, mais recentemente, o conceito de *corpo estriado ventral*, que apresenta características histológicas e hodológicas bastante semelhantes aos seus correspondentes dorsais. Entretanto, uma diferença é que as estruturas do corpo estriado ventral pertencem ao sistema límbico e participam da regulação do comportamento emocional. O *estriado ventral* tem como principal componente o *núcleo accumbens*, situado na união entre o putame e a cabeça do núcleo caudado (**Figura 24.3**), logo abaixo das fibras da comissura anterior.

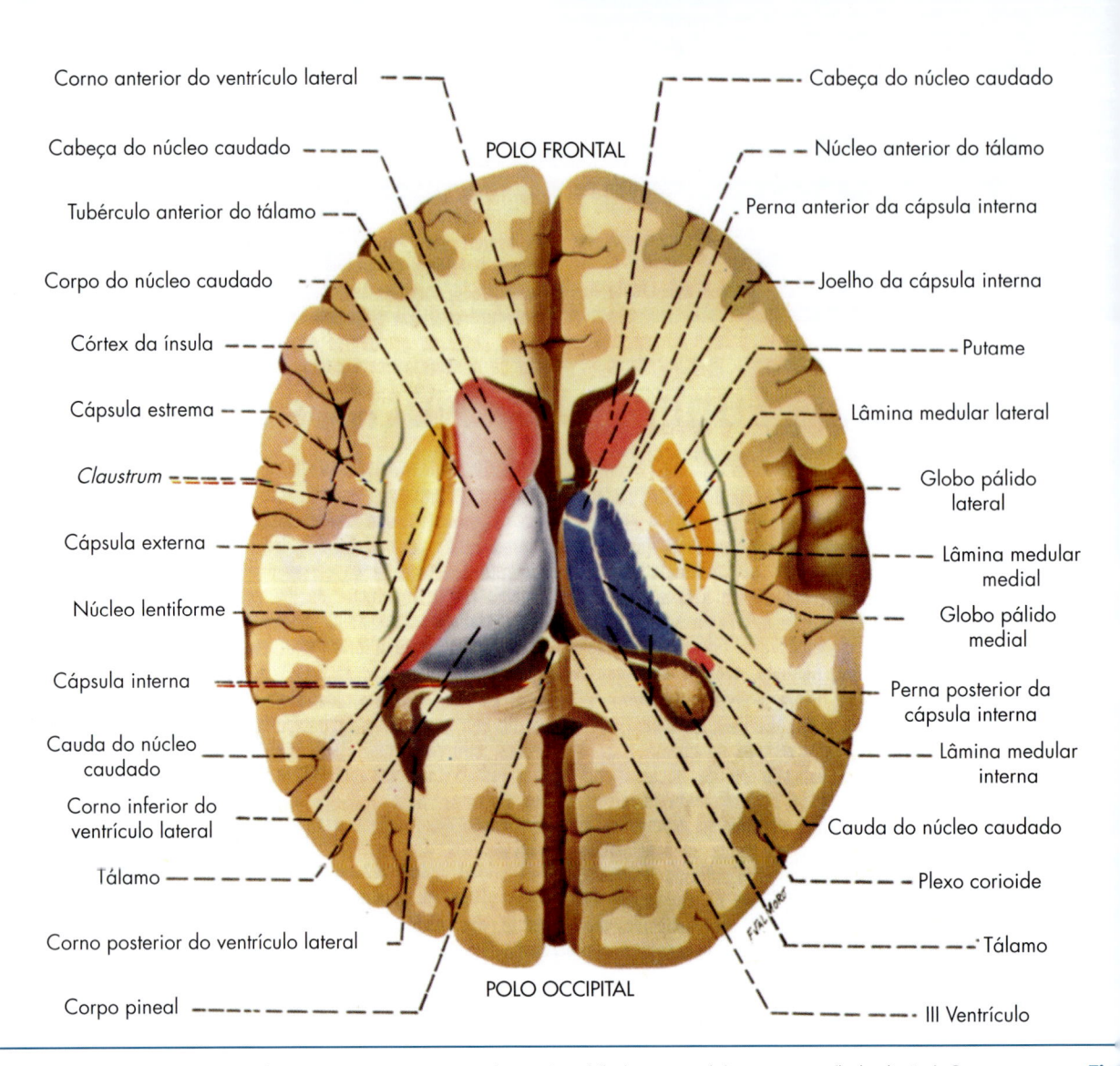

Figura 24.1 Núcleos da base e tálamo em representação tridimensional (lado esquerdo) e em corte (lado direito). Compare com a **Fig** 24.2, na qual foram mantidas as mesmas cores.

2.2 Conexões e circuitos

Ao contrário dos outros componentes do sistema motor, o corpo estriado não tem conexões aferentes ou eferentes diretas com a medula; suas funções são exercidas por circuitos nos quais áreas corticais de funções diferentes projetam-se para áreas específicas do corpo estriado, que, por sua vez, liga-se ao tálamo e, por meio deste, às áreas corticais de origem. Fecham-se, assim, os circuitos em alça córtico-estriado-tálamo-corticais, dos quais já foram identificados cinco tipos, a saber:

a) *Circuito motor* – começa e termina nas áreas motora e somestésica do córtex e participa da regulação da motricidade voluntária. Será descrito em detalhes no próximo item 2.2.1.
b) *Circuito oculomotor* – começa e termina na área motora ocular frontal e está relacionado aos movimentos oculares.
c) *Circuito pré-frontal dorsolateral* – começa na parte dorsolateral da área pré-frontal. Projeta-se para o núcleo caudado, daí para o globo pálido, núc dorsomedial do tálamo e volta ao córtex pré-fr tal. Suas funções são aquelas atribuídas a essa ção da área pré-frontal (Capítulo 26, item 4.1.1).
d) *Circuito pré-frontal ventromedial* – começa e mina na parte ventromedial da área pré-front tem o mesmo trajeto do circuito pré-frontal do lateral. Tem as mesmas funções da área pré-fro ventromedial, ou seja, manutenção da atenç supressão de comportamentos socialmente in sejáveis (Capítulo 26, item 4.1.2).
e) *Circuito límbico* – origina-se nas áreas neocorti do sistema límbico, em especial a parte anterio giro do cíngulo, projeta-se para o estriado ven em especial o núcleo *accumbens*, daí para o núc anterior do tálamo. Esse circuito está relacion com processamento das emoções.

Em síntese, desses circuitos, os dois primeiros são tores, os pré-frontais relacionados com funções psíqu

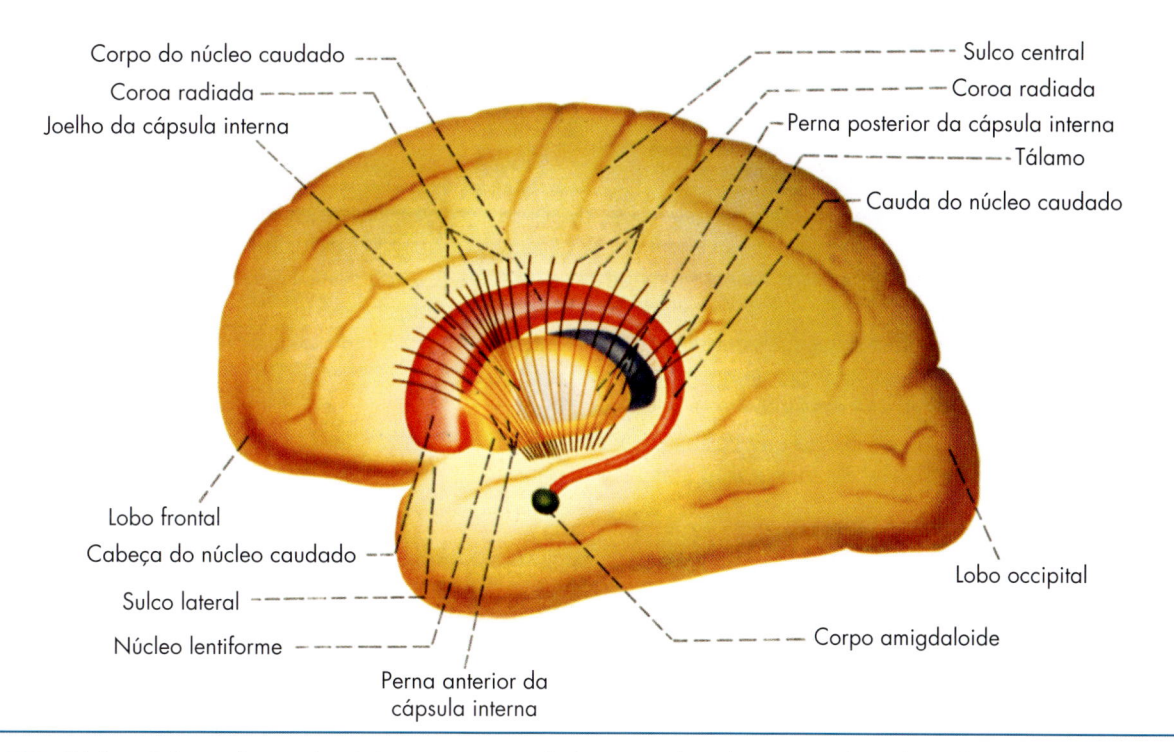

Figura 24.2 Núcleos da base, tálamo, cápsula interna e coroa radiada em vista lateral no interior de um hemisfério cerebral.

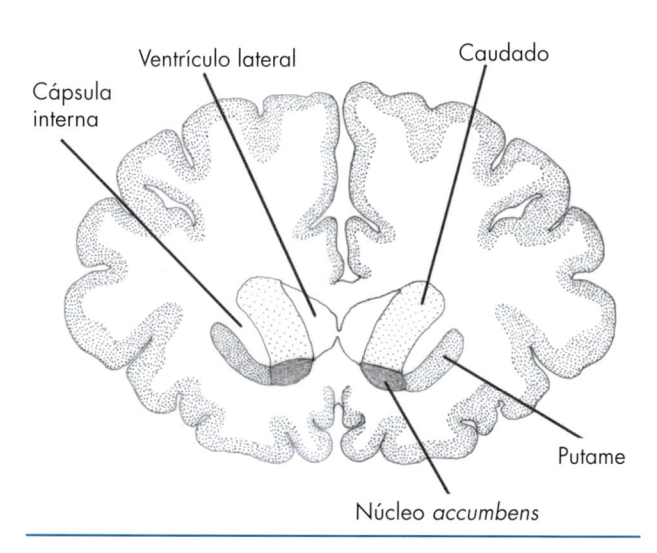

Figura 24.3 Corte frontal do cérebro ao nível da cabeça do núcleo caudado mostrando a posição do núcleo *accumbens*.

superiores, e os límbicos, com as emoções. Assim o corpo estriado integra informações de diversas áreas corticais e projeta impulsos de volta a essas mesmas áreas liberando o movimento ou comportamento desejado e suprimindo os indesejados.

2.2.1 Circuito motor

Origina-se nas áreas motoras do córtex e na área somestésica e projeta-se para o neoestriado de maneira somatotópica, ou seja, para cada região do córtex há uma região correspondente no neoestriado. A partir do neoestriado, o circuito motor pode seguir por duas vias, direta e indireta. Na via direta (**Figura 24.4**), a conexão do neoestriado é feita diretamente com o globo pálido medial deste para os núcleos ventral anterior (VA) e ventral lateral (VL) do tálamo, de onde se projetam para as mesmas áreas motoras de origem. Já na via indireta (**Figura 24.5**), a conexão é com o pálido lateral que, por sua vez, projeta para o núcleo subtalâmico e deste para o pálido medial. Do pálido medial, segue para o tálamo e córtex como na via direta. Ligado ao circuito motor há um circuito subsidiário, no qual o neoestriado mantém conexões recíprocas com a substância negra.[1] Esse circuito é importante porque as fibras nigroestriadas são dopaminérgicas e exercem ação modulatória sobre o circuito motor. Essa ação é excitatória na via direta e inibitória na via indireta. O fato de o mesmo neurotransmissor, a dopamina, ter ações diferentes explica-se pelo fato de que no putame há dois tipos de receptores de dopamina, D1 excitador e D2 inibidor.

Vejamos como o circuito funciona. Nas duas vias o pálido medial mantém uma inibição permanente dos núcleos talâmicos, resultando em inibição das áreas motoras do córtex. Na via direta (**Figura 24.4**), o neoestriado inibe o pálido medial, cessa a inibição deste sobre o tálamo, resultando em ativação do córtex e facilitação dos movimentos. Na via indireta, ocorre o oposto. A projeção excitatória do núcleo subtalâmico sobre o pálido medial aumenta a inibição deste sobre os núcleos talâmicos, resultando em inibição do córtex e dos movimentos.

---

1 O pálido medial e a pars reticulata da substância negra tem a mesma função. Apenas a pars compacta da substância negra contém dopamina.

A ação excitatória das fibras dopaminérgicas nigroestriatais sobre o neoestriado também inibe o pálido medial, com efeito semelhante ao de via direta, ou seja, há ativação dos núcleos talâmicos, resultando ativação do córtex motor, com facilitação dos movimentos.

Assim, a atividade tônica inibitória das eferências do pálido medial é um freio permanente para movimentos indesejados. A necessidade de realizar um movimento interromperia esse freio tônico, permitindo liberação do comando motor ordenado pelo córtex cerebral. Assim, os núcleos da base exercem uma função na preparação de programas motores e na execução automática de programas motores já aprendidos.

A ideia mais aceita é a de que os sinais para um dado movimento sejam direcionados por ambas as vias para a mesma população de neurônios palidais. Assim, as aferências da via indireta poderiam frear ou suavizar o movimento, enquanto, simultaneamente, a direta o facilitaria e ambas participariam na gradação de amplitude e velocidade do movimento. O comportamento motor normal depende do equilíbrio entre a atividade das vias direta e indireta. A marcha é um exemplo simples deste equilíbrio entra as vias. A via direta facilitaria o movimento dos músculos agonistas de uma perna e a indireta inibiria o movimento dos músculos antagonistas do membro em movimento assim como o movimento da outra perna.

O funcionamento do circuito básico é o mesmo para as funções motivacionais afetivas e cognitivas. Assim, o mesmo algoritmo é aplicado em todas as funções dos núcleos da base.

Sabemos que o circuito básico, na verdade, possui uma estrutura interna muito mais complexa do que a descrita acima. Mais recentemente foi descrita a via hiperdireta em que o córtex cerebral faz conexões diretamente com o núcleo subtalâmico, (**Figura 24.5**, linha tracejada). Estes impulsos são glutamatérgicos excitatórios e aumentam a atividade sobre o globo pálido medial contornando a via indireta. O resultado é a inibição das projeções talamocorticais reforçando o efeito inibitório sobre o movimento, de maneira semelhante à via indireta. Outras conexões diretas entre os nucleos da base já foram descritas. Foi recentemente ressaltada a importância das conexões bilaterais diretas entre o cerebelo e gânglios da base. Estas duas estruturas subcorticais atuam de forma integrada. Ambos estão envolvidos na seleção de ações e no aprendizado motor, comportamental e emocional. Essa seleção entre opções desejadas e indesejadas é baseada em desfechos passados e seria um substrato essencial para o aprendizado reforçado.

As doenças dos núcleos da base podem estar associadas ao mau funcionamento desse processo de seleção. Há evidências da participação do cerebelo na fisiopatologia de alguns transtornos de movimento clássicos como a doença de Parkinson confirmando a íntima relação entre as duas estruturas.

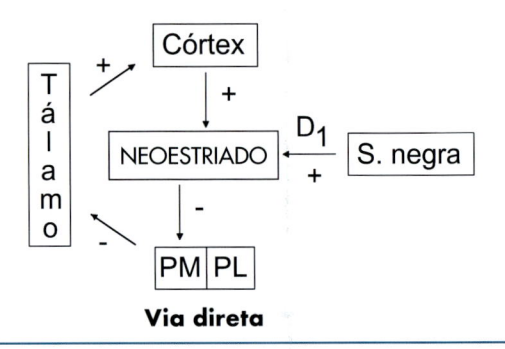

Figura 24.4 Desenho esquemático da via direta do circuito motor do corpo estriado.
PM = pálido medial; **PL** = pálido lateral.

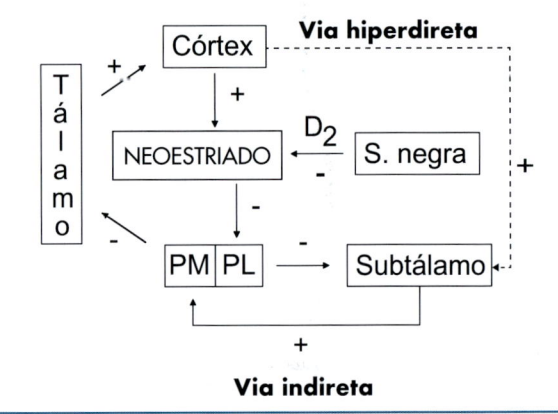

Figura 24.5 Desenho esquemático da via indireta do circuito motor do corpo estriado.
PM = pálido medial; **PL** = pálido lateral.

2.3 Correlações anatomoclínicas

Com relação aos núcleos da base, talvez mais do que a outras áreas do sistema nervoso, o conhecimento da função decorre, em grande parte, do conhecimento da disfunção. Diversas síndromes clínicas que acometem os núcleos da base são decorrentes de alterações do equilíbrio das vias direta e indireta e são globalmente chamadas de *transtornos do movimento*.[2] Podem ser hipercinéticos, hipocinéticos ou comportamentais e emocionais, esses últimos de interesse neuropsiquiátrico. Os principais transtornos do movimento são descritos a seguir:

2.3.1 Hemibalismo

Não se trata de uma doença, e sim de um sintoma. É caracterizado por movimentos involuntários, de grande amplitude e forte intensidade, dos membros do lado oposto. Nos casos mais graves, esses movimentos não desaparecem com o sono, podendo levar o doente à exaustão. A causa mais comum são lesões do núcleo subtalâmico,

---

[2] Essas síndromes eram denominadas síndromes extrapiramidais, em oposição às síndromes piramidais decorrentes de lesões do trato corticoespinal. Esta classificação não é mais utilizada.

em geral resultantes de pequenos acidentes vasculares. O hemibalismo decorre da diminuição da atividade excitatória das projeções do núcleo subtalâmico para o pálido medial, reduzindo o efeito inibidor deste sobre os núcleos talâmicos e sobre as áreas motoras do córtex. Com isso, essas áreas respondem exageradamente aos comandos corticais ou de outras aferências e aumentam a tendência de os neurônios corticais dispararem de forma espontânea, dando origem a movimentos involuntários.

2.3.2 Doença de Parkinson

Caracteriza-se pelos seguintes sintomas: acinesia, dificuldade para iniciar movimentos; bradicinesia, os movimentos iniciados são lentos; rigidez, hipertonia e resistência aos movimentos passivos, e tremor, que, embora frequente, pode não estar presente. O tremor manifesta-se nas extremidades quando elas estão em repouso e desaparece com o movimento. Na doença de Parkinson, a disfunção principal está na substância negra, resultando em diminuição de dopamina nas fibras nigroestriadas. Desse modo, cessa a atividade moduladora que essas fibras exercem sobre as vias direta e indireta, resultando em aumento da inibição dos núcleos talâmicos. A descoberta desse fato inspirou a terapêutica da doença de Parkinson, que visa aumentar o teor de dopamina nas fibras nigroestriadas. Tentativas para alcançar esse resultado pela administração de dopamina não obtiveram sucesso em virtude da baixa penetração na barreira hematoencefálica. Entretanto, o isômero levógiro da di-hidroxifenilalanina (L-Dopa) atravessa a barreira, é captado pelos neurônios e fibras dopaminérgicas da substância negra e transformado em dopamina, o que causa melhora dos sintomas da doença de Parkinson. A doença é progressiva e afetará também os circuitos não motores, causando dificuldades cognitivas, emocionais e motivacionais. O neoestriado apresenta também interneurônios colinérgicos, que participam de sua função. Em alguns casos, medicamentos anticolinérgicos são também utilizados para aumentar a atividade dopaminérgica.

Com base no que foi estudado sobre o circuito motor, pode-se compreender o que provavelmente ocorre na fisiopatologia dessa doença. A perda da aferência dopaminérgica para o neoestriado ocasiona: diminuição de atividade da via direta, na qual a dopamina tem ação excitatória; e aumento na via indireta, em que a dopamina tem ação inibitória. A diferença das ações da dopamina nos dois circuitos decorre do fato de que, no circuito direto, o receptor é D1 ativador e, no circuito indireto D2, é inibitório em razão das diferentes ações da dopamina nas duas vias. Essas alterações propiciam o aumento na atividade do pálido medial e consequente aumento da inibição dos neurônios tálamo-corticais, ocasionando os sintomas hipocinéticos característicos da doença.

Na doença de Parkinson, em relação à via indireta, ocorre excessiva atividade do núcleo subtalâmico, o que parece ser um fator importante na produção dos sintomas. Por isso, a lesão desse núcleo realizada por cirurgia estereotáxica reduz a excitação excessiva do pálido medial, melhora os sinais de parkinsonismo. Resultados similares podem ser obtidos lesando-se, também por cirurgia estereotáxica, o pálido medial. Outra possibilidade terapêutica promissora é o transplante de células-tronco.

2.3.3 Coreia de Sydenham

Caracteriza-se pela presença de movimentos involuntários rápidos, que lembram uma dança (movimentos coreicos), hipotonia e distúrbios neuropsiquiátricos, como labilidade afetiva, sintomas obsessivo-compulsivos e hiperatividade. Os sintomas motores são decorrentes do comprometimento do circuito motor, os demais sintomas são causados pelo comprometimento de circuitos pré-frontais. A coreia de Sydenham ocorre principalmente em crianças, é uma doença autoimune, em que os anticorpos contra os estreptococos beta-hemolíticos do grupo A, atingem os núcleos da base causando a sua disfunção.

2.3.4 Coreia de Huntington

Trata-se de uma doença degenerativa de origem genética autossômica dominante, que causa alterações súbitas de humor, personalidade, cognição e habilidades motoras. O sintoma mais característico é o aparecimento de movimentos involuntários anormais, a coreia. A lesão mais precoce ocorre nos neurônios estriatais e, em seguida, atinge outras áreas do sistema nervoso, límbicas, sensoriomotoras e de associação. A via estriatal indireta é afetada primeiro, o que causa um desbalanço entre as vias a favor da desinibição. Assim, pela teoria atual de funcionamento dos núcleos da base, esse desbalanço poderia causar uma interferência nos comportamentos esperados afetivos, motores e cognitivos, por não haver supressão suficiente.

2.4 Funções não motoras

Os núcleos da base apresentam também funções não motoras e, através do tálamo, projetam-se para amplas áreas não motoras do córtex do sistema límbico. Isso explica por que as doenças dos núcleos da base estão associadas a disfunções complexas cognitivas, motivacionais e emocionais. A sua função global é selecionar entre comportamentos indesejáveis e os desejáveis reforçados pela aprendizagem.

2.4.1 Transtorno obsessivo-compulsivo (TOC)

É uma doença psiquiátrica que tem como característica principal a repetição de atos de forma compulsiva, como lavagens frequentes das mãos ao ponto de ferir a pele, contar objetos repetidamente, checagens de segurança exageradas e repetitivas, em geral desencadeadas por pensamentos repetitivos ou obsessivos sobre sujeira, contaminação e insegurança. Os exames de neuroimagem funcional mostram ativação anormal em vários locais da alça córtico-estriado-tálamo-cortical com falha na inibição desses comportamentos. É frequente a comorbidade entre o TOC e a síndrome de Tourette.

2.4.2 Síndrome de Tourette

O transtorno dos tiques pode ser classificado em termos de gravidade em tiques simples, tiques múltiplos, tiques complexos e, a forma mais grave, a Síndrome de Tourette, em que tiques múltiplos e complexos estão também associados a transtornos comportamentais. A fisiopatologia envolve os núcleos da base. Os movimentos involuntários intrusivos, tiques verbais ou motores, estão associados a atividade aberrante na alça córtico-estriado-tálamo-cortical, com consequente falha na inibição da excitação anormal.

2.4.3 Transtorno do déficit de atenção e hiperatividade

Este transtorno, de origem genética, é caracterizado pela tríade de sintomas: desatenção; hiperatividade; e impulsividade. Inicia-se na infância e fica mais evidente no início da vida escolar, quando aumentam as demandas cognitivas. Os circuitos pré-frontais dos núcleos da base têm sido implicados na fisiopatologia do transtorno, em que haveria uma falha no mecanismo de seleção de comportamentos e na supressão de estímulos sensoriais intrusos, dificultando a manutenção do foco. A hiperatividade e a impulsividade podem estar refletindo um mau funcionamento dos sistemas neurais que geram as opções comportamentais com base nos resultados e em consequências prováveis.

Leitura sugerida

SMYTHIES, J.; EDELSTEIN, L.; RAMACHANDRAM, V. Hypotheses relating to the function of the claustro. *Frontieres in Integrative Neuroscience*. 2012;8:1-16.

MILARDI, D.; et al. The cortico-basal ganglia-cerebellar network: past, present and future perspectives. *Frontiers in Systems Neuroscience*, v. 13, p. 1-14, 2019.

ZHAOHUI, L.; HOI-HUNG, C. Stem cell-based therapies for Parkinson disease. *International Journal of Molecular Sciences*, 2020.

ALEXANDER, G. E.; CRUTCHER, M. D.; DELONG, M. R.Basal ganglia-thalamocortical circuits: parallel substrates for motor, oculomotor, "prefrontal" and "limbic" functions. *Prog. Brain Res*.1990, 85, 119–146. doi: 10.1016/s0079-6123(08)62678-3.

BOSTAN, A. C.; STRICK, P. L. The basal ganglia and the cerebellum: nodes in an integrated network. *Nat. Rev. Neurosci.* 2018, 19, 338-350.

TEIXEIRA, A.L.; CARDOSO, F. Neuropsiquiatria dos núcleos da base. Jornal Brasileiro de Psiquiatria. 2004,53(3): 153-158.

Estrutura da Substância Branca e do Córtex Cerebral

A – Substância branca do cérebro

1. Introdução

Em um corte horizontal do cérebro, a substância branca, também chamada de *centro branco medular*, aparece como uma área de forma oval, o que lhe valeu, para cada hemisfério, a denominação *centro semioval* (**Figura 32.7**). Este é constituído de fibras mielínicas, que podem ser classificadas em dois grandes grupos: *fibras de projeção;* e *fibras de associação*. As primeiras ligam o córtex a centros subcorticais e as segundas ligam áreas corticais situadas em pontos diferentes do cérebro. Estas últimas podem, por sua vez, ser divididas em *fibras de associação intra-hemisféricas* e *fibras de associação inter-hemisféricas,* conforme associem áreas dentro de um mesmo hemisfério ou entre dois hemisférios.

2. Fibras de associação intra-hemisféricas

Conforme o tamanho, classificam-se em curtas e longas. As curtas associam áreas vizinhas do córtex, como dois giros, passando, neste caso, pelo fundo do sulco. São também chamadas, em virtude de sua disposição, *fibras arqueadas do cérebro* ou *fibras em U* (**Figura 25.1**).

As fibras de associação intra-hemisféricas longas unem-se em fascículos, sendo os mais importantes os seguintes:

a) *Fascículo do cíngulo* – percorre o giro de mesmo nome, unindo o lobo frontal ao temporal, passando pelo lobo parietal (**Figura 25.1**).
b) *Fascículo longitudinal superior (FLS) e fascículo arqueado (FA)* – ligam os lobos frontal, parietal, occipital e temporal pela face superolateral de cada hemisfério (**Figura 25.2**). O FLS e o FA foram, por muito tempo, usados como sinônimos. Hoje sabemos que são estruturas distintas. Entretanto, existe controvérsia sobre a divisão de suas conexões.
c) *Fascículo longitudinal inferior* – une o lobo occipital ao lobo temporal (**Figura 25.1**).
d) *Fascículo uncinado* – liga o lobo frontal ao temporal, passando pelo fundo do sulco lateral (**Figura 25.2**).

O fascículo longitudinal superior e o fascículo arqueado, tem papel importante na linguagem, na medida em que estabelece conexão entre suas áreas anterior e posterior, situadas, respectivamente, no lobo frontal e na junção dos lobos temporal e parietal (**Figura 26.6**). Lesões desse fascículo causam perturbações da linguagem, afasias (Tabela 26.1).

3. Fibras de associação inter-hemisféricas

São também chamadas *fibras comissurais,* pois fazem a união entre áreas simétricas dos dois hemisférios. Essas fibras agrupam-se para formar as três comissuras do telencéfalo descritas a seguir:

a) *Comissura do fórnice* ou comissura do hipocampo – pouco desenvolvida no homem, essa comissura é formada por fibras que se dispõem entre as duas pernas do fórnice (**Figura 7.3**) e estabelecem conexão entre os dois hipocampos.
b) *Comissura anterior* – tem uma porção olfatória, que liga bulbos e tratos olfatórios, e uma porção não olfatória, que estabelece união entre os lobos temporais. A posição da comissura anterior é mostrada na **Figura 7.1**.
c) *Corpo caloso* – a maior das comissuras telencefálicas é também o maior feixe de fibras do sistema nervoso. Estabelece conexão entre áreas corticais

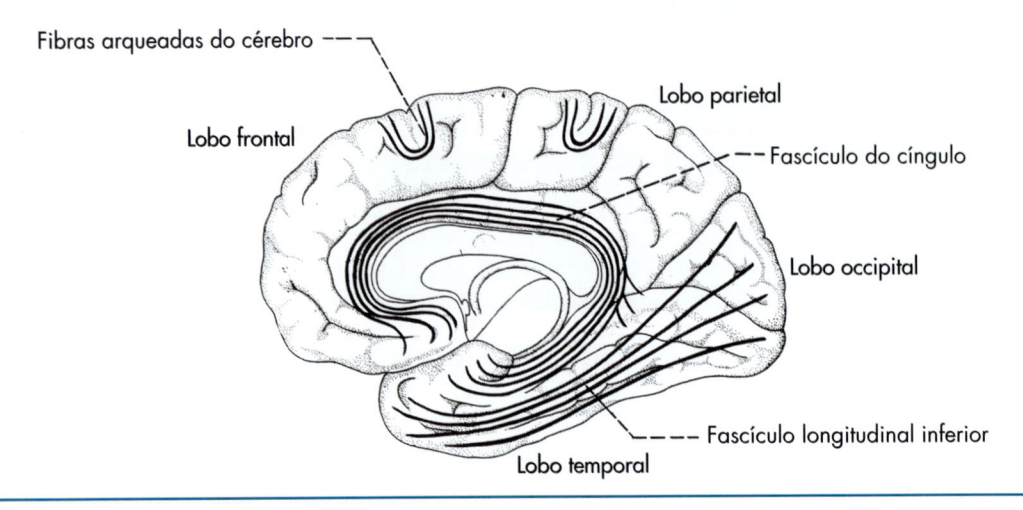

Figura 25.1 Fascículos de associação na face medial do cérebro.

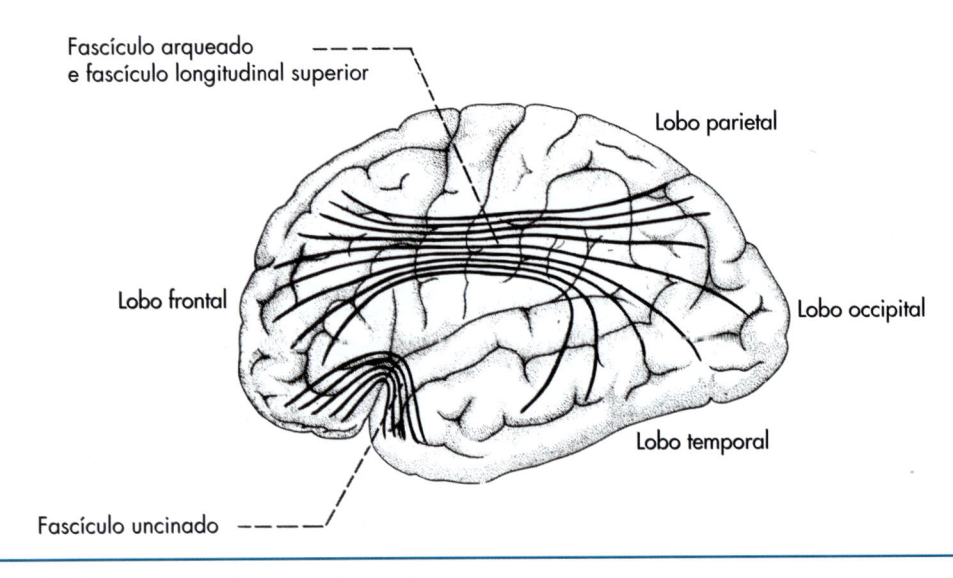

Figura 25.2 Fascículos de associação na face superolateral do cérebro.

simétricas dos dois hemisférios, com exceção daquelas do lobo temporal, que são unidas principalmente pelas fibras da comissura anterior. O corpo caloso permite a transferência de informações de um hemisfério para o outro, fazendo-os funcionar harmonicamente. Em animais com secção experimental do corpo caloso, podem-se ensinar tarefas diferentes, ou mesmo antagônicas, a cada um dos hemisférios que, nesse caso, funcionam independentemente um do outro. Secções do corpo caloso feitas no homem com o objetivo de melhorar certos quadros de epilepsia refratária não causam alterações evidentes de comportamento ou de cognição. Entretanto, testes especializados revelam que, nesses casos, não há transferência de informações de um hemisfério para o outro, causando a síndrome de desconexão calosa. Entre outros sintomas, há a dificuldade de utilizar a mão esquerda separadamente ou em tarefas bimanuais, dificuldade de reconhecimento de objetos colocados na mão esquerda, dificuldades na marcha e em alguns aspectos da linguagem, além de desorientação temporoespacial.

4. Fibras de projeção

Estas fibras agrupam-se para formar o fórnice e a cápsula interna. O fórnice liga o hipocampo aos núcleos mamilares do hipotálamo e está relacionado com a memória (**Figura 27.1**).

A *cápsula interna* (**Figuras 24.1** e **24.2**) é um grande feixe de fibras que separa o tálamo, situado medialmente, do núcleo lentiforme, situado na porção lateral. Acima do núcleo lentiforme, a cápsula interna continua com a *coroa radiada*; abaixo, com a base do pedúnculo cerebral (**Figura 30.1**). Distinguem-se, na cápsula interna, três partes (**Figura 24.1**): a *perna anterior*, situada entre a cabeça do núcleo caudado e o núcleo lentiforme; a *perna posterior*, situada entre o tálamo e o núcleo lentiforme; e o *joelho*, situado no ângulo entre essas duas partes.

A cápsula interna é uma formação muito importante porque por ela passa a maioria das fibras que saem ou entram no córtex cerebral. Entre as fibras originadas no córtex, temos os tratos *corticospinal, corticonuclear* e *corticopontino,* além das *fibras corticorreticulares* e *corticoestriadas*. As fibras que passam na cápsula interna e dirigem-se ao córtex vêm do tálamo, sendo denominadas *radiações*. Entre estas, temos as *radiações óptica* e *auditiva*. Essas fibras não estão misturadas e têm posições bem definidas na cápsula interna, podendo, pois, ser lesadas separadamente, o que determina quadros clínicos diferentes em casos de acidentes vasculares encefálicos (AVE), lacunares. Assim, as fibras do trato corticonuclear ocupam o joelho da cápsula interna, sendo seguidas, já na perna posterior, das fibras do trato corticospinal e das radiações talâmicas que levam ao córtex a sensibilidade somática geral. As radiações óptica e auditiva também passam na perna posterior da cápsula interna, mas na porção situada abaixo do núcleo lentiforme (porção sublentiforme da cápsula interna).

Nos AVE da cápsula interna, mesmo uma pequena lesão pode causar sintomas graves pelo fato de as fibras estarem concentradas. Os mais frequentes são hemiplegia e diminuição da sensibilidade na metade oposta do corpo.

B – Estrutura do córtex cerebral

1. Generalidades

Córtex cerebral é a fina camada de substância cinzenta que reveste o centro branco medular do cérebro ou centro semioval. Trata-se de uma das partes mais importantes do sistema nervoso. Ao córtex cerebral chegam impulsos provenientes de todas as vias da sensibilidade, que aí se tornam conscientes e são interpretadas. Do córtex, saem os impulsos nervosos, que iniciam e comandam os movimentos voluntários e que estão relacionados também com os fenômenos psíquicos. Durante a evolução, a extensão e a complexidade do córtex aumentaram progressivamente, atingindo o maior desenvolvimento na espécie humana, o que pode ser correlacionado com o grande desenvolvimento das funções intelectuais nessa espécie.

2. Citoarquitetura do córtex

No córtex cerebral, existem neurônios, células neurogliais e fibras. Os neurônios e as fibras distribuem-se de vários modos, em várias camadas, sendo a estrutura do córtex cerebral muito complexa e heterogênea. Nisso difere, pois, do córtex cerebelar, que tem uma organização estrutural mais simples e uniforme em todas as áreas.

Quanto à sua estrutura, distinguem-se dois tipos de córtex: *isocórtex*; e *alocórtex*.

No isocórtex, existem seis camadas, o que não ocorre no alocórtex, cujo número de camadas varia, mas é sempre menor do que seis. Estudaremos apenas a estrutura do isocórtex, que constitui a grande maioria das áreas corticais. São as seguintes as seis camadas do córtex, numeradas da superfície para o interior (**Figura 25.3**):

I – camada molecular;
II – camada granular externa;
III – camada piramidal externa;
IV – camada granular interna;
V – camada piramidal interna (ou ganglionar);
VI – camada de células fusiformes (ou multiforme).

A camada molecular, situada na superfície do córtex, é rica em fibras de direção horizontal e contém poucos neurônios. Nas demais camadas, predomina o tipo de neurônio que lhes dá o nome. São três os principais neurônios do córtex:[1]

a) *Células granulares* – também chamadas de *células estreladas*, apresentam dendritos que se ramificam próximo ao corpo celular, e um axônio que pode estabelecer conexões com células das camadas vizinhas. Elas são o principal interneurônio cortical, ou seja, estabelecem conexão com os demais neurônios do córtex. A maioria das fibras que chegam ao córtex estabelece sinapse com as células granulares, que são, assim, as principais células receptoras do córtex cerebral. O número de células granulares aumentou progressivamente durante a filogênese, possibilitando a existência de circuitos corticais mais complexos. As células granulares existem em todas as camadas, mas predominam nas *camadas granular interna* e *externa* (**Figura 25.3**).

b) *Células piramidais* – recebem esse nome em razão da forma piramidal do corpo celular. Conforme o tamanho do corpo celular, podem ser pequenas, médias, grandes ou gigantes. As células piramidais gigantes são denominadas *células de Betz* e ocorrem apenas na área motora situada no giro pré-central. As células piramidais apresentam dois tipos de dendritos, apicais e basais. O *dendrito apical* destaca-se do ápice da pirâmide, dirige-se às camadas mais superficiais, onde termina. Os *dendritos basais,* muito mais curtos, distribuem-se próximo ao corpo celular. O axônio das células piramidais tem direção descendente e, em geral, ganha a substância branca como fibra eferente do córtex, por exemplo, as fibras que constituem

---
[1] Além desses, existem ainda as células horizontais de Cajal e a célula de Martinotti.

I – Camada molecular

II – Camada granular externa

III – Camada piramidal externa

IV – Camada granular interna — — — Estria de Baillarger externa

V – Camada piramidal interna — — — Estria de Baillarger interna

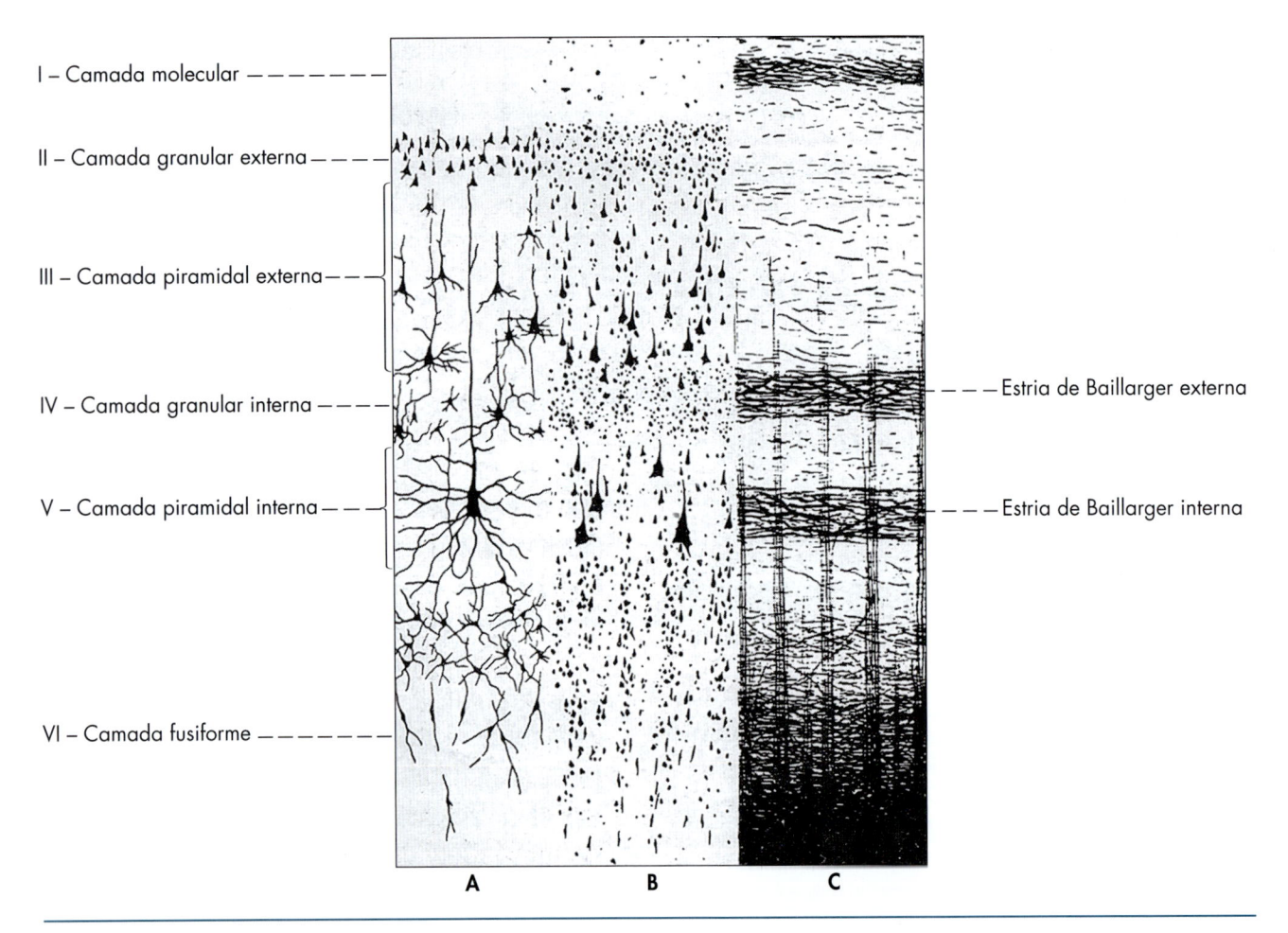

VI – Camada fusiforme

A   B   C

Figura 25.3 Representação esquemática das camadas corticais como aparecem em **(A)** preparações histológicas coradas pelo método de Golgi para os prolongamentos neuronais; **(B)** método de Nissl para os corpos dos neurônios; e **(C)** método de Weigert para as fibras mielínicas (Segundo Brodmann).

o trato corticospinal. As células piramidais existem em todas as camadas, predominando, entretanto, nas camadas *piramidal externa* e *interna* (**Figura 25.3**), que são consideradas camadas predominantemente efetuadoras.

c) *Células fusiformes* – têm um axônio descendente, que penetra no centro branco medular, sendo, pois, células efetuadoras. Predominam na VI camada, ou camada de células fusiformes (**Figura 25.3**).

As fibras que saem ou que entram no córtex cerebral podem ser de associação ou de projeção. As fibras de projeção aferentes podem ter origem talâmica ou extratalâmica, mas o maior contingente é de origem talâmica. As fibras extratalâmicas são dos sistemas modulatórios de projeção difusa, podem ser monoaminérgicas ou colinérgicas (Capítulo 20) e distribuem-se a todo o córtex. As fibras aferentes oriundas dos núcleos talâmicos inespecíficos também se distribuem a todo o córtex, sobre o qual exercem ação ativadora, como parte do sistema ativador reticular ascendente (SARA). As radiações talâmicas originadas nos núcleos específicos do tálamo terminam na camada IV, granular interna. Ela é, pois, muito desenvolvida nas áreas sensitivas do córtex.

As *fibras de projeção eferentes* do córtex estabelecem conexões com centros subcorticais, originam-se em sua grande maioria na camada V, piramidal interna, e são axônios das células piramidais aí localizadas. A camada V é, pois, muito desenvolvida nas áreas motoras do córtex. Em síntese, a camada IV é a camada receptora de projeção, e a camada V, efetuadora de projeção. As demais camadas corticais são predominantemente de associação e os seus axônios ligam-se a outras áreas do córtex, passando pelo centro branco medular. Os neurônios do córtex cerebral estão organizados em colunas, cada uma contendo de 300 a 600 neurônios conectados verticalmente. As colunas constituem as unidades funcionais do córtex. Estima-se que existam bilhões de colunas no córtex cerebral do homem. Os circuitos intracorticais são extensos e complexos. No córtex motor do macaco, foram encontradas uma média de 60 mil sinapses por neurônio. Mesmo admitindo-se, como é provável, que um mesmo neurônio possa ligar-se a outro por meio de vários botões sinápticos, esse número mostra que um mesmo neurônio cortical está sujeito à influência de muitos outros. Assim, um só neurônio da área motora do macaco recebe influência de cerca de 600 neurônios intracorticais. Sabendo-se que o número total de neurônios corticais é de cerca de 86 bilhões, entende-se que os caminhos que podem seguir os impulsos intracorticais variam de uma maneira quase ilimitada, o que torna impossível a existência de dois indivíduos com exatamente os mesmos circuitos corticais. O córtex do homem é a estrutura mais complexa do mundo biológico, o que está de acordo com a complexidade das funções que dele dependem.

3. Classificação das áreas corticais

O córtex cerebral não é homogêneo em toda a sua extensão, permitindo a individualização de várias áreas, o que pode ser feito com critérios anatômicos, citoarquiteturais, filogenéticos e funcionais.

3.1 Classificação anatômica do córtex

Baseia-se na divisão do cérebro em sulcos, giros e lobos. A divisão anatômica em lobos não corresponde a uma divisão funcional ou estrutural, pois em um mesmo lobo temos áreas corticais de funções e estruturas muito diferentes. Faz exceção o córtex do lobo occipital, que, direta ou indiretamente, se liga às vias visuais. A divisão anatômica, entretanto, é a mais empregada na prática médica.

3.2 Classificação citoarquitetural do córtex

O córtex cerebral pode ser dividido em numerosas *áreas citoarquiteturais* e *funcionais*, havendo vários mapas de divisão. A divisão mais tradicional é a de Brodmann, que identificou 52 áreas designadas por números (**Figuras 26.1** e **26.2**). As áreas de Brodmann são ainda muito utilizadas na clínica e na pesquisa médica. As novas técnicas de investigação permitiram novas classificações após Brodmann e atualmente são reconhecidas entre 150 e 200 áreas citoarquiteturais.

As diversas áreas corticais podem ser classificadas em grupos maiores, de acordo com suas características comuns, da maneira indicada na chave a seguir.

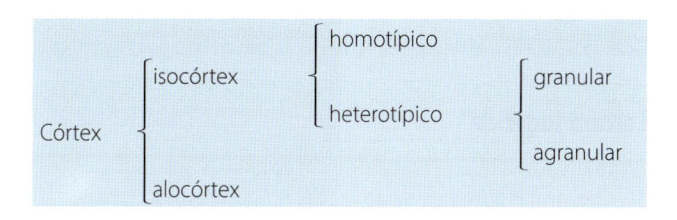

Córtex
- isocórtex
  - homotípico
  - heterotípico
    - granular
    - agranular
- alocórtex

Isocórtex é o córtex que tem seis camadas nítidas, ao menos durante o período embrionário. *Alocórtex* é o córtex que nunca, em fase alguma de seu desenvolvimento, tem seis camadas. No *isocórtex homotípico*, as seis camadas corticais são sempre individualizadas com facilidade. Já no *isocórtex heterotípico*, as seis camadas não podem ser claramente individualizadas no adulto, uma vez que a estrutura laminar típica, encontrada na vida fetal, é mascarada pela grande quantidade de células granulares ou piramidais que invadem as camadas II a VI. Assim, no isocórtex heterotípico *granular*, característico das áreas sensitivas, há enorme quantidade de células granulares que invadem, inclusive, as camadas piramidais (III e V), com o desaparecimento quase completo das células piramidais. Já no isocórtex heterotípico *agranular*, característico das áreas motoras, há considerável diminuição de células granulares e enorme quantidade de células piramidais que invadem, inclusive, as camadas granulares (II e IV).

O isocórtex ocupa 90% da área cortical e corresponde ao neocórtex, ou seja, ao córtex filogenicamente recente. O alocórtex ocupa áreas antigas do cérebro e corresponde aos arquicórtex e paleocórtex, que serão estudados a seguir.

3.3 Classificação filogenética do córtex

Do ponto de vista filogenético, pode-se dividir o córtex cerebral em *arquicórtex, paleocórtex* e *neocórtex*. O arquicórtex está localizado no hipocampo, enquanto o paleocórtex ocupa o unco e parte do giro para-hipocampal. Nesse giro, o sulco rinal (**Figura 7.7**) separa o paleocórtex, situado medialmente, do neocórtex, situado na porção lateral. Todo o restante do córtex classifica-se como neocórtex. Os arquicórtex e paleocórtex ocupam as áreas corticais antigas do cérebro, enquanto o neocórtex ocupa as áreas filogeneticamente mais recentes.

3.4 Classificação funcional do córtex

Do ponto de vista funcional, as áreas corticais não são homogêneas. A primeira comprovação desse fato foi feita em 1861, pelo cirurgião francês Paul Broca, que pôde correlacionar lesões em áreas restritas do lobo frontal (área de Broca) com a perda da linguagem falada. Pouco mais tarde, surgiram os trabalhos de Fritsch e Hitzig, que conseguiram provocar movimentos de certas partes do corpo por estimulações elétricas em áreas específicas do córtex do cão. Esses autores fizeram, assim, o primeiro mapeamento da área motora do córtex, estabelecendo pela primeira vez o conceito de *somatotopia* das áreas corticais, ou seja, de que existe correspondência entre determinadas áreas corticais e certas partes do corpo. O conhecimento das *localizações funcionais no córtex* tem grande importância não só para a compreensão do funcionamento do cérebro, mas também para o diagnóstico das diversas lesões que podem acometer esse órgão.

As localizações funcionais devem, no entanto, ser consideradas como especializações funcionais de determinadas áreas e não como compartimentos funcionais isolados e estanques.

Do ponto de vista funcional, as áreas corticais podem ser classificadas em dois grandes grupos: *áreas de projeção* e *áreas de associação*. As áreas de projeção são as que recebem ou dão origem a fibras relacionadas diretamente com a sensibilidade e com a motricidade. As demais áreas são consideradas de associação e, de modo geral, estão relacionadas com o processamento mais complexo de informações. Assim, lesões nas áreas de projeção podem causar paralisias ou alterações na sensibilidade, o que não acontece nas áreas de associação.

As áreas de projeção podem ainda ser divididas em dois grupos de função e estrutura diferentes: *áreas sensitivas*; e *áreas motoras*. Nas áreas sensitivas e motoras do neocórtex, está o isocórtex heterotípico do tipo granular ou agranular. Já nas áreas de associação no neocórtex, está o isocórtex homotípico, pois, não sendo elas nem sensitivas nem motoras, não há grande predomínio de células granulares ou piramidais, o que permite fácil individualização das seis camadas corticais. O neuropsicólogo russo Alexandre Luria propôs uma divisão funcional do córtex baseada em seu grau de relacionamento com a motricidade e com a sensibilidade. As áreas ligadas diretamente à sensibilidade e à motricidade, ou seja, as áreas de projeção, são consideradas *áreas primárias*. As áreas de associação podem ser divididas em *secundárias* e *terciárias*. As secundárias são *unimodais*, pois estão ainda relacionadas, embora indiretamente, com determinada modalidade sensorial ou com a motricidade. As aferências de uma área de associação unimodal se fazem predominantemente com a área primária de mesma função. Assim, por exemplo, a área de associação unimodal visual V2 recebe fibras predominantemente da área visual primária V1 ou área de projeção visual. Áreas motoras primárias projetam-se para os neurônios motores da medula espinal e do tronco encefálico. As áreas de associação motoras, localizadas rostralmente à área motora primária, estão envolvidas com a programação de movimentos que são transmitidos para a área primária para execução.

As áreas terciárias são supramodais, ou seja, não se ocupam diretamente com as modalidades motora ou sensitiva das funções cerebrais, mas estão envolvidas com atividades psíquicas superiores. Mantêm conexões com várias áreas unimodais ou com outras áreas supramodais, ligam informações sensoriais ao planejamento motor e são o substrato anatômico das funções corticais superiores, como pensamento, memória, processos simbólicos, tomada de decisões, percepção e ação direcionadas a um objetivo, o planejamento de ações futuras. A área supramodal mais importante é a área pré-frontal, que corresponde às partes não motoras do lobo frontal.

Durante a filogênese, houve aumento das áreas corticais de associação que, no homem, ocupam um território cortical muito maior que o das áreas de projeção. Esse fato pode ser correlacionado com o grande desenvolvimento das funções psíquicas do homem.

Para que se possa entender melhor o significado funcional dessas áreas de associação, especialmente das áreas secundárias, cabe descrever os processos mentais envolvidos na identificação de um objeto, por exemplo, uma bola a ser identificada pelo tato, com os olhos fechados. A área de projeção é a área somestésica primária (S1), que registra as qualidades táteis da bola, em especial a sua forma. Entretanto, isso não permite a sua identificação, o que é feito na área de associação somestésica secundária (S2). Ela comparará a forma da bola com o conceito de bola registrado na memória, o que permite sua identificação. Nesse caso, a área primária é responsável pela sensação, e a secundária, pela percepção e interpretação dessa sensação. Se a área de associação somestésica for lesada, ocorrerá uma agnosia tátil, ou seja, ele não conseguirá reconhecer a bola pelo tato, embora possa fazê-lo pela visão. Agnosias são, pois, quadros clínicos nos quais há perda da capacidade de reconhecer objetos por lesões das áreas corticais secundárias, apesar das vias sensoriais e as áreas corticais primárias estarem normais. Distinguem-se agnosias visuais auditivas e somestésicas, estas últimas geralmente táteis. No exemplo citado da bola, é possível mostrar a sequência de eventos que ocorrem utilizando-se ressonância magnética funcional. Inicialmente, há ativação da área somestésica primária, seguindo-se ativação da área secundária. Reconhecida a bola, a decisão de o que se quer com ela será tomada por uma área cortical terciária (área pré-frontal), que aparecerá ativada com o exame de ressonância magnética funcional.

A chave seguinte sintetiza o que já foi exposto sobre a classificação funcional das áreas corticais, e as **Figuras 26.1** e **26.2** mostram a disposição dessas áreas no cérebro.

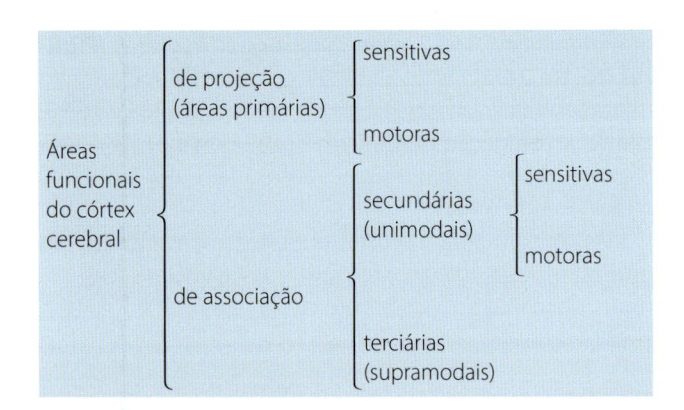

Áreas funcionais do córtex cerebral
- de projeção (áreas primárias)
  - sensitivas
  - motoras
- de associação
  - secundárias (unimodais)
    - sensitivas
    - motoras
  - terciárias (supramodais)

Leitura sugerida

AMUNTS, K.; ZILLES, K. Architetonic mapping of the human brain beyond Brodmann. *Neuron*, v. 88, n. 6, p. 1086-1107, 2015.

DICK, A. S.; TREMBLAY, P. Beyond the arcuate fasciculus: consensus and controversy in the connectional anatomy of language. *Brain*, v. 135, n. 12, p. 3529-3550, 2012.

capítulo 26

Anatomia Funcional do Córtex Cerebral

1. Introdução

A possibilidade de se estudarem as funções corticais do indivíduo vivo, sem anestesia ou qualquer procedimento invasivo, proporcionada pelas técnicas de neuroimagem funcional (Capítulo 31), causou uma revolução na neuroanatomia funcional, em especial naquela relacionada com o córtex cerebral, revelando funções novas para áreas já conhecidas ou pouco conhecidas.

No capítulo anterior, vimos a classificação funcional das áreas corticais e a sua correspondência com as áreas citoarquiteturais e filogenéticas. Neste capítulo, estudaremos com mais detalhes essas áreas sensitivas e motoras do córtex, cada uma delas dividida em primárias e secundárias, além das áreas de associação terciárias.

2. Áreas sensitivas

As áreas sensitivas do córtex estão distribuídas nos lobos parietal, temporal e occipital. As áreas sensitivas são divididas em áreas primárias (de projeção) e secundárias (de associação), relacionadas, respectivamente, com a sensação do estímulo recebido e com a percepção de características específicas desse estímulo. No caso das áreas visuais, por exemplo, as áreas secundárias são múltiplas, cada uma responsável pelo processamento de aspectos específicos da visão, como forma, cor, movimento etc.

2.1 Áreas corticais relacionadas com a sensibilidade somática

2.1.1 Área somestésica primária (S1)

A área somestésica primária (S1) e a área da sensibilidade somática geral estão localizadas no giro pós-central, que corresponde às áreas 3, 1 e 2 de Brodmann (**Figuras 26.1** e **26.2**). A área 3 localiza-se no fundo do sulco central, enquanto as áreas 1 e 2 aparecem na superfície do giro pós-central. À área somestésica, chegam radiações talâmicas, que se originam nos núcleos ventral posterolateral e ventral posteromedial do tálamo e trazem, por conseguinte, impulsos nervosos relacionados com temperatura, dor, pressão, tato e propriocepção consciente da metade oposta do corpo. Quando se estimula eletricamente a área somestésica, o indivíduo tem manifestações sensitivas em partes determinadas do corpo, porém mal definidas, do tipo dormência ou formigamento. Por outro lado, se são estimulados receptores exteroceptivos ou se são feitos movimentos em determinadas articulações, de modo a ativar receptores proprioceptivos, pode-se tomar potenciais evocados nas partes correspondentes da área somestésica. Pode-se concluir, assim, que existe correspondência entre partes do corpo e partes da área somestésica (somatotopia). Para representar essa somatotopia, Penfield e Rasmussen imaginaram um "homúnculo sensitivo" (**Figura 26.3**) de cabeça para baixo no giro pós-central. Na porção superior desse giro, na parte medial do hemisfério, localiza-se a área dos órgãos genitais e do pé, seguida, já na parte superolateral do hemisfério, das áreas da perna, do tronco e do braço, todas pequenas. Mais abaixo, vem a área da mão, que é muito extensa, seguida da área da cabeça, onde a face e a boca têm representação também bastante extensa. Segue-se, já próxima ao sulco lateral, a área da língua e da faringe. Essa somatotopia é fundamentalmente igual à observada na área motora, e nela chama atenção o território de representação da mão, sobretudo dos dedos, o qual é desproporcionalmente extenso. Esse fato demonstra o princípio, amplamente confirmado em estudos feitos em animais, de que a extensão da representação cortical de uma parte do corpo depende da importância funcional e da densidade de aferências dessa parte para a biologia da espécie, e não do seu tamanho.

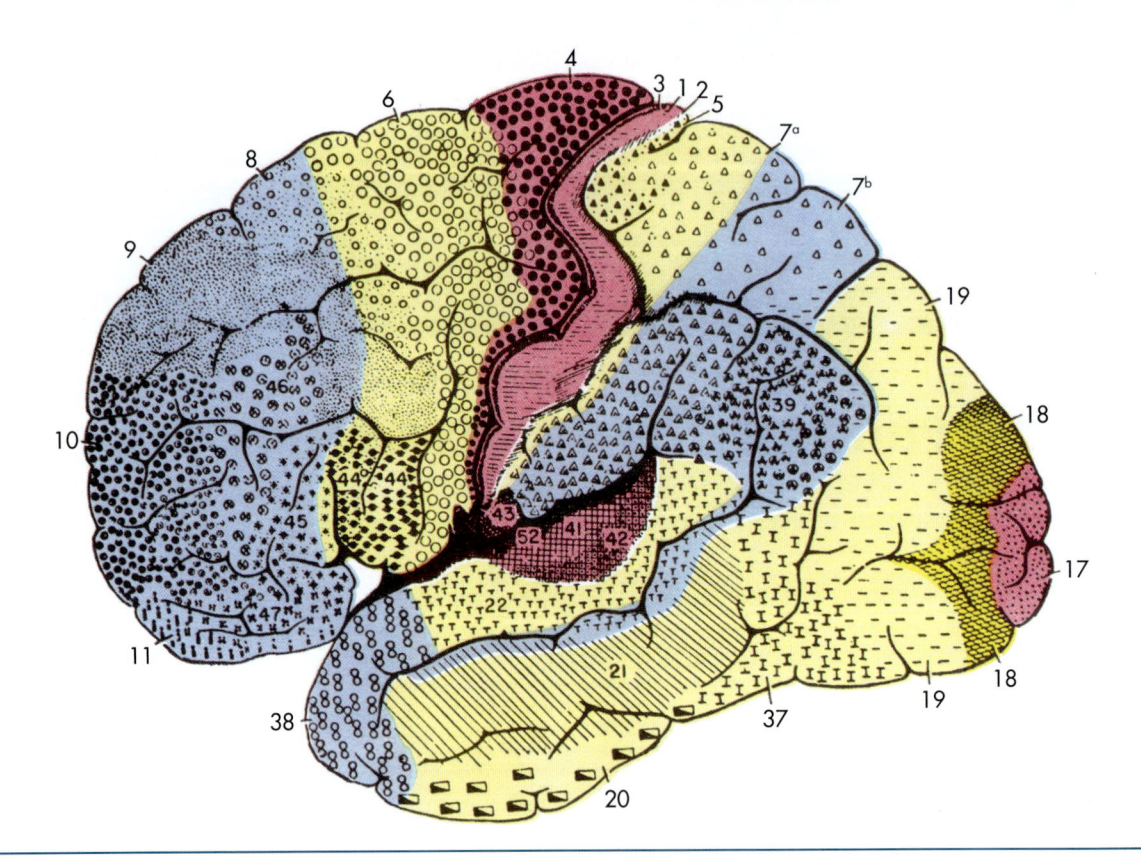

Figura 26.1 Áreas corticais primárias (em rosa), secundárias (em amarelo) e terciárias (em azul) em relação com as áreas citoarquiteturais de Brodmann. Face superolateral do cérebro.

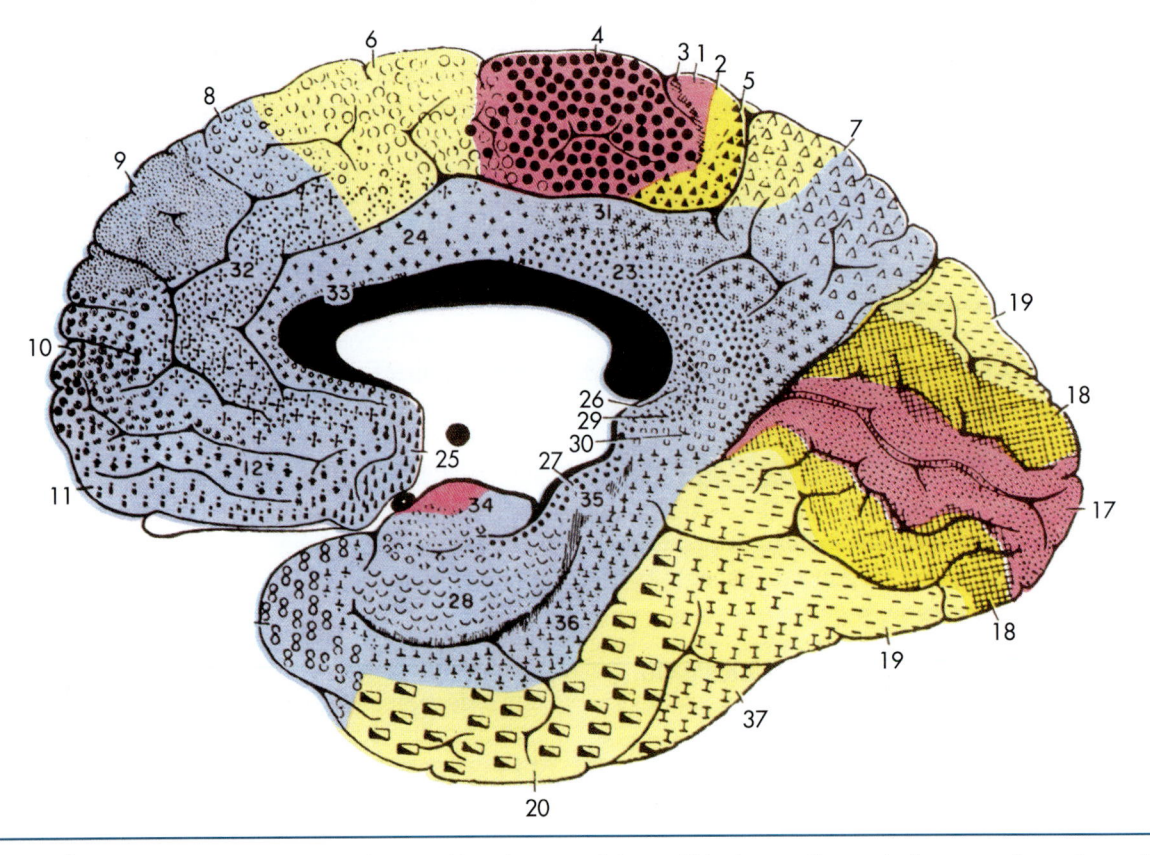

Figura 26.2 Áreas corticais primárias (em rosa), secundárias (em amarelo) e terciárias (em azul) em relação com as áreas citoarquiteturais de Brodmann. Face medial do cérebro.

Lesões da área somestésica podem ocorrer, por exemplo, como consequência de acidentes vasculares cerebrais que comprometem as artérias cerebral média ou cerebral anterior. Há, então, perda da sensibilidade discriminativa do lado oposto à lesão. O doente perde a capacidade de discriminar dois pontos, perceber movimentos de partes do corpo ou reconhecer diferentes intensidades de estímulo. Apesar de distinguir as diferentes modalidades de estímulo, ele é incapaz de localizar a parte do corpo tocada ou de distinguir graus de temperatura, peso e textura dos objetos tocados. Em decorrência disso, o doente perde a estereognosia, ou seja, a capacidade de reconhecer os objetos colocados em sua mão. É interessante lembrar que as modalidades mais grosseiras de sensibilidade (sensibilidade protopática), como o tato não discriminativo e a sensibilidade térmica e dolorosa, permanecem praticamente inalteradas, pois elas se tornam conscientes em nível talâmico.

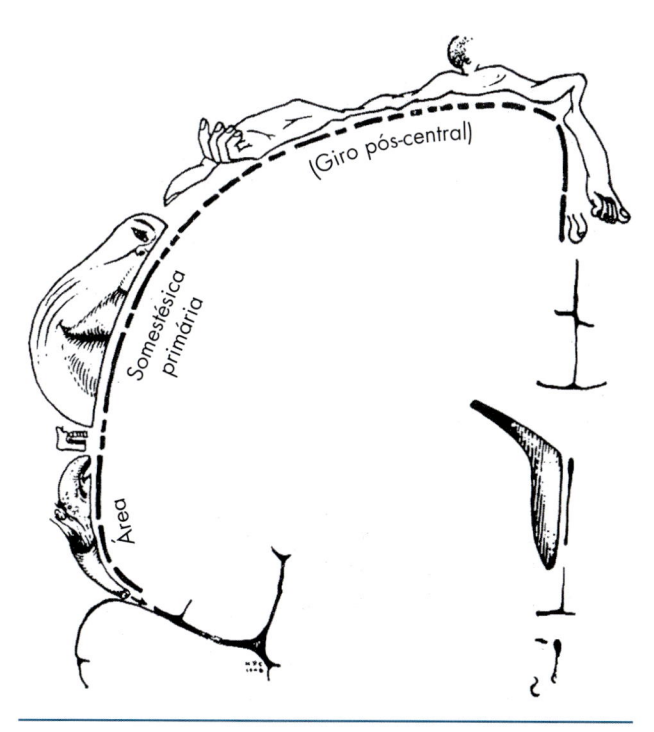

Figura 26.3 Representação das partes do corpo na área somestésica primária. Homúnculo sensitivo (segundo Penfield e Rasmussen).

2.1.2 Área somestésica secundária (S2)

Esta área situa-se no lobo parietal superior, logo atrás da área somestésica primária, e corresponde à área 5 e parte da área 7 de Brodmann (**Figura 26.1**). A sua lesão causa agnosia tátil, ou seja, incapacidade de reconhecer objetos pelo tato.

2.2 Áreas corticais relacionadas com a visão

2.2.1 Área visual primária (V1)

A área visual primária, V1, localiza-se nos lábios do sulco calcarino e corresponde à área 17 de Brodmann (**Figura 26.2**), também chamada de *córtex estriado*. Aí chegam as fibras do trato geniculocalcarino (radiação óptica), originadas no corpo geniculado lateral. Estimulações elétricas da área 17 causam alucinações visuais, nas quais o indivíduo vê círculos brilhantes, nunca objetos bem definidos. Estimulando-se pontos específicos da retina com um jato de luz filiforme, pode-se tomar potenciais elétricos evocados em partes específicas da área 17. Verificou-se, assim, que a metade superior da retina projeta-se no lábio superior do sulco calcarino, e a metade inferior, no lábio inferior desse sulco. A parte posterior da retina (onde se localiza a mácula) projeta-se na parte posterior do sulco calcarino, enquanto a parte anterior projeta-se na porção anterior desse sulco. Existe, pois, correspondência perfeita entre retina e córtex visual (retinotopia). A ablação bilateral da área 17 causa cegueira completa na espécie humana.

2.2.2 Áreas visuais secundárias

São áreas de associação unimodais, neste caso relacionadas somente com a visão. Até há pouco tempo, acreditava-se que seria uma área única, limitada ao lobo occipital, situando-se adiante da área visual primária, correspondendo às áreas 18 e 19 de Brodmann.

Estudos com ressonância magnética funcional e a análise de caso de lesões corticais isoladas demonstraram que, na verdade, são várias as áreas visuais secundárias, distribuídas nos lobos parietais e temporais, das quais as mais conhecidas são V2, V3, V4 e V5. Elas são unidas por duas vias corticais originadas em V1: a dorsal, dirigida à parte posterior do lobo parietal, e a ventral, que une as áreas visuais do lobo temporal (**Figura 26.4**). Aspectos diferentes da percepção visual são processados nessas áreas. Assim, na via ventral estão áreas específicas para percepção de cores, reconhecimento de objetos e reconhecimento de faces. Na via dorsal, estão áreas para percepção de movimento, de velocidade, representação espacial dos objetos, atenção visual e ações guiadas pela visão. Em síntese, a via ventral permite determinar o que o objeto é, e a dorsal, onde ele está, se está parado ou em movimento, e guiar a ação motora em relação ao objeto. O processamento visual é paralelo desde a retina, circuitos analisam os diversos aspectos da informação visual, como cor, luminosidade, forma, faces e movimento, e distribui a informação a partir de V1 para mais de 30 áreas dentro das vias dorsal e ventral. A integração das informações permite o reconhecimento de objetos (córtex temporal inferior) e guia as ações motoras necessárias ao objetivo. Lesões nessas áreas resultam em agnosia visual, ou seja, na incapacidade de identificar objetos ou aspectos dos objetos, mesmo estando íntegras as áreas corticais primárias. São muitas as agnosias visuais em casos de lesões restritas do lobo temporal envolvendo a via cortical ventral. O paciente pode perder a capacidade de identificar objetos, desenhos, sua cor, seu significado e até mesmo o reconhecimento da face de pessoas conhecidas (*prosopagnosia*). O giro temporal inferior tem amplas conexões com as áreas de memória. Em casos de lesões da via dorsal (V5), o paciente perde a capacidade de perceber, visualmente, o movimento das coisas (*acinetopsia*). Assim, o paciente tem dificuldade para atravessar uma rua movimentada e, para ele, as águas de uma cachoeira estão sempre paradas. A área cortical intraparietal orienta a atenção em relação ao objeto de interesse do campo visual e guia as ações motoras dos olhos e do corpo ao objetivo.

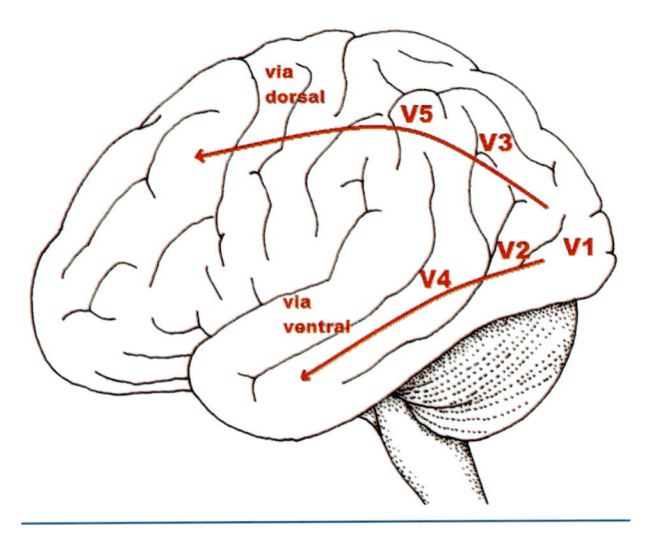

Figura 26.4 Desenho esquemático representando a área visual primária V1 e as principais áreas corticais secundárias nas vias ventral e dorsal.

2.3 Áreas corticais relacionadas com a audição

2.3.1 Área auditiva primária (A1)

A área auditiva primária, A1, está situada no giro temporal transverso anterior (giro de Heschl) e corresponde às áreas 41 e 42 de Brodmann (**Figura 26.1**). A ela, chegam fibras da radiação auditiva, que se originam no corpo geniculado medial. Estimulações elétricas da área auditiva de um indivíduo acordado causam alucinações auditivas que, entretanto, nunca são muito precisas, manifestando-se principalmente como zumbidos. Lesões bilaterais do giro temporal transverso anterior causam surdez completa. Lesões unilaterais causam *déficits* auditivos pequenos, pois, ao contrário das demais vias da sensibilidade, a via auditiva não é totalmente cruzada. Assim, cada cóclea está representada no córtex dos dois hemisférios. Na área auditiva, existe uma representação tonotópica, ou seja, sons de determinada frequência projetam-se em partes específicas dessa área, o que implica correspondência dessas partes com as partes da cóclea.

2.3.2 Área auditiva secundária (A2)

Localiza-se no lobo temporal (área 22 de Brodmann), adjacente à área auditiva primária, e a sua função é pouco conhecida, mas, possivelmente, está associada a alguns tipos especiais de informação auditiva.

2.4 Área vestibular

As informações vestibulares se projetam para várias regiões corticais, sendo a maioria delas multimodais. Não há uma área puramente vestibular como ocorre em outras modalidades sensoriais. As principais encontram-se no córtex insular posterior e no lobo parietal, em uma pequena região próxima ao território da área somestésica correspondente à face. Há projeções também para o córtex oculomotor frontal, córtex visual secundário intraparietal e temporal. Assim, a área vestibular está relacionada com a área de projeção da sensibilidade proprioceptiva. Os receptores do vestíbulo já foram classificados como *proprioceptores especiais*, pois informam sobre a posição e o movimento da cabeça. Foi sugerido que a área vestibular do córtex seria importante para apreciação consciente da orientação no espaço.

2.5 Área olfatória

A área olfatória, muito grande em alguns mamíferos, ocupa no homem apenas uma pequena área situada na parte anterior do unco e do giro para-hipocampal, conhecida também como *córtex piriforme*. Certos casos de epilepsia focal do unco causam alucinações olfatórias, nas quais os pacientes subitamente se queixam de cheiros, em geral desagradáveis, que na realidade não existem. São as chamadas *crises uncinadas*, que podem ter apenas essa sintomatologia subjetiva ou completar-se com uma crise epiléptica motora focal ou generalizada.

2.6 Área gustativa

2.6.1 Área gustativa primária

Localiza-se ao longo da parte anterior da ínsula e da parte inferior do giro pós-central. Coerente com esse fato, essa área é um isocórtex heterotípico granular. Fato interessante é que o simples ato de ver ou mesmo de pensar em um alimento saboroso ativa a área gustativa da ínsula. Demonstrou-se também que na área gustativa existem neurônios sensíveis não só ao paladar, mas também ao olfato e à sensibilidade somestésica da boca. A gustação depende, portanto, da integração de informações gustativas e olfativas.

2.6.2 Área gustativa secundária

Encontra-se na região orbitofrontal da área pré-frontal, recebendo aferências da ínsula.

3. Áreas corticais relacionadas com a motricidade

A motricidade voluntária só é possível porque as áreas corticais que controlam o movimento recebem constantemente informações sensoriais. A decisão de executar um determinado movimento depende da integração entre os sistemas sensoriais e motor. Um simples ato de alcançar um objeto exige informação visual para localizar o objeto no espaço e informação proprioceptiva para criar a representação do corpo no espaço, possibilitando que comandos adequados sejam enviados ao membro superior. O processamento sensorial tem como resultado uma representação interna do mundo e do corpo no espaço, e o planejamento do ato motor inicia-se a partir de uma dessas representações. O objetivo do movimento é determinado pelo córtex pré-frontal, que passa sua decisão às áreas motoras do córtex, que são a área motora primária (M1) e as áreas secundárias pré-motora e motora suplementar.

3.1 Área motora primária (M1)

Ocupa a parte posterior do giro pré-central, correspondente à área 4 de Brodmann (**Figura 26.1**). Do ponto de vista citoarquitetural, é um isocórtex heterotípico agranular, caracterizado pela presença das células piramidais gigantes ou células de Betz. No córtex motor primário, há uma representação das diversas partes do corpo, a somatotopia. Essa somatotopia corresponde à já descrita para a área somestésica e pode ser representada por um homúnculo de cabeça para baixo, como mostra a **Figura 26.5**. É interessante notar a grande extensão da área correspondente à mão, quando comparada com as áreas do tronco e membro inferior. Isso mostra que a extensão da representação cortical de uma parte do corpo, na área 4, é proporcional não ao seu tamanho, mas à delicadeza dos movimentos realizados pelos grupos musculares nela representados. Essa organização somatotópica pode sofrer modificações decorrentes do aprendizado e de lesões. As principais conexões aferentes da área motora são com o tálamo, por meio do qual recebe informações do cerebelo e dos núcleos da base, com a área somestésica e com as áreas pré-motora e motora suplementar. Por sua vez, no homem, a área 4 dá origem a grande parte das fibras dos tratos corticospinal e corticonuclear, principais responsáveis pela motricidade voluntária, especialmente na musculatura distal dos membros.

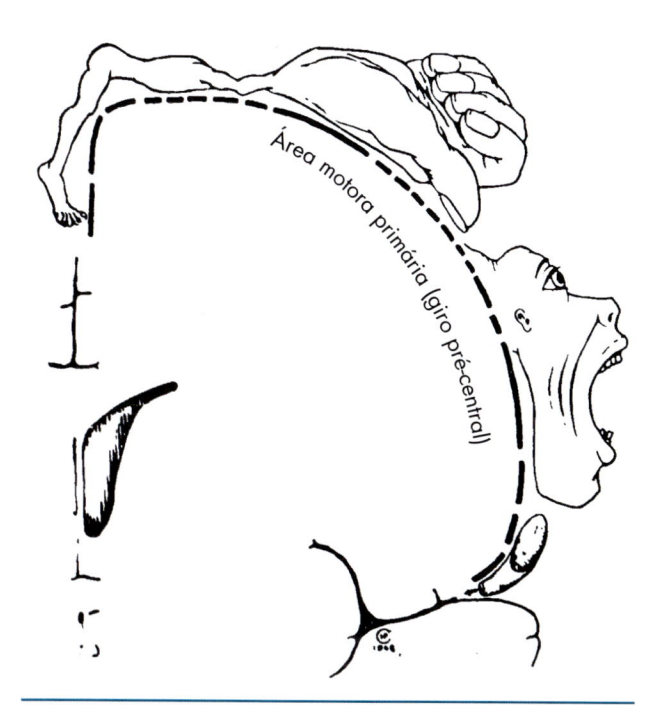

Figura 26.5 Representação das partes do corpo na área motora primária. Homúnculo motor (segundo Penfield e Rasmussen).

3.2 Áreas motoras secundárias

3.2.1 Área pré-motora

A área pré-motora localiza-se no lobo frontal, adiante da área motora primária 4, e ocupa toda a extensão da área 6 de Brodmann, situada na face lateral do hemisfério (**Figura 26.1**). É muito menos excitável que a área motora primária, exigindo correntes elétricas mais intensas para que se obtenham respostas motoras. As respostas obtidas são menos localizadas do que as que se obtêm por estímulo da área 4 e envolvem grupos musculares maiores, como os do tronco ou da base dos membros. Nas lesões da área pré-motora, esses músculos têm a sua força diminuída (paresia), o que impede o paciente de elevar completamente o braço ou a perna. Por meio da via córtico-retículo-espinal, que nela se origina, a área pré-motora coloca o corpo, especialmente a musculatura proximal dos membros, em uma postura básica preparatória para a realização de movimentos mais delicados, a cargo da musculatura distal dos membros. Dentro da área pré-motora, encontra-se a área motora ocular frontal, responsável pelo movimento conjugado ocular lateral. Sua lesão provoca o desvio conjugado do olhar para o lado da lesão (**Figura 19.13**). Como será visto no item 3.4, a área pré-motora integra também o sistema de neurônios-espelhos. A área pré-motora projeta-se, também, para a área motora primária e recebe aferências do cerebelo (via tálamo) e de várias áreas de associação do córtex. Entretanto, a função mais importante da área pré-motora está relacionada com o planejamento motor, como será visto no item 3.3.

3.2.2 Área motora suplementar

A área motora suplementar ocupa a parte da área 6, situada na face medial do giro frontal superior (**Figura 26.2**). As suas principais conexões são com o corpo estriado, via tálamo, com a área motora primária e com a área pré-frontal. Assim como a área pré-motora, a função mais importante da área motora suplementar é o planejamento motor, de sequências complexas de movimentos, para o que são importantes as suas amplas conexões aferentes com o corpo estriado, que também está envolvido nesse planejamento motor.

3.3 Planejamento motor

Estudos de neuroimagem funcional mostraram que, quando se faz um gesto, por exemplo, estender o braço para alcançar um objeto, há ativação de uma das áreas de associação secundárias (pré-motora ou motora suplementar), indicando aumento de atividade metabólica dos neurônios nessas áreas. Após um ou dois segundos, a atividade cessa e passa a ser ativada a área motora primária, principal origem do trato corticospinal. Simultaneamente, ocorre o movimento. Conclui-se que, na execução de um movimento, há uma etapa de planejamento, a cargo das áreas motoras secundárias, e uma etapa de execução pela área M1. Esse planejamento envolve a escolha dos grupos musculares a serem contraídos em função da trajetória, da velocidade e da distância a ser percorrida pelo ato motor de estender o braço para apanhar o objeto. Essas informações são passadas à área M1, que executa o planejamento motor feito pelas áreas pré-motora ou motora suplementar. Cabe lembrar que também participam do planejamento motor o cerebelo, cujo núcleo denteado também é ativado antes de M1, e o circuito motor estriato-tálamo-cortical. Entretanto, a iniciativa de fazer o planejamento visando realizar um gesto não é das duas áreas motoras secundárias, mas sim da área pré-frontal que, como será visto no próximo item, é uma área supramodal relacionada, entre outras funções, com a tomada de decisões. Cabe a ela decidir, depois de avaliar todas as implicações do gesto, como este deve ser feito e passar essa "decisão" para as áreas pré-motora ou motora suplementar, o que é coerente com o fato de que ela é ativada antes das áreas pré-motora ou motora suplementar. Dados clínicos confirmam o papel de planejamento motor das duas áreas motoras secundárias. Lesões dessas áreas resultam em disfunções denominadas *apraxias*, nas quais a pessoa perde a capacidade de fazer gestos simples como escovar os dentes ou abotoar a camisa, apesar de não estar paralítica. Esse quadro clínico, conhecido há muito tempo, pode agora ser explicado. A capacidade de fazer o gesto não está comprometida porque a área motora primária está intacta. Entretanto, as áreas responsáveis pelo planejamento motor estão comprometidas. Em outras palavras, a área motora primária está pronta para fazer o gesto, mas não sabe como fazê-lo. As duas áreas motoras secundárias nunca são ativadas em conjunto. Vários estudos sugerem que a área motora suplementar é ativada quando o gesto decorre de "decisão" do próprio córtex pré-frontal, como no gesto de apanhar o objeto, que pode ou não ser feito. Quando o gesto decorre de uma influência externa, como o comando de alguém para que o gesto seja feito, a ativação será da área pré-motora.

Um exemplo do que foi exposto sobre as áreas motoras e o movimento voluntário, temos em um indivíduo sentado a uma mesa de jantar e que deve decidir se vai tomar vinho ou cerveja. Essa decisão depende de neurônios da área pré-frontal. Depois da análise de todas as variáveis, a área pré-frontal decide tomar o vinho. Essa decisão é passada à área motora suplementar, onde é elaborado o plano motor, que deve conter a sequência dos músculos envolvidos, necessários ao movimento, e o grau de contração de cada um. Para elaboração do plano motor, a área motora suplementar também recebe informações do cerebrocerebelo, por meio da via dento-talâmico-cortical, e dos núcleos da base, por meio da alça motora. Concluído o plano motor, passa-se à execução, a cargo do trato corticospinal, para músculos distais dos membros, e reticulospinal, para músculos proximais. Com isso, o braço e o antebraço se deslocam em direção à garrafa de vinho (via córtico-reticulospinal), que será agarrada pelos dedos (trato corticospinal).

3.4 Sistema de neurônios-espelho

Neurônio-espelho é um tipo de neurônio que é ativado não só quando um indivíduo faz um ato motor específico, como estender a mão para pegar um objeto, mas também quando ele vê outro indivíduo fazendo a mesma coisa. Em conjunto, esses neurônios têm sido chamados de sistema de neurônios-espelho. No homem, esse sistema é frontoparietal, ocupando parte da área pré-motora e estendendo-se também à parte inferior do lobo parietal. Mapeando-se os neurônios-espelho ativados com a observação do movimento em várias partes do corpo, verificou-se que há uma distribuição somatotópica semelhante à observada na área motora primária. Os neurônios-espelho têm ação moduladora da excitabilidade dos neurônios responsáveis pelo ato motor observado, facilitando a sua execução. Eles estão na base da aprendizagem motora por imitação. Assim, um determinado movimento de ginástica é aprendido com muito mais rapidez quando se observa alguém o executando do que quando se ouve a descrição do respectivo movimento ou sua ilustração em um livro. Os neurônios-espelho exercem um papel importante na aprendizagem motora de crianças pequenas que imitam os pais ou as babás. O controle do comportamento e das interações sociais depende muito da habilidade de reconhecer e compreender o que outros estão fazendo. A observação do comportamento de outros interfere nas ações do observador. A ativação de circuitos motores pela empatia entre o observador e o observado é importante para a aprendizagem de comportamentos adequados e o desenvolvimento das interações sociais. A disfunção no sistema de neurônios-espelho parece estar envolvida em alguns sintomas do transtorno de espectro autista, item 2.3.1 deste capítulo.

4. Áreas de associação terciárias

Segundo Luria, as áreas terciárias ocupam o topo da hierarquia funcional do córtex cerebral. Elas são supramodais, ou seja, não se relacionam isoladamente com nenhuma modalidade sensorial. Recebem e integram as informações sensoriais já elaboradas por todas as áreas secundárias e são responsáveis também pela elaboração das diversas estratégias comportamentais.

O emprego das técnicas de neuroimagem funcional causou uma revolução no conhecimento sobre as áreas corticais de associação terciárias, que hoje estão na linha de frente das pesquisas em neurociências.

A seguir, estudaremos cada uma das áreas terciárias do cérebro, ou seja, a *área pré-frontal*, a *área parietal posterior*, o *córtex insular anterior* e as *áreas límbicas*.

4.1 Área pré-frontal

A área pré-frontal compreende a parte anterior não motora do lobo frontal (**Figuras 26.1** e **26.2**). Essa área desenvolveu-se muito durante a evolução dos mamíferos, e no homem ocupa cerca de um quarto da superfície do córtex cerebral. Ela tem conexões com quase todas as áreas corticais, vários núcleos talâmicos, em especial o núcleo dorsomedial, amígdala, hipocampo, núcleos da base, cerebelo, tronco encefálico, ou seja, praticamente todo o encéfalo, além das projeções monoaminérgicas dos sistemas modulatórios de projeção difusa. Esse vasto número de conexões lhe permite exercer funções coordenadoras das funções neurais, sendo a principal responsável por nosso comportamento inteligente. As informações sobre o significado funcional da área pré-frontal foram inicialmente obtidas principalmente por intermédio de experiências feitas em macacos e da observação de casos clínicos, nos quais houve lesão nessa área. Destes, o mais famoso ocorreu em 1868, quando P.T. Gage, funcionário de uma ferrovia americana, teve o seu córtex pré-frontal destruído por uma barra de ferro. Ele conseguiu sobreviver ao acidente, mas a sua personalidade, antes caracterizada pela responsabilidade e seriedade, mudou dramaticamente. Embora com as suas funções cognitivas basicamente normais, ele perdeu totalmente o senso de suas responsabilidades sociais e passou a vaguear de um emprego a outro, dizendo "as mais grosseiras profanidades" e exibindo a barra de ferro que o vitimara. "Sua mente estava tão radicalmente mudada que os seus amigos diziam que ele não era mais o mesmo Gage", afirma Harlow, médico que acompanhou o caso naquela época.

No que se refere às observações em animais, a experiência mais famosa foi feita em 1935, por Fulton e Jacobsen, em duas macacas chimpanzés que tiveram as suas áreas pré-frontais removidas. Depois da operação, as macacas passaram a não resolver mais certos problemas simples, como achar o alimento escondido pouco tempo antes. Sabe-se, hoje, que isso resultou da perda da memória operacional, que é função da área pré-frontal. Além disso, os animais tornaram-se completamente distraídos e não desenvolveram mais as características manifestações de descontentamento em situações de frustração.

Com base nessas experiências, Egas Moniz e Almeida Lima, dois cirurgiões portugueses, fizeram pela primeira vez, em 1936, a *lobotomia pré-frontal*, para o tratamento de doentes psiquiátricos com quadros de depressão e ansiedade.[1] A operação consiste em uma secção bilateral da parte anterior dos lobos frontais. Sabe-se hoje que os resultados decorrem principalmente da secção das conexões da área pré-frontal com o núcleo dorsomedial do tálamo. Essa cirurgia melhora os sintomas de ansiedade e depressão dos doentes, que entram em estado de "tamponamento psíquico", ou seja, deixam de reagir a circunstâncias que normalmente determinam alegria ou tristeza. O trabalho de Egas Moniz e Almeida Lima sobre a leucotomia frontal teve grande repercussão, pois pela primeira vez empregou-se uma técnica cirúrgica para o tratamento de doenças psíquicas (*psicocirurgia*). O método foi largamente utilizado, caindo em desuso com o aparecimento de drogas de ação antidepressiva. Os pacientes perdiam a capacidade de decidir sobre os comportamentos socialmente mais adequados, podendo, por exemplo, com a maior naturalidade, urinar, defecar ou masturbar-se em público.

Do ponto de vista funcional, pode-se dividir a área pré-frontal em duas subáreas: dorsolateral; e orbitofrontal.[2] Serão estudadas ambas.

4.1.1 Área pré-frontal dorsolateral

Ocupa a superfície anterior e dorsolateral do lobo frontal. Liga-se ao neoestriado integrando o circuito córtico-estriado-talâmico-cortical. Esse circuito tem um papel extremamente importante nas chamadas funções executivas que envolvem o planejamento execução das estratégias comportamentais mais adequadas à situação física e social do indivíduo, assim como capacidade de alterá-las quando tais situações se modificam. Envolve também a avaliação das consequências dessas ações, planejamento e organização, com inteligência, de ações e soluções de problemas novos. Além disso, a área pré-frontal dorsolateral é responsável pela memória operacional, que é um tipo de *memória de curto prazo*, temporária e suficiente para manter na mente as informações relevantes para a conclusão de uma atividade que está em andamento. Ela será estudada no Capítulo 28.

4.1.2 Área pré-frontal ventromedial ou orbitofrontal

Ocupa a parte ventral do lobo frontal adjacente às órbitas, compreendendo os giros orbitários (**Figura 7.8**). Projeta-se para o núcleo caudado que, por sua vez, se projeta para o globo pálido, a seguir para o núcleo dorsomedial do tálamo que se projeta para a área pré-frontal orbitofrontal fechando o circuito. Esse circuito está envolvido no processamento das emoções, na supressão de comportamentos socialmente indesejáveis e manutenção da atenção. Sua lesão ocorre nas lobotomias pré-frontais, por isso resulta no que já foi chamado de "tamponamento psíquico", ou seja, o paciente deixa de reagir às situações que normalmente resultam em alegria ou tristeza, além do *déficit* de atenção e comportamentos inadequados, como já foi descrito no item 4.1 a propósito das lobotomias e do caso clássico de P. T. Gage. Está envolvido no comportamento emocional e apresenta ampla conexão com a amígdala, hipotálamo e substância cinzenta periaquedutal.

---

[1] Egas Moniz, em 1949, ganhou o Prêmio Nobel de Medicina e Fisiologia, mas, curiosamente, não pelo seu trabalho em Psicocirurgia, mas pela angiografia cerebral, de que foi pioneiro.

[2] Não há consenso entre os autores sobre como dividir a área pré-frontal, alguns autores reconhecem cinco áreas, outros uma ou nenhuma. Optamos por duas áreas, com base em KANDEL, F.C. *Principles of Neural Science*. New York: McGraw-Hill, 2021.

4.2 Correlação anatomoclínica

4.2.1 Autismo infantil

Atualmente conhecido como transtorno do espectro autista (TEA), em razão da variabilidade e intensidade de vários sintomas reunidos em dois grupos: dificuldade na comunicação social; e um segundo grupo, que inclui comportamentos repetitivos, estereotipados e interesses restritos. É um transtorno do neurodesenvolvimento com herança genética poligênica e modificável pelos estímulos do ambiente. A dificuldade de comunicação social inclui a dificuldade de entender e inferir os estados mentais, desejos e intenções das pessoas ou de se colocar no lugar do próximo e entender comportamentos. É a teoria da mente e que depende de circuitos cerebrais específicos relacionados com a cognição social. A mentalização ou a capacidade de entrar na mente das pessoas e entender os seus comportamentos e as suas intenções permite que observemos que pessoas diferentes têm pensamentos diferentes e que pensamentos são internos e diferentes da realidade. Essa habilidade está prejudicada no TEA e causa problemas graves no desenvolvimento das habilidades sociais. Estudos com ressonância magnética funcional observaram alterações em cinco áreas principais. O córtex orbitofrontal e a ínsula, relacionados à mentalização, empatia e cognição social, o lobo temporal superior ativado pelo movimento ocular, a amígdala envolvida na avaliação de informações sociais e não sociais para indicação de perigo no ambiente e a região temporal inferior envolvida na percepção de faces. O sistema de neurônios-espelho também parece estar envolvido. As crianças típicas desde bebês preferem olhar para faces em vez de outros estímulos. No TEA, há uma ausência dessa preferência levando à hipótese de falha em um circuito específico, que medeia a atenção para estímulos sociais, como faces, vozes e movimentos biológicos. Estudos demonstraram que os pacientes com TEA direcionam o olhar de preferência para a boca e não para os olhos. Foi também encontrado menor número de células de Purkinje no cerebelo e anomalias da organização colunar do córtex cerebral. Dezenas de genes já foram implicados na fisiopatologia do TEA. O tratamento tem como base a estimulação precoce.

4.3 Área parietal posterior

Compreende todo o lóbulo parietal inferior, ou seja, os giros supramarginal, área 40, e angular, área 39 (**Figura 26.1**), estendendo-se também às margens do sulco temporal superior e parte do lóbulo parietal superior (**Figura 26.1**). Situa-se, pois, entre as áreas secundárias auditiva, visual e somestésica, funcionando como centro que integra informações recebidas dessas três áreas. Reúne informações já processadas de diferentes modalidades para gerar uma imagem mental completa dos objetos sob a forma de percepções, podendo reunir, além da aparência do objeto, o seu cheiro, som, tato e nome. Essa área está envolvida não apenas na sensação somática, mas na visual, possibilitando a ligação de elementos de uma cena visual em um conjunto coerente. Participa também no planejamento de movimentos e na atenção seletiva. A área parietal posterior é importante para a percepção espacial, permitindo ao indivíduo determinar as relações entre os objetos no espaço extrapessoal. Em lesões bilaterais, o paciente fica incapaz de explorar o ambiente e alcançar objetos de interesse. Ela permite também que se tenha uma imagem das partes componentes do próprio corpo e sua relação com o espaço, razão pela qual já foi também denominada área do esquema corporal. Essas funções ficam mais claras com a descrição dos quadros clínicos ligados a lesões que nela ocorrem. Um dos sintomas pode ser desorientação espacial generalizada, que impede que o paciente consiga deslocar-se de casa para o trabalho e, nos casos mais graves, nem mesmo dirigir-se de uma cadeira para a cama.

Entretanto, o quadro clínico mais característico das lesões da área parietal posterior, em especial de sua parte parietal inferior, é a chamada síndrome de negligência, ou síndrome de inatenção, que se manifesta nas lesões do lado direito, ou seja, no hemisfério mais relacionado com os processos visuoespaciais. Ocorre uma negligência sensorial do mundo contralateral. Pode-se considerar um quadro de negligência em relação ao próprio corpo ou ao espaço exterior. No primeiro caso, o paciente perde a noção do seu esquema corporal, deixa de perceber a metade esquerda do seu corpo como fazendo parte do seu "eu" e passa a negligenciá-la. Assim, ele deixa de se lavar, fazer a barba ou calçar os sapatos do lado esquerdo, não porque não possa fazê-lo, mas simplesmente porque, para ele, a metade esquerda do corpo não lhe pertence. Alguns pacientes com hemiplegia esquerda sequer reconhecem que o seu lado esquerdo está paralisado. No caso da síndrome de negligência em relação ao espaço peri- e extrapessoal, que pode ser concomitante ao quadro anterior, o paciente passa a agir como se do lado esquerdo o mundo deixasse de existir de qualquer forma significativa para ele. Assim, ele só escreve na metade direita do papel, só lê a metade direita das sentenças e só come o alimento colocado no lado direito do prato. O neurologista só poderá conversar com o paciente se abordá-lo pelo lado direito.

4.4 Córtex insular

A ínsula é uma área de associação terciária que integra informações multimodais importantes para o comportamento social e emocional. Suas funções são bem mais amplas do que a concepção antiga de que seria apenas um componente do sistema límbico. Pode ser dividida em duas partes, anterior e posterior, separadas pelo sulco central (**Figura 7.6**). O córtex insular posterior é predominantemente do tipo isocórtex heterotípico granular, característico das áreas de projeção primárias. Já o córtex insular anterior é predominantemente do tipo isocórtex homotípico, característico das áreas de associação. Entretanto, estudos recentes demonstraram que as divisões funcionais da ínsula não obedecem exatamente esta divisão anterior e posterior, e sim no sentido dorsoventral. Assim o córtex granular (área de projeção) estaria localizado na porção dorsal e posterior. Haveria uma porção mediana central composta por córtex intermediário, disgranular e o córtex agranular ocuparia a porção anteroventral. A área granular recebe principalmente informações interoceptivas (viscerais) e somatossensitivas. Há um processamento na região intermediária e posterior integração na região agranular que envia a resposta eferente principalmente para o córtex cingulado anterior límbico, córtex frontal e também para o hipotálamo participando do controle do sistema nervoso autônomo. Esta integração de informações gera uma autopercepção corporal consciente e sensações subjetivas que influenciam comportamentos emocionais, cognitivos e sociais. Tem conexões também com o sistema ativador ascendente contribuindo para o estado de alerta.

A porção dorsal recebe informações sobre o estado fisiológico atual de órgão e tecidos corporais. Os impulsos viscerais chegam da substância cinzenta intermédia lateral, de T1 a L2 (simpático), ou de S2 a S4 (parassimpático) e do núcleo do trato solitário bulbar e do núcleo parabraquial. A porção da mais anterior seria a área visceral primária, seguida pela área gustativa. Recebe também informações da área somatossentiva primária e do tálamo com distribuição somatotópica anteroposterior, da face para o membro inferior funcionando como uma área somatossentiva secundária. A porção dorsal mais posterior seria parte da área vestibular primária está envolvida também no processamento auditivo e olfatório. Essas informações multimodais integradas geram uma percepção consciente do funcionamento corporal auxiliando na resposta emocional, comportamental e socialmente adequada. As principais funções da ínsula estão resumidas a seguir.

a) *Processamento víscero-sensoriomotor* – recebe informações aferentes viscerais e interoceptivas de todo o corpo. A estimulação da insula provoca sensações viscerais desagradáveis assim como alterações do batimento cardíaco e pressão arterial. Essas informações contribuem para a regulação do sistema nervoso autônomo. As informações interoceptivas permitem-nos ter a consciência das condições fisiológicas do corpo como o batimento cardíaco e a distensão do esôfago, do estômago e da bexiga.

b) *Processamento da sensação de temperatura e dor* – a ínsula recebe informações somatossentivas térmicas e dolorosas. Já foi proposto que o córtex termossensorial está situado na insula. Apresenta também papel na percepção e na resposta emocional relacionado à dor.

c) *Processamento auditivo central* – recebe informações do córtex auditivo primário e de outras áreas de associação e participa do processamento temporal dos estímulos auditivos, processamento fonológico percepção de intensidade.

d) *Funções sensoriais especiais* – a área gustativa primária está localizada na parte anterior da ínsula e opérculo frontal adjacente. A ínsula está também envolvida no processamento olfatório. Integra componentes afetivo e emocional relacionados às sensações gustativas e olfatórias. A sensação de nojo provém da integração de estímulos gustativos, olfativos, visuais e táteis de alimentos ou situações consideradas nojentas. Ela é ativada também pela visão de pessoas com fisionomia de nojo. A sensação de nojo tem valor adaptativo, pois afasta as pessoas de situações associadas a doenças. Em casos de lesões da ínsula, ocorre perda do senso de nojo.

e) *Função vestibular* – a área vestibular primária localiza-se na região do opérculo parietal, região retroinsular e insular posterior.

f) *Empatia e cognição social* – a empatia é a capacidade de se colocar no lugar do outro, perceber e sensibilizar-se com o seu estado emocional, gerando uma resposta cognitivo social e emocional adequada. É uma das funções do córtex pré-frontal. Este processamento inclui a consciência de nossas sensações corporais e emocionais para reconhecê-las nos outros e permitir a ação social adequada. O córtex insular anterior é ativado em indivíduos normais quando observam imagens de situações dolorosas ou desagradáveis e expressões faciais emocionais diversas. Esta capacidade, de grande importância social, é perdida em lesões da ínsula e pode estar na base de muitas psicopatias.

g) *Processamento socioemocional* – a ínsula anterior é o centro cortical visceral e interoceptivo e o processamento dessas informações causa reações emocionais e sensações subjetivas. Experiências emocionais negativas nos deixam em alerta sobre nossas sensações internas e funcionamento corporal.

h) *Tomada de decisões* – as emoções influenciam a tomada de decisões por meio de sensações internas viscerais e musculoesqueléticas e mudanças fisiológicas que podem reforçar ou não a decisão. Existem conexões da ínsula anteroventral com o córtex orbitofrontal, a estrutura principal na tomada de decisões. A ínsula está envolvida nos aspectos emocionais da tomada de decisões.

i) *Funções cognitivas* – a ínsula anterior participa da atenção para detecção de estímulos novos por meio das modalidades sensoriais detectando estímulos homestáticos relevantes entre múltiplos estímulos competidores internos e externos. Atua juntamente com o córtex pré-frontal, a amigdala e o córtex cingulado anterior.

4.5 Áreas límbicas

As áreas corticais límbicas compreendem áreas de alocórtex (hipocampo, giro denteado, giro para-hipocampal), de mesocórtex (giro do cíngulo) e isocórtex (ínsula anterior) e a área pré-frontal orbitofrontal. Todas essas áreas juntamente com estruturas subcorticais fazem parte do sistema límbico, relacionado com a memória e as emoções. No caso do giro do cíngulo, essas duas funções ocorrem em regiões diferentes. O cíngulo anterior, que ocupa o primeiro terço anterior do giro do cíngulo, relaciona-se com as emoções, e a parte posterior, que corresponde aos dois terços restantes, relaciona-se com a memória. Todas essas áreas serão estudadas nos Capítulos 27 e 28.

5. Áreas relacionadas com a linguagem – afasias

A linguagem verbal é um fenômeno complexo, do qual participam áreas corticais e subcorticais. Admitia-se, com base nos trabalhos de Geschwind, a existência de duas áreas corticais principais para a linguagem: uma anterior; e outra posterior (**Figura 26.6**), ambas de associação terciária. A *área anterior da linguagem* (**Figura 26.6**) corresponde à área de Broca e está relacionada com a *expressão da linguagem*. Situa-se nas partes opercular e triangular do giro frontal inferior, correspondendo à área 44 e parte da área 45 de Brodmann (**Figura 26.1**). A área de Broca é responsável pela programação da atividade motora relacionada com a expressão da linguagem. A *área posterior da linguagem* situa-se na junção entre os lobos temporal e parietal e corresponde à parte mais posterior da área 22 de Brodmann (**Figura 26.1**). Ela é conhecida também como *área de Wernicke* e está relacionada basicamente com a *percepção da linguagem*. A identificação dessas duas áreas ocasionou a proposição do modelo de linguagem clássico, conhecido como *modelo de Wernicke-Geschwind*, em que a área de Broca conteria os programas motores da fala e a de Wernicke, o significado, e que a conexão entre as duas possibilitaria entender e responder ao que os outros dizem. Realmente, essas duas áreas estão ligadas pelos *fascículos longitudinal superior e arqueado* (**Figura 25.2**), por meio do qual informações relevantes para a correta expressão da linguagem passam da área de Wernicke para a área de Broca. Broca (1868) também foi responsável pela descoberta de que, na maioria dos indivíduos, as áreas corticais da linguagem estão localizadas apenas do lado esquerdo, como será visto no próximo item a propósito da assimetria das funções corticais.

A leitura e a escrita também dependem das áreas de linguagem. Informações passam do córtex visual para o giro angular onde é feito o processamento fonológico de grafema para fonema e, em seguida, para a área de Wernicke.

As lesões dessas áreas dão origem a distúrbios de linguagem, denominados *afasias*. Nas afasias, as perturbações da linguagem não podem ser atribuídas a lesões das vias sensitivas ou motoras envolvidas na fonação, mas apenas

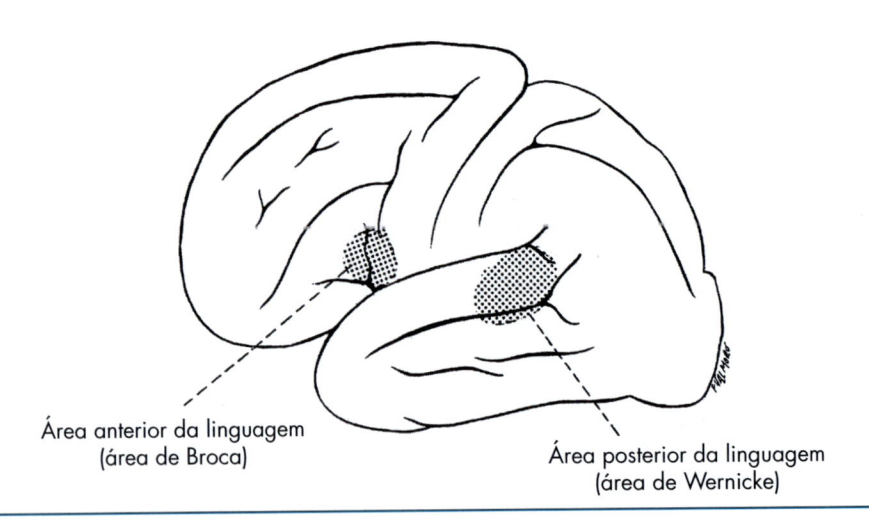

Figura 26.6 Antigas áreas corticais da linguagem, modelo de Wernicke-Geschwind.

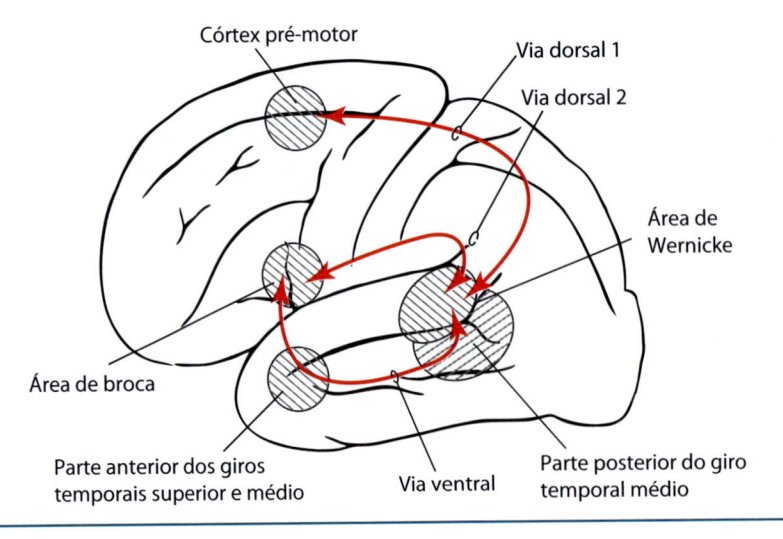

Figura 26.7 Modelo atual das áreas corticais da linguagem.
Fonte: Adaptada de Kandel et al., 2021.

a lesão das áreas corticais de associação responsáveis pela linguagem. Distinguem-se dois tipos principais de afasia: *motora* ou de *expressão*, em que a lesão ocorre na área de Broca; *sensitiva* ou de *percepção*, em que a lesão ocorre na área de Wernicke. Nas afasias motoras, ou *afasias de Broca*, o indivíduo é capaz de compreender a linguagem falada ou escrita, mas tem dificuldade de se expressar adequadamente, falando ou escrevendo. Nas afasias sensitivas, ou afasias de Wernicke, a compreensão da linguagem, tanto falada como escrita, é muito deficiente.

Sabe-se hoje que as perturbações da linguagem já descritas para as afasias de Broca e de Wernicke só acontecem em casos de lesões que ultrapassam os limites dessas áreas. Quando as lesões se limitam exclusivamente a elas, o *déficit* de linguagem é bem menor. Os estudos com ressonância magnética funcional demonstraram que, além das duas áreas clássicas de Broca e Wernicke, existem outras áreas cerebrais relacionadas com aspectos específicos da linguagem. Assim, por exemplo, no lobo temporal há áreas diferentes para a capacidade de nomear pessoas, animais ou objetos. Lesões nessas áreas resultam em afasias, nas quais há dificuldade em dizer nomes dessas categorias. Lesão do giro angular pode causar um tipo de afasia denominado *dislexia*, dificuldade de ler, que pode estar acompanhada de *disortografia*, ou dificuldade de escrever. Existe também sintomas relacionados às lesões dos fascículos que as comunicam. O que foi visto dá uma visão simplificada das áreas cerebrais relacionadas com a linguagem e o seu funcionamento e resultou na classificação das afasias usada pelos neurologistas (**Tabela 26.1**).

O modelo de Wernicke-Geschwind vem sendo modificado a partir de estudos de neuroimagem funcional. Alguns autores e, mais recentemente, Angela Friederici, propuseram outro modelo de dupla via semelhante ao das duas vias visuais dorsal e ventral. Comparado ao modelo tradicional, esse novo modelo compreende várias outras áreas corticais e vias de conexão bilateral entre elas. O estímulo chegaria às áreas auditivas primárias e passaria para a região posterior do giro temporal superior, área de Wernicke, onde ocorre o processamento fonológico. O processamento linguístico seguiria por duas vias paralelas: a dorsal sensoriomotora, que correlaciona o som à articulação; e a ventral, sensorioconceitual, que se correlaciona com o significado. A via dorsal bidirecional conecta a informação auditiva com o plano motor para produzir a fala. A via dorsal passa acima dos ventrículos e conecta o lobo frontal inferior, área pré-motora e ínsula, todas envolvidas na articulação da fala com a tradicionalmente conhecida área de Wernicke. São duas vias dorsais. A D1 conecta a parte posterior do giro temporal superior à área pré-frontal, e a D2 conecta esse giro à área de Broca. A via dorsal segue fortemente o conceito de dominância hemisférica esquerda. O fascículo arqueado e o fascículo longitudinal superior fazem as ligações das vias dorsais. A via ventral passa abaixo da fissura silviana e chega à parte anterior dos giros temporais médio e inferior e também ao giro frontal inferior, área de Broca. Essa via transmite informações para a compreensão auditiva e requer a representação da palavra em um léxico mental ou dicionário mental, que correlaciona a forma da palavra ao seu significado e está relacionada também a análises mais complexas da fala,

Tabela 26.1 Diagnóstico diferencial dos diferentes tipos de afasia

	Fala	Compreensão	Capacidade de repetição	Outros sinais	Região afetada
Afasia de Broca	Não fluente, prejudicada	Amplamente preservada para palavras e frases simples	Prejudicada	Hemiparesia direita, paciente está ciente da dificuldade e pode ficar deprimido	Área de Broca e estruturas adjacentes
Afasia de Wernicke	Fluente, abundante, bem articulada, porém há alteração no conteúdo	Prejudicada	Prejudicada	Sem sinais motores. Paciente pode estar ansioso, agitado eufórico ou paranoico	Área de Wernicke
Afasia de condução	Fluente com alguns defeitos de articulação	Parcial ou totalmente preservada	Prejudicada	Frequentemente nenhum, paciente pode ter perda cortical sensitiva ou fraqueza no braço direito	Lesão do fascículo arqueado e desconexão entre as áreas de Wernicke e Broca.
Afasia global	Escassa, não fluente	Prejudicada	Prejudicada	Hemiplegia direita	Lesão perisilviana extensa
Afasia motora transcortical	Não fluente, explosiva	Parcial ou totalmente preservada	Preservada	Fraqueza no lado direito ocasionalmente	Anterior ou superior à área de Broca
Afasia sensorial transcortical	Fluente	Prejudicada	Preservada	Sem sinais motores	Posterior ou inferior à área de Wernicke

Fonte: Adaptada de Kandel et al., 2021.

como discriminação de diferenças sutis de significado e de interpretação, com base na gramática e em conceitos mais complexos. A comunicação entre o lobo temporal ao frontal é feita pelos fascículos longitudinal inferior e uncinado. As vias de linguagem interagem com outras áreas cerebrais envolvidas na atenção e funções executivas e memória de trabalho (área pré-frontal e córtex cingulado), e com regiões temporais frontais e parietais envolvidas no recrutamento de memórias, facilitando a expressão e compreensão de ideias por meio da linguagem.

6. Assimetria das funções corticais

Desde o século passado, os neurologistas constataram que as afasias estão quase sempre associadas a lesões no hemisfério esquerdo e que lesões do lado direito só excepcionalmente causam distúrbios da linguagem. Esse fato demonstra que, do ponto de vista funcional, os hemisférios cerebrais não são simétricos e que, na maioria dos indivíduos, as áreas da linguagem estão localizadas do lado esquerdo. Mesmo a linguagem de sinais, que depende de informações visuomotoras, situa-se no hemisfério esquerdo. Surgiu, assim, o conceito de que esse hemisfério seria o *hemisfério dominante*, enquanto o hemisfério direito exerceria um papel secundário. Na realidade, sabe-se que, se o hemisfério esquerdo é mais importante do ponto de vista da linguagem e do raciocínio matemático, o direito é "dominante" no que diz respeito ao desempenho de certas habilidades artísticas, como música e pintura, à percepção de relações espaciais, à atenção visuoespacial e ao reconhecimento da fisionomia das pessoas. Portanto, o que de fato existe é uma especialização hemisférica. Entretanto, a denominação *hemisfério dominante* continua sendo usada na prática médica. Convém assinalar que a assimetria funcional dos hemisférios cerebrais se manifesta apenas nas áreas de associação, uma vez que o funcionamento das áreas de projeção, tanto motoras como sensitivas, é igual dos dois lados.

A assimetria é também anatômica. Na maioria das pessoas, a região do lobo temporal correspondente à área de Wernicke é maior à esquerda do que à direita. Curiosas são as relações entre a dominância cerebral na linguagem e o uso preferencial da mão. Em 96% dos indivíduos destros, o hemisfério dominante é o esquerdo, mas, nos indivíduos canhotos ou ambidestros, esse valor cai para 70%. Em 15%, o hemisfério da linguagem é o direito e em 15% a sua localização não está bem estabelecida. Isso significa que, em um canhoto, é mais difícil prever o lado em que se localizam os centros da linguagem. Essa informação é importante para um neurocirurgião que pretenda operar regiões próximas às áreas de linguagem, pois qualquer ação intempestiva nessas áreas poderia causar uma afasia. Para saber com segurança o lado em que estão os centros da linguagem pode ser realizado o teste de Wada, em que um anestésico de ação muito rápida é injetado em artéria do lado esquerdo (amital sódico), enquanto pede-se ao paciente que conte em voz alta. A droga é levada de preferência ao hemisfério do mesmo lado em que foi injetada e causa nele um breve período de disfunção. Se nesse hemisfério estiverem os centros da linguagem, o paciente para de contar e não responde ao comando para continuar. Esse teste é ainda realizado para identificar o hipocampo dominante para a memória, que geralmente é o esquerdo, no tratamento de certas epilepsias do lobo temporal mesial (Capítulo 28, item 5.3). No entanto, hoje as técnicas de ressonância magnética funcional, que não são invasivas, são mais utilizadas (**Figura 26.8**).

Entretanto, a maioria das funções utiliza os dois hemisférios de algum modo. Mesmo na linguagem, enquanto na maioria dos indivíduos o esquerdo está mais relacionado com o conteúdo e articulação da fala, o direito está relacionado com a prosódia, ou seja, entonação gestos e expressões faciais associadas à fala.

A assimetria funcional entre os dois hemisférios torna mais importante o papel do corpo caloso de transmitir in-

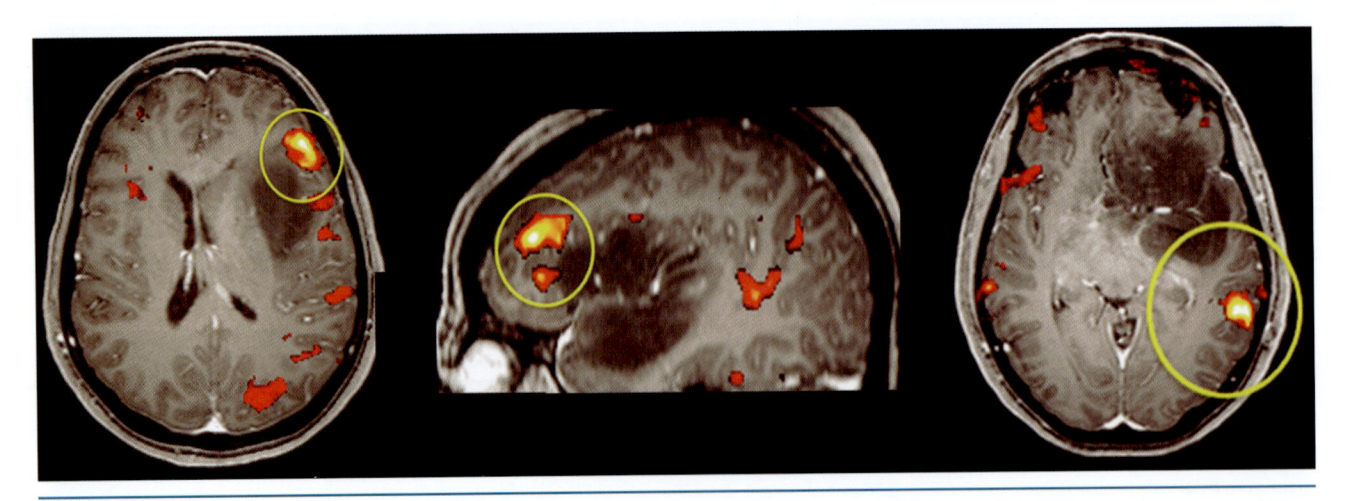

Figura 26.8 Ressonância magnética funcional para localização das áreas de linguagem, auxiliando no planejamento da retirada cirúrgica de tumor no hemisfério cerebral esquerdo, lado direito da imagem. Observa-se a área de Broca localizada anteriormente e a áreas de Wernicke posteriormente.
Fonte: Cortesia do Dr. Marco Antônio Rodacki.

formações entre eles. Isso ficou comprovado pelo estudo de pacientes em que essa comissura foi seccionada cirurgicamente para melhorar certos quadros de epilepsia. Esses indivíduos não têm nenhum distúrbio sensitivo ou motor evidente. Entretanto, são incapazes de descrever um objeto colocado em sua mão esquerda, embora possam fazê-lo quando o objeto é colocado na mão direita. Nesse caso, as impressões sensoriais do objeto chegam ao hemisfério esquerdo, onde estão as áreas da linguagem, o que permite a descrição do objeto. Já no caso em que o objeto é colocado na mão esquerda, os impulsos sensoriais chegam ao hemisfério direito, onde não existem áreas da linguagem. Como as fibras do corpo caloso estão lesadas, as quais, no indivíduo normal, transmitem as informações aos centros da linguagem do hemisfério esquerdo, o indivíduo, apesar de reconhecer o objeto, é incapaz de descrevê-lo.

Leitura sugerida

AMUNTS, K.; ZILLES, K. Architetonic mapping of the human brain beyond Brodmann. *Neuron*, v. 88, n. 6, p. 1086-1107, 2015.

BONINI, L.; FERRARI, P.F. Evolution of mirror systems: a simple mechanism for complex cognitive function. *Annals of the New York Academy of Sciences*. 2011;1225:166-175.

BRAUER, J.; ANWANDER, A.; PERANI, D.; FRIEDERICI, A.D. Dorsal and ventral pathways in language development. *Brain Lang.* 2013, 127:289-295.

EVRARD, H. C. The organization of the primate insular cortex. *Frontiers in Neuroanatomy*, v.13, p. 1-21, 2019.

FRIEDERICI, A.D. Pathways to language: fiber tracts in the human brain. *Trends Cog Sci.* 2009, 13:175-181.

GU, X.; GAO, Z.; WANG, X.; LIU, X.; KNIGHT, R.T.; HOF, P.R. Anterior insular cortex is necessary for empathetic pain perception. *Brain*. 2012;135:2726-2735.

HICKOK, G.; POEPPEL, D. The cortical organization of speech processing. *Nat Rev Neurosci.* 2007, 8:393-402

KANDEL, E. R.; et al. *Principles of Neural Science*. 6. ed. Nova York: Mc Graw Hill, 2021.

POEPPEL, D. The neuroanatomic and neurophysiological infrastructure for speech and language. *Curr Opin Neurobiol.* 2014, 28:142–149.

PRICE, C.J. A review and synthesis of the first 20 years of PET and fMRI studies of heard speech, spoken language and reading. *Neuroimage.* 2012 62:816–847

SADTLER, P.T.; QUICK, K.M.; GOLUB, M.D.; et al. Neural constraints on learning. *Nature.* 2014 512:423-426.

SKEIDE, M.A.; FRIEDERICI, A.D. The ontogeny of the cortical language network. *Nat Rev Neurosci.* 2016,17:323-332.

UDDIN, L. Q.; et al. Structure and function of the human insula. *Journal of Clinical Neurophysiology*, v. 34, n. 4, p. 300-306, 2017.

VIVANTE, G.; ROGERS, S. J. Autism and the mirror neuron system: insights from learning and teaching. *Philosophical Transactions of the Royal Society B: Biological Sciences*, v. 369, n. 1644, p. 1-7, 2014.

capítulo 27
Áreas Encefálicas Relacionadas com as Emoções – Sistema Límbico

1. Introdução

Alegria, tristeza, medo, prazer e raiva são exemplos de emoções que podem ser definidas como sentimentos subjetivos, que suscitam manifestações fisiológicas e comportamentais. As manifestações fisiológicas estão a cargo do sistema nervoso autônomo, as comportamentais resultam da ação do sistema nervoso motor somático e são características de cada tipo de emoção e de cada espécie. Assim, por exemplo, a raiva manifesta-se de maneira diferente no homem, no gato ou em um galo. A alegria, no homem, se expressa pelo riso, no cachorro, pelo abanar da cauda. O choro é uma expressão de tristeza, característica do homem. A distinção entre o componente central, subjetivo, e o componente periférico, expressivo da emoção, é, pois, importante para o seu estudo. Ela fica mais clara se lembrarmos que um bom ator pode simular perfeitamente todos os padrões motores ligados à expressão de determinada emoção, sem que sinta emoção nenhuma.

As emoções podem ser classificadas em positivas e negativas, conforme sejam agradáveis ou desagradáveis. Entre as primeiras, estão a alegria, o bem-estar e o prazer em suas diversas modalidades. Entre as segundas, estão o medo, a tristeza, o desespero, o nojo, a raiva e outras. As emoções estão relacionadas com áreas específicas do cérebro que, em conjunto, constituem o sistema límbico. Por um lado, algumas dessas áreas estão relacionadas também com a motivação, em especial com os processos motivacionais primários, ou seja, aqueles estados de necessidade ou de desejo essenciais à sobrevivência da espécie ou do indivíduo, como fome, sede e sexo. Por outro lado, as áreas encefálicas ligadas ao comportamento emocional também controlam o sistema nervoso autônomo, o que é fácil de entender, tendo em vista a importância da participação desse sistema na expressão das emoções.

2. Sistema límbico: histórico e conceito

Na face medial de cada hemisfério cerebral, observa-se um anel cortical contínuo, constituído pelo giro do cíngulo, giro para-hipocampal e hipocampo (**Figura 7.7**). Esse anel cortical contorna as formações inter-hemisféricas e foi considerado por Broca (1850) um lobo independente, o *grande lobo límbico* (de limbo, contorno) atribuindo a ele função olfatória. Esse lobo é filogeneticamente muito antigo, existindo em todos os vertebrados. Apresenta certa uniformidade citoarquitetural, pois o seu córtex é mais simples que o do isocórtex que o circunda. Em 1937, o neuroanatomista James Papez publicou um trabalho famoso, no qual propunha um novo mecanismo para explicar as emoções. Esse mecanismo envolveria as estruturas do lobo límbico, núcleos do hipotálamo e tálamo, todas unidas por um circuito que ficou conhecido como *circuito de Papez* (**Figura 27.1**), composto pelo hipocampo, fórnice, corpo mamilar, fascículo mamilotalâmico, núcleos anteriores do tálamo, cápsula interna, giro do cíngulo, giro para-hipocampal e novamente o hipocampo, fechando o circuito.

O conceito de Papez sobre a importância desse circuito foi reforçado 2 anos depois, por Klüver e Bucy, que, após a lesão do ápice dos lobos temporais de macacos, observaram a maior modificação do comportamento de um animal obtida até aquela época, em seguida a um procedimento experimental. Essas alterações são conhecidas como *síndrome de Klüver e Bucy* e consistem no seguinte:

a) Domesticação completa dos animais que usualmente são selvagens e agressivos.
b) Perversões do apetite, em virtude da qual os animais passam a alimentar-se de coisas que antes não comiam.
c) Agnosia visual, manifestada pela incapacidade de reconhecer objetos e animais pela visão.

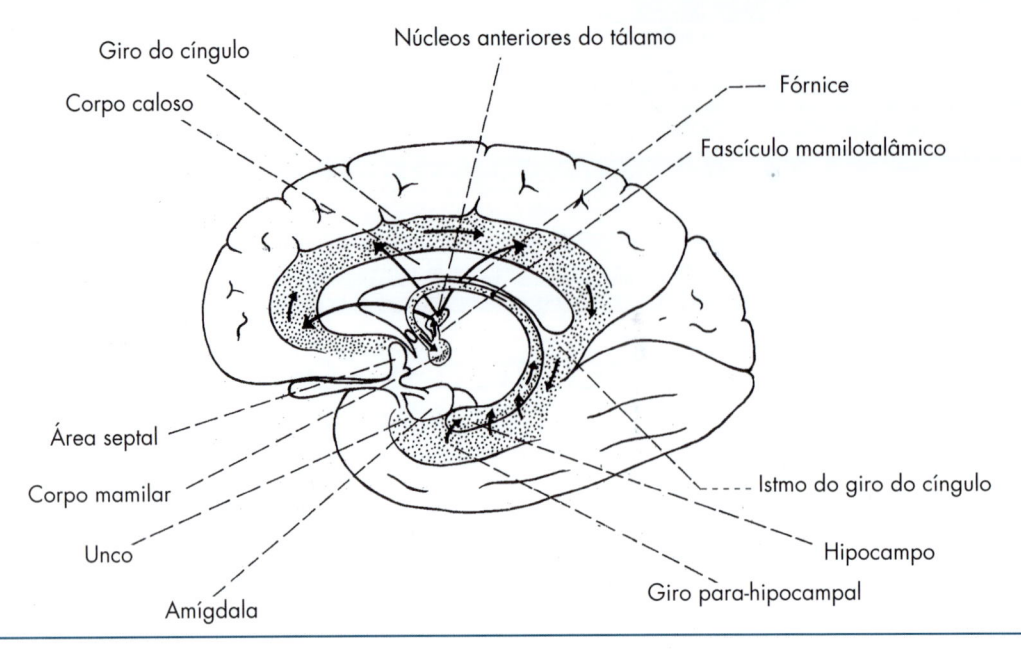

Figura 27.1 Principais componentes do sistema límbico, mostrando-se também o circuito de Papez.

d) Perda do medo de animais que antes causavam medo, como cobras e escorpiões.
e) Tendência oral, manifestada pelo ato de levar à boca todos os objetos que encontra (inclusive os escorpiões).
f) Tendência hipersexual, que leva os animais a tentarem continuamente o ato sexual (mesmo com indivíduos do próprio sexo ou de outra espécie) ou a se masturbarem continuamente.

Quadros semelhantes a estes já foram observados no homem, em consequência da ablação bilateral do lobo temporal para tratamento de formas graves de epilepsia. Hoje, sabe-se que a agnosia visual que ocorre na síndrome de Klüver e Bucy resulta de lesão das áreas visuais de associações secundárias, localizadas no córtex do lobo temporal, e os demais sintomas são consequência da remoção da amígdala, e não da remoção do hipocampo.

Em 1952, MacLean introduziu na literatura a expressão *sistema límbico*, que inclui o circuito de Papez e algumas novas estruturas, como a amígdala e a área septal. Esse sistema estaria ligado essencialmente às emoções. O avanço das pesquisas mostrou que o circuito de Papez, com exceção da parte anterior do giro do cíngulo, está relacionado com a memória, e não com as emoções. O centro do sistema límbico não é mais o hipocampo, como pensava Papez, mas a amígdala.[1]

Assim, o sistema límbico pode ser conceituado como um conjunto de estruturas corticais e subcorticais interligadas morfológica e funcionalmente, relacionadas com as emoções e a memória. Do ponto de vista anatômico, o sistema límbico tem como centro o lobo límbico e as estruturas com ele relacionadas. Do ponto de vista funcional, pode-se distinguir, no sistema límbico, dois subconjuntos de estruturas, ligadas às emoções e à memória e que são relacionadas na chave a seguir.

Os componentes relacionados com a memória serão estudados no próximo capítulo.

3. Componentes do sistema límbico relacionados com as emoções

3.1 Amígdala

É também chamada *corpo amigdaloide*. Amígdala, em grego, significa *amêndoa*, uma alusão à sua forma. É o componente mais importante do sistema límbico, o que justifica o seu estudo mais detalhado. Participa também do processamento de alguns tipos de memória.

3.1.1 Estrutura e conexões da amígdala

Apesar do seu tamanho relativamente pequeno, aproximadamente 2 cm, a amígdala tem 13 núcleos, o que lhe valeu o nome de complexo amigdaloide. Os núcleos da amígdala dispõem-se em três grupos principais, corticomedial, basolateral e central (**Figura 27.2**). O grupo corticomedial recebe conexões olfatórias e parece estar também envolvido com os comportamentos sexuais. O grupo basolateral recebe a maioria das conexões aferentes da amígdala e o central dá origem às conexões eferentes. A amígdala é a estrutura subcortical com maior número de projeções do

---

[1] Portanto, o conceito de MacLean de um sistema límbico relacionado apenas com as emoções e tendo como centro o circuito de Papez não está correto. Isto levou alguns autores de prestígio, como Brodal, a propor o abandono da denominação sistema límbico, o que, entretanto, não ocorreu. Um sistema límbico ligado às emoções e à memória é hoje adotado em quase todos os livros mais recentes de neurociências.

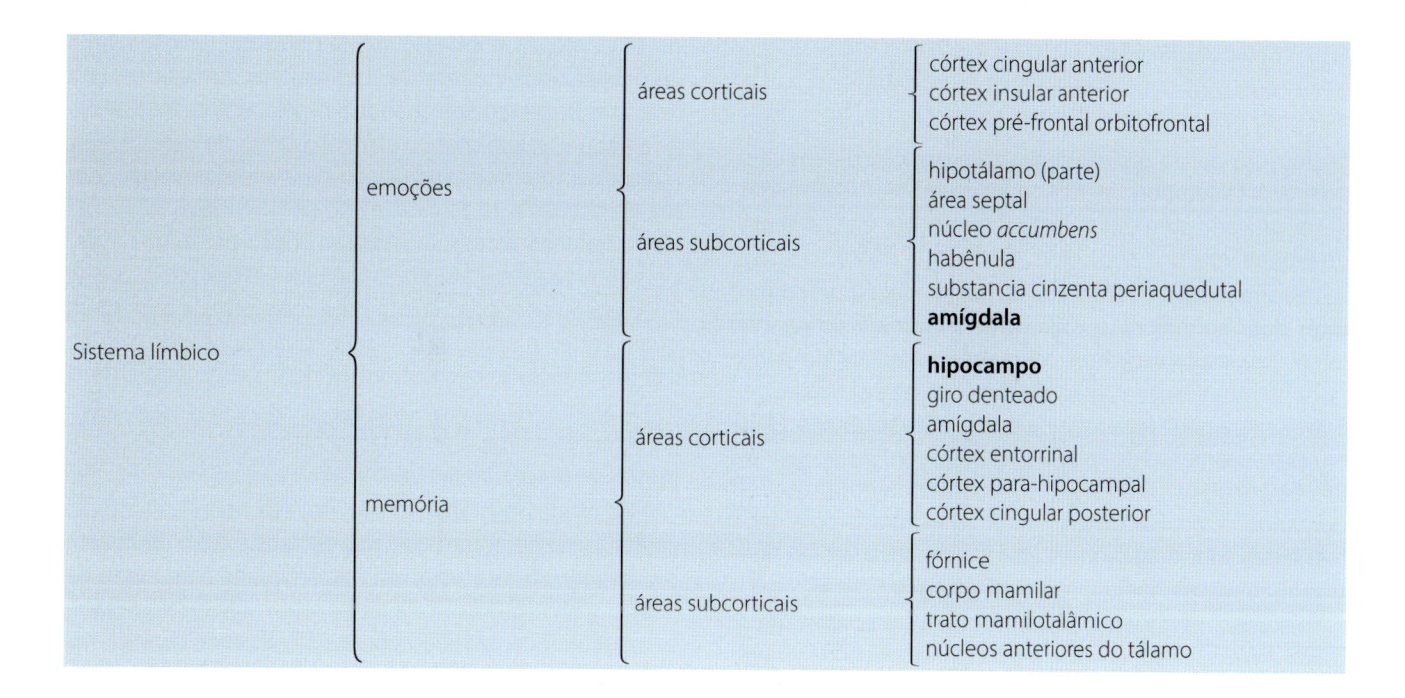

Sistema límbico	emoções	áreas corticais	córtex cingular anterior córtex insular anterior córtex pré-frontal orbitofrontal
		áreas subcorticais	hipotálamo (parte) área septal núcleo *accumbens* habênula substancia cinzenta periaquedutal **amígdala**
	memória	áreas corticais	**hipocampo** giro denteado amígdala córtex entorrinal córtex para-hipocampal córtex cingular posterior
		áreas subcorticais	fórnice corpo mamilar trato mamilotalâmico núcleos anteriores do tálamo

sistema nervoso, com cerca de 14 conexões aferentes e 20 eferentes. Apresenta conexões aferentes com todas as áreas de associação secundárias do córtex, trazendo informações sensoriais já processadas, além das informações das áreas supramodais. Recebe, também, aferências de alguns núcleos hipotalâmicos, do núcleo dorsomedial do tálamo, dos núcleos septais e do núcleo do trato solitário. As conexões eferentes distribuem-se em duas vias. A via amigdalofugal dorsal, que, por meio da estria terminal (**Figura 5.2**), projeta-se para os núcleos septais, núcleo *accumbens*, vários núcleos hipotalâmicos e núcleos da habênula. E a via amigdalofugal ventral, que se projeta para as mesmas áreas corticais, talâmicas e hipotalâmicas de origem das fibras aferentes, além do núcleo basal de Meynert. Por meio dessa via, a amígdala projeta eferências para núcleos do tronco encefálico envolvidos em funções viscerais, como o núcleo dorsal do vago, onde estão neurônios pré-ganglionares do parassimpático craniano. Além dessas conexões extrínsecas, os núcleos da amígdala comunicam-se entre si por fibras predominantemente glutamatérgicas, indicando grande processamento local de informações. Do ponto de vista neuroquímico, a amígdala tem grande diversidade de neurotransmissores, tendo sido demonstrada nela a presença de acetilcolina, GABA, serotonina, noradrenalina, substância P e encefalinas. A grande complexidade estrutural e neuroquímica da amígdala está de acordo com a complexidade das suas funções. É a principal responsável pelo processamento das emoções e desencadeadora do comportamento emocional.

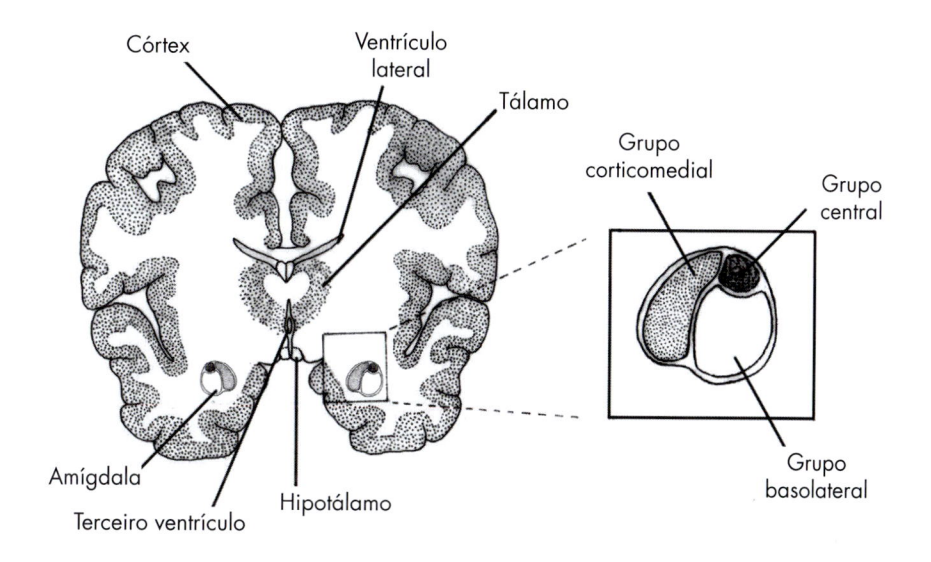

Figura 27.2 Desenho esquemático da localização da amígdala e seus três grupos nucleares.

3.1.2 Funções da amígdala

A estimulação dos núcleos do grupo basolateral da amígdala causa reações de medo e fuga. A estimulação dos núcleos do grupo corticomedial causa reação defensiva e agressiva. O comportamento de ataque agressivo pode ser desencadeado com estimulação da amígdala, mas também do hipotálamo.

A amígdala contém a maior concentração de receptores para hormônios sexuais do sistema nervoso central (SNC). Sua estimulação reproduz uma variedade de comportamentos sexuais e sua lesão provoca hipersexualidade. Entretanto, a principal e mais conhecida função da amígdala é o processamento do medo. Pacientes com lesões bilaterais da amígdala não sentem medo, mesmo em situações de perigo óbvio. Fato interessante demonstrado pela neuroimagem funcional é que a amígdala é ativada pela simples visão de pessoas com expressão facial de medo.

Estudos de neuroimagem funcional demonstraram que a amígdala está envolvida também no reconhecimento de faces que expressam emoções, como medo e alegria. Como já foi visto, uma das áreas visuais secundárias do lobo temporal armazena imagens de faces e permite o seu reconhecimento. Entretanto, o reconhecimento de faces com expressões emocionais ocorre apenas na amígdala. Pacientes com perda da capacidade de reconhecer faces por lesões das áreas visuais secundárias, prosopagnosia, continuam a reconhecer expressões faciais de emoção. Suas conexões com o córtex orbitofrontal integra os circuitos responsáveis pelo reconhecimento de intenções e comportamentos de outros através das expressões faciais, linguagem e gestos participando da cognição social e Teoria da mente que facilitam as interações sociais. O medo é a emoção que tem os seus mecanismos mais bem estudados e será detalhada a seguir. No entanto, a amigdala tem papel também nas emoções positivas e no aprendizado condicionado não só a consequências punitivas que ocasionarão medo, como também nos condicionamentos em que a consequência é uma recompensa que causará felicidade. Suas conexões com o hipocampo explicam a influência das emoções sobre a memória. Temos facilidade para memorizar situações com conteúdo emocional relevante.

3.1.3 A amígdala e o medo

O medo é uma reação de alarme diante de um perigo. Essa reação resulta da ativação geral do sistema simpático e liberação de adrenalina pela medula da glândula suprarrenal. Esse alarme, denominado síndrome de emergência de Cannon, visa preparar o organismo para uma situação de perigo, na qual ele deve ou fugir ou enfrentar o perigo (*to fight or to flight*). As modificações que ocorrem no organismo nessas situações são descritas no Capítulo 11, item 5.3. É possível agora entender os circuitos cerebrais envolvidos nessa reação, nos quais a amígdala tem papel central. A informação visual é levada ao tálamo (corpo geniculado lateral) e daí a áreas visuais primárias e secundárias. A partir desse ponto, a informação segue por dois caminhos, uma via direta e outra indireta. Na via direta, a informação visual é levada e processada na amígdala basolateral, passa à amígdala central, que dispara o alarme, a cargo do sistema simpático. Isso permite uma reação de alarme imediata, com manifestações autonômicas e comportamentais típicas. Na via indireta, a informação passa ao córtex pré-frontal e depois à amígdala. A via direta é mais rápida e permite resposta imediata ao perigo. A via indireta é mais lenta, mas permite que o córtex pré-frontal analise as informações recebidas e o seu contexto. Se não houver perigo, a reação de alarme é desativada. A via direta é inconsciente e o medo só se torna consciente, ou seja, a pessoa só sente medo quando os impulsos nervosos chegam ao córtex.

Os medos nos animais são, em sua maioria, inatos. O animal já nasce com medo dos perigos mais comuns em seu *habitat*. Por exemplo, um macaco reage com medo de cobra mesmo que nunca a tenha visto. Mas ele pode também aprender a ter medo por um processo de condicionamento. Em uma experiência clássica, um rato foi submetido a estímulos neutros, como o som de uma campainha (estímulo condicionado). Logo após esse estímulo, segue-se um choque elétrico (estímulo não condicionado) aversivo para o animal. Submetido a certo número de vezes a esses estímulos rapidamente, o animal passou a ter medo do som, mesmo sem o choque. A associação de dois estímulos é feita no núcleo lateral da amígdala e a resposta, a cargo principalmente do sistema nervoso simpático, é desencadeada pelo núcleo central. Em um animal sem amígdala, o condicionamento não ocorre. No homem, em que os medos são aprendidos, o condicionamento ocorre exatamente como nos animais. Pacientes com lesão da amígdala não aprendem a ter medo. No homem, o medo pode ocorrer mesmo sem condicionamento, por exemplo, se uma pessoa for informada de que alguma coisa é perigosa, pode passar a ter medo dela, mesmo sem tê-la visto. Isso confirma a hipótese de que a amígdala esteja envolvida no armazenamento de memórias relacionadas ao medo.

3.2 Córtex cingular anterior

Há bastante tempo sabe-se que a ablação do giro do cíngulo em carnívoros selvagens domestica o animal. No homem, a cingulectomia já foi empregada no tratamento de psicóticos agressivos. Sabe-se, hoje, que esses efeitos resultam da destruição do córtex cingular anterior, pois apenas a parte anterior do giro do cíngulo relaciona-se com o processamento das emoções. Uma das evidências desse fato vem de experiências em que pessoas normais foram solicitadas a recordar episódios pessoais envolvendo emoções, enquanto o seu cérebro era submetido à ressonância magnética funcional. O córtex cingular anterior foi ativado quando o episódio recordado era de tristeza. Nessa mesma situação, não houve ativação em pacientes com depressão crônica, nos quais o córtex cingular anterior é mais delgado. Em paciente com depressão grave, refratária a medicamentos, os sintomas desaparecem com estimulação elétrica do córtex cingular anterior. Entretanto, apesar da provável participação do córtex cingular anterior, a fisiopatologia da depressão é mais complexa, pois, como será visto no item 3.7, os núcleos da habênula e outras áreas encefálicas também estão envolvidos no quadro.

3.3 Córtex insular anterior

As funções do córtex insular anterior, quase todas relacionadas com as emoções, já foram estudadas no Capítulo 26, item 4.3.

3.4 Córtex pré-frontal orbitofrontal (ou ventromedial)

O estudo geral das funções do córtex pré-frontal foi feito no Capítulo 26, item 4.1. Somente a área orbitofrontal está envolvida no processamento das emoções (Capítulo 26, item 4.1.2). Ela tem forte conexão com a amígdala. Danos a essa região causam grande prejuízo social e emocional. Durante uma resposta emocional, a área ventromedial governa a atenção a certos estímulos e ativa memórias pregressas, que ajudam na resposta a esse estímulo. A antecipação de uma situação de medo já causa ativação dessa área, demonstrando a sua importância no planejamento da resposta. É ativada também quando a previsão indica uma recompensa ou felicidade. Essa região, juntamente com a ínsula, está relacionada com a nossa consciência da experiência emocional. Ela tem conexões com o corpo estriado e com o núcleo dorsomedial do tálamo, integrando o circuito em alça ventromedial-estriado-talamocortical, estudada no Capítulo 24, que modula comportamentos emocionais.

3.5 Hipotálamo

O estudo do hipotálamo foi feito no Capítulo 21, onde foram analisadas as suas inúmeras funções. Entre elas, é especialmente relevante, no contexto deste capítulo, a regulação dos processos emocionais. Estimulações elétricas ou lesões de algumas áreas do hipotálamo em animais não anestesiados determinam respostas emocionais complexas, como raiva e medo, ou, conforme a área, placidez. Verificou-se, por exemplo, que a lesão do núcleo ventromedial do gato torna o animal extremamente agressivo e perigoso. Em uma experiência clássica, verificou-se que, quando se retiram os hemisférios cerebrais de um gato, inclusive o diencéfalo, deixando-se apenas a parte posterior do hipotálamo, o animal desenvolve um quadro de raiva que desaparece quase completamente quando se destrói todo o hipotálamo. Hoje, sabemos que áreas específicas do hipotálamo ventromedial são necessárias e suficientes para gerar estados emocionais defensivos. Assim, o hipotálamo não só meramente coordena as manifestações periféricas das emoções, mas também é parte ativa do circuito.

Não restam, pois, dúvidas de que o hipotálamo exerce um importante papel na coordenação e na integração dos processos emocionais.

3.6 Área septal

Situada abaixo do rostro do corpo caloso, anteriormente à lâmina terminal e à comissura anterior (**Figura 7.7**), a área septal compreende grupos de neurônios de disposição subcortical, que se estendem até a base do septo pelúcido, conhecidos como *núcleos septais*. A área septal (**Figura 27.1**) tem conexões extremamente amplas e complexas, destacando-se as suas projeções para a amígdala, hipocampo, tálamo, giro do cíngulo, hipotálamo e formação reticular, por intermédio do feixe prosencefálico medial. Por meio desse feixe, a área septal recebe fibras dopaminérgicas da área tegmentar ventral e faz parte do sistema mesolímbico ou sistema de recompensa do cérebro, que será visto no item 4. Lesões bilaterais da área septal em animais causam a chamada "raiva septal", caracterizada por hiperatividade emocional, ferocidade e raiva diante de condições que normalmente não modificam o comportamento do animal. Estimulações da área septal causam alterações da pressão arterial e do ritmo respiratório, mostrando o seu papel na regulação de atividades viscerais. Por outro lado, as experiências de autoestimulação, a serem descritas no item 3.9, mostram que a área septal é um dos centros de prazer no cérebro e a sua estimulação provoca euforia. A destruição da área septal resulta em reação anormal aos estímulos sexuais e à raiva.

3.7 Núcleo *accumbens*

Situado entre a cabeça do núcleo caudado e o putame (**Figura 24.3**), o núcleo *accumbens* faz parte do corpo estriado ventral. Recebe aferências dopaminérgicas, principalmente da área tegmentar ventral do mesencéfalo, e projeta eferências para a parte orbitofrontal da área pré-frontal. O núcleo *accumbens* é o mais importante componente do *sistema mesolímbico*, que é o *sistema de recompensa* ou do prazer do cérebro, como será visto no item 4.

3.8 Habênula

A habênula situa-se no trígono das habênulas, no epitálamo acima da glândula pineal (**Figura 5.2**). É constituída pelos núcleos habenulares medial e lateral. O núcleo lateral tem função mais conhecida. Suas conexões são muito complexas, destacando-se as aferências que recebem dos núcleos septais pela estria medular do tálamo e as suas projeções pelo fascículo retroflexo para o núcleo interpeduncular do mesencéfalo e para os neurônios dopaminérgicos do sistema mesolímbico, sobre os quais têm ação inibitória (**Figura 27.3**). Tem também ação inibitória sobre o sistema serotoninérgico de projeção difusa, por meio de suas conexões com os núcleos da rafe. Assim, a habênula participa da regulação dos níveis de dopamina nos neurônios do sistema mesolímbico, os quais, como já foi visto, constituem a principal área do sistema de recompensa (ou de prazer) do cérebro. A estimulação dos núcleos habenulares resulta em ação inibitória sobre o sistema dopaminérgico mesolímbico e sobre o sistema serotoninérgico de projeção difusa. Essa ação inibitória está sendo implicada na fisiopatologia dos

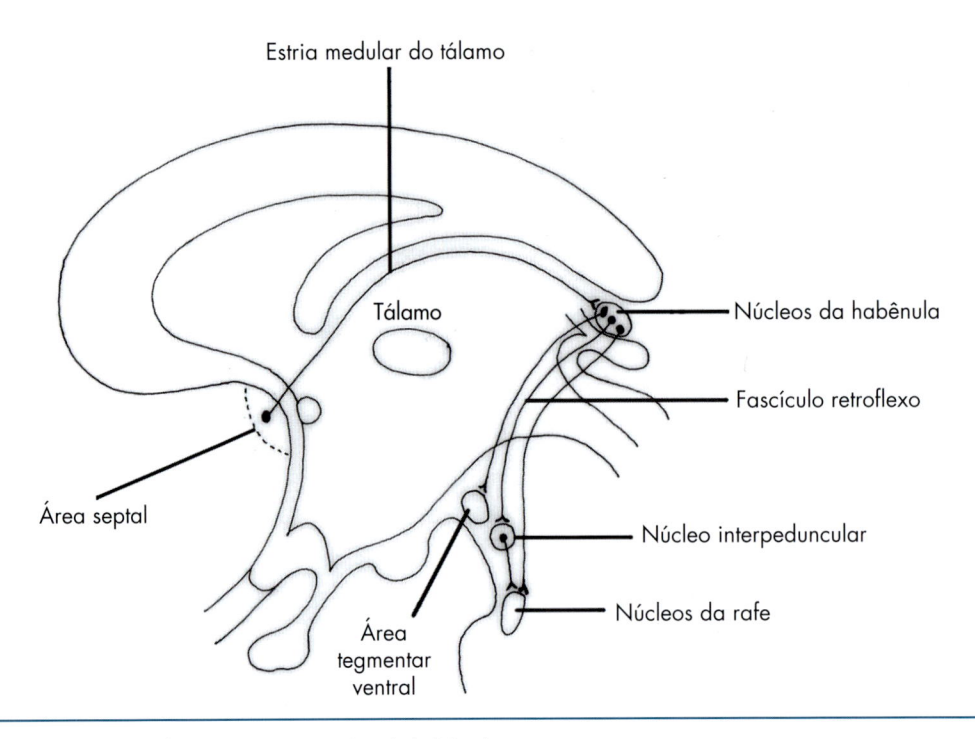

Figura 27.3 Desenho esquemático das principais conexões da habênula.

transtornos de humor, como a depressão na qual há uma ação inibitória exagerada do sistema mesolímbico. Casos graves de depressão, resistentes a medicamentos, já foram tratados com sucesso pela técnica de estimulação elétrica de alta frequência no núcleo lateral da habênula, o que ocasiona uma inibição da atividade espontânea nesse núcleo, causando uma espécie de ablação funcional de seus neurônios. Alguns sintomas da depressão, como tristeza e incapacidade de buscar o prazer (anedonismo), podem ser explicados pela queda da atividade dopaminérgica na via mesolímbica (em especial no núcleo *accumbens*). Experiências nas quais macacos são condicionados a apertar uma alavanca e receber uma recompensa resultam em ativação do sistema mesolímbico. Já o núcleo habenular lateral é ativado quando o macaco aperta a alavanca e não recebe a recompensa, ou seja, numa situação de frustração. Assim, o sistema mesolímbico é ativado pela recompensa e a habênula, pela não recompensa.

3.9 Substância cinzenta periaquedutal

O comportamento de "congelamento" diante de estímulos emocionais é mediado pelas conexões da amígdala com a substância cinzenta periaquedutal ventral. A antecipação de uma situação perigosa ou punitiva ativa essa região, sugerindo a sua importância na antecipação da resposta.

4. Sistema de recompensa do encéfalo

Uma importante descoberta, que permitiu entender a relação do cérebro com a motivação e o prazer, foi feita em 1954 por Olds e Milner, por meio da implantação de eletrodos no cérebro de ratos, de tal modo que os animais podiam estimular eletricamente o próprio cérebro apertando uma alavanca. Com esse método, verificaram que, em determinadas áreas (áreas de recompensa), os ratos se autoestimulavam com uma frequência muito alta, podendo chegar a 800 estimulações por hora, ocupando todo o tempo do animal, que deixava de ingerir água ou alimento, estimulando-se até a exaustão. Admite-se que a autoestimulação causa uma sensação de prazer, que seria semelhante a que se sente quando se satisfaz a fome, a sede e o sexo. Algumas experiências de autoestimulação, realizadas com pacientes humanos na tentativa de tratamento de problema neurológico, confirmaram a presença de áreas cuja estimulação causa prazer. Sabe-se hoje que as áreas que determinam estimulações com frequências mais elevadas compõem o sistema dopaminérgico mesolímbico ou sistema de recompensa (**figuras 27.4** e **20.4**), formado por neurônios dopaminérgicos que, da área tegmentar ventral do mesencéfalo, passando pelo feixe prosencefálico medial, terminam nos núcleos septais e no núcleo *accumbens*, os quais, por sua vez, projetam-se para o córtex pré-frontal ventromedial. Há também projeções diretas da área tegmentar ventral para a área pré-frontal e projeções de retroalimentação entre essa área e a tegmentar ventral.

O sistema de recompensa premia com a sensação de prazer os comportamentos importantes para a sobrevivência, mas é também ativado por situações cotidianas que causam alegria, como quando rimos de uma piada, vencemos algum desafio, conquistamos uma vitória, tiramos uma nota boa na escola ou simplesmente quando vemos as pessoas que amamos felizes.

Atualmente, sabe-se que o prazer sentido após o uso de drogas de abuso, como heroína e *crack*, resulta da estimulação do sistema dopaminérgico mesolímbico, em especial e do núcleo *accumbens*. A dependência ocorre pela estimulação exagerada dos neurônios desse sistema, o que resulta em gradual diminuição da sensibilidade dos receptores e redução de seu número. Há também mudança nas sinapses e circuitos da via do sistema de recompensa. Com isso, doses cada vez maiores são necessárias para obter-se o mesmo prazer. Assim, o comportamento de um rato que se autoestimula até a exaustão assemelha-se e tem a mesma base neural do comportamento de um dependente químico que renuncia a todos os valores da vida pelo prazer da droga. Hoje, sabe-se que o risco de dependência química também tem base genética.

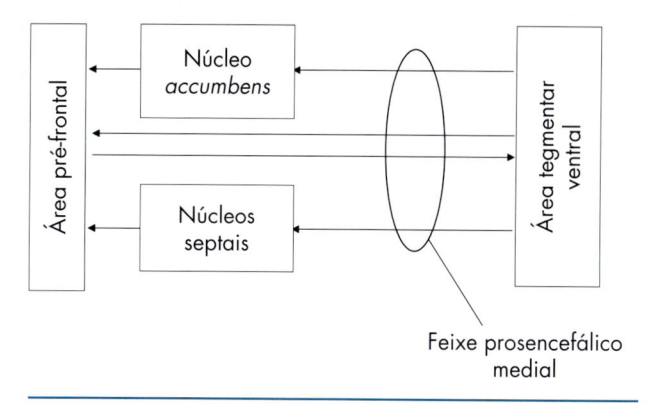

Figura 27.4 Esquema do sistema dopaminérgico mesolímbico.

5. Correlações anatomoclínicas

5.1 Introdução

Classicamente, a Neurologia é o ramo da Medicina que diagnostica e trata os distúrbios orgânicos do sistema nervoso, e a Psiquiatria, os distúrbios da mente. Sabe-se que a maioria dos transtornos ditos mentais tem uma base neurobiológica definida geneticamente, que determina uma disfunção neuroquímica que em geral envolve os sistemas modulatórios de projeção difusa do encéfalo, cujo conhecimento ocasionou as bases farmacológicas para o tratamento de distúrbios mentais. Essa predisposição genética pode ser influenciada por fatores ambientais e pela aprendizagem. Apesar de nem todos os transtornos terem a sua base biológica completamente definida, a Neurociência tem contribuído muito para a sua compreensão e o seu tratamento, e na base das Neurociências está a Neuroanatomia. Há evidências de base neurobiológica em transtornos, como ansiedade, depressão, esquizofrenia, transtorno obsessivo-compulsivo, transtorno de déficit de atenção e hiperatividade, autismo, entre outros. Como exemplo, abordaremos a seguir o transtorno de ansiedade e o estresse.

5.2 Ansiedade e estresse

Como já foi visto, as respostas autonômicas e comportamentais que ocorrem na reação normal ao medo têm o papel de preparar o organismo para situações agudas de emergência (síndrome de emergência de Cannon, Capítulo 11, item 5.3). A ansiedade é um transtorno psiquiátrico muito comum. Ele é a expressão inapropriada do medo, que, nesse caso, é duradouro e pode ser desencadeado por perigos pouco definidos ou pela recordação de eventos que supostamente podem ser perigosos. A forma mais leve são as fobias específicas, e as mais graves, o transtorno de ansiedade generalizada, a síndrome do pânico e a síndrome do estresse pós-traumático. A ansiedade desencadeada de forma crônica transforma-se em estresse e causa danos ao organismo. Uma pessoa sadia regula a resposta ao medo por meio do aprendizado e o reconhecimento de que não há perigo. No transtorno de ansiedade, o motivo pode não estar presente e, mesmo assim, resulta na ativação da amígdala. Na síndrome do pânico, ocorrem crises súbitas de intenso medo e pavor, seguidas de períodos normais, nos quais se instala o medo de uma nova crise. Os neurônios hipotalâmicos, em resposta a estímulos da amígdala, promovem a liberação do hormônio adrenotropicocórtico (ACTH), que, por sua vez, induz a liberação do cortisol pela adrenal. O eixo hipotálamo-hipófise-adrenal é regulado pelo hipocampo, que exerce o seu efeito inibindo esse eixo. A exposição crônica ao cortisol pode ocasionar disfunção e morte dos neurônios hipocampais. Assim, a degeneração do hipocampo torna a resposta ao estresse mais acentuada, gerando maior liberação de cortisol e maior lesão do hipocampo. Estudos de neuroimagem mostraram redução no volume do hipocampo, com repercussão sobre a memória em pacientes que sofreram de transtorno de estresse pós-traumático. A resposta ao estresse tem sido relacionada tanto com a hiperatividade da amígdala como com a redução da atividade do hipocampo. O tratamento farmacológico dos transtornos de humor foi abordado no Capítulo 20, item 9.3 e atua sobre os sistemas modulatórios de projeção difusa, principalmente o serotoninérgico.

Leitura sugerida

DARWIN, C. *The expression of emotions in men and animals*. London: John Murray, 1872.

HEIMER, L.; van HOESEN, G.W. The limbic lobe and its output channels: implications for emotional functions and adaptive behavior. *Neuroscience and Behavioral Reviews*. 2006;30:126-147.

NAMBOODIRI, V. M. K.; ROMAGUERA, J. R.; STUBER, G. D. The habenula. *Primer*, v. 26, n. 19, p. 873-877, 2016.

WATSON, K.K.; MATTHEWS, B.J.; ALLMAN, J.M. Brain activation during sight gags and language-dependent humor. *Cerebral Cortex*. 2007;17(2):315-324.

capítulo 28

Áreas Encefálicas Relacionadas com a Memória

1. Introdução

Memória é a capacidade de se adquirir, armazenar e evocar informações. A etapa de aquisição é a aprendizagem, do mesmo modo que a evocação é a etapa de lembrança. São tão numerosas e diversificadas as memórias que cada um tem armazenadas no cérebro, que isso torna praticamente impossível a existência de duas pessoas iguais. Assim, a base da individualidade está na memória. O conjunto das memórias de um indivíduo é parte importante de sua personalidade.

2. Tipos de memória

As memórias são classificadas com base em alguns critérios: de acordo com a sua função, de acordo com a duração e de acordo com o seu conteúdo.

2.1 Tipos de memória de acordo com sua função – memória operacional ou de trabalho

É um tipo de memória online, que não tem a função de gerar arquivos, e sim de gerenciar o nosso contato com a realidade. Permite que informações sejam retidas por segundos ou minutos, durante o tempo suficiente para dar sequência a um raciocínio, compreender e responder a uma pergunta, memorizar o que acabou de ser lido para compreender a frase seguinte, memorizar um número de telefone durante o tempo suficiente para discá-lo. É processada pelo córtex pré-frontal dorsolateral e ventromedial. Essa memória se distingue das demais porque não deixa registro apenas permite dar continuidade aos nossos atos. Depende apenas da atividade dos neurônios pré-frontais. É fortemente modulada pelo estado de alerta, humor, motivação e nível de consciência por meio dos sistemas de projeção difusa do encéfalo.

O córtex pré-frontal determina o conteúdo da memória operacional que será selecionado para armazenamento, conforme a relevância da informação naquele momento. Para isso, ele tem acesso às diversas outras áreas mnemônicas do córtex cerebral, córtex entorrinal, amígdala, córtex parietal superior, cingulado e hipocampo, responsáveis pelas memórias de curta e longa duração, verifica se a informação que está chegando e sendo processada já existe ou não, e se vale a pena armazená-la. Assim, a área pré-frontal funciona como gerenciadora da memória, definindo o que permanece e o que é esquecido. Esse diálogo constante da realidade com as próprias lembranças é fundamental para a sobrevivência, pois permite ajustes no comportamento e na percepção da realidade. Na esquizofrenia, há falha da memória de trabalho, e o indivíduo passa a ter dificuldade de entender o mundo em sua volta. Além do córtex pré-frontal, o hipocampo está envolvido e há também comprometimento das memórias de longa duração. Esta pode ser a base do conteúdo alucinatório e delirante da doença.

2.2 Tipos de memória de acordo com o seu conteúdo – memórias declarativas e procedurais

As memórias declarativas são aquelas que registram fatos, eventos ou conhecimento, pois podemos declarar que existem e sabemos como os adquirimos. As referente aos eventos a que assistimos ou dos quais participamos, chamamos de *episódicas* ou *autobiográficas*, uma vez que que sabemos pessoalmente sua origem, como a nossa formatura, o rosto de uma pessoa, filmes, algo que lemos ou nos contaram. As memórias de conhecimentos gerais, como a de idiomas, Medicina, são denominadas *semânticas*. Embora possamos nos lembrar de episódios em que o conhecimento foi adquirido, como determinada aula de inglês, não existe um limite preciso entre o início e o fim dessa aprendizagem. Quando as memórias declarativas falham, fala-se em amnésia.

Na memória não declarativa ou procedural, os conhecimentos memorizados são implícitos e, assim, não podem ser descritos de maneira consciente. São memórias de habilidades, capacidades motoras ou hábitos por meio dos quais as pessoas aprendem as sequências motoras que lhes permitem executar tarefas, como nadar e andar de bicicleta, as quais, após aprendidas, são realizadas de maneira automática e inconsciente. Esse tipo de memória dura geralmente a vida toda. É difícil declarar que as temos, é preciso demonstrar ou executá-las. Uma partitura aprendida de cor é uma memória episódica, mas a execução no piano é procedural. Utilizam-se também os termos *memória explícita* para as declarativas e *memória implícitas* para as procedurais. No entanto, algumas memórias declarativas semânticas, como a língua materna, são adquiridas de forma implícita, ou inconsciente. Há divisões entre as memórias não declarativas conforme mostrado na **Tabela 28.1**. Os circuitos responsáveis pela memória procedural envolvem os núcleos da base e o cerebelo. O comprometimento desse tipo de memória ocorre nas fases avançadas da doença de Parkinson com a perda de neurônios da substância negra.

2.3 Tipos de memória de acordo com a duração – memórias de curta e longa duração

Este critério leva em conta o tempo em que a informação permanece armazenada no cérebro, distinguindo-se a memória de curta e a de longa duração. A memória de trabalho, por não deixar registro, não entra nessa categoria e foi estudada separadamente. A formação das memórias de curta e longa duração depende de uma boa memória de trabalho, ou seja, um bom funcionamento do córtex pré-frontal.

A memória de curta duração permite a retenção de informações durante algumas horas até que sejam armazenadas de maneira mais duradoura nas áreas responsáveis pela memória de longa duração.

Segundo Izquierdo, a memória de curta duração dura de minutos a 6 horas, que é o tempo que leva para se consolidar a memória de longa duração. Durante esse tempo, ela é bastante lábil e susceptível à interferência de outras memórias, traumas e substâncias, como o álcool. A memória de longa duração depende de mecanismos mais complexos, que levam horas para serem realizados. Por isso, a memória de curta duração, que exige mecanismos de processamento mais simples, mantém a memória viva enquanto a de longa duração está sendo definitivamente armazenada. A sua função é manter o indivíduo em condições de responder com uma cópia efêmera da memória principal, permitindo o término de uma leitura, de uma conversa, ou de um estudo. Esses dois tipos de memórias dependem do hipocampo e de outras estruturas encefálicas. A memória de curta duração não é um simples estágio da memória de longa duração. Elas ocorrem de modo paralelo e independente. Ambas requerem as mesmas estruturas nervosas, mas com mecanismos próprios e distintos. As bases da memória de curta duração são essencialmente bioquímicas enquanto a de longa duração envolve modificações sinápticas.

2.4 *Priming*, reflexos condicionados e memórias associativas e não associativas

O *priming*, memória evocada por meio de dicas, como fragmentos de imagem, primeiras palavras de uma música, gestos odores e sons. Muitas vezes, um músico só se lembra do restante de uma partitura quando executa ou ouve as primeiras notas. O *priming* é um fenômeno neocortical, que envolve a área pré-frontal e as áreas associativas.

Pavlov observou que a primeira reação de um animal a um estímulo novo é um estado de alerta e orientação e exploração: a reação do "o que é isto?". A repetição do estímulo leva à redução gradual dessa resposta, fenômeno este chamado de *habituação*. É a forma mais simples de aprendizado não associativo e deixa memória.

Pavlov também observou que nos aprendizados associativos, quando um estímulo novo é pareado com outro biologicamente relevante, prazeroso ou doloroso, a resposta ao primeiro estímulo muda, ficando condicionada ao pareamento. Essa resposta é conhecida como reflexo condicionado. Por exemplo, normalmente um animal saliva ao ver a comida. Se uma campainha é acionada repetidamente antes de o animal receber a comida, após certo tempo, apenas o som da campainha já será suficiente para a ocorrência de salivação. Esse tipo de aprendizagem está presente no nosso cotidiano quando, por exemplo, evitamos colocar o dedo em tomadas para evitar um choque, o choro dos bebês quando querem comida. Se o estímulo deixa de levar a resposta esperada, o reflexo é extinto. Por exemplo, se o choro não trouxer uma recompensa, a criança deixa de chorar.

Tabela 28.1 Memória de longa duração

Tipo	Subdivisões
Explícita (declarativa)	Semântica
	Episódica
Implícita ou procedural (não declarativa)	*Priming*
	Memória de procedimento (habilidades e hábitos)
	Associativa (condicionamento operante e clássico)
	Não associativa (habituação e sensibilização)

3. Áreas cerebrais relacionadas com a memória declarativa

Essas áreas abrangem áreas telencefálicas e diencefálicas unidas pelo fórnice, que liga o hipocampo ao corpo mamilar do hipotálamo. As áreas telencefálicas incluem a parte medial do lobo temporal, a área pré-frontal dorsomedial e as áreas de associação sensoriais. As áreas diencefálicas são componentes do circuito de Papez (**Figura 27.1**). Temos, assim, a **Tabela 28.2** a seguir.

Áreas relacionadas à memória	telencefálicas	porção medial do lobo temporal córtex mesial posterior área pré-frontal dorsolateral áreas de associação do neocórtex	hipocampo giro denteado córtex entorrinal córtex para-hipocampal amígdala
	diencefálicas	corpo mamilar trato mamilotalâmico núcleos anteriores do tálamo	

3.1 Hipocampo

Antigamente chamado *corno de Ammon* (CA), o hipocampo é uma eminência alongada e curva, situada no assoalho do corno inferior do ventrículo lateral (**Figura 7.3**) acima do giro para-hipocampal (**Figura 28.1**). É constituído de um tipo de córtex filogeneticamente antigo (arquicórtex) e seus circuitos intrínsecos são complexos. Esses circuitos envolvem três áreas adjacentes: CA1; CA2; e CA3. O hipocampo, por meio do córtex entorrinal, recebe aferências de grande número de áreas neocorticais e, através do fórnice, projeta-se aos corpos mamilares do hipotálamo. O hipocampo sofre forte modulação da amígdala basolateral que reforça a memória de eventos associados a situações emocionais, da área tegmental ventral e com o núcleo *accumbens*, o que explica o reforço das memórias associadas a eventos de prazer. O seu papel na memória começou a ser elucidado pelo estudo do famoso caso do paciente H.M., em que parte dos lobos temporais, incluindo o hipocampo, foi retirada cirurgicamente na tentativa de tratamento de epilepsia refratária do lobo temporal (item 5.3). O paciente manteve a memória operacional normal, pois não houve comprometimento da área pré-frontal, mas perdeu definitivamente a capacidade de memorizar eventos ocorridos depois da cirurgia (amnésia anterógrada). Perdeu também a memória de eventos ocorridos pouco tempo antes da cirurgia (pequena amnésia retrógrada), mas curiosamente, depois de certo ponto no passado, todos os fatos puderam ser lembrados sem problemas, ou seja, a memória de longa duração permaneceu normal. Esse caso gerou a teoria do armazenamento sequencial da memória, ou seja, as memórias novas seriam processadas e armazenadas primeiramente no hipocampo e, ao longo de semanas ou meses, seriam transferidas para as outras áreas corticais para armazenamento definitivo. Essa teoria já foi contestada e sofreu modificações, conforme será visto no item 4 deste capítulo.

O hipocampo é também responsável pela memória espacial ou topográfica, relacionada com localizações no espaço, configurações ou rotas e que nos permite navegar, ou seja, encontrar o caminho que leva a um determinado lugar. As pesquisas sobre esse tema foram feitas inicialmente no rato. Em ratos, a memória espacial permite memorizar as características do espaço em seu entorno e depende de um tipo especial de neurônio do hipocampo, denominado *célula de lugar*. Essas células são ativadas e disparam potenciais de ação diante de uma determinada área do espaço, denominada "campo de lugar da célula". Esses campos vão sendo memorizados pelas *células de lugar* e, depois de pouco tempo, haverá no hipocampo do rato um mapa da gaiola onde ele vive. Isso lhe permitirá orientar-se no espaço e dirigir-se aos pontos de maior interesse, como o de alimentação. Se o animal é transferido para uma gaiola diferente, novo mapa se forma em minutos e fica estável por semanas ou meses. Há evidências de que os mesmos mecanismos existem também no hipocampo do homem. Isso explica por que, na doença de Alzheimer (item 5.2 deste capítulo), em que há grave comprometimento do hipocampo, o paciente, na fase final, perde completamente a orientação e não consegue ir de uma cadeira para a cama.

3.2 Giro denteado

É um giro estreito e denteado, situado entre a área entorrinal e o hipocampo (**Figura 7.3**), pelo qual se estende lateralmente (**Figura 28.1**). Sua estrutura, constituída por uma só camada de neurônios, é muito semelhante à do hipocampo. Tem amplas ligações com a área entorrinal e o hipocampo e, com este, constitui a formação do hipocampo. O giro denteado é responsável pela dimensão temporal da memória. Por exemplo, ao nos lembrarmos de nossa festa de casamento, ele informa a data e se ela foi antes ou depois de nossa festa de formatura.

3.3 Córtex entorrinal

Ocupa a parte anterior do giro para-hipocampal medialmente ao sulco rinal (**Figura 7.7**). Em uma secção frontal do cérebro, aparece como na **Figura 28.1**. É um tipo de córtex primitivo (arquicórtex) e corresponde à área 28 de Brodmann. Recebe fibras do fórnice e envia fibras ao giro denteado, que, por sua vez, se liga ao hipocampo. O córtex entorrinal funciona como um portão de entrada para o hipocampo, recebendo as diversas conexões que a ele chegam por meio do giro denteado, incluindo as conexões que recebe da amígdala e da área septal. Lesão do córtex entorrinal, mesmo estando intacto o hipocampo, resulta em grande *déficit* de memória. O córtex entorrinal é geralmente a primeira área cerebral comprometida na doença de Alzheimer.

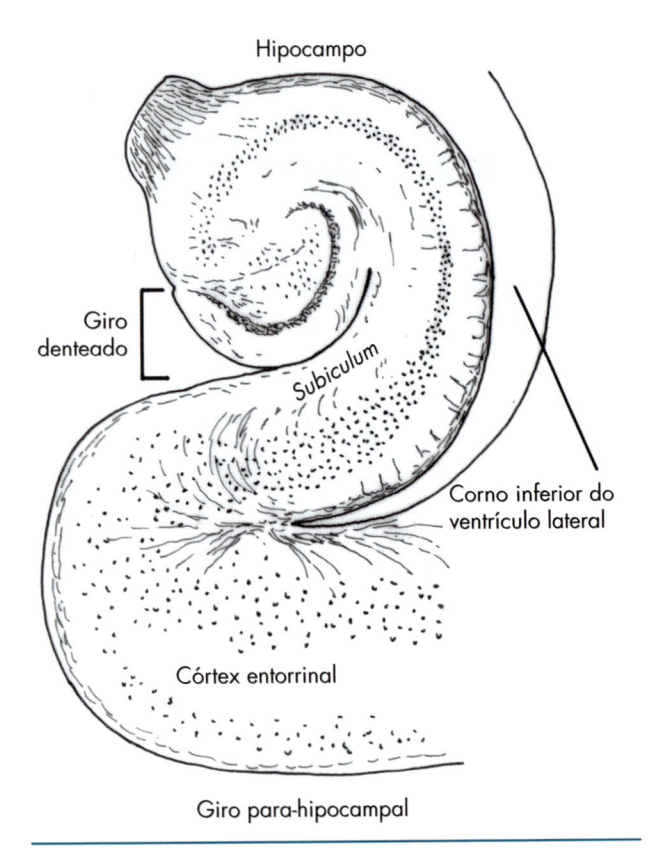

Figura 28.1 Esquema de um corte frontal do giro para-hipocampal e hipocampo.

3.4 Amígdala

A amígdala já foi estudada no capítulo anterior como o principal órgão do sistema límbico, relacionada, portanto, com as emoções. Atualmente, no entanto, sabemos que ela não apenas atua como moduladora das memórias processadas no hipocampo e em áreas vizinhas, como também ela própria armazena memórias de conteúdo emocional ativamente.

3.5 Córtex cingular posterior

O córtex cingular posterior, em especial a parte situada atrás do esplênio do corpo caloso (retrosplenial), recebe muitas aferências dos núcleos anteriores do tálamo, que, por sua vez, recebem aferências do corpo mamilar pelo trato mamilotalâmico, integrando o circuito de Papez (**Figura 27.1**). Lesões no cíngulo posterior ou dos núcleos anteriores do tálamo resultam em amnésias. O córtex cingular posterior está também relacionado com a memória topográfica, ou seja, a capacidade de se orientar no espaço e memorizar caminhos e cenários novos, bem como evocar os já conhecidos. Sua lesão resulta em desorientação e incapacidade de encontrar caminhos anteriormente memorizados.

3.6 Área pré-frontal dorsolateral

A área pré-frontal dorsolateral tem um grande número de funções (veja Capítulo 26). Entre elas, está o processamento da memória operacional. As disfunções dessa área estão envolvidas na fisiopatologia da esquizofrenia, da doença de Alzheimer e das psicopatias. As duas regiões pré-frontais estão envolvidas na memória operacional: a dorsolateral; e a orbitofrontal, embora a dorsolateral seja a mais importante.

3.7 Córtex para-hipocampal

O córtex para-hipocampal ocupa a parte posterior do giro para-hipocampal, estendendo-se com o córtex cingular posterior no nível do istmo do giro do cíngulo (**Figura 7.7**). Estudos de neuroimagem funcional mostraram que o córtex para-hipocampal é ativado pela visão de cenários, especialmente os mais complexos, como uma rua ou uma paisagem. Entretanto, a ativação só ocorre com cenários novos e não com os já conhecidos. Também não é ativado com a visão de objetos, o que é feito pelo hipocampo. Pacientes com lesão do giro para-hipocampal são incapazes de memorizar cenários novos, embora consigam evocar cenários já conhecidos. Isso mostra que, como ocorre no hipocampo, a memória desses cenários não é armazenada no córtex para-hipocampal, mas em outras áreas, muito provavelmente no isocórtex, pois ela permanece depois de ele ser lesado.

3.8 Áreas de associação do neocórtex

Nessas áreas, são armazenadas as memórias de longa duração. Incluem-se aí as áreas secundárias sensitivas e motoras, assim como áreas supramodais. Diferentes categorias de conhecimento são armazenadas em áreas diferentes do neocórtex e podem ser lesadas separadamente, resultando em perdas distintas. Estudos de ressonância magnética funcional mostram que, quando uma pessoa é solicitada a reconhecer figuras de animais, há ativação de áreas neocorticais da parte ventral do lobo temporal. Quando o reconhecimento é de objetos, como ferramentas, a área pré-motora esquerda é ativada, pois a pista para reconhecimento é a atividade motora envolvida no uso da ferramenta. As interações entre o hipocampo e as áreas neocorticais de armazenamento da memória são hoje objeto de muita pesquisa.

3.9 Áreas diencefálicas relacionadas com a memória

As estruturas diencefálicas envolvidas com a memória são os corpos mamilares do hipotálamo, que recebem aferências dos córtices entorrinal e do hipocampo pelo fórnice e que, através do trato mamilotalâmico, projetam-se aos núcleos anteriores do tálamo. Estes, por sua vez, projetam-se para o córtex cingular posterior.

Essas estruturas fazem parte do circuito de Papez (**Figura 27.1**) até há pouco tempo considerado o circuito básico no processamento das emoções e hoje reconhecido como circuito relacionado com a memória.

3.10 Regiões moduladoras da formação de memórias

As principais estruturas envolvidas na modulação das memórias declarativas são a parte basolateral da amígdala e os sistemas modulatórios de projeção difusa responsáveis pelo alerta, motivação e emoções: *locus ceruleus*; núcleos da rafe; núcleos dopaminérgicos; e núcleo basal de Meynert. Além de modular, a amígdala também armazena memórias quando elas apresentam componentes de alerta emocional. O seu efeito modulatório é feito por meio de sinapses colinérgicas e noradrenérgicas sobre a região CA1 do hipocampo e córtex entorrinal. Regula também a memória de trabalho. A amígdala basolateral sofre impacto de hormônios periféricos, como o cortisol liberado durante o estresse ou emoções fortes, e facilitando o registro de memórias com alto conteúdo emocional. O sistema gabaérgico exerce efeito modulatório inibitório sobre todos os tipos de memória e todas as suas fases de consolidação. Isso explica o efeito amnésico de anestésicos, álcool, barbitúricos e benzodiazepínicos.

4. Mecanismos de formação das memórias declarativas

O caso H.M., descrito no item 3.1, provocou a crença de que a memória de longa duração gravava-se inicialmente no hipocampo e lá persistia durante meses até ser transferida para outras áreas corticais, onde permaneceria por toda a vida. Essa falsa crença originou-se da observação de que o paciente H.M. era totalmente incapaz de formar novas memórias declarativas após a ressecção. A exata área removida no ato cirúrgico só foi conhecida na autópsia, 40 anos após. Verificou-se que o hipocampo não fora completamente removido de ambos os lados e que havia lesão em outras estruturas, especialmente do córtex entorrinal. Estudos recentes comprovaram que o processo de consolidação de memórias ocorre de modo paralelo, e não sequencial, e envolve, além do hipocampo, a amígdala basolateral, o córtex entorrinal, o córtex parietal posterior, o córtex cingulado anterior, o córtex retroesplenial e o córtex pré-frontal. Logo após a aquisição, participam o hipocampo, a amígdala basolateral, o giro denteado e várias regiões corticais, sendo o hipocampo, sim, fundamental nessa fase. No momento da evocação dessas mesmas memórias, as regiões corticais são mais necessárias, mas o hipocampo participa novamente.

O mecanismo de consolidação envolve o chamado *potencial de longa duração* (LTP), que consiste no aumento persistente da resposta de neurônios à breve estimulação repetitiva de um axônio que faz sinapse com ele. O LTP dura horas, semanas ou meses. Nos dendritos em que ocorre um LTP, são produzidas certas proteínas que podem passar para outras sinapses vizinhas, o que as incita a também produzirem um LTP ou aumentá-lo. O fenômeno se chama *etiquetamento sináptico* e permite que outras sinapses sejam potencializadas. O LTP inicia-se com excitação repetida das células hipocampais, mediada pelo neurotransmissor glutamato. Em seguida, uma sequência de processos metabólicos provocará a síntese de proteínas que causarão modificações estruturais em sinapses e formação de sinapses novas. A região CA1 do hipocampo é a principal protagonista da formação de memorias declarativas. Faz conexão com o subículo, córtex entorrinal, giro denteado, região CA3 e de volta para a CA1. Este é um circuito básico do hipocampo capaz de reverberar, e todas as suas áreas são capazes de evidenciar plasticidade e LTP. Esse mecanismo ocorre também em outras áreas cerebrais. Mas, afinal, quantas novas sinapses necessitam ser formadas para uma memória nova? No caso de uma memória simples, como não colocar o dedo na tomada, uns poucos milhões em seis a sete regiões cerebrais serão suficientes. No entanto, se for uma memória semântica completa, serão vários bilhões em diversas áreas cerebrais.

Para o estudo detalhado dos mecanismos moleculares da formação das memórias, sugerimos a leitura da bibliografia apresentada no final do capítulo.

4.1 Esquecimento

Esquecemos a grande maioria das coisas que memorizamos ao longo da vida. Desde as informações que um dia passaram pela nossa memória de trabalho a aquelas que geraram memórias de longa duração. Seria impossível lembrarmos todos os detalhes de nossa vida social. Seria impossível dialogar com uma pessoa se todos os detalhes dos contatos anteriores viessem à memória, como os mal-entendidos, brigas etc. A lembrança de detalhes irrelevantes tornaria a conversa prolixa e deixaria a vida menos eficiente. Temos mais memórias extintas ou fragmentadas no nosso cérebro do que memórias inteiras e exatas. Com relação à memória, quanto mais se usa, menos se perde. Essa perda é decorrente da atrofia das sinapses por falta de uso.

4.2 Memória na primeira infância

É de conhecimento geral que não conseguimos nos lembrar de fatos ocorridos antes dos 3 a 4 anos de idade. A explicação é que essa é a fase em que a linguagem está se desenvolvendo e a vida, nessa idade, era vivida em um mundo pré-linguístico. As primeiras memórias foram adquiridas em uma linguagem direta e não metafórica ou simbólica, a mesma utilizada pelos animais. As posteriores aos 3-4 anos foram adquiridas e instantaneamente traduzidas para a linguagem, já bem desenvolvida nessa idade. A linguagem é o divisor de águas entre as memórias infantis, intraduzíveis, e as posteriores. No entanto, embora codificadas em uma linguagem inacessível para adultos, as memórias da primeira infância ficam gravadas e interferem no desenvolvimento, na aprendizagem e na vida afetiva posterior da criança.

5. Correlações anatomoclínicas

Os quadros clínicos mais frequentes são as amnésias retrógradas e anterógradas já descritas e decorrentes de lesões do hipocampo e córtex entorrinal, podendo resultar também de processos patológicos que acometem o fórnice e os corpos mamilares. Dois quadros patológicos que acometem áreas relacionadas à memória merecem atenção especial, a síndrome de Korsakoff e a doença de Alzheimer.

5.1 Síndrome de Korsakoff

Resulta da degeneração dos corpos mamilares e dos núcleos anteriores do tálamo. Essa síndrome, em geral, é consequência do alcoolismo crônico e os principais sintomas são amnésias anterógradas e retrógradas.

5.2 Doença de Alzheimer

É a causa mais comum de demência. Trata-se de uma doença degenerativa que acomete pessoas a partir da meia-idade, na qual ocorrem graves problemas de memória. Há perda gradual da memória operacional e de curta duração. O paciente começa a ter dificuldade com a memória recente de fatos ou de compromissos ocorridos no dia. Evolui gradativamente para comprometimento da memória de longa duração, a ponto de se esquecer do nome dos familiares e apresentar desorientação no tempo e espaço. Na fase mais avançada, há uma completa deterioração de todas as funções psíquicas, com amnésia total. De modo geral, a doença se inicia com uma degeneração progressiva dos neurônios da área entorrinal, que constitui a porta de entrada das vias que, do neocórtex, se dirigem ao hipocampo. Segue-se atrofia do hipocampo, cíngulo posterior e de todo o encéfalo (**Figura 28.2**).

Há também perda dos neurônios colinérgicos do núcleo basal de Meynert, o que ocasiona a perda das projeções modulatórias colinérgicas de praticamente todo o córtex cerebral. É uma doença com claro componente genético, mas que sofre influência de fatores ambientais. Estudos mostraram que o indivíduo com uma predisposição genética, mas que tem uma vida intelectualmente ativa, pode não manifestar ou ter formas mais leves e tardias da doença.

A causa é o acúmulo de duas proteínas no cérebro: a beta-amiloide e a tau. A beta-amiloide é produzida normalmente no cérebro; porém, na doença de Alzheimer, a sua produção é exagerada e acumula-se em forma de estruturas fibrilares, denominadas *placas amiloides*, no parênquima e na parede das arteríolas, ocasionando a angiopatia amiloide. A tau forma os emaranhados neurofibrilares e acumula-se no corpo do neurônio e em seus dendritos, causando sua morte. Além do acúmulo de agregados proteicos anormais, há perda de sinapses e de neurônios, causando atrofia cerebral. Há também uma reação inflamatória entre as placas proteicas mediada por células da glia.

5.3 Epilepsia do lobo temporal

Trata-se do tipo mais frequente de epilepsia focal na população adulta. A alteração estrutural subjacente é a esclerose hipocampal, também conhecida como *esclerose mesial temporal* (**Figura 28.3**). As causas desta lesão não estão totalmente esclarecidas, mas a relação com ocorrência de estado de mal epiléptico na infância e anóxia perinatal está bem estabelecida. O paciente passa anos assintomático e, na idade adulta, iniciam-se as crises epilépticas do tipo focal discognitiva. A crise típica inicia-se com

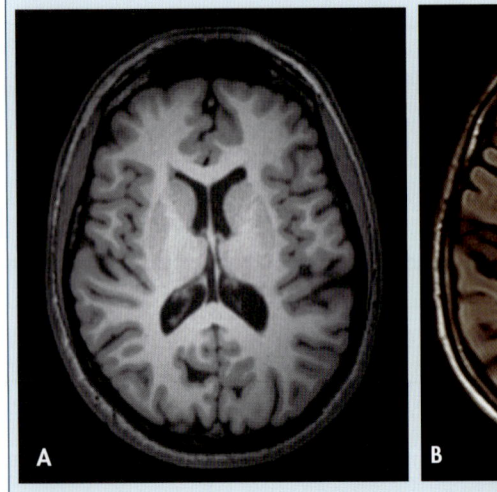

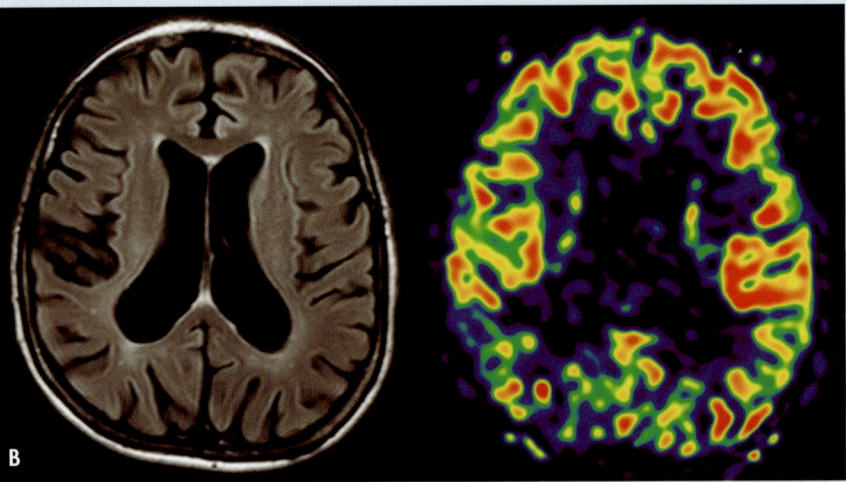

Figura 28.2 (A) Ressonância magnética normal; e **(B)** ressonância magnética evidenciando atrofia cerebral difusa em paciente com doença de Alzheimer.
Fonte: Cortesia do Dr. Marco Antônio Rodacki.

parada comportamental, perda do contato, fixação ocular e movimentos automáticos orofaciais e manuais com o membro ipsilateral à lesão. O membro contralateral geralmente fica imóvel em postura tônica. Pode ou não evoluir para a crise tônico-clônica bilateral. Esta epilepsia é geralmente refratária ao tratamento e é a causa mais comum de cirurgia para tratamento de epilepsia, como no caso HM descrito no item 3.1.

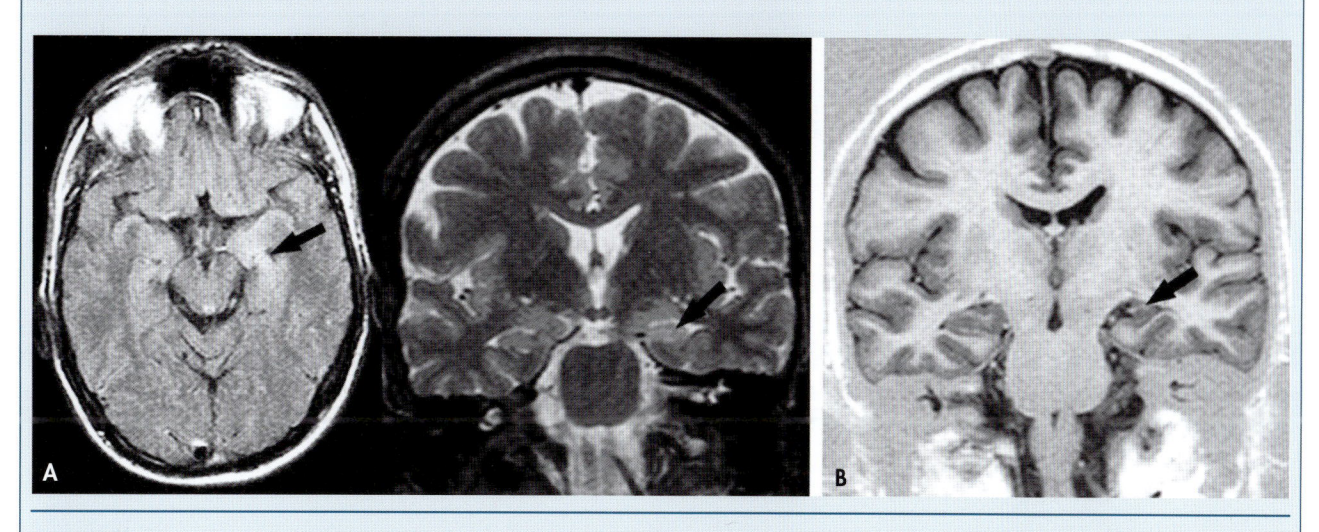

Figura 28.3 Ressonância magnética mostrando lesão no hipocampo esquerdo em paciente com epilepsia do lobo temporal. **(A)** Corte axial em T2 Flair e coronal em T2 (em que as áreas com maior volume de líquido apresentam-se embranquecidas) mostrando hipersinal no hipocampo esquerdo (setas). **(B)** Imagem em T1 (em que as áreas líquidas aparecem escuras) mostrando a redução volumétrica do hipocampo.

Leitura sugerida

KAHN, I.; SHOHAMY, D. Intrinsic connectivity between the hippocampus, nucleus accumbens and ventral tegmental area in humans. *Hippocampus*. 2013;23:187-192.

KANDEL, E. R.; et al. *Principles of Neural Science*. 6. ed. Nova York: Mc Graw Hill, 2021.

GAGLIARDI, R. J.; TAKAYANAGUI, O. M. *Tratado de Neurologia da Academia Brasileira de Neurologia*. 2. ed. Rio de Janeiro: Elsevier, 2019.

IZQUIERDO, I. *Memória*. 3. ed. Porto Alegre: Artmed, 2018.

YACUBIAN, E.M.T.; MANREZA, M.L.; TERRA,V. C. *Purple book*. 2. ed. São Paulo: Planmark, 2020.

capítulo 29

Grandes Vias Aferentes

1. Generalidades

Neste capítulo, serão estudadas as grandes vias aferentes, ou seja, aquelas que levam ao sistema nervoso central (SNC) os impulsos nervosos originados nos receptores periféricos. Esse assunto já foi objeto de considerações nos capítulos anteriores, a propósito da estrutura e função da medula, do tronco encefálico, do cerebelo e do diencéfalo, mais especificamente do tálamo, e será agora revisto em conjunto, de maneira sintética e esquemática. Não serão estudadas as vias reflexas, em geral mais curtas, formadas por fibras, ou colaterais, que se destacam das grandes vias aferentes e fazem sinapse com o sistema eferente, fechando arcos reflexos, ora mais, ora menos complexos. O estudo das grandes vias aferentes é um dos capítulos mais importantes da Neuroanatomia, em vista de suas inúmeras aplicações práticas. Em cada uma das vias aferentes deverão ser estudados os seguintes elementos: o receptor; o trajeto periférico; o trajeto central; e a área de projeção cortical.

a) *Receptor* – é sempre uma terminação nervosa sensível ao estímulo que caracteriza a via. Existem receptores especializados para cada uma das modalidades de sensibilidade. A conexão desse receptor, por meio de fibras específicas, com uma área específica do córtex, permite o reconhecimento das diferentes formas de sensibilidade (discriminação sensorial) (Capítulo 9, item 2).

b) *Trajeto periférico* – compreende um nervo espinal ou craniano e um gânglio sensitivo anexo a esses nervos. De modo geral, nos nervos que apresentam fibras com funções diferentes, elas se agrupam aparentemente ao acaso.

c) *Trajeto central* – em seu trajeto pelo SNC, as fibras que constituem as vias aferentes se agrupam em feixes (tratos, fascículos, lemniscos), de acordo com as suas funções. O trajeto central das vias aferentes compreende ainda núcleos relés, onde estão os neurônios (II, III e IV) da via considerada.

d) *Área de projeção cortical* – está no córtex cerebral ou no córtex cerebelar; no primeiro caso, a via nos permite distinguir os diversos tipos de sensibilidade e é consciente; no segundo caso, ou seja, quando a via termina no córtex cerebelar, o impulso não determina nenhuma manifestação sensorial e é utilizado pelo cerebelo para a realização de sua função primordial de integração motora; a via é inconsciente.

Um princípio geral de processamento da informação é que ela ocorre de maneira hierárquica, sendo as informações transmitidas através de uma sucessão de regiões inicialmente subcorticais e, depois, corticais. Outra característica dos sistemas sensoriais é que as partes de onde se originam os impulsos sensitivos são representadas em áreas específicas da via aferente, assim como na área cortical. Assim, existe somatotopia ao longo de toda a via. Na sensibilidade somática, as partes do corpo são representadas na área somestésica do córtex como um homúnculo de cabeça para baixo (**Figura 26.3**). Existem também mapas tonotópicos para a representação cortical da cóclea, assim como retinotópicos para a retina.

As grandes vias aferentes podem ser consideradas como cadeias neuronais unindo os receptores ao córtex. No caso das vias inconscientes (cerebelares), essa cadeia é constituída apenas por dois neurônios (I, II). Já nas vias conscientes (cerebrais), esses neurônios são geralmente três, sobre os quais podem ser estabelecidos os seguintes princípios gerais:

a) *Neurônio I* – localiza-se geralmente fora do SNC, em um gânglio sensitivo (ou na retina e mucosa olfatória, no caso das vias óptica e olfatória). É um neurônio sensitivo, em geral pseudounipolar, cujo dendraxônio se bifurca em "T", dando um prolongamento periférico e outro central. Em alguns casos, o neurônio pode ser bipolar. O prolongamento periférico liga-se ao receptor, enquanto o prolongamento central penetra no SNC pela raiz dorsal dos nervos espinais ou por um nervo craniano.

b) *Neurônio II* – localiza-se na coluna posterior da medula ou em núcleos de nervos cranianos do tronco encefálico (fazem exceção as vias óptica e olfatória). Origina axônios que geralmente cruzam o plano mediano logo após a sua origem e entram na formação de um trato ou lemnisco.

c) *Neurônio III* – localiza-se no tálamo e origina um axônio que chega ao córtex por uma radiação talâmica (faz exceção a via olfatória).

No estudo das grandes vias aferentes, levaremos sempre em conta a posição e o trajeto dos axônios desses três neurônios. Serão estudadas, primeiramente, as vias aferentes do tronco e membros, que penetram no SNC pelos nervos espinais; a seguir, aquelas da cabeça, que penetram por nervos cranianos.

2. Vias aferentes que penetram no sistema nervoso central por nervos espinais

2.1 Vias de dor e temperatura

Os receptores de dor são terminações nervosas livres. Existem duas vias principais pelas quais os impulsos de dor e temperatura chegam ao cérebro: uma via filogeneticamente mais recente, *neoespinotalâmica*, constituída pelo trato espinotalâmico lateral, que vai diretamente ao tálamo; e outra, mais antiga, *paleoespinotalâmica,* constituída pelo trato espinorreticular, e pelas fibras retículotalâmicas (*via espino--retículo-talâmica*). Como será visto, essas duas vias veiculam formas diferentes de dor e serão estudadas de maneira esquemática a seguir.

2.1.1 Via neoespinotalâmica

Trata-se da via "clássica" de dor e temperatura, constituída basicamente pelo trato espinotalâmico lateral, envolvendo uma cadeia de três neurônios (**Figura 29.1**).

a) *Neurônios I* – localizam-se nos gânglios espinais situados nas raízes dorsais. O prolongamento periférico de cada um desses neurônios liga-se aos receptores através dos nervos espinais. O prolongamento central penetra na medula e termina na coluna posterior, onde faz sinapse com os neurônios II (**Figura 13.5**).

b) *Neurônios II* – os axônios do neurônio II cruzam o plano mediano pela comissura branca, ganham o funículo lateral do lado oposto, inflectem-se cranialmente para constituir o trato espinotalâmico lateral (**Figura 13.5**). Na altura da ponte, as fibras desse trato unem-se com as do espinotalâmico anterior para constituir o lemnisco espinal, que termina no tálamo, fazendo sinapse com os neurônios III.

c) *Neurônios III* – localizam-se no tálamo, no núcleo ventral posterolateral. Seus axônios formam radiações talâmicas que, pela cápsula interna e coroa radiada, chegam à área somestésica do córtex cerebral, situada no giro pós-central (áreas 3, 2 e 1 de Brodmann).

Por essa via, chegam ao córtex cerebral impulsos originados em receptores térmicos e dolorosos, situados no tronco e nos membros do lado oposto. Há evidência de que a via neoespinotalâmica é responsável apenas pela sensação de dor aguda e bem localizada na superfície do corpo, correspondendo à chamada *dor em pontada*.

2.1.2 Via paleoespinotalâmica

É constituída de uma cadeia de neurônios em número maior que os da via neoespinotalâmica.

a) *Neurônios I* – localizam-se nos gânglios espinais, e os seus axônios penetram na medula do mesmo modo que os das vias de dor e temperatura, estudadas anteriormente.

b) *Neurônios II* – situam-se na coluna posterior. Seus axônios dirigem-se ao funículo lateral do mesmo lado e do lado oposto, inflectem-se cranialmente para constituir o trato espinorreticular. Este sobe na medula junto ao trato espinotalâmico lateral e termina fazendo sinapse com os neurônios III em vários níveis da formação reticular. Muitas dessas fibras não são cruzadas.

c) *Neurônios III* – localizam-se na formação reticular e dão origem às fibras reticulotalâmicas que terminam nos núcleos do grupo medial do tálamo, em especial nos núcleos intralaminares (neurônios IV). Os núcleos intralaminares projetam-se para territórios muito amplos do córtex cerebral. Essas projeções estão mais relacionadas com a ativação cortical do que com a sensação de dor, uma vez que esta se torna consciente já em nível talâmico.

Alguns neurônios III da via paleoespinotalâmica destinam-se ao núcleo parabraquial na porção dorsolateral da ponte e dirigem-se para a amígdala, que, ao que parece, é responsável pelo componente emocional da dor.

As principais diferenças entre as vias neo- e paleoespinotalâmicas estão esquematizadas na **Tabela 29.1**. Ao contrário da via neoespinotalâmica, a paleoespinotalâmica não tem organização somatotópica. Assim, ela é responsável por um tipo de dor pouco localizada, dor profunda do tipo crônico, correspondendo à chamada *dor em queimação*, ao contrário da via neoespinotalâmica, que veicula dores localizadas do tipo dor em pontada. Nas cordotomias anterolaterais (cirurgias realizadas para o tratamento da dor), os dois tipos de dor são eliminados, pois são seccionadas tanto as fibras espinotalâmicas como as espinorreticulares.

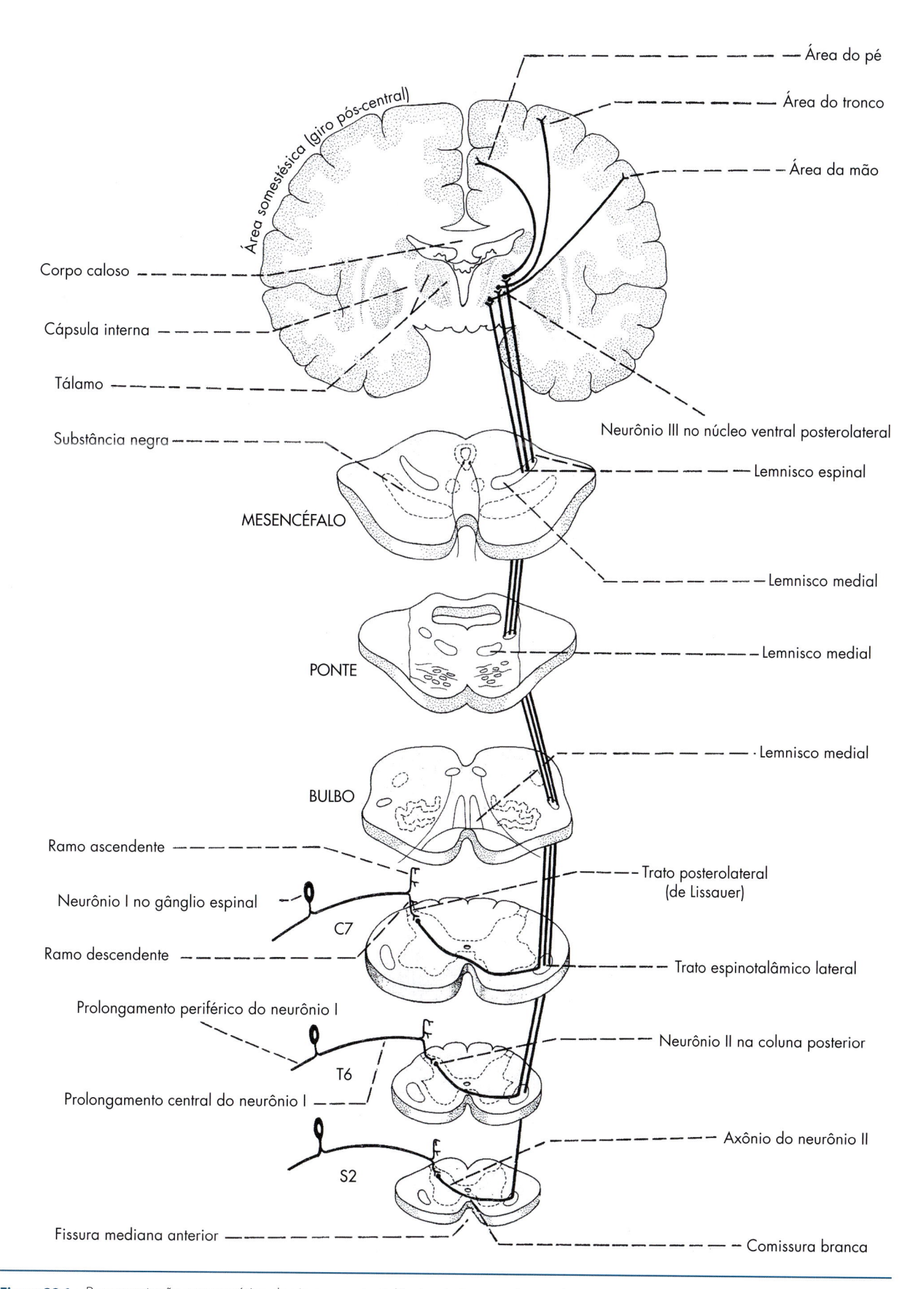

Figura 29.1 Representação esquemática da via neoespinotalâmica de temperatura e dor.

Lesões estereotáxicas dos núcleos talâmicos em pacientes com dores intratáveis decorrentes de câncer comprovam a dualidade funcional das vias da dor. Assim, a lesão do núcleo ventral posterolateral (via neoespinotalâmica) resulta em perda da dor superficial em pontada, mas deixa intacta a dor crônica profunda. Esta é eliminada com lesão dos núcleos intralaminares, o que, entretanto, não afeta a dor superficial.

Existem vias menos importantes, como a espinoparabraquial, que contribui para o componente emocional da dor e faz sinapse no núcleo parabraquial da ponte que se projeta principalmente para a amígdala. A via espinohipotalâmica se projeta para os núcleos hipotalâmicos, que coordenam as respostas cardiovascular e neuroendócrina relacionadas com a dor.

Além da área somestésica, respondem a estímulos nociceptivos neurônios do córtex da parte anterior do giro do cíngulo e da ínsula. Ambos fazem parte do sistema límbico e estão envolvidos no processamento do componente emocional e cognitivo da dor. O córtex insular recebe também projeções diretas do tálamo e da amígdala e coordena também as reações mediadas pelo sistema nervoso autônomo relativas à dor. Indivíduos com lesões da parte anterior do giro do cíngulo são indiferentes à dor. A dor é a mesma, só que eles não se importam com ela.

2.2 Via de pressão e tato protopático

Esta via é exibida na **Figura 29.2**. Os receptores de pressão e tato são tanto os corpúsculos de Meissner como os de Ruffini. Também são receptores táteis as ramificações dos axônios em torno dos folículos pilosos.

a) *Neurônios I* – localizam-se nos gânglios espinais cujo prolongamento periférico liga-se ao receptor, enquanto o central divide-se em um ramo ascendente, muito longo, e um ramo descendente, curto, terminando ambos na coluna posterior, em sinapse com os neurônios II (**Figura 13.5**).

b) *Neurônios II* – localizam-se na coluna posterior da medula. Seus axônios cruzam o plano mediano na comissura branca, atingem o funículo anterior do lado oposto, onde se inflectam cranialmente para constituir o trato espinotalâmico anterior (**Figura 13.5**). Este, na altura da ponte, une-se ao espinotalâmico lateral para formar o lemnisco espinal, cujas fibras terminam no tálamo, fazendo sinapse com os neurônios III.

c) *Neurônios III* – localizam-se no núcleo ventral posterolateral do tálamo. Originam axônios que formam radiações talâmicas que, passando pela cápsula interna e coroa radiada, atingem a área somestésica do córtex cerebral (**Figura 29.2**).

Por esse caminho, chegam ao córtex os impulsos originados nos receptores de pressão e de tato situados no tronco e nos membros. Entretanto, como no caso anterior, esses impulsos tornam-se conscientes já em nível talâmico.

2.3 Via de propriocepção consciente, tato epicrítico e sensibilidade vibratória

Esta via é mostrada na **Figura 29.3**. Os receptores de tato são os corpúsculos de Ruffini e de Meissner e as ramificações dos axônios em torno dos folículos pilosos. Os receptores responsáveis pela propriocepção consciente são os fusos neuromusculares e órgãos neurotendinosos. Já os receptores para a sensibilidade vibratória são os corpúsculos de Vater Paccini.

a) *Neurônios I* – localizam-se nos gânglios espinais. O prolongamento periférico desses neurônios liga-se ao receptor, o prolongamento central, penetra na medula pela divisão medial da raiz posterior e divide-se em um ramo descendente, curto, e um ramo ascendente, longo, ambos situados nos fascículos grácil e cuneiforme (**Figura 13.5**); os ramos ascendentes longos terminam no bulbo, fazendo sinapse com os neurônios II.

b) *Neurônios II* – localizam-se nos núcleos grácil e cuneiforme do bulbo. Os axônios desses neurô-

Tabela 29.1 Diferenças entre as vias neoespinotalâmicas e paleoespinotalâmicas.

Características	Via neoespinotalâmica	Via paleoespinotalâmica
Origem filogenética	recente	antiga
Cruzamento na medula	fibras cruzadas	fibras cruzadas e não cruzadas
Trato na medula	espinotalâmico lateral	espinorreticular
Trajeto supramedular	direto: espinotalâmico	interrompido: espino-retículo-talâmico
Número de neurônios	três neurônios (I, II, III)	no mínimo quatro neurônios
Projeção talâmica principal	núcleo ventral posterolateral	núcleos intralaminares
Projeções supratalâmicas	área somestésica	partes anteriores da ínsula e do giro do cíngulo
Organização funcional	somatotópica	não somatotópica
Função	dor aguda e bem localizada	dor crônica e difusa (dor em queimação)

nios mergulham ventralmente, constituindo as fibras arqueadas internas, cruzam o plano mediano e, a seguir, inflectem-se cranialmente para formar o lemnisco medial (**Figura 29.3**). Este termina no tálamo, fazendo sinapse com os neurônios III.

c) *Neurônios III* – estão situados no núcleo ventral posterolateral do tálamo, originando axônios, que constituem radiações talâmicas que chegam à área somestésica passando pela cápsula interna e coroa radiada (**Figura 29.3**).

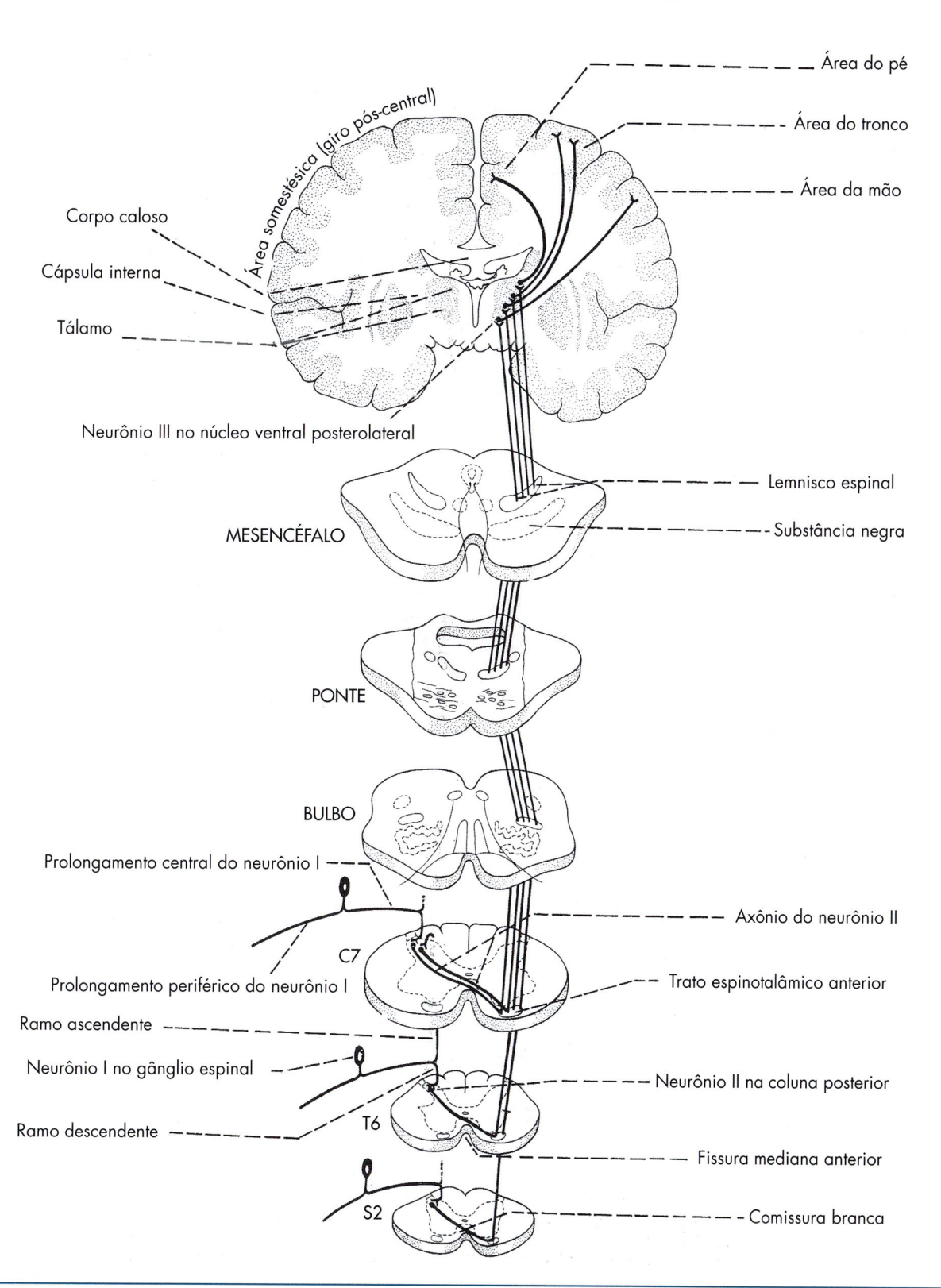

Figura 29.2 Representação esquemática da via de pressão e tato protopático.

Por essa via, chegam ao córtex impulsos nervosos, responsáveis pelo tato epicrítico, pela propriocepção consciente (ou cinestesia) e pela sensibilidade vibratória (Capítulo 13, item 4.3.2.1). O tato epicrítico e a propriocepção consciente permitem ao indivíduo a discriminação de dois pontos e o reconhecimento da forma e do tamanho dos objetos colocados na mão (estereognosia). Os impulsos que seguem por essa via tornam-se conscientes exclusivamente no âmbito cortical, ao contrário das duas vias estudadas anteriormente.

2.4 Via de propriocepção inconsciente

Os receptores são os fusos neuromusculares e órgãos neurotendinosos situados nos músculos e tendões.

a) *Neurônios I* – localizam-se nos gânglios espinais. O prolongamento periférico desses neurônios liga-se aos receptores. O prolongamento central penetra na medula, divide-se em um ramo ascendente longo e em outro descendente curto, que terminam fazendo sinapse com os neurônios II da coluna posterior.

b) *Neurônios II* – podem estar em duas posições, originando duas vias diferentes até o cerebelo:

▶ *Neurônios II, situados no núcleo torácico (localizado na coluna posterior)* – originam axônios que se dirigem para o funículo lateral do mesmo lado, inflectem-se cranialmente para formar o trato espinocerebelar posterior (**Figura 13.5**), que termina no cerebelo, onde penetra pelo pedúnculo cerebelar inferior (**Figura 22.7**).

▶ *Neurônios II, situados na base da coluna posterior e na substância cinzenta intermédia* – originam axônios que, em sua maioria, cruzam para o funículo lateral do lado oposto, inflectem-se cranialmente, constituindo o trato espinocerebelar anterior (**Figura 22.7**). Este penetra no cerebelo pelo pedúnculo cerebelar superior (**Figura 22.7**). Admite-se que as fibras que cruzam na medula cruzam novamente antes de penetrar no cerebelo, pois a via é homolateral.

Por essas vias, os impulsos proprioceptivos originados na musculatura estriada esquelética chegam até o cerebelo.

2.5 Vias da sensibilidade visceral

O receptor visceral geralmente é uma terminação nervosa livre, embora existam também corpúsculos de Vater Paccini na cápsula de algumas vísceras. Os impulsos nervosos originados nas vísceras, em sua maioria, são inconscientes, relacionando-se com a regulação reflexa da atividade visceral. Contudo, interessam-nos principalmente aqueles que atingem níveis mais altos do neuroeixo e tornam-se conscientes, sendo mais importantes, do ponto de vista clínico, os que se relacionam com a dor visceral. O trajeto periférico dos impulsos viscerais costuma ser feito através de fibras viscerais aferentes que percorrem nervos simpáticos ou parassimpáticos. No que se refere aos impulsos relacionados com a dor visceral, há evidência que eles seguem, principalmente, por nervos simpáticos, fazendo exceção as vísceras pélvicas inervadas pela parte sacral do parassimpático.[1]

Os impulsos que seguem por nervos simpáticos, como os nervos esplâncnicos, passam pelo tronco simpático, ganham os nervos espinais pelo ramo comunicante branco, passam pelo gânglio espinal, onde estão os neurônios I, e penetram na medula pelo prolongamento central desses neurônios.

Parte do trajeto central da via da dor visceral segue o trato espinotalâmico lateral. A maior parte, no entanto, segue pelo funículo posterior. As fibras nociceptivas originárias das vísceras pélvicas e abdominais fazem sinapse em neurônios II situados na substância cinzenta intermédia medial, próximas ao canal central. Os axônios desses neurônios formam um fascículo que sobe no funículo posterior, medialmente ao fascículo grácil, e termina no núcleo grácil do bulbo, fazendo sinapse com o neurônio III, cujos axônios cruzam para o lado oposto como parte do lemnisco medial e terminam no núcleo ventral posterolateral do tálamo, de onde as fibras seguem para a parte anterior da ínsula. Já a via nociceptiva originada nas vísceras torácicas tem o mesmo trajeto das originadas no abdome e na pelve, mas sobem ao longo do septo intermédio que separa o fascículo grácil do cuneiforme. A mielotomia da linha média, em que a parte medial do funículo posterior é seccionada, pode ser realizada para alívio da dor visceral farmacorresistente em pacientes com câncer abdominal ou pélvico.

3. Vias aferentes que penetram no sistema nervoso central por nervos cranianos

3.1 Vias trigeminais

Com exceção do território inervado pelos primeiros pares de nervos espinais cervicais, a sensibilidade somática geral da cabeça penetra no tronco encefálico pelos nervos V, VII, IX e X. Destes, sem dúvida alguma, o mais importante é o trigêmeo, uma vez que os demais inervam apenas um pequeno território sensitivo situado no pavilhão auditivo e meato acústico externo. O território sensitivo dos diversos nervos que veiculam a sensibilidade somática da cabeça é mostrado na **Figura 10.2**. Estudaremos separadamente as vias trigeminais exteroceptivas e proprioceptivas.

3.1.1 Via trigeminal exteroceptiva

Os receptores são idênticos aos estudados a propósito das vias medulares de temperatura, dor, pressão e tato. São responsáveis pela sensibilidade da face, fronte e parte do escalpo, mucosas nasais, seios maxilares e frontais, cavidade oral, dentes, dois terços anteriores da língua, articulação temporomandibular, córnea, conjuntiva e dura-máter das fossas média e anterior do crânio. Os neurônios dessa via são descritos a seguir (**Figura 29.4**).

---

[1] Admite-se que o nervo vago tenha pouca ou nenhuma importância na condução de impulsos dolorosos viscerais.

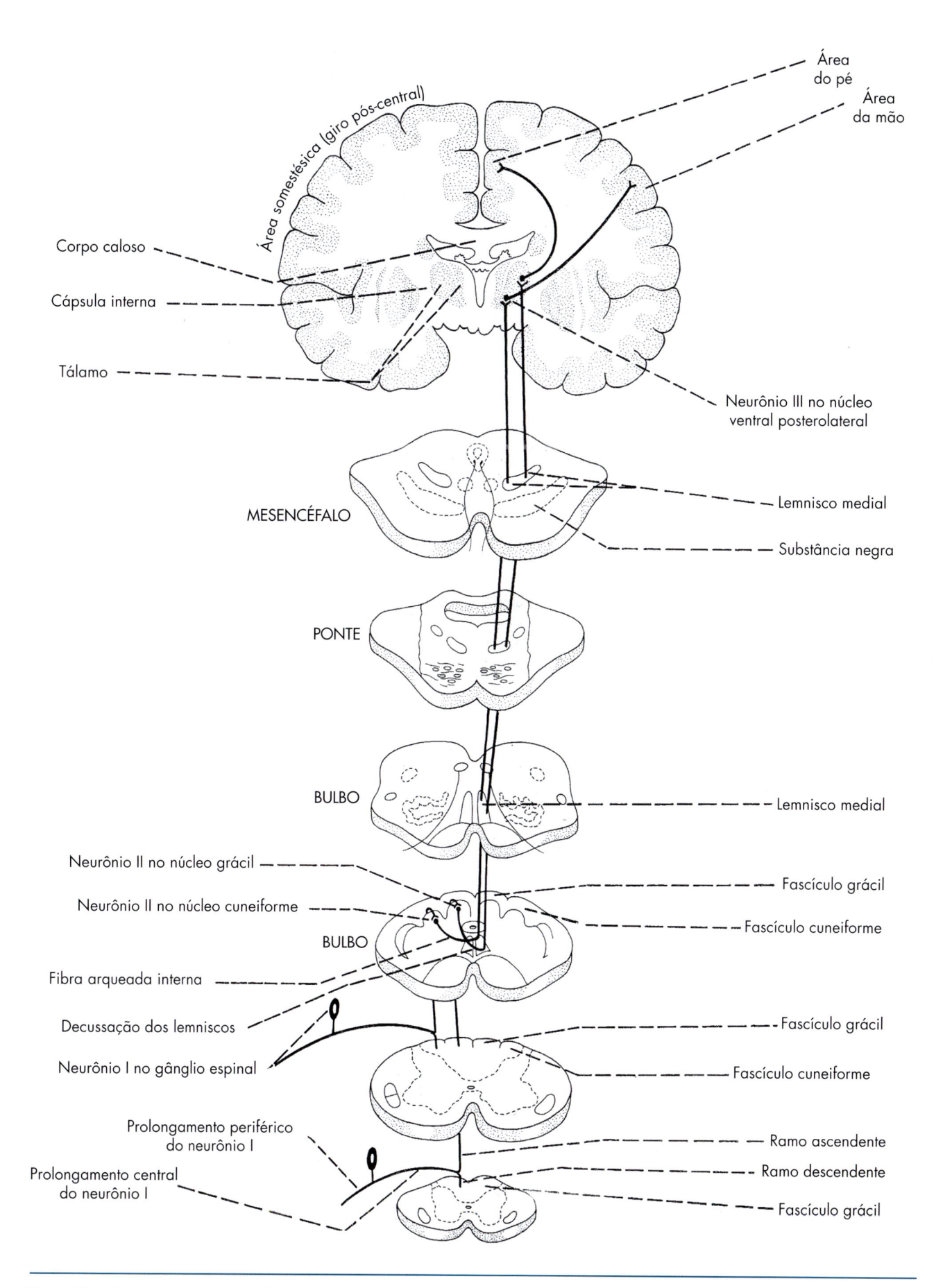

Figura 29.3 Representação esquemática da via de propriocepção consciente, tato epicrítico e sensibilidade vibratória.

Capítulo 29 — Grandes Vias Aferentes

a) *Neurônios I* – neurônios situados nos gânglios sensitivos anexos aos nervos V, VII, IX e X, ou seja: gânglio trigeminal (V par); gânglio geniculado (VII par); gânglio superior do glossofaríngeo; e gânglio superior do vago. Os prolongamentos periféricos desses neurônios ligam-se aos receptores, enquanto os prolongamentos centrais penetram no tronco encefálico, onde terminam fazendo sinapse com os neurônios II. A lesão do gânglio trigeminal ou de sua raiz sensitiva resulta em perda da sensibilidade tátil, térmica e dolorosa na metade ipsilateral da face, cavidade oral e dentes.

b) *Neurônios II* – localizados no núcleo do trato espinal ou no núcleo sensitivo principal do trigêmeo. Todos os prolongamentos centrais dos neurônios I dos nervos VII, IX e X terminam no núcleo do trato espinal do V. Os prolongamentos centrais do V par podem terminar no núcleo sensitivo principal, no núcleo do trato espinal ou, então, bifurcar, dando um ramo para cada um desses núcleos (**Figura 29.4**). Embora o assunto seja ainda controvertido, admite-se que as fibras que terminam exclusivamente no núcleo sensitivo principal levam impulsos de tato discriminativo; as que terminam exclusivamente no núcleo do trato espinal levam impulsos de temperatura e dor, e as que se bifurcam, terminando em ambos os núcleos, provavelmente relacionam-se com tato protopático e pressão. Assim, quando se secciona cirurgicamente o trato espinal (tratotomia) para tratamento da neuralgia do trigêmeo, desaparece completamente a sensibilidade térmica e dolorosa, sendo muito pouco alterada a sensibilidade tátil, cujas fibras continuam a terminar em grande parte do núcleo sensitivo principal. Os axônios dos neurônios II, situados no núcleo do trato espinal e no núcleo sensitivo principal, em sua grande maioria, cruzam para o lado oposto e inflectem-se cranialmente para constituir o *lemnisco trigeminal*, cujas fibras terminam fazendo sinapse com os neurônios III.

c) *Neurônios III* – localizam-se no núcleo ventral posteromedial do tálamo. Originam fibras que, como radiações talâmicas, ganham o córtex, passando pela cápsula interna e coroa radiada. Essas fibras terminam na porção da área somestésica, que corresponde à cabeça, ou seja, na parte inferior do giro pós-central (áreas 3, 2 e 1 de Brodmann).

3.1.2 Via trigeminal proprioceptiva

Ao contrário do que ocorre nas vias já estudadas, os *neurônios I* da via proprioceptiva do trigêmeo não estão em um gânglio, e sim no núcleo do trato mesencefálico (**Figura 29.4**). Os neurônios desse núcleo têm, por conseguinte, o mesmo valor funcional de células ganglionares. São neurônios idênticos aos ganglionares, de corpo muito grande e do tipo pseudounipolar. O prolongamento periférico desses neurônios liga-se a fusos neuromusculares, situados na musculatura mastigadora, mímica e da língua. Liga-se, também, a receptores na articulação temporomandibular e nos dentes, os quais veiculam informações sobre a posição da mandíbula e a força da mordida. Alguns desses prolongamentos levam impulsos proprioceptivos inconscientes ao cerebelo. Admite-se também que uma parte desses prolongamentos faz sinapse no núcleo sensitivo principal (*neurônio II*), de onde os impulsos proprioceptivos conscientes, através do lemnisco trigeminal, vão ao tálamo (*neurônio III*) e de lá ao córtex.

3.2 Via gustativa

3.2.1 Receptores gustativos

Os receptores são as células gustativas situadas em botões gustativos, distribuídos na parede das papilas da língua e nas paredes da faringe, laringe e esôfago proximal. As fibras nervosas aferentes fazem sinapses com a base das células gustativas. Essas células são quimiorreceptores sensíveis a substâncias químicas com as quais elas entram em contato, dando origem a potenciais elétricos que causam a liberação de neurotransmissores que, por sua vez, desencadeiam potenciais de ação que seguem pelas fibras nervosas aferentes dos nervos facial, glossofaríngeo e vago.

Os impulsos originados nos receptores situados nos dois terços anteriores da língua, após um trajeto periférico pelos nervos lingual e corda do tímpano, chegam ao SNC pelo nervo intermédio (VII par). Os impulsos do terço posterior da língua e os da epiglote e do esôfago proximal penetram no sistema nervoso central, respectivamente, pelos nervos glossofaríngeo (IX) e vago (X) (**Figura 10.3**).

3.2.2 Via gustativa

a) *Neurônios I* – localizam-se nos gânglios geniculado (VII), inferior do IX e inferior do X (**Figura 29.5**). Os prolongamentos periféricos desses neurônios ligam-se aos receptores; os prolongamentos centrais penetram no tronco encefálico, fazendo sinapse com os neurônios II, após trajeto no trato solitário (**Figura 29.5**).

b) *Neurônios II* – localizam-se na porção gustativa do núcleo do trato solitário. Originam as fibras solitário-talâmicas, que terminam fazendo sinapse com os neurônios III no tálamo do mesmo lado e do lado oposto.

c) *Neurônios III* – localizam-se no tálamo, no mesmo núcleo aonde chegam os impulsos que penetram pelo trigêmeo, ou seja, no núcleo ventral posteromedial. Originam axônios que, como radiações talâmicas, chegam à área gustativa do córtex cerebral, situada na parte anterior da ínsula e parte inferior do giro pós-central.

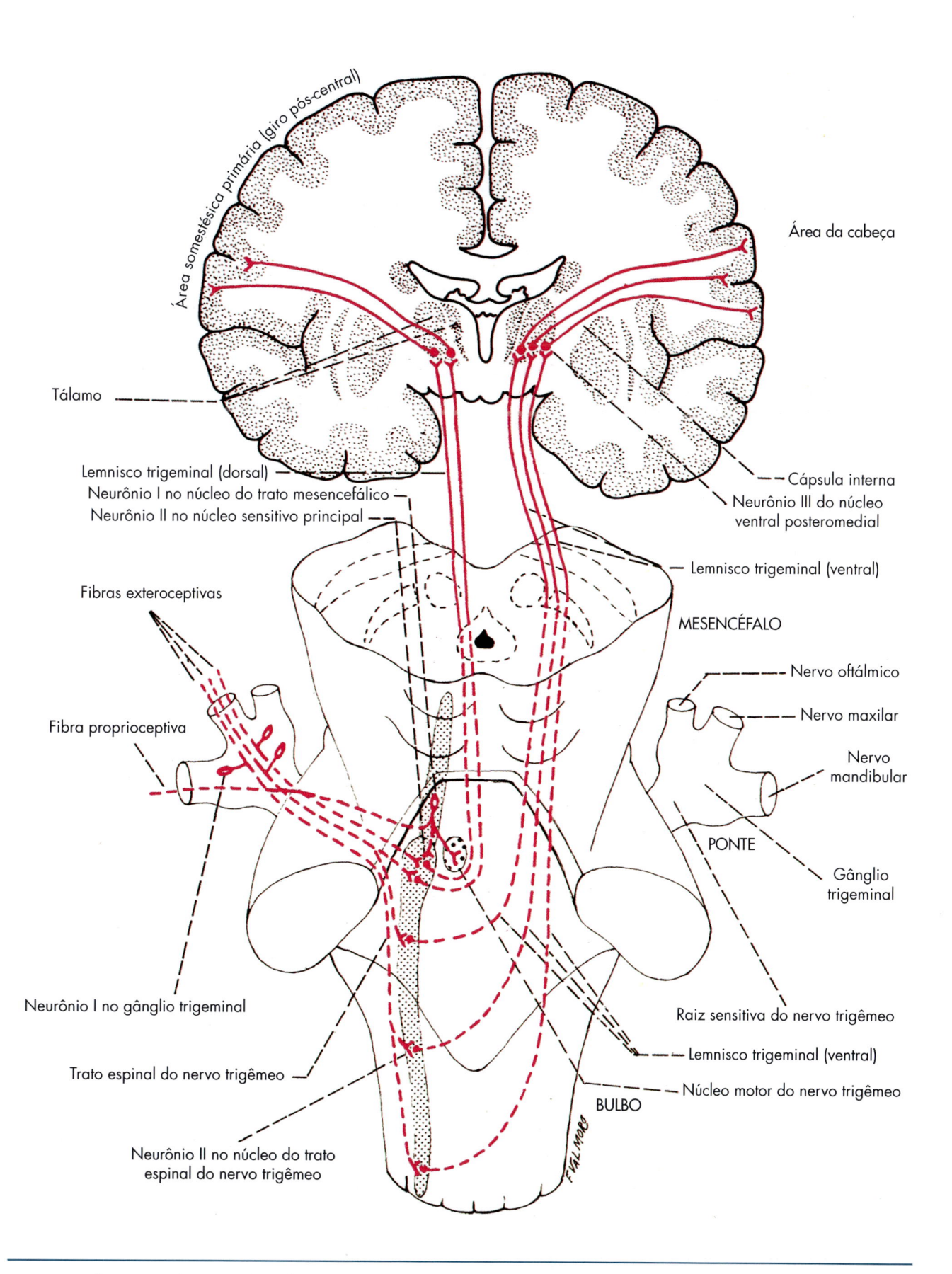

Figura 29.4 Representação esquemática das vias trigeminais.

Capítulo 29 — Grandes Vias Aferentes

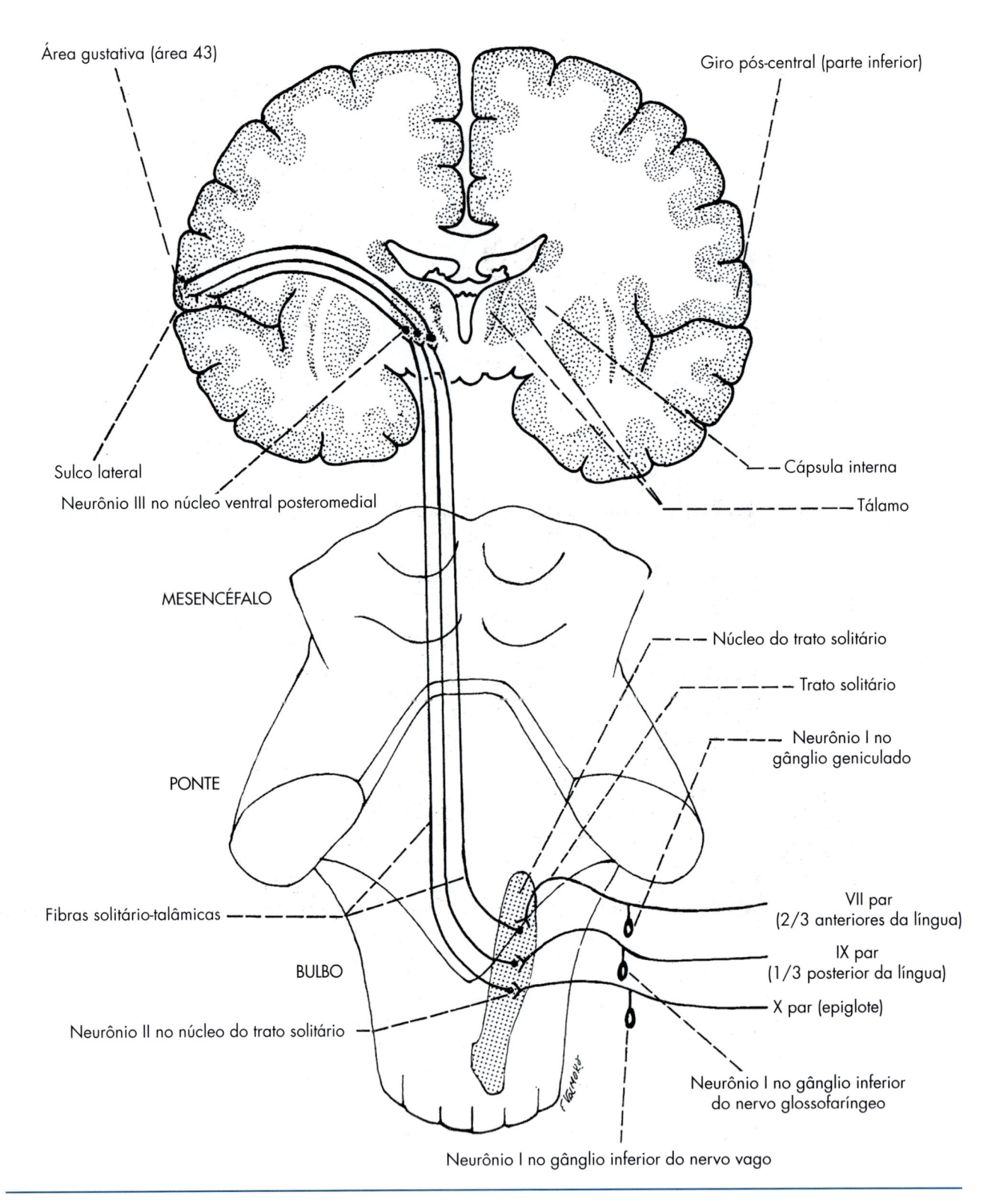

Figura 29.5 Representação esquemática da via gustativa.

3.3 Via olfatória

3.3.1 Receptores olfatórios

Os receptores são quimiorreceptores, os cílios olfatórios das vesículas olfatórias, pequenas dilatações do prolongamento periférico das células olfatórias. Essas células (**Figura 29.6**) são neurônios bipolares, localizados em um neuroepitélio especializado, situado na porção mais alta da cavidade nasal.[2]

---

[2] No homem, existem 12 milhões de células olfatórias. Esse número, no cachorro, é de 1 bilhão, o que explica a sua enorme sensibilidade olfatória.

Na membrana dos cílios olfatórios, encontram-se receptores químicos, aos quais se ligam as moléculas odorantes, efetuando a transdução quimioneural, ou seja, a transformação de estímulos químicos em potenciais de ação. A molécula de odorante deve encontrar o seu receptor específico entre os vários tipos de receptores diferentes. No neuroepitélio olfatório do homem, existem 400 tipos de receptores, formados por proteínas receptoras. Essa diversidade de receptores permite a discriminação de ampla variedade de agentes odoríferos.

3.3.2 Via olfatória

a) *Neurônios I* – são as próprias *células olfatórias*, neurônios bipolares localizados na mucosa olfatória (ou mucosa pituitária), situada na parte mais alta das fossas nasais (**Figura 29.6**). Esses neurônios são renovados a cada 6 a 8 semanas, mediante proliferação celular, sendo este um dos poucos exemplos de proliferação neuronal em adultos. Os prolongamentos centrais dos neurônios I são amielínicos, agrupam-se em feixes formando filamentos que, em conjunto, constituem o nervo olfatório. Esses filamentos atravessam os pequenos orifícios da lâmina crivosa do osso etmoide e terminam no bulbo olfatório, onde as suas fibras fazem sinapse com os neurônios II.

b) *Neurônios II* – são as chamadas *células mitrais*, cujos dendritos, muito ramificados, fazem sinapse com as extremidades ramificadas dos prolongamentos centrais das células olfatórias (neurônios I), constituindo os chamados *glomérulos olfatórios* (**Figura 29.6**). Os axônios mielínicos das células mitrais seguem pelo trato olfatório e ganham as estrias olfatórias lateral e medial. Admite-se que os impulsos olfatórios conscientes seguem pela estria olfatória

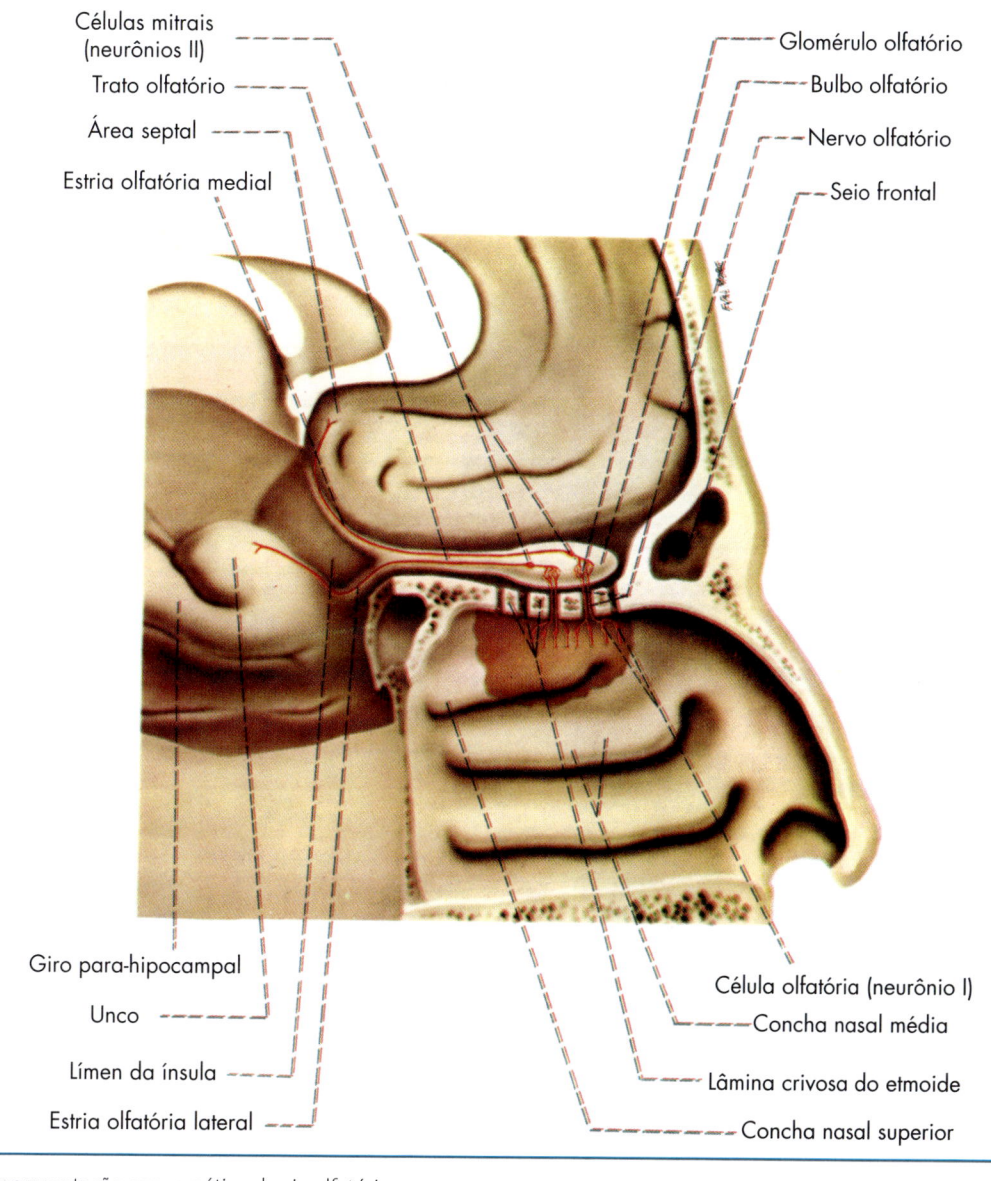

Figura 29.6 Representação esquemática da via olfatória.

lateral[3] e terminam na área cortical de projeção primária para a sensibilidade olfatória situada no unco, correspondendo ao chamado córtex piriforme. Este tem projeção para o tálamo que, por sua vez, projeta-se para o córtex orbitofrontal (giro reto e giros olfatórios), também responsável pela percepção olfatória consciente. Estudos de ressonância magnética funcional no homem mostraram a existência de projeções olfatórias para o sistema límbico, o que explica situações em que os odores são associados a emoções diversas, como a aversão (amígdala) ou o prazer (núcleo *accumbens*).

A via olfatória apresenta as seguintes peculiaridades:

a) Tem apenas os neurônios I e II.
b) O neurônio I localiza-se em uma mucosa e não em um gânglio.
c) Impulsos olfatórios conscientes vão diretamente ao córtex sem um relé talâmico.
d) A área cortical de projeção é do tipo alocórtex e *não* isocórtex, como nas demais vias.
e) É totalmente homolateral, ou seja, todas as informações originadas nos receptores olfatórios de um lado chegam ao córtex olfatório desse mesmo lado.

Alucinações olfatórias podem ocorrer como consequência de crises epilépticas focais originadas no córtex olfatório, as chamadas *crises uncinadas*, nas quais as pessoas sentem cheiros que não existem naquele momento.

3.4 Via auditiva

3.4.1 Receptores auditivos

Os receptores da audição localizam-se na parte coclear do ouvido interno (**Figura 29.7**). São os cílios das células sensoriais, situadas no chamado órgão de Corti, estrutura disposta em espiral, localizada na cóclea, onde está em contato com um líquido, a perilinfa. Esta vibra em consonância com a membrana do tímpano, ativando os cílios e originando potenciais de ação, que seguem pelas vias auditivas.

3.4.2 Vias auditivas

a) *Neurônios I* – localizam-se no gânglio espiral situado na cóclea. São neurônios bipolares, cujos prolongamentos periféricos são pequenos e terminam em contato com as células ciliadas do órgão de Corti. Os prolongamentos centrais constituem a porção coclear do nervo vestibulococlear e terminam na ponte, fazendo sinapse com os neurônios II.
b) *Neurônios II* – situados nos núcleos cocleares dorsal e ventral (**Figura 29.8**). Seus axônios cruzam para o lado oposto, constituindo o corpo trapezoide, contornam o complexo olivar superior e inflectem-se cranialmente para formar o lemnisco lateral do lado oposto. As fibras do lemnisco lateral terminam fazendo sinapse com os neurônios III no colículo inferior. Há certo número de fibras provenientes dos núcleos cocleares que penetram no lemnisco lateral do mesmo lado, sendo, por conseguinte, homolaterais.
c) *Neurônios III* – a maioria dos neurônios III da via auditiva está localizada no colículo inferior. Seus axônios dirigem-se ao corpo geniculado medial, passando pelo braço do colículo inferior.
d) *Neurônios IV* – estão localizados no corpo geniculado medial. Seu núcleo principal é organizado tonotopicamente e os seus axônios formam a *radiação auditiva*, que, passando pela cápsula interna, chega à área auditiva do córtex (áreas 41 e 42 de Brodmann), situada no giro temporal transverso anterior.

Admite-se que a maioria dos impulsos auditivos chega ao córtex através de uma via como a aqui descrita, ou seja, envolvendo quatro neurônios. Entretanto, muitos impulsos auditivos seguem um trajeto mais complicado, envolvendo um número variável de sinapses em três núcleos situados ao longo da via auditiva, ou seja, núcleo do corpo trapezoide, núcleo olivar superior e núcleo do lemnisco lateral. Apesar de bastante complicada, a via auditiva mantém organização tonotópica, ou seja, impulsos nervosos relacionados com tons de determinadas frequências seguem caminhos específicos ao longo de toda a via, projetando-se em partes específicas da área auditiva.

A via auditiva apresenta duas peculiaridades:

a) Apresenta grande número de fibras homolaterais. Assim, cada área auditiva do córtex recebe impulsos originados na cóclea do seu próprio lado e na do lado oposto, sendo impossível a perda da audição por lesão de uma só área auditiva.
b) Apresenta grande número de núcleos relés. Assim, enquanto nas demais vias o número de neurônios ao longo da via é geralmente três, na via auditiva esse número é de quatro ou mais.

3.5 Vias vestibulares conscientes e inconscientes

3.5.1 Receptores vestibulares

Os receptores vestibulares são cílios de células sensoriais situadas na parte vestibular do ouvido interno (**Figura 29.7**) em contato com um líquido, a endolinfa. Do ponto de vista anatômico, distinguem-se na parte vestibular dois conjuntos de estruturas, o utrículo e o sáculo e os três canais semicirculares (**Figura 29.7**). Os receptores situados no utrículo e no sáculo localizam-se em epitélios sensoriais, denominados *máculas*, cujos cílios são ativados pela gravidade informando sobre a posição da cabeça. As células sensoriais dos canais semicirculares localizam-se em estruturas denominadas *cristas*, situadas em dilatações desses canais, as ampolas (**Figura 29.7**). A movimentação da endolinfa, que ocorre quando se movimenta a cabeça, ativa os cílios das células sensoriais, dando origem à movimentação reflexa dos olhos (Capítulo 17, item 2.2.5).

---

[3] As fibras da estria olfatória medial incorporam-se à comissura anterior e terminam no bulbo olfatório do lado oposto.

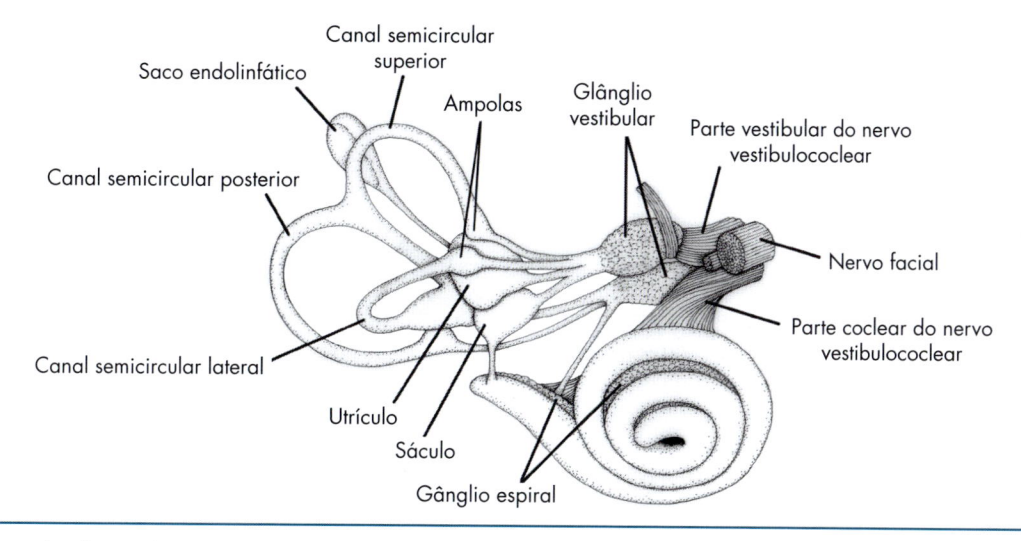

Figura 29.7 Desenho do ouvido interno mostrando as partes coclear e vestibular.

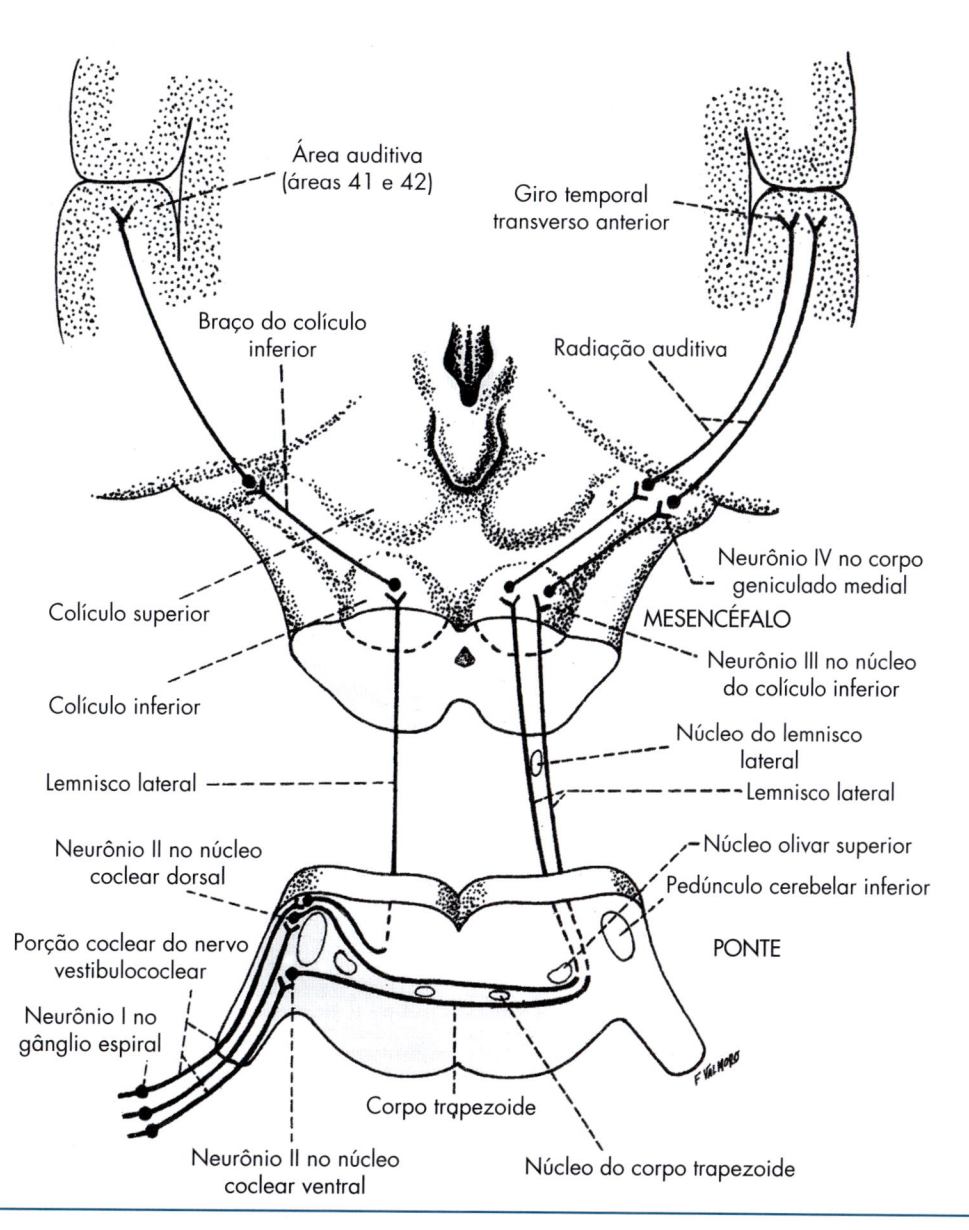

Figura 29.8 Representação esquemática da via auditiva.

3.5.2 Vias vestibulares

a) *Neurônios I* – células bipolares localizadas no gânglio vestibular. Os seus prolongamentos periféricos, pequenos, ligam-se aos receptores, e os prolongamentos centrais, muito maiores, constituem a porção vestibular do nervo vestibulococlear, cujas fibras fazem sinapse com os neurônios II.

b) *Neurônios II* – localizam-se nos núcleos vestibulares. A partir desses núcleos, temos a considerar dois trajetos, conforme se trate de via consciente ou inconsciente.

  ▸ *Via inconsciente* – axônios de neurônios II dos núcleos vestibulares formam o fascículo vestibulocerebelar, que ganha o córtex do vestibulocerebelo, passando pelo pedúnculo cerebelar inferior (**Figura 15.2**). Fazem exceção algumas fibras que vão diretamente ao cerebelo, sem sinapse nos núcleos vestibulares (**Figura 15.2**).

  ▸ *Via consciente* – a existência de conexões entre os núcleos vestibulares e o córtex cerebral foi negada durante muito tempo, mas hoje está estabelecida com base em dados clínicos e experimentais. Contudo, há controvérsia quanto ao trajeto da via, embora a existência de um relé talâmico seja geralmente admitida.

c) *Neurônios III* – não há uma área puramente vestibular, como ocorre em outras modalidades sensoriais. As principais encontram-se no sulco lateral e córtex insular posterior e no lobo parietal, em uma pequena região próxima ao território da área somestésica correspondente à face.

O nervo vestibular transmite informações sobre a aceleração da cabeça para os núcleos vestibulares do bulbo que, então, as distribui para centros superiores. As informações ajudam a manter o equilíbrio e a postura, permitindo correções por retroalimentação. As vias vestibulares também controlam reflexos oculares para estabilizar a imagem na retina, em resposta à movimentação da cabeça. Esses reflexos foram estudados no Capítulo 17, item 2.2.5.

3.6 Via óptica

Estudaremos inicialmente o trajeto dos impulsos nervosos na retina, onde se inicia a sensação da visão, e, a seguir, o seu trajeto do olho até o córtex do lobo occipital, onde se inicia o processamento necessário à percepção visual.

3.6.1 Estrutura da retina

Os receptores visuais, assim como os neurônios I, II e III da via óptica, localizam-se na *retina*, neuroepitélio que reveste o interior da cavidade do globo ocular, posteriormente à íris. Do ponto de vista embriológico, a retina forma-se a partir de uma invaginação do diencéfalo primitivo, a *vesícula óptica*, que, logo, por um processo de introflexão, transforma-se no *cálice óptico*, com parede dupla. A parede, ou camada externa do cálice óptico, origina a *camada pigmentar* da retina. A parede, ou camada interna, do cálice óptico dá origem à *camada nervosa* da retina, onde se diferenciam os três primeiros neurônios (I, II e III) da via óptica (**Figura 29.9**).

Na parte posterior da retina, em linha com o centro da pupila, ou seja, com o eixo visual de cada olho, existe uma área ligeiramente amarelada, a *mácula lútea*, no centro da qual se nota uma depressão, a *fóvea central*. A mácula corresponde à área da retina onde a visão é mais distinta. Os movimentos reflexos do globo ocular fixam, sobre as máculas, a imagem dos objetos que nos interessam no campo visual. A visão nas partes periféricas não maculares da retina é pouco nítida e a percepção das cores se faz de forma precária. A estrutura da retina é muito complexa, distinguindo-se nela dez camadas, uma das quais é a camada pigmentar, situada externamente. O estudo das nove camadas restantes pode ser simplificado levando-se em conta apenas a disposição dos três neurônios retinianos principais. Distinguem-se, então, três camadas, que correspondem aos territórios dos neurônios I, II e III da via óptica, ou seja, de fora para dentro: a camada das *células fotossensíveis* (ou fotorreceptoras); das *células bipolares*; e das *células ganglionares* (**Figura 29.9**).

As células fotossensíveis estabelecem sinapse com as células bipolares, que, por sua vez, fazem sinapse com as células ganglionares, cujos axônios constituem o *nervo óptico* (**Figura 29.9**). Os prolongamentos periféricos das células fotossensíveis são os receptores da visão, *cones* ou *bastonetes*, de acordo com a sua forma. Os raios luminosos que incidem sobre a retina devem atravessar suas nove camadas internas para atingir os fotorreceptores, cones ou bastonetes. A excitação destes pela luz dá origem a impulsos nervosos, processo este chamado de *fototransdução*. Os impulsos caminham em direção oposta à seguida pelo raio luminoso, ou seja, das células fotossensíveis para as células bipolares e destas para as células ganglionares, cujos axônios constituem o nervo óptico (**Figura 29.9**), que contém mais de 1 milhão de fibras.

Os bastonetes são adaptados para a visão com pouca luz, enquanto os cones são adaptados para a visão com luz de maior intensidade e para a visão de cores. Nos animais de hábitos noturnos, a retina é constituída de modo preponderante, ou exclusivo, de bastonetes; enquanto, nos animais de hábitos diurnos, o predomínio é quase total de cones. Existem três tipos de cones, cada um deles sensível a uma faixa diferente do espectro luminoso, e o cérebro obtém a informação sobre a cor ao analisar a resposta à ativação desses três tipos de cones. No homem, o número de bastonetes é cerca de 20 vezes maior do que o de cones. Contudo, a distribuição dos dois tipos de receptores não é uniforme. Assim, enquanto nas partes periféricas da retina predominam os bastonetes, o número de cones aumenta progressivamente à medida que se aproxima da mácula, até que, ao nível da fóvea central, existem exclusivamente cones. Nas partes periféricas da retina, vários bastonetes ligam-se a uma célula bipolar e várias células bipolares fazem sinapse com uma célula ganglionar (**Figura 29.9**). Assim, nessas áreas, uma fibra do nervo óptico pode estar relacionada com até 100 receptores. Na mácula, entretanto, o número de cones é aproximadamente igual ao de células bipolares e ganglionares, ou seja, cada célula de cone faz sinapse com uma célula bipolar, que, por sua vez, liga-se a uma célula ganglionar (**Figura 29.9**). Desse modo, para cada cone há uma fibra no nervo óptico. Essas características estruturais da mácula explicam sua grande acuidade visual e permitem entender o fato de que, apesar de a mácula ser uma área pequena da retina, ela contribui com grande número de fibras para a formação do nervo óptico e tem uma representação cortical muito grande.

Como já foi referido, o nervo óptico é formado pelos axônios das células ganglionares, que são inicialmente amielínicos e percorrem a superfície interna da retina (**Figura 29.9**), convergindo para a chamada *papila óptica*, situada na parte posterior da retina, medialmente à mácula. Ao nível da papila óptica, os axônios das células ganglionares atravessam as túnicas média e externa do olho, tornam-se mielínicos, constituindo o *nervo óptico*. Como não há fotorreceptores ao nível da papila, ela é também conhecida como ponto cego da retina. Sua importância clínica é muito grande, pois aí penetram os vasos que nutrem a retina. O edema da papila é um importante sinal indicador da existência de hipertensão craniana.

Denomina-se *retina nasal* a metade medial da retina de cada olho, ou seja, a que está voltada para o nariz. *Retina temporal* é a metade lateral da retina de cada olho, ou seja, a que está voltada para a região temporal. Denomina-se *campo visual* de um olho a porção do espaço que pode ser vista por este olho, estando ele fixo. No campo visual de cada olho, distingue-se, como na retina, uma porção lateral, o *campo temporal*, e uma porção medial, o *campo nasal*. É fácil verificar, pelo trajeto dos raios luminosos (**Figura 29.10**), que o campo nasal se projeta sobre a retina temporal, e o campo temporal, sobre a retina nasal. Convém lembrar, entretanto, que no homem e em muitos animais há superposição de parte dos campos visuais dos dois olhos, constituindo o chamado campo binocular. A luz originada na região central do campo visual vai para os dois olhos. A luz do extremo temporal do hemicampo projeta-se apenas para a retina nasal do mesmo lado. Essa visão é completamente perdida quando há lesões graves na hemirretina nasal ipsilateral.

No quiasma óptico, as fibras nasais, ou seja, as fibras oriundas da retina nasal, cruzam para o outro lado, enquanto as fibras temporais seguem do mesmo lado, sem cruzamento. Assim, cada trato óptico contém fibras temporais da retina de seu próprio lado e fibras nasais da retina do lado oposto (**Figura 29.10**). Como consequência, os impulsos nervosos originados em metades homônimas das retinas dos dois olhos (por exemplo, na metade direita dos dois olhos) serão conduzidos aos corpos geniculados e ao córtex desse mesmo lado. Ora, é fácil verificar (**Figura 29.10**) que as metades direitas das retinas dos dois olhos, ou seja, a retina nasal do olho esquerdo e temporal do olho direito, recebem os raios luminosos provenientes do lado esquerdo, ou seja, dos campos temporal esquerdo e nasal direito. Entende-se, assim, que, como consequência da decussação parcial das fibras visuais no quiasma óptico, o córtex visual direito percebe os objetos situados à esquerda de uma linha vertical mediana que divide os campos visuais. Assim, também na via óptica é válido o princípio de que o hemisfério cerebral de um lado relaciona-se com as atividades sensitivas do lado oposto.

Conforme o seu destino, pode-se distinguir quatro tipos de fibras nas vias ópticas:

a) *Fibras retino-hipotalâmicas* – destacam-se do quiasma óptico e ganham o núcleo supraquiasmático do hipotálamo. São importantes para a sincronização dos ritmos circadianos com o ciclo dia-noite. Pesquisas recentes mostraram que essas fibras têm origem, não em cones e bastonetes, mas sim em células ganglionares especiais da retina, que contêm um pigmento fotossensível, a melanopsina, capaz de detectar mudanças na luminosidade ambiental.

b) *Fibras retinotetais* – ganham o colículo superior através do braço do colículo superior e estão relacionadas com reflexos de movimentos dos olhos ou das pálpebras, desencadeados por estímulos

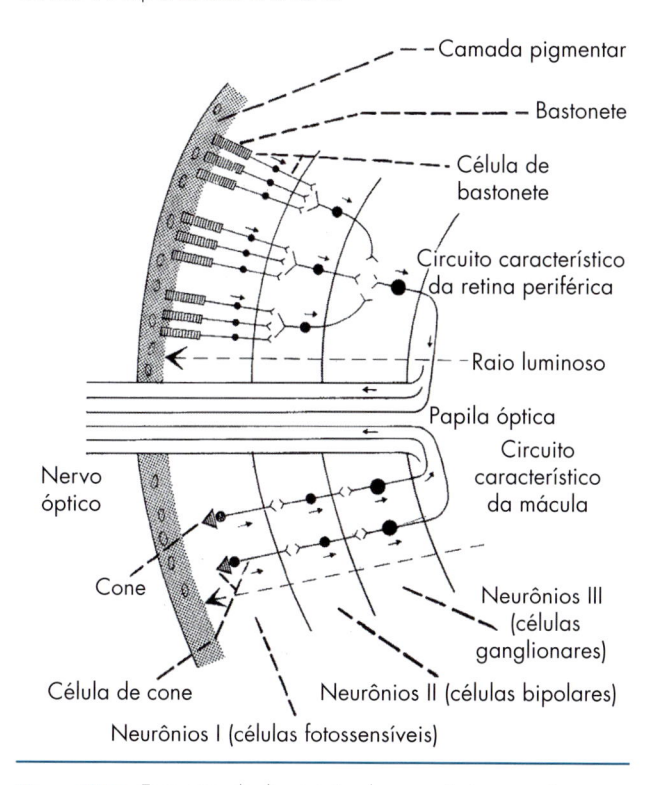

Figura 29.9 Esquema da disposição dos neurônios na retina.

3.6.2 Trajeto das fibras nas vias ópticas

Os nervos ópticos dos dois lados convergem para formar o *quiasma óptico*, do qual se destacam posteriormente os dois *tratos ópticos*, que terminam nos respectivos *corpos geniculados laterais* (**Figura 29.10**). Ao nível do quiasma óptico, as fibras dos dois nervos ópticos sofrem uma decussação parcial. Antes de estudar essa decussação, é necessário conceituar alguns termos:

nos campos visuais. Como exemplo, temos o reflexo de piscar (Capítulo 17, item 2.2.4). As camadas profundas do colículo superior têm um mapa do campo visual, o que permite direcionar rapidamente os olhos em resposta a outros estímulos sensoriais do ambiente. Os movimentos oculares coordenados pelo colículo superior permitem mudar rapidamente o ponto de fixação de uma cena visual para outra.

c) *Fibras retino-pré-tetais* – ganham a área pré-tetal, situada na parte rostral do colículo superior, através do braço do colículo superior, e estão relacionadas com os reflexos fotomotor direto e consensual, descritos no Capítulo 17 (item 2.2.6).

d) *Fibras retinogeniculadas* – são as mais importantes, correspondendo a 90% do total de fibras que saem da retina, pois somente elas se relacionam diretamente com a visão. Terminam fazendo sinapse com os neurônios IV da via óptica, localizados no corpo geniculado lateral, que tem a mesma representação retinotópica da metade contralateral do campo visual.

Os axônios dos neurônios do corpo geniculado lateral (neurônios IV) constituem a *radiação óptica* (*trato geniculocalcarino*) e terminam na área visual, área 17, situada nos lábios do sulco calcarino, (neurônio V).

Existe correspondência entre partes da retina e partes do corpo geniculado lateral, da radiação óptica e da área 17. Na radiação óptica, as fibras correspondentes às partes superiores da retina ocupam posição mais alta e se projetam no lábio superior do sulco calcarino; as fibras correspondentes às partes inferiores da retina ocupam posição mais baixa e projetam-se no lábio inferior do sulco calcarino; as fibras que levam impulsos da mácula ocupam uma posição intermediária e projetam-se na parte posterior do sulco calcarino. Existe, assim, uma retinotopia perfeita em toda a via óptica, fato este de grande importância clínica, pois permite localizar com bastante precisão certas lesões da via óptica com base no estudo das alterações dos campos visuais.

3.6.3 Lesões das vias ópticas

O conhecimento da disposição das fibras na via óptica facilita o entendimento dos sintomas que resultam da lesão de suas diferentes partes. Desses sintomas, sem dúvida, os mais importantes são as alterações dos campos visuais, que devem ser pesquisadas para cada olho isoladamente. O distúrbio básico do campo visual é o *escotoma*, que consiste em uma falha dentro do campo visual, ou seja, cegueira para uma parte desse campo. Quando o escotoma atinge metade do campo visual, passa a ser denominado *hemianopsia*. A hemianopsia pode ser *heterônima* ou *homônima*. Na primeira, são acometidos lados diferentes dos *campos* visuais, ou seja, desaparece a visão nos campos temporais ou nos campos nasais (**Figura 29.10**). Na segunda, fica acometido o mesmo lado do campo visual de cada olho, ou seja, desaparece a visão do campo temporal do olho de um lado e o campo nasal do olho do lado oposto (**Figura 29.10**).

No lado direito da **Figura 29.10**, estão representados os defeitos de campo visual que resultam de lesões da via óptica, situados nos pontos indicados do lado esquerdo da figura. Observa-se que as lesões responsáveis pelas hemianopsias heterônimas localizam-se no quiasma óptico, enquanto as responsáveis pelas hemianopsias homônimas são retroquiasmáticas, ou seja, localizam-se entre o quiasma e o córtex occipital. A seguir, faremos rápidas considerações sobre as principais lesões das vias ópticas e suas consequências sobre os campos visuais.

a) *Lesão do nervo óptico* (**Figura 29.10A**) – resulta em cegueira completa do olho correspondente. Ocorre, por exemplo, como consequência de traumatismo ou em casos de glaucoma, quando o aumento da pressão intraocular comprime e lesa as fibras do nervo óptico ao nível da papila. O paciente apresentará pupilas dilatadas e não reativas à luz, (**Figura 19.16**).

b) *Lesão da parte mediana do quiasma óptico* (**Figura 29.10B**) – resulta em *hemianopsia bitemporal*, como consequência da interrupção das fibras provenientes das retinas nasais que cruzam nesse nível. Esse tipo de lesão ocorre tipicamente nos tumores da hipófise, que crescem e comprimem o quiasma de baixo para cima e nos gliomas do quiasma óptico (**Figura 29.11**).

c) *Lesão da parte lateral do quiasma óptico* (**Figura 29.10C**) – resulta em *hemianopsia nasal* do olho correspondente, como consequência da interrupção das fibras provenientes da retina temporal desse olho. Esse tipo de lesão ocorre com mais frequência em casos de aneurismas da artéria carótida interna, que comprimem lateralmente o quiasma óptico. Quando a compressão é feita dos dois lados, como consequência de dois aneurismas, ocorre uma *hemianopsia binasal*, ou seja, nos campos nasais dos olhos.

d) *Lesão do trato óptico* (**Figura 29.10D**) – resulta em *hemianopsia homônima* direita ou esquerda, conforme a lesão se localize, respectivamente, no trato óptico esquerdo ou no direito. É fácil verificar, pela figura, que as lesões de campo, nesse caso, resultam da interrupção das fibras provenientes da retina temporal de um olho e nasal do olho do lado oposto. Lesões desse tipo podem ocorrer como consequência de traumatismos ou tumores que comprimem o trato óptico. Lesões do corpo geniculado lateral dão alterações de campo visual idênticas às observadas após lesão do trato óptico.

e) *Lesões da radiação óptica* (**Figura 29.10E** e **F**) – é fácil verificar, pelo trajeto das fibras na via óptica, que lesões completas da radiação óptica causam alterações de campo visual idênticas às que resultam de lesões do trato óptico, ou seja, ocorrem hemianopsias homônimas (**Figura 29.10F**). Contudo, pesquisando-se o reflexo fotomotor na metade

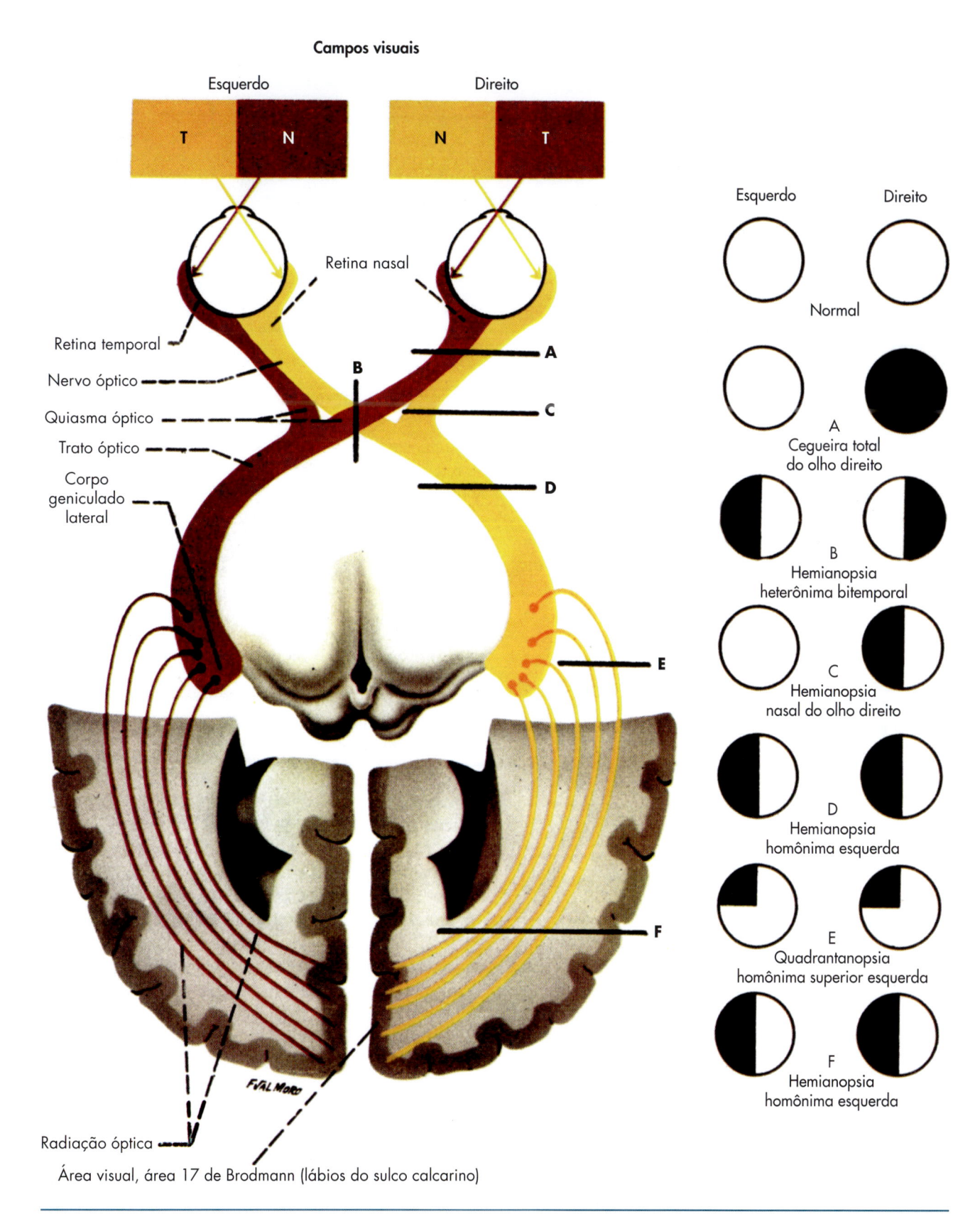

Figura 29.10 Representação esquemática das vias ópticas e suas correspondências com os campos visuais nasal (**N**) e temporal (**T**) de cada olho. As letras **A-F** do lado esquerdo indicam lesões nas vias ópticas, que resultam nos defeitos de campo visual, representados do lado direito. O esquema não leva em conta o fato de que existe uma superposição parcial entre os campos visuais dos dois olhos.

■ Capítulo 29

Grandes Vias Aferentes 281

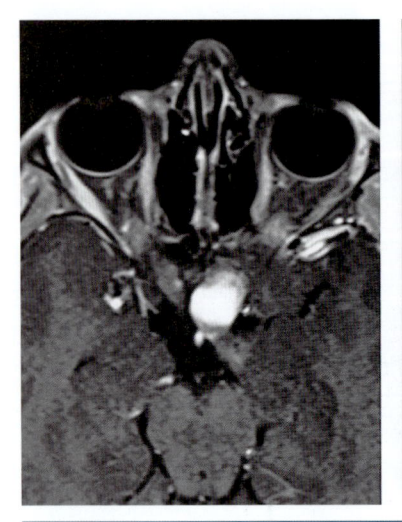

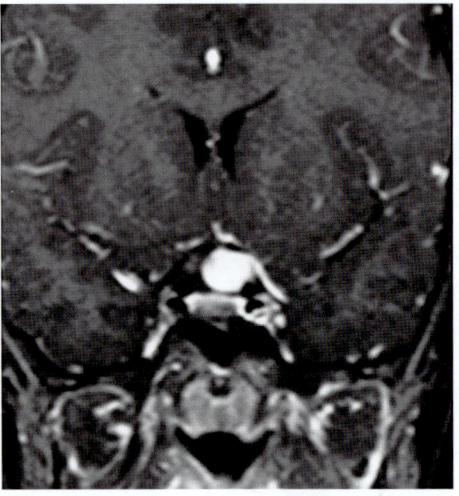

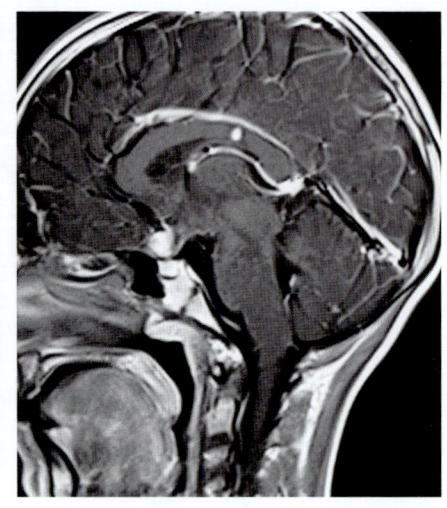

Figura 29.11 Ressonância magnética mostrando um glioma do quiasma óptico em cortes axial, coronal e sagital (região com hipersinal).
Fonte: Cortesia Marco Antônio Rodacki.

cega da retina, verifica-se que ele está ausente no caso das lesões do trato óptico e presente no caso das lesões da radiação óptica (ou da área 17). Isso se explica pelo fato de que, nas lesões do trato óptico, há interrupção das fibras retino-pré-tetais. responsáveis pelo reflexo, o que não ocorre no caso das lesões situadas depois do corpo geniculado lateral. Na prática, entretanto, as lesões completas da radiação óptica são muito raras, pois as suas fibras espalham-se em um território bastante grande. Mais frequentemente, ocorrem lesões de parte dessas fibras, o que resulta em pequenas falhas do campo visual (escotomas) ou falhas que comprometem todo um quadrante do campo visual e são denominadas *quadrantanopsias*. Como exemplo, temos a lesão ilustrada na **Figura 29.10E**, na qual houve comprometimento da metade inferior direita da radiação óptica, resultando em *quadrantanopsia homônima superior esquerda*, uma vez que são interrompidas as fibras oriundas da metade inferior das retinas nasal esquerda e temporal direita. Esse é o tipo de alteração dos campos visuais em certos casos de tumor do lobo temporal.

f) *Lesões do córtex visual primário* (área 17) – as lesões completas do córtex visual de um hemisfério dão alterações de campo iguais às observadas em lesões completas da radiação óptica. Contudo, também aqui são mais frequentes as lesões parciais. Assim, por exemplo, uma lesão do lábio inferior do sulco calcarino direito resulta em quadrantanopsia homônima superior esquerda (**Figura 29.10E**).

4. Controle da transmissão das informações sensoriais

Sabe-se que o SNC, longe de receber passivamente as informações sensoriais que chegam a ele, é capaz de modular a transmissão dessas informações através de fibras centrífugas, que agem principalmente sobre os neurônios dos núcleos intermediários existentes nas grandes vias aferentes, conforme estudado no Capítulo 20, item 3.2. O controle da sensibilidade pelo SNC manifesta-se geralmente por inibição, e as vias responsáveis pelo processo originam-se no córtex cerebral e sobretudo na formação reticular. Especialmente importantes por suas implicações médicas são as vias que regulam a penetração no sistema nervoso central dos impulsos nervosos responsáveis pela dor. Essas vias serão estudadas no próximo item.

4.1 Fisiopatologia da dor

A dor exerce uma importante função protetiva alertando sobre lesões que coloquem em risco a saúde. Pela sua importância clínica, será abordada separadamente. A percepção da dor é subjetiva e depende de vários fatores. Não é expressão direta de um evento sensorial, e sim o resultado de um processamento elaborado dos estímulos enviados ao encéfalo. Pode ser aguda com função de alerta ou crônica, em que geralmente não tem nenhum significado e causa importante sofrimento ao paciente. A dor persistente pode ser nociceptiva ou neuropática. A nociceptiva ocorre pela ativação de nociceptores. A percepção da dor pode ser drasticamente alterada após lesão tecidual. A sensibilização decorre da liberação de substâncias pelo tecido lesado, como a bradicinina, a substância P, os fatores de crescimento neurais, as prostaglandinas e a histamina que aumentam a sensibilidade dos receptores e reduzem o limiar a dor. Provoca também vasodilatação e extravasamento de líquidos, edema. A inflamação resulta em maior liberação de bradicinina e prostaglandinas, criando um ciclo. A via enzimática produtora de prostaglandinas é alvo dos principais analgésicos e dos anti-inflamatórios não hormonais. Esse processo de inflamação depende da ativação das terminações nervosas e por isso é denominada *inflamação neurogênica*. A inflamação causa estimulação dos neurônios do corno posterior. Estimulações prolongadas causam alterações duradouras na excitabilidade desses neurônios e constituem o que chamamos de *sensibilização central*, causando a hiperalgesia e também a dor neuropática. Nestes casos, ocorre dor exagerada aos estímulos dolorosos com persistência da dor mesmo na ausência do estímulo sensorial. O mecanismo envolve um processo de sensibilização central dos neurônios do corno posterior que provoca ativação espontânea ou amplificação dos estímulos nociceptivos e diminui o controle inibitório gabaérgicos sobre esses neurônios.

A dor neuropática resulta da ativação de nervos periféricos ou do SNC e é geralmente em queimação. A dor regional complexa causada até por lesões pequenas aos nervos periféricos, a neuralgia pós-herpética, a neuralgia do trigêmeo, assim como a dor fantasma que ocorre após a amputação de membros, são alguns exemplos. As dores após leões do SNC, como na esclerose múltipla, após acidentes vasculares encefálicos e lesões da medula são exemplos de dor neuropática central. A dor neuropática habitualmente não responde bem a anti-inflamatórios e mesmo aos opioides. A perda do controle inibitório é um dos fatores envolvidos e justifica o uso de medicamentos como a pré-gabalina e a gabapentina pela similaridade com o GABA, principal neurotransmissor inibitório do sistema nervoso.

O tálamo é o principal destino das fibras do corno posterior da medula. Uma lesão no tálamo lateral provoca um tipo de dor neuropática central, conhecida como *dor talâmica*, em que o paciente experimenta dores espontâneas em queimação ou disestesias contralaterais. A insula está também envolvida na percepção e na reação emocional à dor, e recebe informações do tálamo e do córtex somatosensitivo. Lesões da insula causam a síndrome de assimbolia para a dor. O paciente percebe a dor, porém deixa de ter a resposta emocional apropriada.

A possibilidade de convergência dos estímulos nociceptivos somáticos e viscerais sobre o mesmo neurônio do corno posterior explica o mecanismo da dor referida. A dor visceral pode ser percebida como originária de um território cutâneo, como no infarto agudo do miocárdio em que a dor é frequentemente percebida no braço esquerdo.

4.1.1 Regulação da dor e das vias da analgesia

Existem várias áreas encefálicas envolvidas na percepção da dor e que fazem projeções sobre os neurônios do corno posterior da medula. Em 1965, Melzack e Wall publicaram importante trabalho propondo a teoria segundo a qual a penetração dos impulsos dolorosos no SNC seria regulada por neurônios e circuitos nervosos existentes na substância gelatinosa da coluna posterior da medula, que agiria como um "portão", impedindo ou permitindo a entrada de impulsos dolorosos. O portão seria controlado por fibras descendentes supraspinais e pelos próprios impulsos nervosos que entram pelas fibras das raízes dorsais. Assim, os impulsos nervosos conduzidos pelas grossas fibras mielínicas de tato (fibras A beta) teriam efeitos antagônicos aos das fibras finas de dor (fibras A delta e C), estas abrindo, e aquelas fechando o portão. A teoria do portão da dor de Melzack e Wall marcou o início de grande número de pesquisas sobre os mecanismos de regulação da dor, e ela foi confirmada em seus aspectos fundamentais. Os ramos colaterais das grossas fibras táteis dos fascículos grácil e cuneiforme que penetram na coluna posterior inibem a transmissão dos impulsos dolorosos, ou seja, fecham o "portão". Com base nesse fato, surgiram as chamadas "técnicas de estimulação transcutânea", que consistem na estimulação, feita por meio de eletrodos colocados sobre a pele, das fibras táteis de nervos periféricos. A inibição dos impulsos dolorosos por estímulos táteis explica também o alívio que se sente ao esfregar um membro dolorido ou o alívio que sentimos pelo simples balançar reflexo da mão após um trauma.

Existem áreas encefálicas capazes de suprimir a dor. Em 1969, Reynolds descobriu que, estimulando a substância cinzenta periaquedutal do rato, obteve uma analgesia tão acentuada que permitiria a realização de cirurgias abdominais no animal, sem anestesia. Efeito semelhante pôde ser obtido também por estimulação do núcleo magno da rafe, pertencente à formação reticular. A analgesia obtida nesses casos depende de uma via que liga a substância cinzenta periaquedutal ao núcleo magno da rafe, de onde partem fibras serotoninérgicas que terminam em neurônios internunciais encefalinérgicos situados no núcleo do trato espinal do trigêmeo e na substância gelatinosa da medula (**Figura 29.12**). Esses neurônios inibem a sinapse entre os neurônios I e II da via da dor, mediante liberação de um opioide endógeno, a *encefalina*, substância do mesmo grupo químico da morfina. Receptores para opioides existem também na substância cinzenta periaquedutal. Assim, a atividade analgésica da morfina, substância usada para o tratamento de quadros dolorosos intensos, se deve à ativação dos receptores para opioides existentes na via para a analgesia aqui descrita. A instilação de morfina no espaço subaracnóideo da medula é muito eficiente e é geralmente realizada em pacientes com câncer. Os fármacos, como a fluoxetina, utilizados como antidepressivos, são eficientes também no tratamento de dores crônicas. Eles agem disponibilizando a serotonina nas sinapses das fibras serotoninérgicas que, do núcleo magno da rafe, vão à substância gelatinosa da medula. A substância cinzenta periaquedutal recebe aferências das vias neo- e paleoespinotalâmicas, bem como da área somestésica do córtex. Assim, os próprios estímulos nociceptivos que sobem pelas vias espinotalâmicas podem inibir a entrada de impulsos dolorosos no SNC.

Outra via de controle central da dor são as projeções do sistema noradrenérgico, oriundas do lócus ceruleus e de outros núcleos da ponte e bulbo. Em determinadas situações, os mecanismos modulatórios da dor podem se tornar mais ativos e explicam por que indivíduos sob forte estresse ou com ferimentos graves tenham menos percepção da dor.

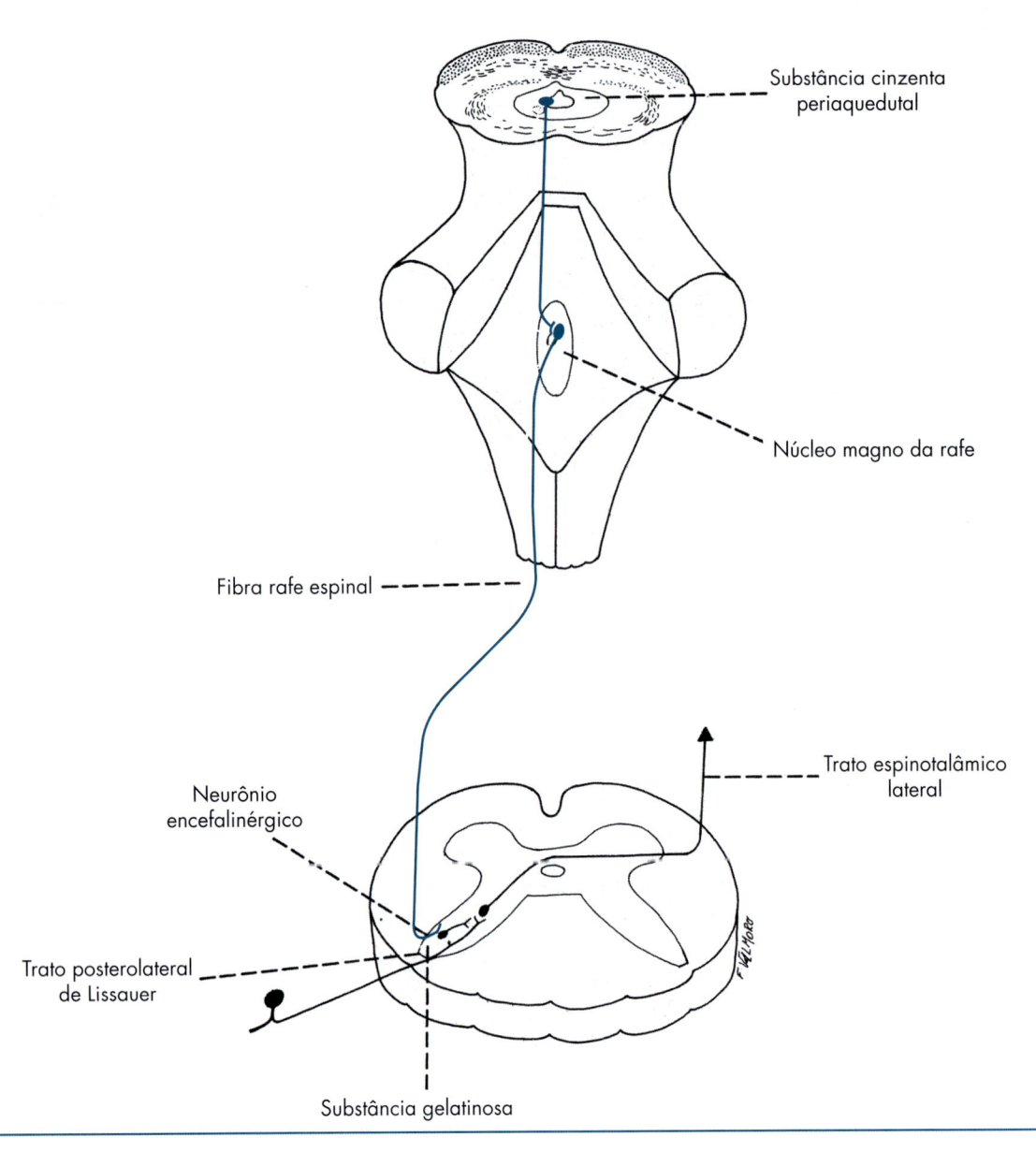

Figura 29.12 Via para a analgesia.

capítulo 30

Grandes Vias Eferentes

1. Generalidades

As grandes vias eferentes põem em comunicação os centros suprassegmentares do sistema nervoso com os órgãos efetuadores. Podem ser divididas em dois grandes grupos: *vias eferentes somáticas*; e *vias eferentes viscerais*, ou do sistema nervoso autônomo. As primeiras controlam a atividade dos músculos estriados esqueléticos, permitindo a realização de movimentos voluntários ou automáticos, regulando ainda o tônus e a postura. As segundas, ou seja, as vias eferentes do sistema nervoso autônomo, destinam-se ao músculo liso, ao músculo cardíaco ou às glândulas, regulando o funcionamento das vísceras e dos vasos.

2. Vias eferentes viscerais do sistema nervoso autônomo

Nos Capítulos 11 e 12, estudou-se a parte periférica do sistema nervoso autônomo, ressaltando-se as diferenças anatômicas entre esse sistema e o somático, ou seja, a presença de dois neurônios, pré- e pós-ganglionares, entre o sistema nervoso central (SNC) e os órgãos efetuadores no sistema nervoso autônomo, e um só neurônio no sistema nervoso somático. A influência do sistema nervoso suprassegmentar sobre a atividade visceral se exerce, pois, necessariamente, por meio de impulsos nervosos, que ganham os neurônios pré-ganglionares, passam aos neurônios pós-ganglionares, de onde se distribuem às vísceras. As áreas do sistema nervoso suprassegmentar que regulam a atividade do sistema nervoso autônomo estão no hipotálamo e no sistema límbico. Essas áreas ligam-se aos neurônios pré-ganglionares, por meio de circuitos da formação reticular, através dos tratos reticuloespinais. Além dessas vias indiretas, existem também vias diretas, hipotálamoespinais, entre o hipotálamo e os neurônios pré-ganglionares, tanto do tronco encefálico como da medula.

3. Vias eferentes somáticas

O sistema motor somático é constituído pelos músculos estriados esqueléticos e todos os neurônios que os comandam, permitindo comportamentos variados e complexos através da ação coordenada de mais de 700 músculos. Várias vias projetam-se, direta ou indiretamente, dos centros motores superiores para o tronco encefálico e para a medula. Um dos aspectos importantes da função motora é a facilidade com que executamos os atos motores sem pensar sobre qual músculo contrair. Apenas geramos a intenção e o restante acontece automaticamente. Só nos damos conta da complexidade do sistema quando sofremos lesão dos centros motores ou privação de informação sensorial. Por mecanismos de retroalimentação, usamos informações dos receptores da pele, articulações e fusos neuromusculares para corrigir um movimento em andamento, de modo a ajustar e manter a força de contração. A ação do sistema nervoso é antecipatória e usa a experiência aprendida, assim como a informação sensorial, para prever e ajustar o movimento. Por exemplo, quando uma bola é lançada e o goleiro deve pegá-la, ele usa a visão para prever a sua velocidade e a distância para colocar-se na posição exata para agarrá-la. Após a bola tocar suas mãos, usa a retroalimentação para ajustes motores para evitar sua queda, manter seu equilíbrio, postura e força necessárias para não soltar a bola.

Quando se quer mover o corpo ou parte do corpo, o cérebro forma a representação do movimento, planejando a ação em toda sua extensão antes de executá-la. Essa representação é denominada *programa motor*, que especifica os aspectos espaciais do movimento, ângulos de articulação, força etc. A seguir, serão revisados os tratos das vias eferentes somáticas.

3.1 Tratos corticospinais

Unem o córtex cerebral aos neurônios motores da medula (**Figuras 30.1** e **30.2**). Um terço de suas fibras origina-se na área 4 de Brodmann, área motora primária, um terço na área 6 de Brodmann, áreas pré-motora e motora suplementar, e um terço no córtex somatossensorial, que contribui para a regulação do fluxo de informação sensorial na coluna posterior. As fibras têm o seguinte trajeto: área 4 (maioria), coroa radiada, perna posterior da cápsula interna, base do pedúnculo cerebral, base da ponte e pirâmide bulbar (**Figuras 30.1** e **30.2**). Ao nível da decussação das pirâmides, uma parte das fibras continua ventralmente, constituindo o *trato corticospinal anterior*. Outra parte cruza na decussação das pirâmides para constituir o *trato corticospinal lateral*. Há grande variação no número de fibras que decussam, mas uma decussação de *75% a 90%* pode ser considerada normal. As fibras do trato corticospinal anterior ocupam o funículo anterior da medula e, após o cruzamento na comissura branca, terminam em relação com os neurônios motores contralaterais, responsáveis pelos movimentos voluntários da musculatura axial. Ele pertence, pois, ao sistema anteromedial da medula. Na maioria das pessoas, ele só pode ser individualizado até os níveis torácicos médios. O trato corticospinal lateral é o mais importante. Ocupa o funículo lateral ao longo de toda a extensão da medula e as suas fibras influenciam os neurônios motores da coluna anterior de seu próprio lado.

Na maioria dos mamíferos, as fibras motoras do trato corticospinal lateral terminam na substância cinzenta intermédia, fazendo sinapses com interneurônios, os quais, por sua vez, se ligam aos motoneurônios da coluna anterior. Nos primatas, inclusive no homem, além dessas conexões indiretas, um número significativo de fibras corticospinais faz sinapse diretamente com os neurônios motores alfa e gama. Convém lembrar que nem todas as fibras do trato corticospinal são motoras. Um número significativo delas, originadas na área somestésica do córtex, termina na coluna posterior e estão envolvidas no controle dos impulsos sensitivos. Contudo, a principal função do trato corticospinal lateral é, sem dúvida, motora somática. A maioria de suas fibras termina em relação com neurônios motores que controlam a musculatura distal dos membros, que é o principal feixe de fibras responsáveis pela motricidade voluntária no homem, e pertence ao sistema lateral da medula. Entretanto, ao contrário do que se admitia até há alguns anos, essa função é exercida também pelo trato rubrospinal, que age sobre a musculatura distal dos membros, e pelos tratos reticulospinais, que agem sobre a musculatura axial e proximal dos membros. Entende-se, pois, que, em virtude dessa ação compensadora desses dois tratos, as lesões do trato corticospinal lateral não causam quadros de hemiplegia como se acreditava, e os déficits motores que resultam dessas lesões são relativamente pequenos. Há fraqueza muscular (paresia) e dificuldade de contrair voluntariamente os músculos com a mesma velocidade com que poderiam ser contraídos em condições normais. A fraqueza muscular pode ser muito pronunciada logo após a lesão, mas regride consideravelmente com o tempo. Entretanto, o sintoma mais evidente, e do qual os doentes não se recuperam, é a incapacidade de realizar movimentos independentes de grupos musculares isolados (perda da capacidade de fracionamento). Assim, os doentes, ou os macacos, no caso de lesões experimentais, não conseguem mover os dedos isoladamente e não fazem mais oposição entre os dedos polegar e indicador. Desse modo, movimentos delicados, como os de abotoar uma camisa, tornam-se impossíveis. A capacidade de realizar movimentos independentes dos dedos é uma característica exclusiva dos primatas, resultante da presença de fibras do trato corticospinal, que se ligam diretamente aos neurônios motores. A função de possibilitar tais movimentos pode, pois, ser considerada a função mais importante do trato corticospinal nos primatas, sobretudo porque é exercida exclusivamente por ele e, desse modo, em casos de sua lesão, não pode ser compensada por outros tratos. Além dos déficits motores descritos, a lesão do trato corticospinal dá origem, também, ao sinal de Babinski, reflexo patológico que consiste na flexão dorsal do hálux quando se estimula a pele da região plantar.

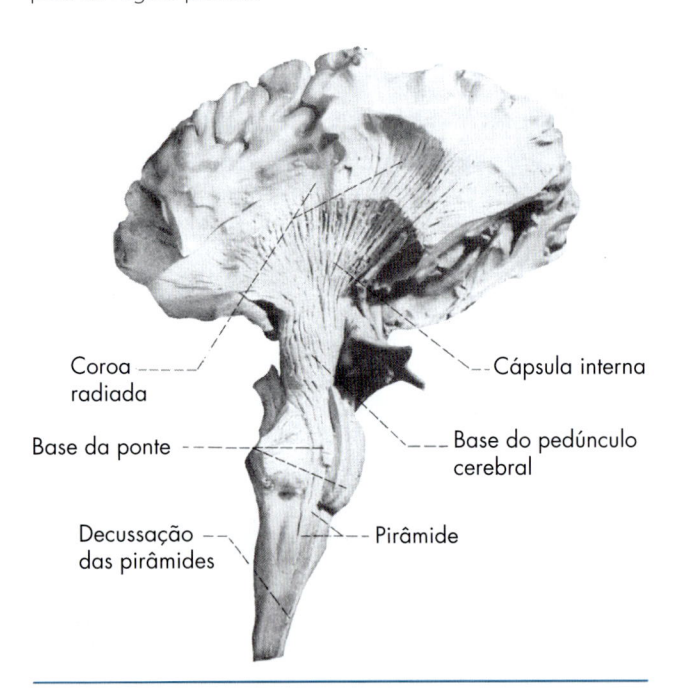

Figura 30.1 Vista lateral de uma dissecação de encéfalo, mostrando o trato corticospinal no seu trajeto pela coroa radiada, cápsula interna, base do pedúnculo cerebral, base da ponte e pirâmides bulbares.
Fonte: Preparação e fotografia – cortesia do Prof. Hildegardo Rodrigues.

3.2 Trato corticonuclear

O trato corticonuclear (**Figura 30.2**) tem o mesmo valor funcional do trato corticospinal, diferindo deste principalmente pelo fato de transmitir impulsos aos neurônios motores do tronco encefálico, e não aos da medula. Assim,

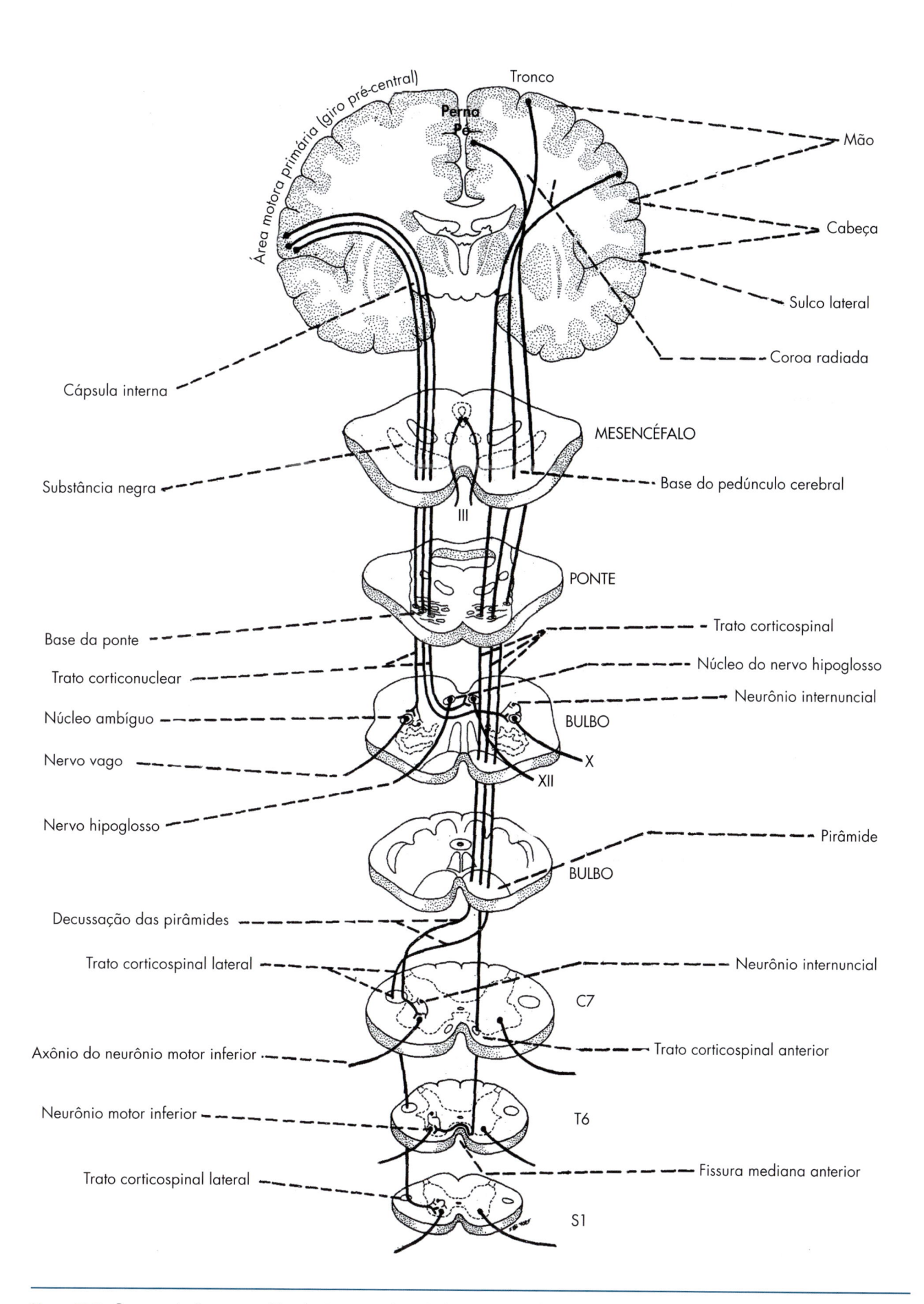

Figura 30.2 Representação esquemática dos tratos corticospinais e corticonuclear.

o trato corticonuclear põe sob controle voluntário os neurônios motores situados nos núcleos motores dos nervos cranianos. As fibras do trato corticonuclear originam-se principalmente na parte inferior da área 4 (na região correspondente à representação cortical da cabeça), passam pelo joelho da cápsula interna e descem pelo tronco encefálico, associadas ao trato corticospinal. À medida que o trato corticonuclear desce pelo tronco encefálico, dele se destacam feixes de fibras, que terminam nos neurônios motores dos núcleos da coluna eferente somática (núcleos do III, IV, VI e XII) e eferente visceral especial (núcleos ambíguos do IX e X) e (núcleos motores do V e do VII). Como ocorre no trato corticospinal, a maioria das fibras do trato corticonuclear faz sinapse com neurônios internunciais situados na formação reticular, próximo aos núcleos motores, e estes, por sua vez, ligam-se aos neurônios motores. Do mesmo modo, muitas fibras desse trato terminam em núcleos sensitivos do tronco encefálico (grácil, cuneiforme, núcleos sensitivos do trigêmeo e núcleo do trato solitário), relacionando-se com o controle dos impulsos sensoriais.

Embora as semelhanças entre os tratos corticospinal e corticonuclear sejam muito grandes, existe uma diferença entre eles que tem importância clínica: enquanto as fibras do trato corticospinal são fundamentalmente cruzadas, o trato corticonuclear tem grande número de fibras homolaterais. Assim, a maioria dos músculos da cabeça está representada no córtex motor dos dois lados. Essa representação bilateral é mais acentuada nos grupos musculares que não podem ser contraídos voluntariamente de um lado só, como os músculos da laringe e faringe, os músculos da parte superior da face (orbicular, frontal e corrugador do supercílio), os músculos que fecham a mandíbula (masseter, temporal e pterigóideo medial) e os músculos motores do olho. Por esse motivo, esses músculos não sofrem paralisia quando o trato corticonuclear é interrompido de um só lado (por exemplo, em uma das cápsulas internas), como ocorre com frequência nos acidentes vasculares cerebrais ("derrames" cerebrais). Entretanto, pode haver um ligeiro enfraquecimento dos movimentos da língua, cuja representação no córtex motor já é predominantemente heterolateral e uma paralisia dos músculos da metade inferior da face, cuja representação é heterolateral. Os neurônios motores do núcleo do nervo facial, responsáveis pela inervação dos músculos da metade inferior da face, recebem fibras corticonucleares do córtex do lado oposto, enquanto os responsáveis pela inervação dos músculos da metade superior da face recebem fibras corticonucleares do córtex dos dois lados (**Figura 19.4**). Esse fato permite distinguir as paralisias faciais centrais das periféricas, como foi exposto no Capítulo 19.

3.2.1 Trato rubrospinal

É bem desenvolvido nos animais, inclusive no macaco, em que, juntamente com o trato corticospinal lateral, controla a motricidade voluntária dos músculos distais dos membros, músculos intrínsecos e extrínsecos da mão. No homem, entretanto, há um número reduzido de fibras. Origina-se no núcleo rubro do mesencéfalo (**Figura 16.2**), decussa e reúne-se ao trato corticospinal no funículo lateral da medula. A principal aferência para o núcleo rubro é também a área motora primária (via corticorrubrospinal). Trata-se, portanto, de uma via indireta que foi perdendo a sua importância, ao longo da evolução, para a via direta corticospinal. Em casos de lesão deste, no entanto, o trato rubrospinal pode exercer uma função na recuperação de funções da mão.

3.2.2 Trato tetospinal

Origina-se no colículo superior (**Figura 30.3**), que, por sua vez, recebe fibras da retina e do córtex visual. O trato tetospinal situa-se no funículo anterior dos segmentos mais altos da medula cervical, onde estão os neurônios motores responsáveis pelo movimento da cabeça, e pertence ao sistema anteromedial da medula. Está envolvido em reflexos visuomotores, em que o corpo se orienta a partir de estímulos visuais.

3.2.3 Tratos vestibulospinais

São dois: medial e lateral. Originam-se nos núcleos vestibulares (**Figuras 16.1** e **30.3**) do bulbo e levam aos neurônios motores os impulsos nervosos necessários à manutenção do equilíbrio a partir de informações que chegam a esses núcleos, vindas da parte vestibular do ouvido interno e do vestibulocerebelo. Mantêm a cabeça e os olhos estáveis diante de movimentos do corpo. Projetam-se também para a medula lombar, ativando os músculos extensores (antigravitacionais) das pernas. São feitos, assim, ajustes posturais, permitindo que seja mantido o equilíbrio mesmo após alterações súbitas do corpo no espaço. Por exemplo, em seguida a um tropeço, por ação das fibras dos tratos vestibulospinais, ocorre resposta reflexa extensora dos músculos antigravitacionais para impedir uma queda.

3.2.4 Tratos reticulospinais

Os tratos reticulospinais (**Figura 30.3**) promovem a ligação de várias áreas da formação reticular com os neurônios motores da medula. A essas áreas chegam informações de setores muito diversos do sistema nervoso central (SNC), como o cerebelo e o córtex pré-motor. Os tratos reticulospinais são dois. O *trato reticulospinal pontino* aumenta os reflexos antigravitacionais da medula, facilitando os extensores e a manutenção da postura ereta. Atua mantendo o comprimento e a tensão muscular. O *trato reticulospinal bulbar* tem o efeito oposto, liberando os músculos antigravitacionais do controle reflexo. Os tratos reticulospinais controlam os movimentos tanto voluntários como automáticos, a cargo dos músculos axiais e proximais dos membros, e pertencem ao sistema medial da medula. Por suas aferências vindas da área pré-motora, os tratos reticulospinais determinam o grau adequado de contração desses músculos, de modo a colocar o corpo em uma postura básica, ou postura "de partida", necessária à execução de movimentos delicados pela musculatura distal dos membros. Como no homem essa musculatura é controlada pelo trato corticospinal lateral, tem-se uma situação em que um trato das vias mediais promove o suporte postural básico para a execução de movimentos finos controlados pelas vias laterais. Sabe-se também que, mesmo após lesão do trato corticospinal, a motricidade voluntária da musculatura proximal dos membros é mantida pelos tratos reticulospinais, o que permite, assim, a movimentação normal do braço e da perna.

Sabe-se que o controle do tônus e da postura ocorre, em grande parte, no nível medular, mediante reflexos miotáticos, os quais, entretanto, são modulados por influências supramedulares trazidas pelos tratos reticulospinais e vestibulospinal, agindo sobre os neurônios alfa e gama. Quando há desequilíbrio entre as influências inibidoras ou facilitadoras trazidas por esses tratos, pode haver quadros com hipertonia em determinados grupos musculares, como na chamada *rigidez de descerebração*, ou nas hipertonias que se seguem aos acidentes vasculares cerebrais (espasticidade).

3.3 Visão conjunta das vias motoras somáticas

Como já foi visto, as vias eferentes somáticas estabelecem ligação entre as estruturas suprassegmentares relacionadas com o controle da motricidade somática e os efetuadores, ou seja, os músculos estriados esqueléticos. As principais estruturas relacionadas com a motricidade somática, como o córtex motor, o cerebelo, o corpo estriado, os núcleos motores do tronco encefálico e a medula espinal (coluna anterior e funículos lateral e anterior) já foram descritos nos capítulos anteriores, em uma visão analítica. O esquema da **Figura 30.3** é uma síntese das conexões dessas estruturas, assim como de suas vias de projeção sobre o *neurônio motor*, proporcionando uma visão conjunta das principais vias que regulam a motricidade somática. Ele mostra as principais conexões do cerebelo com suas projeções para o córtex cerebral, via tálamo, e para o neurônio motor, via núcleo rubro, núcleos vestibulares e formação reticular. Mostra, também, as conexões do corpo estriado e as suas conexões com o córtex cerebral através do circuito córtico-estriado--tálamo-cortical; e as projeções do córtex cerebral sobre o neurônio motor, diretamente pelos tratos corticospinal e corticonuclear, ou indiretamente, através das vias corticorubrospinal, corticorreticulospinal e corticotetospinal. Entretanto, o fato mais importante que o esquema mostra é que, em última análise, todas as vias que influenciam a motricidade somática convergem sobre o neurônio motor que, por sua vez, inerva a musculatura esquelética. Sabe-se que um neurônio motor da coluna anterior da medula espinal do homem pode receber 1.500 botões sinápticos, o que dá uma ideia do grande número de fibras que atuam sobre ele, podendo ser excitatórias ou inibitórias. Além dessas fibras, o neurônio motor recebe também fibras envolvidas nos reflexos integrados na medula, dos quais o mais importante é o reflexo miotático. Assim, o neurônio motor constitui a *via motora final comum* de todos os impulsos que agem sobre os músculos estriados esqueléticos. Se ele dispara ou não um potencial de ação, dependerá do balanço entre os impulsos excitatórios e inibitórios que agem sobre ele.

3.4 Organização do movimento voluntário

A área motora primária (área 4 de Brodmann), que era considerada o ponto mais alto da hierarquia motora, passou a ser apenas executora de um programa motor, previamente elaborado em outras áreas do SNC. Assim, recordando o que já foi visto no Capítulo 26, na organização do ato motor voluntário distingue-se uma *etapa de preparação*, que termina com a elaboração do *programa motor*, e uma *etapa de execução*. A primeira envolve áreas motoras de associação do córtex cerebral em interação com o cerebelo e o corpo estriado. A segunda envolve a área motora primária, a área pré-motora do córtex e as suas ligações diretas e indiretas com os neurônios motores. Como parte da etapa de execução, temos também os mecanismos que permitem ao SNC promover os necessários ajustes e correções no movimento já iniciado. Esse esquema de organização do ato motor voluntário encontra apoio não só nas conexões das áreas envolvidas, a maioria das quais já foi estudada, mas também em pesquisas que mostram uma sequência temporal de ativação das diversas áreas. Assim, observou-se o aparecimento dos chamados *potenciais de preparação* em áreas de associação do córtex, como a área motora suplementar, até um pouco antes do início do movimento, seguindo-se a ativação das áreas pré-motora e motora e o início do movimento. Sabe-se, ainda, que o corpo estriado e o núcleo denteado do cerebelo são também ativados antes do início do movimento.

Para que se tenha uma visão integrada do papel dos diversos setores do sistema motor envolvidos na organização de um movimento voluntário delicado, imaginemos o caso de um cirurgião ocular que está prestes a fazer uma incisão na córnea de um paciente, o que envolve movimentos precisos dos dedos da mão que segura um bisturi. A intenção de realizar a incisão foi feita na área pré-frontal com base nas informações que ele tem sobre as características da incisão e a sua adequação às condições daquele paciente. Essas informações são transmitidas para as áreas encarregadas de elaborar o programa motor: a zona lateral do cerebelo, através da via corticopontocerebelar; o corpo estriado; e a área motora suplementar. Nessas áreas, é elaborado o programa motor que define quais músculos serão contraídos, assim como o grau e a sequência temporal das contrações. O programa motor é, então, enviado à área motora primária, principal responsável pela execução do movimento da mão. Desse modo, são ativados determinados neurônios corticais que, atuando sobre os neurônios motores, via trato corti-

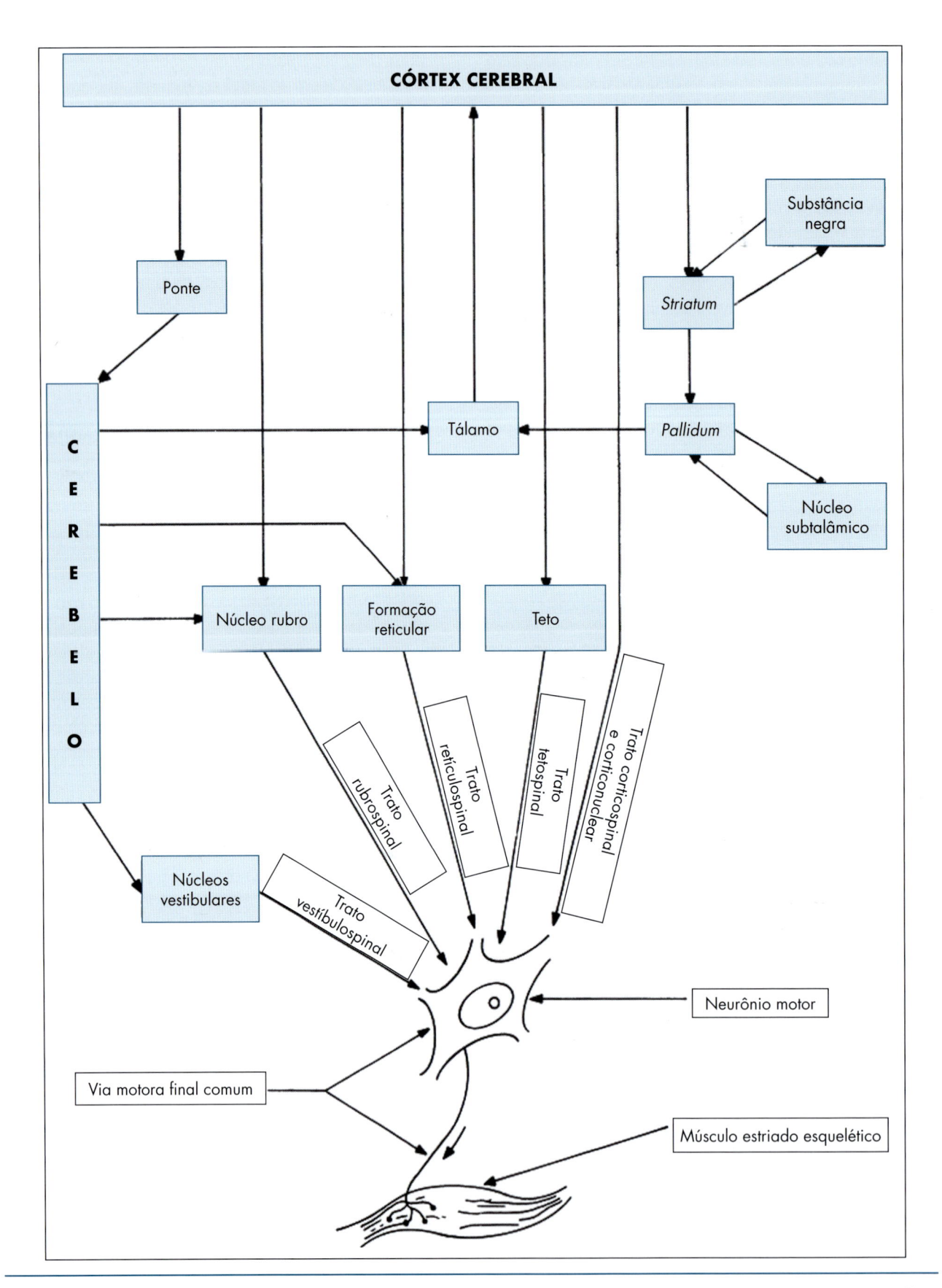

FIGURA 30.3 Representação esquemática das vias motoras somáticas. (Não são mostrados os interneurônios de ligação entre as fibras descendentes e o neurônio motor.)

cospinal, determinam a contração, na sequência adequada, dos músculos responsáveis pelo movimento da mão. Assim, o cirurgião pode executar os movimentos precisos necessários à incisão na córnea. As vias mediais da medula são ativadas para ajustes posturais e da musculatura proximal, para aproximar o corpo do cirurgião do alvo. Informações sobre as características desses movimentos, detectados por receptores proprioceptivos, são levadas à zona intermédia do cerebelo pelos tratos espinocerebelares. As informações obtidas antes do movimento, ou durante, antes de o bisturi tocar a córnea, permitem ajustes por anteroalimentação. O cerebelo pode, então, comparar as características do movimento em andamento com o programa motor e promover as correções necessárias por anteroalimentação, agindo sobre a área motora através da via interpósito-tálamo-cortical. Após tocar o alvo, informações sensoriais proprioceptivas, originadas no segmento onde ocorre o movimento, ou seja, no exemplo citado na mão do cirurgião, geram ajustes por retroalimentação quanto ao peso do bisturi e à força necessária ao procedimento. Ajustes posturais também são feitos por retroalimentação. O trato reticuloespinal pontino o mantém na postura ereta imóvel, atuando sobre a musculatura antigravitacional. Toda a informação gerada na execução do movimento será usada para melhorar a execução de movimentos futuros semelhantes, por intermédio do aprendizado motor, a cargo principalmente do cerebelo.

Cabe assinalar que a situação exemplificada antes foi propositalmente simplificada, já que descreve apenas os mecanismos nervosos envolvidos nos movimentos realizados pela mão do cirurgião. Na realidade, a situação é mais complicada, uma vez que, para que a mão possa realizar esses movimentos com precisão, deve ser mantido o equilíbrio, e o seu corpo, em especial o seu braço, deve estar em uma postura apropriada, o que envolve a contração adequada dos músculos do tronco e da musculatura proximal dos membros. Para isso, é necessário um comando voluntário feito pela via corticorreticuloespinal (não se podendo excluir também um componente corticoespinal), além de uma ação controladora a cargo do vestibulocerebelo e da zona medial do cerebelo, que atuam pelos tratos vestibuloespinais e reticuloespinais. Os olhos e a cabeça têm de ser mantidos fixos. Conclui-se que, do ponto de vista neurológico, o ato motor de uma incisão cirúrgica é extremamente complicado e envolve a participação de vários setores do sistema nervoso, não só da porção eferente somática, mas de outras regiões relacionadas ao processamento das informações sensitivas e a sua integração com as vias motoras além da memória, atenção e até mesmo das emoções que dependem do grau de relacionamento do cirurgião com o paciente.

4. Movimentos oculares

Como já foi visto (Capítulo 17), os neurônios motores responsáveis pelos movimentos oculares estão nos núcleos dos nervos abducente, troclear e oculomotor. Esses neurônios não recebem aferências diretas do córtex cerebral, mas somente por meio do colículo superior e da formação reticular. Há dois centros na formação reticular relacionados com os movimentos oculares, um, situado na ponte, para os movimentos horizontais, e outro, situado no mesencéfalo, para os movimentos verticais. Quando esses centros atuam simultaneamente, os movimentos são oblíquos. Esses centros recebem aferências dos colículos superiores, ou diretamente da chamada área motora ocular frontal (parte da área 6 do córtex cerebral). Nos circuitos descritos anteriormente, os impulsos nervosos têm origem na retina ou no próprio córtex. Mas, os olhos movem-se também a partir de estímulos vestibulares, por intermédio dos quais os movimentos oculares se fazem em direção oposta ao da cabeça (Capítulo 17, item 2.2.5).[1]

5. Locomoção

Durante a locomoção, ocorrem movimentos alternados de flexão e extensão das pernas. O caráter rítmico e repetitivo da locomoção permite que ela possa ser controlada automaticamente em nível medular. Experiências realizadas com gatos, nos quais a medula e as raízes dorsais foram seccionadas, mostraram que os movimentos de locomoção são mantidos mesmo nas condições em que a substância cinzenta da medula perdeu todas as suas aferências sensoriais e supramedulares. Surgiu, assim, o conceito amplamente confirmado de que a locomoção depende de um centro situado na medula lombar, capaz de manter o movimento automaticamente e sem nenhuma aferência. Esse centro contém circuitos neurais com neurônios capazes de disparar potenciais de ação espontaneamente, na ausência de quaisquer aferências.[2]

Esse centro, por sua vez, é comandado por outro centro locomotor situado no mesencéfalo, o qual exerce a sua ação pelos tratos reticuloespinais, determinando o início, o fim e a velocidade da locomoção. No homem, só muito raramente ocorrem movimentos automáticos de marcha depois da secção da medula. Entretanto, há evidências de que na medula do homem existe também um centro que permite a locomoção automática. Crianças exibem a marcha reflexa logo após o nascimento, mesmo as anencefálicas. Acredita-se que esses circuitos sejam colocados sob controle supraespinal no primeiro ano de vida quando o córtex cerebral passa a controlar o centro locomotor do mesencéfalo. O fato de a locomoção humana ser bípede torna os controles do equilíbrio e da marcha mais complicados e dependentes dos centros superiores.

---

[1] Essa abordagem das vias oculomotoras foi simplificada para fins didáticos.
[2] Circuitos desse tipo são denominados *geradores centrais de ação* e existem também em outras áreas do SNC, como no centro respiratório.

6. Correlações anatomoclínicas – lesões das vias motoras

Em várias partes deste livro, foram descritos os sintomas que decorrem de lesões do sistema nervoso eferente somático e que permitem caracterizar as várias síndromes do cerebelo, dos núcleos da base, assim como aquelas das vias motoras da medula e do tronco encefálico. Por sua importância fundamental em clínica neurológica, estudaremos agora com mais profundidade as chamadas *síndrome do neurônio motor superior* e *síndrome do neurônio motor inferior*.

A síndrome do neurônio motor inferior ocorre em patologias como a poliomielite e na atrofia muscular espinhal (Capítulo 19, itens 3.1.1 e 3.1.3). Nestes casos há a destruição do neurônio motor inferior situado na coluna anterior da medula ou em núcleos motores de nervos cranianos. O quadro resultante será de uma paralisia flácida, com perda dos reflexos e do tônus muscular, seguindo-se, depois de algum tempo, hipotrofia dos músculos inervados pelas fibras nervosas destruídas.

A síndrome do neurônio motor superior ocorre, por exemplo, nos acidentes vasculares cerebrais (AVE), que acometem a cápsula interna e causam paralisia da metade oposta do corpo (hemiplegia). Após um rápido período inicial de paralisia flácida, instala-se uma paralisia espástica (com hipertonia e hiper-reflexia), com a presença do sinal de Babinski (veja Capítulo 19, item 2.1). Nesse caso, há menor grau de hipotrofia muscular, pois o neurônio motor inferior está intacto, (**Figura 30.4**).

Tradicionalmente, admitia-se que a sintomatologia observada nesses casos decorria de uma lesão do trato corticospinal, daí o nome *síndrome piramidal*, frequentemente atribuído a ela. Entretanto, sabe-se hoje que a sintomatologia observada nesses casos não pode ser explicada apenas pela lesão do trato corticospinal, que, como já foi visto no item 3.1, resulta em déficit motor relativamente pequeno, nunca associado a um quadro de espasticidade. Ela envolve, necessariamente, outras vias motoras descendentes, como a corticorreticulospinal e a corticorrubrospinal. Desse modo, o nome *síndrome piramidal*, embora ainda muito empregado em clínica neurológica, é impróprio. Na realidade, a expressão "síndrome do neurônio motor superior" deveria ser empregada no plural, por se referir a vários neurônios motores superiores e não apenas àqueles que originam o trato corticospinal. Outro ponto ainda controvertido sobre a síndrome do neurônio motor superior refere-se à fisiopatologia da *espasticidade*, ou seja, ao quadro em que há aumento do tônus e exagero dos reflexos, que ocorre nessa síndrome (**Figura 30.4**). Como no caso das lesões restritas do trato corticospinal, não surge o quadro de espasticidade, ficando excluída a possibilidade de que a lesão desse trato seja responsável pelo fenômeno. Acredita-se que esse quadro resulte do aumento na excitabilidade dos motoneurônios alfa e gama, decorrente da lesão de fibras que normalmente exercem ação inibidora sobre eles, como algumas fibras reticulospinais. Entretanto, a fisiopatologia da espasticidade não foi ainda completamente elucidada. Também não foi esclarecida a fisiopatologia do sinal de Babinski, embora se saiba que, ao contrário do que ocorre com a espasticidade, ela se deve exclusivamente à lesão do trato corticospinal.

6.1 Tratamento da espasticidade

A espasticidade, aumento do tônus muscular, é um sintoma comum e incapacitante decorrente da lesão do neurônio motor superior e suas vias. A rigidez muscular ocorre pela exacerbação do reflexo miotático em virtude da perda do equilíbrio entre os tratos reticulospinais (item 3.2.4.). As contraturas musculares podem causar encurtamentos tendíneos, imobilidade de articulações, posturas rígidas que dificultam as atividades cotidianas e provocavam dores, úlceras de pressão e aumento do gasto energético, (**Figura 30.4**). O tratamento clínico inclui fisioterapia para alongamento evitando os encurtamentos tendíneos e a imobilidade ou luxação de articulações, além do uso de medicações como o baclofeno por via oral ou intratecal. A toxina botulínica (Capítulo 9, item 3.1.1.2), aplicada diretamente no músculo, reduz a força de contração muscular e é também uma boa opção o tratamento das espasticidade. A neurólise química de nervos específicos também pode ser realizada. Em casos de ineficácia do tratamento clínico, a rizotomia dorsal seletiva é a opção cirúrgica mais utilizada. Consiste na lesão ultrasseletiva da porção sensitiva da raiz dorsal responsável pela informação proveniente dos fusos intramusculares em cada segmento medular. Esta porção é identificada por estimulação eletrofisiológica intraoperatória e sua ablação ou secção diminui a exacerbação do arco reflexo medular segmentar.

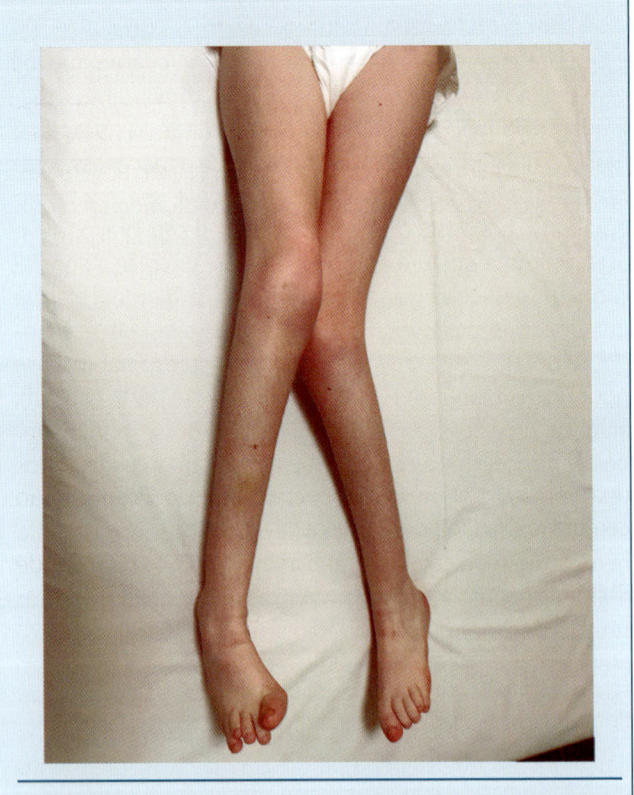

Figura 30.4 Paciente com paralisia cerebral tetraparética espástica. Observa-se a hipertonia de membros inferiores com postura em "tesoura" devido à hipertonia dos adutores, flexão plantar dos pés pela hipertonia do tríceps sural, rotação interna do pé direito devido à hipertonia do tibial posterior e extensão do hálux.

capítulo 31

Neuroimagem

Colaboração: Dr. Marco Antônio Rodacki

1. Generalidades

Para o estudo das doenças que acometem o sistema nervoso central (SNC), frequentemente o neurologista precisa fazer uso de técnicas que lhe permitam obter imagens do encéfalo e da medula espinal.

A radiografia simples do crânio (raios X simples), outrora usada rotineiramente, não trazia informações relevantes, exceto nos casos de trauma, quando fraturas de crânio por afundamento e fraturas de vértebras precisavam ser abordadas cirurgicamente e com urgência. No entanto, a radiografia simples não permite a visualização das estruturas encefálicas.

Com o advento dos equipamentos de *tomografia computadorizada* (TC) e *ressonância magnética* (RM), foi possível visualizar as estruturas encefálicas e da medula espinal, o que permitiu o estudo anatômico e a identificação das doenças do SNC.

Contudo, o maior avanço ocorreu com as técnicas de RM funcional (RMf), que possibilitam o estudo não só da anatomia, mas também do perfil bioquímico, microvascular (substrato de quase todas as doenças) e de viabilidade tecidual cerebral, por meio da espectroscopia por RM, perfusão cerebral e difusão por RM, respectivamente.

Com a evolução dos equipamentos, novos recursos de RMf foram adicionados na prática diária, entre eles o mapeamento cortical com técnica BOLD fMRI, utilizado para identificar e localizar as áreas funcionais do SNC; a tratografia e difusão tensorial (DTI), que permite o mapeamento de fibras e conexões nervosas do SNC.

A seguir, faremos uma rápida descrição das características básicas de cada uma dessas técnicas, apresentando também figuras representativas que poderão ser comparadas com os cortes de encéfalo do Capítulo 32.

2. Raios X

A radiografia simples, ainda é utilizado na triagem de serviços de pronto atendimento para pesquisa de fraturas de crânio, face e órbitas. As linhas de fratura devem ser diferenciadas das linhas normais das suturas dos ossos cranianos e das impressões causadas nos ossos pelas artérias meníngeas (**Figura 31.1**). A radiografia simples pode também ser utilizada para visualizar as suturas cranianas em lactentes em caso de suspeita de cranioestenose em que há ausência de alguma sutura craniana, podendo causar deformidades e assimetrias. Entretanto, estas situações podem ser mais bem avaliadas pela TC.

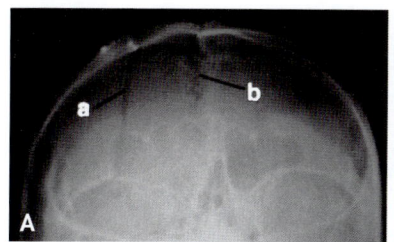

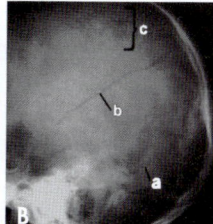

Figura 31.1 **(A)** Imagem de raio X anteroposterior mostrando fratura linear na região parietal direita (a) e a sutura sagital (b). **(B)** Radiografia em perfil mostrando sutura lambdoide (a), linha de fratura (b) e impressões vasculares (c).

3. Tomografia computadorizada (TC)

Esta técnica surgiu no final dos anos 1970 e emprega fontes múltiplas de raios X capazes de produzir feixes muito estreitos e paralelos, que percorrem ponto a ponto o plano que se pretende visualizar no encéfalo ou na medula, medindo, então, a radiodensidade de cada ponto. Os dados obtidos da medida de milhares de pontos são levados a um computador e por ele utilizados para a construção da imagem. A técnica de TC sofreu enorme transformação nos últimos anos. Atualmente, os equipamentos têm o nome de "Tomografia Computadorizada Multislices", produzindo imagens tridimensionais (3D) com maior rapidez, maior abrangência e alta resolução (**Figuras 31.2** e **31.3**).

O contraste endovenoso pode ser administrado em alguns casos para se obter mais informações e maior precisão diagnóstica. Suas principais indicações são os traumatismos cranioencefálicos, (**Figura 31.4**) *screening* em casos de cefaleia sem causa aparente e acidente vascular agudo em casos de urgência, primando-se pela rapidez de atendimento. Tem sido utilizada também em recém-nascidos e lactentes na avaliação da fontanela anterior e suturas cranianas para descartar cranioestenose (**Figura 31.2**).

Hoje com equipamentos mais sofisticados e com maior número de canais, é possível obter também imagens angiográficas de alta resolução e confiabilidade, substituindo, em grande parte dos casos, a angiografia convencional com cateterismo e com qualidade semelhante (item 5.2).

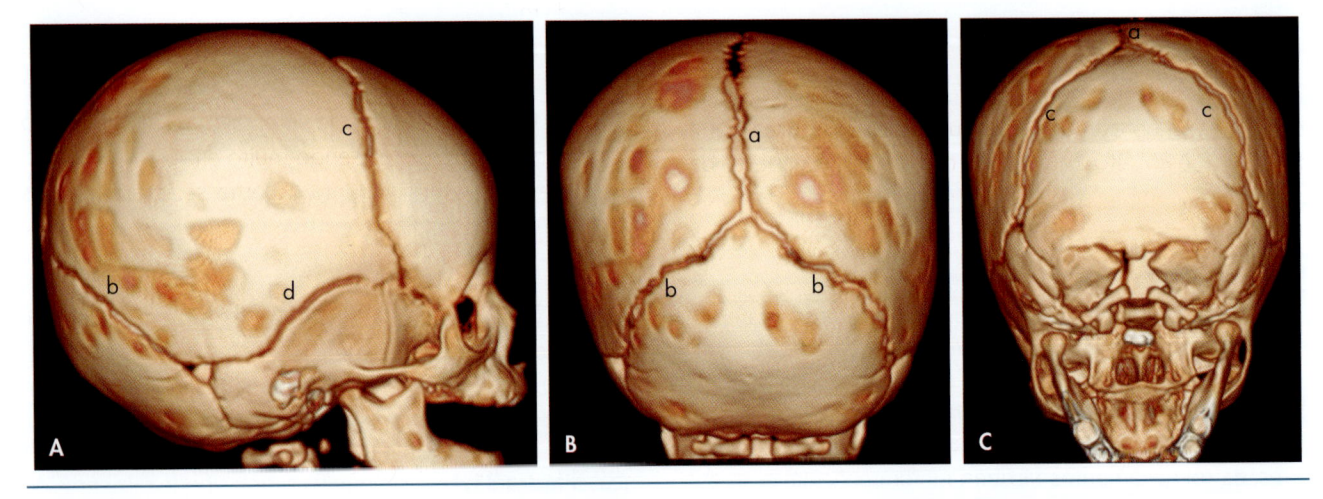

Figura 31.2 Tomografia 3D mostrando as suturas cranianas. (a) Sutura sagital (b) sutura lambdoide, (c) sutura coronária (d) sutura escamosa.

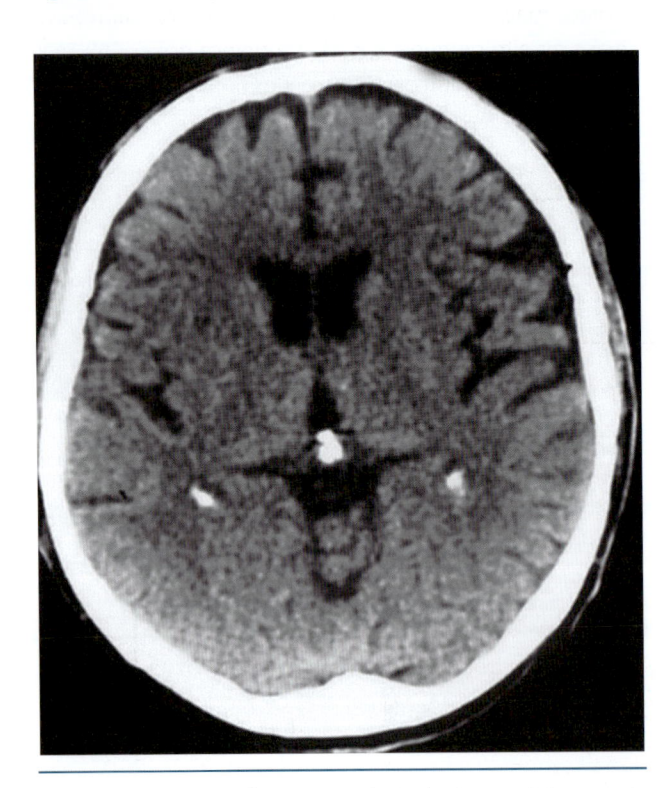

Figura 31.3 Tomografia computadorizada. Corte axial passando pelos núcleos da base. Comparar com os cortes anatômicos nas **Figuras 32.8** e **32.9**.

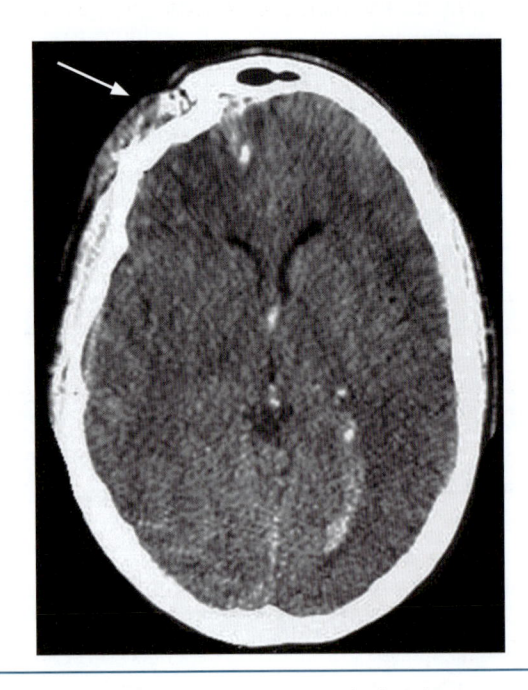

Figura 31.4 Tomografia computadorizada do crânio em traumatismo cranioencefálico mostrando fratura frontal direita com afundamento de fragmentos ósseos (seta), aumento de partes moles extracraniana, (hematoma), compressão ventricular bilateral maior à direita, edema cerebral no hemisfério direito, hemorragia intraventricular esquerda.

4. Ressonância magnética convencional

Esta técnica, que surgiu no início dos anos 1980, difere essencialmente da TC, pois não emprega raios X, e sim um campo magnético. Ela se baseia na propriedade que têm certos núcleos atômicos de sofrer o fenômeno de ressonância e, consequentemente, emitir sinais de radiofrequência quando expostos em campos magnéticos adequados. Essa propriedade é evidente sobretudo nos átomos de hidrogênio que compõem as moléculas de água, permitindo distinguir tecidos com base em seu teor de água. O tecido ósseo, por exemplo, que praticamente não contém água livre, não produz sinal de RM. A não visualização da imagem óssea facilita a visualização das estruturas encefálicas teciduais na base do crânio, como o lobo temporal. Na coluna vertebral, permite a visualização dos corpos vertebrais, em virtude da presença da gordura da medula óssea, que tem sinal de RM alto. Entre a faixa de ressonância que vai da gordura até a água, há várias composições químicas que terão sinal de RM distintos, permitindo a identificação das diferentes estruturas do SNC.

Além de não utilizar radiação ionizante, a RM tem resolução muito maior para a visualização das estruturas. Permite clara distinção entre a substância branca e cinzenta encefálica e, neste particular, demonstra com facilidade focos de ectopia da substância cinzenta e outras malformações do SNC, causas frequentes de epilepsia de difícil controle. Outrora eram necessários tempos de aquisição de imagens de RM mais prolongados do que a TC, porém, hoje, com equipamentos mais modernos, os tempos de aquisição são bem mais curtos. A tecnologia atual já permite realizar exames na presença de alguns materiais metálicos como *stent* coronariano, válvula cardíaca, marca-passo (somente com controle de funcionamento temporário), clipes de aneurisma com material especial e molas metálicas para embolização de aneurismas.

Um estudo de ressonância magnética cerebral de rotina compreende várias técnicas diferentes de ponderação para mostrar variados aspectos do tecido cerebral, que podem não ser visualizados por algum método isoladamente. São elas: T1W; T2W; T2WFlair; T2*SWI; difusão por RM (DWI); mapas de coeficiente de difusão aparente (ADC), este último (ADC), apesar de considerado um método funcional, faz parte da rotina de exame de RM.

As imagens em T1W são mais utilizadas para mostrar anatomia cerebral, trazendo clara distinção entre o líquido (sinal de RM escuro) e o tecido cerebral (sinal intermediário geralmente acinzentado), sendo muito eficiente para localizar as lesões anatomicamente. O córtex se apresenta mais escuro do que a substância branca, por ter mais líquido; e a substância branca, mais clara do que a cinzenta, por ter mais componente gorduroso (**Figura 31.5**).

As imagens em T2W têm maior sensibilidade para mostrar áreas com doença, com sinal de RM alto (água) ou com sinal de RM baixo (acúmulo celular, cálcio ou hemorragia). Nas imagens em T2W, o líquido cefalorraquiano (LCR) tem alto sinal e aparece branco. A substância branca tem sinal mais baixo em virtude da maior quantidade de mielina e aparece mais escura nesta ponderação. O córtex apresenta sinal mais alto do que a substância branca por conter mais água (vasos sanguíneos) (**Figura 31.6**).

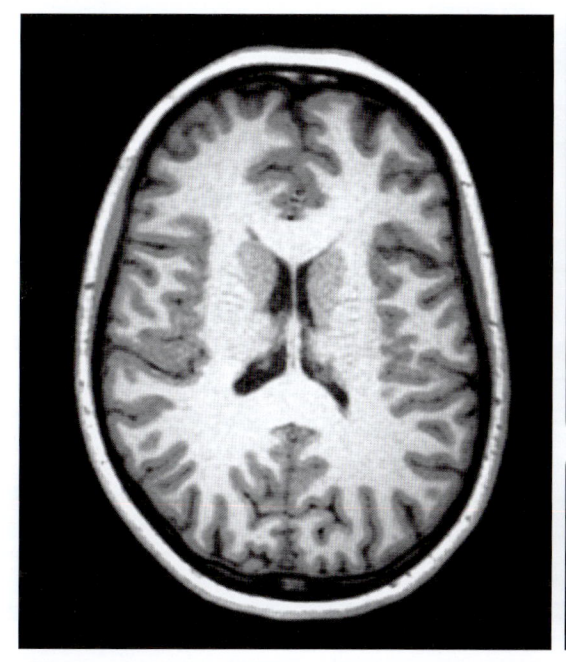

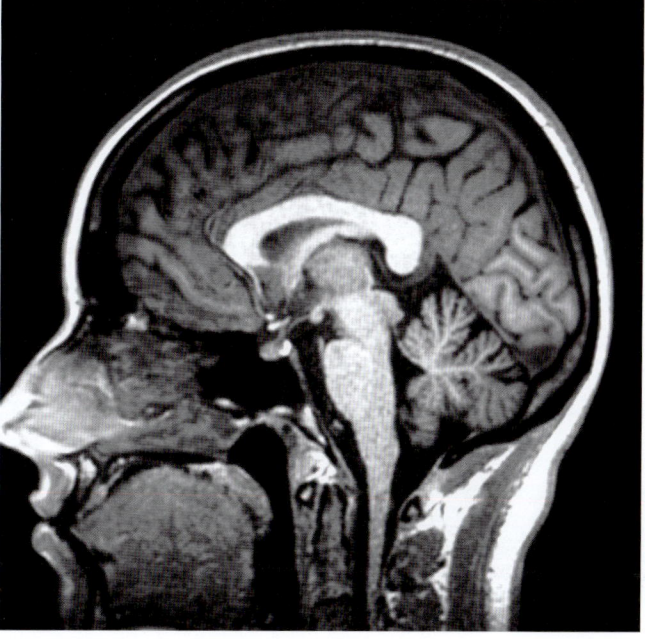

Figura 31.5 Cortes axial e sagital de RM convencional ponderada em T1W. Nota-se a excelente resolução para detalhes anatômicos.

As imagens com ponderação em T2W Flair são idênticas às imagens T2W, ou seja, com sinal de RM alto da água, porém com supressão do sinal branco da água pura (LCR), deixando à mostra áreas que tem líquido de alto valor proteico (lesões), principalmente as que estão próximas de cisternas cheias de LCR, portanto indistinguíveis em T2W por terem o mesmo sinal (**Figura 31.7**).

As imagens com ponderação T2*SWI são baseadas em técnica gradiente 3D e priorizam a identificação de anomalias venosas, focos recentes ou antigos de hemorragia e calcificações cerebrais cujo sinal de RM será escuro e bem distinto de um parênquima cerebral claro. Estas lesões podem não ser vistas em imagens convencionais T2W ou T1W (**Figura 31.8**).

Algumas vezes é necessária a administração de contraste endovenoso, o gadolínio. Neste caso, as imagens serão ponderadas em T1W. O gadolínio é um agente paramagnético que realça o sinal das lesões encefálicas em que há quebra da barreira hematoencefálica permitindo a saída do contraste do vaso para o interstício, tornando-as mais distintas do tecido cerebral normal. O gadolínio também ampliará a intensidade do sinal de estruturas com fluxo sanguíneo aumentado (**Figura 31.9**).

4.1 Ressonância magnética funcional (RMf)

A RM convencional (exceto a DWI, que faz parte do arsenal funcional) nos dá informações morfológicas e estruturais de lesões cerebrais com alta sensibilidade. No entanto, havia limitações para se obter maior precisão no diagnóstico de tumores e de massas cerebrais, o que frequentemente

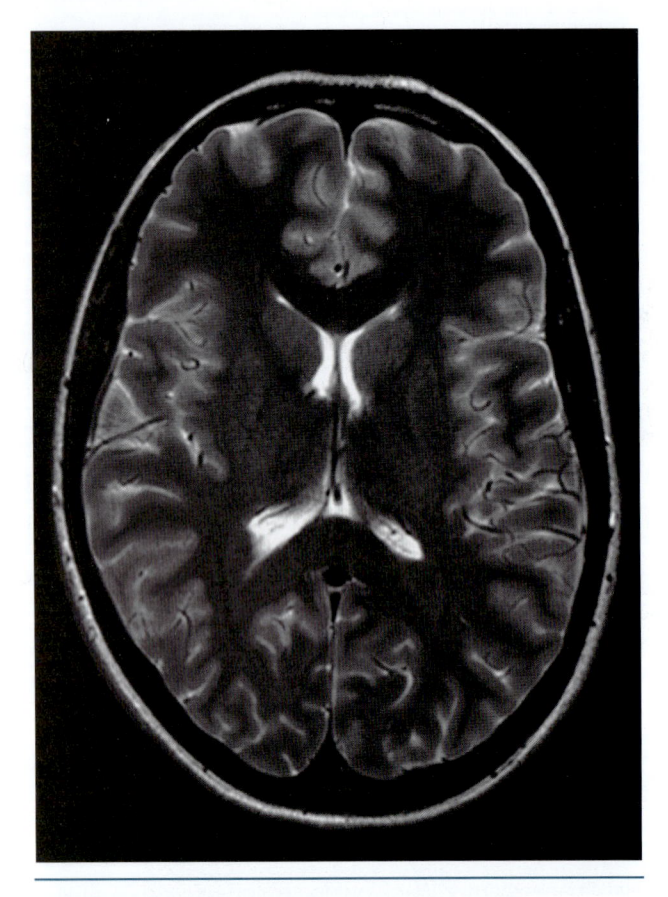

Figura 31.6 Corte axial de RM convencional ponderada em T2W.

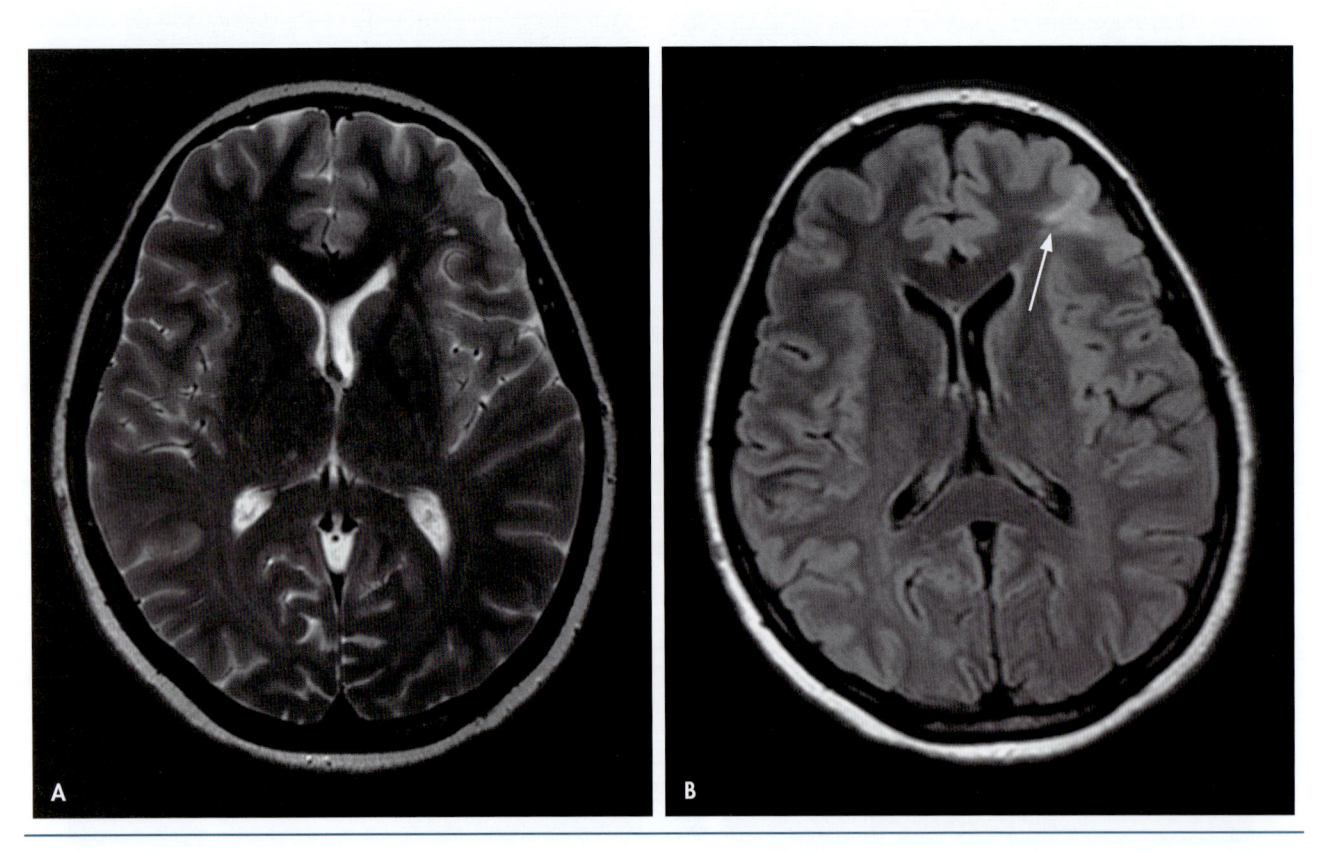

Figura 31.7 **(A)** Corte axial de RM ponderada em T2W que praticamente não demonstra anormalidades. **(B)** Mesma imagem em T2W Flair. A supressão do sinal do LCR deixa bem evidente a patologia no córtex do lobo frontal esquerdo (displasia cortical).

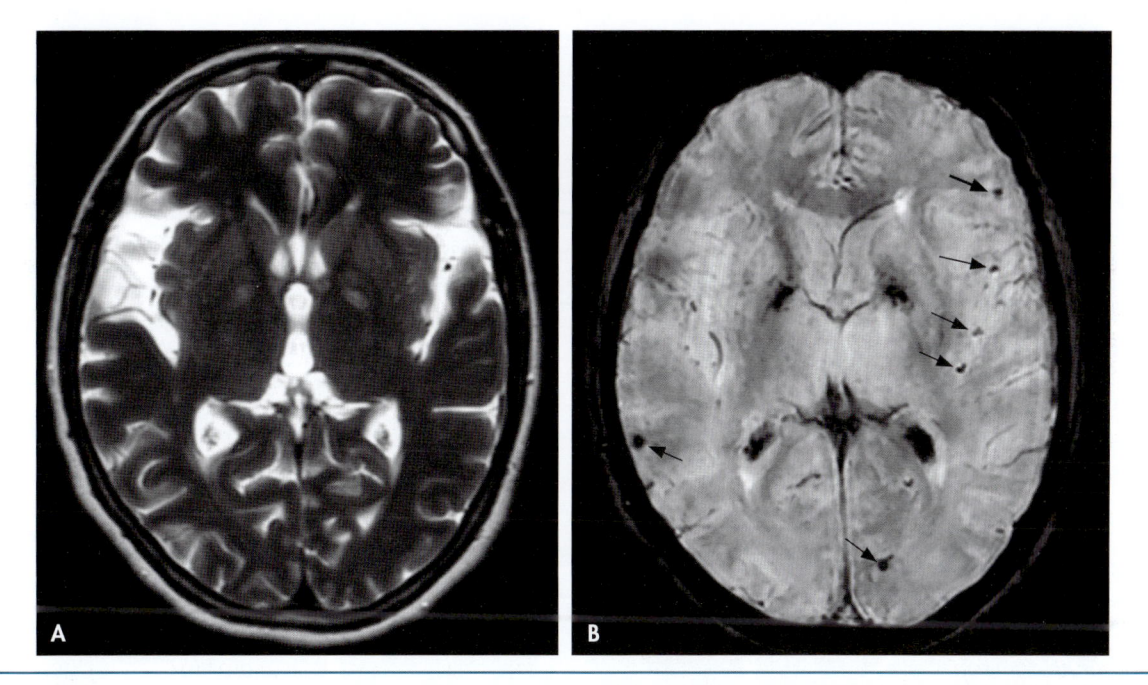

Figura 31.8 **(A)** Imagem axial em T2W aparentemente normal. **(B)** Imagem com a técnica T2*SWI demonstrando focos de sinal escuro no córtex cerebral, calcificações (setas).

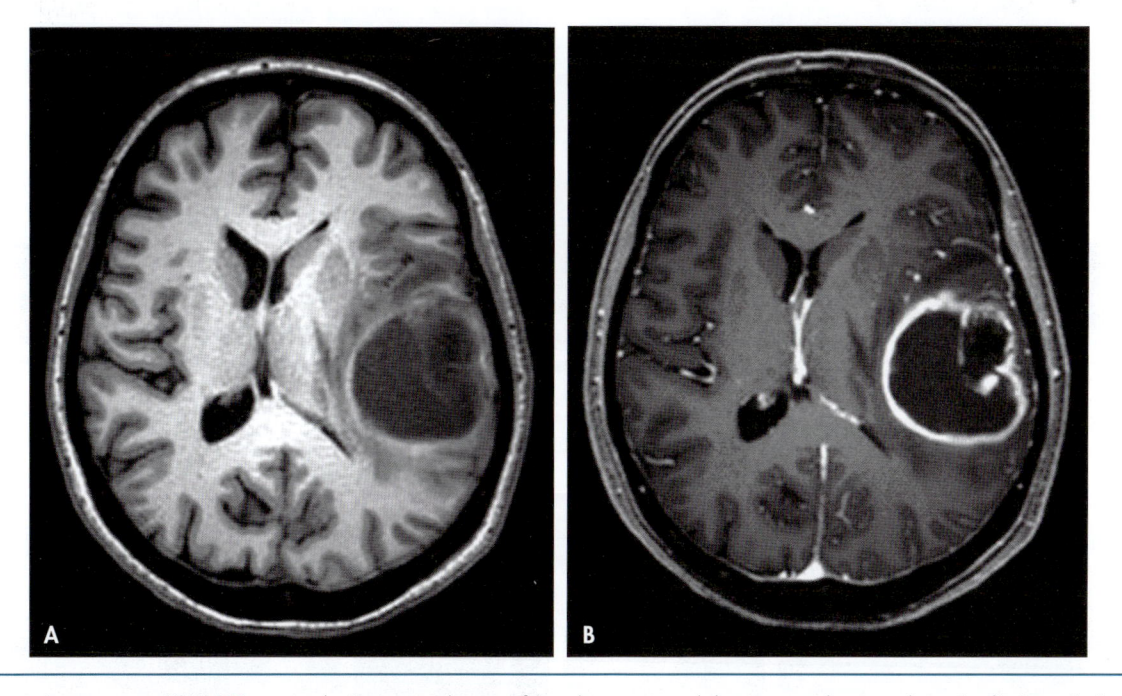

Figura 31.9 Imagem em T1W **(A)** mostra lesão tumoral com efeito de massa no lobo temporal esquerdo, cujos limites são imprecisos sem o uso de contraste gadolínio endovenoso. **(B)** Imagem T1W com contraste mostra realce periférico pelo contraste e fornece o grau de quebra da barreira hematoencefálica.

resultava na necessidade de realização de biópsias para diagnóstico histológico final. Com a evolução, novas técnicas de RMf surgiram e permitiram avançar no diagnóstico histológico das lesões, obter informações sobre a microcirculação cerebral (perfusão cerebral), movimentos de moléculas de água nos tecidos cerebrais (DWI), capacidade de reserva de autorregulação cerebrovascular (BOLD-apneia ou vasorreatividade cerebral), perfil metabólico das lesões (espectroscopia por RM), visualização de tratos e conexões de substância branca (DTI e tratografia) e, finalmente, informações sobre a localização de áreas encefálicas funcionais importantes (BOLD fMRI). Essas técnicas possibilitam uma localização precisa das lesões em relação às áreas funcionais corticais importantes e tratos de substância branca, facilitando o planejamento cirúrgico e preservando funções primordiais. As principais técnicas de RMf serão estudadas a seguir.

4.1.1 Difusão isotrópica (DWI)

As imagens de DWI são de baixa resolução, pois são funcionais e precisam ser rápidas o bastante para registrar o movimento das moléculas de água quando expostas ao campo magnético e suas variações.

Esta técnica se baseia no comportamento das moléculas de água nos tecidos, quando submetidas à aplicação de gradientes de radiofrequência em três direções. As imagens revelam a redução da difusão (difusão restrita) gerando sinal de RM alto = T2W ou a aceleração (difusão facilitada), gerando sinal baixo de RM das moléculas de água nos tecidos, obtendo-se, então, informações sobre a viabilidade tecidual.

O mapa de ADC é um cálculo que o aparelho faz obtendo a média da difusão em três eixos diferentes. Na prática, tudo o que tem restrição, brilha e, no mapa de ADC, deve ficar escuro.

Entre suas principais aplicações, está a detecção precoce de infartos isquêmicos agudos ou superagudos, gerando sinal de restrição (brilho) alto, podendo ser detectado em menos de 15 minutos, importantes, assim, para restabelecer a perfusão com tratamento trombolítico (**Figura 31.10**).

A (DWI é também importante no diagnóstico precoce de abcessos, (**Figura 31.11**) e para avaliar a densidade celular de tumores, auxiliando na graduação de malignidade das lesões neoplásicas cerebrais, baseando-se no grau de restrição ao movimento de moléculas de água entre células tumorais. Por exemplo: maior celularidade, menor o espaço intersticial extracelular, provocando restrição e brilho alto na difusão e sinal baixo no mapa de ADC (**Figura 31.12**).

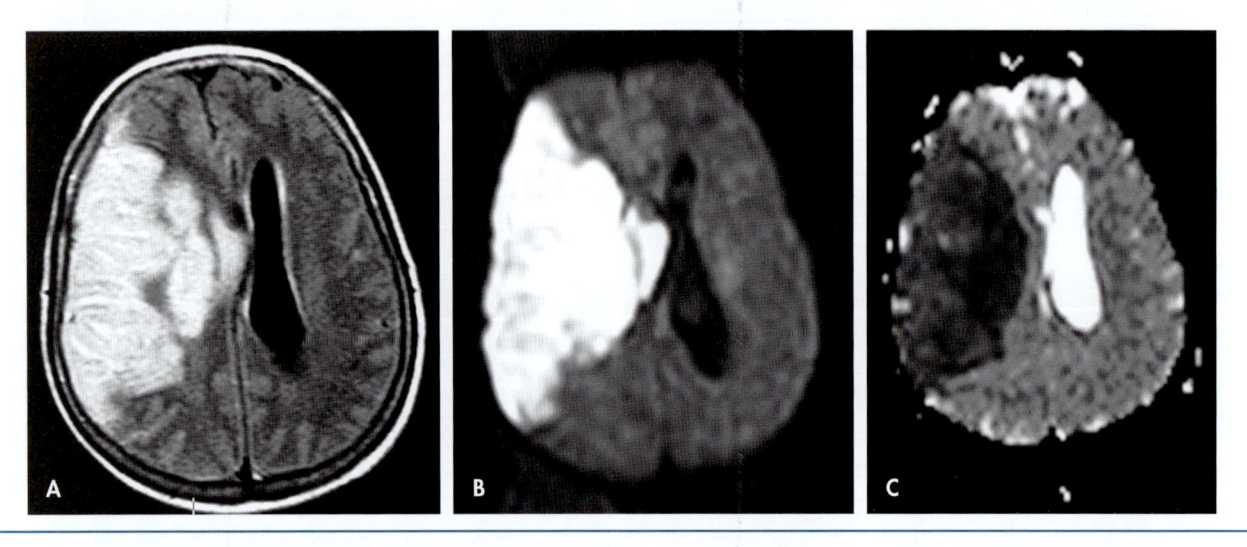

Figura 31.10 **(A)** extenso infarto isquêmico recente em T2WFlair. **(B)** Restrição nas imagens de difusão (DWI). **(C)** Sinal baixo nos mapas de ADC (coeficiente de difusão aparente).

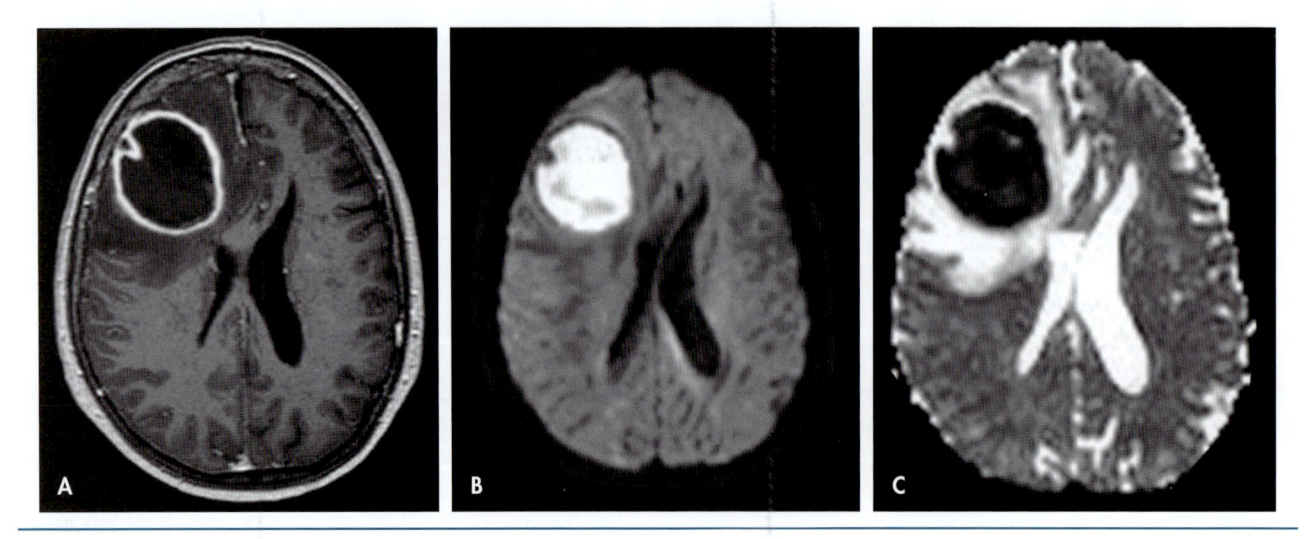

Figura 31.11 **(A)** Imagem de abcesso: T1W com contraste gadolínio mostrando lesão expansiva no lobo frontal direito, envolta por edema e realçando em "anel" na periferia, indistinguível de tumor maligno; **(B)** marcada restrição na difusão isotrópica (DWI) por RM; **(C)** sinal bem hipointenso em mapas de ADC, inferindo enorme restrição o que acontece com material purulento encapsulado.

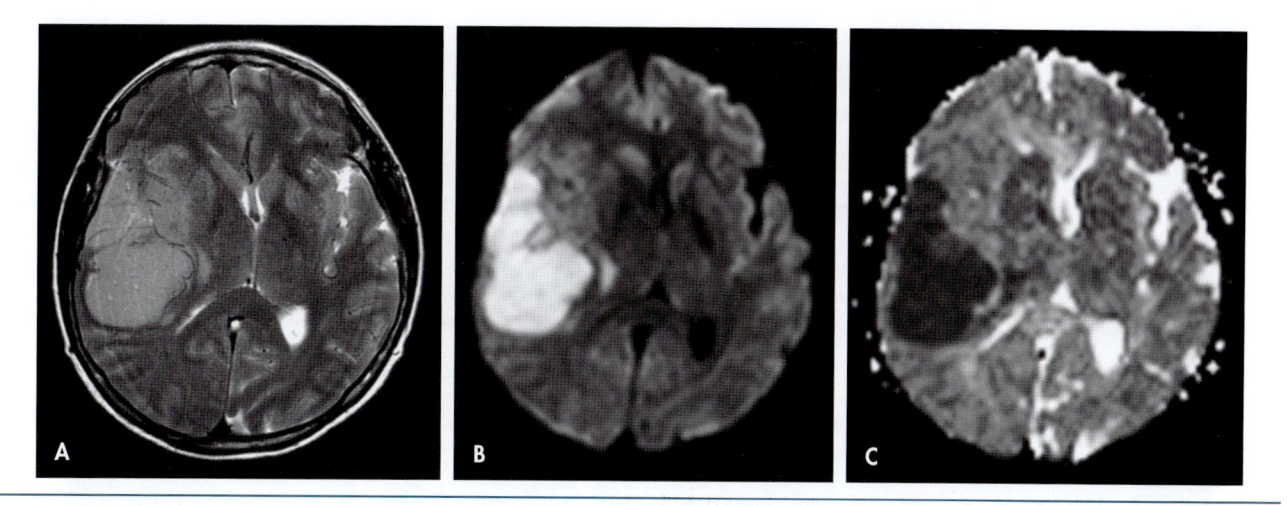

Figura 31.12 **(A)** Tumor cerebral primário, glioma de alto grau no lobo parietal inferior direito, com sinal hiperintenso em T2W. **(B)** Imagem de difusão (DWI) com restrição ao movimento da água por alta celularidade, gerando sinal baixo nos mapas de ADC ou mapas de coeficiente de difusão aparente **(C)**.

4.1.2 Difusão tensorial (DTI)

Esta técnica se baseia na aplicação de gradientes de pulso de radiofrequência em mais do que seis direções, obtendo-se informações sobre o movimento das moléculas de água ao longo das principais conexões, tratos e fibras de substância branca, criando mapas de anisotropia fracionada (AF), que fornecem detalhes anatômicos sobre o posicionamento e a direção de fibras de substância branca cerebral. Os mapas de AF podem ser sobrepostos a imagens anatômicas para melhor identificação das estruturas, (**Figura 31.13**). Este método tem sido utilizado para estudar a viabilidade das conexões nervosas do SNC em diferentes patologias, como sequelas de trauma cranioencefálico e doenças degenerativas do SNC e avaliar a integridade dos tratos e conexões diante de sua proximidade com tumores de massas ou processos inflamatórios cerebrais, (**Figura 31.14**). Os mapas de anisotropia fracionada da difusão tensorial (DTI) servem também para localizar lesões profundas cerebrais, habitualmente de difícil localização anatômica já que não há referências anatômicas na substância branca como existe na superfície cortical.

4.1.2.1 Tratografia

A tratografia faz parte da técnica de DTI e possibilita a visualização dos principais tratos e vias encefálicas individualizados ou em conjunto. Compare como o trato corticospinal aparece em uma dissecação (**Figura 30.1**) e em uma tratografia (**Figura 31.15**). A demonstração da relação anatômica dos tratos com lesões tumorais (Capítulo 3, **Figura 3.13**) é crucial para planejamento cirúrgico, visando poupar estruturas nervosas funcionalmente importantes. Apresenta também vital importância na demonstração de processos degenerativos wallerianos do trato corticospinal, em consequência da presença de tumores, lesões isquêmicas e trauma cranioencefálico.

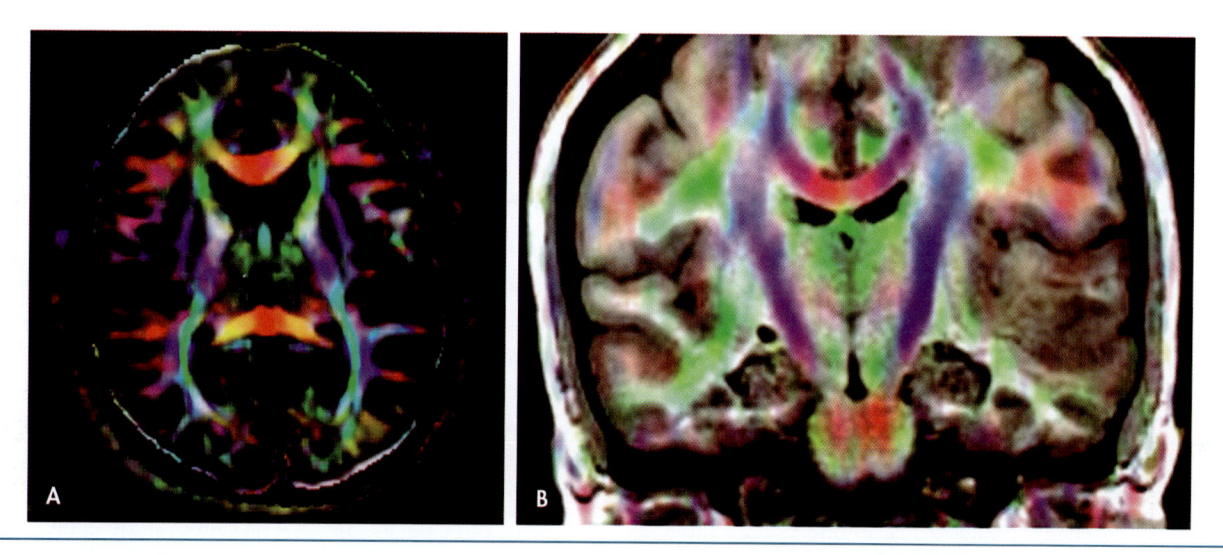

Figura 31.13 **(A)** DTI e mapa de anisotropia fracionada cujas cores de conexões nervosas demonstram sua direção: azul (craniocaudal ou caudocranial); vermelha (sentido transverso) e verde (anteroposterior ou póstero anterior). **(B)** Mapa associado a imagens anatômicas para avaliar a sua proximidade com eventuais lesões encefálicas.

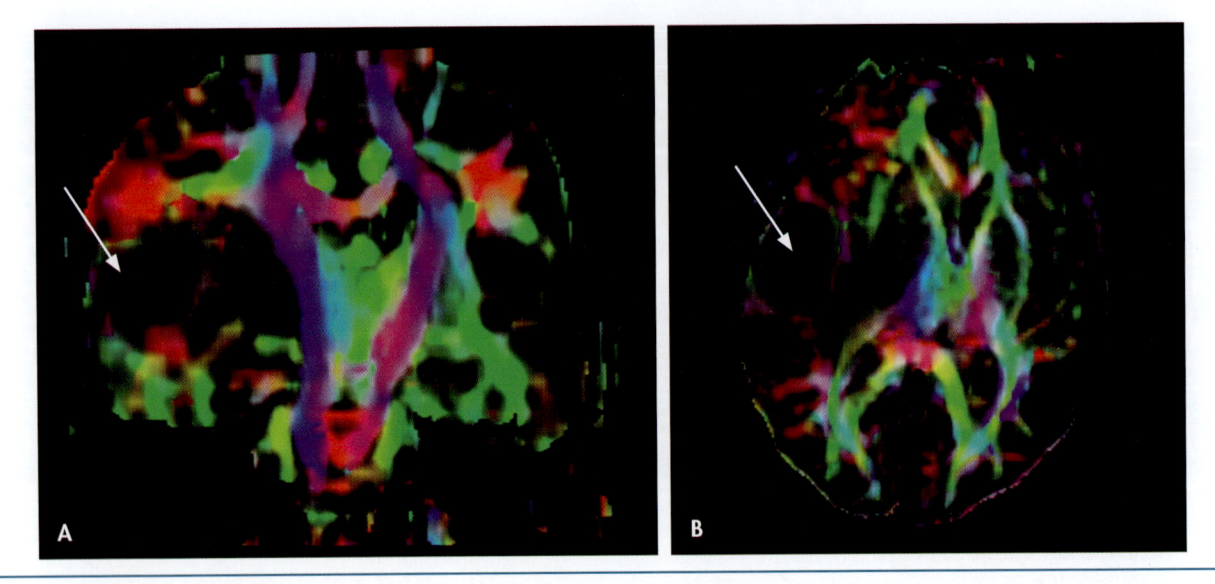

Figura 31.14 DTI e mapa de anisotropia fracionada mostrando a proximidade dos tratos com a lesão tumoral (setas) e seu deslocamento. **(A)** Corte coronal e **(B)** corte axial.

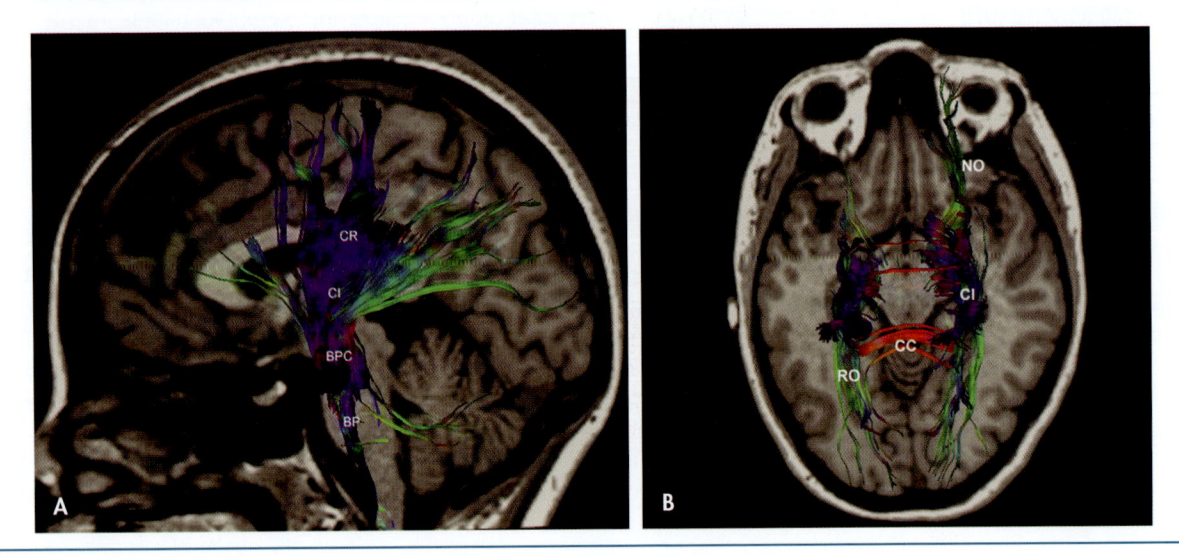

Figura 31.15 **(A)** Tratografia do encéfalo em vista lateral mostrando o trato córtico espinal em seu trajeto pela coroa radiada (**CR**), cápsula interna (**CI**), base do pedúnculo cerebral (**BPC**) e base da ponte (**BP**). **(B)** Tratografia do encéfalo mostrando o corpo caloso (**CC**), a radiação óptica (**RO**), o nervo óptico (**NO**) e a cápsula interna (**CI**). As fibras em azul têm sentido crânio caudal, as verdes têm sentido anteroposterior e as fibras em vermelho têm sentido transversal ou lateral.

4.1.3 Perfusão cerebral sem contraste – arterial *spin labeling* (ASL)

O método de perfusão cerebral ASL não é invasivo, usa o próprio sangue do paciente como meio de contraste para avaliar a microcirculação capilar arterial cerebral, gerando mapas de fluxo sanguíneo cerebral (CBF). Este método pode ser usado de rotina, sem necessidade de punção venosa, (**Figura 31.16**). Pode ser utilizado em crianças que têm difícil acesso venoso e em pacientes com doença renal, impedidos de usar contrastes. Entre suas principais indicações estão: doença vascular oclusiva intra e extracraniana aguda ou crônica, (**Figura 31.17**); tumores; e processos inflamatórios cerebrais e, mais recentemente, em diagnóstico diferencial de quadros de demência cerebral.

4.1.4 Perfusão cerebral com contraste endovenosos gadolínio e técnica T2*W

O método de perfusão cerebral T2*W é realizado durante e após a infusão de contraste gadolínio, provocando queda do sinal de RM nas imagens T2*W gradiente, cujo grau de queda de sinal será contabilizado como volume sanguíneo (CBV). Outros mapas hemodinâmicos, como o fluxo sanguíneo (CBF), serão calculados durante a passagem do contraste pelo leito capilar.

Sua principal indicação é na detecção de angiogênese tumoral para auxiliar na distinção de tumores de alto e de baixo grau e diferenciar processos inflamatórios de tumores cerebrais (**Figura 31.18**).

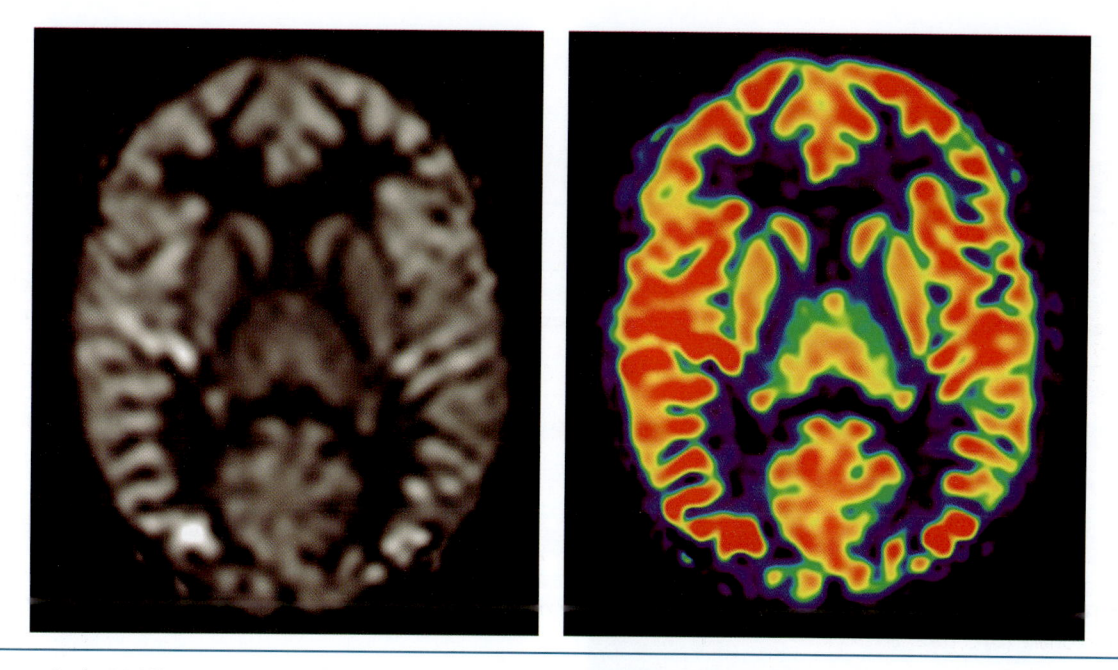

Figura 31.16 Perfusão ASL com mapas de fluxo sanguíneo cerebral (CBF) em paciente normal.

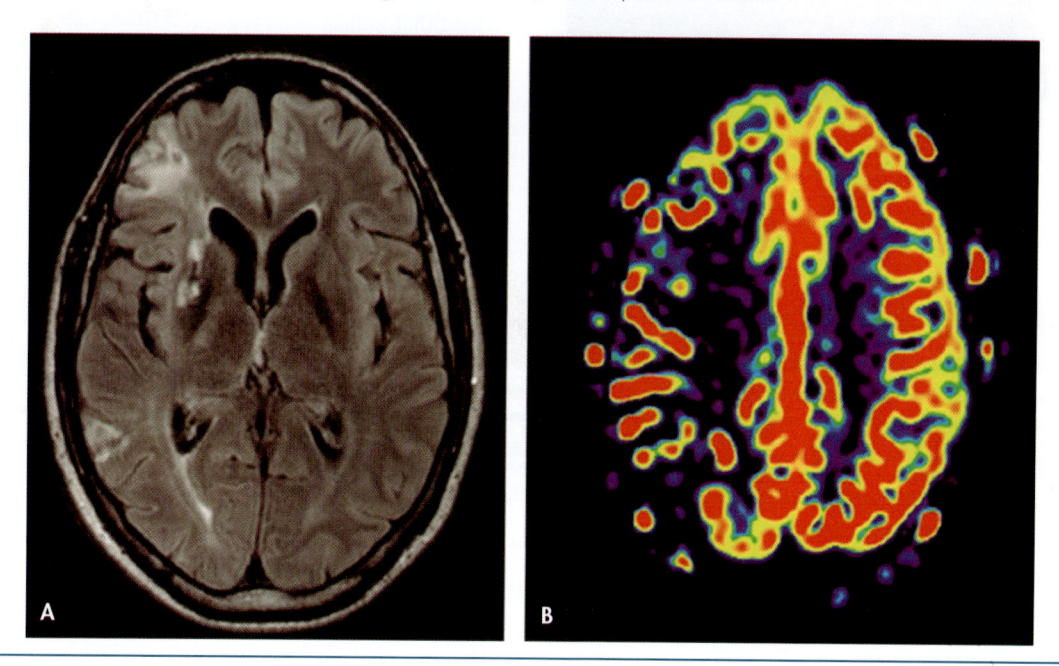

Figura 31.17 (A) Ressonância magnética convencional ponderada em T2W Flair mostrando lesões isquêmicas em território de transição arterial no hemisfério cerebral direito, por hipofluxo cerebral. **(B)** Mapa de CBF do método de perfusão ASL sem contraste mostra defeito de perfusão no hemisfério cerebral direito.

4.1.5 Espectroscopia por ressonância magnética

A espectroscopia por ressonância magnética permite a avaliação não invasiva do perfil bioquímico dos tecidos cerebrais, proporcionando importantes avanços no diagnóstico diferencial, antes possível apenas por biópsias.

Auxilia na avaliação do grau de invasividade e agressividade das lesões tumorais, na distinção entre processos inflamatórios e tumores cerebrais, no dimensionamento do grau de infiltração de tecidos vizinhos e no estabelecimento do diagnóstico diferencial entre tumores primários de alto grau e metástases. A técnica é também usada para diagnóstico de processos inflamatórios, metabólicos e degenerativos do SNC. Com bastante frequência tem sido utilizada para auxiliar no diagnóstico precoce de doença de Alzheimer. O método de espectroscopia gera mapas de metabólitos que fornecem informações abrangentes sobre extensão das lesões e acúmulos regionais de metabolitos, permitindo uma localização mais precisa da parte do tumor mais indiferenciada ou mais agressiva (**Figura 31.19**).

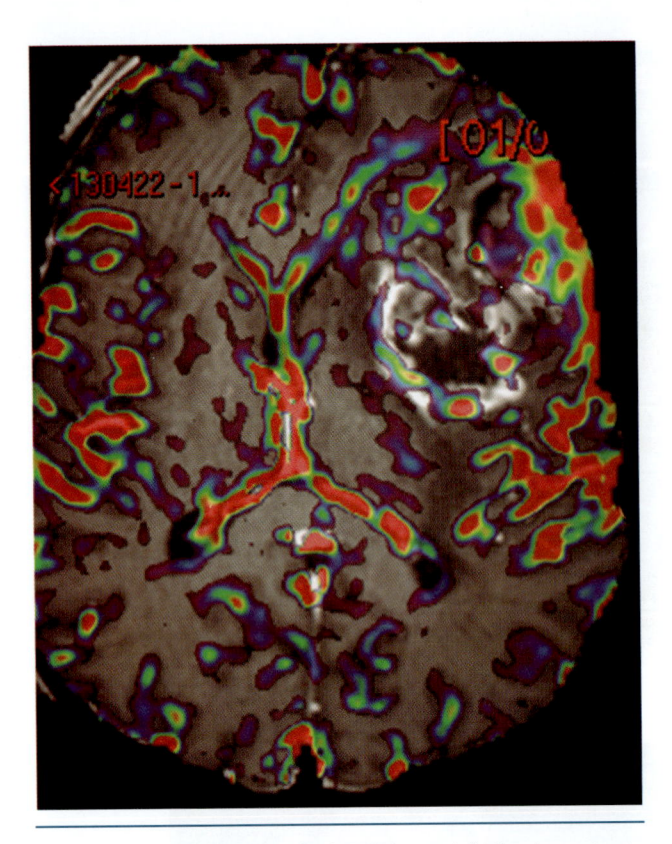

Figura 31.18 Perfusão cerebral T2*W com infusão de contraste EV mostra glioma de alto grau (glioblastoma) bem vascularizado, com alto volume sanguíneo (CBV), inferindo angiogênese tumoral, localizado no lobo frontal esquerdo.

4.1.6 Mapeamento cortical cerebral com técnica BOLD fMRI

A ressonância magnética funcional, propriamente dita, com técnica BOLD fMRI, contribuiu para enorme avanço da neurociência de modo geral. Avaliando de forma não invasiva o cérebro em funcionamento durante tarefas, permitiu a localização mais precisa de diversas funções cerebrais. A técnica permite a identificação das áreas ativadas durante o pensamento, a imaginação ou o planejamento de ações, possibilitando a avaliação do funcionamento do cérebro (**Figuras 31.20**, **31.21** e **31.22**).

A RMf permitiu também a melhor compreensão da base orgânica dos transtornos neuropsiquiátricos, como esquizofrenia, depressão e transtorno obsessivo compulsivo. É baseada no processo de acoplamento neurovascular, ou seja, aplica-se uma tarefa ao paciente que estimulará e exigirá, para uma determinada região do encéfalo, maior fluxo sanguíneo. A área estimulada fará maior extração de oxigênio e, portanto, precisará de um aporte circulatório maior, que virá de um aumento do volume e do fluxo sanguíneo bastante oxigenado.

Como as demais regiões do cérebro não estimuladas não recebem este aporte de fluxo cerebral compensatório, terão maior teor de deoxi-hemoglobina, mantendo o sinal intravascular e regional baixo pelo efeito paramagnético da deoxi-hemoglobina. As áreas estimuladas terão um aporte maior de oxigênio pela resposta vasomotora e gerarão sinal alto nas imagens T2*SWI. A diferença de sinal de BOLD após técnica de subtração será responsável pela visualização das áreas funcionais estimuladas eletricamente por meio das tarefas.

Sua maior indicação é demonstrar a proximidade de áreas funcionalmente importantes com áreas de lesões cerebrais facilitando o planejamento cirúrgico para a retirada de tumores ou para o tratamento cirúrgico de epilepsias refratarias sem causar déficits neurológicos importantes (**Figura 26.8**). É particularmente empregada para identificar o hemisfério dominante para linguagem (**Figura 31.20**). Esta técnica tem índice de equivalência de 90% ou mais, em relação a métodos tradicionais e invasivos como o teste de WADA (Capítulo 26, item 6), com a vantagem de não ser invasivo e de mostrar o mapeamento geográfico da área e não somente o lado dominante, como o faz o teste de WADA.

4.1.7 Mapas de vasorreatividade cerebral com técnica BOLD-apneia

Esta técnica (BOLD fMRI apneia) permite avaliar o grau de reserva de autorregulação cerebrovascular em áreas que se encontram hipoperfundidas por doença estenótica ou oclusiva, aguda ou crônica, de artérias carótidas internas e cerebrais. O procedimento é realizado mediante a execução, por parte do paciente, de períodos de apneia de 10 a 20 segundos alternados com períodos de repouso ou de hiperventilação de 20 a 40 segundos, obtendo-se imagens com mapeamento cortical das áreas que respondem aos estímulos de vasodilatação compensatória (aumento do CO_2), permitindo, assim, avaliar o grau de risco cerebral para infarto isquêmico. Com este método, avalia-se a necessidade de realizar ou não by-pass intra/extracraniano para revascularização (**Figuras 31.23** e **31.24C**).

4.1.8 Estudo do fluxo liquórico por RM-EFL

Esta variação permite o estudo dinâmico do fluxo liquórico, importante para avaliar casos de hipertensão liquórica subclínica ou hidrocefalias obstrutivas pela estenose de aqueduto cerebral ou do forame de Moro. O EFL possibilita a verificação da permeabilidade dos espaços liquóricos intra e extraventriculares e a detecção de aumento da pressão de pulso liquórico intraventricular. A técnica visa concatenar os pulsos de radiofrequência com a pulsação do liquor ou LCR. O método é composto de técnica quantitativa e medidas obtidas do aqueduto cerebral e de técnica qualitativa, obtida de imagens dinâmicas no plano sagital registrando o movimento bifásico do liquor em sístole e diástole no aqueduto cerebral. Os valores normais estão na faixa de 6 a 12 mL/min, considerando todas as faixas de idade. Tem especial indicação para o diagnóstico de hidrocefalias de pressão intermitente ou hidrocefalias de pressão normal (HPN) (**Figura 31.25**).

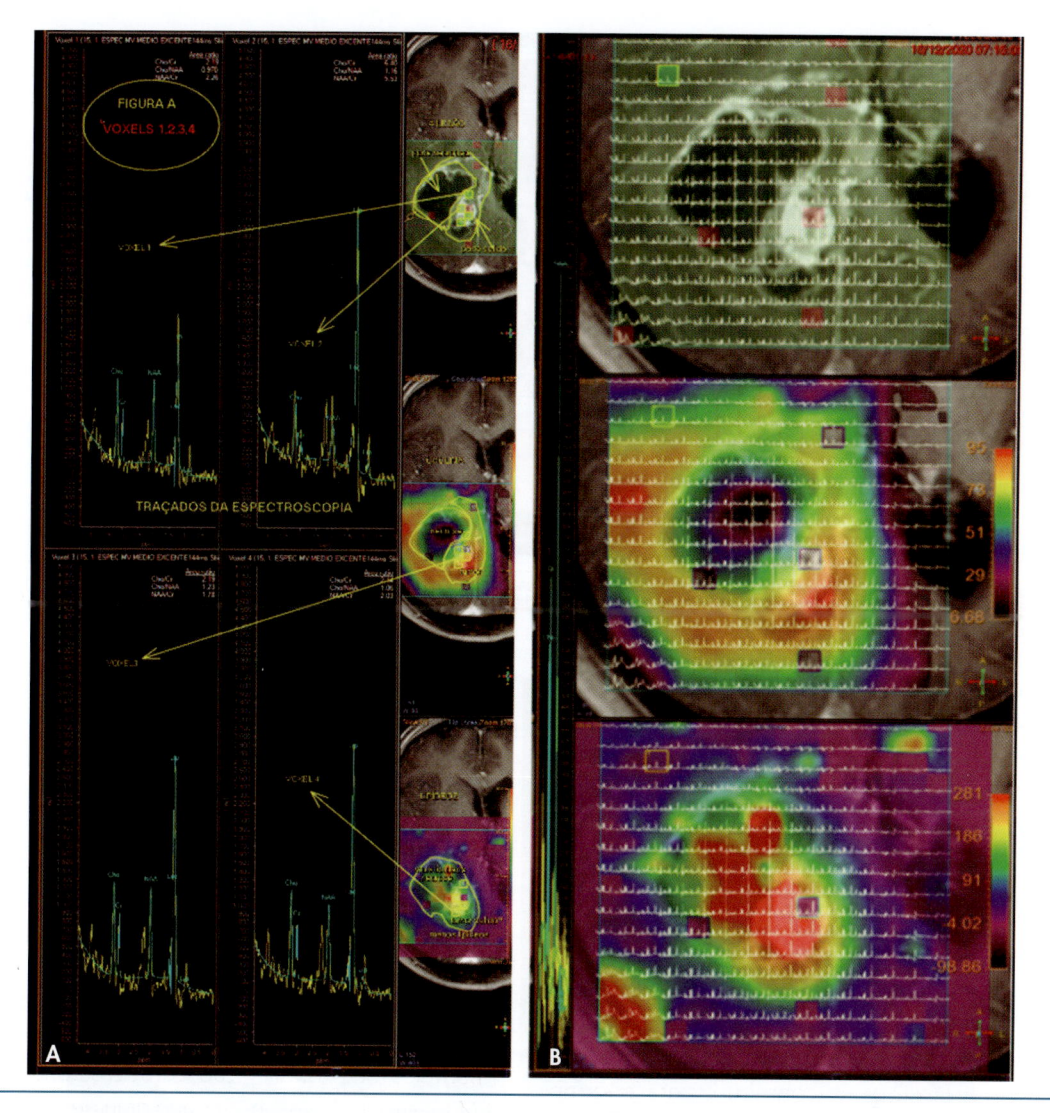

Figura 31.19 Expectroscopia por RM. **(A)** Foram colocados 4 minivoxels na parte sólida tumoral, situada medialmente. Todos os traçados obtidos dos 4 minivoxels (1,2,3 e 4) mostram elevação moderada da colina, redução do N-acetil aspartato e enormes picos de lipídeos mesmo na parte sólida tumoral, inferindo necrose intratumoral sólida misturada com células tumorais. **(B)** Mapas de metabólitos mostram na imagem de cima, a lesão realçando com contraste, a parte sólida tumoral e as margens da parte cística, com sobreposição dos traçados da espectroscopia referente a todos os voxels. Na imagem do meio está o mapa de colina mostrando as áreas que têm maior acúmulo de colina (vermelho na barra de cores ao lado). No caso, a parte sólida tumoral tem maior quantidade de colina, pois mostra cor vermelha. Na imagem de baixo está o mapa de metabólitos de lipídeos, mostrando acúmulo de lipídeos em toda a lesão, porém mais acentuada no componente necrótico cístico.

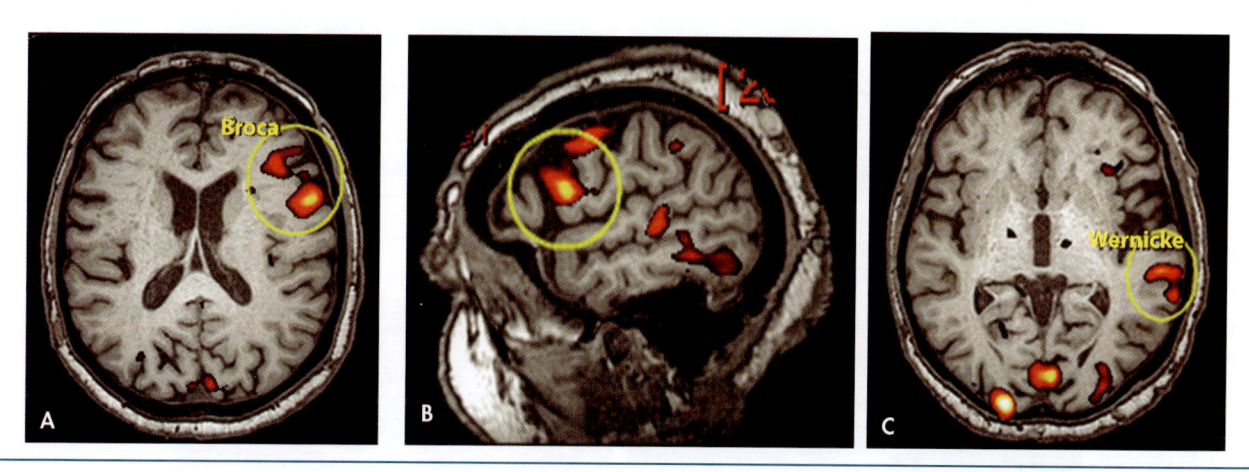

Figura 31.20 Ressonância magnética funcional das áreas de linguagem no hemisfério cerebral esquerdo. **(A e B)** Mapeamento robusto das áreas de Broca e **(C)** mapeamento da área de Wernicke no hemisfério cerebral esquerdo, assegurando a dominância da linguagem deste lado.

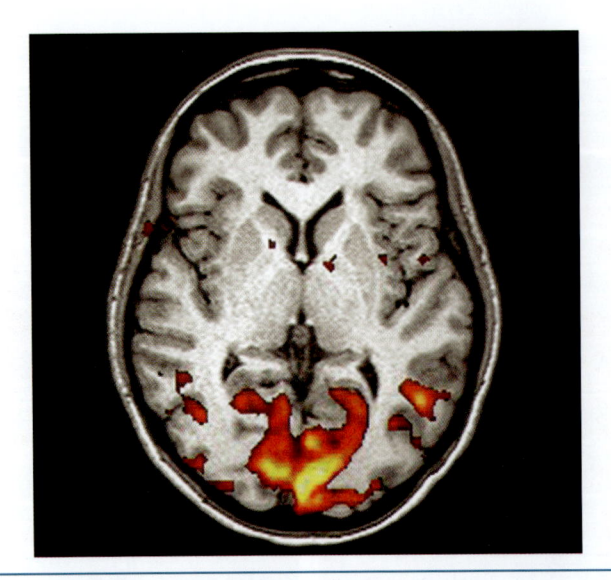

Figura 31.21 Ressonância magnética funcional. As imagens coloridas sobrepostas nas imagens anatômicas em T1W correspondem ao córtex visual primário V1 estimulado por tarefas de visualização de luz ou mosaicos.

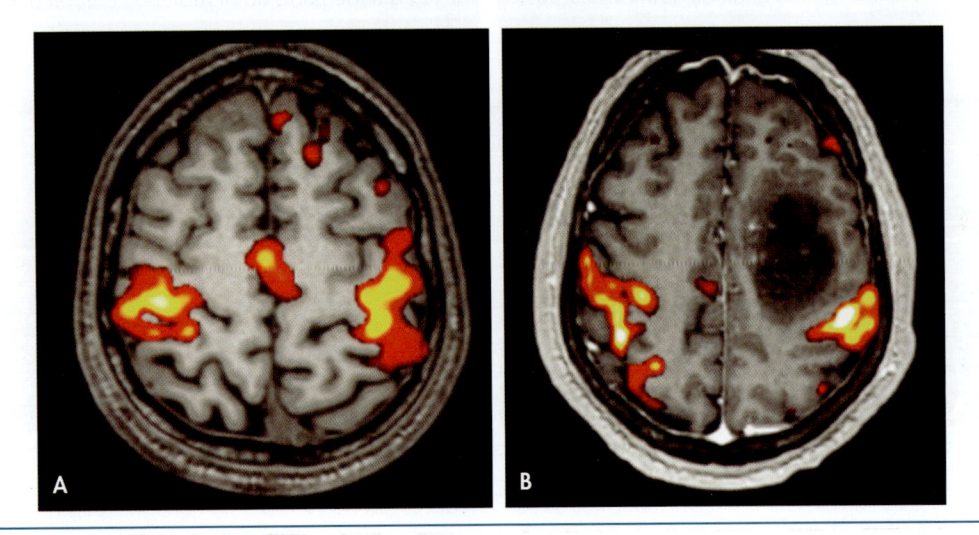

Figura 31.22 **(A)** BOLD fMRI motor manual com tarefa *finger tapping* (movimentos alternados de dedos das mãos), mapeando o córtex motor primário nos giros pré-centrais e área motora suplementar no giro frontal superior em paciente normal. **(B)** Paciente com tumor frontal na tarefa de *finger tapping* mapeando o córtex motor no giro pré-central, deslocado posteriormente pelo tumor.

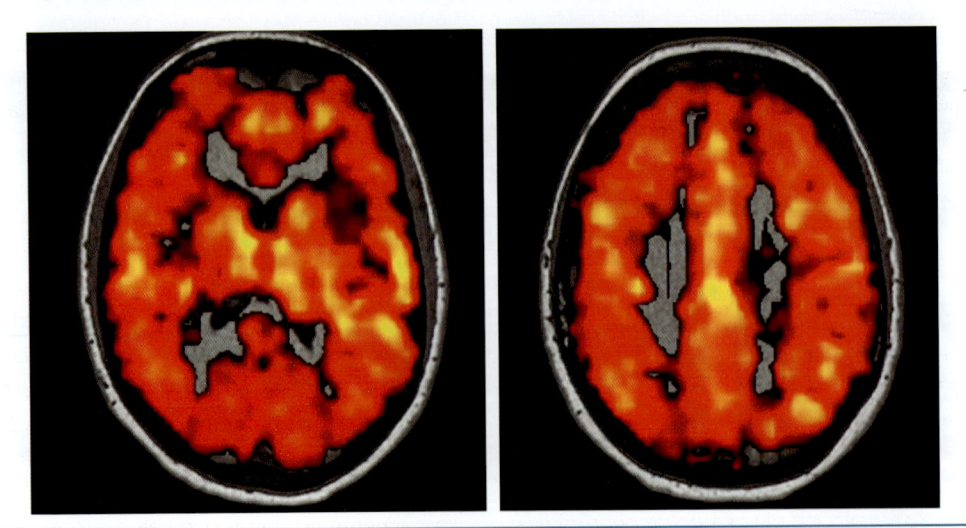

Figura 31.23 RMf BOLD-apneia com mapas de vasorreatividade cerebral normal.

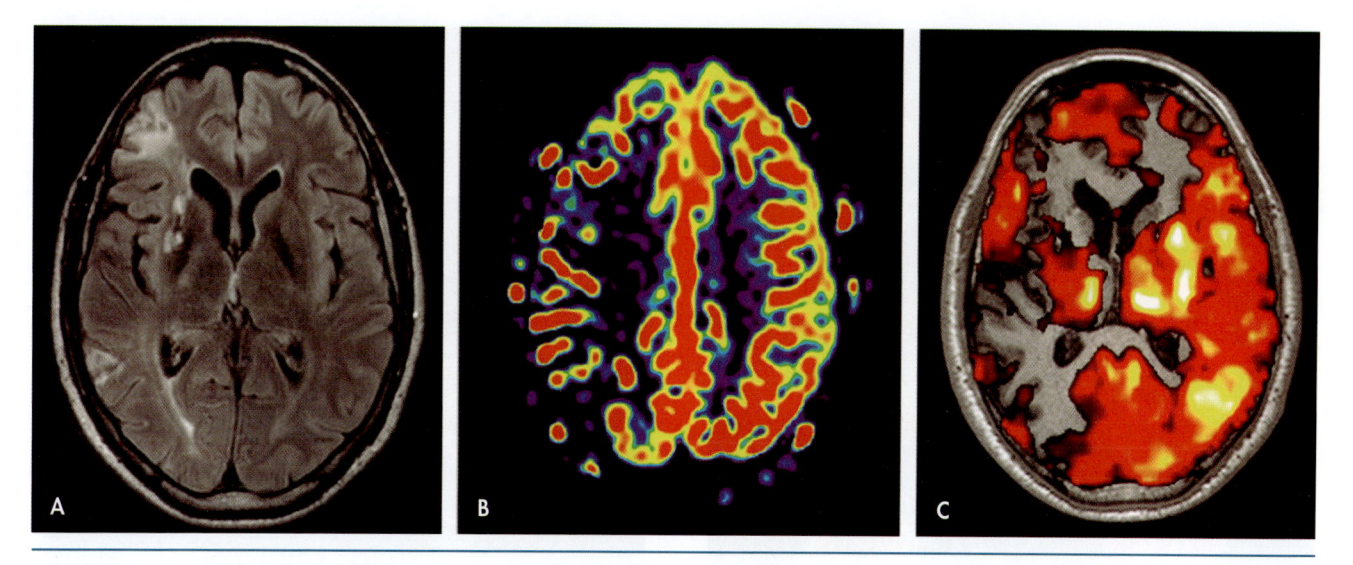

Figura 31.24 Paciente com oclusão da artéria cerebral média direita. **(A)** Imagem em T2 Flair mostra infartos isquêmicos crônicos em territórios de transição arterial no HCD. **(B)** Perfusão ASL mostra hipoperfusão no HCD, em territórios de transição arterial. **(C)** Mapa de vasorreatividade cerebral mostra falha na autorregulação vascular em grande parte do hemisfério cerebral direito (cérebro sob risco de infartos).

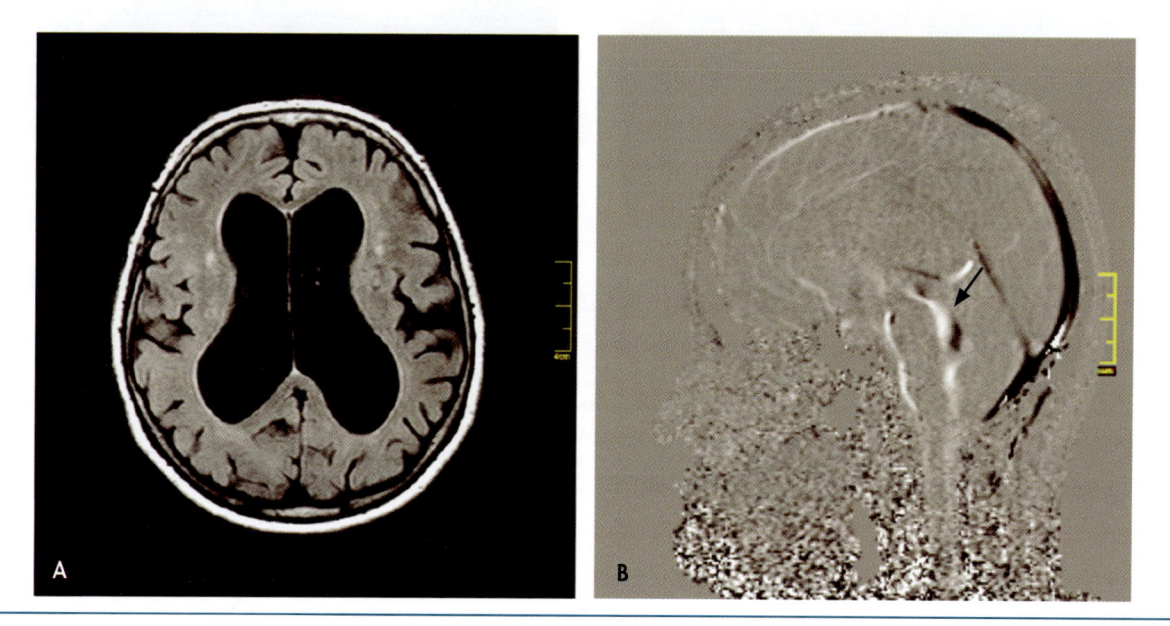

Figura 31.25 Hidrocefalia de pressão intermitente ou HPN. **(A)** Flair T2 mostra dilatação dos ventrículos. **(B)** Imagem no plano sagital mostrando movimento hipercinético do liquor no aqueduto cerebral em sístole e diástole. Foi constatado aumento da pressão de pulso liquórico no aqueduto cerebral em torno de 30 mL/min.

5. Tomografia por emissão de pósitrons – PET-SCAN

Assim como a ressonância magnética funcional (RMf), o PET-SCAN detecta modificações do fluxo sanguíneo e do metabolismo cerebral, empregando, entretanto, uma técnica diferente. No PET–SCAN, os pacientes recebem injeção de isótopos capazes de emitir pósitrons. O mais utilizado é o FDG (18F-2-fluoro-2-desoxiglucose). Sua captação pelo cérebro é proporcional ao consumo de glicose que, por sua vez, está intimamente associada ao funcionamento neuronal. Como a captação de glicose pelos neurônios é proporcional à sua atividade, a técnica permite estudar a atividade de áreas cerebrais específicas. Uma das indicações é o diagnóstico diferencial das doenças neurodegenerativas. A degeneração neuronal e a redução da atividade sináptica causam declínio do metabolismo de glicose nas partes afetadas do cérebro. Como este declínio ocorre, pelo menos incialmente, em áreas específicas do cérebro poupando outras, seguindo padrões específicos da evolução natural da doença, o PET pode auxiliar no diagnóstico diferencial. Na doença de Alzheimer, por exemplo, a hipocaptação ocorre inicialmente nos lobos parietais temporais e no giro do cíngulo posterior com preservação do córtex sensório-motor,

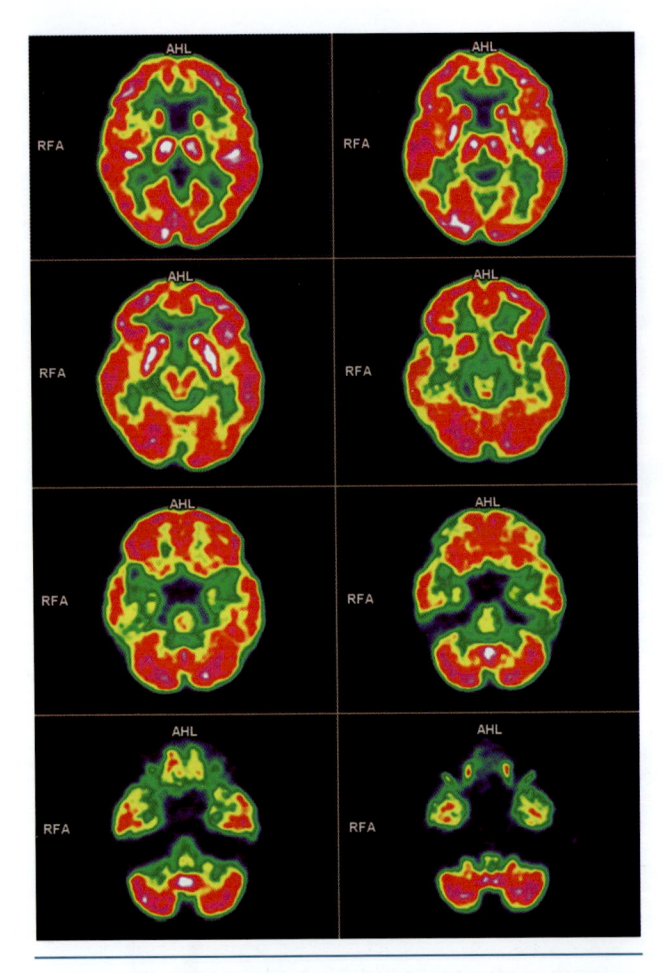

Figura 31.26 PETSCAN neurológico com FDG normal. Cortes axiais demonstram distribuição fisiológica do radiotraçador com captação relativamente preservada nas estruturas corticais e subcorticais. A captação é de maior intensidade na substância cinzenta (coloração vermelha), sendo máxima nos gânglios da base (coloração branca) e de menor intensidade na substância branca (coloração verde e azul).
Fonte: Cortesia do Dr. Fabio Esteves e Dr. Sandro Reichow.

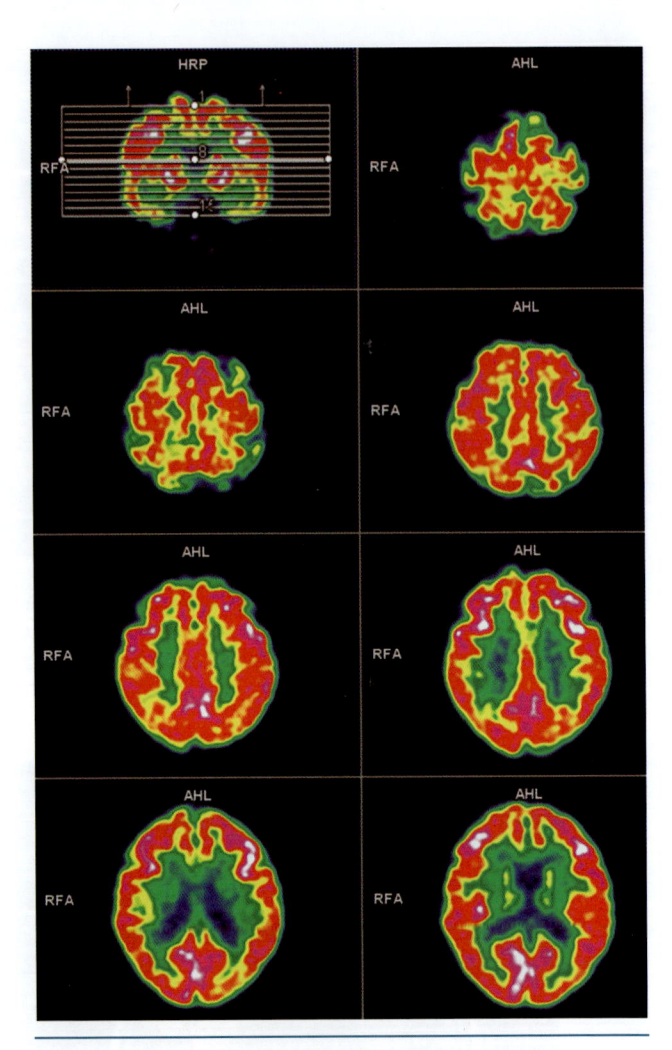

Figura 31.27 PETSCAN neurológico com FDG na doença de Alzheimer. Cortes axiais demonstram hipocaptação do radiotraçador nos lobos parietais e temporais bilaterais (coloração amarela e verde) com captação relativamente preservada nas demais estruturas corticais (coloração vermelha) e com captação mais intensa nas estruturas subcorticais (coloração branca).
Fonte: Cortesia do Dr. Fabio Esteves e Dr. Sandro Reichow.

córtex visual primário, tálamo, cerebelo e estriado. Na fase avançada, há a progressão dos achados iniciais com hipocaptação no lobo frontal e atrofia cortical moderada a severa. A técnica, no entanto, é limitada pelo alto custo do procedimento, longo tempo para realização e uso de material radioativo (**Figuras 31.26** e **31.27**).

6. Neuroimagem vascular do encéfalo

Avaliação dos vasos sanguíneos cerebrais pode ser feita por métodos invasivos ou não invasivos e permitem diagnosticar patologias como aneurismas, malformações arteriovenosas e obstruções vasculares como nos casos de acidentes vasculares encefálicos (AVE) isquêmicos.

6.1 Angiografia por subtração digital

A angiografia por subtração digital dos vasos cerebrais é um procedimento invasivo que possibilita a visualização direta do fluxo sanguíneo em tempo real e permite avaliar o detalhamento anatômico de pequenos vasos. É considerada o padrão-ouro, principalmente no diagnóstico de malformações arteriovenosas em que há uma conexão anormal entre artérias e veias e nos pequenos aneurismas, que podem não ser detectados por outros métodos. Apresenta, porém, custo elevado, menor disponibilidade e, sendo invasiva, gera maior risco de complicações pelo uso do cateter endovascular. Sua utilização hoje se concentra na realização de procedimentos terapêuticos como a trombólise após acidentes vasculares encefálicos (AVEs) embólico, até 3 a 6 horas após sua instalação, e embolização das malformações arteriovenosas e pequenos aneurismas.

6.2 Angiotomografia

A angiotomografia é um método não invasivo de maior disponibilidade, que utiliza doses menores de radiação e permite a aquisição de imagens tão resolutivas quanto as obtidas pela angiografia convencional por cateterismo. Além da rapidez do procedimento, utiliza menos contraste, dispensa o uso de cateter e permite reconstrução tridimensional em todos os planos. É um método mais disponível e mais rápido. Atualmente integra os protocolos de AVE isquêmicos agudos em serviços de emergência, possibilitando a intervenção precoce para reverter ou minimizar o déficit neurológico (**Figuras 31.28A** e **B**) e possibilita a visualização de aneurismas (**Figura 18.11**).

6.3 Angiorressonância

A angiorressonância magnética é um método diagnóstico totalmente não invasivo que, ao contrário da angiotomografia, não utiliza radiação e não necessita do uso de contrastes, na maior parte dos casos. Quando utilizados, a quantidade é menor do que a utilizada na angiotomografa e faz o sangue no interior do vaso sanguíneo mostrar sinal alto (brilho) (**Figuras 18.4**, **18.8**, **18.9**, **18.12** e **31.29**).

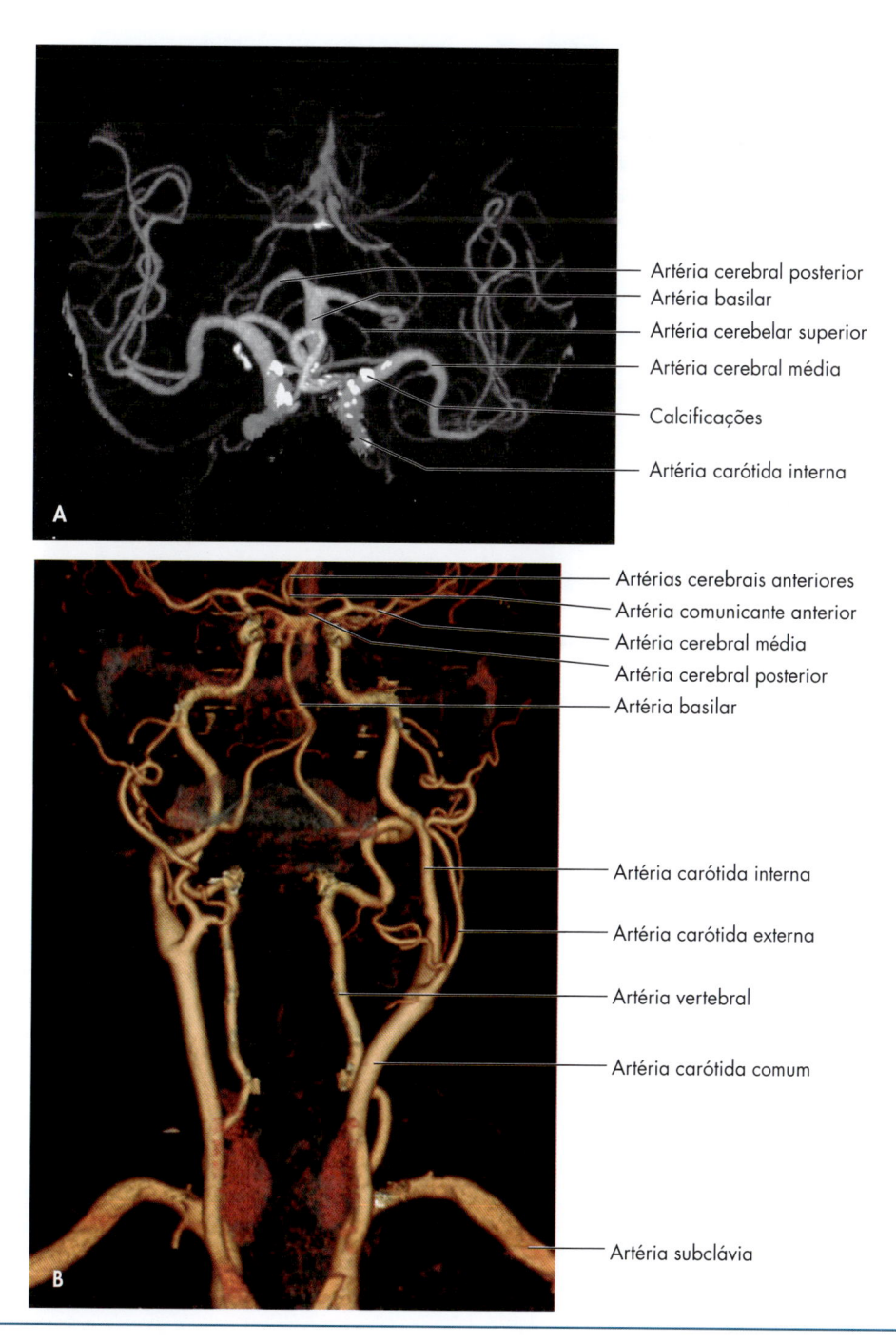

Figura 31.28 **(A)** Angiotomografia computadorizada cerebral normal; e **(B)** angiotomografia computadorizada de carótidas e vertebrais em paciente normal. Comparar com a figura esquemática 18.2.

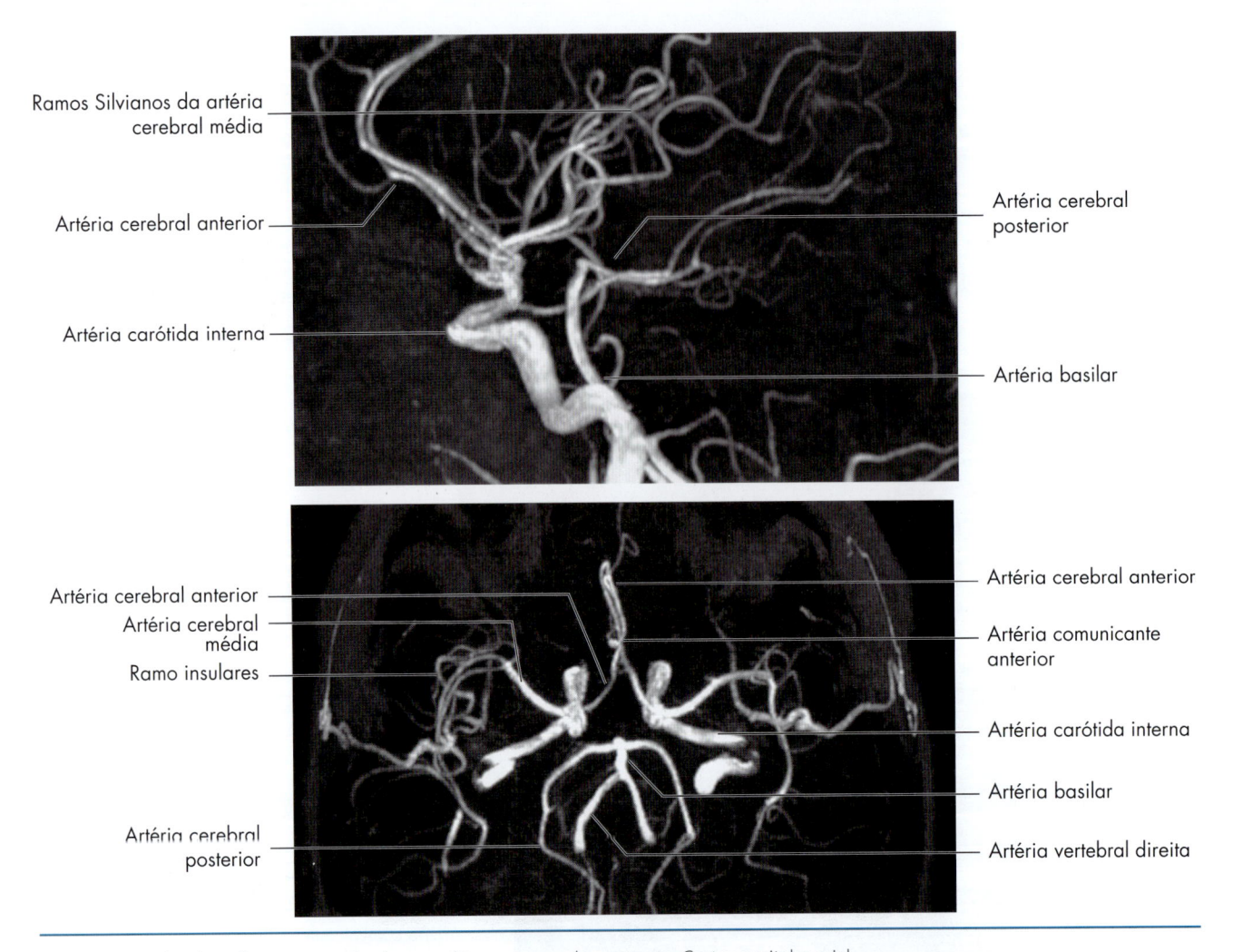

Figura 31.29 Angiografia por ressonância magnética sem uso de contraste. Cortes sagital e axial.

capítulo 32

Atlas de Secções de Cérebro

Este Atlas tem como objetivo orientar o aluno no estudo da estrutura do cérebro, complementando as descrições e as ilustrações inseridas no texto. As figuras são fotografias de fatias espessas de cérebro coradas pelo método de Barnard, Roberts e Brown. Neste método, a substância cinzenta se cora em azul, pois sobre ela forma-se o azul-da-prússia.

Para facilitar a compreensão, cada figura é acompanhada de um pequeno desenho, onde está indicado o nível do corte.

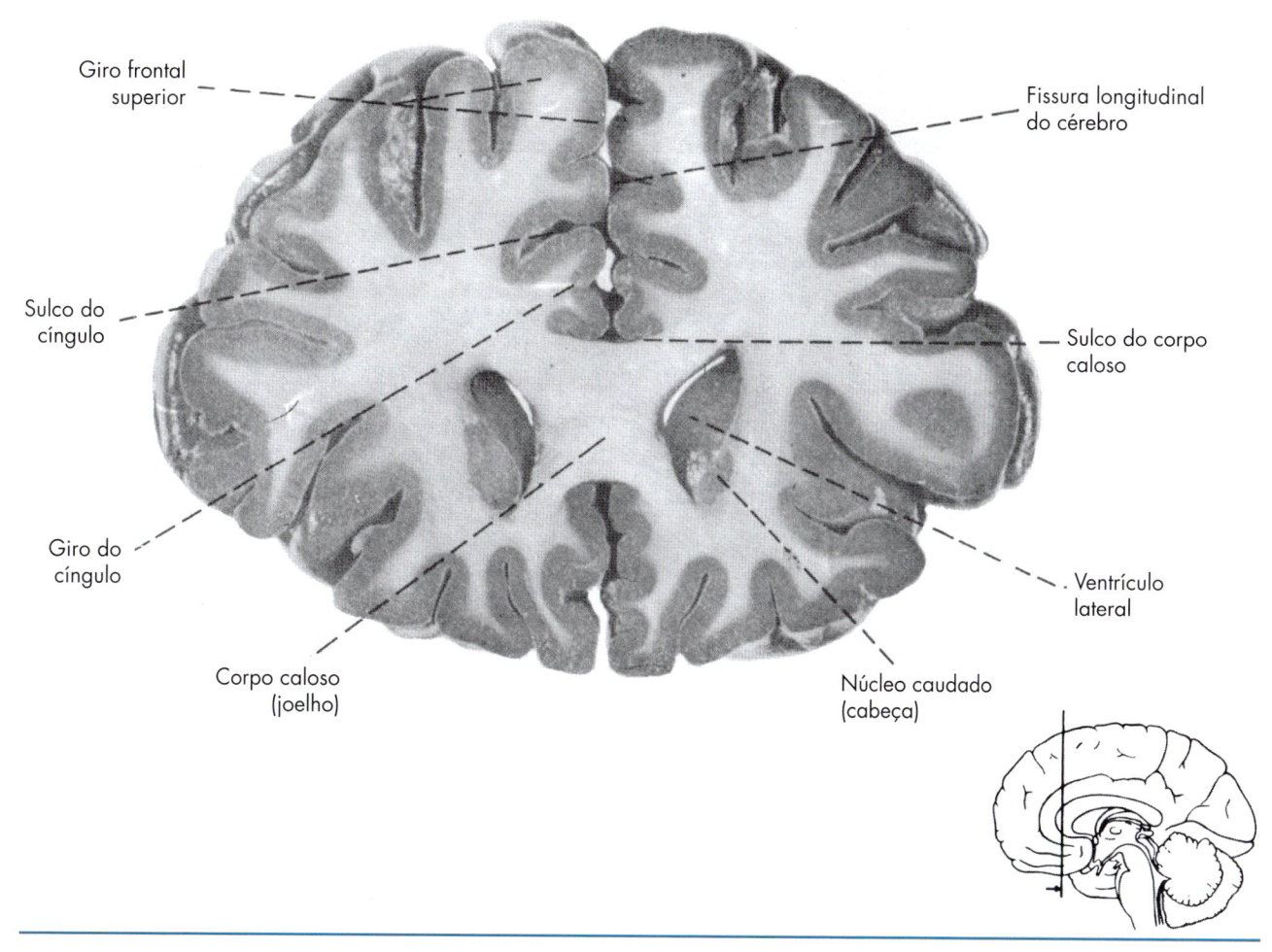

Figura 32.1 Secção frontal de cérebro passando pelo corno anterior dos ventrículos laterais e joelho do corpo caloso.

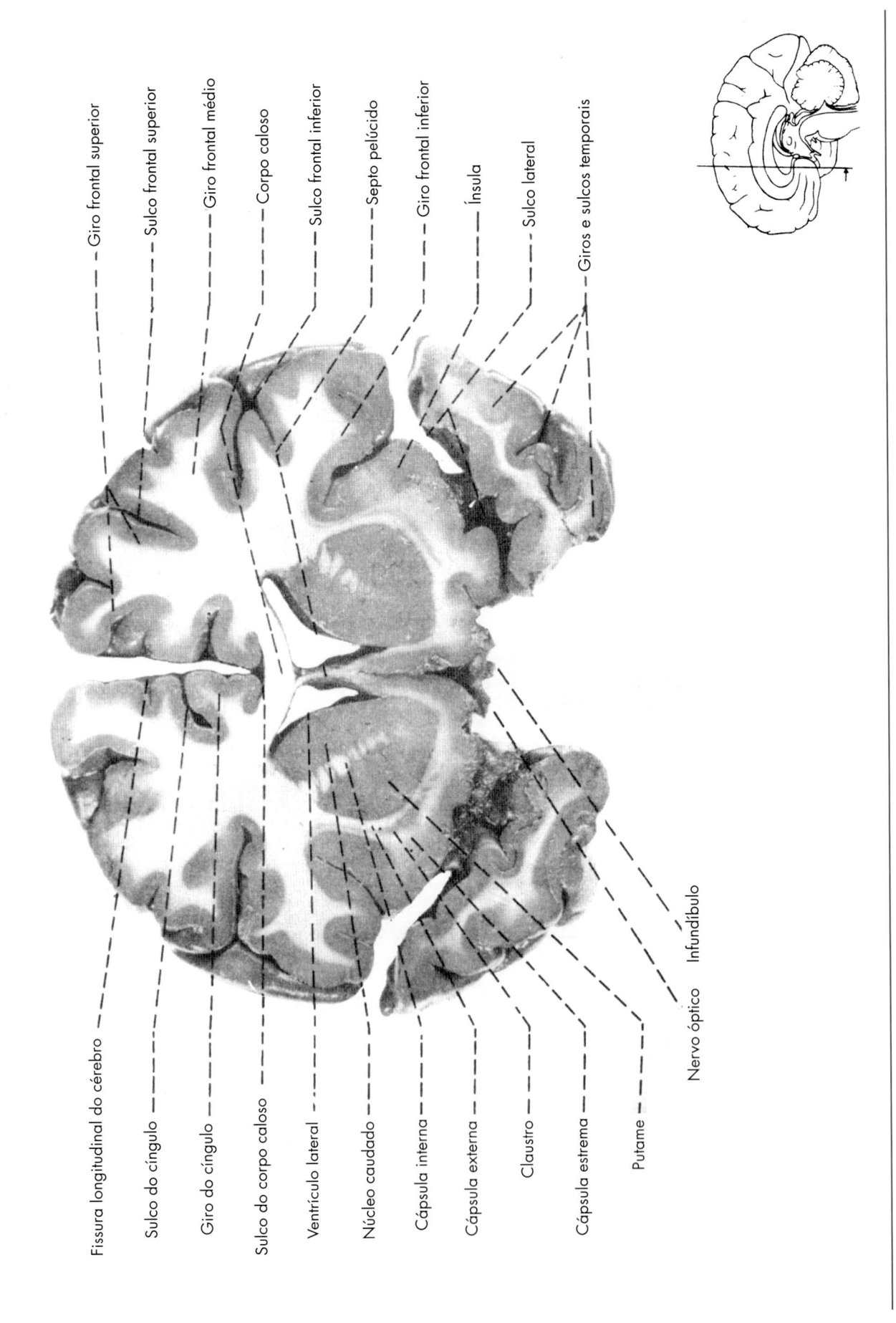

Figura 32.2 Secção frontal de cérebro passando pela parte anterior do corpo estriado.

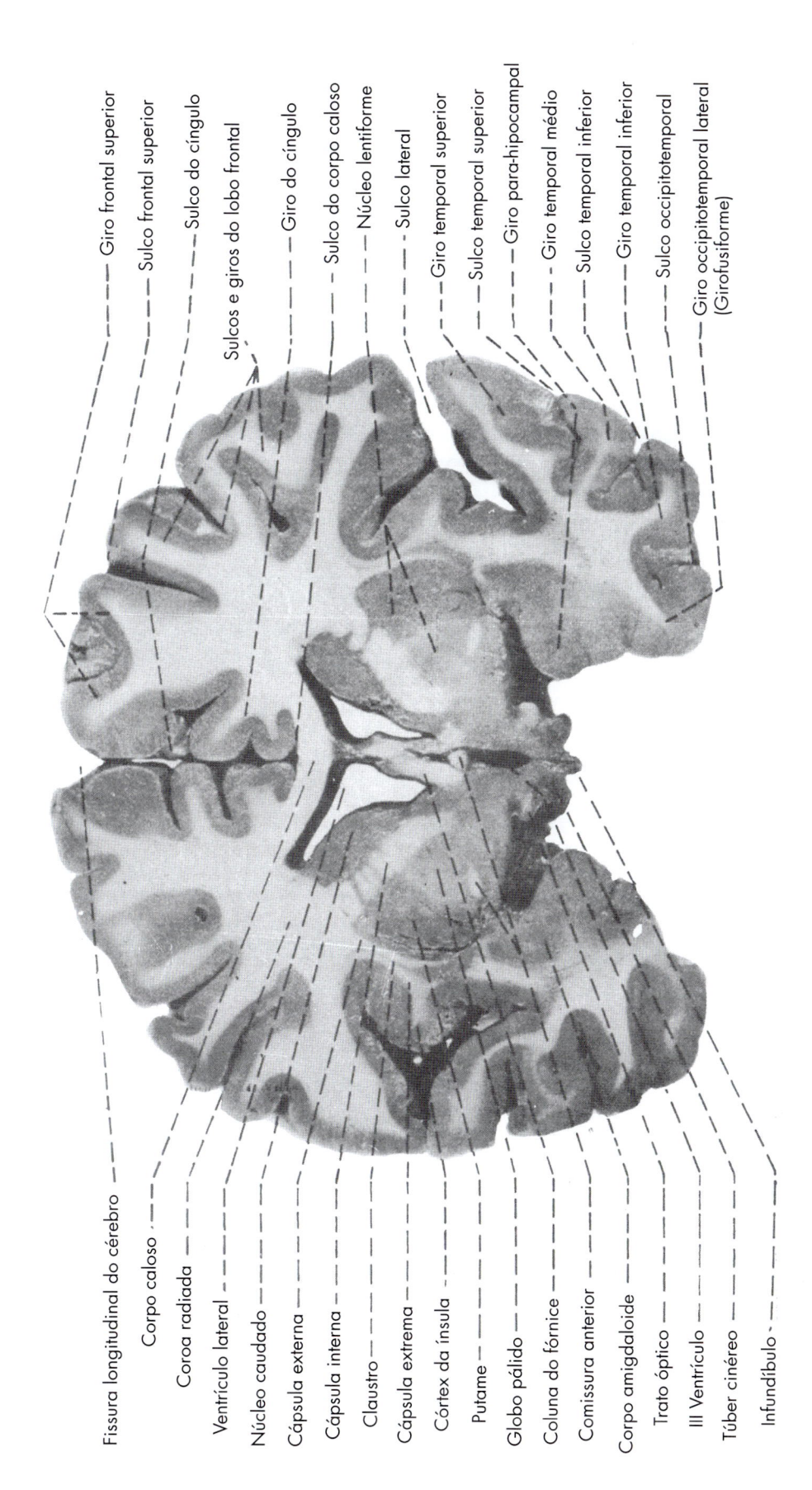

Figura 32.3 Secção frontal de cérebro passando pela comissura anterior.

Labels (topo, da esquerda para a direita / cima para baixo):
- Giro frontal superior
- Sulco frontal superior
- Sulco do cíngulo
- Sulcos e giros do lobo frontal
- Giro do cíngulo
- Sulco do corpo caloso
- Núcleo lentiforme
- Sulco lateral
- Giro temporal superior
- Sulco temporal superior
- Giro para-hipocampal
- Giro temporal médio
- Sulco temporal inferior
- Giro temporal inferior
- Sulco occipitotemporal
- Giro occipitotemporal lateral (Girofusiforme)

Labels (inferior):
- Fissura longitudinal do cérebro
- Corpo caloso
- Coroa radiada
- Ventrículo lateral
- Núcleo caudado
- Cápsula externa
- Cápsula interna
- Claustro
- Cápsula extrema
- Córtex da ínsula
- Putame
- Globo pálido
- Coluna do fórnice
- Comissura anterior
- Corpo amigdaloide
- Trato óptico
- III Ventrículo
- Túber cinéreo
- Infundíbulo

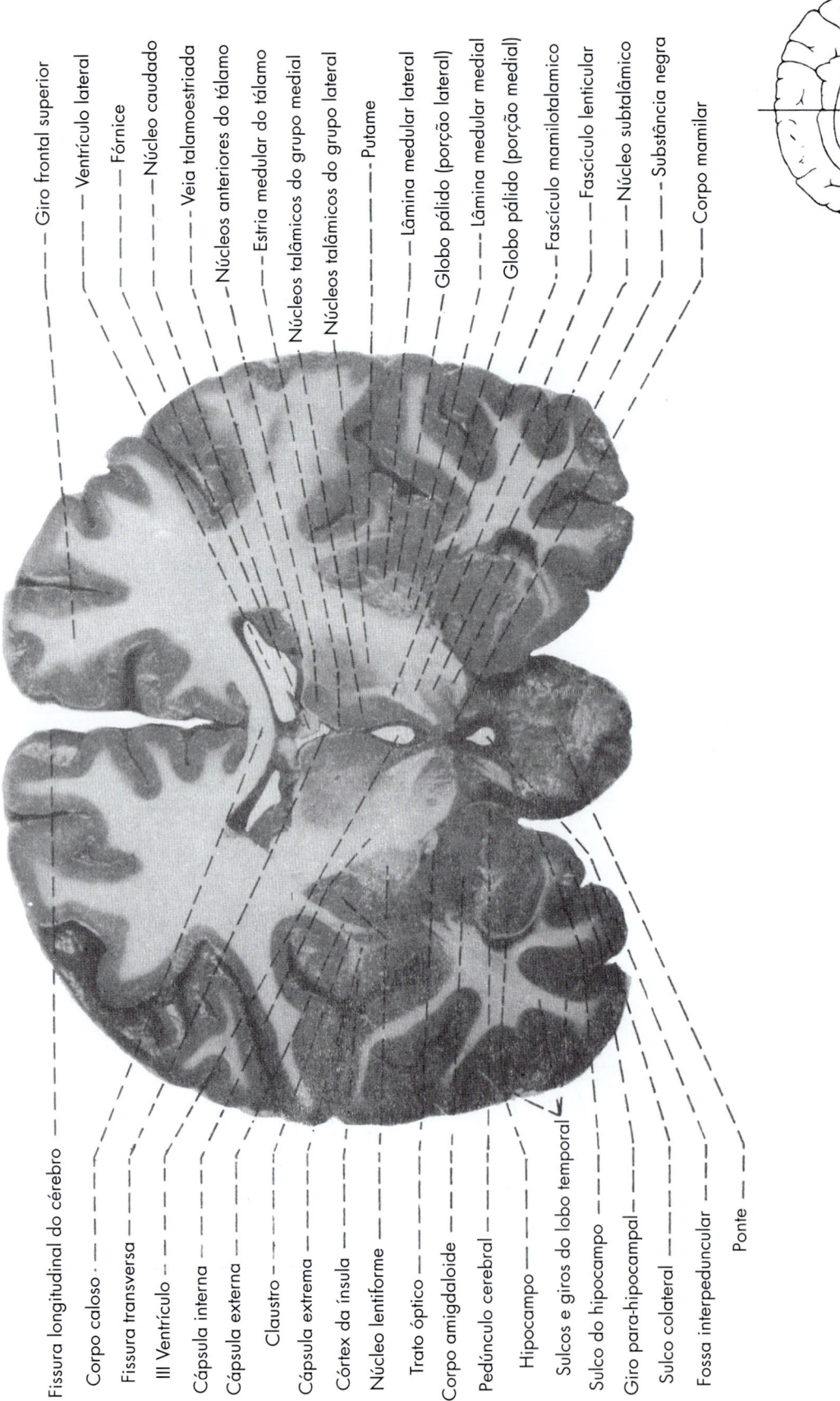

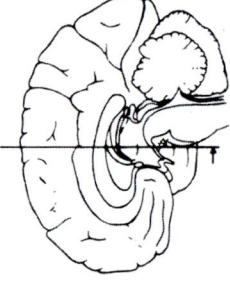

Figura 32.4 Secção frontal de cérebro passando pelo tubérculo anterior do tálamo e pelo subtálamo.

Labels (top group):
- Giro frontal superior
- Ventrículo lateral
- Fórnice
- Núcleo caudado
- Veia talamoestriada
- Núcleos anteriores do tálamo
- Estria medular do tálamo
- Núcleos talâmicos do grupo medial
- Núcleos talâmicos do grupo lateral
- Putame
- Lâmina medular lateral
- Globo pálido (porção lateral)
- Lâmina medular medial
- Globo pálido (porção medial)
- Fascículo mamilotalâmico
- Fascículo lenticular
- Núcleo subtalâmico
- Substância negra
- Corpo mamilar

Labels (bottom group):
- Fissura longitudinal do cérebro
- Corpo caloso
- Fissura transversa
- III Ventrículo
- Cápsula interna
- Cápsula externa
- Claustro
- Cápsula extrema
- Córtex da ínsula
- Núcleo lentiforme
- Trato óptico
- Corpo amigdaloide
- Pedúnculo cerebral
- Hipocampo
- Sulcos e giros do lobo temporal
- Sulco do hipocampo
- Giro para-hipocampal
- Sulco colateral
- Fossa interpeduncular
- Ponte

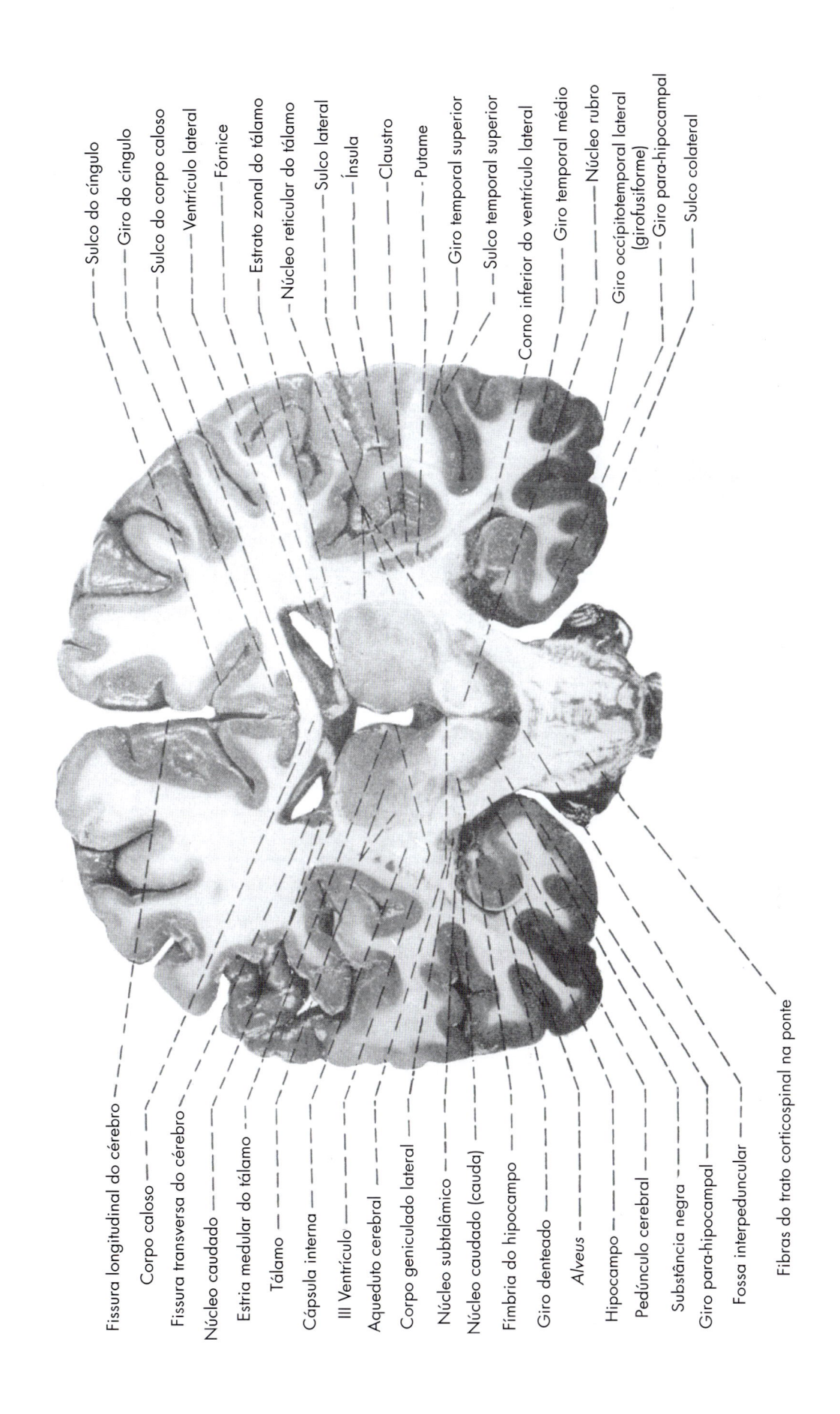

Figura 32.5 Secção frontal de cérebro passando pela parte posterior do tálamo.

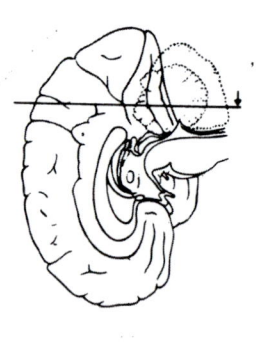

Figura 32.6 Secção frontal de cérebro passando pelo corno posterior dos ventrículos laterais.

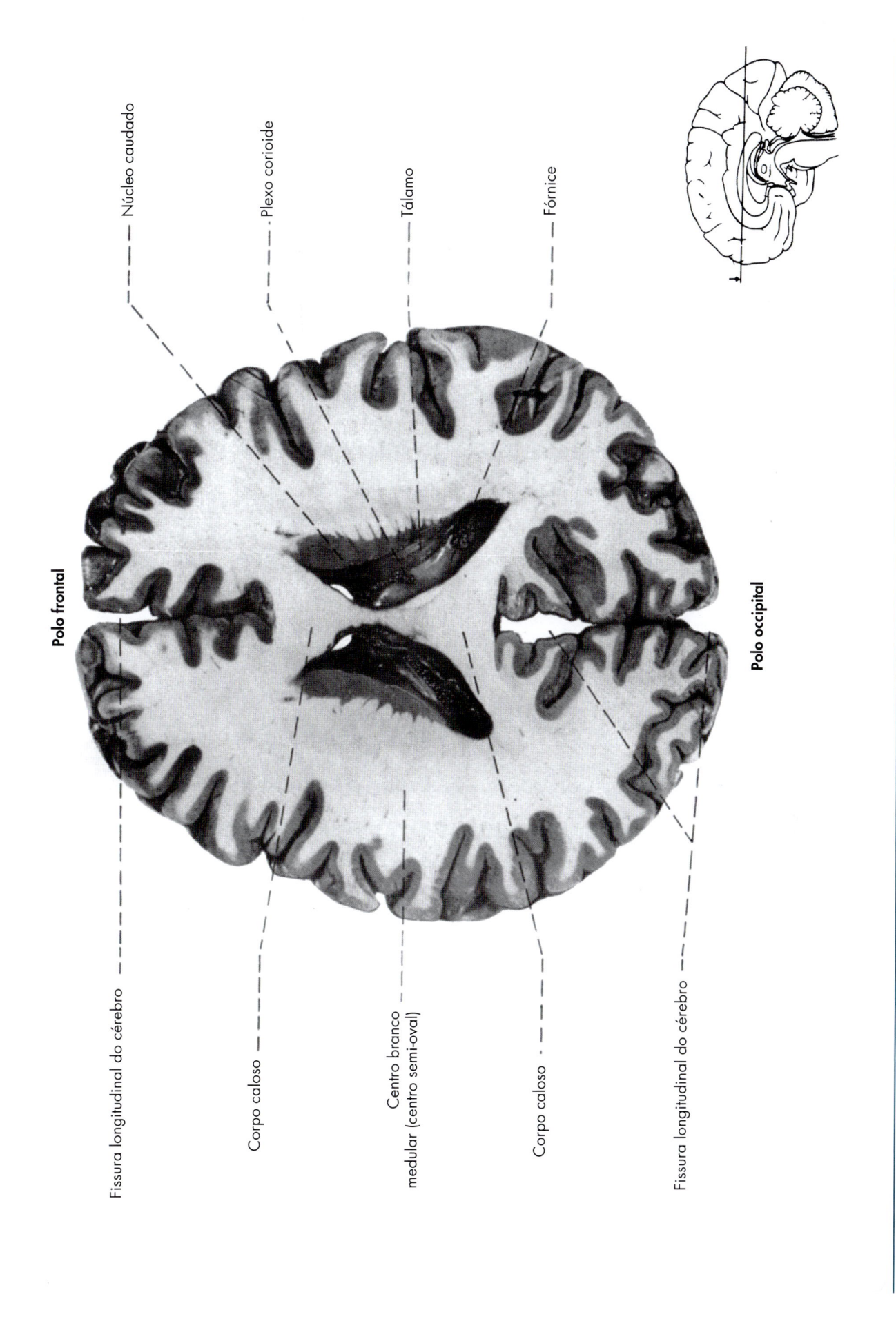

Figura 32.7 Secção horizontal de cérebro passando pelo tronco do corpo caloso.

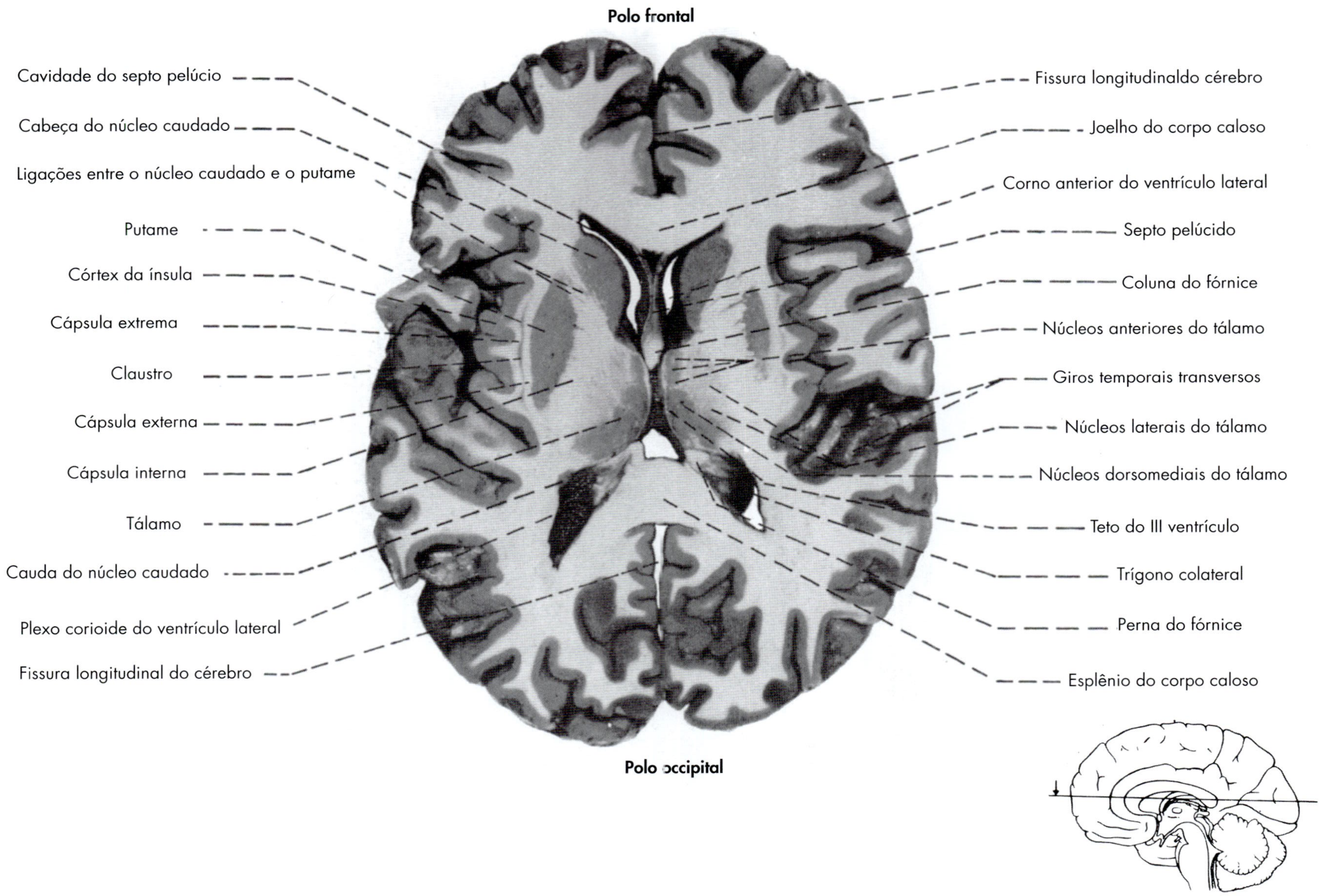

Figura 32.8 Secção horizontal de cérebro ao nível da fissura transversa do cérebro.

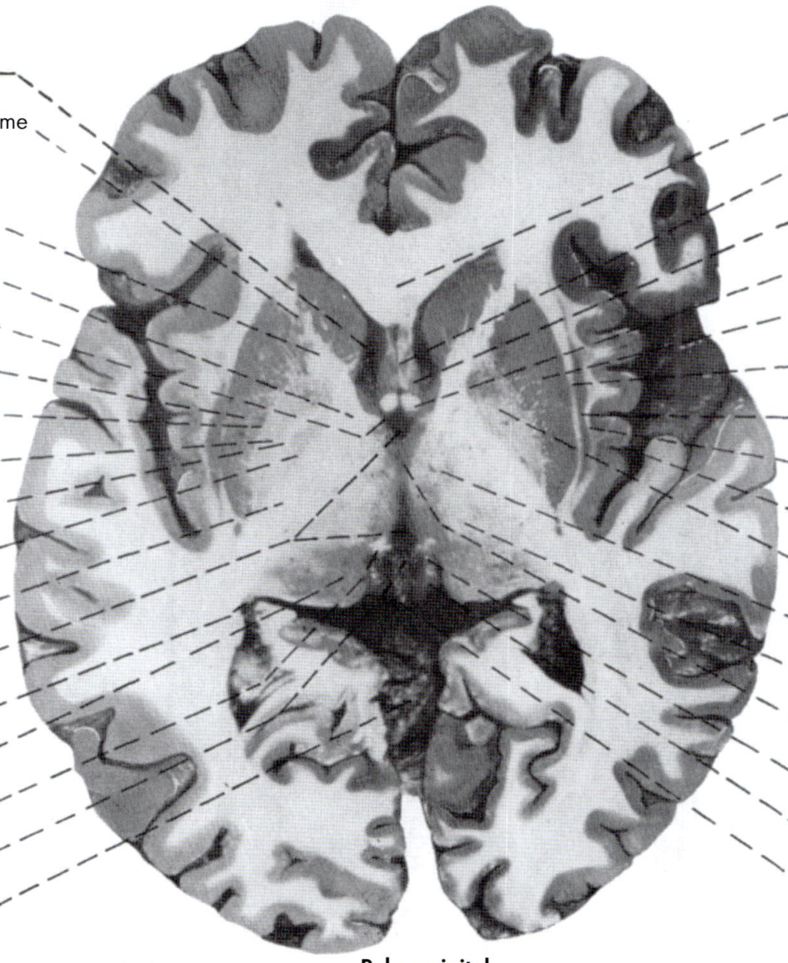
Polo frontal
Ventrículo lateral
Ligações entre o núcleo caudado e o putame
Cápsula interna (perna anterior)
Cápsula interna (joelho)
Forame interventricular
Putame
Lâmina medular lateral
Globo pálido (porção lateral)
Lâmina medular medial
Globo pálido (porção medial)
Cápsula interna (perna posterior)
III Ventrículo
Cauda do núcleo caudado
Pulvinar do tálamo
Fascículo retroflexo
Comissura das habênulas
Cerebelo
Corpo caloso (rostro)
Cavidade do septo pelúcido
Septo pelúcido
Coluna do fórnice
Putame
Cápsula externa
Claustro
Cápsula extrema
Córtex da ínsula
Globo pálido
Fascículo mamilotalamico
Tálamo
Aderência intertalâmica
Núcleos da habênula
Colículo superior
Corpo pineal
Polo occipital

Figura 32.9 Secção horizontal de cérebro ao nível do forame interventricular.

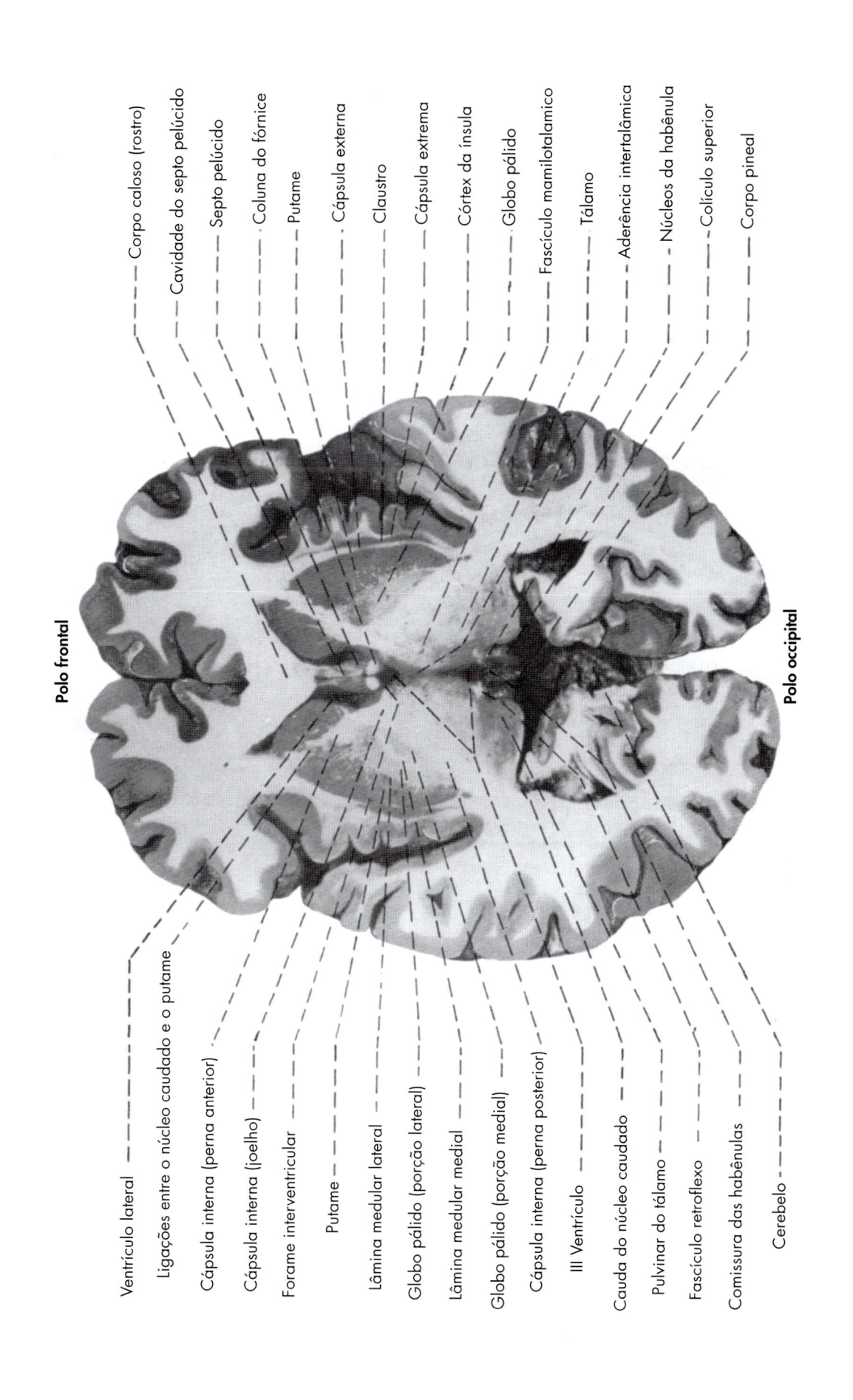

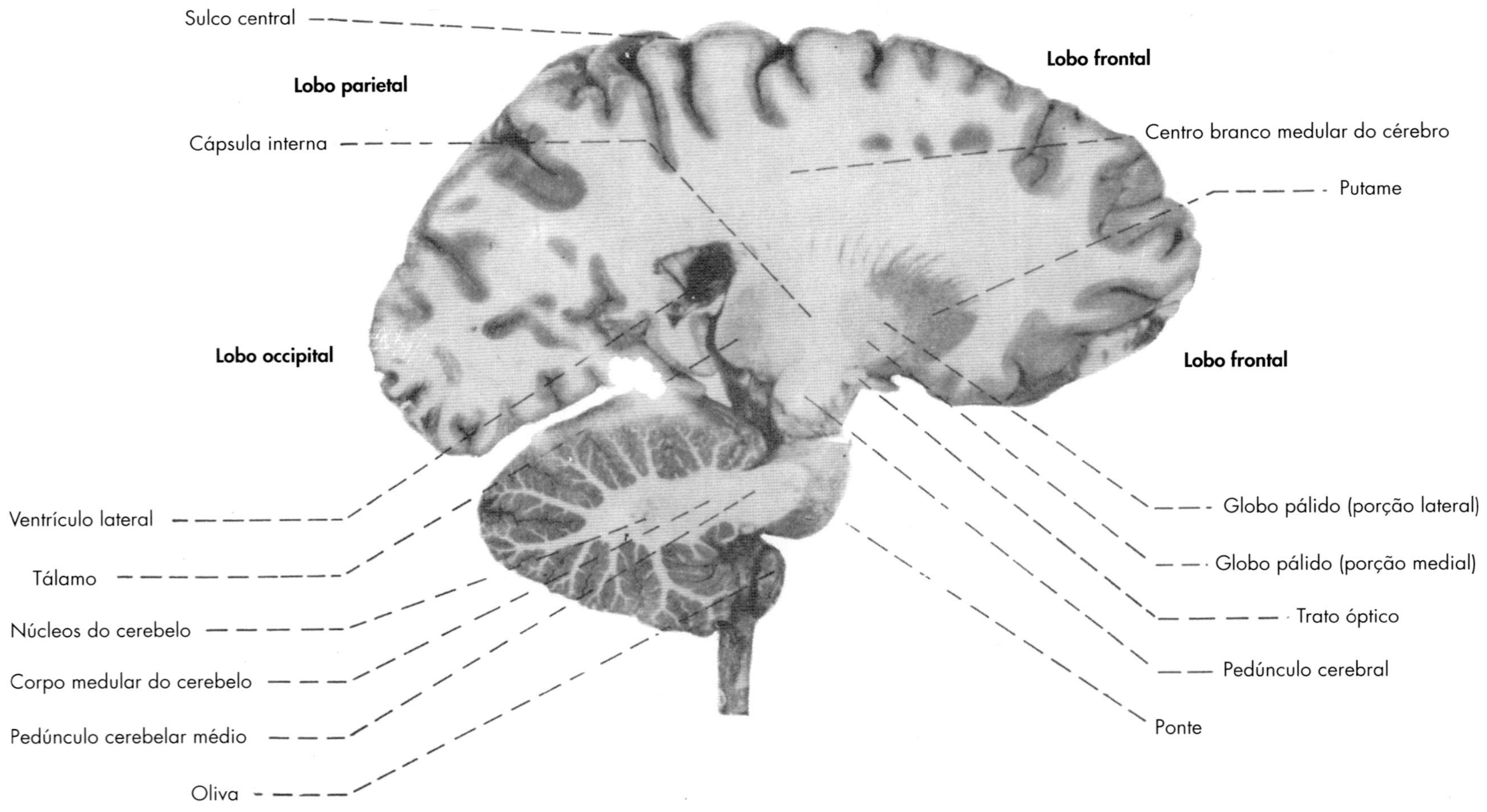

Figura 32.10 Secção sagital de encéfalo.

Referências Bibliográficas

ADAMASZEK, M. et al. Consensus paper: cerebellum and emotion. *Cerebellum*, v. 16, n. 2, p. 552-576, 2017.

ALEXANDER, G. E.; CRUTCHER, M. D.; DELONG, M. R. Basal ganglia-thalamocortical circuits: parallel substrates for motor, oculomotor, "prefrontal" and "limbic" functions. *Prog. Brain Res*, v. 85, p. 119-146, 1990. Doi:10.1016/s0079-6123(08)62678-3.

AMARAL, D. G.; SCHUMANN, C. M.; NORDAHL, C.W. Neuroanatomy of autism. *Trends in Neurosciences*, v. 31, n. 3, p. 137-145, 2008.

AMUNTS, K.; ZILLES, K. Architetonic Mapping of the Human Brain beyond Brodmann. *Neuron*, v. 88, n. 6, p. 1086-1107, 2015.

ANTONIO, V. E. *Neurociências*: diálogos e interseções. Rio de Janeiro: Rubio, 2012.

AZEVEDO, F. A. C. et al. Equal numbers of neuronal and nonneuronal cells make the human brain an isometrically scaled-up primate brain. *The Journal of Comparative* Neurology, v. 513, n. 5, p. 532-541, 2009.

BASU, J.; SIEGELBAUM S. A. The corticohippocampal circuit, synaptic plasticity, and memory. *Cold Spring Harbor Perspectives in Biology*, v. 7, n. 11, p. 1-27, 2015.

BEAR, M. F.; CONNORS, B. W.; PARADISO, M. A. *Neurociências*: Desvendando o Sistema Nervoso. 4. ed. Porto Alegre: Artmed, 2017.

BENES, F. M. Neurobiological investigations in cingulate cortex of schizophrenic brain. *Schizophrenia Bulletin*, v. 19, n. 3, p. 537-549, 1993.

BJUGN, R.; GUNDERSEN. H. J. Estimate of the total number of neurons and glial and endothelial cells in the rat spinal cord by means of the optical disector. *Journal of Comparative Neurology*, v. 328, n. 3, p. 406-414, 1993.

BODRANGHIEN, F. et al. Consensus paper: revisiting the symptoms and signs of cerebelar syndrome. *Cerebellum*, v. 15, n. 3, p. 369-391, 2016.

BOSTAN, A. C.; STRICK, P. L. The basal ganglia and the cerebellum: nodes in an integrated network. *Nature Reviews Neuroscience*, v. 19, p. 338-350, 2018.

BRAUER, J. et al. Dorsal and ventral pathways in language development. *Brain and Language*, v. 127, n. 2, p. 289-295, 2013.

BROCK, R. S.; ADONI, T. *Neurologia e neurocirurgia*. Rio de Janeiro: Atheneu, 2008.

BROWN, T. I. et al. Prospective representation of navigational goals in the human hippocampus. *Science*, v. 352, n. 6291, p. 1323-1326, 2016.

CALEB JÚNIOR. *Livro-texto farmacologia*. Rio de Janeiro: Atheneu, 2020.

CHUNG, W. S.; ALLEN, N. J.; EROGLU, C. Astrocytes control synapse formation, function, and elimination. *Cold Spring Harbor Perspectives in Biology*, v. 7, n. 9, p. 1-18, 2015.

COLLOCA, L. et al. Neuropathic pain. *Nature Reviews Disease Primers*, v. 3, n. 1, p. 1-45, 2017.

DAVERN, P. J. A role for the lateral parabrachial nucleus in cardiovascular function and fluid homeostasis. *Frontiers in Physiology*, v. 5, p. 1-7, 2014.

DEVINSKY, O. et al. Glia and epilepsy: excitability and inflammation. *Trends in Neurosciences*, v. 36, n. 3, p. 174-184, 2013.

DICK, A. S.; TREMBLAY, P. Beyond the arcuate fasciculus: consensus and controversy in the connectional anatomy of language. *Brain*, v. 135, n. 12, p. 3529-3550, 2012.

DICKE, U.; ROTH, G. Neuronal factors determining high intelligence. *Philosophical Transactions of the Royal Society B: Biological Sciences*, v. 371, n. 1685, p. 1-9, 2016.

ELSAYED, M.; MAGISTRETTI, P. J. A new outlook on mental illnesses: Glial involvement beyond the glue. *Frontiers in Cellular Neuroscience*, v. 9, p. 1-20, 2015.

EVRARD, H. C. The Organization of the Primate Insular Cortex. *Frontiers in Neuroanatomy*, v. 13, p. 1-21, 2019

FALK, D.; LEPORE, E.; NOE, A. The cerebral cortex of Albert Einstein: a description and preliminary analysis of unpublished photographs. *Brain*, v. 136, p. 1304-1327, 2013.

HERCULANO-HOUZEL, S. The human brain in numbers. *Frontiers in Human Neuroscience.*, v. 3, p. 1-11, 2009.

FEINBERG, I. Schizophrenia: caused by a fault in programmed synaptic elimination during adolescence? *Journal of Psychiatric Research*, v. 17, n. 4, p. 319-324, 1983.

FRIEDERICI, A. D. Pathways to language: fiber tracts in the human brain. *Trends in Cognitive Sciences*, v. 13, n. 4, p. 175-181, 2009.

GAGLIARDI, R. J.; TAKAYANAGUI, O. M. *Tratado de neurologia da Academia Brasileira de Neurologia*. 2. ed. Rio de Janeiro: Elsevier, 2019.

GAZZANINGA, M. S.; IVRY, R. B.; MANGUN, G. R. *Cognitive neuroscience*: the biology of the mind. 5. ed. Londres: Norton & Company, 2018.

GLANTZ, L. A.; LEWIS, D. A. Decreased dendritic spine density on prefrontal cortical pyramidal neurons in schizophrenia. *JAMA Psychiatry*, v. 57, n. 1, p. 65-73, 2000.

GRAEFF, F. G.; DEL-BEM C. M. Neurobiology of Panic Disorder: from animal models to brain neuroimaging. *Neuroscience and Biobehavioral Reviews*, v. 32, n. 7, p. 1326-1335, 2008.

GUR, R. E. et al. Reduced dorsal and orbital prefrontal gray matter volumes in schizophrenia. *JAMA Psychiatry*, v. 57, n. 8, p. 761-768, 2000.

HAINES, D. E. *Fundamental neuroscience for basic and clinical applications*. 5. ed. Philadelphia: Elsevier, 2017.

HERCULANO-HOUZEL, S. The glia/neuron ratio: How it varies uniformly across brain structures and species and what that means for brain physiology and evolution. *Glia*, v. 62, n. 9, p. 1377-1391, 2014.

HICKOK, G.; POEPPEL, D. The cortical organization of speech processing. *Nature Reviews Neuroscience*, v. 8, n. 5, p. 393-402, 2007.

HILGETAG, C.C.; Barbas, H. Are there ten times more glia than neurons in the brain? *Brain Structure and Function*, v. 213, n. 4-5, p. 365-366, 2009.

HONG, S.; STEVENS, B. Microglia: phagocytosing to clear, sculpt and eliminate. *Developmental cell*, v. 38, n. 2, p. 126-128, 2016.

IONONI, G.; CIRELLI, C. Sleep and the price of plasticity: from synaptic and cellular homeostasis to memory consolidation and integration. *Neuron*, v. 81, n. 1, p. 12-34, 2014.

IZQUIERDO, I. *Memória*. 3. ed. Porto Alegre: Artmed, 2018.

KAMBEITZ, J. et al. Alterations in cortical and extrastriatal subcortical dopamine function in schizophrenia: systematic review and meta-analysis of imaging studies. *The British Journal of Psychiatry*, v. 204, n. 6, p. 420-429, 2014.

KANDEL, E. R. et al. *Principles of Neural Science*. 6. ed. Nova York: Mc Graw Hill, 2021.

KREBS, C. et al. *Lippincott illustrated reviews*: neuroscience. 2. ed. Philadelphia: Wolters Kluwer Health, 2017.

KRYGER, M. H.; ROTH, T.; DEMENT, W. C. *Principles and of sleep medicine*, 6. ed. Philadelphia: Elsevier, 2017.

KUNER, R.; FLOR, H. Structural plasticity and reorganization in chronic pain. *Nature Reviews Neuroscience*, v. 18, n. 1, p. 20-30, 2017.

LENT, R. *Cem bilhões de neurônios?* Conceitos fundamentais de neurociência. 2. ed. Rio de Janeiro: Atheneu, 2010.

LENT, R. *Neurociência da mente e do comportamento*. Rio de Janeiro: Guanabara Koogan, 2008.

LIDDELOW, S. A. et al. Neurotoxic reactive astrocytes are induced by activated microglia. *Nature*, v. 541, p. 481-487, 2016.

LIEBERMAN, J. A. et al. Effectiveness of antipsychotic drugs in patients with chronic schizophrenia. *The New England Journal of Medicine*, v. 353, n. 12, p. 1209-1223, 2005.

LIU, A. K. L. et al. Nucleus basalis of Meynert revisited: anatomy, history and differential involvement in Alzheimer's and Parkinson's disease. *Acta Neuropathologica*, v. 129, n. 4, p. 527-540, 2015.

LU, H. C.; MACKIE, K. An Introduction to the Endogenous Cannabinoid System. *Biological Psychiatry*, v. 79, n. 6, p. 516-525, 2016.

LUN, M. P.; MONUKI, E. S.; LEHTINEN M. K. Development and functions of the choroid plexus-cerebral fluid system. *Nature Reviews Neuroscience*, v. 16, n. 8, p. 445-457, 2015.

MA, Z. et al. Neuromodulators signal through astrocytes to alter neural circuit activity and behavior. *Nature*, v. 739, n. 7629, p. 428-432, 2016.

MARTIN, S. J.; GRIMWOOD, P. D.; MORRIS, R. G. Synaptic plasticity and memory: an evaluation of the hypothesis. *Annual Review of Neuroscience*, v. 23, p. 649-711, 2000.

MARTINS JR, C. R. et al. *Semiologia neurológica*. Rio de Janeiro: Thieme Revinter, 2016.

MAY, J. K.; PAXINUS, G. *The human nervous system*. 3. ed. Oxford: Elsevier, 2011.

MELZACK, R.; WALL, P. D. Pain Mechanisms: A New Theory. *Science*, v. 150, n. 3699, p. 971-979, 1965.

MESULAM, M. M. *Principles of behavioral and cognitive neurology*. 2. ed. Nova York: Oxford University Press, 2000.

MILARDI, D. et al. The Cortico-Basal Ganglia-Cerebellar Network: Past, Present and Future Perspectives. *Frontiers in Systems Neuroscience*, v. 13, p. 1-14, 2019.

NAMBOODIRI V. M. K.; ROMAGUERA J. R.; STUBER, G. D. The habenula. *Primer*, v. 26, n. 19, p. 873-877, 2016.

POEPPEL, D. The neuroanatomic and neurophysiological infrastructure for speech and language. *Current Opinion in Neurobiology*, v. 28, p. 142-149, 2014.

PRICE, C. J. A review and synthesis of the first 20 years of PET and fMRI studies of heard speech, spoken language and reading. *NeuroImage*, v. 62, n. 2, p. 816-847, 2012.

PURVES, D. et al. *Neuroscience*. 6. ed. Oxford: Oxford University Press, 2017.

RASO, P.; TAFURI, W.L. O peso do encéfalo normal no adulto brasileiro. *Anais da Faculdade de Medicina da Universidade Federal de Minas Gerais*, n. 20, p. 231-241, 1960.

RU-RONG, J.; CHAMESSIAN, A.; YU-QIU, Z. Pain regulation by non-neuronal cells and inflammation. *Science*, v. 354, n. 6312, p. 572-577, 2016.

SADTLER, P. T. et al. Neural constraints on learning. *Nature*, v. 512, n. 7515, p. 423-426, 2014.

SANVITO, W. L. *Propedêutica neurológica básica*. Rio de Janeiro: Atheneu, 2010.

SCHAFER, D. P.; STEVENS, B. Microglia function in central nervous system development and plasticity. *Cold Spring Harbor Perspectives in Biology*, v. 7, n. 10, p. 1-18, 2015.

SCHMAHMANN, J. D.; PANDYA, D. N. Fiber Pathways of the Brain. Nova York: Oxford University Press, 2006.

SESTIERI, C.; SHULMAN, G. L.; CORBETTA, M. The contribution of the human posterior parietal cortex to episodic memory. *Nature Reviews Neuroscience*, v. 18, n. 3, p. 183-192, 2017.

SIEGEL, A.; SARAU, H. N. *Essential Neuroscience*. 4. ed. Philadelphia: Wolters Kluwer Health, 2018.

SKEIDE, M. A.; FRIEDERICI, A. D. The ontogeny of the cortical language network. *Nature Reviews Neuroscience*, v. 17, n. 5, p. 323-332, 2016.

SMYTHIES, J.; EDELSTEIN, L.; RAMACHANDRAM, V. Hypotheses relating to the function of the claustro. *Frontieres in Integrative Neuroscience*, v. 8, p. 1-16, 2012.

SOCIEDADE BRASILEIRA DE ANATOMIA. *Terminologia anatômica*. São Paulo: Manole, 2001.

SQUIRE, L. R.; KANDEL, E. R. *Memory*: from mind to molecules. 2. ed. Greenwood Village: Roberts & Company, 2008.

STEPHAN, A. H.; BARRES, B. A.; STEVENS, B. The Complement System: An Unexpected Role in Synaptic Pruning During Development and Disease. *Annual Review of Neuroscience*, v. 35, p. 369-389, 2012.

STREIT, W. Microglial cells. In: KETTENMANN H.; RANSOM B. R. (eds.) *Neuroglia*. 3. ed. Oxford: Oxford University Press, 2013, p. 86-97.

SWANSON, L. W. *Brain Architecture*: understanding the basic plan. 2. ed. Oxford: Oxford University Press, 2011.

UDDIN, L. Q. et al. Structure and function of the human insula. *Journal of Clinical Neurophysiology*, v. 34, n. 4, p. 300-306, 2017.

VIVANTE, G.; ROGERS, S. J. Autism and the mirror neuron system: insights from learning and teaching. *Philosophical Transactions of the Royal Society B: Biological Sciences*, v. 369, n. 1644, p. 1-7, 2014.

VON BARTHELD, C. S.; BAHNEY, J.; HERCULANO-HOUZEL, S. The Search for true numbers of neurons and glial cells in the human brain. A review of 150 years of counting. *The Journal of Comparative Neurology*, v. 524, n. 18, p. 3865-3895, 2016.

XIE, L. et al. Sleep drives metabolite clearance from the adult brain. *Science*, v. 342, n. 6156, p. 373-377, 2013.

XU, M. et al. Basal forebrain circuit for sleep-wake control. *Nature Neuroscience*, v. 18, n. 11, p. 1641-1647, 2015.

YACUBIAN, E. M. T.; MANREZA, M.L.; TERRA, V. C. *Purple Book*. 2. ed., São Paulo: Planmark 2020.

ZHAOHUI, L.; HOI-HUNG, C. Stem Cell-Based Therapies for Parkinson Disease. *International Journal of Molecular Sciences*, v. 21, n. 21, p. 8060, 2020.

Índice Remissivo

Obs.: números em *itálico* indicam figuras e números em **negrito** indicam quadros e tabelas.

A

Abscesso imagem de, *298*
Acetilcolina, 24, 85, 107
Acetilcolinesterase, 24
Acidente vascular encefálico, 164, 169, **166**
    hemorrágicos, *167*
    isquêmico, ressonância magnética, *165*
Ácido gama-amino-butírico, 22
Acinetopsia, 238
Adrenalina, 22
Afasia, 244
    de Broca, **245**
    de condução, **245**
    de Wernicke, **245**
    diagnóstico diferencial dos diferentes tipos de, **245**
    global, **245**
    motora transcortical, **245**
    sensorial transcortical, **245**
Alimentos, regulação da ingestão de, 201
Alteração, pupilares mais frequentes, **190**
Amígdala, 65, 66, 250, 260
    e o medo, 252
    estrutura e conexões, 250
    funções, 252
    localização da, *251*
Analgesia, 174
    via para, *284*
Anestesia, 173
    epidurais, **41**
    nos espaços meníngeos, **41**
    raquidianas, **41**
Aneurisma(s)
    cerebrais, **166**
    da artéria cerebral média, clipagem de, *167*
    da artéria basilar, *167*
    da artéria cerebral média, *167*
    da artéria cerebral posterior, *167*
Anfícitos, 105
Angiografia
    por ressonância magnética, *163*
    por subtração digital, 306
Angiorressonância, 307
Angiotomografia, 306
    computadorizada cerebral normal, 307
    por ressonância magnética sem uso de contraste, 308
Ângulo pontocerebelar, 101
Ansiedade, 255
Apneia obstrutiva do sono, **190**
Apraxias, 240
Aprendizagem motora, 212
Aqueduto cerebral, 46
Aracnoide, 39, 73
Arco reflexo simples no homem, *85*
Área(s)
    corticais, classificação das, 233
    corticais primárias, secundárias e terciárias, *236*
    corticais relacionadas com a audição, 238
    corticais relacionadas com a motricidade, 238
    corticais relacionadas com a visão, 237
    de associação do neocórtex, 260
    de associação terciárias, 240
    gustativa, 238
    límbicas, 243
    motora primária, 239
    motora secundária, 239
    motora suplementar, 239
    parietal posterior, 242
    pré-frontal, 240
        conexões com a, 199

dorsolateral, 241
orbitofrontal, 241
pré-frontal dorsolateral, 260
ventromedial, 241
pré-motora, 239
pré-tetal, 148, 157
septal, 199
somestésica
primária, 235, *237*
secundária, *237*
tegmentar ventral, 149, 183
vestibular, 238
visual primária V1, *238*
Arreflexia, 173
Artéria
basilar, 44, 163
carótida interna, 163
cerebelar, 163
cerebral anterior, 165
cerebral média, 165
cerebral posterior, 166
comunicante , 162
posterior, 163
corióidea anterior, 163
da base do encéfalo, *162*
da face medial e inferior do cérebro, *164*
da face superolateral do cérebro, *164*
espinal anterior, 168
espinal posterior, 168
estriadas, 165
labiríntica, 163
lenticuloestriada, *167*
meníngea média, 69
oftálmica, 163
radiculares, 169
recorrente de Heubner, 165
talamoperfurante, *167*
vertebral, 163
Arterial *spin labeling*, 300
Astrocitoma de baixo grau, *28*
Astrócitos, 25
fibrosos, 25
protoplasmáticos, 25
Atlas de secções de cérebro, *309*
Atonia, 173
Atrofia
cerebral difusa em paciente com doença de Alzheimer, ressonância magnética, *262*
muscular espinhal, 174
Atropina, 120
uso clínico, 120
Audição, áreas corticais relacionadas com a, 238
Autismo infantil, **242**
Axônio, 17, 80
das células de Purkinje, 209
eletromicrografia de um, *87*

B

Bainha de mielina, 29
pela célula de Schwann, *30*
Barreira(s)
encefálicas, 159, 169
funções das, 170
hematoencefálica
fatores da permeabilidade da, 170
hematoliquórica, 169
localização anatômica, 169, 170
Bexiga, inervação da, 119
BOLD fMRI motor manual, *304*
Bomba de captação, 24
Botão(ões)
sinápticos de passagem, 23
terminal, 23
Botulismo, **86**
Bulbo, 43
aberta do bulbo ao nível da parte média da oliva, 135
decussação das pirâmides no, 127
estrutura do, 133, 1**39**
fibras arqueadas do, *136*
formação reticular do, 138
lesões do, 177
núcleos próprios do, 133
olfatório, 65
porção aberta do bulbo ao nível da parte média da oliva, *135*
porção fechada do bulbo ao nível da parte média da oliva, *136*
porção fechada do, 44
substância branca do, 137
substância cinzenta do, 134
substância homóloga à da medula, 134
vias
ascendentes do, 137
de associação, 137

C

Cálice óptica, 278
Camada(s)
corticais, *232*
piramidal externa e interna, *232*
Campo
nasal, 279
radicular motor, 90
temporal, 279
Canal
central da medula, 35
do epêndima, 35
Cannabis sativa, **194**
Cápsula interna, *225*, 230
Cauda equina, 37
Cavidade torácica, 118
Cavo trigeminal, 72
Célula(s)

de Betz, 231
de Golgi, 206
de lugar, 259
de Purkinje, 205
   fotomicrografia de um corte histológico de cerebelo mostrando, 206
de Renshaw, 126
de Schwann, 28, 29, 80
endoteliais 169
ependimárias, 27
epiteliais perineurais, 31
fotossensível, 278
granulares, 231
mitrais, 275
piramidais, 231
Células-satélite, 27, 105
   núcleos de, 18
Centro
   respiratório, 187, 188
   vasomotor, 187, 188
Cerebelo, 12, **208**
   anatomia macroscópica do, 43, 47
   conexões intrínsecas do, 206
   corpo do, 49
   corpo medular, 47
   divisão anatômica, 49
   divisão funcional, 208
   estrutura e funções do, 205
   fissuras, 47
   folhas, 47
   fotomicrografia de um corte histológico de três folhas do, 205
   lâminas brancas do, 47
   núcleos centrais do, 47, 208
   tentório do, 47, 69
   vista dorsal do, 49
Cérebro, 12
   ao nível da fissura transversa do cérebro, 316
   ao nível do forame interventricular, 317
   após a remoção parcial do corpo caloso, 58
   atlas de secções, 309
   centro branco do, 66
   círculo arterial do, 162, 163
   corte frontal ao nível da cabeça do núcleo caudado, 225
   foice do, 69
   isolado, 185
   passando pela parte anterior do corpo estriado, 310
   passando pela parte posterior do tálamo, 313
   passando pela parte posterior dos ventrículos laterais, 314
   passando pelo corno anterior dos ventrículos laterais e joelho do corpo caloso, 309
   passando pelo III ventrículo, 53
   passando pelo tronco do corpo caloso, 315
   passando pelo tubérculo anterior do tálamo e pelo subtálamo, 312
Cerebrocerebelo, 208, 209
   conexões, 211
Choque medular, 176

C

Ciclo vigília-sono, 185
   características dos estados de, 187
Cinestesia, 130
Circuito
   cerebelar básico, esquema, 207
   de Papez, 249
   motor, 225
      do corpo estriado, 226
   rubrolivar-cerebelar, 149
Cisterna
   cerebelo-bulbar, 74
   cerebelo-medular, 74
   interpeduncular, 74
   magna, 74
   pontina, 74
   quiasmática, 74
   subaracnóideas, 74
      disposição das, 74
Citoarquitetura do córtex cerebelar, 205
Claustro, 66
Clostridium botulinum, **86**
Clostridium tetani, **32**
Coeficiente de encefalização, 67
Colículo(s), 46
   braços do, 47
   facial, 46, 144
   inferior, 148
   superior, 147
      braço do, 149
Coluna
   aferente somática, 153, 154
   aferente visceral, 154
   eferente somática, 151
   eferente visceral geral, 151
Coma, 189
Comissura, 123
   anterior, 229
   branca, 124
   das habênulas, 52
   do fórnice, 229
   posterior, 52
Complexo
   oculomotor, 148
   olivar inferior, 135
Comportamento sexual, integração do, 203
Cone
   de crescimento, 80
   medular, 35
Conexão(ões)
   com a hipófise, 199
   com a medula, 183
   com nervos espinais, 37
   com núcleos dos nervos cranianos, 184
   com o cerebelo, 183
   com o cérebro, 183

da formação reticular, 183
do hipotálamo com a adeno-hipófise, *199*
dos núcleos dos nervos cranianos, 155
 reflexas, 155
intrínsecas do cerebelo, 206
sensoriais, 199
viscerais, 199
Controle
 neuroendócrino, 187
 vasomotor, 188
Coração, inervação do, 118
Cordotomia, 131
Cordotomias, 176
 lateral, 176
Coreia de Sydenham, **227**
Corno anterior, 65
Coroa radiada, *225*, 230
Corpo
 amigdaloide, 65, 66, 199, 250
 caloso, 61, 229
  esplênio do, 61
  joelho do, 61
 celular(es), 17, 18
  de um neurônio do sistema nervoso autônomo, 18
  esferoidais de neurônios de um gânglio sensitivo, 18
 conexões e circuitos, 224
  organização geral, 223
  ventral, 66
 estriado, 223
 geniculado lateral, 217
 geniculado medial, 217
 mamilar, 47, 52
 medular do cerebelo, 47, 206
Corpúsculo
 de Meissner, 83, *84*, 268
 de Nissl, 18
 de Ruffini, 83, *84*, 268
 de Vater-Paccini, 83, *84*
Córtex
 cerebelar, 47
  arranjo das células e das fibras, *207*
 cerebral
  citoarquitetura do, 231
  classificação anatômica, 233
  classificação citoarquitetural, 233
  classificação filogenética, 233
  classificação funcional, 233
  estrutura do, 231
 cingular anterior, 252
 cingular posterior, 260
 entorrinal, 259
 insular, 242
 insular anterior, 253
 para-hipocampal, 260,
 pré-frontal

 orbitofrontal, 253
 ventromedial, 253
Córtex, 123
Crânio, bases do, 71

D

Decussação, 123
 das pirâmides, 133
  trajeto de uma fibra na, *134*
 do pedúnculo cerebelar superior, 149
 dos lemniscos, 133
  trajeto de uma fibra na, *134*
 e comissura, diferença entre, *124*
 motora, 133
 sensitiva, 133
Deficiência de sudorese na face, 116
Déficits auditivos, 238
Degeneração walleriana, 127
Dendrito(s), 17
 apical, 231
 basais, 231
Densidade
 pós-sináptica, 23, 85
 pré-sináptica, 23
Dermátomo(s), 89
 cervicais, torácicos, lombares e sacrais, limites dos, 93
 e os territórios de inervação dos nervos cutâneos na superfície dorsal, comparação entre, *92*
 e os territórios de inervação dos nervos cutâneos na superfície ventral, comparação entre, *91*
Desvio conjugado do olhar lateral para a direita, *182*
Diabetes
 insipidus, 201
 mellitus, 20
Diafragma da sela, 71
Diencéfalo, *215*
 anatomia macroscópica, 51
 parte do, *44*, 45
Difusão isoitrópica, 298
 por RM, *298*
Diplopia, 180
Disco de Merkel, 83
Disdiadococinesia, **214**
Disestesias contralaterais, 283
Disfagia, 177
Disfonia, 177
Dismetria, 213, **214**
Distúrbio(s)
 comportamental do sono REM, 192
 do sono, 190
 neuropsicológicos, 166
Doença
 de Alzheimer, **262**
 de Chagas, 120
 de Parkinson, **227**
 desmielinizantes, 31

Dopamina, 22
Dor
   central, **218**
   controle eferente da, 186
   em pontada, 266
   em queimação, 266
   fantasma, 79
   fisiopatologia da, 282
   portão da, 127
   regulação da, 283
   talâmica, 283
Droga(s)
   antipsicóticas, 194
   estimulantes, **194**
   parassimpaticomiméticas, **120**
   que interferem no metabolismo das monoaminas, **194t**
   simpaticomiméticas, **120**
DTI, *299*
Dura-máter, 39, 69

E

Elemento pré-sináptico, 22, 23
Eletrencefalograma
   alteração súbita da atividade elétrica cerebral, *33*
   em sono de ondas lentas, *184*
   em vigília, *184*
   padrão normal de vigília, *33*
Eletroneuromiografia, **93**
Eminência
   colateral, 65
   média, 46, 171
Emoção, áreas encefálicas relacionadas com as, 249
Empatia, 243
Encefalinas, 22
Encéfalo, 12
   dissecação de, 286
   isolado, 185
   localização dos órgãos circunventriculares no, *171*
   peso do, 67
   secção sagital de, *318*
   sistema de recompensa do, 254
   tratografia, *300*
   vascularização do, 159
   vascularização arterial do, 160
      peculariedades, 160
   vista inferior do, *64*
Endorfinas, 22
Endotélio fenestrado, vaso capilar comum com, *169*
Envoltório da medula, 39
Epífise, 52
Epilepsia, 33
   do lobo temporal, **262**
      ressonância magnética mostrando lesão no hipocampo esquerdo em paciente com, *263*
Epineuro, 31
Epitálamo, 52
   estruturas e funções do, 219

Equilíbrio
   hidrossalino, regulação do, 200
   manutenção do, 211
Escala de coma de Glasgow, **189**
Esclerose
   lateral amiotrófica, 174
   múltipla, **31**
      ressonância magnética em paciente portador de, *32*
Escopolamina, 120
Espaço
   meníngeo, *73*
      anestesias nos, **41**
   subaracnoide(eo), 73
      exploração clínica do, **41**
Espasticidade, tratamento da, **292**
Espectroscopia
   por ressonância magnética, 301
Espinocerebelo, 208, 209
   conexões aferentes do, *209, 210*
Esplênio do corpo caloso, 61
Esquecimento, 261
Estereognosia, 130
Estrabismo
   convergente, 179
   divergente, 180
Estresse, 255
Estrias
   medulares do tálamo, 52
   olfatórias, 65
Estudo do fluxo liquórico por RM-EFL, 302
Etiquetamento sináptico, 261
Exocitose, 23, 24
Expectroscopia por RM, *303*
Exteroceptores, 82

F

Face
   convexa, 57
   inferior, 62
   medial, 61
   superolateral, 57
Fármacos que atuam na transmissão adrenérgica, 121
Fascículo(s)
   ascendentes da medula, **131**
   cuneiforme, 35
   da medula, *130*
   de associação na face medial do cérebro, *230*
   de associação na face superolateral do cérebro, *230*
   do cíngulo, 229
   grácil, 35
   longitudinal inferior, 229
   longitudinal medial, 143
   longitudinal superior, 229
   mamilotalâmico, *63*, 199, 216
   próprios da medula, formação dos, 126

próprios, 126
uncinado, 229
vestibulocerebelar, 143, 209
Fascículos, 28, 123
Fenda sináptica, 23, 85
Fibra(s)
adrenérgicas, 106
aferente(s), 89
ao cerebelo, 206
somáticas, 96
viscerais, 96
arqueadas internas, 134
colinérgicas, 106
comissurais, 229
da raiz dorsal, destino, 129
de associação, 123
de projeção, 123, 230
de projeção eferentes do córtex, 232
de Remak, 79, 105
dos fascículos grácil e cuneiforme, 129
eferente(s), 89
dos nervos cranianos, 96
viscerais, 100
estriadonigrais, 149
extrafusais, 83
formadas pelos axônios das células de Purkinje, 206
hipotalamospinais, 199
intrafusais, 83
longitudinais, 141
musgosas, 206
nervosas
adrenérgicas do canal deferente, *87*
amielínicas, 29
colinérgicas, 107
da parte periférica do sistema nervoso, 81
eferentes, 85
eferentes somáticas, 86
mielínicas, 28
regeneração de, 80
nigrostriadais, 149
no sistema simpático, esquema do trajeto, *114*
pontinas, 141
pontocerebelares, 141
pós-ganglionar simpática, eletromicrografia de uma, *107*
pós-ganglionar, 105
pré-ganglionar, 105
que formam o trato tetospinal, 148
retinogeniculadas, 280
retino-hipotalâmicas, 279
retino-pré-tetais, 280
retinotetais, 279
rubrolivares, 149
simpática, eletromicrografia, *220*
transversais, 141
transversais da ponte, 141
transversais do bulbo, 137

trepadeiras, 206
vestibulotalâmicas, 143
Filamento
radicular, 37
terminal, 35, 39
Filetes
nervosos, 119
vasculares, 114
Filogênese do sistema nervoso, 1
Finger tapping, 304
Fissura, 48
mediana anterior, 35
Fístula
carótido-cavernosa, 73
pulsátil, 73
Flóculo, 48
Fluxo
axoplasmático, 21
sanguíneo cerebral, 159
Foice do cérebro, 69
Forame de Magenduie, 46
Formação reticular, 123, 133, 149, 183
conceito, 183
conexões da, 18
estrutura, 183
funções da, 18
núcleos da, 183
Formigamento, 174
Fórnice, 61
colunas do, 61
corpo do, 61
pernas do, 61
Fossa interpeduncular, 47
Fotorreceptores, 82
Fototransdução, 278
Fóvea central, 278
Função(ões)
cognitivas, 243
corticais, assimetria das, 246
não motoras, 214
sensoriais especiais, 243
vestibular, 243
Funículos, 35, 123
Funiculus separans, 46
Fuso neuromuscular, 83, *85*

G

Gânglio(s)
aórtico-renais, 111,
cervical médio, 111
cervicotorácico, 111
ciliar, 116
espinal, 87
espiral, 101
estrelado, 111
geniculado, 100

ímpar, 111
mesentérico, 111
motores viscerais, 12
ótico, 116
parassimpático, 100
paravertebrais, 111
pré-vertebrais, 111
pterigopalatino, 116
submandibular, 100, 116
vestibular, 101
Genículo do nervo facial, 100
Giro(s)
cerebrais, 55
de Broca, 57
de Heschl, 238
denteado, 65, 259
frontal, 57
lingual, 62
occipitotemporal medial, 62
orbitários, 62, 1
para-hipocampal e hipocampo, *260*
reto, 62
Glândula(s)
pineal, 52, 170, 219
pineal do rato, *219*
submandibular, 100
Glia, 25
radial, 26
Glicemia, regulação da, 221
Glicogênio, *87*
Glioma, **27**
de alto grau no lobo parietal inferior direito, *299*
do quiasma óptico em cortes axial, coronal e sagital, *282*
Globo pálido, 66
Glomérulos olfatórios, 275
Glutamato, 22
Grande
lobo límbico, 249
vias eferentes, 285
Granulação aracnóidea, 73
Gustação, 154

H

Habênula, 253
conexões da, *254*
Halo elétron-lúcido, 22
Hanseníase, **32**
Hematoma(s), *294*
extradurais, **78**
tomografia de um paciente com, *78*
subdurais, **78**
Hemiacromatopsia, 166
Hemianopsia homônima, 280
Hemibalismo, **226**
Hemiparesia, 173
Hemiplegia, 173

Hemirretina nasal ipsilateral, 279
Hemisfério(s)
cerebelares, 47
cerebral(is)
face medial de um, *56*
face superolateral de um, *60, 61*
morfologia das faces, 57
vista medial inferior de um, *63*
dominante, 246
laterais, organização interna dos, 65
Hemorragia
da matriz germinativa, *12*
intraventicular, 12
subaracnóidea, **166**
Hérnia
das tonsilas, *78*
do giro do cíngulo, **77**
do unco, **77**
intracraniana, **77**
Herpes-zóster, **32**
Hidrocefalia(s), **76**
comunicantes, **76**
não comunicantes, **76**
por estenose do aqueduto cerebral, ressonância magnética, **76**
Hiperestesia, 174
Hiperpolarização, 24
Hipertensão intracraniana, **77**, 159
Hipertonia, 173
de membros inferiores, **292**
Hipocampo, 65, 198, 259
Hipocretina, 203
Hipoestesia, 174
Hipoglosso, núcleo do, 134
Hiporreflexia, 173
Hipotálamo, 52, 253
conexões, do, 198
divisões e núcleos, 197
estrutura do, 197
funções do, 197, 200
posterior, 197
supraóptico, 197
tuberal, 197
Hipotonia, 173
Histamina, 22
Homeostase, 52
Homúnculo motor, 239
Homúnculo sensitivo, 235, *237*

I

Imagem
axial em T2W aparentemente normal, *297*
com a técnica T2*SWI demonstrando focos de sinal escuro, *297*
Impulso
nervosos, 79
condução dos, 79
proprioceptivos, 82

sensitivos, 80
proprioceptivos, 97
Incisura
do tentório, 70
pré-occipital, 57
Inervação
da bexiga, 119
da língua, *100*, 102
da musculatura braquiomérica, **97**
parassimpática da pupila, *115*
radicular, territórios cutâneos de, 89
simpática da pupila, *115*
Infarto isquêmico recente em T2WFlair, *298*
Inflamação neurogênica, 283
Infundíbulo, 52
Ínsula, 61
Internódulo, 28
Interoceptores, 82
Intumescência
cervical, 35
lombossacral, 35
Istmo do giro do cíngulo, 62

J

Joelho externo, 100
Junção neuroefetuadoras, 24

K

Kernicterus, 170

L

Lacunas venosas, 72
Lâmina
de Rexed, *125*, 127
terminal, 61
Lemnisco, 123
espinal, 145
medial, 134, 144
Leptomeninge, 39
Lesão(ões)
cerebelares, 214
da área somestésica, 237
da base da ponte, 179
da base do bulbo, 177
da base do pedúnculo cerebral, 180
da coluna anterior, 174
da coluna posterior, 174
da parte lateral do quiasma óptico, 280
da parte mediana do quiasma óptico, 280
da pirâmide, 177
da ponte, 177
sinais e sintomas das, 14
ao nível da emergência do nervo trigêmeo, 179
da radiação óptica, 280

das vias ópticas, 280
do bulbo, 177
do hipoglosso, 177
do mesencéfalo, 180
do nervo abducente, 179
do nervo facial, 100, 177
do nervo oculomotor, 180
do nervo óptico, 280
do núcleo ambíguo, 177
do núcleo rubro, 181
do oculomotor, 180
do pedúnculo cerebelar inferior, 177
do tegmento do mesencéfalo, 180
do trato espinal do trigêmeo, 177
do trato espinotalâmico, 175
do trato espinotalâmico lateral, 177
do trato óptico, 280
do trigêmeo, 179
dos lemniscos medial, 180
dos nervos periféricos, 80
hipoglosso, do nervo hipoglosso, 102
medulares centrais, 175
Ligamento
cocígeo, 39
denticulado, 39
Língua, inervação da, 102
Linguagem
antigas, áreas corticais da, *244*
área posterior da, *244*
áreas relacionadas com a, *244*
modelo atual das áreas corticais da, *244*
ressonância magnética funcional para localização das áreas de, *246*
Liquor, 75
absorção do, 75
características citológicas e físico-químicas do, 75
circulação do, 75
esquema de circulação, 70
formação do, 75
funções, 75
Lobo
divisão em, 49
do cérebro, 59
frontal, 57, 62
intraparietal, 59
límbico, 62
occipital, 62
occipitotemporal, 59
parietal, 59
pós-central, 59
temporal, 59, 62
Lóbulo(s), 48
do cerebelo, 49
floculonodular, 49
paracentral, 62
Locomoção, 291
Locus ceruleus, 183
Lutar ou fugir, 108

M

Maconha, **194**
Máculas, 276
Mapa
  de anisotropia, *299*
  de vasorreatividade cerebral com técnica BOLD-apneia, 302
Mapeamento cortical cerebral com técnica BOLD fMRI, 302
Mecanorreceptores, 82
Medo, amígdalas e o, 252
Medula, 35
  anatomia macroscópica da, 35
  compressão da, 176
  considerações anatomoclinicas sobre a, 173
  e envoltórios em vista dorsal, *38*
  espinal
    em vista dorsal após abertura da dura-máter, *36*
    estrutura da, 123
    secção transversal esquemática da, *37*
  estrutura da, 124
  forma e estrutura geral da, 35
  formação dos fascículos próprios da, *126*
  hemissecção da, 175
  lâminas da substância cinzenta da, 126
  lesões da, 174
  núcleos da substância cinzenta da, 126
  substância branca da, 127
  substância cinzenta da, 124
  transecção da, 176
  tratos não cruzados na, 175
  vascularização da, 168
  vias ascendentes da, 126, *128*, 129
  vias ascendentes e descendentes da, 127
  vias motoras descendentes somáticas da, características, **129**
Megacólon 120
Megaesôfago, 120
Melatonina, 220
  secreção de, 219
Membrana
  axônica, 20
  celular, 19
  pio-glial, 75
  pós-sináptica, 23
  pré-sináptica, 23
Memória
  áreas diencefálicas relacionadas com a, 260
  áreas encefálicas relacionadas com a, 257
  associativas e não associativas, 258
  de curta duração, 258
  de longa duração, **258**
  declarativa
    áreas cerebrais relacionadas com a, 258
    mecanismos de formação das, 261
  explícita, 258
  implícitas, 258
  na primeira infância, 261
  não declarativa, 257
  operacional ou de trabalho, 257
  procedural, 257
  regiões moduladoras da formação, 260
  tipos de acordo com a duração, 258
  tipos, 257
Meninge espaços entre as, 40
  características, **40**
Meningeoma, **78**
Meninges, 69, *73*
Meningiomas, 69
Mesaxônio, 29
Mesencéfalo, 13, 46
  estrutura do, 147, 1**50**
  lesões do, 180
  secção transversal do, *47*
  secção transversal ao nível dos colículos inferiores, 147
  secção transversal, *47*
  secção transversal ao nível dos colículos superiores, 148, 181
  substância cinzenta própria do, 149
  tegmento do, 148
  teto do, 46, 147
Metatálamo, 52
Método
  de Falck, 87, *219*
Miastenia *gravis*, **86**
  ocular com semiptose palpebral bilateral, *182*
Micróglia, 25, 27
Microgliócitos, 25, 26
Microtúbulo, *87*
Midríase, 180
Mielotomia da linha média, 176
Miopatias, **93**
Miose, 116, 157
Modelo de Wernicke-Geschwind, 244, 245
Modulação, 124
Monoamina-oxidase, 24
Morte
  celular por apoptose, regulação da, 221
  encefálica, **157-158**
Motoneurônio alfa, 84, 125
Motricidade
  alterações da, 173
  áreas corticais relacionadas com, 238
  somática, controle da, 186
  voluntária voluntária, 238
Movimento(s)
  movimento voluntários, controle dos, 211
  multiarticular, decomposição do, **214**
  planejamento do, 211
  voluntário, organização do, 289
Musculatura branquiomérica, inervação da, 97
Músculo(s)
  detrusor, 119
  esfíncter da bexiga, 119

esternocleidomastóideo, 97
estriados
  branquioméricos, 96
  miotômicos, 96
trapézio, 97

N

Narcolepsia, 191
Neocórtex, 62
  áreas de associação do, 260
Nervo, 31
  abducente, 44
    núcleos dos, 143
    origem aparente e territórios de distribuição dos, *98*
  abducente, VI par, 97
  acessório, XI par, 101
  caracteres do, 79
  cardíacos, 114
    cervicais, 114
  carotídeo interno, 114
  ciliares curtos, 116
  corda do tímpano, 116
  cranianos, 43, 79, 95
    conexões dos núcleos dos, 155
    em coluna, sistematização dos núcleos dos, 151
    estudo sumário dos, 97
    núcleos de, 134, 151
    origem aparente dos, **95**
  de Wrisberg, 99
  do canal pterigóideo, 100, 116
  eretores, 118
  espinal, 79, 87
    formação dos, 88
    torácicos, 88
    trajeto dos, 88
    vias aferentes que penetram no sistema nervoso central por, 266
  esplâncnicos pélvicos, 118, 119
  estrutura dos, 79
  facial
    componentes funcionais das fibras dos, **100**
    núcleos dos, 143
  facial, VII, 98
  glossofaríngeo, 43
    componentes funcionais das fibras dos, **100**
  hipoglosso, XII par, 102
  intercostais, 88
  intermédio, 44, 99
  isquiático, 29
  oculomotor, 47
    núcleo do, 148
    origem aparente e territórios de distribuição dos, *98*
  oculomotor, III par, 97
  olfatório, 65, 97
  olfatório, I par, 97
  óptico, II par, 97
  petroso maior, 100, 116
  pré-sacral, 119
  trigêmeo, V par, 97
    estruturas comprometidas em uma lesão de sua base ao nível da origem aparente do, 180
    origem aparente e território de distribuição do, 99
  troclear, IV par, 97
    núcleo do, 148
    origem aparente e territórios de distribuição dos, *98*
  vago, 43
    componentes funcionais das fibras dos, **100**
  vestibulococlear, 44
    núcleos do, 142
  vestibulococlear, VIII par, 101
Neuralgia, 101
Neurocondução, **93**
Neurofilamentos, 18
Neuróglia
  aspecto ao microscópio óptico da, 26
  do sistema nervoso central, 25, *26*
  do sistema nervoso periférico, 27
Neuroimagem, 293
  funcional, 124
  vascular do encéfalo, 306
Neuromas, 80
Neurônio(s), 17
  aferente, 3
  alfa, 125
  atividade elétrica dos, 19
  bipolares, 21
  canabinoides, 194
  classificação quanto aos seus prolongamentos, 21
  cordonais, 125
  cordonais de associação, 126
  cordonais de projeção, 126
  de associação, 4
  de axônio curto, 126
  do estresse oxidativo, 26
  eferente, 4
  gama, 125
  internunciais, 126
  medulares, 125
    classificação dos, 125
  motor, 4, *17*, 289
  motores inferiores, 125
  neurossecretor do núcleo supra-óptico de macaco guariba, *202*
  noradrenérgico periférico, 22
  piramidais, **18**
  pós-ganglionares simpáticos, localização, 114
  pré-ganglionares simpáticos, localização, 114
  radiculares, 125
  sensitivo, 3
Neuropatias, **93**
Neurossecretores, 19
Neurotimese, **93**
Neurotransmissor, inativação do, 24
Nistagmo, 156
Nociceptores, 82, 83

Nódulo de Ranvier, 28
Noradrenalina, 22, 107
Núcleo(s), 123
   accumbens, 66, 203
   ambíguo, 134, 153
   basal de Meynert, 251, **262**
   caudado, 66
   centrais, 206
   da base, *225*
      estrutura e funções do, 223
      e tálamo, representação tridimensional, *224*
   da coluna aferente somática, *154*, 152
   da coluna eferente visceral, *152, 153*
   da rafe, 183
   de base, 66
      funções não motoras, **227**
   de Edinger-Westphal, 149, 151, 157
   de nervos cranianos, 134
   denteado, 206
   do abducente, 151
   do facial, 153
   do grupo medial, 126
   do hipoglosso, 134, 135, 151
   do nervo trigêmeo, 144
   do oculomotor, 151
   do trato espinal do nervo trigêmeo, 134, 154
   do trato mesencefálico do trigêmeo, 153
   do trato solitário, 134, 154
   do trigêmeo, *154*
   do troclear, 151
   dorsal do vago, 134, 153
   dos nervos cranianos em colunas, sistematização dos, 151
   emboliforme, 206
   fastigial, 206
   globoso, 206
   interpósito, 206
   lacrimal, 144, 151
   lentiforme, 66
   medulares, 125
   motor do trigêmeo, 153
   olivar
      acessórios medial e dorsal, 13
      inferior, 135
   pontinos, 141
   pré-tetal, 148
   rubro, 149
   salivatório inferior, 135, 152
   salivatório superior, 144, 152
   sensitivo principal, 144, 153
   vestibulares, 134, *143*

O

Oftalmoplegia
   internuclear, *182*
   semiologia das, 182
Oligodendrócitos, 26, 27
Oliva, 43
Órgãos circunventriculares, 170 , *171*

Osmorreceptores, 82
Ouvido interno, partes coclea e vestibular, *277*

P

Paleocórtex, 62
Papila óptica, 279
Paquimeninge, 39
Paralisia(s), 173
   cerebral tetraparética espástica, **292**
   de Klumpke, **93**
   do músculo
      de Muller, 116
      tarsal, 116
      orbicularis oculi, 177
   do nervo oculomotor direito, *182*
   do nervo troclear esquerdo, *182*
   facial(is)
      centrais, 178
      centrais e periféricas, diferenças entre, *178*
      periférica, 178
      supranucleares, 178
   flácidas, 173
   infantil, 174
   obstétrica do plexo braquial, **93**
Paredes
   ventriculares, 65
Paresia, 173
Parestesia, 174
Pattern generators, 187
Pedúnculo
   base do, 46
   cerebal, base do, 148
   cerebelar inferior
      formação do, *136*
      médio, 44
   cerebelar superior, 145, 149
   cerebral, 46, 47
   sulco medial do, 47
Pele, terminações nervosas livres na, *84*
Peptídeo orexina, 203
Perda visual grave em ambos os olhos, *182*
Perfusão
   cerebral com contraste endovenoso gadolínio, 300
   cerebral sem contraste, 300
   cerebral T2*W com infusão de contraste EV, 302
   com mapas de fluxo sanguíneo cerebral
      em paciente normal, 301
Perineuro, 31
Permeabilidade da barreira hematoencefálica, 170
Perturbações
   motoras, 179
   sensitivas, 179
Pés vasculares, 25
PETSCAN neurológico
   com FDG normal, 306
   FDG na doença de Alzheimer, 306
Pia-máter, 39
Pineal, funções da, 220

Pirâmide, decussação das, 43
Pithecanthropus erectus, 67
Placa
    amiloides, 262
    motora, 85
Planejamento motor, 239
Plegia, 173
Plexo(s)
    aórtico-abdominal, 119
    basilar, 73
    braquial
        formação do, *90*
        paralisia obstétrica do, **93**
    cardíaco, 118
    carotídeo interno, 114
    celíaco, 118
    coroides dos ventrículos laterais, 65
    da cavidade abdominal, 118
    da cavidade pélvica, 119
    da cavidade torácica, 118
    de Meissner, 116
    entéricos, 119
    hipogástrico, 119
    pélvico, 119
    plurissegmentares, 89
    submucoso, 116
    unissegmentares, 89
    viscerais, 118
Polígano de Willis, 161, 162, *162*
Poliomielite, 174
Polirradiculoneuropatia inflamatória aguda, 31
Polissonografia
    de paciente portador de apneia obstrutiva do sono, *191*
    em sono REM, *184*
Ponte, 44
    base da, 141
    estrutura da, 141, **146**
    fibras longitudinais do tegmento da, 144
    fibras transversais da, 141
    formação reticular da, 145
    formações na base da, **141**
    lesões da, 177
        sinais e sintomas das, 145
    parte dorsal da, 141
    parte ventral da, 141
    porção fechada do, 44
    secção transversal ao nível da origem aparente do nervo trigêmeo, *142*
    secção transversal da ponte ao nível da parte cranial do assoalho do IV ventrículo, *145*
    tegmento da, 141
    tumor extenso da, *180*
Postura
    controle da, 186
    em tesoura, *292*
    manutenção da, 211
Potencial
    de longa duração, 261
    de preparação, 289

Prega(s)
    da dura-máter do encéfalo, 69, 72
    funcionais, 85
Preservação sacral, 176
Pressão arterial, regulação do, 200
Priming, 258
Processamento
    auditivo central, 243
    víscero-sensoriomotor, 243
Programa motor, 285
Propriocepção consciente, 130
Proprioceptores, 82
Prosencéfalo, *13*
Prosopagnosia, 237
Psicofarmacologia, 194
Ptose palpebral, 116, 180
Pulvinar, 52, 217
Pupila
    dilatação da, 180
    inervação
        parassimpática da, *115*
        simpática da, *115*, 116
    reflexos da, 157, 182, 190
    alterações da, 190
Putame, 66

Q

Quarto ventrículo, abertura do, 134
Quiasma óptico, 52, 279
Quimiorreceptores, 82

R

Radiação óptica, 280
Radiografia
    em perfil mostrando
        impressões vasculares, *293*
        linha de fratura, *293*
        sutura lambdoide, *293*
Rafe
    núcleos da, 183
    úcleos da, 149
Raios X, 293
    mostrando
        fratura lineaar na região parietal direita, *293*
        sutura sagital, *293*
Raiva, 32
    septal, 253
Raiz(es)
    bulbar, 43
    craniana, 43, 101
    dorsal, penetração das fibras das, 128
    dos nervos espinais, 37
    espinal, 101
    sensitiva do nervo trigêmeo, 44
    ventral e os territórios de inervação motora, relação entre, 90
Ramos
    comunicantes, 111

pontinos, 163
Reação de alarme, 108
Receptor(es)
	auditivos, 276
	classificação fisiológica dos, 81
	classificação morfológica dos, 81
	encapsulados, 83, 84
	especificidade dos, 81
	gustativos, 272
	livres, 81, 82, 84
	nicotínico, 24
	olfatórios, 274
	sensorial, 81
	somáticos, 82
	vestibulares, 276
Rechaço, **214**
Reflexo(s)
	condicionados, 258
	consensual, 157
	coreano, 155
		esquema do, 156
	corneopalpebral, 155
	de convergência, 157
	de movimentação dos olhos por estímulos vestibulares, 156
	do piscar, 156
	do tronco encefálico, importância clínica do, **157-158**
	do vômito, 157
	fotomotor direto, 157
	integração de, 187
	intersegmentares na medula, 126
	lacrimal, 156
	mandibular, 155
		esquema, *155*
	mentoniano, 155
	miotático, 84
	oculocefálico, 156
	oculovestibular, 156, 157
	origem de alguns, 1
	patelar, 84, *85*
	pupilares, **157**
Relação(ões)
	do hipotálamo com a adeno-hipófise, **202**
	do hipotálamo com a neuro-hipófise, 201
	talamocoticais, 218
Resistência cerebrovascular, 160
Respiração, controle da, 188
Ressonância magnética
	convencional, 295, 296
	funcional das áreas de linguagem no hemisfério cerebral esquerdo, *303*
Retina
	camada nervosa da, 278
	camada pigmentar da, 278
	disposição dos neurônios na, *279*
	estrutura da, 278
	nasal, 279
	temporal, 279
Retinotopia, 237
Rinencéfalo, 65

Ritmo
	circadiano, 219
		de vigilia-sono, sincronização do, 220
		geração e regulação de, 202
RMf BOLD-apneia com mapas de vasorreatividade cerebral, *304*
Rombencéfalo, *13*

S

Segmento
	axônico, *20*
	dos nervos espinais, *39*
	medular, 37, *39*
Segundo mensageiro, 24
Seio
	caroitídeo, 104
	cavernoso, 73
	da dura-máter, 72, 168
	do corpo carotídeo, 104
	intercavernoso, 73
	petroso, 73
	reto, 72
	sagital inferior, 72
	sagital superior, 72
	transverso, 73
Sensibilidade
	alterações da, 173
	controle eferente da, 186
	gustativa, *100*
	profunda, 82
	somática, áreas corticais relacionadas com, 235
	superficial, 82
	vibratória, 268, *271*
Sensibilização central, 283
Sentido de posição e de movimento, 130
Septo
	intermédio, 35
	pelúcido, 61
Serotonina, 22
Sifão carotídeo, 163
Sinal
	de Babinski, 173
Sinapse(s), 21
	axoaxônicas, 23
	axodendríticas, 23
	axossomáticas, 23
	com neurônios
		cordonais de associação, 129
		cordonais de projeção, 129
		internunciais, 129
		motores, 129
	elétrica, 21, *22*
	interneuronais, 21
	químicas, 22
		interneuronais, 23
			axodendrítica, *23*
	neuroefetuadoras, 24
	zona ativa, 23
Síndrome(s)
	das artérias cerebrais, 164

bulbares, 138
cerebelares, **212**
da artéria cerebelar inferior posterior, 177
de assimbolia para a dor, 283
de Benedikt, 180
de Brown-Séquard, *175*
de emergência de Cannon, 108
de encarceramento, 180
de Guillain-Barré, **31, 93**
de Horner, 116, 177, 182
de Klüver e Bucy, 249
de Korsakoff, **262**
de Millard-Gubler, 179, *179*
de Parinaud, 181, *182*
de Tourette, **228**
de Wallenberg, *177*
de Weber, 180, 181
do ângulo ponto-cerebelar, 45
do cerebrocerebelo, **213**, 214
do neurônio motor, 173
do neurônio motor inferior, **291**
do neurônio motor superior, **292**
do vestibulocerebelo, 213
piramidal, **291**
talâmica, 218
Siringomielia, 175
Sistema(s)
   ativador ascendente, 185, *185*
   ativador reticular ascendente, 185
   carotídeo, 161
      esquema, *161*
      interno, 161
   de neurônios-espelho, 240
   de recompensa do encéfalo, 254
   dopaminérgico mesolímbico, *255*
   endócrino, regulação do, 201
   imunitário, regulação do, 221
   lateral da medula, 127
   límbico, 249, *251*
      componentes do, 250
      componentes relacionados com as emoções, 250
      conexões com o, 198
   modulatórios, **194**
   modulatórios de projeção difusa, 183, 192
   motor, divisão do, 127
   nervoso
      autônomo, 13, 103, 187, 200
      central, 12, *13*, 123
      da vida de relação, 13, 103
      de um mamífero, organização, 15
      divisão do sistema com base em critérios funcionais, 13
      divisão do sistema nervoso, *12*
      divisão funcional do, 14
      divisões do, 12
      embriologia, 5
      entérico, 119
      organização geral do, 14
      parassimpático, 13, **109,** *112, 113,* 116
      periférico, 12, *12*
      segmentar, 14
      simpático, 13, **109,** 111, *113*
      simpático e parassimpático, diferenças, 105, *106*
      somático, 13, 103
      somático aferente, *104*
      suprassegmentar, 15
      três neurônios fundamentais do, 3
      visceral, 13, 103
      visceral aferente, 103, *104*
   porta-hipofisário, 202
   venoso profundo, 168
   vértebro-basilar, 161
      esquema, *161*
Subiculum, 65
Substância
   branca, 28, 35, 123, 149
      do bulbo, 137
      do cérebro, 229
      fibras, 127, 1
   cinzenta, 28, 123
      da medula, *124*
      central, 149
      própria do bulbo, 135
      própria do mesencéfalo, 149
      própria do tronco encefálico, 133
      periaquedutal, 149, 254
   cromidial, 18
   gelatinosa, 124, 127
   negra, 149
Subtálamo, 52
   estruturas e funções do, 219
Sulco
   bulbopontino, 43
   central, 55
   colateral, 62
   de Rolando, 55
   de Sylvius, 55
   do cíngulo, 62
   do corpo caloso,
   do hipocampo, 62
   frontal inferior, 57
   frontal superior, 57
   lateral, 55
   lateral anterior, 35
   lateral posterior, 35
   limitante, 46
   mediano, 46
   mediano posterior, 35
   olfatório, 62
   paracentral, 62
   parietoccipital, 55, 57
   pré-central, 57
   rinal, 62
   subparietal, 62

T

Tabes dorsalis, 174
Tálamo, *225*
    estrutura e funções do, 215
    funções do, 218
    núcleos do, *216*
        grupo anterior, 216
        grupo medial, 217
        grupo mediano, 217
        grupo posterior, 217
    pulvinar do, 47, 215
    tubérculo anterior do, 215
Tamponamento psíquico, 241
Tato
    discriminativo, 130
    epicrítico, 130, *271*, 268
    protopático, *269*
        via de pressão e, 268
Tecido nervoso, 17
Tegmento, 46
Telencéfalo, anatomia macroscópica do, 55
Temperatura
    corporal, regulação da, 200
Tentório do cerebelo, 69
Terminação
    de axônio, 25
    eferentes viscerais, *86*
    eferentes somáticas, 85
    nervosa, 81
        motora, 85
        sensitiva, 21
Termorreceptores, 82, 83
Território cortical das três artérias cerebrais, 164
Tétano, **32**
Tomografia
    computadorizada, 294
        do crânio em traumatismo cranioencefálico, *294*
            mutislices, 294
    emissão de pósitrons, 305
Tônus, 173
    muscular, controle de, 211
Topografia vertebromedular, 37
    durante o desenvolvimento, *40*
Torque da córnea, 156
Toxina botulínica, *86*
Trabéculas subaracnóideas, 73
Transmissão sináptica, 23
    mecanismo da, 24
Transtorno(s)
    comportamental do sono REM, 192
    de humor, **194**
    do déficit de atenção e hiperatividade, **228**
    do espectro autista, **242**
    do movimento, **226**
    obsessivo-compulsivo, **227**
Trato, 28, 123
    corticonuclear, 141, 286
        representação esquemática, *287*
    corticopontino, 141
    corticospinais, 141, 286
        anterior, 127
        representação esquemática, 287f
    cruzados na, 175
    da medula, *130*
    da medula, características, **131**
    espinal do nervo trigêmeo, núcleo do, 134
    espinocerebelar posterior, 131
    espinotalâmico anterior, 130
    espinotalâmico lateral, 131
    geniculocalcarino, 280
    hipotálamo-hipofisário, 199
    mesencefálico do trigêmeo, 144
    não cruzados na, 175
    olfatório, 65
    óptico, 47
    protopático, 130
    reticulospinais, 128, 288
    reticulospinal bulbar, 128, 288
    reticulospinal pontino, 288
    rubrospinal, 288
    solitário, núcleo do, 134
    tetospinal, 288
    túbero-hipofisário, 199
    tuberoinfundibular, 199, 202
        fluxo axoplasmático nas fibras do, 202
    vestibulospinais, 128, 143, 288
Tratografia, *299*
Traumatismo cranioencefálico, **160**
Tremor, **214**
Trígono
    colateral, 65
    do nervo vago, 46
Tronco
    do nervo espinal, 87
    encefálico, 12, 43, *44, 45*
        alguns reflexos integrados no, 151
        anatomia macroscópica do, 43
        considerações anatomoclínicas sobre a, 173
        estrutura do, 133
        substância cinzenta própria do 33
    simpático, *88*, 111
        gânglios do, 111
Trypanossoma cruzi, 120
Túber cinéreo, 52
    eminência mediana do, 52
Tubérculo anterior do tálamo, 52, 215
Tumor
    cerebral primário, 299
    de lobo temporal direito, ressonância magnética, *77*
    envolvendo a linha média cerebelar
        ressonância magnética mostrando, *213*
    extenso da ponte, 180

U

Unco, 62
Unidade
    motora, 90, 125
    sensitiva, 90, 93

V

Varicosidades, 23
Vascularização
    arterial do encéfalo, 160
    do encéfalo, 159
    do sistema nervoso central, 159
    venosa do encéfalo, 168
Vaso capilar comum com endotélio fenestrado, *169*
Vasodilatação cutânea, 116
Veia
    cerebral
        interna, 168
        magna, 168
    de Galeno, 168
    emissárias, 72
Ventrículo(s)
    assoalho do IV, 46
    encefálicos, *57*
    III, 51
    Laterais, morfologia dos, 65
    teto do IV, 46
Vesícula(s)
    agranulares, 22, 87
    granular, 22, *87*
    opacas grandes, 22
    óptica, 278
    sináptica, 22, 87
Vestibulocerebelo, 208, 209
Via(s)
    aferentes que penetram no sistema nervoso central por nervos cranianos, 270
    ascendentes
        da medula, 129
        do funículo anterior, 130
        do funículo lateral, 131
        do funículo posterior, 130
    auditiva, 276
        representação esquemática, *277*
    da analgesia, 283
    da sensibilidade visceral, 270
    de pressão, *269*
    de propriocepção consciente, 268, *271*
    de propriocepção inconsciente, 270
    dopaminérgicas centrais, *193*
    eferentes
        somáticas, 285
        viscerais do sistema nervoso autônomo, 285
    grandes vias, 265
    gustativa, 272
        represenação esquemática, 274
    motora(s)
        final comum, 289
        somáticas, *290*
        visão conjunta das, 289
    neoespinotalâmica, **268**
        de temperatura e dor, *266*
    olfatória, 274, *275*
        representação esquemática da, *275*
        trajeto das fibras nas, 279
    óptica, 278
        e suas correspondências com os campos visuais nasal, *281*
    paleoespinotalâmica, 266, **268**
        de temperatura e dor, *267*
    serotoninérgicas centrais, *193*
    trigeminais, 270
        exteroceptiva, 270
        proprioceptiva, 272
        representação esquemátia das, *273*
    vestibulares, *143*, 278
        conscientes e inconscientes, 276
Visão, áreas corticais relacionadas com a, 237
    visual primária, 237
    visual secundária, 237
Visceroceptores, 13, 82, 103
Vômito
    centro do, 157, 187
    reflexo do, 157
        esquema, *158*